职业教育精品教材（电气运行与控制专业）

电机拖动与电控技术

（第3版）

主　编　程　周

電子工業出版社
Publishing House of Electronics Industry
北京 • BEIJING

内 容 简 介

本书主要内容包括变压器、交流异步电动机、直流电机、控制电机、电力拖动机械特性与电动机的选用、继电器—接触器基本控制环节、三相交流异步电动机的启动、制动和调速控制、直流电动机控制线路、车床的电气控制、磨床的电气控制、摇臂钻床的电气控制、卧式镗床的电气控制、铣床的电气控制、实训项目。

本书着重实用性，可供工矿企业、设计和科研单位的工程技术人员使用，也适合于职业教育的电气运行与控制专业、机电技术应用专业、电子技术及应用专业、自动化仪表专业使用，或作为有关专业人员的培训教材。

本书还配有电子教学参考资料包，详见前言。

图书在版编目（CIP）数据

电机拖动与电控技术 / 程周主编. —3 版. —北京：电子工业出版社，2013.8
职业教育精品教材. 电气运行与控制专业

ISBN 978-7-121-20804-1

Ⅰ. ①电… Ⅱ. ①程… Ⅲ. ①电力传动—中等专业学校—教材②电机—控制系统—中等专业学校—教材
Ⅳ. ①TM921②TM301.2

中国版本图书馆 CIP 数据核字（2013）第 137116 号

策划编辑：靳　平
责任编辑：张　帆
印　　刷：北京虎彩文化传播有限公司
装　　订：北京虎彩文化传播有限公司
出版发行：电子工业出版社
　　　　　北京市海淀区万寿路 173 信箱　邮编　100036
开　　本：787×1 092　1/16　印张：14.25　字数：365 千字
版　　次：2002 年 8 月第 1 版
　　　　　2013 年 8 月第 3 版
印　　次：2022 年12月第15 次印刷
定　　价：28.00 元

凡所购买电子工业出版社图书有缺损问题，请向购买书店调换。若书店售缺，请与本社发行部联系，联系及邮购电话：（010）88254888，88258888。

质量投诉请发邮件至 zlts@phei.com.cn，盗版侵权举报请发邮件至 dbqq@phei.com.cn。

本书咨询联系方式：（010）88254592，bain@phei.com.cn。

第3版前言

本书是2007年3月出版的“职业院校电子信息类教材（电气运行与控制专业）”《电机拖动与电控技术》（第2版）一书的修订本。

修订本对部分内容进行调整，删除了偏难的章节，增加了实训的内容，使知识点安排更加科学、严谨、合理。修订后的书稿内容更多与《维修电工》国家职业技能鉴定标准知识点一致。

修订本增加了“第15章 实训项目”。删除了“低压电器的常见故障诊断与维修常用低压电器”、“机床电气控制线路的故障诊断与维修方法”、“CA6140车床的电气控制”、“CW6163B车床电气控制”、“车床电气故障的诊断与维修”、“M7140磨床的电气控制”、“Z35摇臂钻床的电气故障诊断与维修”、“14.4 T612镗床电气故障的诊断与维修”、“X62W万能铣床电气故障诊断与维修”内容，增加了新的实用知识和技能。

本书由安徽职业技术学院程周主编，阿尔卡特·朗讯上海贝尔股份有限公司高钟明编写第11、12、13、14、15章。参加编写的还有程筱颖、常辉、洪应、杨洁露、黄琼。在此一并表示感谢。

由于编者水平有限，书中难免存在缺点和疏漏之处，恳请广大读者批评指正。联系电子邮箱：ahchzh@163.com。

为了方便教师教学，本书还配有教学指南、电子教案及习题答案（电子版）。请有此需要的教师登录华信教育资源网（www.hxedu.com.cn）免费注册后再进行下载，有问题时请在网站留言板留言或与电子工业出版社联系（E-mail:hxedu@phei.com.cn）。

程　周

2013年5月

目　录

第1章 变 压 器

本章主要介绍单相变压器的结构和原理，分析在稳态对称运行条件下，变压器空载运行和负载运行时的电磁关系。本章还对变压器运行时的输出电压变化率、变压器效率及三相变压器并联运行加以介绍，并简要概述其他类型的变压器。

1.1 变压器的基本结构与铭牌技术数据

1.1.1 变压器的基本结构

电力变压器的基本部件是铁芯和绕组，此外还有油箱及其他附件，油浸式电力变压器如图 1.1 所示。

图 1.1 油浸式电力变压器

1. 铁芯

铁芯是变压器中的磁路部分。为了减少铁芯内的涡流损耗和磁滞损耗，铁芯通常采用表面经绝缘处理的冷轧硅钢片叠装而成。硅钢片具有较优良的导磁性能和较低的损耗。

铁芯分为铁芯柱和铁轭（磁轭）两部分，铁芯柱上套有绕组，磁轭作为连接磁路之用。铁芯结构的基本形式有心式和壳式两种，如图 1.2 和图 1.3 所示。

2. 绕组

绕组是变压器的电路部分，应具较高的耐热、机械强度及良好的散热条件，以保证变压器的可靠运行。与电源相连的叫一次绕组或原绕组，与负载相连的叫二次绕组或副绕组。也可根据电压大小分为高压、低压绕组。

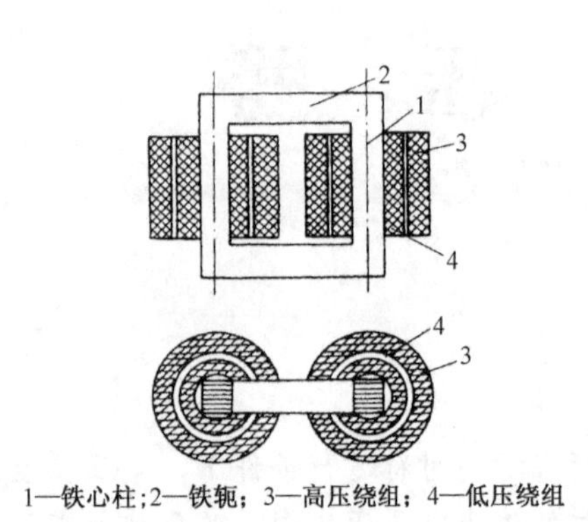

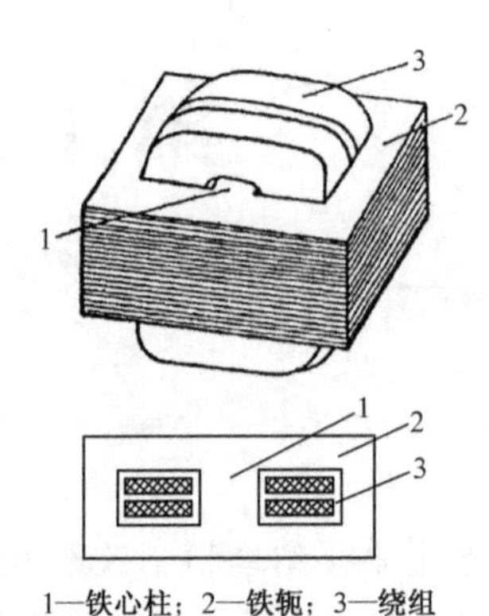

图 1.2 单相心式变压器 图 1.3 单相壳式变压器

3. 油箱和其他附件

（1）油箱

变压器油是经提练的绝缘油，绝缘性能比空气好。它是一种冷却介质，通过热对流方法，及时将绕组和铁芯产生的热量传到油箱和散热油管壁，向四周散热，使变压器的温升不致超过额定值。变压器油按要求应具有低的黏度，高的发火点和低的凝固点，不含杂质和水分。

（2）储油柜

储油柜又称油枕，一般装在变压器油箱上面，其底部有油管与油箱相通，当变压器油热胀时，将油收进储油柜内，冷缩时，将油灌回油箱，始终保持器身浸在油内。油枕上还装有吸湿器，内含氧化钙或硅胶等干燥剂。

（3）安全气道

较大容量的变压器油箱盖上装有安全气道，它的下端通向油箱，上端用防爆膜封闭。当变压器发生严重故障或气体继电器保护失败时，箱内产生很大压力，可以冲破防爆膜，使油和气体从安全气道喷出，释放压力以避免造成重大事故。

（4）气体继电器

气体继电器安装在油箱与油枕之间的三连通管中。当变压器发生故障时，内部绝缘材料及变压器油受热分解，产生气体沿连通管进入气体继电器，使之动作，接通继电器保护电路发出信号，以便工作人员进行处理，或引起变压器前方断路器跳闸保护。

（5）绝缘套管

作为高、低压绕组的出线端，在油箱上装有高、低压绝缘套管，使变压器进、出线与油箱（地）之间绝缘。高压（10kV 以上）套管采用空心充气式或充油式瓷套管，低压（1kV 以下）套管采用实心瓷套管。

（6）分接开关

箱盖上的分接开关，可以在空载情况下改变高压绕组的匝数（±5%），以调节变压器的输出电压，改善电压质量。

1.1.2 变压器的铭牌技术数据

为保证变压器的安全运行和方便用户正确使用变压器，在其外壳上设有一块铝制刻字的铭牌。铭牌上的数据为额定值。

1. 额定电压 U_{1N}/U_{2N}

额定电压 U_{1N} 是指交流电源加到一次绕组上的正常工作电压；U_{2N} 是指在一次绕组加 U_{1N} 时，二次绕组开路时（空载）的端电压。在三相变压器中，额定电压是指线电压。

2. 额定电流 I_{1N}/I_{2N}

额定电流是变压器绕组允许长时间连续通过的最大工作电流，由变压器绕组的允许发热程度决定。在三相变压器中额定电流是指线电流。

3. 额定容量 S_N

额定容量是指在额定条件下，变压器最大允许输出，即视在功率。通常把变压器一、二次绕组的额定容量设计得相同。在三相变压器中 S_N 是指三相总容量。额定电压、额定电流、额定容量三者关系如下。

单相：
$$I_{1N}=\frac{S_N}{U_{1N}},\quad I_{2N}=\frac{S_N}{U_{2N}}$$

三相：
$$I_{1N}=\frac{S_N}{\sqrt{3}U_{1N}},\quad I_{2N}=\frac{S_N}{\sqrt{3}U_{2N}}$$

4. 额定频率 f_N

我国规定标准工业用电的频率为 50Hz。除此之外，铭牌上还有效率η、温升τ、短路电压标么值 u_k、连接组别号、相数 m 等。

1.2 变压器的工作原理

变压器的工作原理可参考图 1.4。当一次绕组输入端接交流电源时，产生交流电流，这一电流将产生交变磁通从铁芯通过，由于一、二次绕组套在同一铁芯上，所以，交变磁通同时交链一、二次绕组。根据电磁感应定律，必然在两绕组上都感生出电动势，在二次绕组上感应的电动势即作为负载的直接电源，若负载接上，便有电流通过。可见，一次绕组从交流电源获得电能并转换成磁场能传递到二次绕组，然后还原成不同于交流电源电压等级的电能再供给负载。负载所消耗的电能最终还是来自一次绕组的交流电源，变压器本身不产生电能，仅起传递电能、变换电压的作用。

1.2.1 变压器的空载运行

1. 变压器中各物理量正方向的规定

变压器中各物理量的正方向一般按照电工惯例来规定，称为“惯例方向”，如图 1.4 所示。图中同一支路，电压降的正方向与电流的正方向一致；磁通的正方向与电流的正方向之间符合右手螺旋定则关系；由交变磁通所产生的感应电动势，其正方向与产生该磁通的电流正

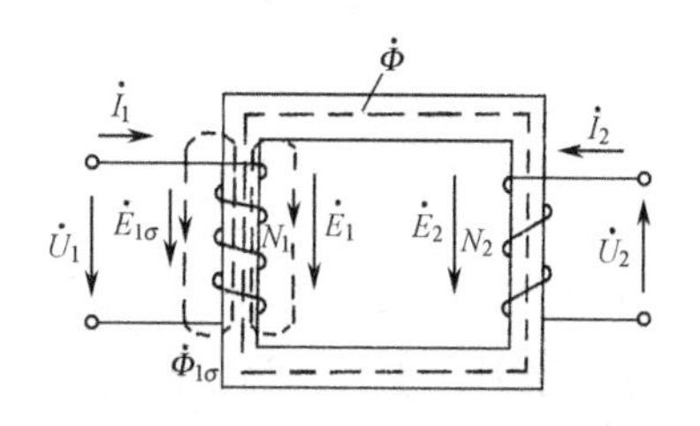

图 1.4 变压器空载运行原理图

方向一致。或者说，感应电动势的正方向与产生它的磁通正方向成右手螺旋定则关系。在此关系下，$e=-N\mathrm{d}\Phi/\mathrm{d}t$。

2．空载运行时的物理情况

变压器的一次绕组接在额定电压、额定频率的交流电源上，二次绕组开路无电流的运行状态，称为空载运行。

变压器的一次绕组匝数为 N_1，二次绕组匝数为 N_2，一次绕组接电源电压 U_1，空载时一次绕组中的电流为 I_0，叫空载电流。它在一次绕组中建立空载磁动势 $F_0=I_0N_1$。在 F_0 作用下，铁芯磁路中产生磁通，因此，空载磁动势又叫励磁磁动势，空载电流又叫励磁电流。变压器中磁通分布较复杂，为便于研究，将其分为两部分：一部分是同时交链着一次绕组和二次绕组的主磁通 Φ。另一部分是只交链一次绕组本身而不交链二次绕组的漏磁通 $\Phi_{1\sigma}$。主磁通 Φ 沿铁芯闭合，漏磁通沿非铁磁性材料（空气或变压器油等）闭合。由于铁芯的导磁系数比空气和油等的导磁系数大得多，所以空载时主磁通占总磁通的绝大多数，漏磁通只占 0.2%左右。两者都是空载磁动势或空载电流产生的，主磁通 Φ 与空载电流 I_0 之间的关系由其磁路性质决定是非线性的，即 Φ 与 I_0 不成正比；而漏磁通磁路主要是非铁磁材料，是线性的，即 $\Phi_{1\sigma}$ 与 I_0 成正比关系。另外，漏磁通只交链一次绕组，仅在一次绕组上感应电动势，起电压降作用而不能传递能量；主磁通可在一、二次绕组上都感应电动势，若二次绕组带上负载，二次绕组电动势即可输出电功率，所以主磁通是能量传递的桥梁。

一次绕组所加正弦交流电源电压的频率为 f_1，主磁通、漏磁通及其感应电动势也是频率为 f_1 的正弦交流量。根据电磁感应定律，主磁通 Φ 分别在一、二次绕组上感应电动势 e_1 和 e_2，漏磁通在一次绕组中感应漏电动势 $e_{1\sigma}$。

设主磁通 $\Phi=\Phi_\mathrm{m}\sin\omega t$，漏磁通 $\Phi_{1\sigma}=\Phi_{1\sigma\mathrm{m}}\sin\omega t$，代入 $e=-N\mathrm{d}\Phi/\mathrm{d}t$，可得：

$$e_1=\omega N_1\Phi_\mathrm{m}\sin(\omega t-90^\circ)=E_{1\mathrm{m}}\sin(\omega t-90^\circ)$$

$$e_2=\omega N_2\Phi_\mathrm{m}\sin(\omega t-90^\circ)=E_{2\mathrm{m}}\sin(\omega t-90^\circ)$$

$$e_{1\sigma}=\omega N_1\Phi_{1\sigma\mathrm{m}}\sin(\omega t-90^\circ)=E_{1\sigma\mathrm{m}}\sin(\omega t-90^\circ)$$

各电动势有效值分别为

$$E_1=E_{1\mathrm{m}}\big/\sqrt{2}=4.44f_1N_1\Phi_\mathrm{m} \tag{1-1}$$

$$E_2=E_{2\mathrm{m}}\big/\sqrt{2}=4.44f_1N_2\Phi_\mathrm{m} \tag{1-2}$$

$$E_{1\sigma}=E_{1\sigma\mathrm{m}}\big/\sqrt{2}=4.44f_1N_1\Phi_{1\sigma\mathrm{m}} \tag{1-3}$$

由上述表达式可见：感应电动势正比于产生它的磁通最大值、频率及绕组匝数，其相位滞后于相应的磁通 90°。一、二次绕组感应电动势之比为变压器的变比，用 k 表示，也等于匝数之比。当变压器空载运行时，一次绕组忽略绕组阻抗，$U_1\approx E_1$；二次绕组 $U_2=E_2$，故

$$k=E_1/E_2=N_1/N_2\approx U_1/U_2 \tag{1-4}$$

3．空载电流

在变压器中建立磁场时只需要从电源输入无功功率，因此用来产生主磁通的电流与主磁通 $\dot{\Phi}$ 同相位，而落后于电源电压 $\dot{U}_1\approx-\dot{E}_1$ 的相位 90°，此电流称之为磁化电流，用 $\dot{I}_\mu$ 表示，在变压器中，也称之为励磁电流的无功分量。

铁芯中存在着磁滞损耗和涡流损耗，也就是说，建立主磁通 $\dot{\Phi}$ 除了需要从电源输入无功功率外，还需要输入有功功率，即励磁电流中存在一个与 $\dot{U}_1$ 同相位的电流分量，它就是励磁

电流的有功分量，用 $\dot{I}_{Fe}$ 表示。磁滞和涡流损耗的结果都因消耗有功功率而使铁芯发热，对变压器是不利的，所以变压器铁芯材料应该选用软磁材料，并且要片间彼此绝缘，这样可以尽量减少 $\dot{I}_{Fe}$ 的数值。

图 1.5 所示为励磁电流、主磁通及其感应电动势的相量图。由图可见，$\dot{I}_0$ 比 $\dot{\Phi}$ 在相位上超前一个角度，叫做铁耗角，一般很小，可忽略。

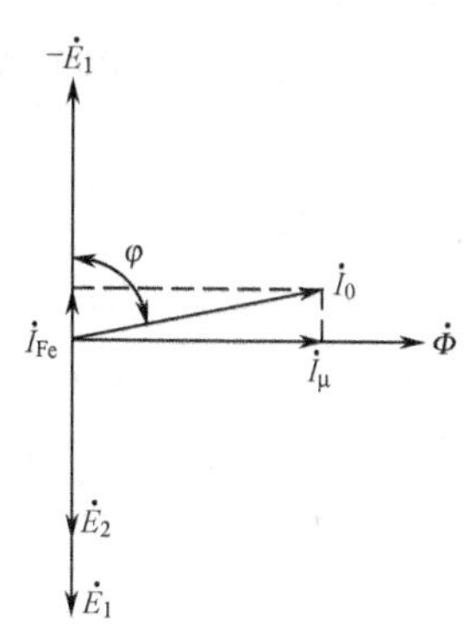

图 1.5　励磁电流与主磁通及其感应电动势相量图

在一般电力变压器中，$I_0 = (0.02 \sim 0.1)I_{1N}$，容量越大，$\dot{I}_0$ 相对越小。因空载时有功分量很小，绝大部分是无功分量，所以变压器空载功率因数很低。

1.2.2　变压器的负载运行

1. 负载运行的物理情况和功率的传递

变压器一次绕组接在额定电压和额定频率的交流电源上，二次绕组接入负载时的运行状态，叫做变压器负载运行。图 1.6 为变压器负载运行的原理示意图。

负载运行时，二次绕组输出端接上负载 Z_L，在 E_2 的作用下产生二次电流 $\dot{I}_2$，二次绕组则出现磁动势 $\dot{F}_2 = \dot{I}_2\dot{N}_2$，与一次磁动势 $\dot{F}_1$ 共同作用于同一铁芯磁路。这样，$\dot{F}_2$ 的出现就有可能使原来空载时的主磁通发生变化，并且影响感应电动势 $\dot{E}_1$ 和 $\dot{E}_2$ 也发生变化，打破原来的电磁平衡状态。其实，在实际的电力变压器中，Z_1 一般被设计得很小，只要空载和负载时电压 $\dot{U}_1$ 不变，一次绕组感应电动势 $\dot{E}_1$ 就基本相同。由式（1-1）可知，空载和负载时主磁通 Φ 也是基本相同的，即负载时磁路总的合成磁动势等于空载时的励磁磁动势 $\dot{F}_0$。

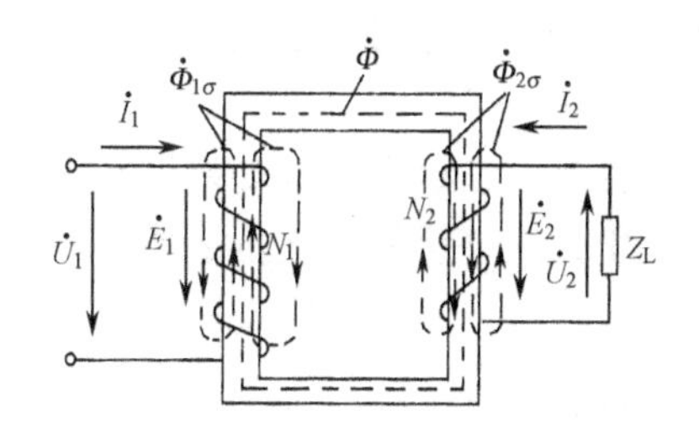

图 1.6　变压器负载运行原理图

$$\dot{F}_1 + \dot{F}_2 = \dot{F}_0$$

或

$$\dot{I}_1 N_1 + \dot{I}_2 N_2 = \dot{I}_0 N_1 \tag{1-5}$$

这就是变压器负载运行的磁动势平衡式，也适用空载 $\dot{I}_2 = 0$，$\dot{I}_1 = \dot{I}_0$ 的情况。式中 $\dot{F}_1$ 可以看成一次绕组在空载磁动势 $\dot{F}_0$ 的基础上增加了一个（$-\dot{F}_2$）的磁动势，这个增加量正好与二次绕组的磁动势 $\dot{F}_2$ 大小相等，相位相反，完全抵消。$\dot{F}_1$ 由两个分量组成，一个分量是励磁磁动势 $\dot{F}_0 = \dot{I}_0 N_1$，用来建立主磁通；另一个分量 $-\dot{F}_2 = -\dot{I}_2 N_2$，用来平衡二次绕组磁动势，叫负载分量，随负载不同而变化。额定运行时，$I_0 \ll I_{1N}$，$F_0 \ll F_1$，$\dot{F}_1$ 中主要的是负载分量。忽略 $\dot{I}_0$ 可得一、二次电流关系式为

$$\dot{I}_1 \approx -\frac{N_2}{N_1}\dot{I}_2 = -\frac{\dot{I}_2}{k} \tag{1-6}$$

变压器是将一种电压的电能转变成另一等级电压的电能的电气设备。当负载电流增加时，一次绕组上的电流也随之增加，这就意味着通过电磁感应作用，变压器的功率从一次绕组传递到了二次绕组。当然传递的过程中，变压器自身也消耗一小部分能量，所以输出功率小于输入功率。

电源输入功率 $P_1=U_1I_1\cos\theta_1$，其中一部分消耗于一次绕组电阻 r_1 上的铜耗 $P_{Cu1}=I_1^2r_1$ 和铁耗 $P_{Fe}=I_0^2r_m$，其余绝大部分通过主磁通传递给二次绕组，这部分叫电磁功率 $P_M=E_2I_2\cos\theta_2$，θ_2 为 $\dot{E}_2$ 与 $\dot{I}_2$ 之间的相位差。电磁功率扣除二次绕组上的铜耗 $P_{Cu2}=I_2^2r_2$，剩下就是变压器的输出功率 $P_2=U_2I_2\cos\theta_2$，供负载使用。用功率平衡方程式表示为

$$P_1 = P_{Cu1} + P_{Fe} + P_{Cu2} + P_2 = P_2 + \Sigma P \tag{1-7}$$

2. 基本方程式

变压器的一、二次绕组磁动势除共同建立主磁通并感生电动势 $\dot{E}_1$、$\dot{E}_2$ 之外，还各自产生一小部分仅与本绕组交链，且主要通过空气（或油）而闭合的漏磁通 $\dot{\Phi}_{1\sigma}$、$\dot{\Phi}_{2\sigma}$，它们将在各自绕组上感应出漏磁电动势 $\dot{E}_{1\sigma}$ 和 $\dot{E}_{2\sigma}$。

根据图 1.6 所示的正方向，可分别列出一、二次绕组电路的电动势平衡方程式为

$$\dot{U}_1 = -\dot{E}_1 + \dot{I}_1r_1 + j\dot{I}_1X_1 = -\dot{E}_1 + \dot{I}_1Z_1 \tag{1-8}$$

若将较小的漏阻抗压降略去不计，则近似为 $\dot{U}_1 \approx -\dot{E}_1$

$$\dot{U}_2 = \dot{E}_2 - \dot{I}_2r_2 - j\dot{I}_2x_2 = \dot{E}_2 - \dot{I}_2Z_2 \tag{1-9}$$

式中，$j\dot{I}_2x_2$ 为二次绕组的漏抗压降，用来反映 $\Phi_{2\sigma}$ 对二次绕组的影响。

1.2.3 变压器的运行特性

变压器对负载来说是电源，所以要求其供电电压稳定，供电损耗小，效率高。即表征变压器运行性能的两个主要指标：一是二次绕组电压的变化率，二是效率。

1. 电压变化率和外特性

由于变压器一、二次绕组上有电阻和漏抗，负载时电流通过这些漏阻抗必然产生内部电压降，其二次绕组电压则随负载的变化而变化。

电压变化率是当一次绕组接在额定频率和额定电压的电网上，在给定负载功率因数下，二次绕组空载电压 U_{20} 与负载时二次绕组电压 U_2 的算术差和二次绕组额定电压之比值，用 $\Delta U\%$ 表示。它反映了电源电压的稳定性及电能的质量。

$$\Delta U\% = \frac{U_{20} - U_2}{U_{20}} \times 100\% = \frac{U_{2N} - U_2}{U_{2N}} \times 100\%$$

变压器的外特性是指当一次绕组为额定电压，负载功率因数一定时，二次绕组端电压 U_2 随二次绕组负载电流 I_2 变化的关系曲线，如图 1.7 所示。带纯电阻负载时，端电压下降较小；带电感性负载时，端电压下降得较多；带电容性负载时，端电压却有所上升。负载的感性或容性程度增加，端电压的变化会更大。从带负载能力上考虑，要求变压器的漏阻抗压降小一些，使二次绕组输出电压受负载变化影响小一些；但从限制故障电流的角度来看，则希望漏阻抗电压大一些。故设计制造时采取两者兼顾。

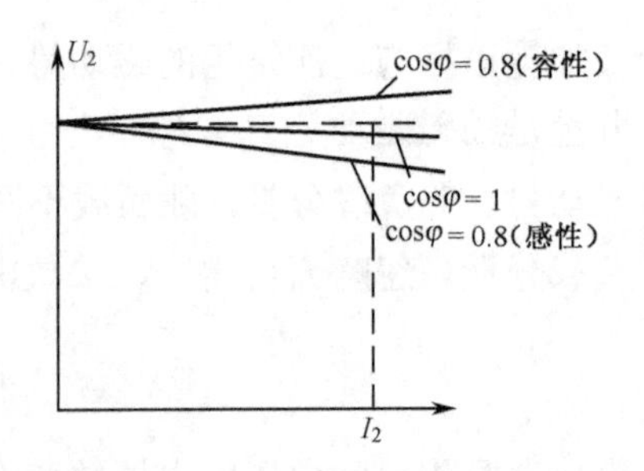

图 1.7 变压器的外特性

2. 效率

效率是指变压器的输出有功功率 P_2 与输入有功功率 P_1 之比。考虑到变压器是静止设备，

无转动部分，不存在机械损耗，一般效率都较高（95%以上）。P_1 与 P_2 相差不大，通常采用间接法测出各种损耗再计算效率。变压器的总损耗包括铁芯损耗和绕组铜损耗，通过试验能测出 P_{Fe} 和 P_{Cu}。效率 η 为

$$\eta = \frac{P_2}{P_1} \times 100\% = \left(1 - \frac{P_{\mathrm{Cu}} + P_{\mathrm{Fe}}}{P_2 + P_{\mathrm{Fe}} + P_{\mathrm{Cu}}}\right) \times 100\% \tag{1-10}$$

分析上式可知，当铁损耗等于铜损耗时，变压器效率可达最大值。由于电力变压器长期接在线路上，总有铁损耗，但铜损耗却随负载（随季节、时间而异）变化，不可能一直在满载下运行，因此铁损耗小一些对全年效率更有利。

1.3　三相变压器

三相变压器有两种形式：一种是三个同样的单相变压器通过三相连接组成变压器组，称为三相变压器组，各相磁路是彼此独立的；另一种是三相共用一个铁芯的芯式三相变压器，各相磁路是彼此相关的。它们各有优点：芯式变压器体积小、价格低、结构简单、维护方便，广泛用于一般中小型电力变压器；三相变压器组便于运输、备用容量小，可用于大容量的巨型变压器中。考虑到对称性，前面所述单相变压器的基本方程式、等效电路和运行特性的分析方式与结论也适用于三相变压器。

1.3.1　三相变压器的连接组

1．三相绕组的连接方法

三相绕组最基本的连接方法是星形（Y）和三角形（△）两种接法，如图 1.8 所示。变压器高、低压绕组首端规定分别用 U_1、V_1、W_1，u_1、v_1、w_1 标记，末端规定分别用 U_2、V_2、W_2，u_2、v_2、w_2 标记，星形接法的中点用 N、n 标记。

连接方法用符号表示绕组不同的连接形式，如 Y/Y（或 Y，y）、Y/△（或 Y，d），规定高压绕组连接符号在左，低压绕组连接符号在右，中间用斜线隔开，Y_N（或 Y_0）表示星形接法且引出中线。

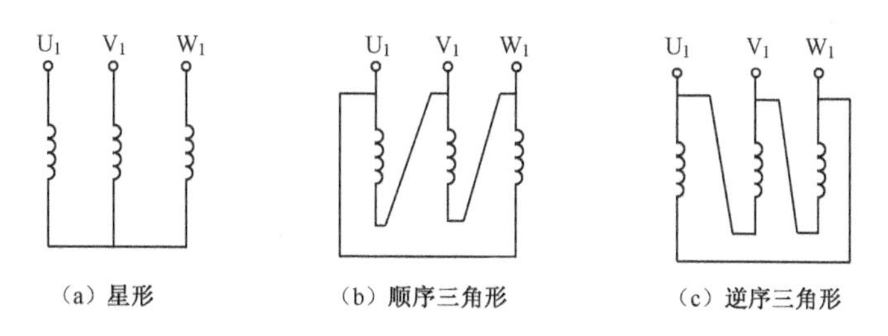

（a）星形　（b）顺序三角形　（c）逆序三角形

图 1.8　星形和三角形接法

2．三相连接组别

三相绕组由于可以采用不同的连接，使得三相变压器一、二次绕组中的对应线电动势（线电压）出现不同的相位差。因此按一、二次绕组对应线电动势（线电压）的相位关系把变压器绕组的连接分成各种不同的组合，称为连接组。对于三相绕组，无论怎么连接，一、二次绕组对应的线电动势相位差总是 30°的整数倍。因此，国际上规定了标志三相变压器一、二

次绕组线电动势的相位关系采用时钟表示法，即一次线电动势的相量作为钟表上的长针始终对着“12”，以二次绕组对应的线电动势相量作为短针，它指向钟面上哪个数字，该数字就作为变压器连接组别的标号。

变压器的组别标号不仅取决于绕组的连接方法，而且还与绕组的绕向及绕组出线端的标记有关。或者说线电动势之间的相位差取决于相电动势之间的相位差。

在三相变压器同一铁芯柱上的高、低压绕组（单相变压器）被同一个主磁通所交链，因此高、低压绕组感应电动势（电压）的相位关系只有两种情况：要么两者同相，即高、低压绕组电动势相量都指在“12”点，用I/I-12表示；要么两者反相，用I/I-6表示。单相变压器连接组别和同名端如图1.9所示，其中“I/I”表示高、低压侧均为单相。

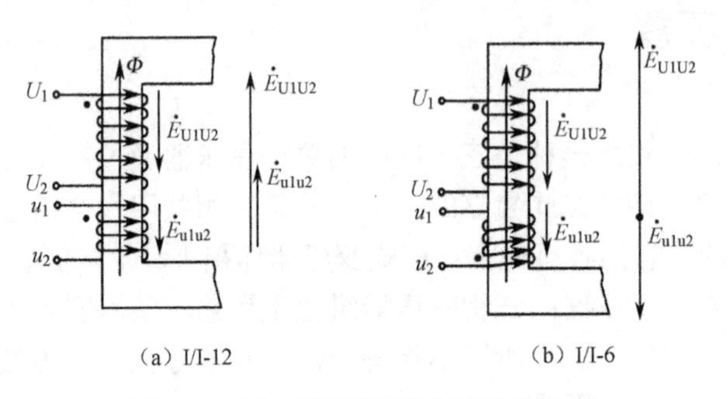

图1.9　单相变压器连接组别和同名端

明确了三相变压器高、低压绕组相电动势的相位关系，就能确定高、低压绕组线电动势间的相位差，即可决定三相变压器连接组的标号。

（1）Y/Y接法的组别

在图1.10中，上下对齐的高、低压绕组表示为同一铁芯柱上的两绕组（铁芯未画出），不管它们属于哪一相，只要两首端是同名端，则相电动势同相位；若两首端为异名端，则相电动势相位相反。根据相电动势这种关系及三相对称原理画出高、低压对应的线电动势相量图（$\dot{E}_{\mathrm{U1V1}}$和$\dot{E}_{\mathrm{u1v1}}$），即可判定图1.10组别号为12，用Y/Y-12（或Y，y12）表示。与其相比，在图1.11中，高、低压绕组首端为异名端，则相电动势相位相反，同样线电动势$\dot{E}_{\mathrm{U1V1}}$和$\dot{E}_{\mathrm{u1v1}}$也相差180°，连接组别号为Y/Y-6。

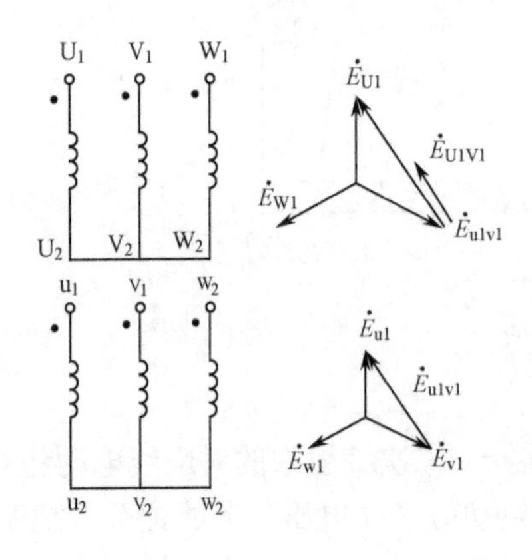

图1.10　Y/Y-12连接组

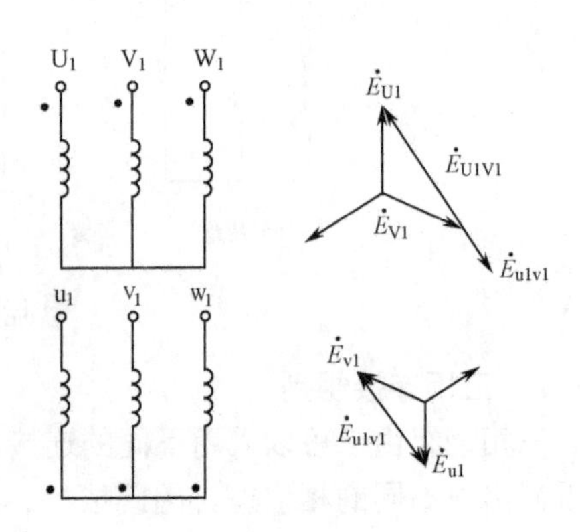

图1.11　Y/Y-6连接组

由上可知，确定变压器连接组别的具体步骤是：

① 在接线图上标出各个相、线电动势（可省略）。

② 按照高压绕组接线方式，首先画出高压绕组相、线电动势相量图。

③ 最关键的是根据同一铁芯柱上的高、低压绕组的相位关系，先确定低压绕组的相电动势相量，然后按照低压绕组的接线方式，画出低压绕组线电动势相量。

④ 在画好的高、低压绕组对应线电动势相量图中，根据时钟表示法，确定变压器组别号。

若把图 1.10 中低压绕组首端标记由原来的 u_1、v_1、w_1 改为 w_1、u_1、v_1，即依次向右移一位，不难判断其连接组别号是在原来 Y/Y-12 的基础上加“4”，为 Y/Y-4；若左移一位，则减“4”。

（2）Y/△接法的组别

如图 1.12 所示，低压绕组为逆序△接法时，依上述步骤，画出相量图，从而确定其连接组别号是 Y/△-11（或 Y，d11）。若低压绕组为顺序△接法时，其他情况不变，则连接组别号是 Y/△-1，如图 1.13 所示。

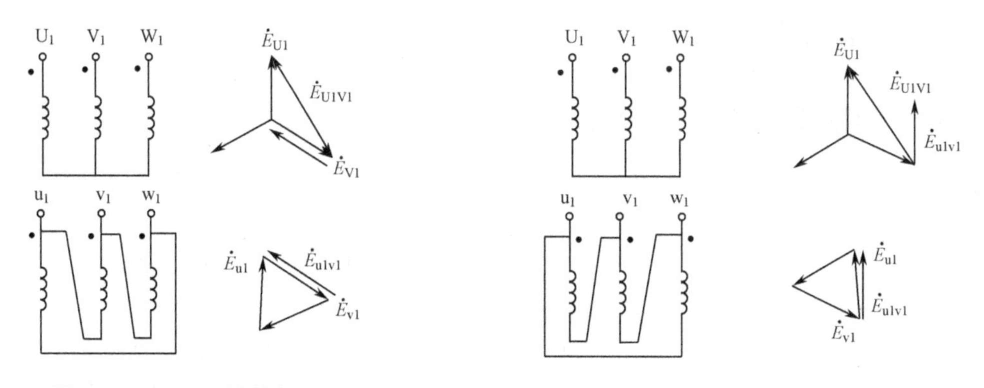

图 1.12 Y/△-11 连接组　　图 1.13 Y/△-1 连接组

在 Y/△接法的连接组别号中也有类似 Y/Y 接法中的加“4”或加“6”的规律。另外，△/△接法与 Y/Y 接法一样，组别号有 6 个偶数，△/Y 接法与 Y/△接法一样，组别号有 6 个奇数。

单相和三相变压器有很多连接组别，为了避免制造和使用时混乱，国家规定只有以下几个标准连接组别：I/I-12；Y/Y_n-12、Y/△-11、Y_n/△-11、Y/Y-12、Y_n/Y-12。

1.3.2 三相变压器的并联

在有些变电所中，为了提高供电可靠性，减少备用容量或为了根据负荷大小情况，调整投入变压器的台数，提高运行效率，经常采用两台或几台变压器并联的运行方式。即把几台变压器一、二次绕组相同标记的出线端连在一起，接到公共母线上，如图 1.14 所示。

变压器并联运行时，各变压器之间不应产生环流，以避免产生环流损耗，降低带负载能力，甚至损坏变压器；各变压器还应能按其容量大小同比例合理分担负荷，以免有的变压器已经严重过载，而另外的变压器还欠载。这样可以提高并联变压器组总容量的利用率。为此，并联变压器变比 k 应一样，连接组别号应一样，其他有关参数应相等或相近。

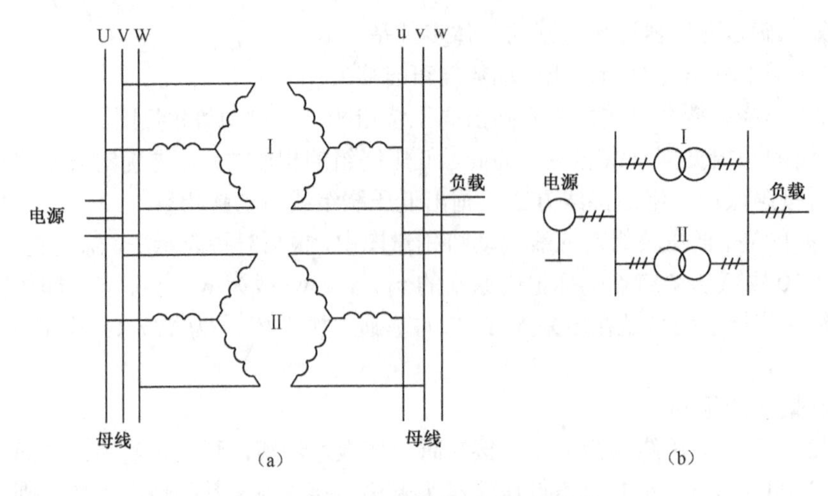

图 1.14　两台变压器并联运行线路

1.4　其他用途的变压器

1.4.1　自耦变压器

自耦变压器是一种调压变压器，它能平滑地改变输出电压大小，一般容量不大，多作为实验室可调电源使用。

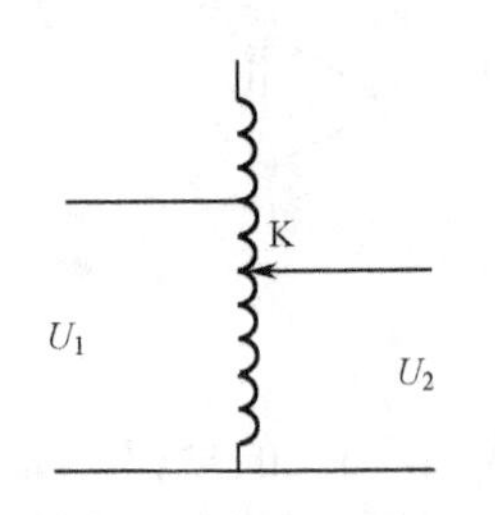

图 1.15　自耦变压器原理图

图 1.15 是一种有滑动触头的自耦变压器原理结构图，一次绕组接在固定电压的电源上，K 是滑动触头，可沿绕组各部分移动，改变滑动触头 K 的位置，即可改变输出电压 U_2 的大小，U_2 调节的范围可以从零到稍大于 U_1 的数值。

在自耦变压器的实际结构中，绕组一般连续地绕在环形铁芯上，滑动触头装在一个可转动的旋臂上，通过调节旋臂来调节电压。三相自耦变压器是由三个单相变压器分层叠装组成的，三个触头一起移动，以便对称调压。碳制电刷触头的变压器容量一般限制在几十千伏安，电压只到几百伏，不能很大，否则在触头移动时将产生火花。

1.4.2　仪用互感器

在电力系统中，检测高电压、大电流时使用的一种变压器叫仪用互感器。检测高电压用的是电压互感器，检测大电流用的是电流互感器。采用互感器可扩大测量仪表、继电器的使用范围；也可以使工作人员与主电路电磁隔离，以保证安全。

1．电压互感器

电压互感器的主要结构和工作原理类似于空载运行的普通双绕组降压变压器。电压互感器的外形与电路原理如图 1.16 所示，由图可见，一次绕组匝数多，并联到被测高压线路，二次绕组匝数少，并联接入测量仪表的电压线圈，一端接地，既保证安全又防止静电荷积累影响读数。一般二次绕组额定电压都取 100V，如果电压表与之配套，则电压表读数已按变比放大，可直接读取实际值；或将电压表的读数乘以变比 k 后，即是 U_1 被测值。

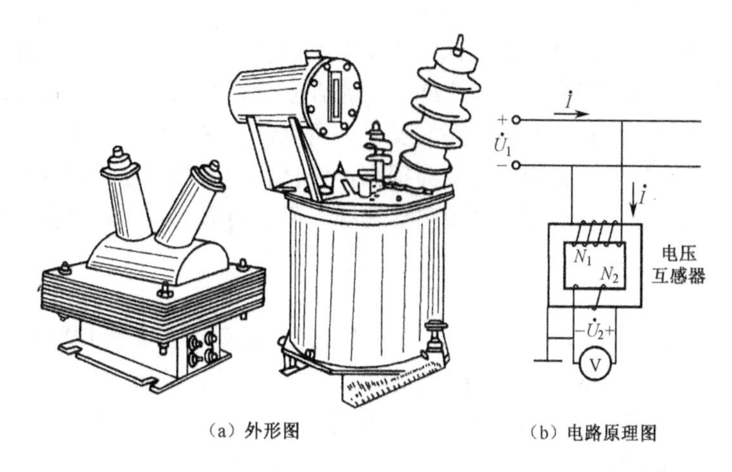

(a) 外形图　　(b) 电路原理图

图 1.16 电压互感器

电压互感器有两种误差：一为变比误差，指二次绕组电压的折算值和一次电压 U_1 的算术差；另一为两者之间的相位差，叫相位误差。为减小误差，应减小空载电流和一、二次绕组漏阻抗。所以电压互感器的铁芯大都用高质冷轧硅钢片。按变比误差的相对值，电压互感器的精度可分为 0.2，0.5，1.0，3.0 四个等级。

使用电压互感器的注意事项是：二次绕组不允许短路；二次绕组并接的电压线圈不能过多，否则精度下降；二次绕组必须有一端接地。

2. 电流互感器

测量高压线路里的电流或测量大电流，同测量高电压一样，也不宜将仪表直接接入电路，而用有一定变比的升压变压器，即电流互感器将高压线路隔开或将大电流变小，再用电流表进行测量。若仪表配套时，电流表读数就是被测电流实际值；或者将电流表读数按变比放大，即得到被测电流实际值。电流互感器二次绕组额定电流一般均为 5A。

电流互感器的外形及电路原理如图 1.17 所示。和电压互感器一样，电流互感器二次绕组必须有一端接地。因电流互感器二次绕组接入电流表或其他测量仪表的电流线圈，其阻抗很小，故电流互感器使用时，相当于二次绕组处于短路状态。

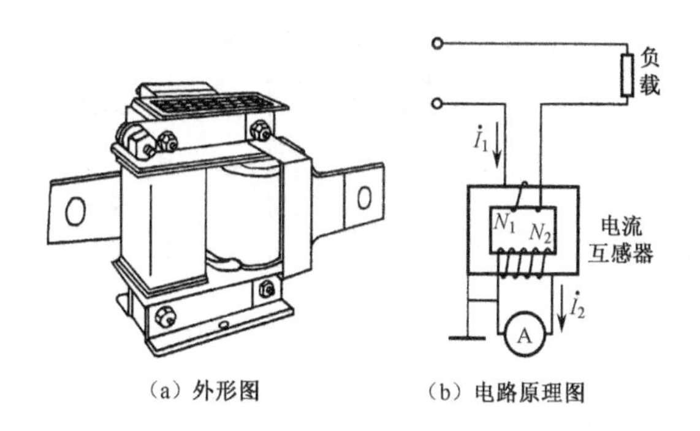

(a) 外形图　　(b) 电路原理图

图 1.17 电流互感器

电流互感器也同样存在变比和相位两种误差，这些误差也是由电流互感器本身的励磁电流和漏阻抗以及仪表的阻抗等一些因素所引起的，可从设计和材料两方面着眼去减小这些误差。按变比误差，电流互感器分为 0.2，0.5，1.0，3.0，10.0 等几级。

电流互感器使用时，特别要注意二次绕组绝对不能开路。二次绕组一旦开路，则它变为一台空载运行的升压变压器。因为它的一次绕组电流 I_1 就是被测电流，其值是由线路负荷大小决定的，不随互感器的二次绕组开路或短路而变化。所以，一次绕组空载电流比正常运行变压器的空载电流大得多，使铁芯中磁通密度大为提高，铁耗急剧增加，互感器过热甚至烧坏绝缘。与此同时，在二次绕组出现高电压，不仅击穿绝缘，而且还危及操作人员及其他设备安全。

1.4.3 电焊变压器

交流电焊机或弧焊机，实际就是一台特殊的降压变压器，又称为电焊变压器。其结构原理与普通变压器基本一样，但工作特性差别很大，以适应其特殊的工作要求。

对电焊变压器的要求是：空载时要有足够的电弧点火电压（约 60～90V），还应有迅速下降的外特性，额定负载时约为 30V；在短路时，二次电流不能过大，一般不超过两倍额定电流，焊接工作电流要比较稳定，而且大小可调，以适应不同的焊条和工件。

为满足这些要求，电焊变压器在结构上有其特殊性。如需要调节空载时的电弧点火电压，可在绕组上抽头，用分接开关调节二次绕组开路电压。电焊变压器的两个绕组一般分装在两个铁芯柱上，再利用磁分路法和串联可变电抗法，使绕组漏抗较大且可调节，以产生快速下降外特性，如图 1.18 所示。

磁分路电焊变压器如图 1.19（a）所示，是在一、二次绕组的两铁芯柱之间加一铁芯分支磁路，通过螺杆来回移动进行调节。当磁分路铁芯移出时，两绕组漏磁通及漏抗较小，工作电流增大；当磁分路铁芯移入时，两绕组漏磁通经磁分路闭合而较大，漏抗就很大，有载电压迅速下降，工作电流较小。因此调节分支磁路的磁阻即可调节漏抗大小，以满足焊条和工件对电流的不同要求。

图 1.19（b）是串联可变电抗电焊机，在二次绕组中串联一个可变电抗器，电抗器中的气隙可用螺杆调节。气隙越大，电抗越小，输出电流越大；气隙越小，电抗越大，输出电流越小，以满足其工作要求。

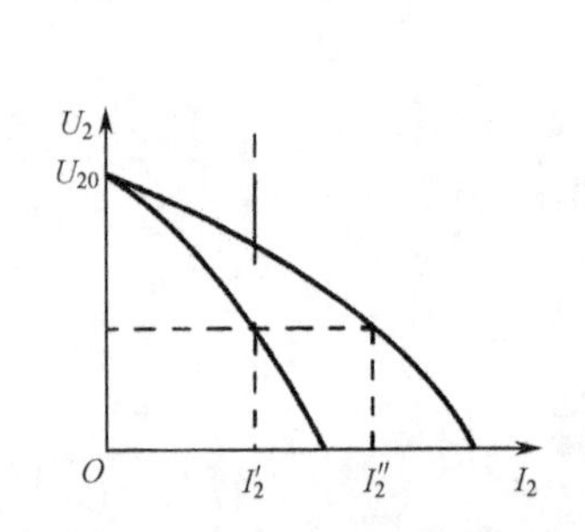

图 1.18 可调电焊变压器的外特性

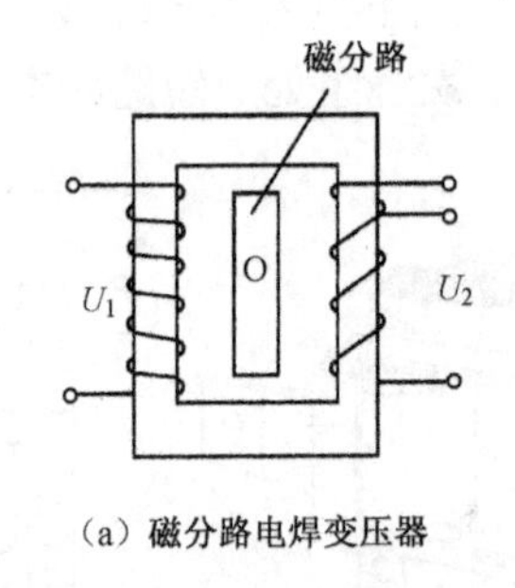

（a）磁分路电焊变压器

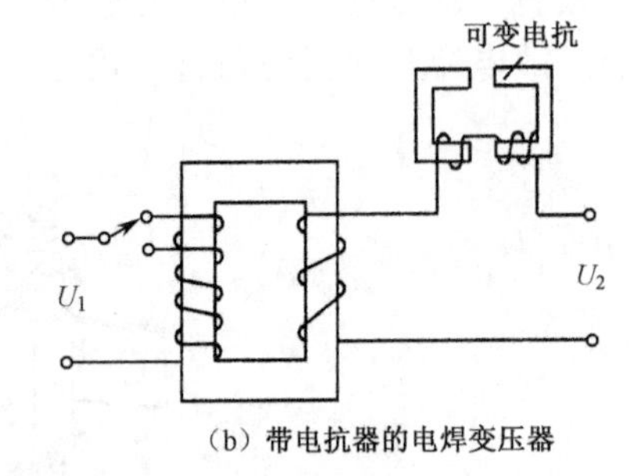

（b）带电抗器的电焊变压器

图 1.19 电焊变压器原理图

1. 判断题（正确的打√，错误的打×）

（1）变压器的主要品种是电力变压器。（ ）

(2) 变压器一、二次绕组电流越大，铁芯中的主磁通就越多。(　　)
(3) 变压器二次绕组额定电压是变压器额定运行时二次绕组的电压。(　　)
(4) 变压器的额定容量是变压器额定运行时二次绕组的容量。(　　)
(5) 电流互感器工作时相当于变压器的空载状态。(　　)
(6) 电压互感器工作时相当于变压器的短路状态。(　　)
(7) 当变压器二次绕组电流增大时，一次绕组电流也会相应增大。(　　)
(8) 当变压器一次绕组电流增大时，铁芯中的主磁通也会相应增加。(　　)
(9) 当变压器二次绕组电流增大时，二次绕组端电压一定会下降。(　　)
(10) 变压器可以改变直流电压。(　　)
(11) 变压器是一种将交流电压升高或降低并且能保持其频率不变的静止电气设备。(　　)
(12) 变压器既可以变换电压、电流、阻抗，又可以变换相位、频率和功率。(　　)
(13) 温升是指变压器在额定运行状态下允许升高的最高温度。(　　)
(14) 变压器的主要组成部分是铁芯和绕组。(　　)
(15) 变压器铁芯一般采用金属铝片。(　　)
(16) 电力系统中，主要使用的变压器是电力变压器。(　　)
(17) 变压器一、二次绕组电流越大，铁芯中的主磁通就越大。(　　)
(18) 变压器的额定容量是指变压器额定运行时二次绕组输出的有功功率。(　　)
(19) 三相变压器铭牌上标注的额定电压是指一、二次绕组的线电压。(　　)
(20) 变压器二次绕组额定电压是变压器额定运行时二次绕组的电压。(　　)
(21) 电流互感器运行时，严禁二次绕组开路。(　　)
(22) 电流互感器二次绕组电路中应设熔断器。(　　)
(23) 电压互感器在运行中，其二次绕组允许短路。(　　)
(24) 使用中的电压互感器的铁芯和二次绕组的一端必须可靠接地。(　　)

2. 选择题

(1) 变压器按相数可分为(　　)变压器。
A. 单相、两相和三相　　B. 单相、三相和多相
C. 单相和三相　　D. 两相和三相

(2) 变压器能将(　　)，以满足高压输电、低压供电及其他用途的需要。
A. 某一电压值的交流电变换成同频率的所需电压值的交流电
B. 某一电流值的交流电变换成同频率的所需电压值的交流电
C. 某一电流值的交流电变换成同频率的所需电流值的交流电
D. 某一电压值的交流电变换成不同频率的所需电压值的交流电

(3) 电力变压器的主要用途是(　　)。
A. 变换阻抗　　B. 变换电压　　C. 改变相位　　D. 改变频率

(4) 变压器的基本结构主要包括(　　)。
A. 铁芯和绕组　　B. 铁芯和油箱
C. 绕组和油箱　　D. 绕组和冷却装置

(5) 变压器的基本工作原理是(　　)。

A．楞次定律
B．电磁感应
C．电流的磁效应
D．磁路欧姆定律

（6）一台单相变压器 U，为 380V，变压比为 10，则以为（　　）V。

A．380　　B．3 800　　C．10　　D．38

（7）一台单相变压器，I_2 为 20 A，N_1 为 200，N_2 为 20，一次绕组电源 I_1 为（　　）A。

A.2　　B．10　　C．20　　D．40

（8）变压器的额定容量是指（　　）。

A．输出功率
B．输入功率
C．最大输出功率
D．无功功率

（9）电焊变压器常见的几种形式有（　　）。

A．带可调电抗器式、磁分路动铁式和动圈式
B．动圈式和分组式
C．带可调电抗器式、动圈式和芯式
D．磁分路动铁式和箱式

（10）关于电焊变压器性能的几种说法，正确的是（　　）。

A．二次绕组电压空载时较大，焊接时较低，短路电流不大
B．二次绕组输出电压较稳定，焊接电流也稳定
C．空载时二次绕组电压很低，短路电流不大，焊接时二次绕组电压为零
D．空载时二次绕组电压很低，短路电流不大，焊接时二次绕组电压最大

（11）电压互感器可以把（　　）供测量用。

A．高电压转换为低电压
B．大电流转换为小电流
C．高阻抗转换为低阻抗
D．低电压转换为高电压

（12）电压互感器实质上是一台（　　）。

A．自耦变压器　　B．电焊变压器　　C．降压变压器　　D.升压变压器

（13）为安全起见，安装电压互感器时，必须（　　）。

A．二次绕组的一端接地
B．铁芯和二次绕组的一端要可靠接地
C．铁芯接地
D．一次绕组的一端接地

（14）电压互感器运行时，二次绕组（　　）。

A．可以短路
B．不得短路
C．不许装熔断器
D．短路与开路均可

（15）电流互感器用来（　　）。

A．将高电压转换为低电压
B．将高阻抗转换为低阻抗
C．将大电流转换为小电流
D．改变电流相位

（16）在不断电拆装电流互感器二次绕组的仪表时，必须（　　）。

A．先将一次绕组接地
B．直接拆装

C．先将二次绕组断开　　　　D．先将二次绕组短接

（17）下列关于电流互感器的叙述正确的是（　　）。

A．电流互感器运行时二次绕组可以开路

B．为测量准确，电流互感器二次绕组必须接地

C．电流互感器和变压器工作原理相同，所以二次绕组不能短路。

D．电流互感器适用于大电流测量

（18）电流互感器铁芯与二次绕组接地的目的是（　　）。

A．防止绝缘击穿时产生的危险

B．防止二次绕组开路时产生危险高压

C．避免二次绕组短路

D．防止一、二次绕组间的绝缘击穿

（19）变压器铁芯所用硅钢片是（　　）。

A．硬磁材料　　B．软磁材料　　C．顺软磁材料　　D．矩软磁材料

（20）变压器铁芯采用硅钢片的目的是（　　）。

A．减小磁阻和铜耗　　　　B．减小磁阻和铁耗

C．减小涡流　　　　D．减小磁滞和矫顽力

（21）变压器的基本工作原理是（　　）。

A．电磁感应　　B．电流的磁效应　　C．楞次定律　　D．磁路欧姆定律

（22）理想双绕组变压器的变压比等于一、二次绕组的（　　）。

A．电压之比　　B．电动势之比　　C．匝数之比　　D．三种都对

（23）变压器连接组标号中 d 表示（　　）。

A．高压绕组星形连接　　　　B．高压绕组三角形连接

C．低压绕组星形连接　　　　D．低压绕组三角形连接

（24）测定变压器的电压比应该在变压器处于（　　）情况下进行。

A．空载状态　　B．轻载状态　　C．满载状态　　D．短路状态

3. 计算题

（1）单相变压器额定电压为 10000V/238V，额定电流为 5A/218A，I_0=0.5A，P_0=400W，P_k=1kW，满载时 U_2=220V，$\cos\varphi_N$=0.8。求：①电压比 k；②电压调整率$\Delta U\%$；③满载时的 P_1、P_2、η。

（2）三相变压器额定电压为 10 000V/400V，S_N=180kVA，满载时 U_2=380V，η_m=0.99，$\cos\varphi_N$=0.88，一次绕组 N_1=1 125 匝，做 Y，d11 连接，求：①电压比 k；②二次绕组匝数 N_2；③电压调整率$\Delta U\%$；④ P_1、P_2、ΔP。

4. 简答题

（1）什么叫变压器的连接组？怎样表示三相变压器的连接组？

（2）为什么说变压器的空载损耗近似等于铁耗？

（3）为什么说变压器的短路损耗近似等于铜耗？

第2章 交流异步电动机

目前大量使用的交流电动机主要有三相交流异步电动机和单相交流异步电动机。三相交流异步电动机由三相交流电源供电。与直流电动机相比，它具有运行稳定可靠、效率高且价格低、结构简单、制造与维护简便等优点，广泛用于拖动各种机械负载。交流电动机的主要缺点是：功率因数偏低、调速性能较差，难以满足要求大范围或准确、平滑调速的特殊负载的需要。随着电力电子技术的发展，调速性能的不断改善，交流异步电动机将会获得更广泛的应用。

2.1 三相交流异步电动机的基本原理、结构与类型

2.1.1 三相交流异步电动机的基本原理

三相交流异步电动机通电后会在铁芯中产生旋转磁场，通过电磁感应在转子绕组中产生感应电流，转子电流受到磁场的电磁力作用产生电磁转矩并使转子旋转，因此又被称为感应电机。

1. 旋转磁场

三相交流异步电动机的三相定子绕组在空间上互差120°（电角度），连接成星形（Y）或三角形（△），是对称三相负载，简化后如图2.1所示。定子绕组接通电源后流入三相对称交流电流，如图2.2所示。

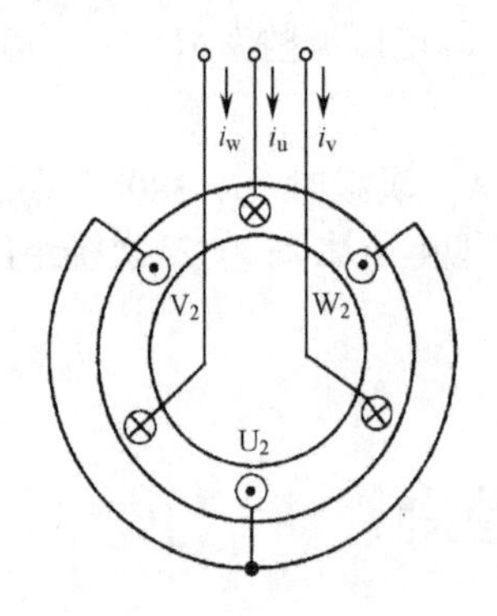

图2.1 简化的三相定子绕组

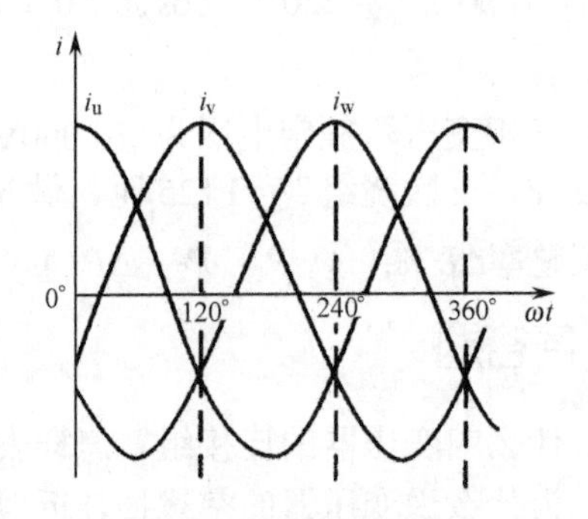

图2.2 三相对称交流电流曲线

假设某相绕组电流瞬间为正时，电流从该相绕组的首端流入，尾端流出；电流为负时，

方向相反。为简单反映合成磁场及其旋转特征，选取电流相位角ωt=0°、120°、240°、360°这四个瞬时，对应这四个时刻的各绕组电流方向及磁场分别如图 2.3 中的（a）、（b）、（c）、（d）所示。根据右手螺旋定则可判断相应的合成磁场为旋转磁场。

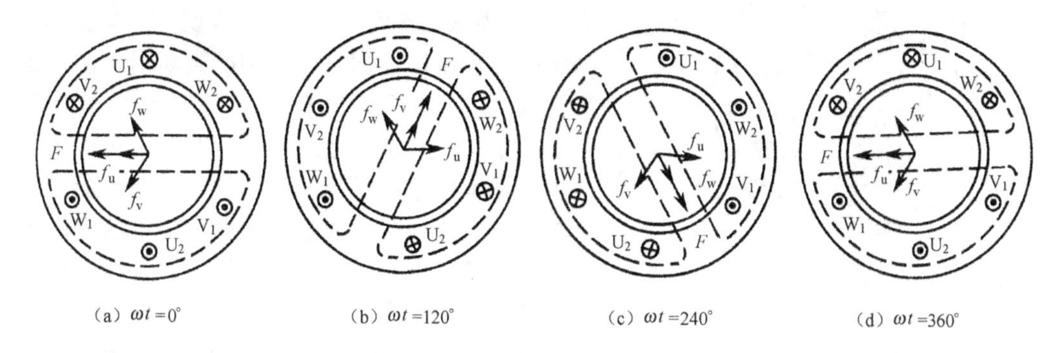

图 2.3　一对磁极的旋转磁场

理论分析可以证明：旋转磁场的磁感应强度沿定子内圆在空间上呈正弦分布，合成磁势的幅值为固定值，磁势相量顶点的轨迹是一个圆，所以又被称为圆形旋转磁场。

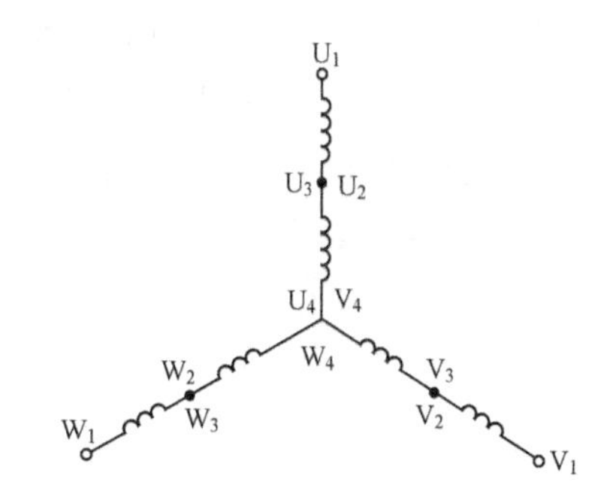

图 2.4　三相四极异步电动机的定子绕组示意

如果电动机的每相绕组由两个串联的线圈（组）组成，三相绕组连接成 Y 形，如图 2.4 所示。各相绕组的首端或尾端在空间上互差 60° 放置（电角度仍互差 120° ），如图 2.5 所示。用同样的方法可判断出这时的磁场有两对磁极（即四个磁极），仍按绕组位置沿 U_1、V_1、W_1 方向旋转，与电源相序相同，但电流变化一周时，磁场在空间上仅旋转半周。若电源频率为 f_1，则旋转磁场对应的转速为

$$n_1 = 60 f_1 / 2 = 1\,500 \text{ r/min}$$

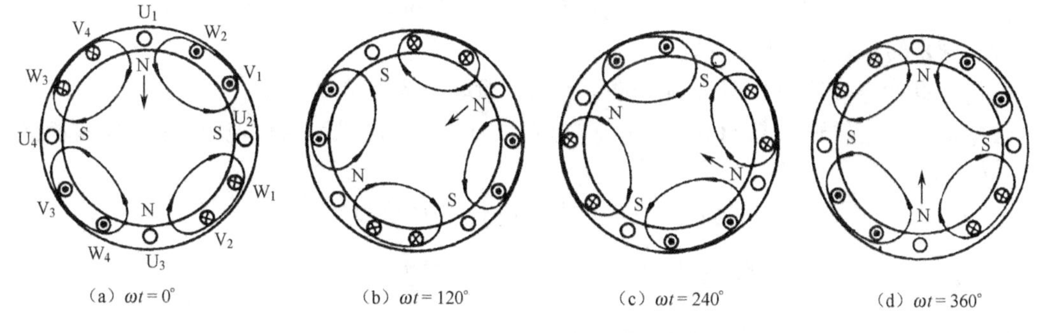

图 2.5　两对磁极（四极）的旋转磁场

进一步分析更多磁极对数的旋转磁场及其旋转过程可以发现：磁场的旋转速度反比于磁极对数。如果旋转磁场有 p 对磁极，则该旋转磁场的转速（也称为同步转速）n_1 为

$$n_1 = \frac{60 f_1}{p} \tag{2-1}$$

2．三相交流异步电动机的基本工作原理

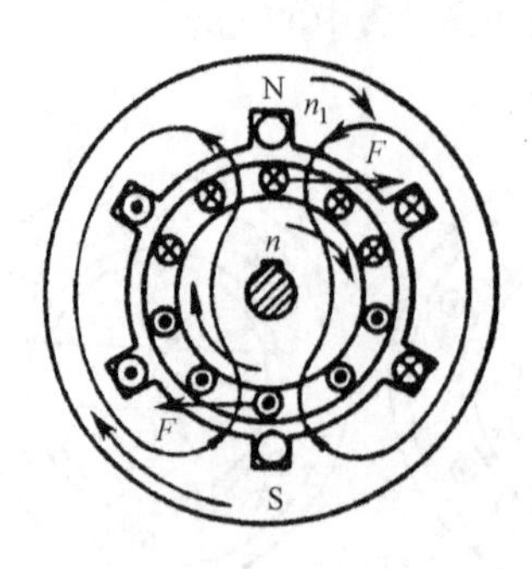

图 2.6　三相交流异步电动机的转动原理

三相交流异步电动机的转子绕组伺行闭合，当旋转磁场扫过转子表面时，会在转子导体中产生感应电流，如图 2.6 所示。转子电流反过来又受到磁场的电磁力作用，根据左手定则能判断出，由电磁力所导致的电磁转矩促使转子沿旋转磁场方向旋转。

转子与旋转磁场之间必须要有相对运动才可以产生上述电磁感应过程，而且转子所获得的能量完全来源于交流电源并通过旋转磁场提供的电磁能，相当于转子被旋转磁场拖动而旋转。若两者转速相同，转子与旋转磁场保持相对静止，转子导体不切割磁力线，没有电磁感应，转子电流及电磁转矩均为零，转子失去旋转动力。因此，异步电动机的转子转速必定低于旋转磁场的转速（同步转速），所以被称为异步电动机。

如果转子电流不是通过电磁感应而是由独立电源提供或转子与定子各有相互独立的磁场，则由于磁极之间的磁性力作用，在一定条件下，定子磁极就会吸引转子磁极并拖动它以相同的速度旋转（即同步旋转），这就是同步电动机。

3．转差与转差率

由上述分析也可看出：对于异步电动机而言，旋转磁场与转子之间的相对运动速度直接影响了转子电流及电磁转矩的大小。一般把同步转速 n_1 与转子转速 n 的差值称为转差，转差与同步转速的比值称为转差率，以 s 表示。

$$s=\frac{n_1-n}{n_1} \tag{2-2}$$

转差率是影响电机状态及其特征的一个重要因素。电机在额定状态时的转差率称为额定转差率，以 s_N 表示。普通三相异步电动机的额定转差率 s_N 约为 0.01～0.05，额定转速 n_N 与同步转速 n_1 很接近。

【例 2.1】　某三相异步电动机的额定转速 n_N=1 440r/min，额定频率 f_1=50Hz，求该电机的极数、同步转速和额定转差率。

解：根据额定转速值并结合额定转差率的一般取值范围可以判断：

该电机的同步转速 n_1=1 500 r/min，磁极对数 p=2，该电机为四极电机。因此，额定转差率 s_N 为

$$s_N=(n_1-n)/n_1=(1\,500-1\,440)/1\,500=0.04$$

2.1.2　三相交流异步电动机的基本结构与类型

1．三相交流异步电动机的基本结构

异步电动机主要由定子（电机的静止部分）和转子（电机的转动部分）共同组成，按转子绕组结构形式分为笼型电机和绕线式电机。图 2.7 所示为绕线式电机的结构和主要部件。

（1）定子

定子主要由定子铁芯、定子绕组和机座三部分组成。

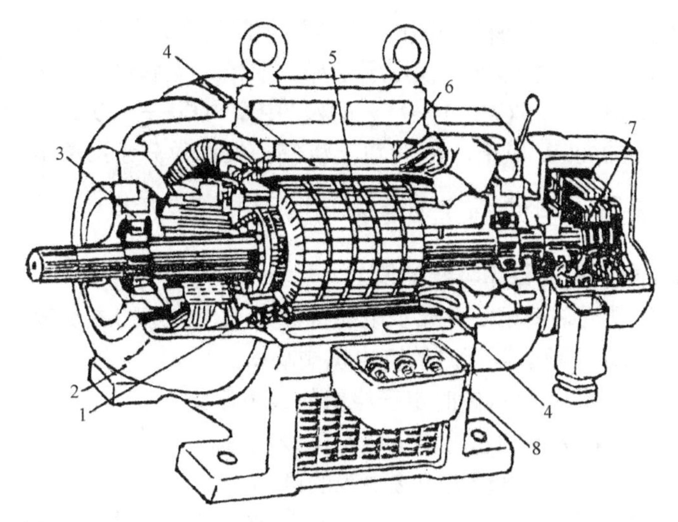

1—转子绕组；2—端盖；3—轴承；4—定子绕组；5—转子；6—定子；7—滑环、电刷结构；8—接线盒；9—机座

图 2.7 绕线式异步电动机的结构

定子铁芯由导磁性能良好但电阻率较大的硅钢片叠压而成，片间涂有绝缘漆，以减少旋转磁场的交变磁通通过铁芯所产生的涡流损耗。三相对称的定子绕组嵌入定子槽并由槽楔固定于定子槽中，一般由多个线圈组按规律连接而成，绕组与铁芯之间有槽绝缘且整体固定于机座中。

（2）转子

转子包括转子铁芯、转子绕组和转轴。

转子铁芯也由硅钢片叠压并固定于转轴或转子支架上，它与定子铁芯、气隙共同构成电机的完整磁路。转子绕组有笼型和绕线型两种。笼型转子绕组由铜条及端环组成，形状类似于鼠笼，小型异步电机由铸铝工艺制造转子导条、端环及风叶，如图 2.8 所示。绕线型转子绕组类似于定子的对称三相绕组，一端作星形连接，另一端分别连接固定在转轴的三个滑环上，并可通过电刷与外部元件或设备连接，以调节电动机的运行状态。

（a）铜条绕组

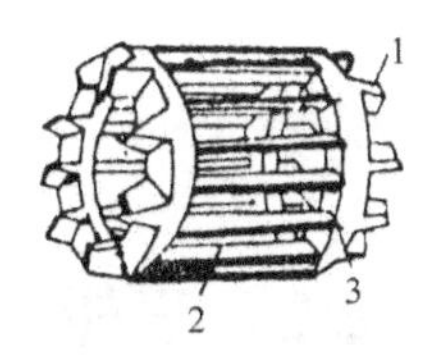

（b）铸铝绕组

1—风叶；2—铝导条；3—端环

图 2.8 笼型转子绕组

定子与转子之间的气隙是电机磁路的组成部分，气隙大小对电机很重要，气隙过大会使电机功率因数下降，反之则磁场的高次谐波含量大，也会导致电机某些性能下降并且维护困难、运行可靠性降低。中小型异步电机的气隙厚度通常为 0.2～2mm。

2. 三相交流异步电动机的类型

三相交流异步电动机一般按转子结构分为笼型异步电机和绕线式异步电机。此外，还有其他一些分类方式。按机壳防护形式分有：防护式——可防止水滴、灰尘、铁屑及其他物体从上方或斜上方落入电机内部，适用于较清洁的场合；封闭式——能防止水滴、灰尘、铁屑及其他物体从任意方向落入电机内部，适用于灰砂较多的场合；开启式——除必要的支撑外，转动部分与绕组无专门防护，散热好，仅用于干燥、清洁、无腐蚀性气体的场合。按机座号分为：小型电机——0.6kW～125kW，1～9 号机座；中型电机——100kW～1250kW，11～15 号机座；大型电机——1250kW 以上，15 号以上机座。按相数分为：单相、三相电机。

2.1.3 三相交流异步电动机的额定值与型号

1. 三相交流异步电动机的铭牌与额定值

铭牌标注的额定值是反映三相交流异步电动机额定工作状态的主要参数，包括以下几项。

- 额定功率 P_N：电动机额定运行时的输出机械功率。
- 额定电压 U_N：电动机额定状态时定子绕组的线电压。
- 额定电流 I_N：电动机额定状态时定子绕组的线电流。
- 额定频率 f_N：额定状态下电动机应接电源的频率。
- 额定转速 n_N：电动机在上述额定值下转子的转速，单位为转/分（r/min 或 rpm）。

此外，铭牌上还标注有电机型号、绕组接法、绝缘等级或额定温升等。对于绕线式电机还标注转子额定状态，如转子额定电压（额定状态下，转子绕组开路时滑环间的电压值）、转子未外接电路元件时的额定电流等。

2. 三相交流异步电动机的型号

我国生产的三相交流异步电动机的类型、规格及特征代号主要由汉语拼音字母和数字结合表示。例如："Y"表示"异步电动机"；"R"表示"绕线型"。目前大量使用的是参照 IEC（国际电工委员会）标准生产的 Y 系列交流异步电动机。与已淘汰的 JO_2 系列相比，Y 系列电机具有标准化及通用化程度高、效率高、启动与过载能力大、体积小、重量轻、噪声低、安装灵活等优点。常用的有：Y——笼型异步电机、YR——绕线式异步电机、YD——多速电机、YZ——起重冶金用异步电机、YQ——高启动转矩异步电机等。Y 系列电机型号含义如下：

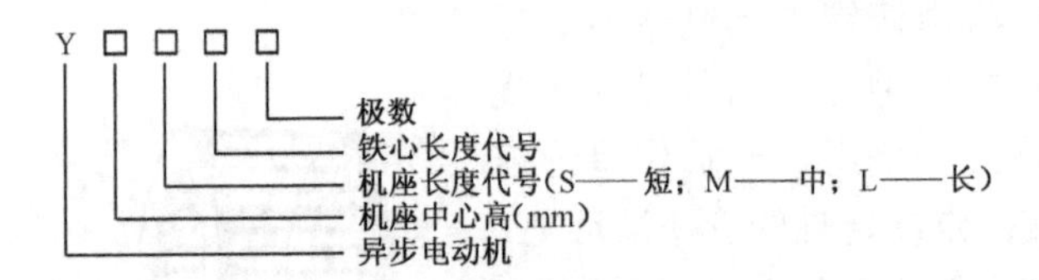

2.2 三相交流异步电动机的运行特性

2.2.1 三相交流异步电动机的机械特性

电磁转矩对电动机的特性有重要影响。由理论推导可得转矩表达式为

$$T = C_m \Phi_m I_2' \cos\varphi_2 \tag{2-3}$$

式中，C_m 为电磁转矩常数。

式（2-3）称为电磁转矩的物理表达式。它定性说明：在主磁通 Φ_m 不变时，电磁转矩 T 的大小主要取决于转子电流的有功分量 $I_2'\cos\varphi_2$。在分析电动机状态特征的变化规律时，需要找到更直接的表达形式，即：在电源电压 U_1 和频率 f_1 不变时，电磁转矩 T 与转速 n（或转差率 s）之间的关系，这就是三相交流异步电动机的机械特性。

1．机械特性

电动机在规定的电源电压 U_1、频率 f_1 和自身参数条件下所体现出的特性又称为固有机械特性，特性曲线如图 2.9 所示。图中，电机在正向旋转磁场（同步转速 n_1 为正）作用下的曲线称为正向机械特性（曲线 1），反之，则称为反向机械特性（曲线 2）。如果出于电动机启动、制动或调速的特殊要求而人为地改变其参数或条件，则机械特性也随之改变，此时的机械特性称为人为机械特性。

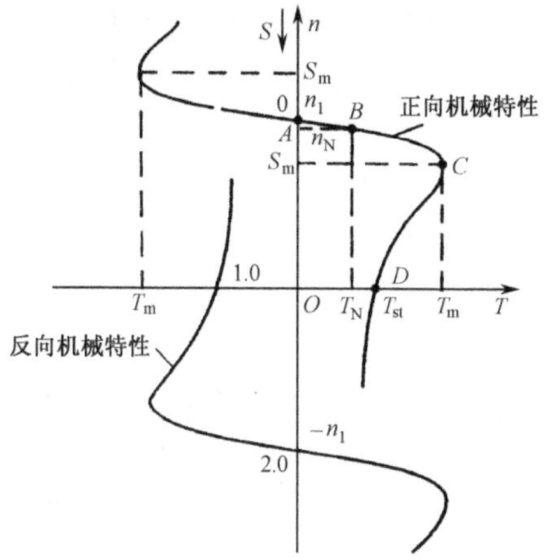

当电动机在第一、三象限特性上工作时，电磁转矩 T 与转速 n 同方向，由电磁转矩拖动负载旋转，电动机分别处于正向和反向电动状态。在第二、四象限时，T 与 n 反向，电磁转矩变为阻力矩并阻碍电动机旋转，电动机处于制动状态。

1—正向机械特性；　2—反向机械特性

图 2.9　异步电动机的固有机械特性

2．机械特性上的特殊点及其状态

在图 2.9 的曲线 1 上，A 点称为异步电动机的理想同步状态（$n=n_1$，$s=0$，$T=0$）；B 点是额定运行点（$n=n_N$，$s=s_N$，$T=T_N$）；D 点为电动机的启动状态（$n=0$，$s=1$，$T=T_{st}$）；C 点对应的电磁转矩最大。非特殊负载情况下，电动机一般可在 CA 段稳定运行，而在 CD 段则因无抗负载波动能力不能稳定工作。所以，C 点状态为异步电动机的临界状态，C 点也称为临界点。其转差率称为临界转差率 s_m，对应临界转差率 s_m 时的转矩称为临界转矩 T_m。

电动机启动时，$s=1$ 的转矩称为启动转矩 T_{st}。

考察机械特性曲线并进行理论分析，可以得出以下结论。

① 在频率 f_1 不变时，$T \propto U_1^2$，电机对电源电压的波动很敏感，电网电压的下降可导致电磁转矩的大幅度下降。

② 人为改变电源频率 f_1 或磁极对数 P 时，电磁转矩 T 及电机转速 n 都会变化，从而可实现对异步电机进行变频或变极调速。

③ 临界转差率 $s_m \propto r_2'$，绕线式异步电动机转子绕组外接电阻时，s_m 增大，启动转矩 T_{st} 上升但最大转矩 T_m 不变，临界状态向低转速区迁移，相当于特性的临界点下移。这一特征也可用于电机调速、制动或改善电机的启动性能。

④ 人为机械特性上稳定段的倾斜程度反映了电机抗负载扰动的能力。倾斜程度加大时，相同的负载转矩变化可引起较大的转速变化，电机抗扰动能力变差，即所谓的“特性变软”；反之，特性较硬。

为衡量电机带负载启动和极限过载的能力，通常把启动转矩 T_{st}、最大转矩 T_m 与额定转矩 T_N 的比值分别称为启动能力（K_{st}）、过载能力（λ）。

$$K_{st} = \frac{T_{st}}{T_N}, \quad \lambda = \frac{T_m}{T_N} \tag{2-4}$$

普通异步电动机的启动能力约为 1.1～2.0，过载能力约为 1.6～2.2。起重冶金用 YZ 或 YZR 系列异步电动机的启动能力与过载能力分别可达 2.8 和 3.7，甚至更高。

2.2.2 三相交流异步电动机的工作特性

当负载在一定范围内变化时，异步电动机一般能通过参数的自动调整适应这种变化。在额定电压和额定频率下，电机的转速 n、定子电流 I_1、电磁转矩 T、功率因数 $\cos\varphi_1$、效率 η 与电机输出的机械功率 P_2 之间的关系可以从不同的侧面反映电机的工作特征，这就是异步电动机的工作特性，如图 2.10 所示。

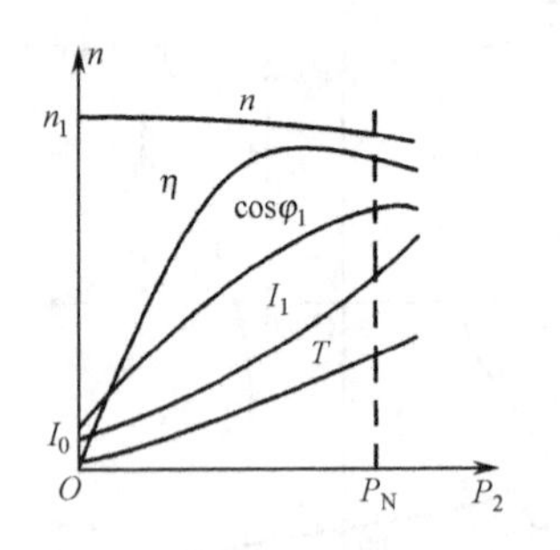

图 2.10 异步电动机的工作特性

1．转速特性 $n=f(P_2)$

空载时，$P_2=0$，$n\approx n_1$，$s\approx 0$。随负载增大，电机转速略下降就可使转子电流明显增大，电磁转矩增大，直至与负载重新平衡。异步电动机的转速特性是一条略下斜的曲线。

2．定子电流特性 $I_1=f(P_2)$

空载时，$P_2=0$，$I_1=I_0$，定子电流几乎全部用于励磁。当 $P_2<P_N$ 时，随负载增加，转子电流增大。为保持磁势平衡，定子电流也上升，定子电流特性是一条过 I_0 点的上升曲线；过载后，受电机磁路状态影响，电流上升速度加快，曲线上翘。

3．电磁转矩特性 $T=f(P_2)$

空载时，$P_2=0$，$T=T_0$，电磁转矩主要用于克服风阻、摩擦阻力。随负载增大，电磁转矩也相应增大，T 与 P_2 的关系近似为过空载转矩 T_0 点的直线。

4．功率因数特性 $\cos\varphi_1=f(P_2)$

空载时损耗较少，电机自电网获得的功率大部分为无功功率，用以建立和维持主磁通，空载功率因数通常小于 0.3。随负载增加，P_2 增大，转子电路功率因数 $\cos\varphi_2$ 上升，导致电机功率因数 $\cos\varphi_1$ 上升。一般设计使电机在额定状态下功率因数 $\cos\varphi_2$ 最高；过载后，$\cos\varphi_1$ 又开始减小。

5．效率特性 $\eta=f(P_2)$

异步电动机的输出功率与输入功率的比值称为效率，它反映了电功率的利用率。由电动机的功率分配关系可知

$$\eta=\frac{P_2}{P_1}=1-\frac{\Delta P}{P_1} \tag{2-5}$$

可见：损耗功率 ΔP 的大小直接影响电机的效率。异步电机从空载状态到满载运行时，主磁通和转速变化不大，铁损耗 P_{Fe} 和机械损耗 P_Ω 近似不变，称为不变损耗；铜耗 P_{Cu1}、P_{Cu2} 则与相应的电流平方成正比，变化较大，称为可变损耗。普通异步电动机的额定效率约为 0.8～0.9，中小型异步电动机通常约 75%额定负载时的效率最高，超过这个比例时效率稍下降。

2.3 三相交流异步电动机的启动

启动是指电动机通电后转速从开始逐渐加速到正常运转的过程。

三相异步电动机启动时，一般要求：启动转矩大；启动电流小；启动时间短；启动方法与设备简单、经济；操作简便。实际的三相异步电动机启动转矩偏小且启动电流大（可达额定电流的 4～7 倍），其影响主要表现在：大启动电流冲击电网设备，导致设备发热及电网电压下降，影响同网其他负载正常工作；启动转矩小造成启动过程缓慢，冲击时间长。一般需

要根据电动机及负载的要求采取相应的启动措施。

2.3.1　笼型异步电动机的启动

笼型电动机的启动方式包括全压启动、降压启动和特殊转子结构的笼型电动机启动。

1. 全压启动

全压启动就是将电机直接接入电网，在定子绕组承受额定电压情况下启动，又称直接启动。一般容量的电源可允许 7.5kW 以下异步电机直接启动，如果供电变压器的容量较大，对 7.5kW 以上并且启动电流比满足以下经验公式的异步电机也可直接启动。

$$\frac{I_{st}}{I_N} \leqslant \frac{1}{4}\left[3+\frac{\text{供电变压器容量（kVA）}}{\text{电动机容量（kW）}}\right] \tag{2-6}$$

2. 降压启动

对不满足全压启动条件的笼型电机，需要降压启动后再切换至全压运行。降压措施有：定子串电阻或电抗降压、星形—三角形降压、自耦变压器降压、延边三角形降压等。

（1）定子串电阻或电抗降压启动

这种启动措施通过电阻或电抗的分压作用降低定子绕组电压。设全压时定子电压为 U_1，降压后的定子绕组电压、电流和启动转矩分别为 U_1'、I_{st}'、T_{st}'，$U_1'=kU_1$。根据启动电流、启动转矩与电压的关系可得

$$\frac{I_{st}'}{I_{st}}=\frac{U_1'}{U_1}=k\,,\quad \frac{T_{st}'}{T_{st}}=\left(\frac{U_1'}{U_1}\right)^2=k^2 \tag{2-7}$$

可以看出这种启动方式下，启动转矩下降幅度更大，一般适用于空载或轻载启动。

（2）星形-三角形（Y-△）降压启动

启动时电机作 Y 接法，启动结束后电机以△接法全压运行。设星形、三角形接法下电机的启动电流、启动转矩分别为：I_{stY}、T_{stY}，$I_{st\triangle}$、$T_{st\triangle}$，有

$$\frac{I_{stY}}{I_{st\triangle}}=\frac{(U_1/\sqrt{3})}{\sqrt{3}U_1}=\frac{1}{3}\,,\quad \frac{T_{stY}}{T_{st\triangle}}=\left(\frac{U_1/\sqrt{3}}{U_1}\right)^2=\frac{1}{3}$$

Y-△启动方法简单，线路换接方便，转矩与电流下降比例均为 1/3 且不能调整，一般用于空载或轻载场合，并且只有正常运行接法为△的笼型电机才能使用 Y-△启动。

（3）自耦变压器降压启动

采用自耦变压器（又称启动补偿器）降压启动时，自耦变压器的抽头一般有几个可选择，所以适用于不同容量的电机在不同负载启动时使用。这种启动方式的缺点是：启动设备体积大且笨重、价格高、维护检修工作量大。自耦变压器启动时的原理接线与一相电路如图 2.11 所示。

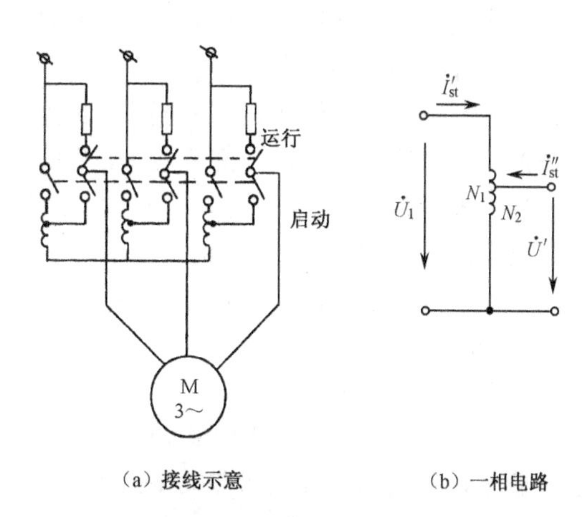

图 2.11　自耦变压器启动时的原理接线与一相电路

设电机全压时的电压与启动电流为 U_1、

I_{st}，自耦变压器的降压比例为：$k=U'/U_1=N_2/N_1$，流过电机绕组的启动电流为I_{st}''，反映到自耦变压器原边的启动电流为I_{st}'，则

$$\frac{I_{st}''}{I_{st}}=\frac{U'}{U_1}=k\ ,\quad \frac{I_{st}'}{I_{st}''}=\frac{N_2}{N_1}=k$$

故

$$\frac{I_{st}'}{I_{st}}=\left(\frac{N_2}{N_1}\right)^2=\left(\frac{U'}{U_1}\right)^2=\frac{T_{st}'}{T_{st}}=k^2$$

（4）延边三角形降压启动

这种电机的每相绕组都带有中心抽头，抽头比例可按启动要求在制造电机前确定。启动时的接法如图 2.12（a）所示，部分绕组作△连接，其余绕组向外延伸，所以称为延边三角形启动。启动中降压比例取决于抽头比例，绕组延伸部分越多则降压比越大。启动结束后，将电机的三相中心抽头断开并使绕组依次首尾相接以△接法运行，如图 2.12（b）所示。延边三角形降压启动主要用于专用电机上。

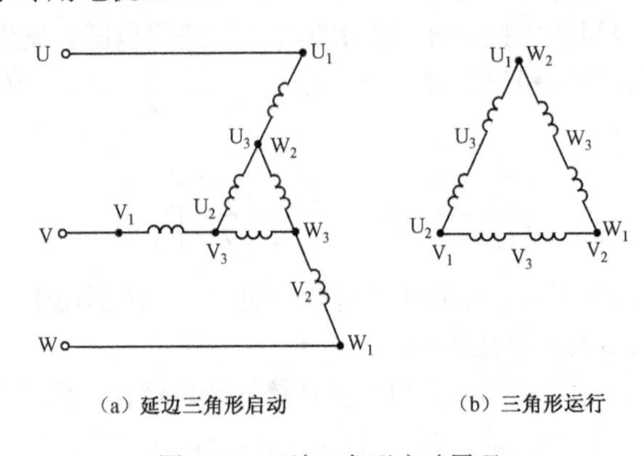

（a）延边三角形启动　　（b）三角形运行

图 2.12　延边三角形启动原理

3．深槽型和双笼型异步电动机启动

深槽型和双笼型异步电动机采用特殊的转子笼型绕组结构来改善启动性能，它们都利用电流的集肤效应使电动机启动时转子绕组的电阻变大，从而降低启动电流、增大启动转矩。

（1）深槽型异步电动机

深槽型电动机的转子槽型深而窄，深宽比是普通电动机的 2～4 倍。转子电流产生的漏磁通与槽底部分交链多而槽口部分较少，故槽口部分漏磁通很小，电流主要从槽口部分流过（即电流趋于表面），这就是所谓的“集肤效应”。深槽型电动机的转子槽型、漏磁通、转子电流分布及机械特性如图 2.13 所示。

集肤效应使导条的有效截面积减小，导条电阻增大。由于转子漏电抗正比于转子电流频率，启动时，$s=1$，$f_2=f_1$，集肤效应最明显，转子电阻显著增大，机械特性临界点下移导致启动转矩增大，同时启动电流减小。启动结束后电机进入高速运行状态，$f_2=sf_1$，f_2 很小，集肤效应基本消失，转子电流近似均匀分布，机械特性基本不受影响，特性如图 2.13 中曲线 2 所示（普通异步电机的特性如曲线 1 所示）。

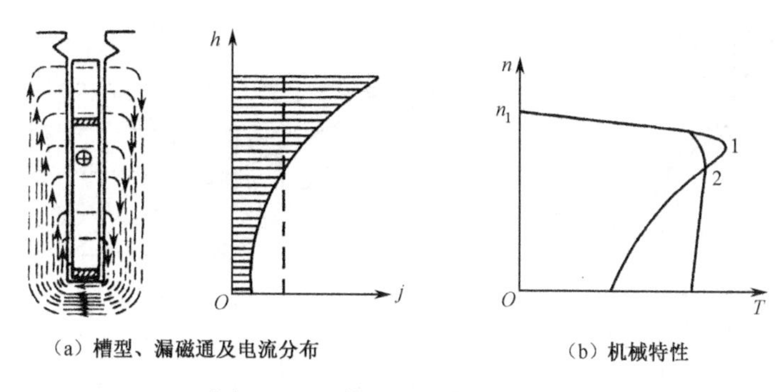

（a）槽型、漏磁通及电流分布 （b）机械特性

图 2.13 深槽型异步电动机原理

（2）双笼型异步电动机

双笼型电机的转子有内、外两套笼型绕组（分别称为工作笼和启动笼）。外笼导条截面小且以电阻率较大的黄铜材料制造；内笼导条截面大并由导电性好的紫铜材料制成。启动时，强烈的集肤效应使转子电流流过电阻较大的外笼（启动笼），启动转矩大且启动电流小，外笼对电动机的启动性能影响大。高速运行时，电流主要流经电阻很小的内笼（工作笼），电动机的运行特性受内笼影响大。双笼型电动机机械特性由启动笼特性和工作笼特性合成，图 2.14 所示分别为双笼型电动机的转子结构、漏磁通分布及机械特性。特性图中，曲线 1、2、3 分别为启动笼特性、工作笼特性和合成的机械特性。

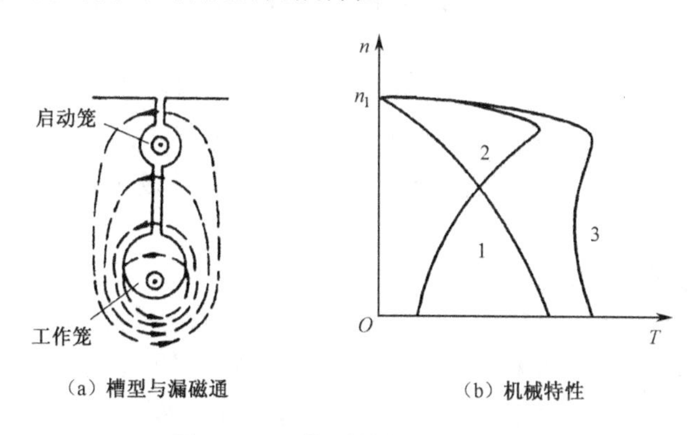

（a）槽型与漏磁通 （b）机械特性

图 2.14 双笼型异步电动机原理

深槽型和双笼型异步电动机正常工作时的转子电流远离转子铁芯表面，转子漏电抗比普通笼型电动机大，电动机运行时的功率因数、过载能力偏低并且结构复杂、价格偏高。

2.3.2 绕线式异步电动机的启动

异步电动机转子电阻对机械特性有很大影响。绕线式电动机通过滑环、电刷结构可将外界启动设备接入转子绕组，从而改善电动机的启动性能。它的突出优点是：可根据不同的负载需要设计相应的启动过程。

1．转子串电阻分级启动

启动过程中转子外接启动电阻通过分级短接（根据需要进行手动或自动切除），启动结束后由绕线式电机的提刷短路装置切除启动设备，电机进入固有特性运行，这就是转子串电阻分级启动，其原理接线与机械特性如图 2.15 所示。

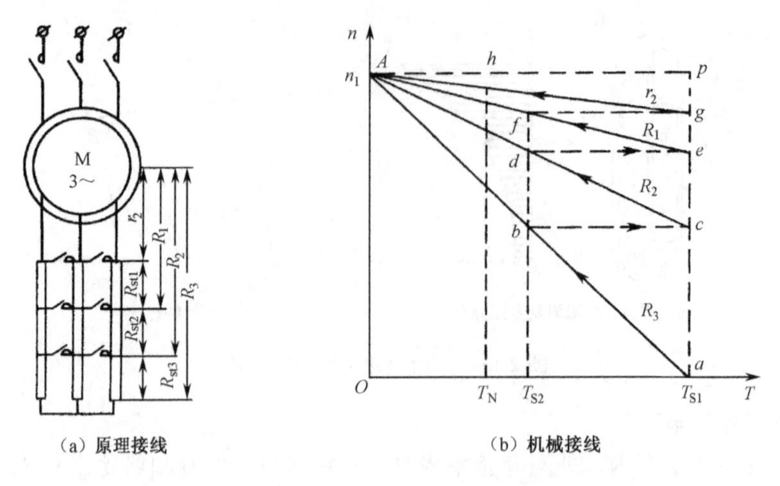

（a）原理接线　　（b）机械接线

图 2.15　绕线式异步电动机转子串电阻分级启动

电机启动时，转子外接全部启动电阻，这时的转子总电阻为：R_3=（r_2+R_{st1}+R_{st2}+R_{st3}），机械特性临界点下移量最大，电机以启动转矩 T_{st1} 从 a 点开始启动并沿 R_3 机械特性上升。随着转速上升，转矩开始下降，电机状态到达 b 点（转矩为 T_{st2}）后，为增大启动转矩、加快启动过程，将第三级启动电阻短接切除，转子总电阻变为 R_2=（r_2+R_{st1}+R_{st2}）。由于惯性作用，电机状态在同转速下切换至 R_2 特性上的 b 点并沿 R_2 特性上升，直至最后依次切除 R_{st2}、R_{st1}，电机沿固有特性加速至额定状态（h'点）。

转子串电阻分级启动方式下要求选择合理的最大启动转矩 T_{st1} 和切换转矩 T_{st2} 时，如果 T_{st1} 和 T_{st2} 相差较小，则启动过程中转矩变化小，电流与机械冲击小，启动较为平稳但启动电阻级数多，导致切换与控制复杂、冲击频繁；若 T_{st1} 和 T_{st2} 相差较大则相反。一般取：T_{st1}=（1.4～2.0）T_N；T_{st2}=（1.1～1.2）T_N。

2. 转子串频敏变阻器启动

分级启动的缺点主要是：启动设备维护复杂，有冲击，启动过程不平滑。转子串频敏变阻器启动则可根据启动过程中的电机转速自动调整频敏变阻器参数，从而实现平滑启动。图 2.16 中（a）和（b）所示即为频敏变阻器结构及转子串频敏变阻器后相应的每相等效电路。

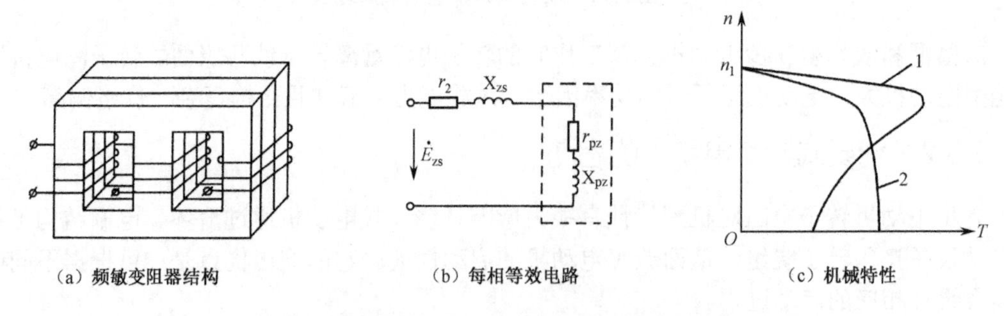

（a）频敏变阻器结构　　（b）每相等效电路　　（c）机械特性

图 2.16　绕线式异步电机转子串频敏变阻器启动

频敏变阻器由整块的厚钢板叠压而成，绕组作星形连接，相当于三个共磁路且参数可调的电感线圈。转子电流流经频敏变阻器绕组产生的交变磁通在铁芯中引起大量的铁损耗（主要是涡流损耗），相当于转子外接电阻的功率消耗。忽略漏阻抗时，频敏变阻器在电路上可等

效励磁电阻 r_{pz} 与励磁电抗 X_{pz} 的串联。铁耗正比于转子电流频率的平方。启动时，n=0，s=1，f_2=f_1，铁耗很大，相当于等值的励磁电阻很大，可以提高启动转矩并降低启动电流；随转速上升，f_2=sf_1，f_2 逐渐减小，r_{pz} 与 X_{pz} 也平滑地减小，因而具有较好的启动性能。为适应不同的负载需求，频敏变阻器的铁芯气隙可调，结合选择适当的绕组抽头后可得到启动转矩近似恒定的启动特性，如图 2.16（c）中的曲线 2 就是转子串频敏变阻器启动的机械特性，曲线 1 则是绕线式电机的固有机械特性。

2.4　三相交流异步电动机的调速

所谓调速主要是指通过改变电机的参数而不是通过负载变化来调节电机转速。三相异步电动机的调速依据是：$n = n_1(1-s) = 60f_1(1-s)/p$。调速方式主要有变极调速、变频调速、变转差率调速三大类。随着电力电子技术与器件的发展，目前交流调速系统的调速性能较以往已有很大提高，并逐渐获得广泛应用。

2.4.1　变极调速

变极调速就是通过改变三相异步电动机旋转磁场的磁极对数 p 来调节电动机的转速。

1. 变极原理

采用变极调速的多速电机普遍通过绕组改接的方法实现变极，如图 2.17 所示。当构成 U 相绕组的两个线圈（组）由首尾相接的顺极性串联改接为反极性串联或反极性并联后，磁场的磁极对数 p 减少一半，电动机的同步转速增加一倍，这将使电动机的转速上升；反之，转速下降。

2. 变极调速形式与特征

具体的变极方案有：星形—双星形变极（Y-YY）、三角形—双星形变极（△-YY），图 2.18 为这两种变极方式下绕组改接的演变过程，显然 YY 接法（线圈组反极性并联）对应的电动机转速较高。由于变极前后绕组的空间位置并无改变，假设在 YY 接法下（极对数为 p）三相绕组首端对应的电角度分别为 0°、120°、240°，与电源相序相同；在△接法下（极对数增加为 $2p$）相同的绕组首端空间位置对应的电角度则变为 0°、240°、480°（480°=360°+120°，相当于 120°），恰与原电源相序相反。若要求变极前后电动机的转向不变，需要将电源任意两相对调，接入反相序电源。

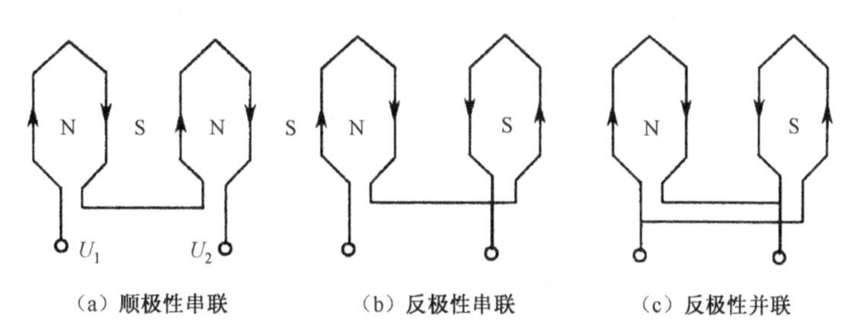

图 2.17　绕组改接变极原理

（1）Y-YY 变极调速

Y-YY 变极调速绕组改接如图 2.18（a）所示，若电动机在 Y 接法时，磁极对数为 p，同

步转速为 n_1；那么电动机在 YY 接法时，磁极对数变为 $p/2$，同步转速为 $2n_1$。若变极前同步转速为 1 500r/min，则变极后同步转速可达到 3 000r/min。

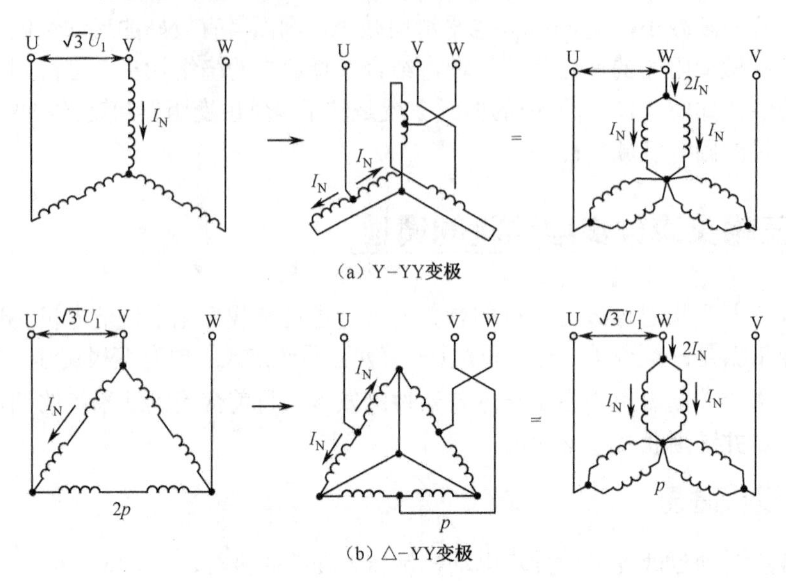

图 2.18　Y-YY、△-YY 变极绕组改接

Y-YY 变极调速前后的机械特性如图 2.19 所示，其最大转矩和启动转矩的变化情况值得注意。

变极过程中，绕组自身（除接法外）及电机结构并未改变。假设变极前后电机的功率因数和效率保持不变，线圈组均通过额定的绕组电流 I_N，经过理论推导可得，变极前后电机的容许输出功率及转矩分别是 P_Y、T_Y 与 $P_{YY}=2P_Y$、$T_{YY}=T_Y$。

（2）△-YY 调速

△-YY 变极调速绕组改接如图 2.18（b）所示，其机械特性如图 2.19（b）所示。经理论推导可得，变极前后电机的容许输出功率由 $P_\triangle$变为 $P_{YY}=1.15P_\triangle$。

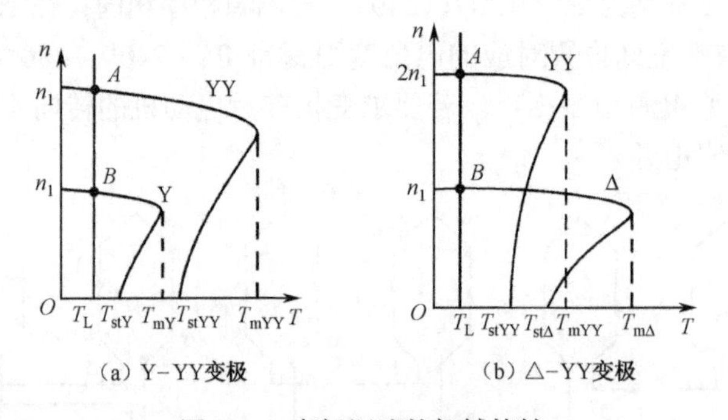

图 2.19　变极调速的机械特性

通过上述分析可知：Y-YY 变极调速具有恒转矩调速的性质；△-YY 变极调速则近似于恒功率调速。

变极调速设备简单、运行可靠、机械特性较硬，但调速前后电机转速变化大，对负载冲击大，属于有级调速，一般用于多速电机拖动机床部件或其他耐受转速冲击的设备上。

2.4.2 变频调速

改变异步电动机的定子电源频率 f_1（即变频）也可以调节电动机转速。变频调速具有调速平滑、调速范围大、准确性及相对稳定性高（尤其是低速特性较硬，抗扰动能力强）、可根据负载要求实现恒功率或恒转矩调速等优点，但需要比较昂贵却又关键的半导体变频设备（有少数场合采用变频机组），技术及操作要求高，运行维护难度大。变频调速大大改善了廉价的笼型电动机的调速性能，发展前途广阔。

由于笼型电动机在设计工作状态下的综合性能较好，从电机本身来看，调速时一般希望主磁通Φ_m保持不变；从拖动负载的角度看，又希望电机的过载能力不变。如果主磁通变大，则可能会因为电机磁路过于饱和引起过大的励磁电流而损害电机；若调速过程中，主磁通过小则电磁转矩将下降，电机的设计容量得不到充分利用。如果因调速使电机过载能力减小，也会影响电机运行的稳定性及调速的准确性。

设调速前后电机的定子电压、电源频率分别为 U_1、f_1，U_1'、f_1'。由理论推导可知，变频时需按相同比例调整定子电压才能保持主磁通不变，即

$$\frac{U_1'}{U_1}=\frac{f_1'}{f_1}=\text{常数}$$

如果还要保持过载能力不变，若忽略定子电阻 r_1 的影响并假设铁芯未饱和，磁路仍处在线性磁化状态，则 $x_1 \propto f_1$，$x_2' \propto f_1$，可设 $x_1+x_2'=kf_1$。根据过载能力定义及最大转矩表达式有

$$T_m \approx \frac{3pU_1^2}{4\pi f_1(x_1+x_2')}=\frac{3pU_1^2}{4\pi k f_1^2},\quad \lambda=\frac{T_m}{T_N}$$

可得调速前后电压、频率、转矩之间的关系为

$$\frac{U_1'}{U_1}=\frac{f_1'}{f_1}\sqrt{\frac{T_N'}{T_N}} \tag{2-8}$$

① 对恒转矩负载，$T_N=T_N'$，调速时应按相同比例调节电压，即

$$\frac{U_1}{f_1}=\frac{U_1'}{f_1'}$$

此时在理论上能保证主磁通Φ_m和过载能力λ都不变。由于实际的电动机绝缘强度有限度，因此达到电机的额定电压 U_N 后，U_1 不能再按变频比例增大。在 $U_1=U_N$ 的情况下，如果从 f_1 自额定频率 f_N 继续上调则主磁通将减小，最大转矩也减小，过载能力下降；当 f_1 自额定频率 f_N 下调时，由于 $x_1+x_2'=kf_1$ 也随 f_1 下降，r_1 逐渐变得不能忽略，主磁通虽可保持近似不变但最大转矩还会减小，过载能力也随之下降。

② 对恒功率负载，$P_N=P_N'$，根据

$$P_N=T_N\frac{2\pi n_N}{60}\approx\frac{2\pi n_1}{60}T_N=\frac{2\pi f_1}{p}T_N$$

得 $T_N f_1=T_N' f_1'$

或 $\dfrac{T_N'}{T_N}=\dfrac{f_1}{f_1'}$

代入（2-8）可得到变频过程中的电压调整依据，即

$$\frac{U_1'}{U_1}=\sqrt{\frac{f_1'}{f_1}}$$

此时，电压和主磁通的变化幅度小于频率变化幅度，主磁通有少量改变，电机的过载能力变化较小，低速时的特性硬度较大，抗扰动能力强。变频调速时的机械特性如图 2.20 所示（$f_1''>f_1'>f_N>f_1>f_2>f_3$）。

2.4.3 变转差率调速

常见的改变转差率调节电机转速的方法是在绕线式电机转子电路中外接调速电阻。

1．转子串电阻调速

转子串电阻后，机械特性上的最大转矩 T_m 不变而临界转差率 s_m 会增大，临界点会下移并可在小范围内对电机进行调速，机械特性如图 2.21 所示。

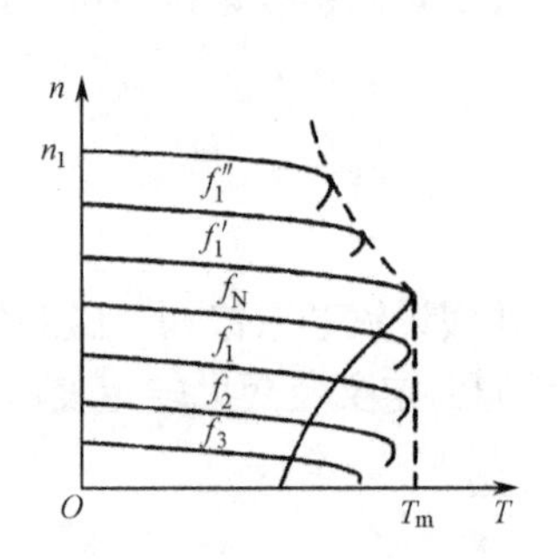

图 2.20 变频调速机械特性

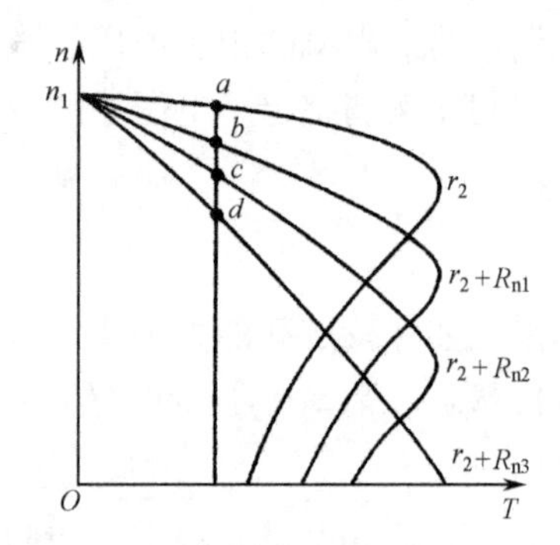

图 2.21 转子串电阻调速机械特性

转子串电阻的调速范围有限，外串较大电阻时的特性很软，抗负载波动能力差；外接电阻的电能消耗量大，调速效率较低。该方法的优点是：方法简单，投资少，可结合绕线式电机的启动、制动状态使用，因而它在很多起重及运输设备中仍有一定的应用。

2．转子电路引入附加电势调速

由于转子电流 I_2 与转差率 s、转子参数及转子感应电动势 E_2 有关，因此如果在转子电路中引入外接的电动势，则会改变转子电流，进而通过电磁转矩的改变影响电机的转速，这就是转子电路引入附加电势调速。设附加电势 $\dot{E}_p$ 与 $\dot{E}_2$ 同频率，则

$$\dot{I}_{2S}=\frac{s\dot{E}_2\pm\dot{E}_p}{r_2+\mathrm{j}sX_2}$$

可见，在同频率的前提下，附加电势 $\dot{E}_p$ 的大小及它与转子自身感应电势 $s\dot{E}_2$ 的相位关系对转子电流 $\dot{I}_{2S}$ 有关键性的影响。从能量角度而言，电机调速过程中如果需要补充一定的电能时可由附加电源提供；反之，则多余的能量可通过附加电源回送给电网。如能很好地控制这种能量交换，就能够使电机准确进入调速所要求的状态。这种调速方式的调速范围大而且平滑，准确性及稳定性高，能量利用率高；但要求附加电势的频率始终要与变化的转子感应电势保持相同，而且对两者之间的相位关系也有要求。因而，这种调速在技术上较为复杂，但它仍不失为异步电动机的一种比较理想的调速方法。

异步电动机除上述三大类调速方法外，还有其他调速方法。例如：人为地改变定子电压

或采用电磁离合器调速，甚至于将某些电磁调速装置与电机构成整体而成为电磁调速电机。

2.5　三相交流异步电动机的制动

当异步电动机的电磁转矩 T 与转速 n 的方向相反时，电磁转矩将成为电动机旋转的阻力矩，电动机就处在制动状态。制动的目的主要是利用电磁转矩的制动作用使电动机迅速停车（刹车）或者稳定工作在某些有特殊要求的状态。三相异步电动机的电气制动方式包括反接制动、回馈制动和能耗制动三大类。

2.5.1　反接制动

当异步电动机的旋转磁场方向与转动方向相反时，电动机进入反接制动状态。这时，$s=[n_1-(-n)]/n_1>1$。根据电机的功率平衡关系可知，电机仍从电源吸取电功率，同时电机又从转轴获得机械功率。这些功率全部以转子铜耗形式被消耗于转子绕组中，能量损耗大，如不采取措施将可能导致电机温升过高造成损害。反接制动包括倒拉反转制动和电源反接制动。

1. 倒拉反转制动

起重设备工作中常需要绕线式异步电动机拖动位能性负载（负载转矩方向恒定，与电机转向无关。如起重机吊钩连同重物、电梯等）低速下放，此时可以采取倒拉反转制动，其制动过程及机械特性如图 2.22 所示。

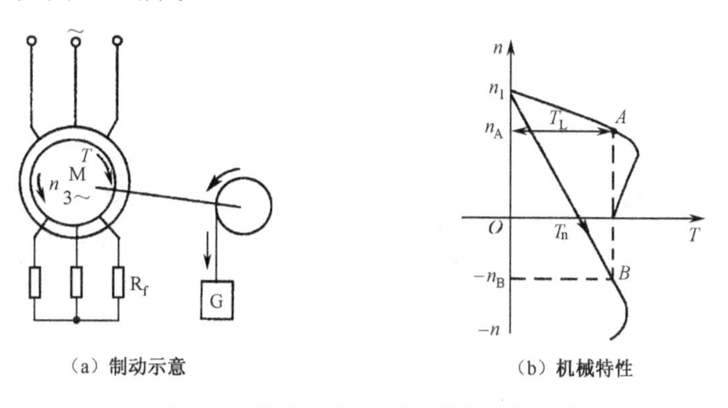

（a）制动示意　（b）机械特性

图 2.22　绕线式电机倒拉反转制动原理

假设制动前绕线式电机拖动负载处于正向电动状态（$T>0$，$n>0$），对应运行于机械特性上的 A 点。制动时，转子外接大阻值的制动电阻导致机械特性的临界点大幅度下移。由于新特性对应于 A 点转速的转矩很小，因此必然不能维持在 A 点存在的平衡。电机在惯性作用下以转速 n_A 切换至新特性上运行并开始减速。直到转速降至 n_B 后才能与负载平衡，电机运行于 B 点。这时，$n_B<0$，电机反转且转速值较低，但特性软，运行稳定性偏差。

2. 电源反接制动

针对电动运行的电机，将三相电源的任意两相对调构成反相序电源，则旋转磁场也反向，电机进入电源反接制动状态，制动过程与机械特性如图 2.23 所示。

电源反接后，电机因惯性作用由反向机械特性上的 A 点同转速切换至 B 点。在反向电磁转矩作用下，电机沿反向机械特性迅速减速。如果制动的目的是使拖动反抗性负载（负载转矩方向始终与电机转向相反）的电机刹车，则需要在电机状态接近 C 点时及时切断电源，否则电机会很快进入反向电动状态并在 D 点平衡。如果电机拖动的是位能性负载，电机将迅速越过反向电动特性直至 E 点才能重新平衡，这时电机的转速超过其反向同步转速，电机进入反向回馈制动状态。电源反接制动时，冲击电流相当大，为了提高制动转矩并降低制动电流，对绕线式电机常采取转子外接（分段）电阻的电源反接制动，制动过程为 $A \to B' \to C'$。

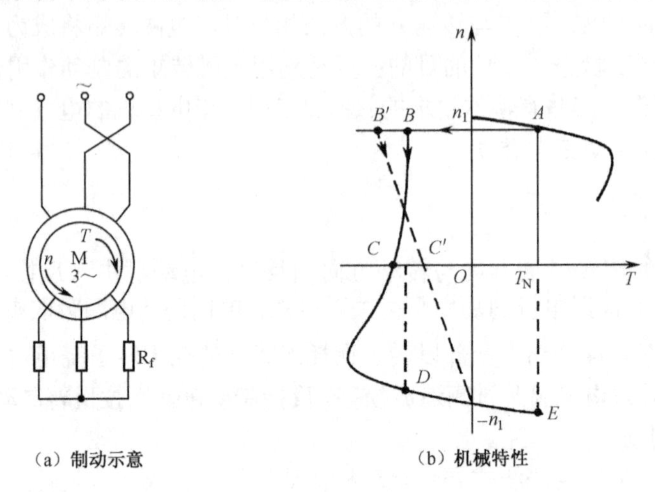

（a）制动示意 （b）机械特性

图 2.23 异步电机电源反接制动原理

2.5.2 回馈制动

回馈制动常用于起重设备高速下放位能性负载场合，其特点是电机转向与旋转磁场方向相同但转速却大于同步转速。

异步电机回馈制动原理如图 2.24（a）所示，在回馈制动方式下，电机自转轴输入机械功率，相当于被“负载”拖动，扣除少部分功率消耗于转子外，其余机械功率以电能形式回送给电网，电机处于发电状态。回馈制动机械特性如图 2.24（b）所示，制动过程为 $A \to B$。若负载拖动的转矩超过回馈制动最大转矩，则制动转矩反而下降，电机转速急剧升高并失控，产生“飞车”等严重事故。

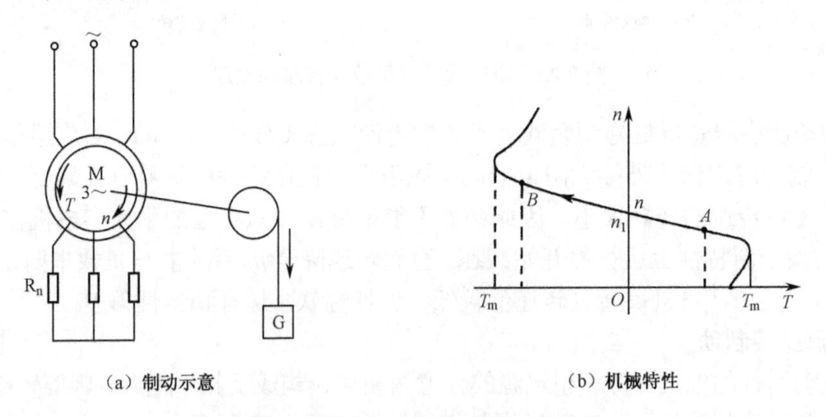

（a）制动示意 （b）机械特性

图 2.24 异步电机回馈制动原理

2.5.3 能耗制动

能耗制动可以克服电源反接制动难以准确停车的缺点，制动后电机能稳定停车。能耗制动的方法是将电动状态的电机交流电源切换为直流电源并采取适当的限流措施，如图 2.25 所示。

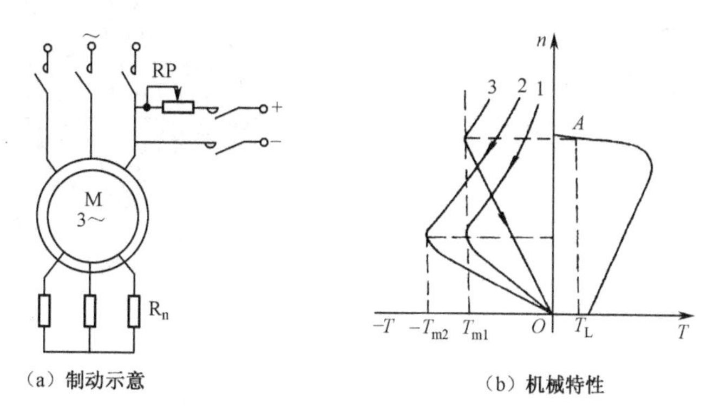

（a）制动示意　　（b）机械特性

图 2.25　异步电机能耗制动原理

直流励磁产生静止的磁场，转子在惯性作用下沿原方向切割该磁场，相当于磁场相对于转子反向旋转产生反向的电磁转矩，当电机转速为零时，转子与旋转磁场相对静止，相当于异步电机的同步状态。能耗制动的机械特性类似于固有机械特性，但同步转速为零，特性相当于倒过来的固有特性并过原点。与交流励磁类似，异步电动机在直流励磁电流固定的情况下其最大转矩固定，但对应于最大转矩的转速值却与转子电阻有关，如图 2.25（b）所示的曲线 1、3。如果直流励磁电流在允许的范围内增大则最大转矩也增大，如曲线 2。为使绕线式电机在高速时获得较大的制动转矩，可在转子电路中外接分段电阻，按照要求逐级切除以加快制动过程。

从能量转换角度看，制动前电机的动能借助直流励磁产生的磁场转化为电能，全部消耗于转子上，因此，这种制动方式被称为能耗制动。

2.6 单相交流异步电动机

单相交流异步电动机功率一般较小（通常小于 600W），体积小，结构简单，价格低。由于单相电机由单相交流电源供电，使用方便，因此广泛用于各种电器设备、电动工具及仪器仪表中。单相电机的缺点主要是：启动能力和过载能力较小，功率因数和效率偏低，工作稳定性稍差。

2.6.1 单相交流异步电动机的工作原理与机械特性

1. 脉振磁场及相应的特性

单相交流异步电机使用单相交流电流励磁，假设有一套绕组分布于定子空间一周，则通电后产生的磁场如图 2.26 所示。

在方向和大小都周期性变化的正弦交流电流作用下，磁场沿图中垂直方向周期性改变，磁场大小按正弦规律变化，相当于磁场在垂直方向上做周期性振动，所以称为脉振磁场。脉振磁场可分解为两个磁势幅值及转速值相同但转向相反的旋转磁场，它们共同作用于同一个转子，如图 2.27 所示。

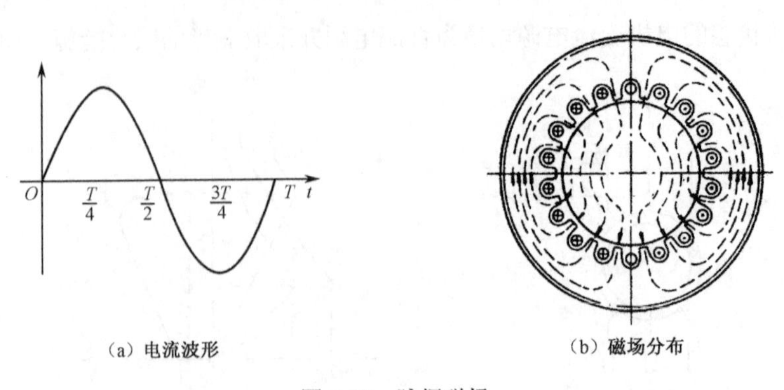

图 2.26　脉振磁场

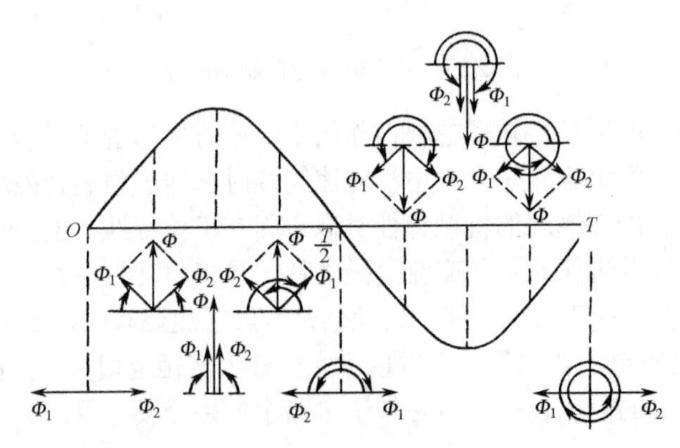

图 2.27　脉振磁场的分解

单独考虑正向或反向旋转磁场对转子的作用时，与三相异步电动机的情况完全相同。原理上，单相异步电机模型相当于两个同轴连接但旋转磁场方向相反的三相异步电机。单相异步电机的机械特性是正向和反向旋转磁场单独作用下机械特性的合成，如图 2.28 所示。

假设分解出的正向、反向旋转磁场造成的机械特性分别为 $T_{+}=f(n)$、$T_{-}=f(n)$，根据合成机械特性可得到以下结论：

- 启动时，n=0，$T_{st}=T_{st+}+T_{st-}=0$。如不采取措施，模型电机将因合成启动转矩为零而无法自行启动。
- 定子绕组通电后，若有外力对静止的转子沿任意方向加速，则导致产生该方向的电磁转矩，当它大于阻力矩时，电机可在沿这个初始方向的某个转速下运行，产生自转现象。

2．单相电机工作原理与机械特性

单相交流异步电动机的定子绕组由轴线在空间上错开一定角度的两套绕组构成，分别称为主绕组（又称为工作绕组或运行绕组）和启动绕组。理论分析证明：当两套绕组通入相位不同的正弦交流电流后，将会在铁芯中产生一个类似三相电机的合成旋转磁势，但磁势相量顶点的轨迹一般为椭圆，磁势旋转方向为由电流相位超前的那个绕组空间位置转向另一个绕组所在的空间位置。椭圆形磁势也可分解为两个转速值相同、转向相反但幅值不同的圆形旋转磁场的合成。这样，两个分解磁场单独作用下的机械特性就不再以原点对称，如图 2.29 所示，曲线 1、2 分别代表正向、反向分解磁场单独作用下的机械特性，曲线 3 代表合成机械特性。由于 $T_{st}=T_{st+}+T_{st-}\neq 0$，因此解决了启动问题。这就是单相交流异步电动机的基本工作原理。

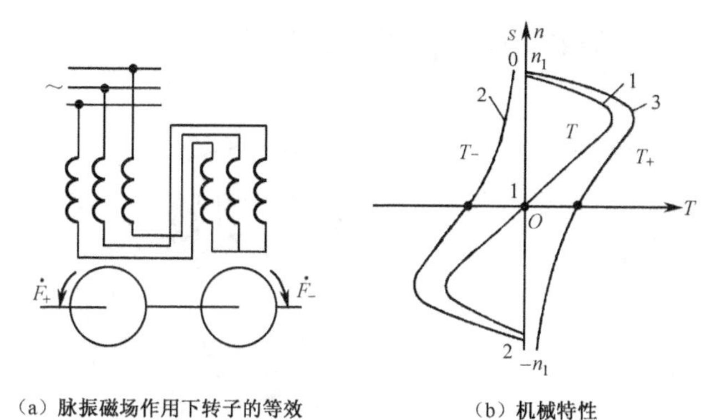

（a）脉振磁场作用下转子的等效　（b）机械特性

图 2.28　脉振磁场作用原理与相应的机械特性

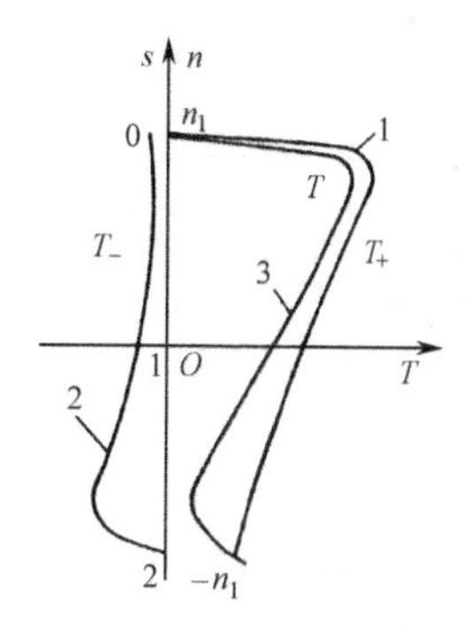

图 2.29　单相交流异步电动机机械特性

2.6.2　单相交流异步电动机的启动类型

表面上，如果采取措施让单相电机两套绕组中流过的交流电流有一定的相位差就可以启动。如何使两个空间上已错开一定角度的磁势或磁通之间出现一定的相位差，这是解决启动问题的出发点。据此可将单相交流异步电机分为分相式和罩极式两大类。

1．分相式单相电机

分相式单相电机利用电容或电阻串入感性启动绕组中起到移相作用，使启动绕组和工作绕组的电流相位错开，即所谓“分相”。

（1）电容分相单相电机

图 2.30（a）所示为电容分相单相电机的原理接线。由于电容的移相作用比较明显，只要在启动绕组中串入适当容量的电容（一般约为 5～20μF），就可使两绕组的电流相位差接近于 90°，这时的合成旋转磁场接近于圆形旋转磁场，因而启动转矩大同时启动电流较小。这种单相电机应用普遍，启动后可根据需要保留（称为电容运行电机）或切除（称为电容启动电机，由置于电机内部的离心开关执行）。如果需要改变电机的转向，只需将任意一个绕组的出线端对调即可，这时两绕组的电流相位关系相反。

（2）电阻分相单相电机

这种电机启动绕组匝数少、导线细，与运行绕组相比其电抗小、电阻大。采用电阻分相启动时，启动绕组电流超前于运行绕组，合成磁场为椭圆度较大的椭圆形旋转磁场，启动转矩小，仅用于空载或轻载场合，应用较少。电阻分相式单相电机的启动绕组一般按短时工作设计，启动后由离心开关切除，由工作绕组维持运行。图 2.30（b）所示为电阻分相单相电机的原理接线。

2．罩极式单相电机

将定子磁极的一部分嵌放短路铜环或短路线圈（组）就构成了罩极式单相电机。罩极式单相电机包括凸极式和隐极式两种类型。图 2.31 所示为凸极式单相电机原理。

当定子绕组通以单相交流电流后，由它产生的脉振磁场大部分磁通经过气隙直接耦合到转子上，另有少部分磁通则在穿过罩极铜环时产生感应磁通并与之合成后经气隙进入转子磁路。根据楞次定律可知，感应磁通总是阻碍原磁通的变化，且感应磁通相位上落后于原磁通。这样就有了两个在空间上错开一定角度并且又有一定相位差的磁通，合成磁场是一个椭圆度很大的旋转磁场。罩极式电机的旋转方向固定由未罩极部分转向罩极部分，其功率较小，启动转矩小，结构简单，价格低廉，维护简便。罩极式电机一般用于小型鼓风机电机和电扇电机等。

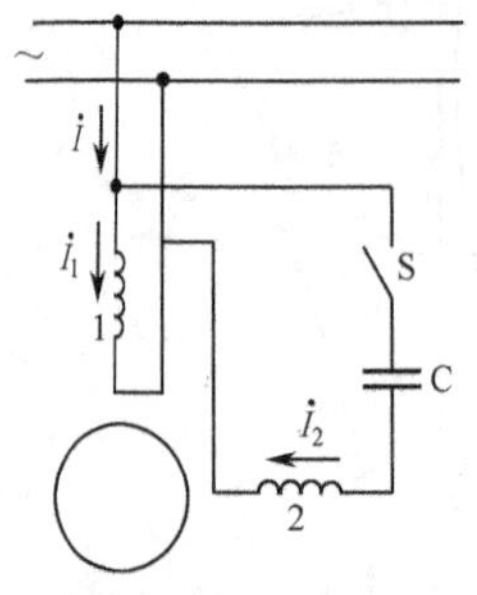

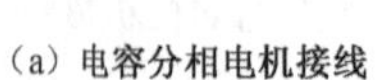
（a）电容分相电机接线

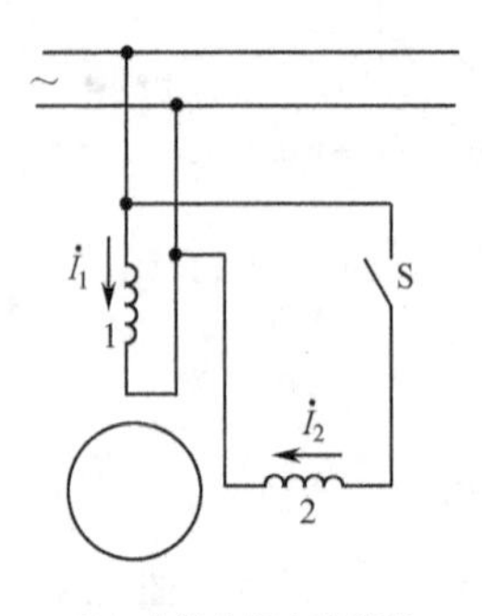

（b）电阻分相电机接线

1—工作绕组； 2—启动绕组

图 2.30 分相式单相电机原理

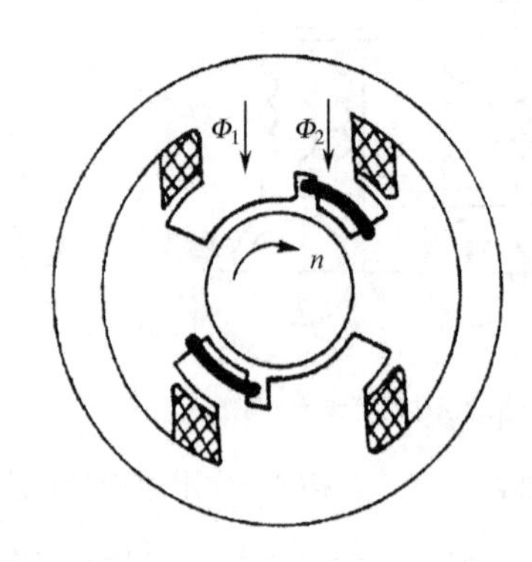

图 2.31 罩极式（凸极式）单相电机原理

习题 2

1. 填空题

（1）三相异步电动机由________和________两大部分组成。

（2）三相异步电动机的定子由________、________和________等组成。

（3）三相异步电动机的磁路由________、________和________组成。

（4）三相笼型异步电动机降压启动常用的方法有________________降压启动、________降压启动、________降压启动和________降压启动四种。

（5）绕线型异步电动机的启动方法有________启动和________启动两种。

（6）三相异步电动机的调速方法有________调速、________调速和________调速三大类。

2. 判断题（正确的打√，错误的打×）

（1）电动机是一种将电能转换成机械能的动力设备。（ ）

（2）单相电动机可分为两类，即电容启动式和电容运转式。（ ）

（3）电容启动式是单相交流异步电动机常用的启动方法之一。（ ）

（4）单相交流异步电动机是只有一相绕组由单相电源供电的异步电动机。（ ）

（5）单相电容式异步电动机启动绕组中串接一个电容器。（ ）

（6）改变单相交流异步电动机转向的方法是：将任意一个绕组的两个接线端换接。（ ）

（7）单相绕组通入正弦交流电不能产生旋转磁场。（ ）

（8）三相交流异步电动机的转子部分是由转子铁芯和转子绕组两部分组成的。（ ）

（9）三相交流异步电动机的主要部件是定子和转子两部分。（ ）

（10）电动机的额定功率是指电动机输出的功率。（ ）

（11）三相交流异步电动机不论运行情况怎样，其转差率都在 0～1 之间。（ ）

（12）当三相交流异步电动机定子绕组中通以三相对称交流电时，在定子与转子的气隙中便产生旋转磁场。（　　）

（13）按三相交流异步电动机转子的结构形式，可把异步电动机分为笼型和绕线型两类。（　　）

（14）三相交流异步电动机转子绕组的电流是由电磁感应产生的。（　　）

（15）三相交流异步电动机的额定电压是指加于定子绕组上的相电压。（　　）

（16）三相交流异步电动机的转子转速不可能大于其同步转速。（　　）

（17）变极调速只适用于笼型异步电动机。（　　）

（18）变频调速适用于笼型异步电动机。（　　）

（19）改变转差率调速只适用于绕线型异步电动机。（　　）

（20）变阻调速不适用于笼型异步电动机。（　　）

3. 选择题

（1）电动机的定额是指（　　）。

A 额定电流　　B．额定功率

C．额定电压　　D．允许的运行方式

（2）三相交流异步电动机对称的三相绕组在空间位置上应彼此相差（　　）。

A．60°电角度　　B．120°电角度

C．180°电角度　　D．360°电角度

（3）三相交流异步电动机的额定转速（　　）。

A．小于同步转速　　B．大于同步转速

C．等于同步转速　　D．小于转差率

（4）三相交流异步电动机定子绕组同一个极相组电流方向应（　　）。

A．相加　　B．不确定　　C．相反　　D．相同

（5）三相交流异步电动机的旋转速度跟（　　）无关。

A．旋转磁场的转速　　B．磁极数

C．电源频率　　D．电源电压

（6）电源频率为50Hz的6极三相交流异步电动机的同步转速应是（　　）。

A．750　　B．1 000　　C．1 500　　D．3 000

（7）三相交流异步电动机旋转磁场的方向与（　　）有关。

A．磁极对数　　B．绕组的接线方式

C．绕组的匝数　　D．电源的相序

（8）单相交流异步电动机的基本部件是（　　）

A．定子　　B．转子

C．定子和转子　　D．转子和机座

（9）单相电容启动式异步电动机中的电容应（　　）。

A．并联在启动绕组两端　　B．串联在启动绕组中

C．并联在运行绕组两端　　D．串联在运行绕组中

（10）单相交流异步电动机定子绕组加单相电源后，在电动机内产生（　　）磁场。

A．脉动　　B．旋转　　C．静止　　D．无

（11）单相电容式异步电动机的定子绕组由（　　）构成。

A. 工作绕组和启动绕组　　B. 工作绕组

C. 启动绕组　　D. 旋转绕组

（12）三相交流异步电动机启动瞬间，转差率为（　　）。

A. $s=0$　　B. $s=s_N$　　C. $s=1$　　D. $s>1$

（13）三相交流异步电动机空载运行时，转差率为（　　）。

A. $s=0$　　B. $s<s_N$　　C. $s>s_N$　　D. $s=1$

（14）三相交流异步电动机额定运行时，其转差率一般为（　　）。

A. $s=0.004\sim0.007$　　B. $s=0.02\sim0.06$

C. $s=0.1\sim0.7$　　D. $s=1$

（15）三相交流异步电动机的额定功率是指（　　）。

A. 输入的视在功率　　B. 输入的有功功率

C. 电磁功率　　D. 输出的机械功率

（16）三相交流异步电动机机械负载加重时，其定子电流将（　　）。

A. 增大　　B. 减小　　C. 不变　　D. 不一定

（17）三相交流异步电动机机械负载加重时，其转子转速将（　　）。

A. 升高　　B. 降低　　C. 不变　　D. 不一定

（18）三相交流异步电动机启动转矩不大的主要原因是（　　）。

A. 启动时电压低　　B. 启动时电流大

C. 启动时磁通少　　D. 启动时功率因数低

4. 简答题

（1）三相交流异步电动机的转子是如何转动起来的？

（2）三相交流异步电动机产生旋转磁场的条件是什么？

（3）为什么在电动运行状态下三相交流异步电动机的转子转速总是低于其同步转速？

（4）三相笼型异步电动机直接启动时为什么启动电流很大？启动电流过大有什么影响？

（5）三相交流异步电动机的转子转向由什么决定？怎样改变其转向？

第3章 直流电机

直流电机包括直流电动机和直流发电机，与三相交流异步电动机相比，其主要优点是速度调节范围宽广，平滑性、经济性较好，启动转矩较大。但是直流电机也有它显著的缺点，它结构复杂，价格高，维护不方便，尤其是电刷与换向器之间容易产生火花，故障较多，因而运行可靠性较差。目前直流电机主要应用于电力拖动性能要求较高的场合，如起重机械、电力机车、大型可逆轧钢机和龙门刨床等生产机械中。

直流发电机过去是工业用直流电的主要电源之一，广泛应用在电解、电镀、充电等设备中。近年来由于晶闸管的应用日益广泛，有逐步代替直流发电机的趋势。

3.1 直流电机的工作原理、基本结构及励磁方式

3.1.1 直流电机的工作原理

1. 直流发电机的工作原理

直流发电机的工作原理如图 3.1 所示。当励磁绕组通以直流励磁电流时，产生固定不变的N极和S极。当原动机（柴油机等）拖动电枢转动时，电枢导体切割磁力线，产生感应电动势 e，方向可以用右手定则来判断。以 a-b 导体为例，在 N 极下时，产生的感应电动势 e 的方向由 b 指向 a；当转到S极下时，e 的方向变为由 a 指向 b。可见，若直接将导体中的感应电动势输出，只能得到交流电动势。但不论是导体 a-b 还是 c-d，只要转到N极下，感应电动势 e 的方向总是相同的，同样在S极下，e 的方向也相同。因此，在同一个磁极下，导体中产生的感应电动势的方向总是固定不变的。如果A电刷总是与N极下的导线相连，B电刷总是与S极下的导体相连，那么从A、B电刷间引出的电动势将是一个极性不变的直流电动势。换向器的作用就是将发电机电枢绕组内产生的交变电动势变换为电刷间或输出端子上的直流电动势。

另一方面，当发电机带负载时，电枢导体中将有电流流过，方向与 e 相同，这时导体和磁场间将产生电磁力，其方向由左手定则判定，如图 3.1 所示。由于N极（或S极）下导体中电流的方向不变，故导体所受电磁力方向也不变，从而形成了一个试图阻止电枢线圈旋转

的电磁转矩，原动机必须输入足够的机械转矩来抵消它的影响，才能维持发电机匀速旋转发电。发电机就这样把机械能转换为电能。

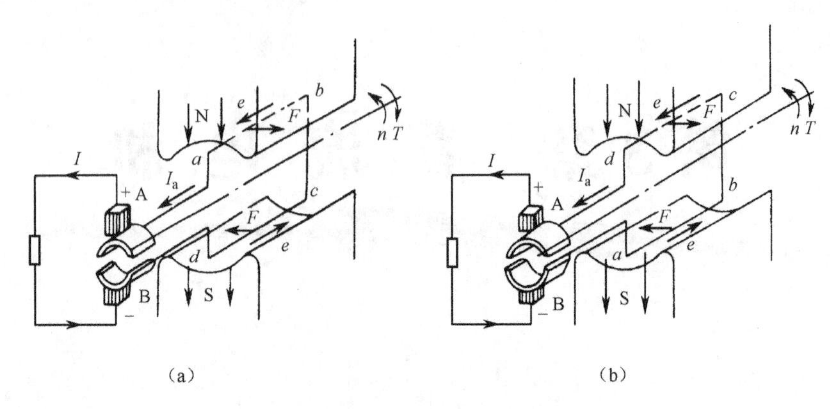

图 3.1　直流发电机的工作原理

2. 直流电动机的工作原理

图 3.2 所示为直流电动机的工作原理。在励磁绕组中通入直流励磁电流建立 N 极和 S 极，当电刷间加直流电压时，将有电流通过电刷流入电枢导体，图 3.2（a）所示导体 *a-b* 中电流 I_a 的方向由 *a* 指向 *b*，根据左手定则，将受到电磁转矩的作用，使线圈逆时针方向旋转；由于 A 电刷总与 N 极下的导体相连，B 电刷总与 S 极下的导体相连，当导体转过 180°时，如图 3.2（b）所示，导体 *a-b* 中 I_a 的方向被及时改变成由 *b* 指向 *a*，所受的电磁转矩依然使导体按原方向旋转。

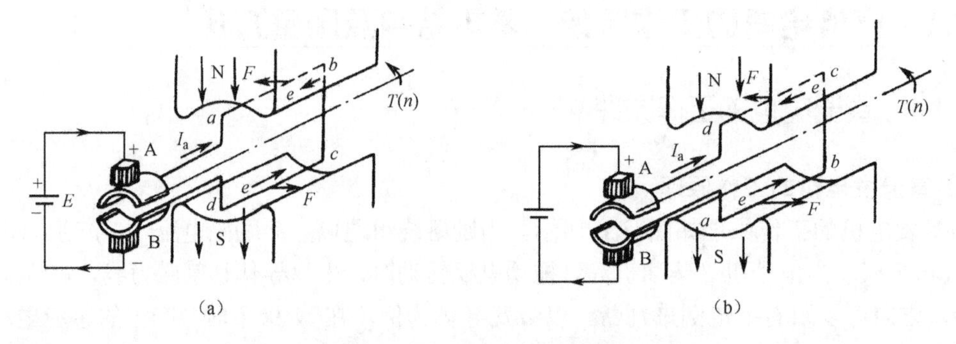

图 3.2　直流电动机的工作原理

另一方面，当电枢沿一定方向转动时，电枢导体也切割磁力线，产生感应电动势 *e*，由右手定则判断，感应电动势 *e* 的方向始终与导体中的电流方向相反，故称反电动势。电源必须克服这一反电动势才能向电动机输送电能。可见电动机从电源吸取了电功率，向负载输出机械功率，从而将电能转换为机械能。

3. 直流电机的可逆运行原理

从上述直流电机的工作原理来看，一台直流电机若在电刷两端加上直流电压输入电能，即可拖动生产机械旋转，输出机械能而成为电动机；反之若用原动机带动电枢旋转，输入机械能，就可在电刷两端得到一个直流电动势作为电源，输出电能而成为发电机。说明同一台电机在一定条件下既可作电动机又可作发电机运行。这就是电机的可逆运行原理。

3.1.2 直流电机的基本结构

直流电动机和直流发电机的结构基本一样。直流电机由静止的定子和转动的转子两大部分组成，在定子和转子之间存在一个间隙，称做气隙。定子的作用是产生磁场和支撑电机，它主要包括主磁极、换向磁极、机座、电刷装置、端盖等。转子的作用是产生感应电动势和电磁转矩，实现机电能量的转换，通常也被称做电枢。它主要包括电枢铁芯、电枢绕组以及换向器、转轴、风扇等。直流电机的结构如图 3.3 所示。

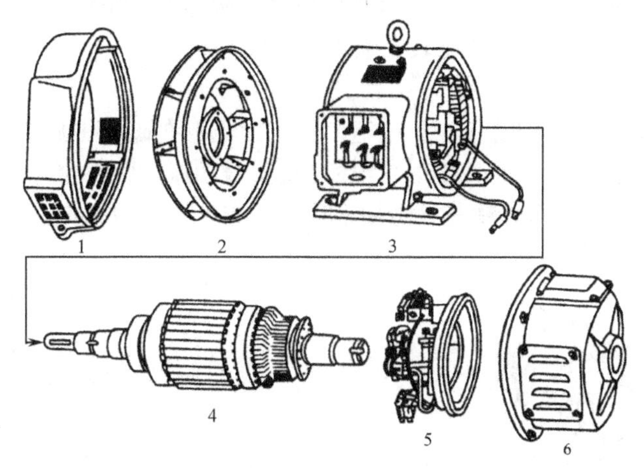

1—前端盖；2—风扇；3—定子；4—转子；5—电刷及刷架；6—后端盖

图 3.3 直流电机的结构

1．主磁极

主磁极的作用是产生主磁通，它由铁芯和励磁绕组组成，如图 3.4 所示。铁芯一般用 1～1.5mm 的低碳钢片叠压而成，小电机也有用整块的铸钢磁极的。主磁极上的励磁绕组是用绝缘铜线绕制而成的集中绕组，与铁芯绝缘，各主磁极上的线圈一般都是串联起来的。主磁极总是成对的，并按 N 极和 S 极交替排列。

2．换向磁极

换向磁极的作用是产生附加磁场，用以改善电机的换向性能。通常铁芯由整块钢做成，换向磁极的绕组应与电枢绕组串联。换向磁极装在两个主磁极之间，如图 3.5 所示。其极性在作为发电机运行时，应与电枢导体将要进入的主磁极极性相同；在作为电动机运行时，则应与电枢导体刚离开的主磁极极性相同。

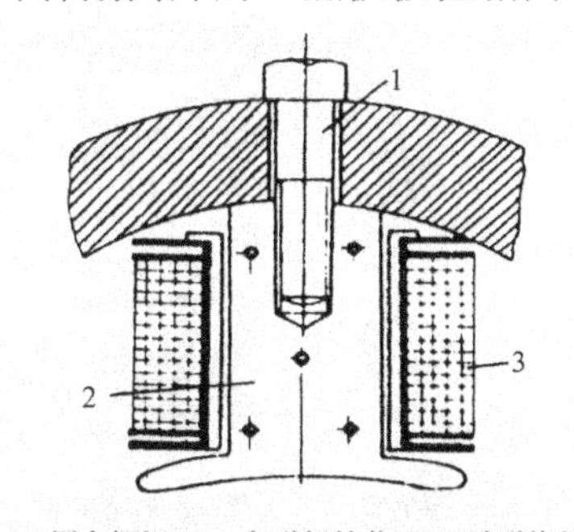

1—固定螺钉；2—主磁极铁芯；3—励磁绕组

图 3.4 直流电机的主磁极

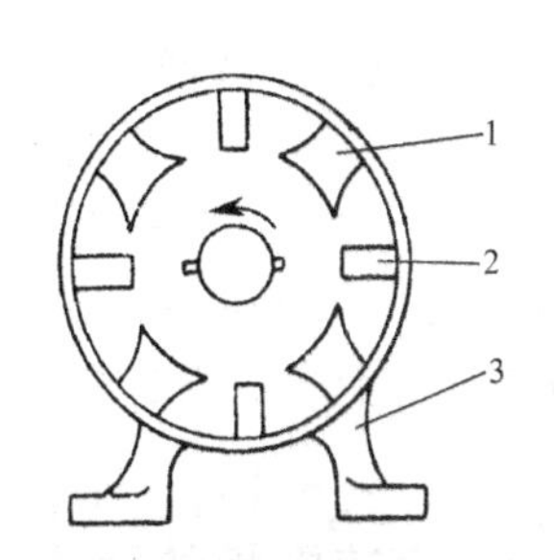

1—主磁极；2—换向磁极；3—机座

图 3.5 换向磁极的位置

3．机座

机座一方面用来固定主磁极、换向磁极和端盖等，另一方面作为电机磁路的一部分称为磁轭。机座一般用铸钢或钢板焊接制成。

4．电刷装置

在直流电机中，为了使电枢绕组和外电路连接起来，必须装设固定的电刷装置，它是由电刷、刷握和刷杆座组成的，如图 3.6 所示。电刷是用石墨等做成的导电块，放在刷握内，用弹簧压指将它压触在换向器上。刷握用螺钉夹紧在刷杆上，用铜绞线将电刷和刷杆连接，刷杆装在刷座上，彼此绝缘，刷杆座装在端盖上。

5．电枢铁芯

电枢铁芯的作用是通过磁通和安放电枢绕组。当电枢在磁场中旋转时，铁芯将产生涡流和磁滞损耗，为了减少损耗，提高效率，电枢铁芯一般用硅钢片冲叠而成。电枢铁芯具有轴向冷却通风孔，如图 3.7 所示。铁芯外圆周上均匀分布着槽，用以嵌放电枢绕组。

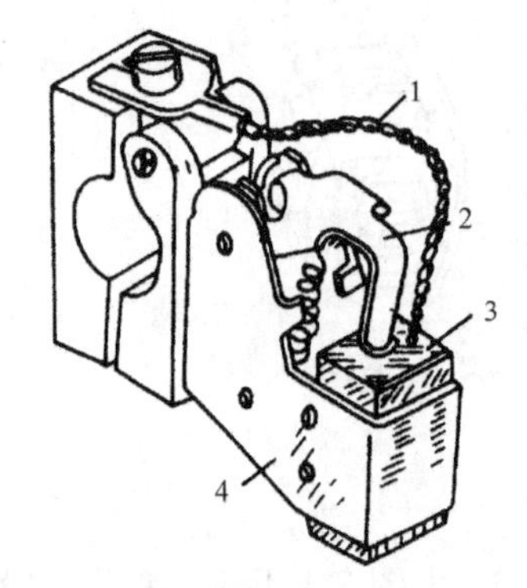

1—铜丝辫；2—压指；3—电刷；4—刷握

图 3.6 电刷与刷握

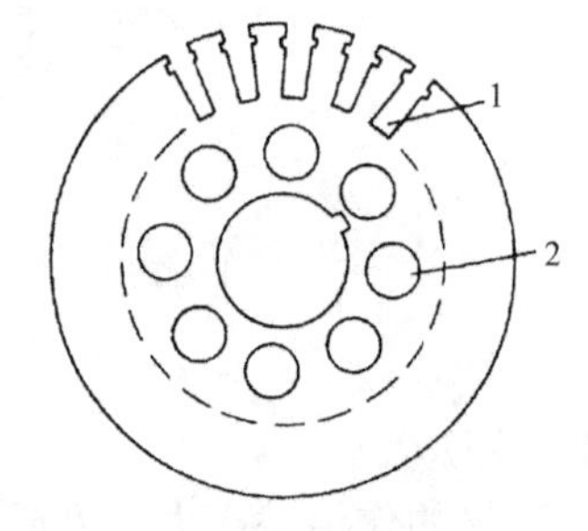

1—槽；2—轴向通风孔

图 3.7 电枢铁芯

6．电枢绕组

电枢绕组的作用是产生感应电动势和通过电流产生电磁转矩，实现机电能量转换。绕组通常用漆包线绕制而成，嵌入电枢铁芯槽内，并按一定的规则连接起来。为了防止电枢旋转时产生的离心力使绕组飞出来，绕组嵌入槽内后，用槽楔压紧；线圈伸出槽外的端接部分用无纬玻璃丝带扎紧。

7．换向器

换向器的结构如图 3.8 所示，它由许多带有鸽尾形的换向片叠成一个圆筒，片与片之间用云母片绝缘，借 V 形套筒和螺纹压圈拧紧成一个整体。每个换向片与绕组每个元件的引出线焊接在一起，其作用是将直流电动机输入的直流电流转换成电枢绕组内的交变电流，进而产生恒定方向的电磁转矩，使电动机连续运转。

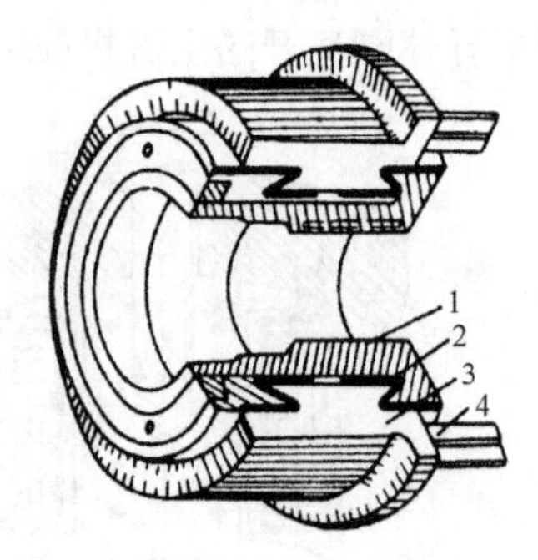

1—形套筒；2—云母片；3—换向片；4—连接片

图 3.8 拱型换向器

3.1.3 直流电机的励磁方式

直流电机的励磁方式是指电机励磁电流的供给

方式，根据励磁支路和电枢支路的相互关系，有他励、自励（并励、串励和复励）、永磁方式。

直流发电机的各种励磁方式接线如图 3.9 所示。直流电动机的各种励磁方式接线如图 3.10 所示。

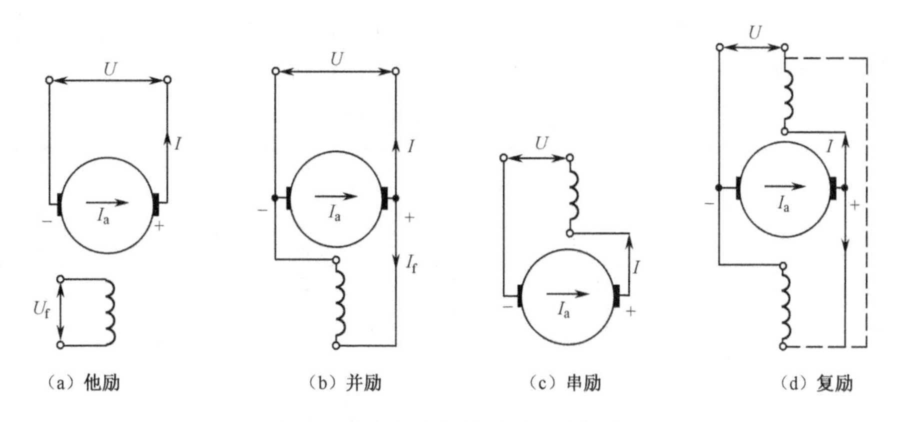

图 3.9 直流发电机按励磁分类接线图

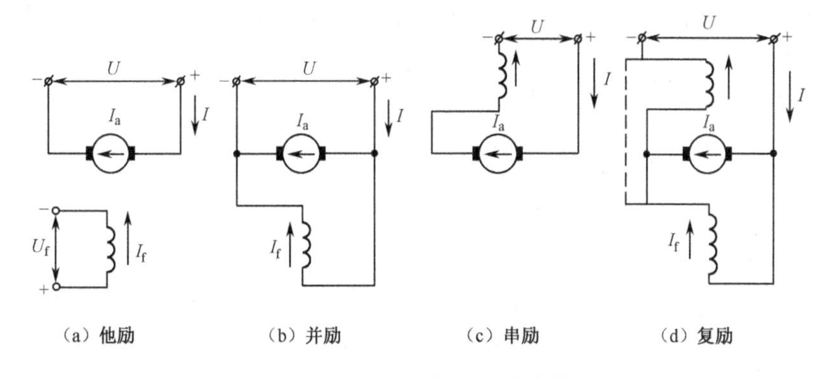

图 3.10 直流电动机按励磁分类接线图

1. 他励方式

他励方式中，电枢绕组和励磁绕组电路相互独立，电枢电压 U 与励磁电压 U_f 彼此无关，电枢电流 I_a 与励磁电流 I_f 也无关。

2. 并励方式

并励方式中，电枢绕组和励磁绕组是并联关系，在并励发电机中 $I_a=I+I_f$，而在并励电动机中 $I_a=I-I_f$。

3. 串励方式

串励方式中，电枢绕组与励磁绕组是串联关系。由于励磁电流等于电枢电流，所以串励绕组通常线径较粗，而且匝数较少。无论是发电机还是电动机，均有 $I_a=I=I_f$。

4. 复励方式

复励电机的主磁极上有两部分励磁绕组，其中一部分与电枢绕组并联，另一部分与电枢绕组串联。当两部分励磁绕组产生的磁通方向相同时，称为积复励，反之称为差复励。

3.1.4 直流电机的铭牌数据及系列

1. 直流电机铭牌数据

电机制造厂按照国家标准，根据电机的设计和试验数据，规定了电机的正常运行状态和条件，通常称之为额定运行。凡表征电机额定运行情况的各种数据均称为额定值，标注在电机铝制铭牌上，它是正确合理使用电机的依据。直流电机的主要额定值如表 3.1 所示。

表 3.1 直流电机铭牌

型　号	Z2-72	励磁方式	并励
功率	22kW	励磁电压	220V
电压	220V	励磁电流	2.06A
电流	116A	定额	连续
转速	1 500r/min	温升	80℃
编号	××××	出厂日期	××××年×月×日
×××× 电 机 厂			

（1）额定容量（额定功率）P_N（kW）

额定容量指电机的输出功率。对发电机而言，是指输出的电功率；对电动机，则是指转轴上输出的机械功率。

（2）额定电压 U_N（V）和额定电流 I_N（A）

注意它们不同于电机的电枢电压 U_a 和电枢电流 I_a，发电机的 U_N、I_N 是输出值，电动机的 U_N、I_N 是输入值。

（3）额定转速 n_N（r/min）

额定转速是指加额定电压、额定输出时的转速。

电机在实际应用时，是否处于额定运行情况，要由负载的大小决定。一般不允许电机超过额定值运行，因为这样会减小电机的使用寿命，甚至损坏电机。但也不能让电机长期轻载运行，这样不能充分利用设备，运行效率低，所以应该根据负载大小合理选择电机。

2. 直流电机系列

我国目前生产的直流电机主要有以下系列：

（1）Z2 系列

该系列为一般用途的小型直流电机系列。“Z”表示直流，“2”表示第二次改进设计。系列容量为 0.4～200kW，电动机电压为 110V、220V，发电机电压为 115V、230V，属防护式。

（2）ZF 和 ZD 系列

这两个系列为一般用途的中型直流电机系列。“F”表示发电机，“D”表示电动机。系列容量为 55～1 450kW。

（3）ZZJ 系列

该系列为起重、冶金用直流电机系列。电压有 220V、440V 两种。工作方式有连续、短时和断续三种。ZZJ 系列电机启动快速，过载能力大。

此外，还有 ZQ 直流牵引电动机系列及用于易爆场合的 ZA 防爆安全型直流电机系列等。

3.2 直流电机的电枢绕组

3.2.1 电枢绕组概述

电枢绕组是直流电机的核心部分。对电枢绕组的基本要求是：一方面能够产生足够大的电动势，通过一定大小的电流，产生足够的转矩；另一方面要尽可能节约材料，结构简单。

绕组是由元件构成的，一个元件由两条元件边和端接线组成。元件边放在槽内，能切割磁力线产生感应电动势，叫“有效边”；端接线放在槽外，不切割磁力线，仅作为连接线用。为便于嵌线，每个元件的一个边放在某一个槽的上层，称为上层边，另一个边则放在另一个槽的下层，称为下层边，如图3.11所示。绘图时为了清楚，将上层边用实线表示，下层边用虚线表示。

1．实槽与虚槽

电机电枢上实际开出的槽叫实槽。电机往往有较多的元件来构成电枢绕组，但由于制造工艺等原因，电枢铁芯开的槽数不能太多。通常在每个槽的上、下层各放置若干个元件边，如图3.12所示。所谓“虚槽”，即单元槽。每个虚槽的上、下层各有一个元件边。若电机实槽数为 Z，虚槽数为 Z_i，则 $Z_i = \mu Z$。

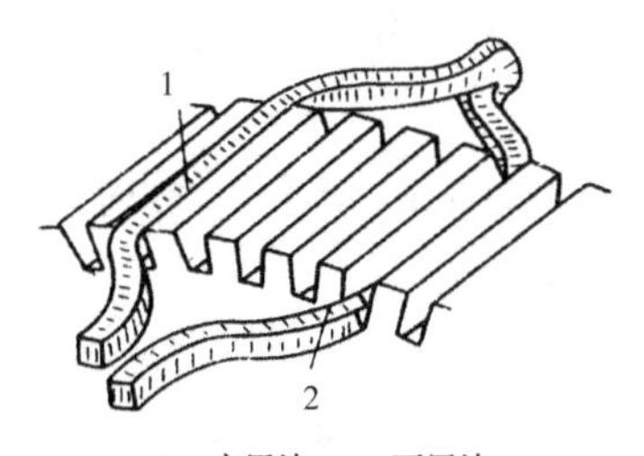

1—上层边；2—下层边

图3.11 绕组元件在槽内的放置

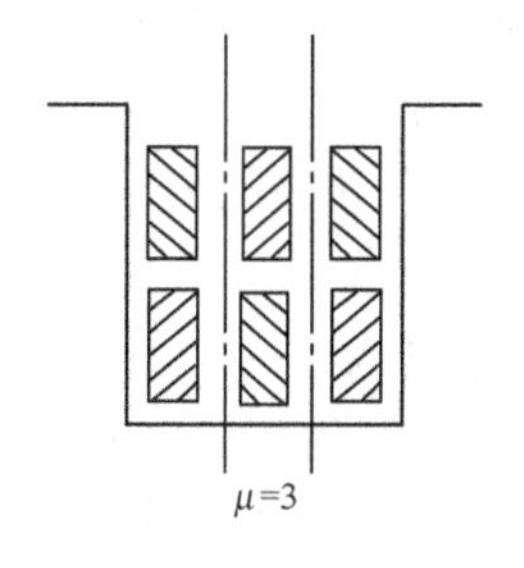

图3.12 实槽与虚槽

以后在说明元件的空间分布情况时，用虚槽作为计算单位。

2．元件数、换向片数与虚槽数

每个元件有两个元件边，而每一个换向片连接两个元件边，又因为每个虚槽里包含两个元件边，所以，绕组的元件数 S、换向片数 K 和虚槽数 Z_i 三者应相等，即

$$S = K = Z_i = \mu Z \quad (3\text{-}1)$$

3．极距

极距就是沿电枢表面圆周上相邻两磁极间的距离，用τ表示。通常用虚槽数表示较为方便，即

$$\tau = \frac{Z_i}{2p} \quad (3\text{-}2)$$

式中，p 为磁极对数。

4．绕组节距

绕组节距通常都用虚槽数或换向片数表示。

（1）第一节距 y_1

同一个元件两个有效边之间的距离称为第一节距。为了获得较大的感应电动势，y_1 应等于或接近于一个极距。

$$y_1 = \frac{Z_i}{2p} \pm \varepsilon = 整数 \tag{3-3}$$

式中，ε为小于 1 的分数，用它来把 y_1 凑成整数。若ε=0，则 $y_1=\tau$，称为整距绕组。若$\varepsilon \neq 0$，当 $y_1>\tau$时，称为长距绕组；当 $y_1<\tau$时，称为短距绕组。

（2）合成节距 y

相邻两个元件对应边之间的距离称为合成节距。它表示每串联一个元件后，绕组在电枢表面前进或后退了多少个虚槽，是反映不同形式绕组的一个重要标志。

（3）换向器节距 y_K

一个元件两个出线端所连接的换向片之间的距离称为换向器节距。由于元件数等于换向片数，所以换向器节距等于合成节距，即 $y= y_K$。

（4）第二节距 y_2

它表示相邻的两个元件中，第一个元件下层边与第二个元件上层边之间的距离。

3.2.2 电枢绕组的基本形式

1．单叠绕组

单叠绕组的连接特点是：每个元件的首端和末端分别接到相邻的两个换向片上，后一元件的首端与前一元件的末端连在一起，并接到同一个换向片上。依次串联，最后一个元件的末端与第一个元件的首端连在一起，形成一个闭合的结构，如图 3.13 所示。此时，$y=y_K=1$。进一步分析可知，单叠绕组的并联支路数等于磁极数，即 $2a=2p$。

2．单波绕组

单波绕组的连接特点是：每个元件与相距约两个极距的元件相串联，绕完一周以后，第 p 个元件的末端落到与起始换向片相邻的换向片上，如图 3.14 所示。由于连接后的形状似波浪，故称为单波绕组。此时，$py_K=K+1$，$2a=2$。

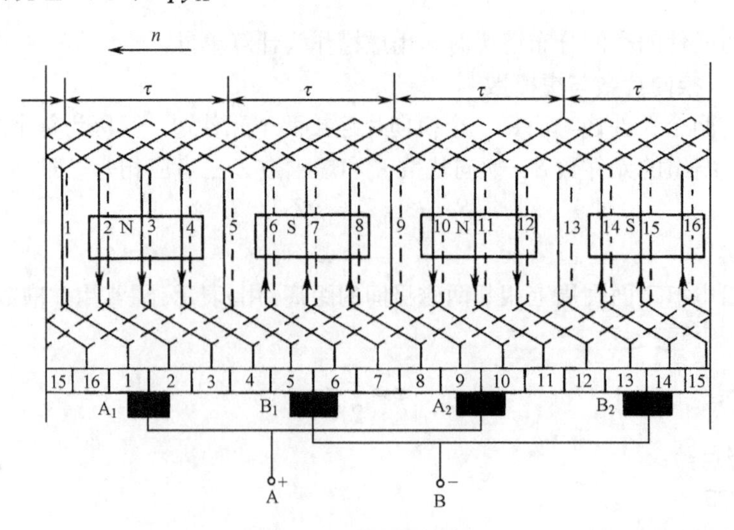

图 3.13　单叠绕组展开图

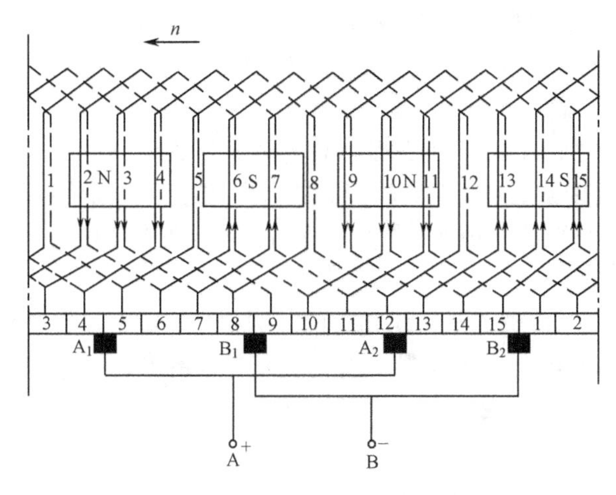

图 3.14 单波绕组展开图

3. 复叠和复波绕组

(1) 复叠绕组

复叠绕组的连接方式与单叠绕组相似，只是每串联一个元件就移动 m 个虚槽，即 $y=y_K=\pm m$，其中 m 为大于 1 的整数，m=2 为双叠绕组，m=3 为 3 叠绕组……采用最多的是双叠绕组。

(2) 复波绕组

复波绕组与单波绕组的区别在于：前者第 p 个元件串联后，不是回到与起始换向片相邻的换向片上，而是回到与起始换向片相距 m 个换向片的换向片上。

从前面的分析可知：单叠绕组并联的支路数较多，适合电流较大的电机；单波绕组并联的支路数较少，但每个支路中串联的元件数较多，适合电压较高的电机；而复式绕组则适合大中型电机。

3.3 直流电机的感应电动势和电磁转矩

1. 电枢绕组的感应电动势 E_a

对电枢绕组电路进行分析，可得直流电机电枢绕组的感应电动势为

$$E_a = C_e \Phi n \tag{3-4}$$

式中，Φ为电机的每极磁通；

n 为电机的转速；

C_e 是与电机结构有关的常数，称为电动势常数。

E_a 的方向由Φ与 n 的方向按右手定则确定。从式（3-4）可以看出，若要改变 E_a 的大小，可以改变Φ（由励磁电流 I_f 决定）或 n 的大小。若要改变 E_a 的方向，可以改变Φ的方向或电机的旋转方向。

无论是直流电动机还是直流发电机，电枢绕组中都存在感应电动势，在发电机中 E_a 与电枢电流 I_a 方向相同，是电源电动势；而在电动机中 E_a 与 I_a 的方向相反，是反电动势。

2. 直流电机的电磁转矩 T

同样，我们也能分析得到电磁转矩 T 为

$$T = C_{\mathrm{T}}\Phi I_{\mathrm{a}} \tag{3-5}$$

式中，I_a 为电枢电流；

C_T 也是一个与电机结构相关的常数，称为转矩常数。

电磁转矩 T 的方向由磁通 Φ 及电枢电流 I_a 的方向按左手定则确定。式（3-5）表明：若要改变电磁转矩的大小，只要改变 Φ 或 I_a 的大小即可；若要改变 T 的方向，只要改变 Φ 或 I_a 其中之一的方向即可。

感应电动势 E_a 和电磁转矩 T 是密切相关的。例如当他励直流电动机的机械负载增加时，电机转速将下降，此时反电动势 E_a 减小，I_a 将增大，电磁转矩 T 也增大，这样才能带动已增大的负载。

3.4 直流电动机的工作特性

3.4.1 他励（并励）电动机的工作特性

他励（并励）直流电动机的工作特性是指在 $U=U_N$、$I_f=I_{fN}$、电枢回路的附加电阻 $R_{pa}=0$ 时，电动机的转速 n、电磁转矩 T 和效率 η 三者与输出功率 P_2（负载）之间的关系，即 n、T、$\eta=f$（P_2）。在实际应用中，由于电枢电流 I_a 较易测量，且 I_a 随 P_2 的增大而增大，变化趋势相近，故也可将工作特性表示为 n、T、$\eta=f$（I_a）的关系。工作特性可用实验方法求得，曲线如图 3.15 所示。

1. 转速特性

由理论推导可得电动机转速 n 为

$$n = \frac{U_{\mathrm{N}} - I_{\mathrm{a}}R_{\mathrm{a}}}{C_{\mathrm{e}}\Phi} \tag{3-6}$$

对于某一电动机，C_e 为一常数，则当 $U=U_N$ 时，影响转速的因素有两个：一是电枢回路的电阻压降 I_aR_a，二是磁通 Φ。通常随着负载的增加，当电枢电流 I_a 增加时，一方面使电枢压降 I_aR_a 增加，从而使转速 n 下降；另一方面由于电枢反应的去磁作用增加，使磁通 Φ 减小，从而使转速 n 上升。这两个因素的共同作用，使电动机的转速变化很小。一般在设计电动机时，为了保证电动机稳定，而使其具有略为下降的转速特性。

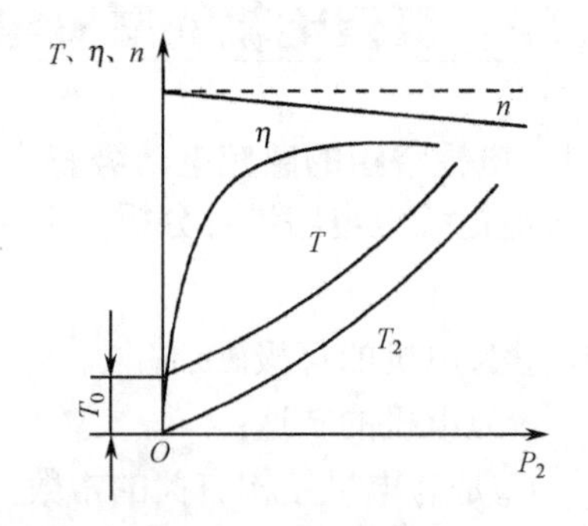

图 3.15 他励（并励）电动机的工作特性

电动机转速从空载到满载的变化程度，称为电动机的额定转速变化率 Δn %，他励（并励）电动机的转速变化率很小，约为 2%～8%，基本上可认为是恒速电动机。

2. 转矩特性

输出转矩 $T_2=9.55P_2/n$，由此可见，当转速不变时，$T_2=f$（P_2）将是一条通过原点的直线。

但实际上，当 P_2 增加时，n 略有下降，因此 $T_2=f(P_2)$ 的关系曲线略为向上弯曲。而电磁转矩 $T=T_2+T_0$（空载转矩 T_0 数值很小且近似为一常数），因此只要在 $T_2=f(P_2)$ 曲线上加上空载转矩 T_0 便得到 $T=f(P_2)$ 的关系曲线。

3．效率特性

效率特性是在 $U=U_N$ 时的 $\eta=f(P_2)$。效率是指输出功率 P_2 与输入功率 P_1 之比。当电动机的不变损耗 P_0 等于可变损耗 P_{Cua} 时，效率达到最大值。

3.4.2 串励电动机的工作特性

因为串励电动机的励磁绕组与电枢绕组串联，故励磁电流 $I_f=I_a$ 与负载有关。这就是说，串励电动机的气隙磁通 Φ 将随负载的变化而变化，这是串励电动机的特点（他励或并励电动机，若不计电枢反应，可认为 Φ 与负载无关）。正是这一特点，使串励电动机的工作特性与他励电动机有很大的差别，如图 3.16 所示。

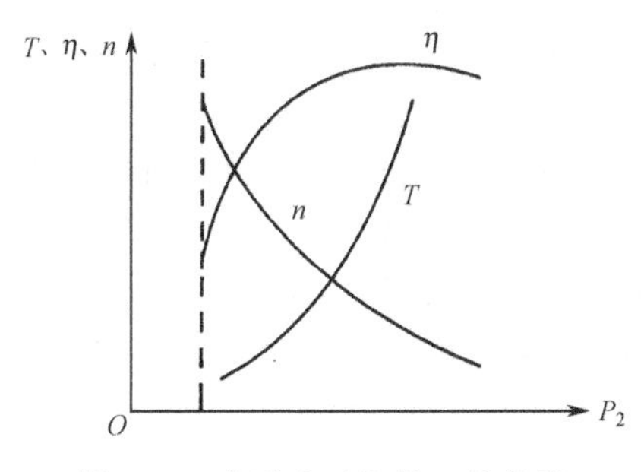

图 3.16 串励电动机的工作特性

与他励电动机相比，串励电动机的转速随输出功率 P_2 的增加而迅速下降，这是因为 P_2 增大时，I_a 随之增大，电枢回路的电阻压降和气隙磁通 Φ 同时也增大，这两个因素均使转速下降。另外由于串励电动机的转速 n 随 P_2 的增加而迅速下降，所以 $T=f(P_2)$ 的曲线将随 P_2 的增加而很快地向上弯曲。也可以这样说明，因为 $T=C_T\Phi I_a$，当磁路未饱和时，$\Phi\propto I_f=I_a$，所以 $T\propto I_a^2$。这种特性使串励电动机在同样大小的启动电流下产生的启动转矩较他励电动机大。

需要注意的是，当负载很轻时，由于 I_a 很小，磁通 Φ 也很小，因此电动机的运行速度将会很高（飞车），易导致事故发生。所以串励电动机绝对不允许在空载或轻载情况下启动运行。在实际应用中，为了防止意外，规定串励电动机与生产机械之间不准用易滑脱的链条或皮带传动，可用齿轮等传动，而且负载转矩不得小于额定转矩的 1/4。

3.5 直流电动机的机械特性

电力拖动系统是由电动机拖动，并通过传动机构带动生产机械运转的。机械特性体现了电动机与机械负载之间配合运行的问题。分析系统的动力特性时应同时考虑电动机的机械特性和负载的机械特性，将两者有机结合起来。典型的负载机械特性有恒转矩负载（包括反抗性负载、重物负载）、恒功率负载和泵类负载三大类。

3.5.1 他励电动机的机械特性

他励直流电动机的机械特性是指在电枢电压、励磁电流、电枢回路电阻为恒值的条件下，转速 n 与电磁转矩 T 的关系 $n=f(T)$，或转速 n 与电枢电流 I_a 的关系 $n=f(I_a)$，后者也就是转速特性。机械特性将决定电动机稳定运行、启动、制动以及转速调节的工作情况。

1．固有机械特性

固有机械特性是指当电动机的工作电压和磁通均为额定值时，电枢电路中没有串入附加电阻时的机械特性，其方程式为

$$n=\frac{U_N}{C_e\Phi_N}-\frac{R_a}{C_e\Phi_N}I_a \tag{3-7}$$

固有机械特性如图 3.17 中 $R=R_a$ 的曲线所示，由于 R_a 较小，故他励直流电动机的固有机械特性较硬。n_0 为 $T=0$ 时的转速，称为理想空载转速。Δn 为额定转速降。

2．人为机械特性

人为机械特性是人为地改变电动机参数（U、R、Φ）而得到的机械特性，他励电动机有下列三种人为机械特性。

（1）电枢串接电阻的人为机械特性

此时 $U=U_N$，$\Phi=\Phi_N$，$R=R_a+R_{Pa}$。人为机械特性与固有特性相比，理想空载转速 n_0 不变，但转速降 Δn 相应增大，R_{Pa} 越大，Δn 越大，特性越“软”，如图 3.17 中曲线 1、2 所示。可见，电枢回路串入电阻后，在同样大小的负载下，电动机的转速将下降，稳定在低速运行。

（2）改变电枢电压时的人为机械特性

此时 $R_{Pa}=0$，$\Phi=\Phi_N$。由于电动机的电枢电压一般以额定电压 U_N 为上限，因此改变电压，通常只能在低于额定电压的范围变化。

与固有机械特性相比，转速降 Δn 不变，即机械特性曲线的斜率不变，但理想空载转速 n_0 随电压成正比减小，因此降压时的人为机械特性是低于固有机械特性曲线的一组平行直线，如图 3.18 所示。

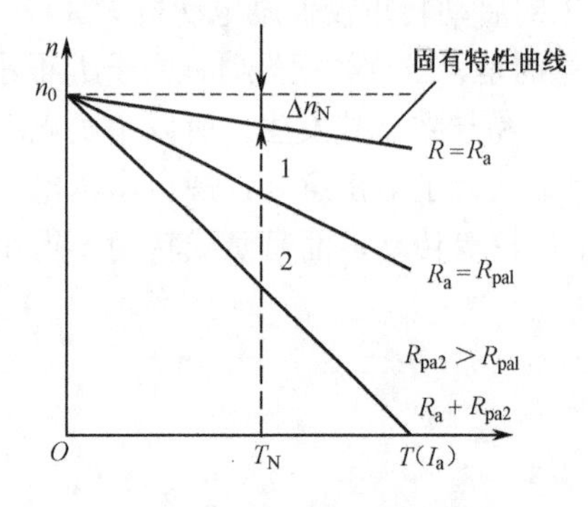

图 3.17　他励直流电动机固有机械特性及串电阻时人为机械特性

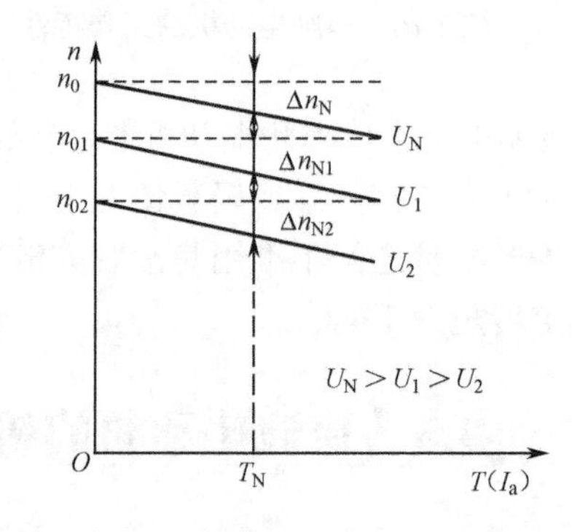

图 3.18　他励直流电动机降压时的人为机械特性

（3）减弱磁通时的人为机械特性

减弱磁通可以在励磁回路内串接电阻 R_f 或降低励磁电压 U_f，此时 $U=U_N$，$R_{Pa}=0$。因为 Φ 是变量，所以 $n=f（I_a）$ 和 $n=f（T）$ 必须分开表示，其特性曲线分别如图 3.19 中（a）和（b）所示。

当减弱磁通时，理想空载转速 n_0 增加，转速降 Δn 也增加。通常在负载不是太大的情况下，减弱磁通可使他励直流电动机的转速升高。

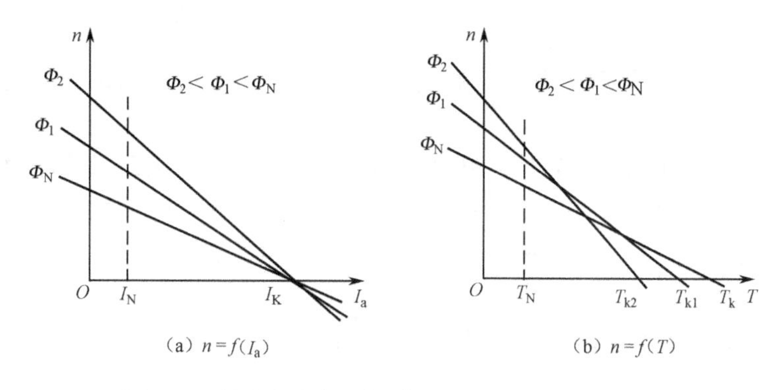

图 3.19 他励直流电动机减弱磁通时的人为机械特性

3.5.2 电动机的稳定运行条件

电动机带上某一负载，假设原来运行于某一转速，由于受到外界某种短时干扰，如负载的突然变化或电网的电压波动等，而使电动机的转速发生变化，离开原来的平衡状态。如果系统在新的条件下仍能达到新的平衡或者当外界干扰消失后，系统能自动恢复到原来的转速，就称该拖动系统能稳定运行，否则就称不能稳定运行。不能稳定运行时，即使外界干扰已经消失，系统的速度也会一直上升或一直下降直到停止转动。

为了使系统能稳定运行，电动机的机械特性和负载特性必须配合得当。为了便于分析，将电动机的机械特性和负载特性画在同一坐标图上，如图 3.20 所示。

设电动机原来稳定工作在 A 点，$T=T_L=T_A$。在图 3.20（a）所示情况下，如果电网电压突然波动，使机械特性偏高，由曲线 1 转为曲线 2，在这瞬间电动机的转速还来不及变化，而电动机的电磁转矩则增大到 B 点所对应的值，这时电磁转矩将大于负载转矩，所以转速将沿机械特性曲线 2 由 B 点上升到 C 点。随着转速的升高，电动机电磁转矩变小，最后在 C 点达到新的平衡。当干扰消失后，电动机恢复到机械特性曲线 1 运行，这时电动机的转速由 C 点过渡到 D 点，由于电磁转矩小于负载转矩，转速下降，最后又恢复到 A 点，在原工作点达到新的平衡。

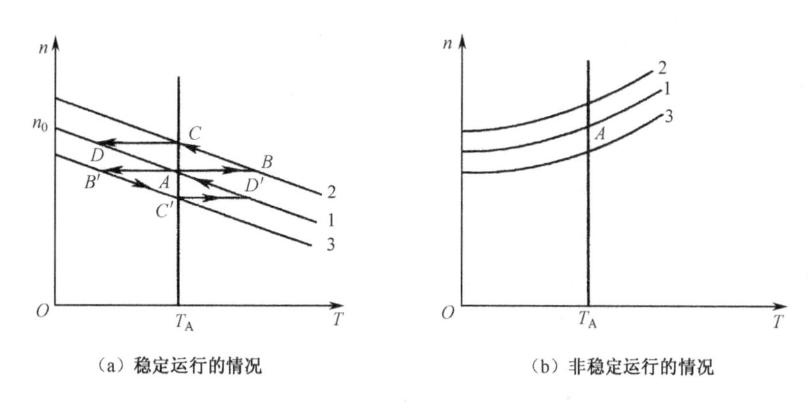

图 3.20 电动机稳定运行条件分析

反之，如果电网电压波动使机械特性偏低，由曲线 1 转为曲线 3，则电动机将经过 $A \to B' \to C'$，在 C'点取得新的平衡。扰动消失后，工作点将由 $C' \to D' \to A$，恢复到原工作点 A

运行。

图 3.20（b）所示则是一种不稳定运行的情况，分析方法与图 3.20（a）相同，读者可自行分析。

由于大多数负载转矩都是随转速的升高而增大或保持恒定，因此只要电动机具有下降的机械特性，就能稳定运行。而如果电动机具有上升的机械特性，一般来说不能稳定运行，除非拖动像通风机这样的特殊负载，在一定的条件下，才能稳定运行。

3.6 他励直流电动机的启动与反转

直流电动机从接入电源开始，转速由零上升到某一稳定转速为止的过程称为启动过程或启动。

3.6.1 启动条件

启动瞬间，n=0，E_a=0，此时电动机中流过的电流叫启动电流 I_{st}，对应的电磁转矩叫启动转矩 T_{st}。为了使电动机的转速从零逐步加速到稳定的运行速度，在启动时电动机必须产生足够大的电磁转矩。如果不采取任何措施，直接把电动机加上额定电压进行启动，这种启动方法叫直接启动。直接启动时，启动电流 $I_{st}=U_N/R_a$，将升到很大的数值，同时启动转矩也很大，过大的电流及转矩，对电动机及电网可能会造成一定的危害，所以一般启动时要对 I_{st} 加以限制。总之，电动机启动时，一要有足够大的启动转矩 T_{st}，二要启动电流 I_{st} 不能太大。另外，启动设备要尽量简单、可靠。

一般小容量直流电动机因其额定电流小而可以采用直接启动，而较大容量的直流电动机不允许直接启动。

3.6.2 启动方法

他励直流电动机常用的启动方法有电枢串电阻启动和降压启动两种。不论采用哪种方法，启动时都应该保证电动机的磁通达到最大值，从而保证产生足够大的启动转矩。

1. 电枢回路串电阻启动

启动时在电枢回路中串入启动电阻 R_{st} 进行限流，电动机加上额定电压，R_{st} 的数值应使 I_{st} 不大于允许值。

为使电动机转速能均匀上升，启动后应把与电枢串联的电阻平滑均匀切除。但这样做比较困难，实际中只能将电阻分段切除，通常利用接触器的触点来分段短接启动电阻。由于每段电阻的切除都需要有一个接触器控制，因此启动级数不宜过多，一般为 2～5 级。

在启动过程中，通常限制最大启动电流 $I_{st1}=(1.5～2.5)I_N$，$I_{st2}=(1.1～1.2)I_N$，并尽量在切除电阻时，使启动电流能从 I_{st2} 回升到 I_{st1}。图 3.21 所示为他励电动机串电阻三级启动时的机械特性。

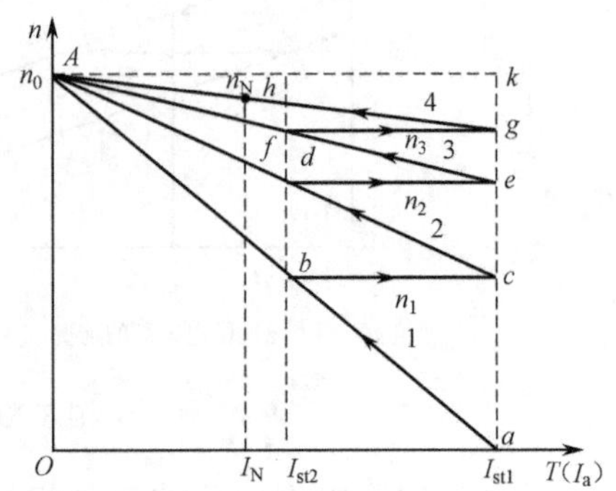

图 3.21 他励电动机串电阻启动时机械特性

启动时依次切除启动电阻 R_{st1}、R_{st2}、R_{st3}，相应的电动机工作点从 a 点到 b 点、c 点、d 点……最后稳定在 h 点运行，启动结束。

2. 降压启动

降压启动只能在电动机有专用电源时才能采用。启动时，通过降低电枢电压来达到限制启动电流的目的。为保证足够大的启动转矩，应保持磁通不变，待电动机启动后，随着转速的上升、反电动势的增加，再逐步提高其电枢电压，直至将电压恢复到额定值，电动机在全压下稳定运行。

降压启动虽然需要专用电源，设备投资大，但它启动电流小，升速平滑，并且启动过程中能量消耗也较少，因而得到广泛应用。

3.6.3 反转

在有些电力拖动设备中，由于生产的需要，常常需要改变电动机的转向。电动机中的电磁转矩是动力转矩，因此改变电磁转矩 T 的方向就能改变电动机的转向。根据公式 $T=C_T\Phi I_a$ 可知，只要改变磁通Φ或电枢电流 I_a 这两个量中一个量的方向，就能改变 T 的方向。

因此，直流电动机的反转方法有两种：一种是改变磁通（I_f）的方向，另一种是改变电枢电流的方向。由于磁滞及励磁回路电感等原因，反向磁场的建立过程缓慢，反转过程不能很快实现，故一般多采用后一种方法。

3.7 他励直流电动机的调速

由于生产机械在不同的工作情况下，要求有不同的运行速度，因此需要对电动机进行调速。调速可以用机械的、电气的、或机电配合的方法。电气调速就是在同一负载下，人为地改变电动机的电气参数，使转速得到控制性的改变。调速是为了生产需要而人为地对电动机转速进行的一种控制，它和电动机在负载变化时而引起的转速变化是两个不同的概念。调速是通过改变电气参数，有意识地使电动机工作点由一种机械特性转换到另一种机械特性上，从而在同一负载下得到不同的转速。而因负载变化引起的转速变化则是自动进行的，电动机工作在同一种机械特性上。

当负载电流 I_a 不变时，他励直流电动机可以通过改变 U、R_{Pa} 及Φ三个参数进行调速。

3.7.1 电枢串电阻调速

如图 3.22 所示，他励直流电动机原来工作在固有特性 a 点，转速为 n_1，当电枢回路串入电阻后，工作点转移到相应的人为机械特性上，从而得到较低的运行速度。整个调速过程如下：调整开始时，在电枢回路中串入电阻 R_{Pa}，电枢总电阻 $R_1=R_a+R_{Pa}$。这时因转速来不及突变，电动机的工作点由 a 点平移到 b 点。此后由于 b 点的电磁转矩 $T'<T_L$，使电动机减速，随着转速 n 的降低，E_a 减小，电枢电流 I_a 和电磁转矩 T 相应增大，直到工作点移到人为机械特性上 c 点时 $T=T_L$，电动机就以较

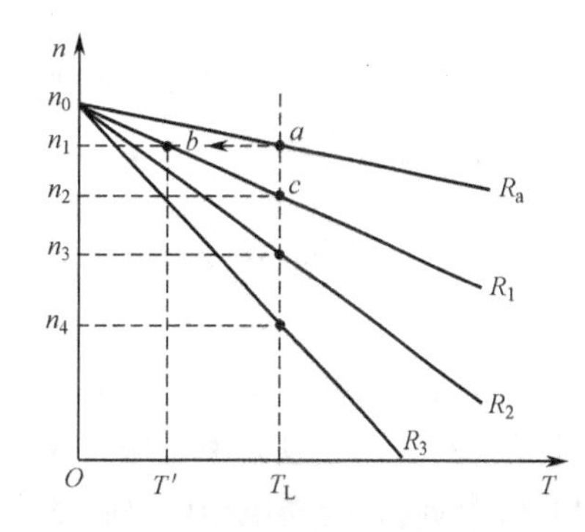

图 3.22 电枢串电阻调速

低的速度 n_2 稳定运行。

电枢串入的电阻值不同，可以保持不同的稳定速度，串入的电阻值越大，最后的稳定运行速度就越低。串电阻调速时，转速只能从额定值往下调，因此 $n_{max}=n_N$。在低速时由于特性很软，调速的稳定性差，因此 n_{min} 不宜过低。另外，一般串电阻时，电阻分段串入，故属于有级调速，调速平滑性差。从调速的经济性来看，设备投资不大，但能耗较大。

需要指出的是，调速电阻应按照长期工作设计，而启动电阻是短时工作的，因此不能把启动电阻当做调速电阻使用。

3.7.2 弱磁调速

这是一种改变电动机磁通大小来进行调速的方法。为了防止磁路饱和，一般只采用减弱磁通的方法。小容量电动机多在励磁回路中串接可调电阻，大容量电动机可采用单独的可控整流电源来实现弱磁调速。

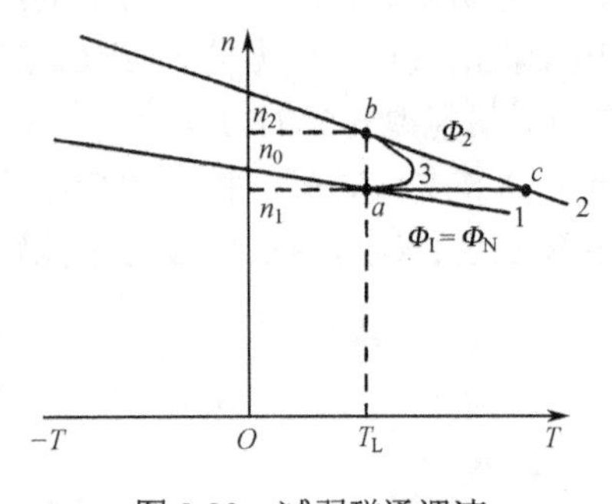

图 3.23　减弱磁通调速

图 3.23 中曲线 1 为电动机的固有机械特性曲线，曲线 2 为减弱磁通后的人为机械特性曲线。调速前电动机运行在 a 点，调速开始后，电动机从 a 点平移到 c 点，再沿曲线 2 上升到 b 点。考虑到励磁回路的电感较大以及磁滞现象，磁通不可能突变，电磁转矩的变化实际如图 3.23 中的曲线 3 所示。

弱磁调速的速度是往上调的，以电动机的额定转速 n_N 为最低速度，最高速度受电动机的换向条件及机械强度的限制。同时若磁通过弱，电枢反应的去磁作用显著，将使电动机运行的稳定性受到破坏。

在采用弱磁调速时，由于在功率较小的励磁电路中进行调节，因此控制方便，能量损耗低，调速的经济性比较好，并且调速的平滑性也较好，可以做到无级调速。

3.7.3 降压调速

采用这种调速方法时，电动机的工作电压不能大于额定电压。从机械特性方程式可以看出，当端电压 U 降低时，转速降 Δn 和特性曲线的斜率不变，而理想空载转速 n_0 随电压成正比例降低。降压调速的过程可参见降压时的人为机械特性曲线。

通常降压调速的调速范围可达 2.5～12。随着晶闸管技术的不断发展和广泛应用，利用晶闸管可控整流电源可以很方便地对电动机进行降压调速，而且调速性能好，可靠性高，目前正得到广泛应用。

3.8 他励直流电动机的电气制动

电动机的制动是指在电动机轴上加一个与旋转方向相反的转矩，以达到快速停车、减速或稳速。制动可以采用机械方法和电气方法，常用的电气方法有三种：能耗制动、反接制动和回馈制动。判断电动机是否处于制动状态的条件是：电磁转矩 T 的方向和转速 n 的方向是否相反。是，则为制动状态，其工作点应位于第二或第四象限；否，则为电动状态。

在电动机的制动过程中，要求迅速、平滑、可靠、能量损耗小，并且制动电流应小于限值。

3.8.1 能耗制动

能耗制动对应的机械特性如图3.24所示。电动机原来工作于电动运行状态，制动时保持励磁电流不变，将电枢两端从电网断开，并立即接到一个制动电阻R_z上。这时从机械特性上看，电动机工作点从A点切换到B点，在B点因为U=0所以$I_a=-E_a/(R_a+R_z)$，电枢电流为负值，由此产生的电磁转矩T也随之反向，由原来与n同方向变为与n反方向，进入制动状态，起到制动作用，使电动机减速，工作点沿特性曲线下降，由B点移至O点。当n=0，T=0时，若是反抗性负载，则电动机停转。这过程中，电动机由生产机械的惯性作用拖动，输入机械能而发电，发出的能量消耗在电阻R_a+R_z上，直到电动机停止转动，故称为能耗制动。

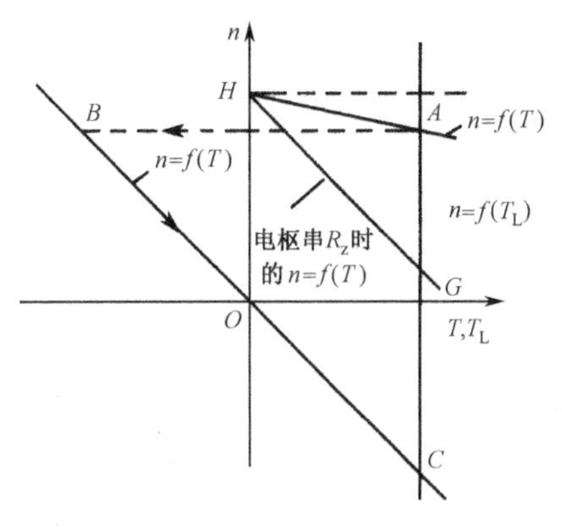

图3.24 他励电动机的能耗制动

为了避免过大的制动电流对系统带来不利影响，应合理选择R_z，通常限制最大制动电流不超过额定电流的2～2.5倍。

$$R_a + R_z \geqslant \frac{E_a}{(2\sim 2.5)I_N} \approx \frac{U_N}{(2\sim 2.5)I_N} \tag{3-8}$$

如果能耗制动时拖动的是重物负载，电动机可能被拖向反转，工作点从O点移至C点才能稳定运行。能耗制动操作简单，制动平稳，但在低速时制动转矩变小。若为了使电动机更快地停转，可以在转速降到较低时，再加上机械制动相配合。

3.8.2 反接制动

反接制动分为倒拉反接制动和电枢电源反接制动两种。

1. 倒拉反接制动

如图3.25所示，电动机原先提升重物，工作于a点，若在电枢回路中串接足够大的电阻，特性变得很软，转速下降，当n=0时（c点），电动机的T仍然小于T_L，在重物负载倒拉作用下，电动机继续减速进入反转，最终稳定地运行在d点。此时$n<0$，T方向不变，即进入制动状态，工作点位于第四象限，E_a方向变为与U相同。倒拉反接制动的机械特性方程和电枢串电阻电动运行状态时相同。

倒拉反接制动时，电动机从电源及负载处吸收电功率和机械功率，全部消耗在电枢回路电阻R_a+R_z上。倒拉反接制动常用于起重机低速下放重物，电动机串入的电阻越大，最后稳定的转速越高。

2. 电枢电源反接制动

电动机原来工作于电动状态下，为使电动机迅速停车，现维持励磁电流不变，突然改变电枢两端外加电压U的极性，此时n、E_a的方向还没有变化，电枢电流I_a为负值，由其产生的电磁转矩的方向也随之改变，进入制动状态。由于加在电枢回路的电压为$-(U+E_a)\approx-2U$，因此，在电源反接的同时，必须串接较大的制动电阻R_z，R_z的大小应使反接制动时电枢电流$I_a\leqslant 2.5I_N$。

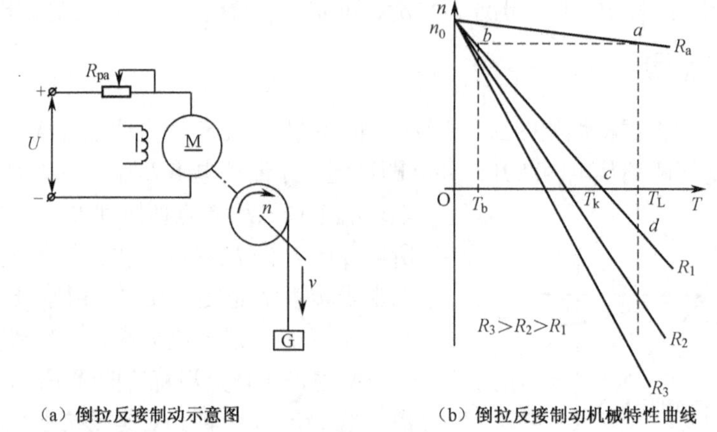

（a）倒拉反接制动示意图　　（b）倒拉反接制动机械特性曲线

图 3.25　他励电动机倒拉反接制动

机械特性曲线见图 3.26 中的直线 bc。从图中可以看出，反接制动时电动机由原来的工作点 a 沿水平方向移到 b 点，并随着转速的下降，沿直线 bc 下降。通常在 c 点处若不切除电源，电动机很可能反向启动，加速到 d 点。所以电枢反接制动停车时，一般情况下，当电动机转速 n 接近于零时，必须立即切断电源，否则电动机反转。

电枢反接制动效果强烈，电网供给的能量和生产机械的动能都消耗在电阻 R_a+R_z 上。

3.8.3　回馈制动（再生制动）

若电动机在电动状态运行中，由于某种因素（如电动机车下坡）而使电动机的转速高于理想空载转速时，电动机便处于回馈制动状态。$n>n_0$ 是回馈制动的一个重要标志。因为当 $n>n_0$ 时，电枢电流 I_a 与原来 $n<n_0$ 时的方向相反，因磁通 Φ 不变，所以电磁转矩随 I_a 反向而反向，对电动机起制动作用。电动状态时电枢电流由电网的正端流向电动机，而在回馈制动时，电流由电枢流向电网的正端，这时电动机将机车下坡时的位能转变为电能回送给电网，因而称为回馈制动。

回馈制动的机械特性方程式和电动状态时完全一样，由于 I_a 为负值，所以在第二象限，如图 3.27 所示。电枢电路若串入电阻，可使特性曲线的斜率增加。

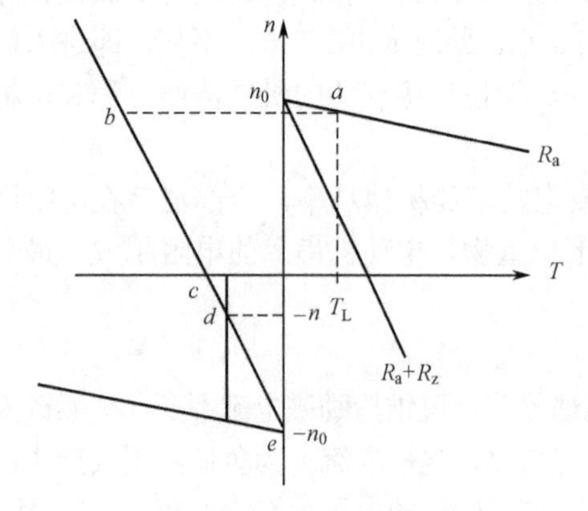

图 3.26　他励电动机的电枢反接制动

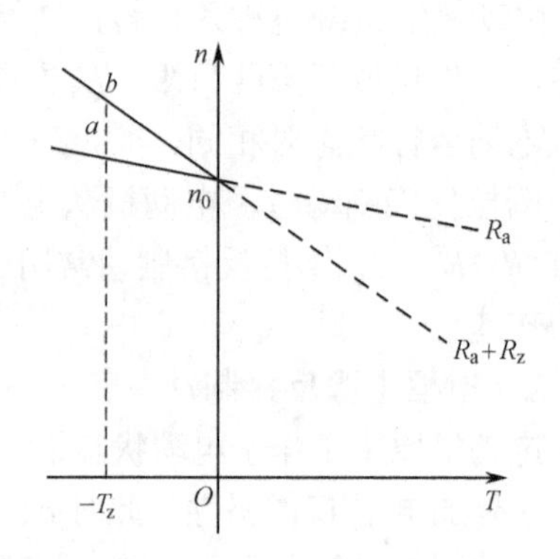

图 3.27　他励电动机的回馈制动

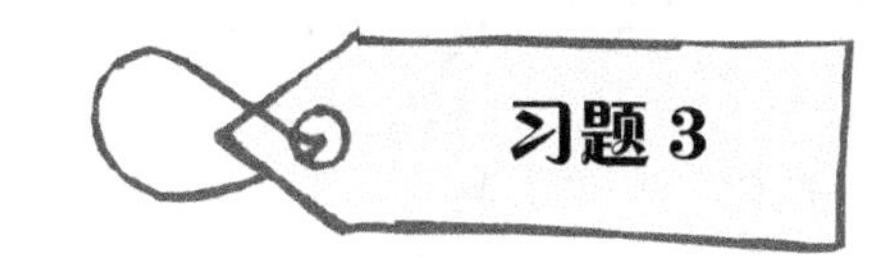

1. 填空题

（1）直流电动机根据励磁方式可分为______、______、_______和_______四种类型。

（2）直流电机的电枢电动势，对于发电机而言是________，对于电动机而言是________。

（3）直流电机的电磁转矩，对于发电机而言是_________，对于电动机而言是_________。

（4）直流电动机常用的启动方法有_______启动和_________启动两种。

（5）他励直流电动机在启动时，必须先给_______绕组加上额定电压，再给_______绕组加上电压。

（6）直流电动机的旋转方向是由_______电流方向与_______电流方向决定的，根据_______定则来确定。

（7）改变励磁调速是改变加在_______绕组上的__________或改变串接在励磁绕组中的_______值，以改变励磁电流进行调速。

2. 判断题（正确的打√，错误的打×）

（1）直流发电机的电枢绕组中产生的是直流电动势。（　　）

（2）直流电动机的电枢绕组中通过的是直流电流。（　　）

（3）要改变他励直流电动机的旋转方向，必须同时改变电动机电枢电压的极性和励磁的极性。（　　）

（4）直流电动机的弱磁保护采用欠电流继电器。（　　）

（5）并励直流发电机绝对不允许短路。（　　）

3. 选择题

（1）直流电动机的主磁极产生的磁场是（　　）。

A．匀强磁场　　B．恒定磁场

C．脉动磁场　　D．旋转磁场

（2）直流电动机换向器的作用是使电动机获得（　　）。

A．单向转矩　　B．单向电流

C．旋转磁场　　D．脉动磁场

（3）直流电动机的额定功率是（　　）。

A．额定电压与额定电流的乘积　　B．转轴上输出的机械功率

C．输入的电功率　　D．电枢中的电磁功率

（4）直流电机的绕组如果是链式绕组，其节矩（　　）。

A．相等　　B．有两种　　C．大小不等　　D．有三种

（5）直流电机励磁电压是指在励磁绕组两端的电压。对（　　）电机，励磁电压等于电机的额定电压。

A．并励　　B．串励　　C．他励　　D．复励

（6）直流电动机按励磁绕组与电枢绕组的连接关系分为（　　）种。

A．2　　B．3　　C．4　　D．5

（7）直流电动机把直流电能转换成（　　）输出。

A．直流电压　　B．直流电流　　C．电场力　　D．机械能

（8）直流电机励磁绕组不与电枢连接，励磁电流由独立的电源供给，称为（　　）电机。

A．他励　　B．串励　　C．并励　　D．复励

（9）直流电机主磁极上两个励磁绕组，一个与电枢绕组串联，一个与电枢绕组并联，称为（　　）电机。

A．他励　　B．串励　　C．并励　　D．复励

（10）直流电机主磁极的作用是（　　）。

A．产生换向磁场　　B．产生主磁场

C．削弱主磁场　　D．削弱电枢磁场

（11）直流电动机是利用（　　）的原理工作的。

A．导体切割磁力线　　B．通电线圈产生磁场

C．通电导体在磁场中受力运动　　D．电磁感应

（12）直流电机中的换向器是由（　　）而成的。

A．相互绝缘的特殊形状的硅钢片组装

B．相互绝缘的特殊形状的铜片组装

C．特殊形状的铸铁加工

D．特殊形状的整块钢板加工

（13）直流电动机换向器的作用是使电枢获得（　　）。

A．单向电流　　B．单向转矩

C．恒定转矩　　D．旋转磁场

（14）直流并励电动机的机械特性曲线是（　　）。

A．双曲线　　B．抛物线　　C．一条直线　　D．圆弧线

（15）直流串励电动机的机械特性曲线是（　　）。

A．双曲线　　B．抛物线　　C．一条直线　　D．圆弧线

（16）直流电动机的主磁极产生的磁场是（　　）。

A．恒定磁场　　B．旋转磁场　　C．脉动磁场　　D．匀强磁场

第4章 控制电机

在自动控制系统中需要大量各种各样的元件，控制电机就是其中的重要元件之一。控制电机属于机电元件，在系统中具有转换和传送控制信号的作用。就其基本原理来说，控制电机和普通旋转电机没有本质上的区别。但是由于控制电机和普通旋转电机的用途不同，所以对特性的要求和评价其性能好坏的指标就有较大差别。普通旋转电机着重于启动和运转状态时的能力指标，而控制电机由于控制系统的需要，其主要任务是完成控制信号的传递和交换，性能指标着重在特性的精度和灵敏度（快速响应）、运行可靠性及特性的线性程度等方面。

控制电机的容量一般在 1kW 以下，小到几微瓦。当然也有较大的，在大功率的自控系统中，控制电机的容量可达几千瓦。

4.1 测速发电机

测速发电机在自控系统中的基本任务是将机械转速转换为电信号。它具有测速、阻尼及计算的职能，用于产生加速或减速的信号，在计算装置中作计算元件，对旋转机械作恒速控制等。

按照测速发电机的职能，对它的要求首先是输出电压要与转速 n 成严格的线性关系，以达到较高的精确度；其次，转速变化所引起的电动势的变化要大，以满足灵敏度的要求。用做计算元件时，应着重考虑线性误差要小；用做一般测速或阻尼元件时，则须有大的输出变化率。

4.1.1 直流测速发电机

直流测速发电机分为永磁式和他励式两种，前者的定子磁极用永磁材料制成，而后者与他励直流电动机一样。直流测速发电机的工作原理与普通直流发电机相同，在恒定磁场下，电枢以速度 n 旋转时，电枢导体切割磁力线产生感应电动势，其值为

$$E_a = C_e\Phi n = U + I_a R_a$$

在空载情况下，直流测速发电机的输出电流为零，输出空载电压与感应电动势相等，即 $U_o = E_a = C_e\Phi n$。说明直流测速发电机空载时的输出电压与转速成线性关系。当接上负载后，如果负载电阻为 R_L，在不计电枢反应的条件下，输出电压 U 为

$$U = \frac{C_e\Phi}{1 + R_a/R_L}n \tag{4-1}$$

可见，如果电枢回路总电阻 R_a（包括电枢绕组电阻与换向器接触电阻）、负载电阻 R_L 和磁通 Φ 都不变，直流测速发电机的输出电压 U 与转速成线性关系，即 $U=f(n)$ 是一条过原点的直线，其斜率为 $C_e\Phi/(1+R_a/R_L)$，称为直流测速发电机的输出特性，如图 4.1 所示。若负载增大（即负载电阻减小），则斜率减小。

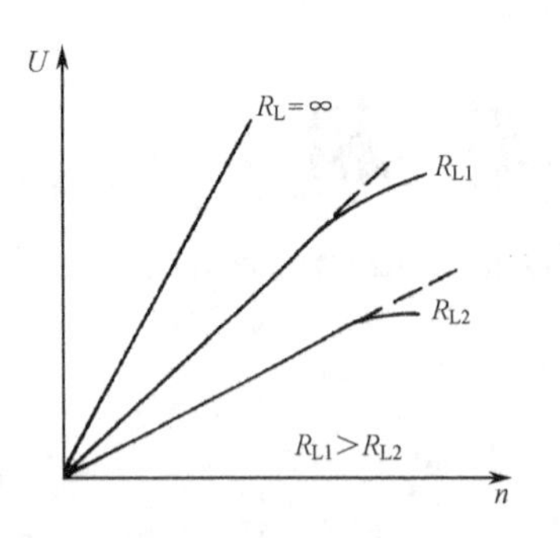

图 4.1　直流测速发电机的输出特性

实际上，直流测速发电机在运行时，有一些因素会引起某些量的变化，如周围环境温度变化使各绕组电阻发生变化，特别是励磁绕组电阻变化，引起励磁电流及其磁通 Φ 的变化，而造成线性误差；直流发电机的电枢反应存在，必然影响发电机内磁场变化，也引起线性误差。所以，实际输出特性曲线如图 4.1 中实线所示。另外，接触电阻上的电刷压降会使低速时出现失灵区，几乎无电压输出，影响线性关系。采用金属电刷可使失灵区大大减小。

4.1.2　交流测速发电机

交流测速发电机有异步测速发电机和同步测速发电机之分，现以应用较多的异步测速发电机为例，介绍其结构和工作原理。

目前被广泛应用的交流异步测速发电机的转子都是杯形结构。这是因为测速发电机在运行时，经常与伺服电动机的轴连接在一起，为提高系统的快速性和灵敏度，采用杯形转子要比采用笼型转子的转动惯量小且精度高。在机座号小的测速发电机中，定子槽内放置空间上相差 90° 电角度的两套绕组，一套为励磁绕组 N_1，一套为输出绕组 N_2；在机座号较大时，常把励磁绕组放在外定子上，而把输出绕组放在内定子上，以便调节内、外定子间的相对位置，使剩余电压最小。

图 4.2 是交流异步测速发电机的工作原理图，定子上励磁绕组接频率为 f_1 的恒定单相电压 U_f，转子不动时，励磁绕组与杯形转子之间的电磁关系和二次绕组短路的变压器一样，励磁绕组相当于变压器的一次绕组，杯形转子就是短路的二次绕组（杯形转子可以看成导条无数多的笼型转子）。

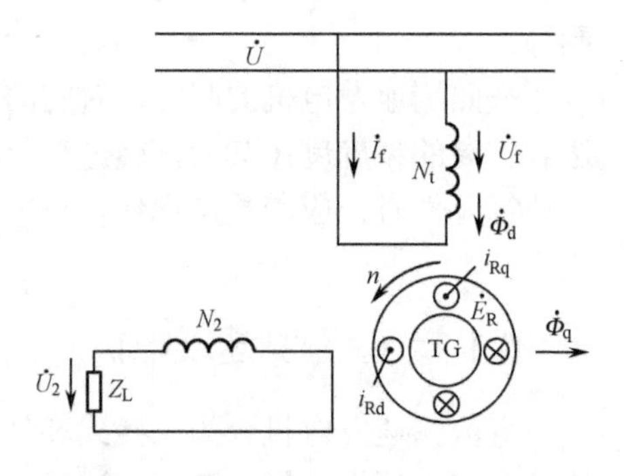

图 4.2　交流异步测速发电机工作原理图

此时，励磁绕组的轴线上产生直轴（d 轴）脉振磁动势，其磁通 $\dot{\Phi}_d$ 以电压 U_f 的频率 f_1 脉振，在转子上产生感应电动势 E_d 和电流（涡流）I_{Rd}，I_{Rd} 形成反向磁动势，但合成磁动势不变，磁通仍是直轴脉振磁通 $\dot{\Phi}_d$，与交轴上的输出绕组没有交链，故输出绕组中不产生感应电动势，输出电压为零。

当转子旋转时，转子绕组中仍将沿 d 轴感应一变压器电动势，同时转子导体将切割磁通 $\dot{\Phi}_d$，并在转子绕组中感应一旋转电动势 $\dot{E}_R$，其有效值为 $E_R = C_q n\Phi_d$。

由于 $\dot{\Phi}_d$ 按频率 f_1 交变，所以 $\dot{E}_R$ 也按频率 f_1 交变。当 $\dot{\Phi}_d$ 为恒定值时，$\dot{E}_R$ 与转速 n 成正比。在 $\dot{E}_R$ 的作用下，转子将产生电流 I_{Rq}，并在交轴（q 轴）方向上产生一频率为 f_1 的交变磁通 $\dot{\Phi}_q$。

由于$\dot{\Phi}_q$作用在q轴，将在定子输出绕组N_2中感应变压器电动势，有效值为

$$E_2 = 4.44 f_1 N_2 K_{N2} \Phi_q$$

因$\Phi_q \propto E_R$，而$E_R \propto n$，故输出电动势为

$$E_2 = C_2 n \approx U_2 \quad (4\text{-}2)$$

上式表明杯形转子测速发电机的输出电压U_2与转速n成正比，并且输出电压的频率仅取决于U_f的频率，而与转速无关，当电机反转时，输出电压的相位也相反。

以上分析交流测速发电机的输出特性时，忽略了励磁绕组阻抗和转子漏阻抗的影响，实际上这些阻抗对测速发电机的性能影响是比较大的。即使是输出绕组开路，实际的输出特性与直线性输出特性仍然存在着一定的误差，如幅值及相位误差和零位误差。

上述两种测速发电机相比较，直流测速发电机的主要优点是：不存在输出电压相位移问题；转速为零时，无零位电压；输出特性曲线的斜率较大，负载电阻较小。

直流测速发电机的主要缺点是：由于有电刷和换向器，所以结构比较复杂，维护较麻烦；电刷的接触电阻不恒定，使输出电压有波动；电刷下的火花对无线电有干扰。

4.2 伺服电动机

伺服电动机亦称执行电动机，它具有一种服从控制信号的要求而动作的职能，在信号来到之前，转子静止不动；信号一来，转子立即转动；当信号消失，转子能即时自行停转。由于这种“伺服”的性能，因此而命名。

4.2.1 直流伺服电动机

直流伺服电动机的结构与普通小型直流电动机相同，不过由于直流伺服电动机的功率不大，也可用永久磁铁代替励磁绕组。其励磁方式几乎只采取他励式（永磁式）。

直流伺服电动机的工作原理和普通直流电动机相同。只要在其励磁绕组中有电流通过并产生了磁通，当电枢绕组中通过电流时，这个电枢电流与磁通相互作用而产生转矩，便可使伺服电动机投入工作。这两个绕组其中的一个断电时，电动机立即停转，它不像交流伺服电动机那样有“自转”现象，所以直流伺服电动机也是自动控制系统中一种很好的执行元件。

直流伺服电动机的励磁绕组和电枢绕组分别装在定子和转子上，工作时可以由励磁绕组励磁，用电枢绕组来进行控制，或由电枢绕组励磁，用励磁绕组来进行控制，这两种控制方式的特性有所不同。

电枢控制时，直流伺服电动机的线路图如图 4.3 所示。图中由励磁绕组进行励磁，即将励磁绕组接于恒定电压U_f的直流电源上，绕组中通过电流I_f以产生磁通Φ。电枢绕组接受控制电压U_c，作为控制绕组。当控制绕组接到控制电压U_c之后，电动机就转动，控制电压消失，电动机立即停转，这就是无自转现象。电枢控制时，直流伺服电动机的机械特性和他励直流电动机改变电枢电压时的人为机械性相似，也是线性的。另外，励磁绕组励磁时，所消耗的功率较小，电枢回路电感小，因而时间常数小，响应迅速。这些良好的特性非常有利于将其作为执行元件使用。

对于磁场控制方式，由于其调节特性不是线性的，因此当负载转矩较小时，还不是单值的，即对应两个不同数值的控制电压U_c，可得相同的转速，这是磁场控制方式的重大缺陷，

因此很少采用。

4.2.2 交流伺服电动机

图 4.4 是交流伺服电动机原理图，其中励磁绕组 f 和控制绕组 c 均装在定子上，它们在空间上相差 90°电角度。励磁绕组由定值的交流电压励磁，控制绕组由输入信号（交流控制电压 U_c）供电。

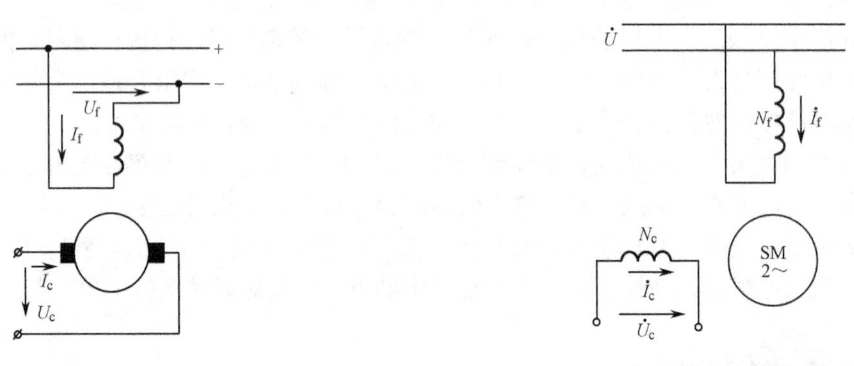

图 4.3 直流伺服电动机枢控线路图　　图 4.4 交流伺服电动机原理图

交流伺服电动机的工作原理与具有辅助绕组的单相异步电动机相似，它在系统中运行时，励磁绕组固定接到单相交流电源上，当控制电压为零时，气隙内的磁场仅有励磁电流 I_f 产生脉振磁场，电动机无启动能力，转子不转；若控制绕组有控制信号输入时，则控制绕组内有控制电流 I_c 通过，若使 I_c 与 I_f 不同相，则在气隙内建立了一定大小的旋转磁场，电动机就能自行启动；但一旦受控启动后，即使控制信号消失，电动机仍能继续运行，这样，电动机就失去控制作用。单相交流伺服电动机这种失控而自行旋转的现象称为自转。显然，自转现象是不符合可控性要求的。可以通过增大电动机转子电阻，使伺服电动机在控制信号消失（控制电压为零）时处于单相励磁状态，电磁转矩为负值，以制动转子旋转，克服自转现象。当然，过大的转子电阻将会降低电动机的启动转矩，以致影响适应性。

为了使电动机在输入信号值改变时，其转子转速能迅速跟着改变而达到与输入信号值所相应的转速值，必须减小转子惯量和增大启动转矩。因此，在结构上采用空心杯形转子，并在转子电路上适当增大转子电阻 r_2。这种结构除了有与一般异步电动机相似的定子外，还有一个内定子，由硅钢片叠成圆柱体，其上通常不放绕组，只是代替笼型转子铁芯，作为磁路的一部分；在内、外定子之间，有一个细长的装在转轴上的杯形转子，它通常用非磁性材料（铝或铜）制成，能在内、外定子间的气隙中自由旋转。这种电动机的工作原理是：通过杯形转子（无数多转子导条组成）在旋转磁场作用下感应电动势及电流，电流又与旋转磁场作用而产生电磁转矩，使转子旋转。

杯形转子交流伺服电动机的优点是转子惯量小，摩擦转矩小，适应性强，运行平滑，无抖动现象；其缺点是有内定子存在，气隙大，励磁电流大，体积也大。尽管如此，目前采用这种结构的交流伺服电动机仍居多。

交流伺服电动机不仅具有启动和停止的伺服性，而且还必须具有转速的大小和方向的可控制性。如果励磁绕组接于额定电压进行励磁，控制绕组加以输入信号（控制电压），当改变控制电压的大小和相位时，电动机的气隙磁场也就随之改变，可能是圆形磁场，也可能是椭圆磁场或脉振磁场。因而伺服电动机的机械特性改变，转速也随之改变。

交流伺服电动机的控制方式有三种：幅值控制、相位控制和幅—相控制。

4.3 直流力矩电动机

普通伺服电动机的转速都比较高，转矩较小，在高精度的随动系统中必须经过减速器减速后，才能获得负载实际所需要的转速和转矩。力矩电动机是一种能和负载直接相连，在大转矩、低转速状态下稳定运行，且能经常处于堵转状态的伺服电动机，能够省去高精度系统中的齿轮减速器。

4.3.1 直流力矩电动机的结构和原理

直流力矩电动机的基本原理与普通直流电动机无异，只是为了获得高力矩、低转速的使用特点，在普通电动机的原理基础上进行了特殊设计。直流力矩电动机的极对数较多，且都做成扁平的盘式结构。它的定子和转子可直接附装在其驱动的固定部分和转动部分上。图 4.5 所示为直流力矩电动机的结构示意图，定子是一个用软磁材料做成的带槽的环，槽中镶入永久磁铁。转子由铁芯、绕组和换向器三部分组成，铁芯和绕组与普通直流电动机的相似，换向器的结构则有所不同。它采用导电材料做槽楔，槽楔和绕组用环氧树脂浇铸成一个整体，槽楔的一端接线，另一端加工成换向器。电刷架是环状的，它紧贴于定子一侧。电刷装在电刷架上，可按需要调节电刷位置。

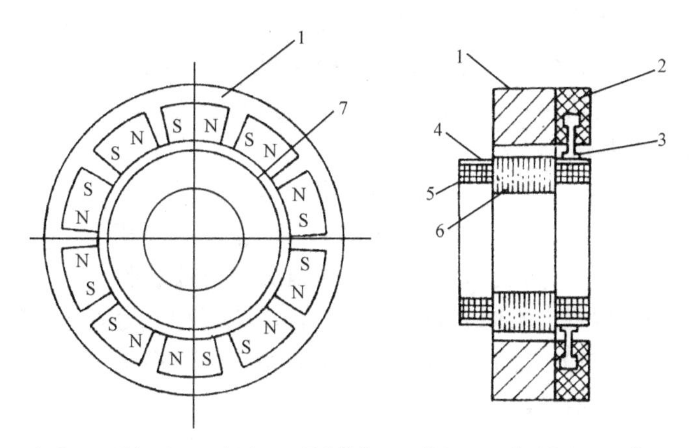

1—定子；2—刷架环；3—电刷；4—导电槽楔；5—绕组；6—转子铁心；7—转子

图 4.5　直流力矩电动机结构示意图

扁平结构的力矩电动机能产生较大转矩、较低转速的原理从式

$$T = NB_{av}li_a\frac{D_a}{2}$$

可以看出，在相同的体积和控制电压下，若把电枢直径 D_a 增大一倍，电枢总导体数 N 因电枢槽面积的加大而增大 4 倍，电枢长度将减少到原来的 1/4。假定气隙平均磁密及电枢导体电流不变，电磁转矩 T 将比原来增大一倍。转速下降至原来的一半。可见，在气隙平均磁密、电枢导体电流及电枢电压相同时，电动机电磁转矩与电枢外径近似成正比，转速与电枢外径

近似成反比。

4.3.2 直流力矩电动机的特点

1．可直接与负载连接

直流力矩电动机具有较高的耦合刚度、机械共振频率、转矩和惯量比。因为不存在齿轮减速，所以消除了齿隙，提高了传动精度。

2．反应速度快

直流力矩电动机在设计中采用了高度饱和的电枢铁芯，以降低电枢自感，因此电磁时间常数很小，一般在几毫秒甚至在 1ms 以内。同时，这种电动机的机械特性设计得较硬，所以总的机电时间常数也较小，约十几毫秒、几十毫秒。

3．低速时能平稳运行

直流力矩电动机通常在每分钟几转到几十转时，其力矩波动约为 5%（其他电动机约 20%），甚至更小。

4．线性度好、结构紧凑

由于有这一特点，所以直流力矩电动机特别适用于尺寸、重量和反应时间必须最小，而位置与转速控制精度要求高的伺服系统。

4.4 自整角机

自整角机是一种对角位移或角速度的偏差能自动整步的控制电机，在自动控制系统中，自整角机总是两个以上组合使用。这种组合自整角机能将转轴上的转角变换为电信号，或者再将电信号变换为转轴的转角，使机械上互不相连的两根或几根转轴同步偏转或旋转，以实现角度的传输、变换和接收。

自整角机的基本结构与一般小型同步电动机相似，定子铁芯上嵌有一套与三相绕组相似的三个互成 120° 电角度的绕组，称为同步绕组。转子上放置单相的励磁绕组，转子有凸极结构，也有隐极结构。励磁电源通过电刷和集电环施加于励磁绕组。

自整角机按其工作原理的不同分为力矩式和控制式两种。力矩式自整角机主要用在指示系统中，以实现角度的传输；控制式自整角机主要用在传输系统中，做检测元件用，其任务是将角度信号变换为电压信号。

4.4.1 力矩式自整角机的工作原理

力矩式自整角机的接线图如图 4.6 所示，图中左边的自整角机称为发送机，右边的称为接收机。它们的转子励磁绕组 Z_1Z_2 和 $Z_1'Z_2'$ 接到同一单相电源上，同步绕组的出线端按顺序依次连接。当发送机和接收机的励磁绕组相对于本身的同步绕组偏转角分别为 θ_1 和 θ_2 时，两者的相对偏转角为 $\theta=\theta_1-\theta_2$。这个相对偏转角 θ 称为失调角。当 $\theta_1=0$ 时（谐调状态），励磁绕组 Z_1Z_2 和 $Z_1'Z_2'$ 产生的脉振磁场轴线分别与各自同步绕组之间的耦合位置关系相同，故发送机和接收机对应的同步绕组感应电动势相等，即等电位，它们之间没有电流。当发送机转子绕组及其脉振磁场轴线由主令轴带动向逆时针方向偏转 θ_1 角时，即 $\theta=\theta_1$，$\theta_2=0$，便出现失调状态。这样，Z_1Z_2 和 $Z_1'Z_2'$ 的脉振磁场轴线与各自同步绕组的耦合位置关系不再相同，感应电动势大小不等，发送机和接收机同步绕组之间便产生电流。此电流经过两个同步绕组，与励磁磁场作用产生整步转矩，其方向使 Z_1Z_2 顺时针转动，使 $Z_1'Z_2'$ 逆时针转动，即力图使失调角 θ_1 趋于零。由于发送机的转子与主令轴相接，不能任意转动，因此整步转矩只能使接收机转子跟随发送机转子逆时针转过 $\theta_2=\theta_1$ 角，使失调角为零，差额电动势、电流消失，整步转矩变为零。系统进入新的谐调位置，实现了转角 θ_1 的传输。

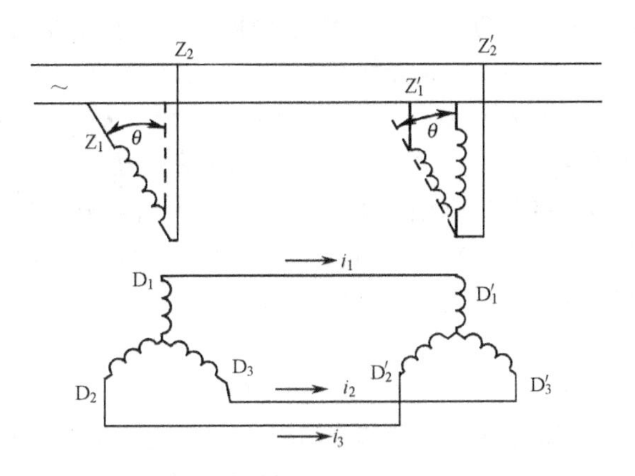

图 4.6 力矩式自整角机接线图

4.4.2 控制式自整角机的工作原理

若把发送机和接收机的转子绕组（即励磁绕组）互相垂直的位置作为谐调位置，并将接收机的转子绕组 $Z_1'Z_2'$ 从电源断开，其线路如图 4.7 所示，这样接线的自整角机系统便成为控制式自整角机。当发送机转子由主令轴转过 θ 角，即出现失调角时，接收机转子绕组即输出一个与失调角 θ 具有一定函数关系的电压信号，这样就实现了转角信号的变换。此时，接收机是变压器状态，故在控制式自整角机系统中的接收机也称为自整角变压器。

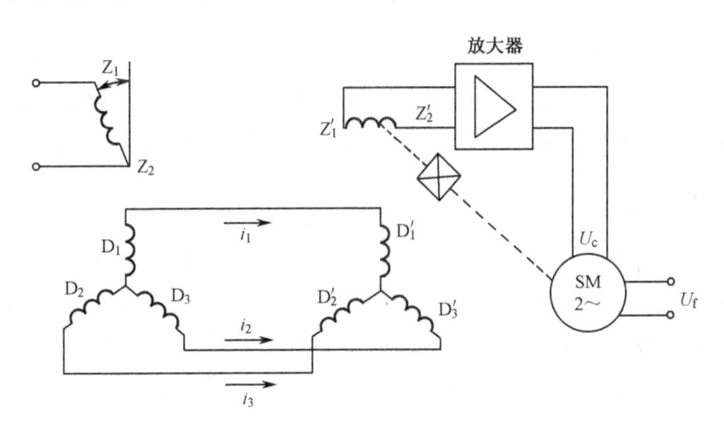

图 4.7 控制式自整角机接线图

在谐调位置上，当发送机转子与单相励磁电源接通时，产生脉振磁场。按变压器原理，定子三个空间对称的同步绕组中都产生感应电动势。这三个电动势频率相同，相位相同，但由于与转子绕组耦合位置不同，三个电动势幅值不同，其中 E_{D1} 最大，令 $E_{D1}=\dot{E}$，则 $E_{D2}=\dot{E}\cos120^\circ$，$E_{D3}=\dot{E}\cos240^\circ$。三个电动势分别产生三个同相电流，它们流经发送机和接收机定子的三个绕组，产生两组三个脉振磁动势。在发送机中，三个脉振磁动势的脉振频率相同，时间相位也相同，但幅值不同，且在空间位置上互差 120°电角度，则合成磁动势仍为一个脉振磁动势，轴线在 D_1 绕组轴线上。同理，在接收机中，合成磁动势也是一个脉振磁动势，轴线在定子 D_1'绕组轴线上。由于接收机转子绕组磁场轴线与之垂直，故合成脉振磁动势不会使其转子绕组产生感应电动势，即转子绕组输出电压为零。

当发送机转子被主令轴转过θ角时，同步绕组因耦合位置发生变化，三个绕组上的感应电动势大小也发生变化。电流和磁动势也是这样，但三个磁动势在空间各相差 120°电角度，频率相同，不难将其合成，且合成脉振磁动势的轴线也跟着转过θ角。因为接收机同步绕组中的电流就是发送机中同步绕组的电流，而两者绕组结构又完全相同，故接收机同步绕组合成脉振磁动势轴线也必然从 D_1'绕组的轴线位置转过θ角。在未出现失调时，接收机转子绕组轴线与其同步绕组合成磁动势轴线互相垂直，两者无耦合作用；而出现失调角θ时，接收机同步绕组脉振磁场的磁通就会穿链其转子绕组而感生电动势 E_2 为

$$E_2 = E_{2m}\sin\theta \tag{4-3}$$

式中，E_{2m} 为当θ=90°电角度时转子绕组的最大输出电动势。

E_2 只与失调角θ有关，而与发送机和接收机转子本身位置无关。E_2 经放大后加到交流伺服电动机的控制绕组上，使伺服电动机转动。伺服电动机一方面拖动负载，另一方面转动接收机转轴，一直到 Z_1Z_2 与 $Z_1'Z_2'$再次垂直谐调，接收机转子绕组中电动势消失，使负载的转轴处于发送机所要求的位置。此时接收机与发送机的转角相同，系统又进入新的谐调位置。

力矩式自整角机系统中整步转矩比较小，只能带动指针、刻度盘等轻负载，而且它仅能组成开环的自整角机系统，系统精度不高。由于控制式自整角机组成的闭环控制系统有功率放大环节，所以能提高控制精度和负载能力。

4.5 步进电动机

步进电动机是一种将电脉冲信号转换成相应的角位移的控制元件，也称为脉冲电机，输入一个电脉冲，就转过一个固定的角度（大小可以调整），一步一步地转动。步进电动机已广泛应用于许多装置中，如数控机床、自动记录仪、计算机的外围设备、遥控装置等。

4.5.1 单段反应式步进电动机

图 4.8 所示为三相反应式步进电动机的原理示意图。A 相绕组通电时，由于磁力线力图通过磁阻最小的磁路，转子齿 1、3 受到磁阻转矩的作用，转至其轴线与 A 相绕组轴线重合。此时磁力线通过的磁路磁阻最小，转子只受径向力而无切向力，磁阻转矩为零，转子在此位置静止，如图 4.8（a）所示。当 A 相断电，B 相通电，转子齿 2、4 逆时针转过 30°空间机械角，使其轴线与 B 相绕组轴线重合，如图 4.8（b）所示。显然，B 相断电而 C 相通电时，转子再逆时针转过 30°空间角，如图 4.8（c）所示。若按 A→B→C→A 顺序通电，转子就沿逆时针方向一步一步前进（转动）；如按 A→C→B→A 顺序通电，转子便沿顺时针方向一步一步转动。一种通电状态转换到另一种通电状态，叫做一“拍”，每一拍转子转过一个角度，这个角度叫做步距角θ_b。显然，变换通电状态的频率（即电脉冲的频率）越高，转子就转得越快。

(a)

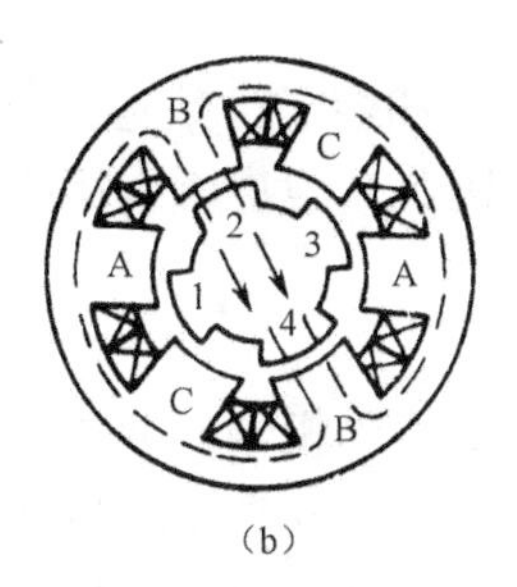

(b)

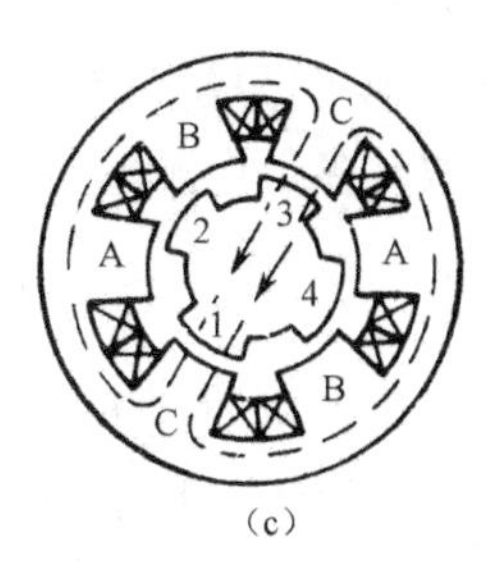

(c)

图 4.8 三相反应式步进电动机原理示意图

按上述三相依次单相通电方式，称为“三相单三拍运行”，“三相”指三相绕组，“单”指每次仅有一相通电，“三拍”指三次通电为一个循环。三相反应式步进电动机的通电方式还有“双三拍”和“三相单双六拍”等。

“双三拍”：按 AB→BC→CA→AB 顺序通电，即每次有两相通电。通电后所建立磁场轴线与未通电的一相磁极轴线重合，因而转子磁极轴线与未通电一相的磁极轴线对齐，例如 A、B 相通电，与 C-C 磁极轴线对应。按此方式运行与“单三拍”相同，步距角不变。

- “三相单双六拍”：按 A→AB→B→BC→C→CA→A 顺序通电，相当于前述两种通电方式的综合，步距角为“三拍”方式的一半。

这种简单的三相反应式步进电动机，步距角太大，即每一步转过的角度太大，很难满足生产中提出的位移量要小和精确度的要求。

实际上，在转子铁芯和定子磁极上均开有小齿，且定子、转子齿距相等。转子齿数 Z_r 要根据步距角的要求和工作原理来确定，不能任选。因为在同相几个磁极下，定子、转子齿应同时对齐或同时错开，才能使几个磁极作用相加，产生足够的磁阻转矩，所以，转子齿数应是磁极倍数。除此以外，在不同的磁极下，定子、转子相对位置应依次错开（$1/m$）t（m 为相数，t 为齿距），这样才能在连续改变通电状态下，获得连续不断的运动。否则，无论当哪一相通电时，转子齿都始终处于磁路磁阻最小的位置，各相轮流通电时，转子将一直静止，电动机不能运行。为此，要求相邻相两相邻磁极轴线之间转子齿数应为整数加或减 $1/m$，即

$$Z_r/2mp = k \pm 1/m \tag{4-4}$$

式中，k 为自然整数。

图 4.9 所示为步进电动机定子、转子展开图，读者可自行分析。

在转子齿数满足自动“错位”的条件下，每一拍转子转过相当于 $1/N$ 齿距的空间机械角，一个通电循环周期 N 拍，对应一个齿距。故步距角为

$$\theta_b = 360°/NZ_r \text{（机械角度）} \tag{4-5}$$

设脉冲信号频率为 f，则步进电动机的转速为

$$n = 60f/NZ_r \tag{4-6}$$

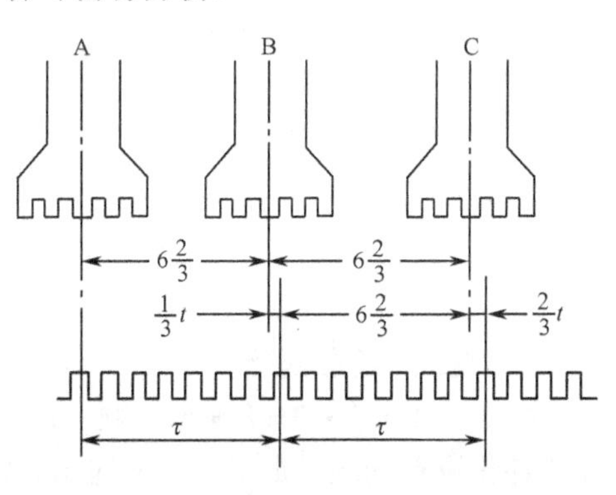

图 4.9 步进电动机定子、转子展开图

转子旋转方向与定子磁场的旋转方向相同或相反，当相邻相轴线间夹角内的转子齿数为正整数加 $1/m$，转子沿着磁场方向旋转；如果相邻相轴线间夹角内的转子齿数为正整数减去 $1/m$，则转子转

向与磁场旋转方向相反。

步进电动机也可做成多相的。相数和转子齿数越多，步距角越小，转速越低，性能将有所改善。但相数越多，电源越复杂，因此一般也就六相或八相。

4.5.2 多段式步进电动机

多段式步进电动机的定子、转子沿电动机轴向分成 m（相数）段，每一段定子铁芯上绕有一相环形绕组，定子、转子沿圆周开有相同数量和齿距的齿，定子相邻段铁芯错开 $1/m$ 齿距。图 4.10 所示五相电动机的定子、转子都分为五段，即 A、B、C、D、E 五相。定子、转子均为 18 个齿，齿距角为 20°。定子相间错位，即 B 相相对 A 相沿顺时针方向错开 1/5 齿距（4°），C、D、E 相依次类推，转子相间不错位。

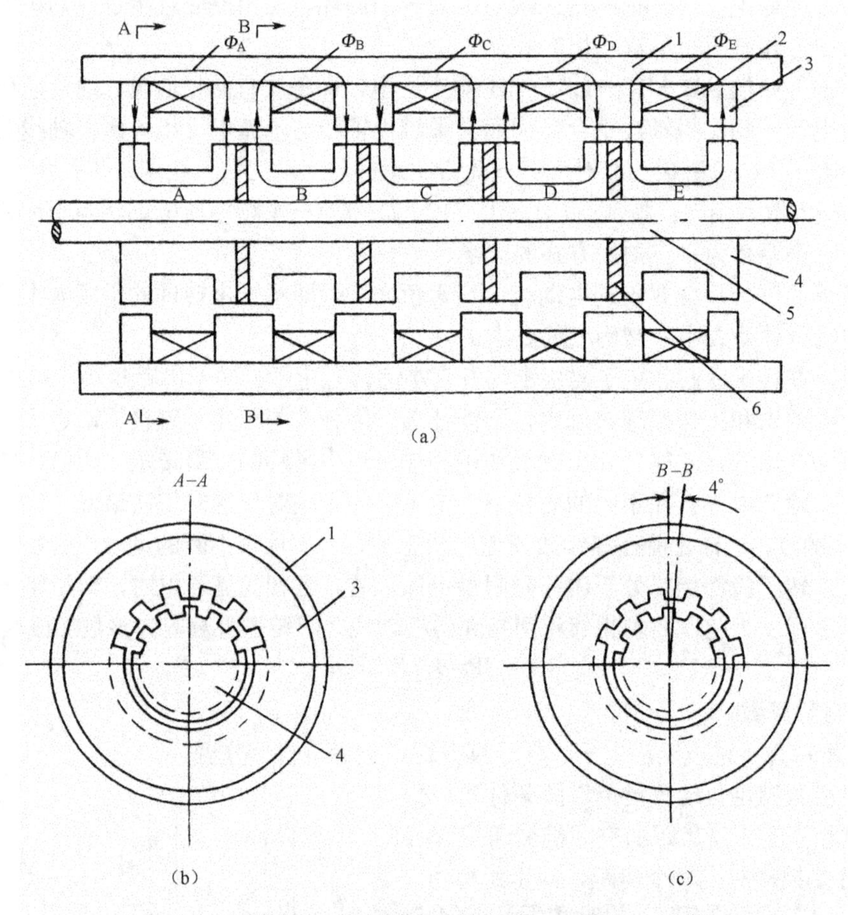

1—机座；2—定子绕组；3—定子铁芯；4—转子铁芯；5—转轴；6—磁绝缘（铝）

图 4.10 多段式五相步进电动机示意图

1. 五相单五拍运行

按 A→B→C→D→E→A 的顺序通电励磁。当 A 相通电时，A 相定子、转子齿一一对齐，其他各相没有励磁，定子、转子均相对错开。当 A 相断电而 B 相通电时，A 相铁芯磁路中磁通为零，仅 B 相定子、转子磁路中有磁通，于是转子沿顺时针方向转过 4°与 B 相定子齿对齐。

同理，B 相断电而 C 相通电时，转子又顺时针转动一步，步距角为 4°。如果通电顺序改变为 A→E→D→C→B→A，则电动机将反转。

2. 五相十拍运行

若按 AB→ABC→BC→BCD→CD→CDE→DE→DEA→EA→EAB→AB 的顺序通电，称为五相十拍运行方式。如果 AB 两相同时通电，转子铁芯的每一个齿，在两相定子磁场的作用下，只能停在 A 相和 B 相两齿中间的位置。而 ABC 三相同时通电时，显然转子的齿将停在正对 B 相齿位置。因此这种通电方式，每拍转过的步距角只有五相单五拍的一半，即 $\theta_b = 2°$。若通电顺序反过来，转子也将反转。

4.6 旋转变压器

旋转变压器能把转子的旋转角度转换成电压参数，在自控系统中被用来进行三角运算和传输角度信号，也可以作为移相器用。旋转变压器两绕组的耦合情况随转角变化而变化，按输出电压与转角的关系，分成正、余弦旋转变压器和线性旋转变压器。

4.6.1 正、余弦旋转变压器

正、余弦旋转变压器，即其输出电压是转子转角的正、余弦函数，其原理如图 4.11 所示。图中 D_1D_2、D_3D_4 为定子上两个互差 90° 电角度的正弦绕组，其匝数均为 N_D。Z_1Z_2、Z_3Z_4 为转子上两个互差 90° 电角度的正弦绕组，其匝数均为 N_Z，则转子绕组与定子绕组的有效匝数比为 $k=N_Z/N_D$。

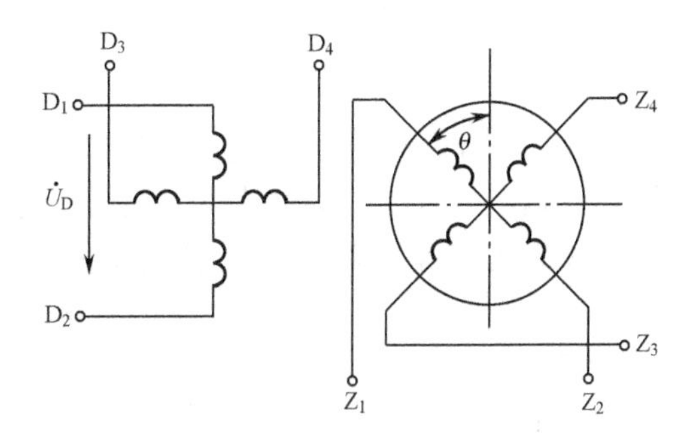

图 4.11 正、余弦旋转变压器原理图

转子绕组即输出绕组 Z_1Z_2、Z_3Z_4 开路，且使 Z_1Z_2 绕组与 D_1D_2 绕组的轴线重合，D_3D_4 绕组也开路。当 D_1D_2 绕组上加上交流励磁电压 $u_D = \sqrt{2}U_D \sin\omega t$，$D_1D_2$ 即为励磁绕组，在气隙中，建立一个和转子位置无关的，且按正弦规律变化的脉振磁场，Z_1Z_2 绕组好像变压器的二次绕组，脉振磁场在其中感应产生电动势为

$$e_{Z_1Z_2} = k\sqrt{2}U_D \sin\omega t \qquad (4\text{-}7)$$

同理可得出 Z_3Z_4 绕组中的电动势为

$$e_{Z_3Z_4} = -k\sqrt{2}U_D \sin\omega t \sin\theta \qquad (4\text{-}8)$$

从式（4-7）和式（4-8）可看出，在励磁电压 U_D 不变和匝数比 k 一定的条件下，输出绕组 Z_1Z_2 中电动势的有效值为转角 θ 的余弦函数，即

$$E_{Z_1Z_2} = kU_D \cos\theta \qquad (4\text{-}9)$$

而输出绕组 Z_3Z_4 中，电动势的有效值为转角 θ 的正弦函数，即

$$E_{Z_3Z_4} = kU_D \sin\theta \qquad (4\text{-}10)$$

当输出绕组带有负载时，就有电流通过输出绕组，从而产生相应的磁动势，使气隙磁场发生畸变，以致输出绕组中感应电动势的大小出现偏差，输出电压不再是转角的正、余弦函

数。为减小旋转变压器负载时输出特性的畸变，可将 D_3D_4 定子绕组短接，进行补偿，以保证输出电压是转角的正弦或余弦函数。

4.6.2 线性旋转变压器

图 4.12 所示为线性旋转变压器的原理图，定子绕组 D_1D_2 与转子绕组 Z_1Z_2 串联施加励磁电压 U_D，定子绕组 D_3D_4 短接，起补偿作用，转子绕组 Z_3Z_4 为输出绕组。

转子逆时针方向转过θ角，使 Z_1Z_2 绕组的轴线从 D_1D_2 轴线位置逆时针转过θ角。由于 D_3D_4 绕组的补偿作用，可以认为 D_1D_2 绕组及 Z_1Z_2 绕组合成磁动势的轴线即为 D_1D_2 轴线，如果转子绕组与定子绕组的匝数比 $k = N_Z / N_D$，在绕组 D_1D_2 中感应的电动势为 E_d，则在绕组 Z_1Z_2、Z_3Z_4 中感应的电动势分别为

$$E_{Z_1Z_2} = kE_d \cos\theta$$

$$E_{Z_3Z_4} = kE_d \sin\theta$$

不计 D_1D_2 及 Z_1Z_2 绕组中的漏抗压降，根据电动势平衡关系，可得出

$$U_D = E_d + kE_d \cos\theta \tag{4-11}$$

若输出绕组 Z_3Z_4 的负载阻抗很大，则输出电压为

$$U_Z \approx E_{Z_3Z_4} = kE_d \sin\theta \tag{4-12}$$

上述两有效值之比为

$$U_Z = \frac{k\sin\theta}{1+k\cos\theta}U_D \tag{4-13}$$

上式中，当 $k\approx0.52$ 时，$U_Z=f(\theta)$ 的关系如图 4.13 所示。从所示曲线可以看出，在$\theta=\pm60°$范围内，输出电压 U_Z 随θ角做线性变化。这种线性关系与理想的直线关系比较，误差不超过 0.1%。所以线性旋转变压器输出电压随转角的线性变化是有一定条件的。

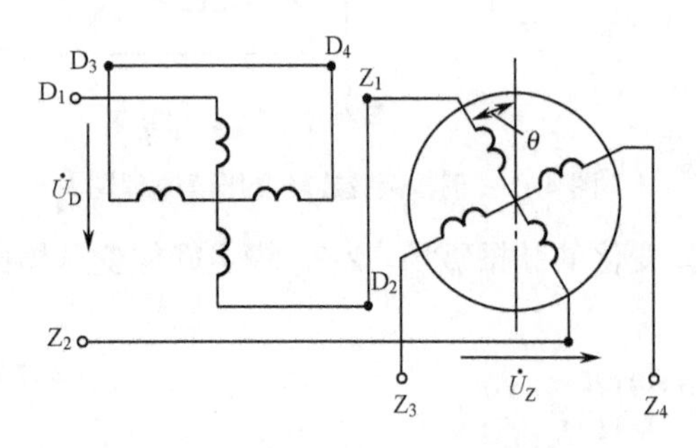

图 4.12 线性旋转变压器原理图

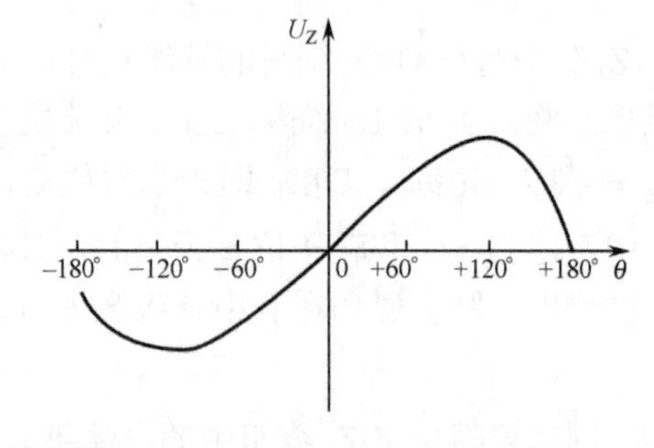

图 4.13 $k\approx0.52$ 时，$U_Z=f(\theta)$ 的关系

1. 判断题（正确的打√，错误的打×）

（1）交流测速发电机的主要特点是其输出电压和转速成正比。（　　）

（2）测速发电机分为交流和直流两大类。（　　）

（3）直流测速发电机的结构和直流伺服电动机基本相同，原理与直流发电机相同。（　　）

（4）直流伺服电动机不论是他励式还是永磁式，其转速都是由信号电压控制的。（ ）

2. 选择题

（1）测速发电机在自动控制系统中常作为（ ）元件。

A. 电源　B. 负载　C. 测速　D. 放大

（2）若按定子磁极的励磁方式来分，直流测速发电机可分为（ ）两大类。

A. 有槽电枢和无槽电枢　B. 同步和异步

C. 永磁式和电磁式　D. 空心杯形转子和同步

（3）交流测速发电机的定子上装有（ ）。

A. 两个并联的绕组　B. 两个串联的绕组

C. 一个绕组　D. 两个在空间相差90°电角度的绕组

（4）交流测速发电机的杯形转子是用（ ）材料做成的。

A. 高电阻　B. 低电阻　C. 高导磁　D. 低导磁

（5）交流测速发电机的输出电压与（ ）成正比。

A. 励磁电压频率　B. 励磁电压幅值

C. 输出绕组负载　D. 转速

（6）若被测机械的转向改变，则交流测速发电机的输出电压（ ）。

A. 频率改变　B. 大小改变

C. 相位改变90°　D. 相位改变180°

3. 简答题

（1）为什么说交流异步测速发电机是交流伺服电动机的一种逆运行？

（2）直流测速发电机的转速为什么不得超过规定的最高值？所接负载电阻为什么不得低于规定值？

（3）什么是自转现象？如何消除？

（4）当控制电压变化时，交流伺服电动机的转速为何能发生变化？交、直流伺服电动机的转速方向怎样才能改变？

（5）直流力矩电动机有什么特点？

（6）如果一对自整角机同步绕组的一根连接线脱开，还能否同步转动？

（7）自整角变压器的输出绕组如果放在直轴上，则输出电压与失调角有什么关系？

（8）步进电动机的主要技术指标是什么？自动错位的条件是什么？为什么步进电动机必须自动错位？

（9）怎样改变步进电动机的转向？

（10）请用脉振磁场感应产生变压器电动势的原理叙述正、余弦旋转变压器的工作原理。

第 5 章　电力拖动机械特性与电动机的选用

5.1　生产机械的机械特性

常见的生产机械如机床的主轴、工作台，锻压机的冲头，起重机的挂钩、吊箱等，其特点都是由电动机带动运转的对象。它们与电动机一起构成电力拖动系统。图 5.1 所示为起重机的电力拖动系统示意图。

在图 5.1 中，n 指的是电动机的转速，不是生产机械的运行速度（转速或线速度），因为在电动机与生产机械之间还设有专门的传动机构，生产机械通过传动机构可获得所需要的各种速度。电动机输出并作用在电动机轴上的转矩称为电磁转矩，用符号 T 表示。生产机械的转矩在一般情况下是电动机的负载转矩，用符号 T_c 表示。

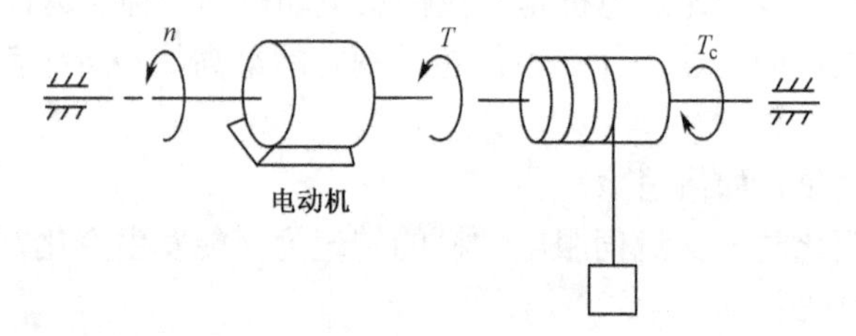

图 5.1　起重机电力拖动系统示意图

机械特性是指转矩 T 与转速 n 之间的关系，也称为转矩—转速特性。就电力拖动整个系统而言，机械特性包含两个内容，一个是生产机械的机械特性，一个是电动机的机械特性。生产机械的机械特性指的是电动机转速 n 与负载转矩 T_c 之间的函数关系。电动机的机械特性指的是电动机转速 n 与电动机发出的电磁转矩 T 之间的函数关系。

生产机械的机械特性曲线，按负载性质的不同可归纳为三种类型，下面分别介绍。

1．恒转矩型机械特性

恒转矩负载的特点是负载转矩为常数，不随转速的变化而变化，即 T_c=常数。这类负载的生产机械有起重机、金属切削机床的进给装置、卷扬机、龙门刨床、印刷机和载物时的传送带等。

2．恒功率型机械特性

恒功率负载的特点是负载转矩 T_c 与转速 n 成反比，其乘积近似保持不变。如机床对零件的切削运动就属于这类负载的生产机械。

用车床切削的零件有大直径的和小直径的，显然大直径零件负载转矩大，小直径零件负载转矩小。一般情况下，不管零件的直径大还是小，切削时都要保持线速度一定，切削力也一定。因此，切削大零件时，由于零件直径大，其转速就要小；相反，切削小直径零件时，由于零件直径小，转速就必须大。而切削功率 P 基本不变，为恒定值。由此得名为恒功率型机械特性。

3. 通风机型机械特性

这种负载转矩的大小与运行速度的平方成正比，如通风机、水泵、油泵等都属于这种负载。这些设备中的空气、水、油对机器叶片的阻力与转速的平方成正比。

5.2　电动机的机械特性

图 5.2 所示为同步电动机、他励（或并励）直流电动机、三相异步电动机、串励直流电动机四种类型电动机的固有机械特性曲线。

电动机的机械特性可分为固有机械特性和人为机械特性两种。固有机械特性是电动机本身具有的机械特性，它是由电动机的类型、结构等决定的。如果按照人的意图改造电动机的固有机械特性，以适应生产机械的需要，就是人为机械特性。

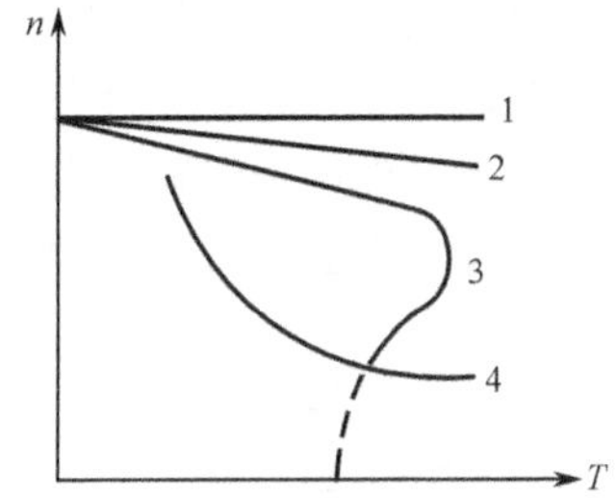

1—同步电动机；2—他励（或并励）直流电动机；3—三相异步电动机；4—串励直流电动机

图 5.2　电动机固有机械特性曲线图

5.2.1　电动机的固有机械特性

电动机的固有机械特性是额定电压下电动机本身所具有的机械特性。

大部分电动机的固有机械特性是下降型的，也就是电动机的转速 n 随电动机电磁转矩的增加而下降，下降的程度随电动机种类的不同而各异。电动机的固有机械特性按其下降程度的不同可分为以下三类。

1. 绝对硬特性

绝对硬特性是指电动机的转速不随转矩的变化而变化，也就是电动机的转矩变化时其转速不变。同步电动机的机械特性是绝对硬特性，如图 5.2 中的特性曲线 1。

2. 硬特性

硬特性是指随电动机转矩的增加其转速下降，但是下降量较小。他励直流电动机、并励直流电动机和三相异步电动机的机械特性都是硬特性，如图 5.2 中的特性曲线 2 和 3。

3. 软特性

软特性是指电动机的转速随转矩的增加而急剧下降。串励直流电动机的机械特性是软特性，如图 5.2 中的特性曲线 4。软特性的特点是转矩增大时转速自动降低，转速随转矩的增加而下降很多。

5.2.2　电动机的人为机械特性

电动机的人为机械特性是指人为地改变电路参数或电源电压，使电动机转速发生变化，从而电动机转速 n 与电动机电磁转矩 T 的关系也发生变化，也就是使电动机的固有机械特性曲线发生改变。

1. 他励直流电动机的人为机械特性

采用以下三种方法可得到他励直流电动机的人为机械特性。

（1）在电枢回路中串入附加电阻

此时电机的电枢电压和励磁电流均为额定值。在电枢回路中串接附加电阻前后的机械特性曲线如图 5.3 所示。

由图 5.3 可见，串入附加电阻后的电机空载转速 n_0 与未串入电阻时的空载转速一样，没有变化。转速降$\Delta n=n_0-n$ 与电枢回路所串电阻的数值成正比，所串电阻越大，特性曲线越陡，把这种现象称做特性变软。另外，由图 5.3 还可见，在额定负载转矩 T_N 下，由于电枢回路中串入了附加电阻，使电机转速从额定转速 n_N 降到 n_1。因此当需要得到低于电机额定转速的速度时，可采用电枢串入附加电阻的方法获得。

（2）改变电动机电枢电压

改变电枢电压是在磁通为额定值，仅改变电枢电压的情况下进行的。此时电机空载转速 n_0 随电枢电压的降低而降低，特性曲线斜率不变。改变电枢电压的人为机械特性曲线如图 5.4 所示。

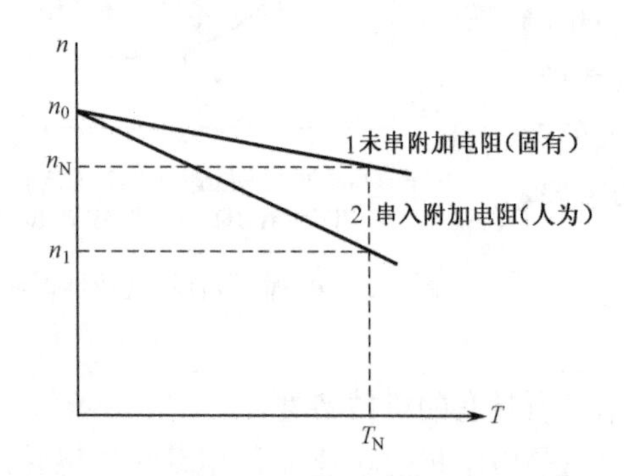

图 5.3 电枢回路串入附加电阻的人为机械特性

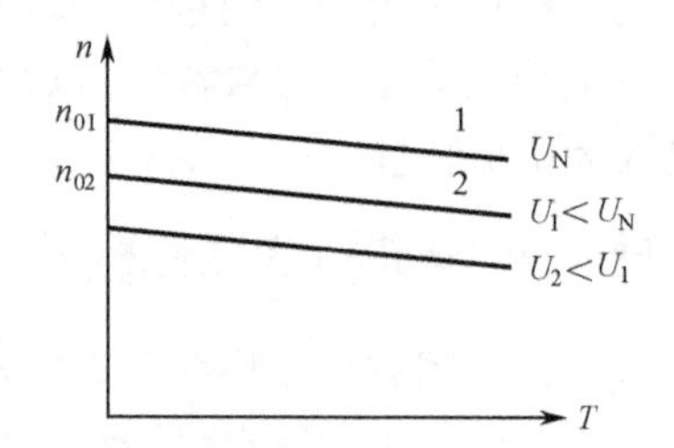

图 5.4 改变电枢电压的人为机械特性

由图 5.4 可见，改变电枢电压后的人为机械特性曲线是一组低于固有机械特性曲线的平行线，特性硬度不变。用改变电枢电压方法获得人为机械特性以调节电机转速的方法被广泛应用于生产实际中。注意，改变电枢电压时一般都向低于电枢额定电压值改变。

（3）减弱电动机励磁

一般情况下，他励直流电动机在额定磁通下运行时，磁通已接近饱和，所以改变磁通实际是减弱磁通。减弱磁通后的人为机械特性曲线如图 5.5 所示。

由图 5.5 可见，空载转速 n_0 随磁通的减弱而增加（成反比地增长），与此同时，转速降 Δn 也增大，即特性倾斜度增加，特性变软。用减弱励磁获得人为机械特性进行调速的方法常用于需要提高电机转速，使之高于额定转速的情况。

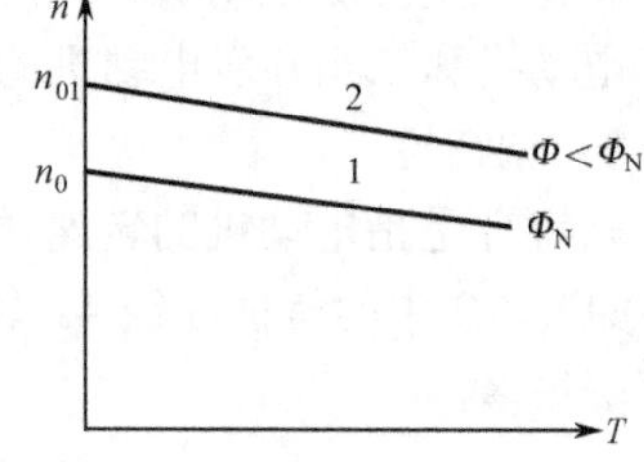

图 5.5 减弱电动机磁通的人为机械特性

2. 串励直流电动机的人为机械特性

由图 5.6 串励直流电动机的机械特性曲线可见，串励直流电动机的空载转速为无穷大，所以串励电动机不允许空载启动，也不允许在低于额定负载 25%的条件下运行，并不准用皮带传动，以防止皮带断裂导致电动机“飞车”。

串励电动机的人为机械特性可以通过电枢串入电阻和降低电枢电压得到。在电枢回路中串入电阻，造成机械特性曲线下移且变软，如图 5.6（a）所示。图中 R_a 是额定电枢电阻，R_{pa} 是电枢回路附加电阻。降低电枢电压时，机械特性曲线也下移，但是曲线硬度不变，如图 5.6（b）所示。图中 U_N 为额定电枢电压，U 为降低了的电枢电压。

3．三相异步电动机的机械特性

（1）三相异步电动机的固有机械特性

三相异步电动机的固有机械特性如图 5.7 所示，图中 A 为启动点，$n=0$，转矩 $T=T_{起}$（启动转矩）；B 为最大转矩点（或称临界点），此点可得到最大转矩 T_{max}。电机过载能力由最大转矩与额定转矩的比值决定，即

$$\frac{T_{max}}{T_N}=1.6\sim2.2$$

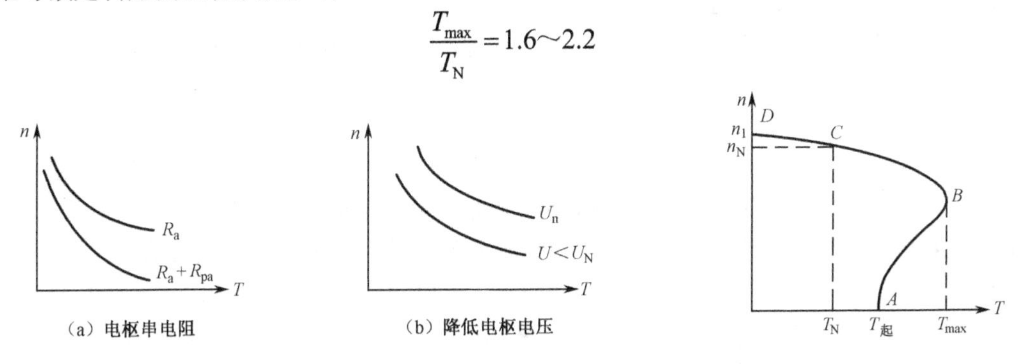

图 5.6　串励直流电动机人为机械特性　　图 5.7　三相异步电动机的固有机械特性

C 为额定工作点，转速是电机的额定转速 n_N，转矩是电机的额定转矩 T_N；D 为理想同步状态，此点对应的电机转速是空载转速 n_1。

（2）三相异步电动机的人为机械特性

① 降低供电电压的人为机械特性。空载转速 n_1 因与电压无关，所以其值不变。由于三相异步电动机的转矩与供电电压的平方成正比（$T=U^2$），因此，供电电压减小时，转矩也减小，即特性曲线向左移，如图 5.8（a）所示。

② 在转子电路中加入附加电阻 R_{pa} 的人为机械特性。在转子电路中加入附加电阻的人为机械特性如图 5.8（b）所示。

这种方法只适用于绕线式异步电动机。此时 T_{max} 不变。显然，转子串入的电阻 R_{pa} 越大，机械特性下降得越陡。当选择 $R_{pa}=R''$时，T_{max} 发生在电动机启动瞬时，这样可以改善电动机的启动性能。

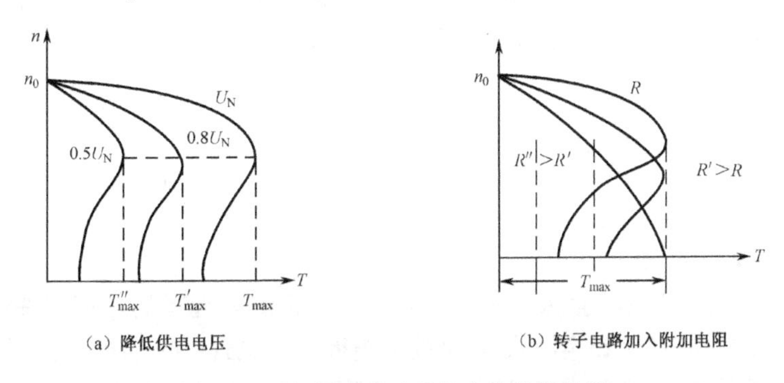

图 5.8　三相异步电动机的人为机械特性

5.3 电力拖动电动机的选择

为使电力拖动系统可靠、安全、经济和合理地工作，应该正确地选择电动机。合理选择电动机，要遵循以下几项基本原则。

- 电动机的机械特性、启动特性和调速特性应符合生产机械的要求。
- 电动机的功率应当被最大限度地利用。
- 电动机的结构形式应适合生产机械周围环境的条件。
- 电动机的电流种类要根据生产机械的要求而定。
- 电动机的转速要合理选择。

电动机的选择主要是选择电动机的容量、电流种类、额定电压、额定转速和形式等。

5.3.1 电动机容量的选择

选择电动机的容量就是选择电动机的额定功率。如果电动机的容量选得过大，会使电动机经常在不满负荷的情况下运行，功率得不到充分利用，因而其用电效率和功率因数都不高。相反，如果电动机的容量选得过小，会使电动机负担过重，可能导致常期过载而烧毁电动机，或使电动机过早地损坏。要十分合理地选择电动机容量是比较困难的，因为多数机床或机械设备的负载情况都比较复杂。以机床为例，某切削量变化很大，机床传动系统损失也很难计算得十分精确。鉴于此，通常采用调查、统计、类比或分析与计算相结合的办法来确定电动机容量。

1．统计分析与类比法

（1）统计分析法

我国机床制造厂对不同类型的机床，常采用以下统计分析公式来计算机床主电机的容量：

$$\text{车床} \quad P=36.5\,D^{1.54}\ (\text{kW})$$

式中，P 为主拖动电动机的容量（kW），以下各机床同此；D 为工件最大直径（m）。

$$\text{摇臂钻床} \quad P=0.0646\,D^{1.19}\ (\text{kW})$$

式中，D 为最大钻孔直径（mm）。

$$\text{卧式镗床} \quad P=0.004\,D^{1.7}\ (\text{kW})$$

式中，D 为镗杆直径（mm）。

$$\text{外圆磨床} \quad P=0.1\,KB\ (\text{kW})$$

式中，B 为砂轮宽度（mm）；当砂轮主轴用滚动轴承时 K=0.8～1.1，砂轮主轴用滑动轴承时 K=1.0～1.3。

（2）类比法

即通过对长期运行的同类生产机械的电动机容量的调查，对其主要参数、工作条件进行类比，从而确定电动机的容量。

2．分析与计算结合法

一般情况下，电动机的容量大小是根据它的发热情况来选择的。在容许温升以内，电动机绝缘材料的寿命约为 15～25 年。如果超过了绝缘容许温升，电动机的使用年限就要减少，一般说来，超过容许温升 8℃，使用年限就要缩短一半。电动机的发热情况还与负载及运行时间的长短（运行方式）有关，所以还应按不同的运行方式来考虑电动机的容量。

电动机的运行方式通常分为长期运行、短时运行和重复短时运行三种。

（1）长期运行电动机容量的选择

① 在恒定负载下长期运行的电动机容量为

$$P=\frac{\text{生产机械所需功率}}{\text{效率}}$$

② 在变动负载下长期运行的电动机，选择其容量时，常采用等效负载法。也就是假设一个恒定负载来代替实际的变动负载，这个恒定负载的发热量要与变动负载的发热量相同，然后按照上述恒定负载下电动机容量的选择，来选择变动负载下长期运行的电动机的容量。

（2）短时运行电动机容量的选择

所谓短时运行方式是指电动机的温升在电动机工作期间未达到稳定值，而电动机停止运转时，电动机能完全冷却到周围环境的温度。电动机在短时运行时，可以允许过载，工作时间越短，过载量可以越大，但过载量不能无限增大，它必须小于电动机的最大转矩。

（3）重复短时运行电动机容量的选择

标准负载持续率为15%、25%、40%和60%四种，重复运行周期不大于10min，电动机的容量也应当用等效负载法来选择。

5.3.2 电动机电流种类的选择

电动机电流种类的选择，实质上就是选用交流电动机还是直流电动机。

1. 优先选用三相笼型异步电动机

目前最普遍的动力电源是三相交流电源。同时，三相笼型异步电动机还具有结构简单、价格便宜、维护简便、运行可靠等优点。

三相笼型异步电动机的缺点是启动和调速性能差，因此在不要求电机调速的场合或对启动性能要求不高的生产机械，如通风机、传送带、一般机床的切削动力等，都使用三相笼型异步电动机。

在要求有级调速的生产机械上，如电梯及某些机床等可采用双速、三速、四速笼型异步电动机。在要求高启动转矩的一些生产机械中如纺织机械等，可选用具有高启动转矩的三相笼型异步电动机。

由于晶闸管变频调速及晶闸管调压调速等新技术的发展，三相笼型异步电动机将大量应用在要求无级调速的生产机械上。

2. 选用绕线式异步电动机

对要求有较大起、制动转矩及一定调速的生产机械，如桥式起重机、锻压机等起、制动比较频繁的设备，常选用绕线式异步电动机。一般采用转子串接电阻的方法实现启动和调速，但其调速范围有限。近几年，使用晶闸管串级调速，大大扩展了绕线式异步电动机的应用范围。在风机的节能调速、矿井提升、挤压机等生产机械上，串级调速已被日益广泛地采用。

3. 选用直流电动机

直流电动机可以无级启动和调速，启动和调速的平滑性好，调速范围宽，精度高。对于那些要求在大范围内平滑调速以及有准确的位置控制的生产机械，如数控机床、造纸机等可使用他励或并励直流电动机。对于那些要求电动机启动转矩大、机械特性软的生产机械，如电车、重型起重机等可选用串励直流电动机。

5.3.3 电动机额定电压的选择

对于交流电动机，其额定电压应与电动机运行场地供电电网的电压相一致。直流电动机一般由车间交流供电电压经整流器整流后的直流电压供电，选择电动机的额定电压时，要与供电电网的电压及不同形式的整流电路相配合。当直流电动机由不带整流变压器的晶闸管可控整流电路直接供电时，要根据不同形式的整流电路选择电动机的额定电压。

5.3.4 电动机额定转速的选择

相同容量的电动机，额定转速越高，其额定转矩就越小，从而电动机的尺寸、重量和成本也越小。因此通常选用高速电动机比较经济，但是由于生产机械的速度一定，电机转速越高，减速机构的传动比就越大，使减速机构庞大，机械传动机构趋于复杂。所以，在选择电动机的额定转速时，必须全面考虑电机和机械两方面的因素。

断续工作方式或经常正、反转的机械设备，要求电机频繁起、制动，希望起、制动越快越好。对于额定转速低的电机，一般来说启动、制动应快，但低速电机的体积大，因此机械惯性大，又会延缓起、制动。通常，电动机的额定转速选在750～1 500r/min较合适。

5.3.5 电动机形式的选择

电动机按其工作方式可分为连续工作制、短时工作制和断续周期工作制三类。原则上，不同工作方式的负载，应选用对应工作制的电动机，但也可选用连续工作制电动机来代替。

电动机的结构形式按其安装方式的不同，可分为卧式与立式两种。卧式的转轴是水平安放的，立式的转轴则与地面垂直，两者的轴承不同，因此不能混用。在一般情况下，应选用卧式电动机，因立式电动机的价格较高。对深井水泵及钻床等，为简化传动装置，才采用立式电动机。电动机一般两边都有伸出轴，一边安装测速发电机，另一边与生产机械相连，或同时拖动两台生产机械。

电动机还应根据不同的环境选择适当的防护形式。按电动机防护形式的不同可将其分为以下几种类型。

1．开启式

这种电动机价格便宜，散热好，但容易渗透水蒸气、铁屑、灰尘、油垢等，影响电动机的寿命及正常运行，因此只能用于干燥及清洁的环境中。

2．防护式

此种电动机可防滴、防雨、防溅，并能防止外界物体从上面落入电机内部，但不能防止潮气及灰尘的侵入，因此适用于干燥和灰尘不多且没有腐蚀性及爆炸性气体的环境中。在一般情况下均可选用此形式的电动机。

3．封闭式

封闭式电动机分为自扇冷式、他扇冷式和密封式三种。前两种可用于潮湿、多腐蚀性、灰尘及易受风雨侵蚀等的环境中，第三种常用于浸入水中的机械（如潜水泵）。此种电动机价格较高，一般情况下可以少用。

4．防爆式

这种电动机应用在有爆炸危险的环境中。

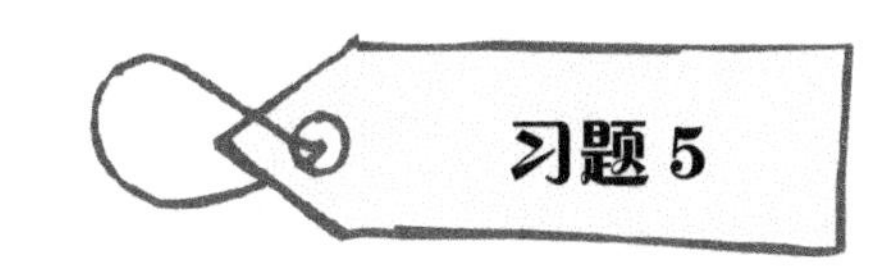

1. 简答题

（1）生产机械有哪几种不同的机械特性？其特点分别是什么？

（2）属于恒功率负载的生产机械有哪些？

（3）什么是电动机的固有机械特性？

（4）简述几种不同类型电动机的固有机械特性。

（5）什么是电动机的人为机械特性？

（6）简述他励直流电动机电枢回路串电阻的人为机械特性。

（7）简述改变他励直流电动机电枢电压的人为机械特性。

（8）简述减弱他励直流电动机励磁的人为机械特性。

（9）简述串励直流电动机的人为机械特性。

（10）电动机按电流种类不同可分为哪几类？

（11）选择电动机容量时应注意哪些问题？

（12）电动机允许过载吗？为什么？

第6章 常用低压电器

什么叫电器？概括地说，电器就是一种控制电的工具。它可以根据外界指令，自动或手动接通和断开电路，断续或连续地改变电路参数，实现对电路或非电对象的切换、控制、保护、检测和调节。在本章中要介绍多种低压电器，这里所说的“低压电器”是指其工作电压为交流1 200V、直流1 500V以下的电器。

6.1 低压电器的基本知识

低压电器种类繁多，分类方法有很多种，按动作方式可分为手控电器和自控电器两大类。手控电器是指电器的动作由操作人员手工操控，如闸刀开关、按钮开关等。自控电器是指按照指令或物理量（如电流、电压、时间、速度等）的变化而自动动作的电器，如接触器、继电器等。

若按照用途来分类，可分成低压控制电器和低压保护电器。低压控制电器主要在低压配电系统及动力设备中起控制作用，如刀开关、低压断路器等。低压保护电器主要在低压配电系统及动力设备中起保护作用，如熔断器、继电器等。

若按种类分类，有刀开关和刀形转换开关、熔断器、低压断路器、接触器、继电器、主令电器和自动开关等。

我国低压电器型号是按产品种类编制的，产品型号采用汉语拼音字母和阿拉伯数字组合表示，其组合方式如下（具体含义可见表6.1～表6.3）：

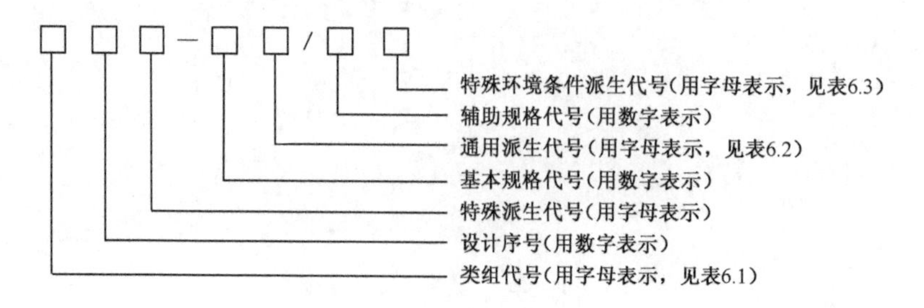

表 6.1 低压电器产品型号类组代号表

代号	名称	A	B	C	D	G	H	J	K	L	M	P	Q	R	S	T	U	W	X	Y	Z
H	刀开关和转换开关				刀开关		封闭形负荷开关		封闭形负荷开关					熔断器式刀开关	刀形转换开关					其他	组合开关
R	熔断器			插入式			汇流排式			螺旋式	密闭管式				快速	有填料管式			限流	其他	
D										照明	灭磁				快速			框架式	限流	其他	塑料外壳式
K						鼓形						平面				凸轮				其他	
C						高压		交流				中频			时间					其他	直流
Q		按钮式		磁力				减压							手动		油浸		星三角	其他	综合
J										电流				热	时间	通用		温度		其他	中间
L		按钮							主令控制器						主令开关	足踏开关	旋钮	万能转换开关	行程开关	其他	
Z			板形元件	冲片元件		管形元件									烧结元件	铸铁元件			电阻器	其他	
B				旋臂式						励磁		频敏	启动		石墨	启动速度	油浸启动	液体启动	滑线式	其他	
M													牵引					起重			制动

类组代号与设计序号组合表示产品的系列，类组代号一般由两个字母组成，若是三个字母的类组代号其第三个字母在编制具体型号时临时拟定，以不重复为原则。设计序号用数字表示，位数不限，其中两位及两位以上的首位数字为“9”者表示船用；“8”表示防爆型；“7”表示纺织用；“6”表示农用；“5”表示化工用。

表 6.2 通用派生代号表

派 生 字 母	代 表 意 义
A，B，C，D…	结构设计稍有改进或变化
J	交流、防溅式
Z	直流、自动复位、防震、重任务
W	无灭弧装置
N	可逆
S	有锁住机构、手动复位、防水式、三相、三个电源、双线圈
P	电磁复位、防滴式、单相、两个电源、两个电压
K	开启式
H	保护式、带缓冲装置
M	封闭式、灭磁
Q	防尘式、手车式
L	电流的
F	高返回、带分励脱扣

表 6.3　特殊环境条件派生代号表

派生字母	说　明	备　注
T	热湿热带临时措施制造	
TH	湿热带	
TA	干热带	此项派生代号加注在产品全型号后
G	高原	
H	船用	
Y	化工防腐用	

例如，RC1-10/6 含义如下：

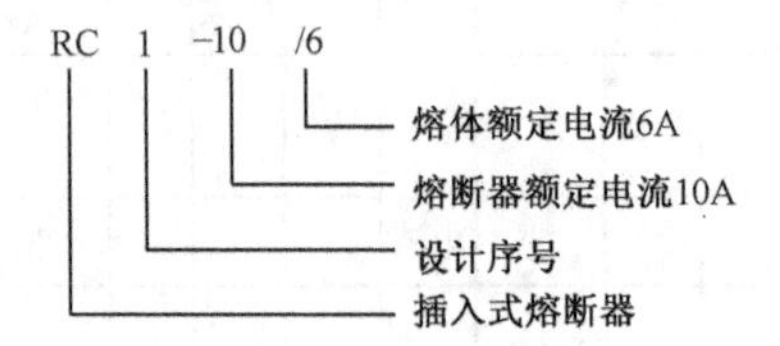

全型号表示：10A 的插入式熔断器，熔体额定电流为 6A。

由此可见，主要规格代号一般为额定电流，但有的则另有其他意义，辅助规格代号所表示的意义也不尽相同，所以不能一概而论，应分别记住它们所表示的意义。

6.2　常用低压电器的结构及工作原理

6.2.1　刀开关

刀开关也称闸刀开关。它广泛地应用在低压线路中做不频繁接通或分断容量不太大的低压供电线路，有时也作为隔离开关使用。根据不同的工作原理、使用条件和结构形式，刀开关及其与熔断器组合的产品分类情况为：

① 刀开关和刀形转换开关；

② 开启式负荷开关（胶盖瓷底刀开关）；

③ 封闭式负荷开关（铁壳开关）；

④ 熔断器式刀开关；

⑤ 组合开关。

各种类型的刀开关还可按其额定电流、刀的极数以及操作方式来区分。通常，除特殊的大电流刀开关有采用电动机操作者外，一般都是采用手动操作方式。

1．刀开关和刀形转换开关

（1）外形结构

刀开关的结构如图 6.1 所示，接通操作是用手握住手柄，使触刀绕铰链支座转动，推入静插座内即完成。分断操作与接通操作相反，向外拉出手柄，使触刀脱离静插座。

刀开关可靠工作的关键之一是触刀与静插座之间有着良好的接触，这就要求它们之间有一定的接触压力。对于额定电流较小的刀开关，静插座使用硬紫铜制成，利用材料的弹性来产生所需的接触压力；对于额定电流较大的刀开关，可采用在静插座两侧加弹簧的方法进一步增加接触压力。

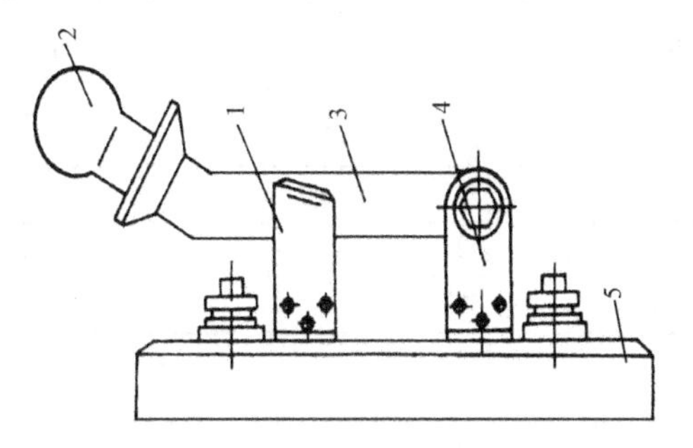

1—静插座；2—手柄；3—触刀；4—铰链支座；5—绝缘底板

图 6.1　刀开关的结构

（2）型号含义与技术参数

刀开关有 HD 系列，它是单投刀开关，刀形转换开关有 HS 系列，它是双投刀形转换开关。它们都适用于交流 50Hz、额定电压至 500V，直流额定电压至 440V、额定电流至 1 500A 的成套配电装置中，作为非频繁的手动接通和分断电路使用，或作为隔离开关使用，其型号的意义如下：

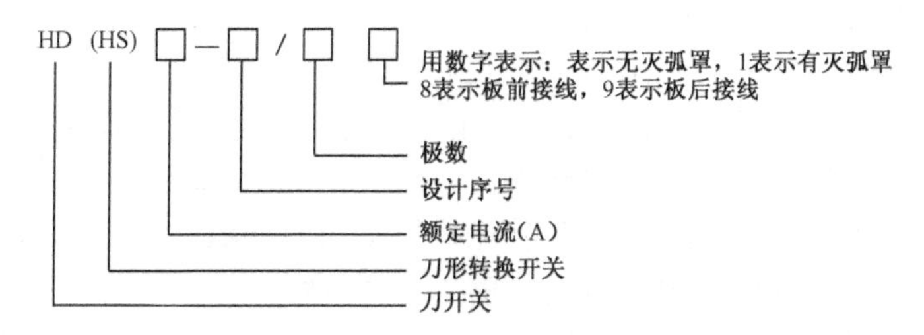

HD 系列刀开关和 HS 系列刀形转换开关的结构形式、转换方式、极数、可参阅表 6.4 所示该系列的规格。

表 6.4　HD 系列刀开关和 HS 系列刀形转换开关的规格

型　号	结 构 形 式	转换方式	极 数	额 定 电 流 /A
HD11-□/□8	中央手柄操作式		1、2、3	100、200、400
HD12-□/□1	侧方正面杠杆操作式（带灭弧罩）	单投	2、3	100、200、400、600、1 000
HD12-□/□1		双投		
HD13-□/□0	中央正面杠杆操作式（不带灭弧罩）	单投	2、3	100、200、400、600、1 000、1 500
HD13-□/□0		双投		100、200、400、600、1 000

为了保障操作人员的安全，防止出现意外事故伤人，允许分断额定电流的是带杠杆操作机构的刀开关和刀形转换开关，它们都带有灭弧罩，主要用于配电板和动力箱。而中央手柄式刀开关和刀形转换开关都不允许分断额定电流，而是做隔离开关使用，主要用于控制屏中。HD 系列刀开关和 HS 系列刀形转换开关的电气性能参数如表 6.5 所示。

表 6.5 HD 系列刀开关和 HS 系列刀形转换开关的电气性能参数

额定电流/A	分断能力①/A		电动稳定性电流/kA（峰值）		一秒钟热稳定电流/kA	AC380V 及断开 60% 额定电流时的电寿命①/次
	AC380V $\cos\varphi=0.7$	DC220V $T=0.01$s	中央手柄操作式	杠杆操作式		
100	100	100	15	20	6	1 000
400	400	400	30	40	20	1 000
1 000	1 000	1 000	50	60	30	500

① 带灭火罩时。

（3）使用与安装

使用刀开关，首先应根据它在线路中的作用和在成套配电装置中的安装位置，确定其结构形式。如果电路中的负载是由低压断路器、接触器或其他具有一定分断能力的开关电器（包括负荷开关）来分断，即刀开关仅仅是用来隔离电源的，则只需选用带灭弧罩的产品；反之，如果刀开关必须分断负荷，就应使用带灭弧罩、而且是通过杠杆来操作的产品。

刀开关一般应垂直安装在开关板上，并使静插座位于上方，以防止触刀等运动部件因支座松动而在自重作用下向下掉落，与插座接触，发生误合闸而造成事故。

刀开关在使用中应注意以下几点。

① 当刀开关被用做隔离开关时，合闸顺序是先合上刀开关，再合上其他用以控制负载的开关电器。分闸顺序则相反，要先使控制负载的开关电器分闸。

② 严格按照产品说明书规定的分断能力来分断负载，若是无灭弧罩的产品，一般不允许分断负载，否则，有可能导致稳定持续燃弧，并因之造成电源短路。

③ 若是多极的刀开关，应保证各极动作的同步，并且接触良好，否则当负载是笼型异步电动机时，便有可能发生电动机因单相运转而烧坏的事故。

④ 如果刀开关不是安装在封闭的箱内，则应经常检查，防止因积尘过多而发生相间闪络现象。

另外，还有采用大理石及石棉水泥板做底板的刀开关和刀形转换开关，它们的防湿能力比较差，一般不宜选用。

2．开启式负荷开关

开启式负荷开关也称胶盖瓷底刀开关，主要用做电气线路照明的控制开关，或者用做分支电路的配电开关。在降低容量的情况下，三极的开启式负荷开关还可用做小容量笼型异步电动机的非频繁启动控制开关。

（1）外形结构与符号

开启式负荷开关的外形结构如图 6.2（a）所示，图 6.2（b）所示为其符号，其中 QS 为刀开关的文字符号（FU 为熔断器的文字符号）。

（2）工作原理与型号含义

图 6.2 中刀片式动触点有两片式或三片式，以适用于不同的应用场合。操作人员手握瓷柄向上推时，刀片式动触点就绕铰链向上转动，插入插座，电路接通；反之，瓷柄往下拉，刀片式动触点就绕铰链向下转动，脱离插座，将电路切断。由于有胶盖罩着，不仅是当开关处于合闸位置时，操作人员不可能触及带电部分，就是开关分断电路所产生的电弧，一般也不致飞出胶盖外面，灼伤操作人员。此外，胶盖还能起到防止因金属零件掉落刀上而形成极

间短路的作用。

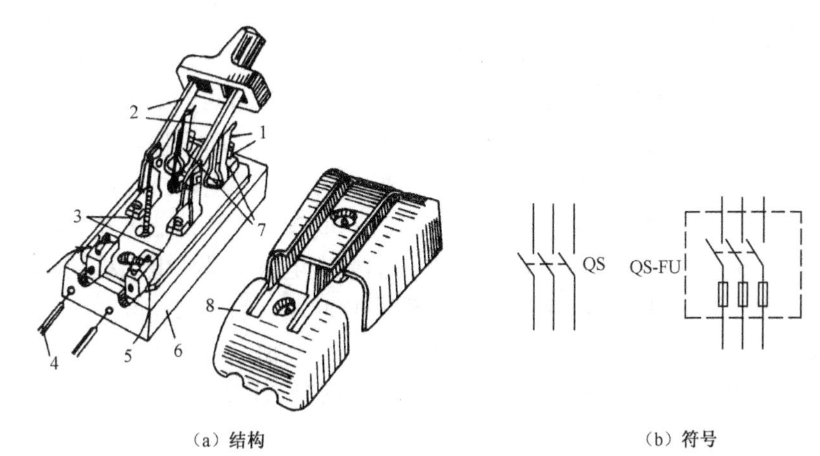

（a）结构　　　　（b）符号

1—电源进线座；2—刀片式负荷开关；3—熔丝；4—负载线；5—负载接线座；6—瓷底座；7—静触点；8—胶木盖

图 6.2　开启式负荷开关

刀开关因其内部安装了熔丝，当它所控制的电路发生短路故障时，可借熔丝的熔断迅速切断故障电路，从而保护电路中其他的电气设备。

开启式负荷开关型号的表示方法及含义如下：

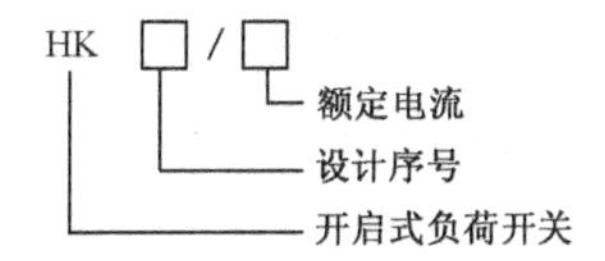

（3）技术数据

常用的开启式负荷开关有 HK1 和 HK2 系列，其技术数据如表 6.6 和表 6.7 所示。

表 6.6　HK1 系列开启式负荷开关基本技术数据

型　号	极　数	额定电源/V	额定电流/A	可控制电动机最大功率/kW		配用熔丝规格			
						熔丝成分			熔丝线径/mm
				220V	380V	铅	锡	锑	
HK1-15	2	15	220	-	-				1.5～1.59
HK1-60	2	60	220	-	-				3.36～4.0
HK1-15	3	15	380	1.5	2.2	98%	1%	1%	1.5～1.59
HK1-60	3	60	380	4.5	5.0				3.36～4.0

表 6.7　HK2 系列开启式负荷开关基本技术数据

额定电源 /V	额定电流/A	极　数	最大断电流（熔断器极限分断电流）/A	控制电动机的功率/kW
380	15	3	500	2.2
	30	3	1 000	4.0
	60	3	1 000	5.5

有些开启式负荷开关产品的胶盖都做成半圆形，扩大了电弧室，有利于熄灭电弧，下胶盖则是平的，某些系列产品的下胶盖还用铰链同瓷底板连接，更换熔丝尤为方便。TSW 系列产品的下胶盖除用铰链同瓷底板连接外，还与触刀有机械连锁，以保证开关处于合闸位置时

不能打开下胶盖。

（4）使用与安装

开启式负荷开关一般可以接通和分断其额定电流，所以对普通负载来说，可以根据其额定电流来选择。用它来控制功率小于 6.5kW 的电动机时，考虑到笼型异步电动机启动电流较大，所以不能按电动机的额定电流来选用开启式负荷开关，而应将开关的额定电流选得大一些，也就是说，开关应适当降低容量使用。一般情况下，若电动机直接启动，开关的额定电流应当是电动机额定电流的 3 倍，电压为 380V 或 500V，并且是三极开关。

表 6.6 和表 6.7 中，HK1 和 HK2 系列开关的额定电流都是按电动机额定电流的 3 倍选用的。例如，当电压为 380V 时，4kW 电动机要配用 30A 开启式负荷开关，6.5kW 的电动机要配用 60A 的开启式负荷开关。由于表中的数据都是经验值，因此应该灵活应用。若被控电动机既不需要经常启动，又不大会发生堵转情况，同时开关的质量又比较好，那么用 15A 的开关控制 4kW 的电动机，用 30A 的开关控制 6.5kW 的电动机，也是可以的。

开启式负荷开关在安装和运行中应注意的事项有以下几点。

① 电源进线应装在静触座上，用电负荷接在闸刀的下出线端上。当开关断开时，闸刀和熔丝上不带电，以保证换装熔丝时的安全。

② 闸刀在合闸状态时手柄应向上，不可倒装或平装，以防误合闸。

③ 排除熔丝熔断故障后，应特别注意观察绝缘瓷底和胶盖内壁表面是否附有一层金属粉粒，这些金属粉粒会造成绝缘部分的绝缘性能下降，致使在重新合闸送电的瞬间，可能造成开关本体相间短路。因此，应将内壁的金属粉粒清除后，再更换熔丝。

④ 负荷较大时，为防止出现闸刀本体相间短路，可与熔断器配合使用。将熔断器装在闸刀负荷一侧，闸刀本体不再装熔丝，在应装熔丝的接点上装与线路导线截面相同的铜线。此时，开启式负荷开关只做开关使用，短路保护由熔断器完成。

3．封闭式负荷开关

封闭式负荷开关也称铁壳开关、负载开关。其早期产品都有一个铸铁的外壳，如今这种外壳已被结构轻巧、强度更高的薄钢板冲压外壳所取代。封闭式负荷开关一般用在电力排灌、电热器、电气照明线路的配电设备中，作为非频繁接通和分断电路使用，其中容量较小者（额定电流为 60A 及以下），还可用做异步电动机非频繁全电压启动的控制开关。

封闭式负荷开关与开启式负荷开关的不同之处在于开启式负荷开关没有灭弧装置，而且触点的断开速度比较慢，以致在分断大电流时，往往会有很大的电弧向外喷出，引起相间短路。而封闭式负荷开关增设了提高触刀通断速度的装置，又在断口处设置灭弧罩，并将整个开关本体装在一个防护壳体内，可以大大地改善通电性能。

（1）外形结构

封闭式负荷开关的外形结构如图 6.3 所示。

常用的 HH 系列封闭式负荷开关的三个 U 形双刀片装在与手柄相连的转动杆上，熔断器有瓷插式或无填料封闭管式；操作机构上装有速断弹簧和机械连锁装置。速断弹簧使电弧快速熄灭，降低刀片的磨损；机械连锁装置供手动快速接通和分断负荷电路，并保证箱盖打开时开关不能闭合及开关闭合后箱盖不能打开，以确保使用安全。

（2）工作原理与型号含义

常用的 HH3 和 HH4 系列封闭式负荷开关的触点和灭弧系统有两种形式：一种是双断点

楔形转动式触点，其动触点为 U 形双刀片，静触点（触点座）则固定在瓷质 E 形灭弧室上，两断口间还隔有瓷板；另一种是单断点楔形触点，其结构与一般的闸刀开关相仿。

封闭式负荷开关配用的熔断器也有两种：额定电流为 60A 及以下者，配用瓷插式熔断器；额定电流为 100A 及以上者，配用无填料封闭管式熔断器。采用瓷插式熔断器的好处是价格低廉，更换熔体方便，但分断能力较低，只能用在短路电流较小的地方。采用封闭管式熔断器，虽然价格高一些，更换熔体困难些，但却有较高的分断能力。

HH10 系列封闭式负荷开关在结构上不同于前两个系列。其动触点一律是双断点楔形转动式的，灭弧室则是由耐弧塑料压制而成的整块模压件。其瓷插式熔断器以铜丝为熔体，而另一种结构的则是一律用 RT10 系列封闭管式有填料熔断器。它们分别适用于小容量和大容量的负荷开关。至于 HH1 系列封闭式负荷开关的触点系统，则是以封闭管式有填料熔断器作为桥臂的双断点桥式动触点，灭弧室也以耐弧塑料压制而成。

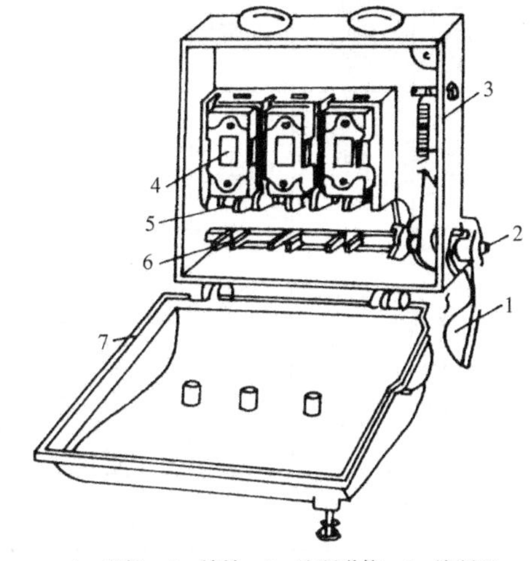

1—手柄；2—转轴；3—速断弹簧；4—熔断器；5—夹座；6—闸刀；7—外壳前盖

图 6.3　封闭式负荷开关的外形结构

封闭式负荷开关的操作机构都具有以下两个特点；一是采用储能合闸方式，即利用一根弹簧以执行合闸和分闸机能，既提高了开关的动作性能和灭弧性能，又能防止触点停滞在中间位置上；二是设有连锁装置，它可以保证开关合闸后不能打开箱盖，而当箱盖打开的时候，又不能将开关合闸。

封闭式负荷开关型号的表示方法及含义如下：

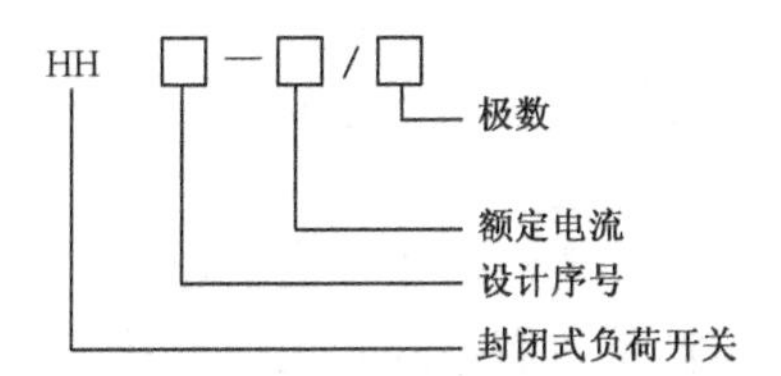

（3）技术数据

HH3 和 HH4 系列封闭式负荷开关的技术数据如表 6.8 和表 6.9 所示。如果要采用封闭式负荷开关全电压启动及控制电动机，可按表 6.10 的数据选用。对于功率大于 15kW 的电动机，一般不宜采用封闭式负荷开关启动电动机。

表 6.8　HH3 系列封闭式负荷开关技术数据

额定电流/A	额定电压/V	极数	触点极限接通及分断能力/A				熔断器极限接通及分断能力/A			
			AC440V		DC500V		AC440V		DC500V	
			电流	cosφ	电流	时间常数	电流	cosφ	电流	时间常数
10	AC 440，DC 500	2.3	40	0.4		0.006～0.008s	500	0.8	-	0.006～0.008s
15			60				1 000		500	
20			80				1 000		-	
60			240				4 000		4 000	

表 6.9　HH4 系列封闭式负荷开关技术数据

额定电流/A	额定电压/V	极数	熔体主要参数			触点极限接通及分断能力/A		熔断器极限接通及分断能力/A	
			额定电流/A	材料	线径/mm	电流	$\cos\varphi$	电流	$\cos\varphi$
15	380	2.3	6	软铅丝	1.08	60	0.5	500	0.8
			10		1.25				
			15		1.98				
60	380	2.3	40	紫铜丝	0. 92	240	0.4	300	0.6
			50		1.07				
			60		1.20				
100	440	3	60、80、100	PT10 系列熔断器	熔管额定电流与开关额定电流同	300	0.8	50000	0.25
200			100、150、200			600			

表 6.10　封闭式负荷开关与可控制电动机容量的配合

额定电流 /A	可控电动机最大容量/kW		
	220V	380V	500V
10	1.5	2.7	3.5
15	2.0	3.0	4.5
20	3.5	5.0	7.0
30	4.5	7.0	10
60	9.5	15	20

（4）使用与安装

使用封闭式负荷开关接通和分断笼型异步电动机，如果启动不是很频繁，一般小型电动机可用封闭式负荷开关控制，但 60A 以上的开关用来控制电动机已不算便宜，还可能发生弧光烧手事故。另外，封闭式负荷开关又不带过载保护，只使用熔断器做短路保护。因此，很可能因一相熔断器熔断，而导致电动机断相运转故障。从这一点考虑，也不宜使用这类开关控制大容量的电动机。

封闭式负荷开关的外壳应可靠接地，防止发生漏电击伤人员事故。严格禁止在开关箱上方放置紧固件及其他金属零件，以免它们掉入开关内部造成相间短路事故。开关电源的进出线应按要求连接。60A 及以下的开关电源进线座在下端，60A 以上的开关电源进线座在上端。操作时不要面对着开关箱，以免万一发生故障而开关又分断不了短路电流时，铁壳爆炸飞出伤人。

4．组合开关

组合开关实质上也是一种刀开关，只不过一般刀开关的操作手柄是在垂直于其安装面的平面内向上或向下转动，而组合开关的操作手柄则是在平行于其安装面的平面内向左或向右转动。组合开关一般在电气设备中用于非频繁接通和分断电路、换接电源和负载、测量三相电压以及控制小容量异步电动机的正反转和星形—三角形降压启动等。

（1）外形结构

组合开关的结构如图 6.4 所示。这种开关使用三副静触片，每个静触片的一端固定在绝缘垫板上，另一端伸出盒外，并附有接线柱，以便和电源线及用电设备的导线相连。三个动触片装在另外的绝缘垫板上，垫板套装在附有绝缘手柄的绝缘杆上，手柄能沿任何方向每次旋转 90°，带动三个动触片分别与三个静触片接通或断开。为了使开关在切断负荷电流时所产生的电弧能迅速熄灭，在开关的转轴上都装有弹簧储能机构，使开关能快速闭合与分断，其闭合与分断速度和手柄旋转速度无关。

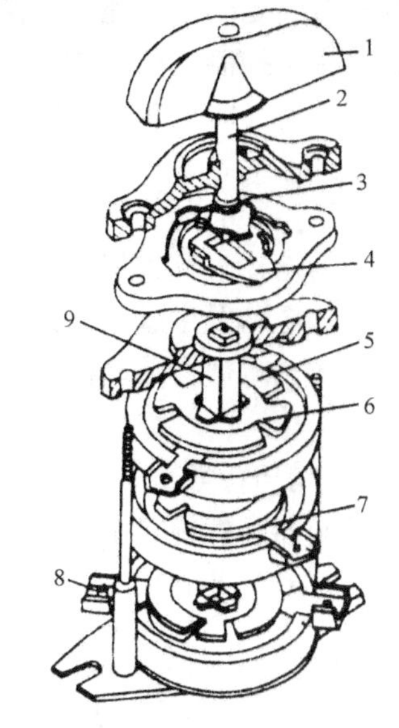

1—手柄；2—转轴；3—弹簧；4—凸轮；5—绝缘垫板；6—动触片；7—静触；8—接线柱；9—绝缘杆

图 6.4　组合开关的结构

（2）型号含义

组合开关型号的表示及含义如下：

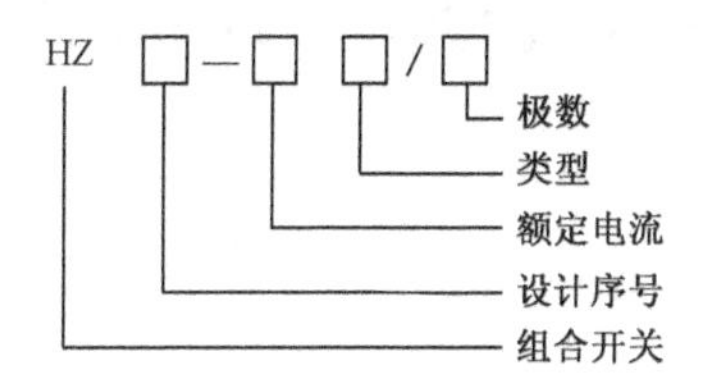

其中类型一项，凡不标出类型代号（拼音字母）者，是同时通断或交替通断的产品；有 P 代号者，是二位转换的产品；有 S 代号者，是三位转换的产品；有 Z 代号者，是供转接电阻用的产品；有 X 代号者，是控制电动机做星形—三角形降压启动用的产品。

交替通断的产品，其极数标志部分有两位数字：前一位表示在起始位置上接通的电路数，第二位表示总的通断电路数。两位转换的产品，其极数标志前无字母代号者，是有一位断路的产品；极数标志前有字母代号 B 者，是有两位断路的产品；极数标志前有数字代号 0 者，是无断路的产品。

（3）技术数据

HZ10 系列组合开关的技术数据如表 6.11 所示。

表 6.11　HZ10 系列组合开关技术数据

型　号	额定电压/V	额定电流/A	极数	极限操作电流①/A		可控制电动机最大容量和额定电流①		额定电压及额定电流下的通断次数			
								AC cosφ		直流时间常数/s	
				接通	分断	容量/kW	额定电流/A	≥0.8	≥0.3	≤0.0025	≤0.01
HZ10-10	DC 220 AC 380	6	单极	94	62	3	7	20 000	10 000	20 000	10 000
		10	2.3								
HZ10-25		25		155	108	6.5	12				
HZ10-100		100						10 000	5 000	10 000	5 000

① 均指三极组合开关。

（4）使用与安装

组合开关使用和安装时应注意：尽管组合开关的寿命较长，但也应当按照规定的条件使用。例如，组合开关的电寿命是它在额定电压下，操作频率不超过每小时 300 次、功率因数也不小于规定数值时，通断额定电流的次数。如果功率因数低了，或是操作频率高了，都应降低容量使用。否则，不仅会降低开关的寿命，有时还可能因持续燃弧而发生事故。另外，虽然组合开关有一定的通断能力，但毕竟还是比较低的，所以不能用它来分断故障电流。不仅如此，就是用于控制电动机做可逆运转的组合开关，也必须在电动机完全停止转动以后，才允许反方向接通（即只能作为预选开关使用）。

6.2.2 熔断器

熔断器中的熔体也称为保险丝，它是一种保护类电器。在使用中，熔断器串联在被保护的电路中，当该电路发生过载或短路故障时，如果通过熔体的电流达到或超过了某一定值，在熔体上产生的热量便会使其温度升高到熔体金属的熔点，导致熔体自行熔断，达到保护目的。

1. 外形结构与符号

瓷插式熔断器和螺旋式熔断器的外形结构如图 6.5 中的（a）、（b）所示，（c）为熔断器的符号，其文字符号为 FU。

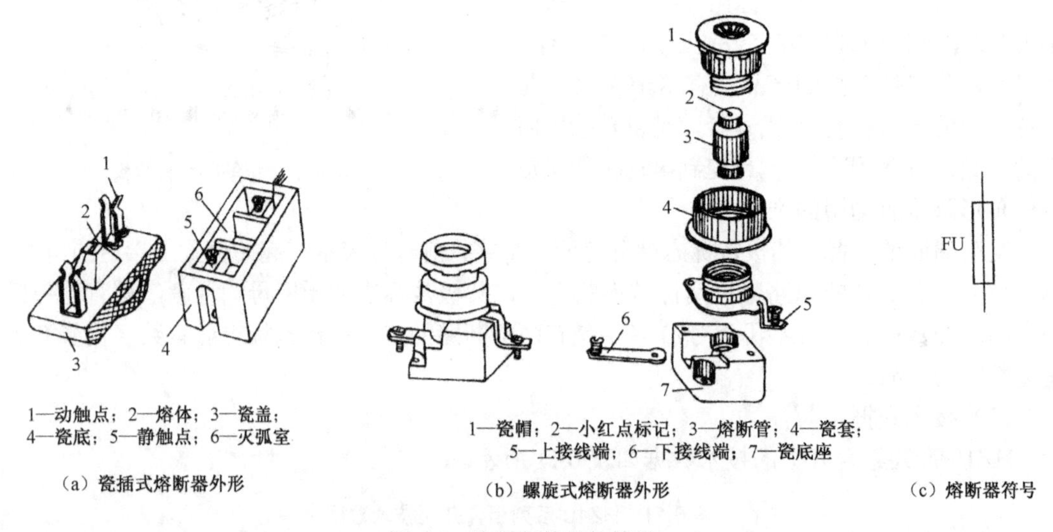

图 6.5　熔断器外形与符号

瓷插式熔断器的电源线和负载线分别接在瓷底座两端静触点的接线柱上，瓷盖中间凸起部分的作用是将熔体熔断产生的电弧隔开，使其迅速熄灭。较大容量熔断器的灭弧室中还垫有熄灭电弧用的石棉织物。

螺旋式熔断器的电源线应当接在瓷底座的下接线端，负荷线接到金属螺纹壳的上接线端。

2. 型号的含义

熔断器型号表示方法及含义如下：

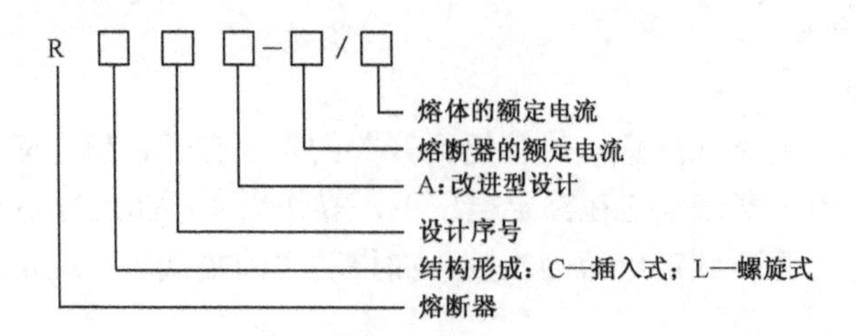

3. **技术数据**

常用熔断器的技术数据如表6.12所示。

表6.12 常用熔断器技术数据

名　称	型　号	额定电压 /V	额定电流/A	熔体的额定电流等级/A
插入式熔断器	RC1-10	AC380	10	2，4，6，10
	RC1-30		30	20，25，30
	RC1-60		60	40，50，60
螺旋式熔断器	RL1-15	AC380	15	2，4，6，10，15
	RL1-60		60	20，25，30，35，40，50，60

6.2.3 按钮开关

按钮开关也称控制按钮或按钮。它是一种典型的主令电器，其作用是发布命令，所以它是操作人员与控制设备之间进行沟通的电器。

1. **外形结构与符号**

常用按钮的外形结构如图6.6所示，其中（a）为LA10系列，（b）为LA18系列，（c）为LA19系列，（d）为按钮结构示意与符号。按钮的文字符号为SB。

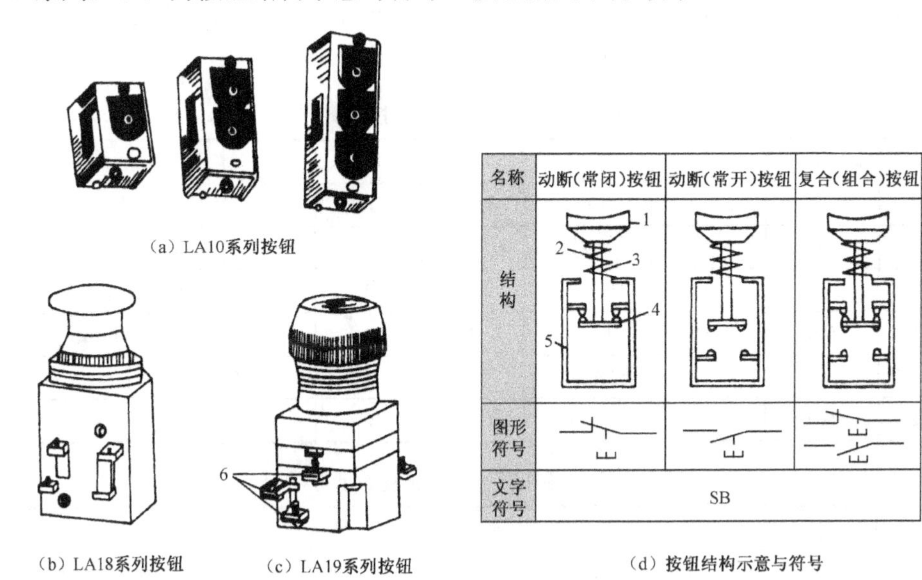

（a）LA10系列按钮

（b）LA18系列按钮　（c）LA19系列按钮　（d）按钮结构示意与符号

1—按钮帽；2—复位弹簧；3—推杆；4—桥式动、静触点；5—外壳；6—触点接线柱

图6.6 按钮开关

根据触点的结构，按钮开关可分为动断（常闭）按钮、动合（常开）按钮及复合（组合）按钮。

2. **工作原理与型号含义**

动合按钮、动断按钮和复合按钮的结构类似，其工作原理分别如下。

（1）动合按钮

外力未作用时（手未按下），触点是断开的；外力作用时，动合触点闭合；但外力消失后，在复位弹簧作用下自动恢复原来的断开状态。

（2）动断按钮

外力未作用时（手未按下），触点是闭合的；外力作用时，动合触点断开；但外力消失后，在复位弹簧作用下自动恢复原来的闭合状态。

（3）复合按钮

按下复合按钮时，所有的触点都改变状态，即动合触点要闭合，动断触点要断开。但是，这两对触点的变化是有先后次序的。按下按钮时，动断触点先断开，动合触点后闭合；松开按钮时，动合触点先复位（断开），动断触点后复位（闭合）。

按钮开关型号表示方法及含义如下：

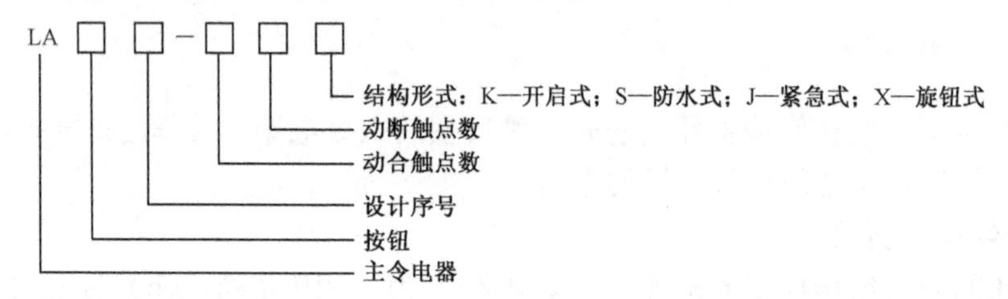

3. 技术数据与结构形式

常用按钮开关的技术数据如表 6.13 所示。按钮颜色的含义及典型应用如表 6.14 所示。不同结构按钮的形式及应用场合如表 6.15 所示。

表 6.13 常用按钮开关的技术数据

型　号	额定电压/V	额定电流/A	结构形式	触点对数据		钮数	用　途
				动合	动断		
LA2	500	5	元件	1	1	1	作为单独元件用
LA10-2K	500	5	开启式	2	2	2	用于电动机启动、停止控制
LA10-2A	500	5	开启式	3	3	3	用于电动机倒、顺、停控制
LA19-11D	500	5	带指示灯	1	1	1	
LA18-22Y	500	5	钥匙式	2	2	1	

表 6.14 按钮颜色的含义及典型应用

颜　色	颜色的含义	典 型 应 用
红	急停或停止	急停、总停、部分停止
黄	干预	循环中途的停止
绿	启动或接通	总启动、部分启动

表 6.15 不同结构按钮的形式及应用切合

形　式	应 用 场 合	型　号
紧急式	钮帽突出，便于紧急操作	LA19-11J
钥匙式	利用钥匙方能操作	LA18-22Y
保护式	触点被外壳封闭，防止触电	LA10-2H

6.2.4　接触器

接触器是一种自动控制电器，它可以用来频繁地远距离接通或断开交、直流电路及大容量控制电路。接触器就其用途来说，主要是用做电力拖动与控制系统中的执行电器，而控制交流笼型异步电动机应是其最主要的用途之一。

1. 外形结构与符号

交流接触器的外形结构及符号如图 6.7 所示，其中（a）为交流接触器的外形结构图，（b）为其图形符号。接触器的文字符号为 KM。

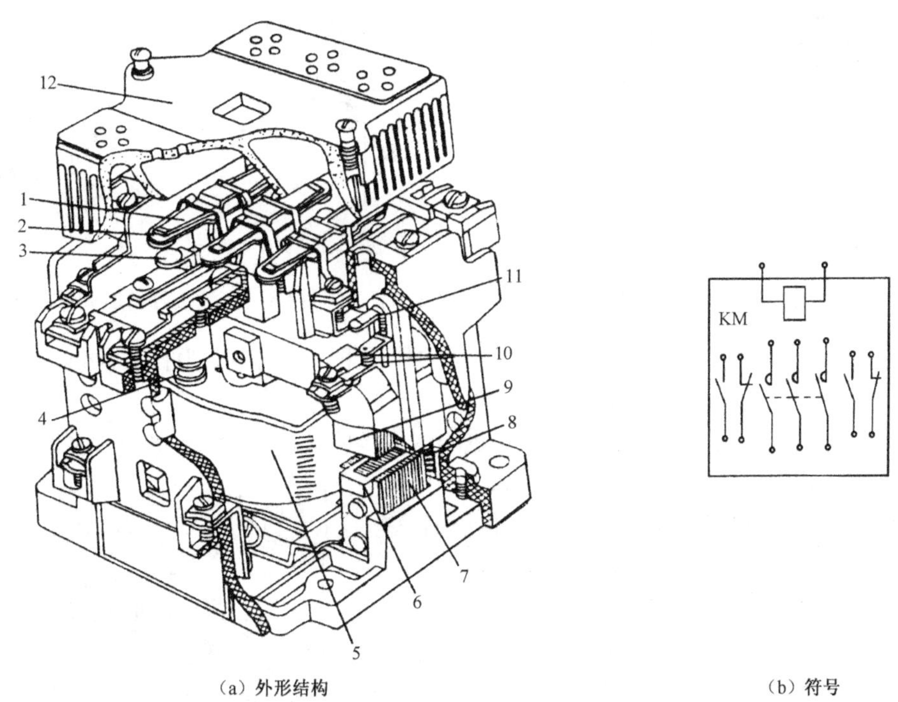

（a）外形结构　　（b）符号

1—触点压力弹簧片；2—动触点；3—静触噗；4—反作用弹簧；5—线圈；6—短路环；7—铁心；8—缓冲弹簧；9—衔铁；10—辅助动合触点；11—辅助动断触点；12—灭弧罩

图 6.7　交流接触器

交流接触器主要由电磁系统、触点系统和灭弧装置等部分组成。

（1）电磁系统

电磁系统由线圈、动铁芯和静铁芯等组成。交流接触器的线圈是由绝缘铜导线绕制而成的，并与铁芯之间有一定的间隙，以免与铁芯直接接触而受热烧坏。交流接触器的铁芯由硅钢片叠压而成，以减少铁芯中的涡流损耗，避免铁芯过热。在铁芯上装有一个短路铜环，其作用是减少交流接触器吸合时产生的振动和噪声，故又称减振环，如图 6.8 所示，其材料为铜、康铜或镍铬合金。铁芯端头所安装的短路环一般包围的面积是铁芯截面积的 2/3。这个金属环是自封闭的，当铁芯中交变磁通（Φ_1）过零时，在短路环中所产生的感应电流阻止环内磁通（Φ_2）不过零，也就是说Φ_2 滞后于Φ_1 变化，从而保证铁芯端面下任何时刻总有磁通不过零，这样也保证线圈产生的电磁吸力不过零，使动铁芯（衔铁）一直被吸合，动铁芯不再振动而消除了噪声。

（2）触点系统

触点系统分主触点和辅助触点。主触点用以通断电流较大的主电路，体积较大，一般由三对动合触点组成；辅助触点用以通断电流较小的控制电路，体积较小，通常有动合和动断各两对触点。

（3）灭弧装置

灭弧装置用来熄灭触点在切断电路时所产生的电弧，以保护触点不受电弧灼伤。交流接触器中常采用的灭弧方法如图 6.9 所示。

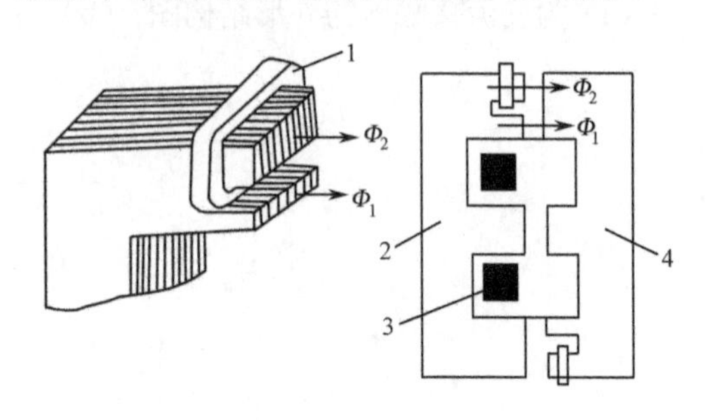

1—短路环；2—铁心；3—线圈；4—衔铁

图 6.8 交流接触器铁芯短路环

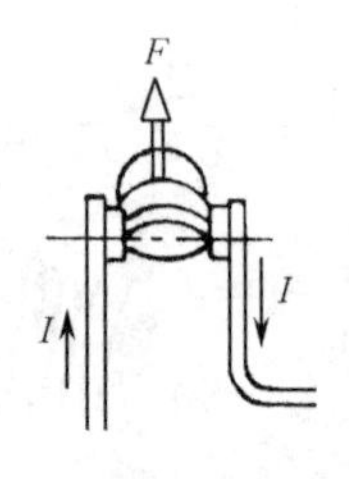

（a）电动力灭弧

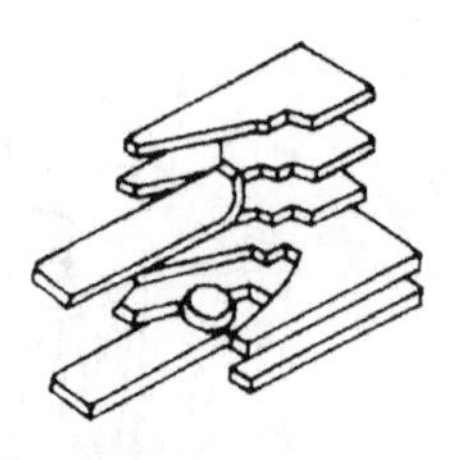

（b）栅片灭弧

图 6.9 交流接触器的灭弧方法

① 电动力灭弧：电弧在触点回路电流磁场的作用下，受到电动力作用拉长，并迅速移开触点而熄灭，如图 6.9（a）所示。

② 栅片灭弧：电弧在电动力的作用下，进入由许多间隔着的金属片所组成的灭弧栅之中，电弧被栅片分割成若干段短弧，使每段短弧上的电压达不到燃弧电压，同时栅片具有强烈的冷却作用，致使电弧迅速熄灭，如图 6.9（b）所示。

此外，交流接触器还有其他部件，如反作用弹簧、缓冲弹簧、传动机构和接线柱等。

2. 工作原理与型号含义

交流接触器的工作原理示意图如图 6.10 所示。其工作原理为：线圈得电以后，产生的磁场将铁芯磁化，吸引动铁芯，克服反作用弹簧的弹力，使它向着静铁芯运动，拖动触点系统运动，使得动合触点闭合、动断触点断开。一旦电源电压消失或者显著降低，以致电磁线圈没有励磁或励磁不足，动铁芯就会因电磁吸力消失或过小而在反作用弹簧的弹力作用下释放，使得动触点与静触点脱离，触点恢复线圈未通电时的状态。

1—熔断器；2—静触点；3—动触点；4—电动机；5—动铁心；6—线圈；7—静铁心；8—按钮

图 6.10 交流接触器工作原理示意图

交流接触器型号表示方法及含义如下：

C J □ □－□/□

- 主触点数
- 主触点额定电流
- 设计序号
- X—消弧；B—栅片灭弧
- 交流
- 接触器

3. 技术数据

常用交流接触器的技术数据如表 6.16～表 6.19 所示。

（1）CJ10 系列接触器（表 6.16）

表 6.16 CJ10 系列接触器技术数据

型号	额定电流/A	辅助触点额定电流/A	可控三相 380V 笼型电动机功率/kW	线圈视在功率/W		寿命/万次	
				启动	吸持	机械	电
CJ10-5	5	5	1.5	～35	～6	300	60
CJ10-10	10	5	4	～65	～11		
CJ-10-40	40	5	15	～230	～31		
CJ10-80	80	5	37	～495	～95		

（2）CJ12 系列接触器（表 6.17）

表 6.17 CJ12 系列接触器技术数据

型号	额定电流/A	接通和分断能力/A		额定操作频率/次·h^{-1}	寿命/万次	
		接通	分断		机械	电
CJ12-100	100	1 200	1 000	600	300	15
CJ12-250	250	2 500	2 000			

（3）CJ20 系列接触器（表 6.18）

表 6.18 CJ20 系列接触器技术数据

型号	额定频率/Hz	额定绝缘电压/V	额定工作电压/V	额定发热电流/A	断续周期工作制下的额定工作电流/A				380V、AC-3 类工作制下的控制功率/kW	不间断工作制下的额定工作电流/A
					AC-1	AC-2	AC-3	AC-4		
CJ20-10	50	660	220	10	10	10	10	10	2.2	
			380			10	10	10	4	
			660			10	10	10	7.5	
CJ20-25			220	32	32	25	25	25	5.5	32
			380			25	25	25	11	
			660			16	16	16	13	
CJ20-63			220	80	80	63	63	63	18	80
			380			63	63	63	30	
			660			40	40	40	35	
CJ20-100			220	125	125	100	100	100	28	
			380			100	100	100	50	
			660			63	63	63	50	
CJ20-160			220	200	200	160	160	160	48	200
			380			160	160	160	85	
			660			100	100	16	85	

（4）B 系列交流接触器（表 6.19，该系列为国外引进产品）

表 6.19　B 系列交流接触器主要技术数据

型　号	额定绝缘电压/V	额定工作电压/V	额定发热电流/A	额定工作电流/A AC-3　AC-4	控制电动机功率/kW
B9	750	380	16	8.5	4
		660		3.5	3
B12		380	20	11.5	5.5
		660		4.9	4
B16		380	25	15.5	7.5
		660		6.7	5.5
B25		380	40	22	11
		660		13	11
B30		380	45	30	15
		660		17.5	15
B37		380	45	37	18.5
		660		21	18.5
B45		380	60	45	22
		660		25	22
B65		380	80	65	33
		660		44	40
B85		380	100	85	45
		660		53	50
B105		380	140	105	55
		660		82	75
B170		380	230	170	90
		660		118	110
B250		380	300	250	132
		660		170	160
B370		380	410	370	200
		660		268	250
B460		380	600	475	250
		660		337	315

4．使用与安装

在安装接触器前，应先检查线圈电压是否符合使用要求；然后将铁芯极面上的防锈油擦净，以免造成线圈断电后铁芯不释放；最后检查其活动部分是否正常，如触点是否接触良好，有否卡阻现象等。

交流接触器在安装时要注意底面与安装处平面的倾角应小于 5°；若有散热孔，则应将有孔的一面放在垂直方向上，以利散热，并按规定留有适当的飞弧空间，以免飞弧烧坏相邻器件。安装孔的螺钉应装有弹簧垫圈和平垫圈，并拧紧螺钉以防松脱。

交流接触器灭弧罩应该完整无缺且固定牢靠，检查接线正确无误后，先在主触点不带电的情况下操作几次，然后再将主触点接入负载工作。

5. 新型接触器简介

（1）真空接触器

真空接触器是一种以真空作为灭弧介质的接触器，与一般接触器的主要区别在于真空灭弧室和主触点。真空接触器灭弧室的结构如图 6.11 所示。

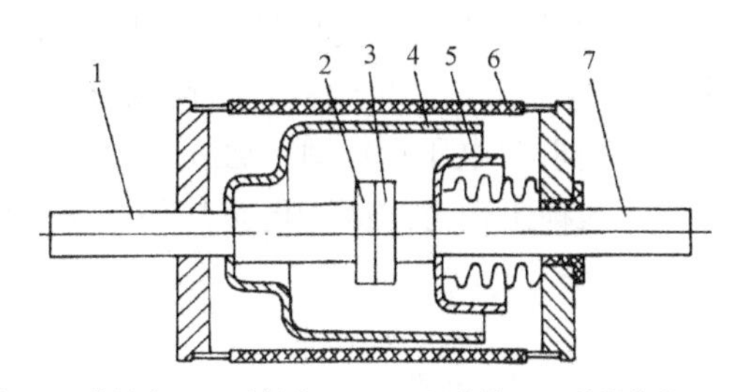

1—静导电杆；2—静触点；3—动触点；4、5—屏蔽罩；6—绝缘外壳；7—动导电杆

图 6.11　真空接触器灭弧室结构

图 6.11 中，绝缘外壳一般采用高纯度氧化铝等高致密的材料制成，由封接圈封接，封接圈通常用无氧铜制作，这两类材料的热膨胀系数十分接近，所以能保证封接质量，从而保证灭弧室必要的真空度。

在灭弧室内设置了屏蔽罩，一般由无氧铜和不锈钢制造，其作用在于有效地凝结分断电流时由触点间隙扩散出来的金属蒸汽，以确保分断成功，同时又能防止金属蒸汽飞溅到外壳内表面上，以保证外壳的绝缘强度。

静触点与静导电杆相连，动触点通过动导电杆与静触点分断和闭合，在动导电杆上装有波纹管，它是由不锈钢制成的弹性密封件，是保证触点在真空灭弧室内正常运动的重要元件。在真空接触器中，动、静触点在真空状态下开合时，由于没有气体分子，所以几乎不产生电弧。因而可将触点行程缩小，开关动作加快，并且寿命长，安全可靠。

（2）无弧转换混合式交流接触器

交流接触器在某些工作状态下，电气寿命比机械寿命低得多，在冶金辗轧和起重运输设备上，这种情况很突出，触点在非常短的时间内即被电弧烧损，只有更换才能正常工作，给维护检修带来很大的工作量。

电力电子技术的发展改善了这一现状，特别是晶闸管和大功率晶体管可以组成无触点接触器，用它们来取代有触点接触器，具有动作快、操作频率高、电气寿命长和无噪声等一系列优点。但也存在一些不足之处：过载、过压能力低；因管压降较大造成主触点压降损耗大，必须附加散热装置及保护线路；成本较高。无弧转换混合式交流接触器是在传统接触器的基础上，引入电力电子技术，取长补短，互相组合而成的新型器件。

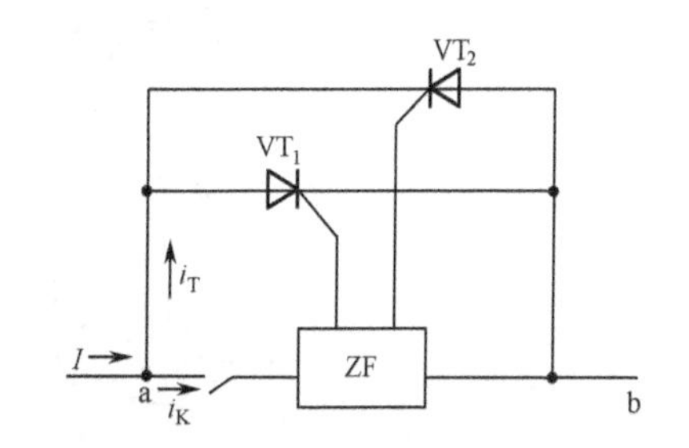

图 6.12　三相交流混合式接触器中一相的结构原理图

图 6.12 所示为三相交流混合式接触器中一相的结构原理图，它是在接触器动合触点两端并入无弧转换环节，由两个晶闸管或一个双向晶闸管及有关的触发控制电路组成。

当交流接触器线圈得电时，动合主触点闭合，主电路接通，电流 i_K 流过主触点，并在 ab 两端形成一电压降ΔU_{ab}，该值的大小取决于主触点电路的阻抗和流过主触点的电流大小。在额定电流下ΔU_{ab}的值应小于 VT_1 和 VT_2 晶闸管的导通电压，即使触发信号送到 VT_1 和 VT_2 的控制极，也不会导通。当触点从闭合状态开始断开时，主触点动、静触点之间的接触电阻剧增，导致ΔU_{ab} 增大到大于晶闸管导通电压（一般为 1V 左右）。电流在分断前使触发电路发出的触发信号一直保持着，这样 VT_1 或 VT_2 导通，电流 i_T 经 VT_1 或 VT_2 旁路转移，同时主触点完全断开，实现无电弧转移。经 VT_1 或 VT_2 转移的电流过零时，晶闸管自然关断，当电源电压反向时，触发电路无电流，所以无触发信号输出，VT_1 和 VT_2 继续处于关断状态。这种工作方式因无电弧灼伤，使接触器电气寿命大幅度提高。

6.2.5 继电器

继电器是一种根据某种输入信号接通或分断电流电路的电器，它一般通过接触器或其他电器对主电路进行控制，因此继电器触点的额定电流较小（5A～10A），无灭弧装置，但它动作的准确性较高。

通常可以按使用范围把继电器分为：保护继电器，用于电力系统作为发电机、变压器及输电线路的保护；控制继电器，主要用于电力拖动系统以实现控制过程的自动化；通信继电器，主要用于通信和遥控系统。

若按输入信号的性质分，有中间继电器、热继电器、时间继电器、速度继电器及压力继电器等。

1．中间继电器

中间继电器主要是起中间转换作用，是将一个信号变成多个信号的继电器。其输入信号为线圈的通电和断电，输出信号是触点的断开和闭合。

中间继电器也分为直流和交流两种，也是由电磁机构和触点系统组成。电磁机构与接触器中的相似；触点因为通过控制电路的电流容量较小，所以不需加装灭弧装置。

（1）外形结构与符号

中间继电器的外形如图 6.13（a）所示，图 6.13（b）为中间继电器的符号，其文字符号为 KA。

中间继电器的结构和交流接触器基本一样，其外壳一般由塑料制成，为开启式。外壳上的相间隔板将各对触点隔开，以防止因飞弧而发生短路事故。触点系统可按 8 动合、6 动合 2 动断及 4 动合 4 动断等方式组合。

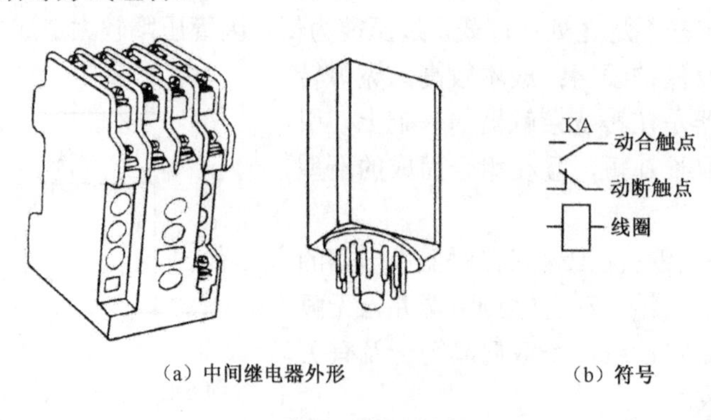

（a）中间继电器外形　　（b）符号

图 6.13　中间继电器

（2）工作原理与型号含义

中间继电器的结构与交流接触器相似，工作原理也相同。当线圈得电时，铁芯被吸合，触点系统动作，动合触点闭合，动断触点断开；线圈断电后，铁芯被释放，触点系统复位。

中间继电器型号表示方法及含义如下：

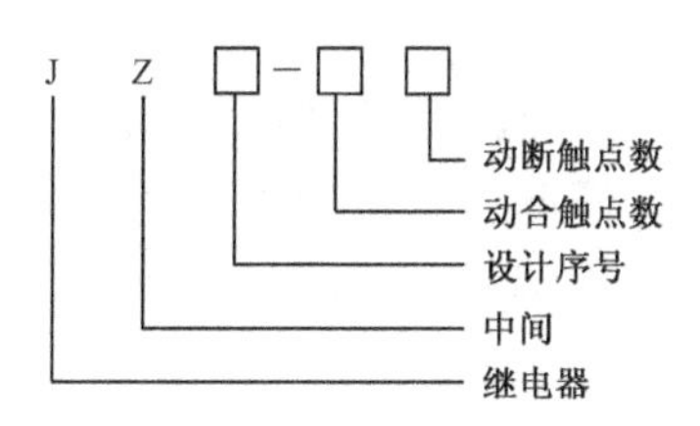

（3）技术数据

JZ7 系列中间继电器的技术数据如表 6.20 所示。

表 6.20　JZ7 系列中间继电器技术数据

型　　号	触点额定电压/V		触点额定电流/A	触点数量		额定操作频率/次·h^{-1}	吸引线圈电压/V		吸引线圈消耗功率/W	
	直流	交流		动合	动闭		50Hz	60Hz	启动	吸持
JZ-44	440	500	5	4	4	1 200	12，24，36，48，110，127，220，380，420，440，550	12，36，110，127，220，380，440	75	12
J27-62	440	500	5	6	2	1 200			75	12
J27-80	440	500	5	8	0	1 200			12	75

2．热继电器

为了充分发挥电动机的潜力，电动机短时过载是允许的。当然，无论过载量的大小如何，时间长了总会使绕组的温升超过允许值，从而加剧绕组绝缘的老化，缩短电动机的寿命。另外，严重过载会很快烧毁电动机。为防止电动机长期过载运行，可在线路中接入热继电器，它可以有效地监视电动机是否长期过载或短时严重过载，并在超过过载预定值时有效切断控制系统电源，确保电动机的安全。

（1）外形结构与符号

热继电器的外形如图 6.14（a）所示，图 6.14（b）为热继电器的符号，其中 FR 为文字符号。

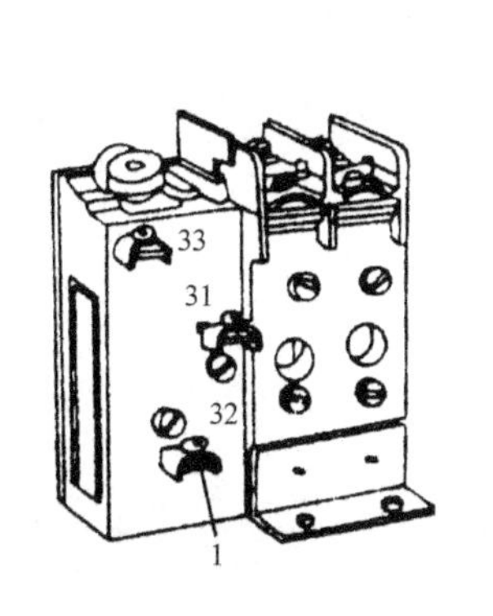

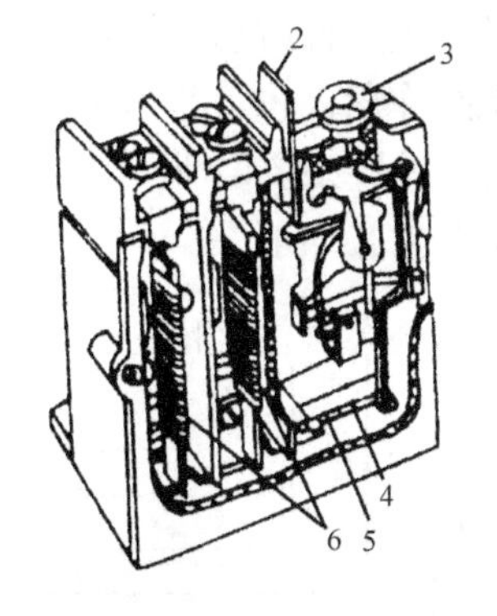

（a）热继电器外形

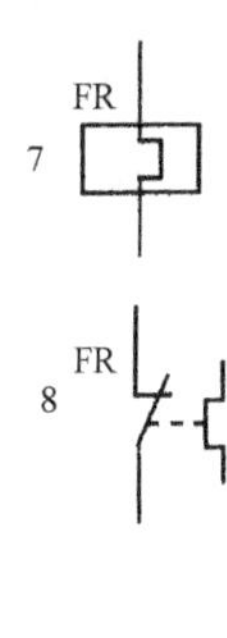

（b）符号

1—接线柱；2—复位按钮；3—调节调钮；4—动断触点；
5—动作机构；6—热元件；7—热元件符号；8—动断触点符号

图 6.14　热继电器

从结构上看，热继电器的热元件由两极（或三极）双金属片及缠绕在外面的电阻丝组成，双金属片是由热膨胀系数不同的金属片压合而成的。使用时，将电阻丝直接串联在笼型异步电动机的供电电路上。复位按钮是热继电器动作后进行手动复位的按钮，可防止热继电器动作后，因故障未被排除而电动机又启动造成更大的故障。

（2）工作原理与型号含义

热继电器的工作原理如图6.15所示。当电动机过载时，电流增大，串入电路的电阻丝产生热量加热双金属片。因双金属片膨胀系数不同，引起双金属片向膨胀系数小的一侧弯曲，推动导板等动作机构使触点动作，即动合触点闭合，动断触点断开，达到自动切断电源和发出相应报警信号的目的。

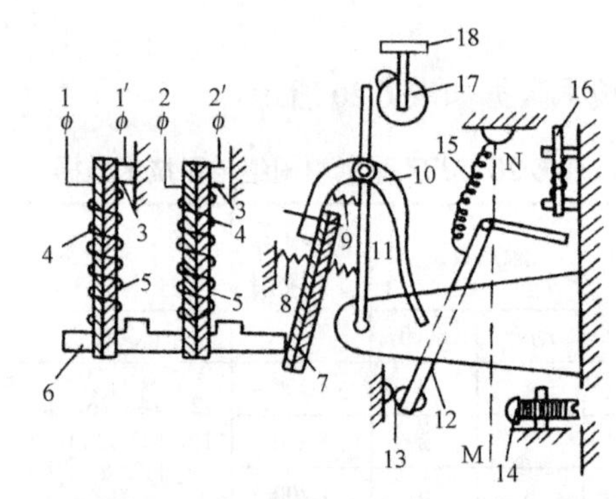

1、1′,2、2′—接线端；3—固定双金属片螺钉；4—电阻丝；5—双金属片；6—导板；7—补偿双金属片；8、9、15—弹簧；10—推杆；11—支撑杆；12—杠杆；13—动断触点；14—动合触点；16—复位按钮；17—偏心轮；18—整定旋钮

图6.15 热继电器工作原理

热继电器触点动作切断电路后，电流为零，电阻丝不再发热，双金属片冷却到一定值时恢复原状，于是动合触点和动断触点复位。另外也可通过调节螺钉，使触点在动作后不自动复位，而必须按动复位按钮才能使触点复位。这很适用于某些要求故障未排除而防止电动机再启动的场合。不能自动复位对检修时确定故障范围也是十分有利的。

当电流超过整定电流值时，热继电器即可动作。流过热元件的电流越大，动作时间越短。不过由于热惯性原因，电流通过热元件时总是需要一段时间触点才能动作。这样，就无法利用热继电器对电流实现短路保护作用，也正是这个热惯性，在电动机启动或短时过载时，热继电器不会动作，避免了电动机的不必要停车。

热继电器型号的表示方法及含义如下：

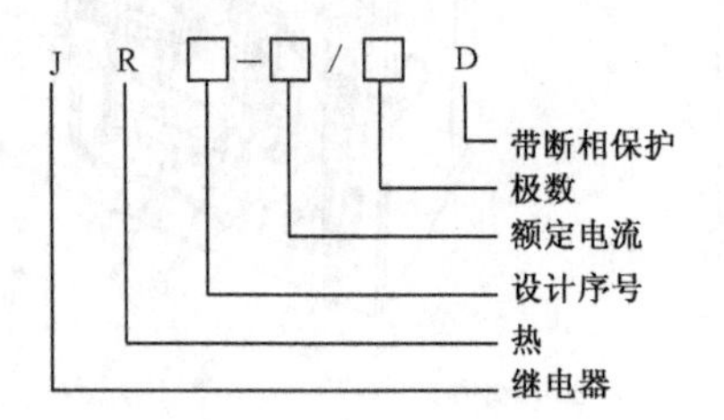

（3）技术数据

常用热继电器的技术数据如表6.21所示。

表 6.21 常用热继电器技术数据

型号	额定电流/A	热元件规格			选择导线规格
		编号	额定电流/A	刻度电流调节范围/A	
JR16-20/3 JR16-20/3D		1	0.35	0.25～0.3～0.35	4mm²单股塑料铜线
		2	0.5	0.32～0.4～0.35	
		3	0.72	0.45～0.6～0.35	
		4	1.1	0.68～0.9～0.35	
		5	1.6	1.0～1.3～0.35	
		6	2.4	1.5～2.0～0.35	
		7	3.5	2.2～2.8～0.35	
		8	5.0	3.2～4.0～0.35	
		9	7.2	4.5～6.0～0.35	
		10	11.0	6.8～9.0～0.35	
		11	16.0	10.0～13.0～0.35	
		12	22.0	14.0～18.0～0.35	

热继电器过载电流倍数达到一定数值时，热继电器开始动作，过载电流大小与动作时间的关系如表 6.22 所示。

表 6.22 一般不带有断相运转保护装置的热继电器动作特性

额定电流倍数	动作时间	起始状态
1.0	长期不动作	
1.2	小于 20min	从热态开始
1.5	小于 20min	从热态开始
6	大于 5s	从冷态开始

（4）具有断相保护的热继电器

热继电器所保护的电动机，如果是星形接法的，当线路发生一相断路（如熔丝熔断），则另外两相发生过载，这两相的线电流与相电流相等，这种过载情况普通的两相或三相热继电器是能起到保护作用的。但当电动机是三角形接法时，线电流是相电流的 1.73 倍，在电源一相断路时，流过三相绕组的电流是不平衡的。其中两相做串联接法的绕组中电流是另一相中的 1/2，这时线电流仅是较大一相绕组电流的 1.5 倍左右，如果此时处于不严重过载状态（1.73 倍以下），热继电器发热元件产生的热量不足使触点动作，则时间一长，电动机可能被烧毁。可见，若电动机为三角形接法，一般的热继电器无法实现断相后电动机不严重过载的保护，而必须采用带有断相保护的热继电器。这种特殊结构的热继电器，在电源缺相时，利用它的内部差动机构可放大双金属片的弯曲程度，使其触点提早动作。

差动式断相保护装置的动作原理如图 6.16 所示。图 6.16（a）为未通电时的位置；图 6.16（b）是三相均通有额定电流时的情况，此时三相双金属片均匀受热，同时向左弯曲，所以内、外导板一齐平行左移一段距离到达图示位置；图 6.16（c）是三相均衡过载时，三相双金属片都受热向左弯曲，推动外导板（同时带动内导板）左移，当过载电流足够大时，使动断动触点瞬时脱离静触点，从而切断控制回路，达到保护电动机的目的；图 6.16（d）为如果电动机发生一相断线故障，则该相双金属片逐渐冷却，向右移动，但外导板仍旧向左移动。这样，内、外两导板一左一右地移动，就产生了差动作用，并通过杠杆的放大作用，使继电器迅速动作，切断控制回路，保护电动机。

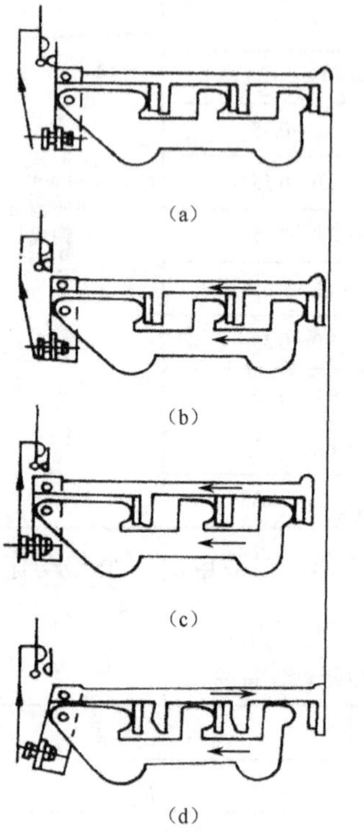

（a）

（b）

（c）

（d）

图 6.16　差动式断相保护装置动作原理

不带断相保护装置的一般继电器，在一相断线而另外两相电流过载 1.05 倍时，不可能及时动作，有时甚至不动作。而带断相保护装置的热继电器，在这种场合，几分钟内即能可靠地动作，保护电动机不被烧损。

3．时间继电器

时间继电器也称为延时继电器，它是电气控制系统中起时间控制作用的继电器。当它的感测部分接收输入信号以后，需经过一定的时间延时，它的执行部分才会动作，并输出信号以操纵控制电路。

时间继电器种类繁多，有些时间继电器，如钟表式、电子管式等，已逐渐为其他类型的产品取代。有些时间继电器的使用面较窄，如双金属片式和热敏电阻式，主要用于过流保护和温度控制。因此，目前用做时间控制的时间继电器主要是空气阻尼式、电动式和晶体管式等几种。

时间继电器按延时方式分类，有通电延时型和断电延时型两种。通电延时型时间继电器在其感测部分接收信号后，开始延时，一旦延时完毕，就立即通过执行部分输出信号以操纵控制电路。当输入信号消失时，继电器立即恢复到动作前的状态（复位）。这种类型时间继电器的动作情况可用图 6.17（a）来说明，图中的 T 即是延时时间。断电延时型与通电延时型相反，断电延时型时间继电器在其感测部分接收输入信号后，执行部分立即动作，但当输入信号消失后，继电器必须经过一定的延时，才能恢复到原来（即动作前）的状态（复位），并且有信号输出。该类型继电器的动作情况如图 6.17（b）所示。

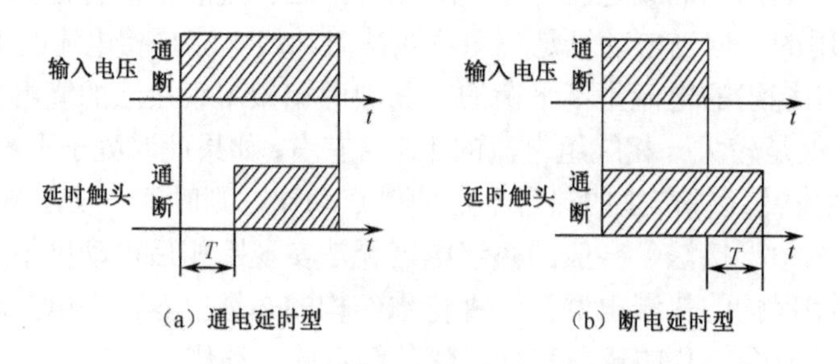

（a）通电延时型　　（b）断电延时型

图 6.17　通电、断电延时工作方式

时间继电器在电气原理图中的图形符号如图 6.18 所示，其文字符号为 KT。

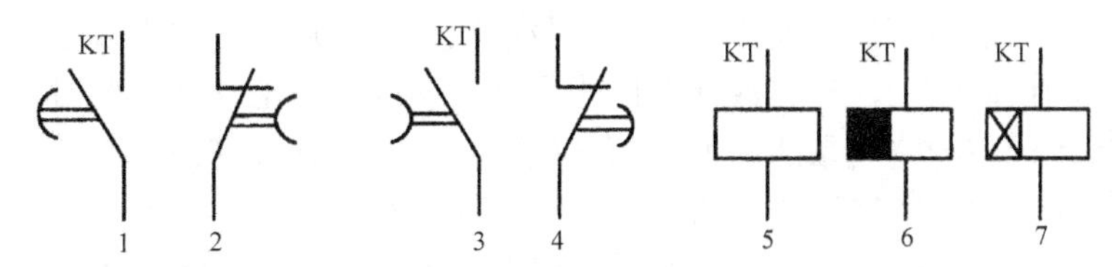

1—延时闭合瞬时断开动合触点；2—延时断开瞬时闭合动断触点；3—延时闭合延时断开动合触点；
4—延时断开延时闭合动断触点；5—线圈一般符号；6—断电延时线圈；7—通电延时线圈

图 6.18　时间继电器的符号

（1）空气阻尼式时间继电器

空气阻尼式时间继电器也称为气囊式时间继电器，其结构如图 6.19 所示，其工作原理示意如图 6.20 所示。

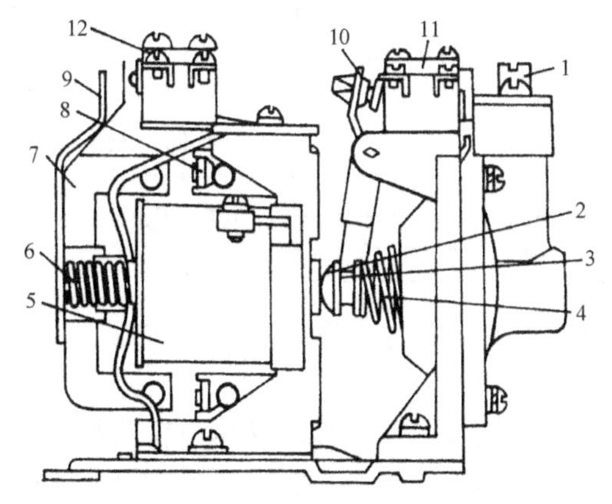

1—调节螺丝；2—推板；3—推杆；4—宝塔弹簧；5—线圈；6—反力弹簧；
7—衔铁；8—铁心；9—弹簧片；10—杠杆；11—延时触点；12—瞬时触点

图 6.19　空气阻尼式时间继电器结构

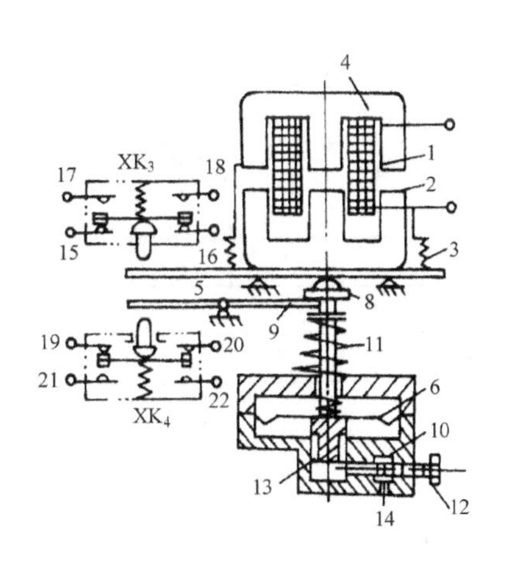

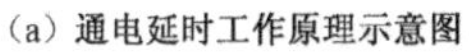

（a）通电延时工作原理示意图

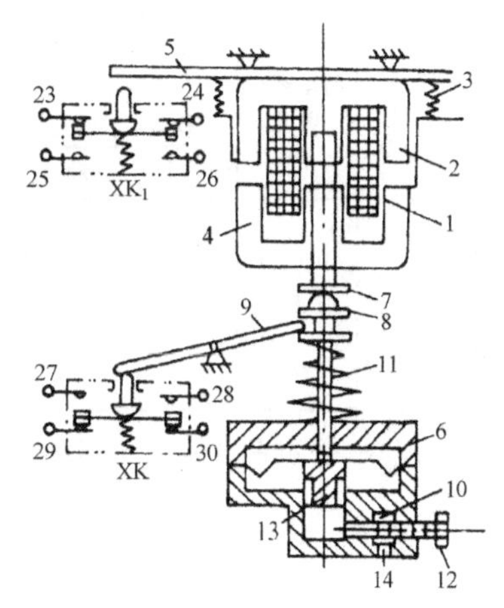

（b）断电延时工作原理示意图

1—线圈；2—衔铁；3—反力弹簧；4—铁心；5—推板；6—橡皮膜；7—衔铁推杆；8—活塞杆；9—杠杆 ；10—螺旋；
11—宝塔形弹簧；12—调节螺钉；13—活塞；14—进气口；15、16—瞬时断开动断触点；17、18—瞬时闭合动合触点；
19、20—延时断开瞬时闭合动断触点；21、22—延时闭合瞬时断开动合触点；23、24—瞬时断开动断触点；
25、26—瞬时闭合动合触点；27、28—瞬时闭合延时断开动合触点；29、30—瞬时断开延时闭合动断触点

图 6.20　空气阻尼式时间继电器工作原理示意图

通电延时型时间继电器的工作原理为：当吸引线圈通电后，产生电磁吸力，衔铁克服反力弹簧阻力，将动铁芯吸上，在释放弹簧的作用下，活塞杆向上移动；此时，与气室壁紧贴的橡皮膜随着进入气室的空气量逐渐增大而开始移动，通过杠杆使微动开关的触点按整定的延时时间进行动作。调节进气孔通道的大小，即可得到不同的延时时间。

吸引线圈断电后，衔铁依靠恢复弹簧的作用而复原，空气由出气孔被迅速排出。

通电延时的空气阻尼式时间继电器有两个延时触点，即延时断开的动断触点和延时闭合的动合触点。此外还有两个瞬时动作触点，通电后微动开关瞬时动作，将动断触点断开，将动合触点闭合。

时间继电器也可以做成断电延时空气阻尼式继电器（只要将铁芯倒装即可）。断电延时空气阻尼式时间继电器的工作原理如图 6.20（b）所示。

空气阻尼式时间继电器型号的表示方法及含义为：

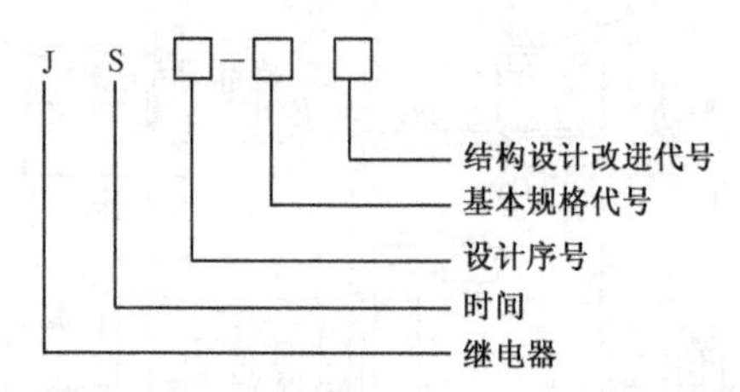

JS7 系列时间继电器的技术数据如表 6.23 所示。

（2）电动式时间继电器

电动式时间继电器是由微型同步电动机拖动减速齿轮获得延时的时间继电器。

延时长短可通过改变整定装置中定位指针的位置来实现。在调整时应当注意，定位指针的调整必须是在离合电磁铁励磁线圈断开（指通电延时型）或者接通（指断电延时型）时进行。

表 6.23　JS7 系列空气阻尼式时间继电器技术数据

型　　号	延时范围/s	触点额定电流/A	触点额定电压/V	有延时的触点数量				不延时的触点数量		线圈电压/V
				通电延时		断电延时				
				动合	动断	动合	动断	动合	动断	
JS7-1A	0.4～60	5	380	1	1					36、110、127、220、380
JS7-2A				1	1			1	1	
JS7-3A						1	1			
JS7-4A						1	1	1	1	

电动式时间继电器型号的表示方法及含义为：

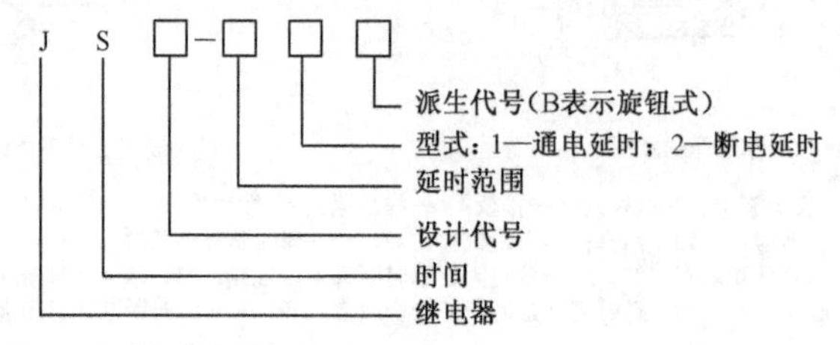

JS11 电动式时间继电器的技术数据如表 6.24 所示。JS11 7 挡延时时间分别是 0～8s、0～40s、

0～4min、0～20min、0～2h、0～12h、0～72h。

表 6.24 JS11 电动式时间继电器技术数据

型号	额定电压/V	触点参数									允许操作频率/次·h^{-1}
		数量						AC380V 时的触点容量 /A			
		通电延时		断电延时		瞬动		接通电流	分断电流	长期工作电流	
		动合	动断	动合	动断	动合	动断				
JS11-□①1	AC110、127、220、380	3	2			1	1	3	0.3	5	1 200
JS11-□2				3	2	1	1				

① □的代号为 1～7，对应于前述 7 挡延时时间。

（3）电子式时间继电器

电子式时间继电器具有精度高、体积小、重量轻、寿命长、适于频繁操作、延时整定方便、无触点等优点。

JS20 系列晶体管时间继电器有通电型和断电型两类。该时间继电器通电延时的电路原理如图 6.21 所示。线路工作原理为：刚接通电源时，电容器 C_2 尚未充电，其电压 U_C=0，所以场效应 VT_1 栅极与源极之间的电压 $U_{CS}=U_C-U_S=-U_S$。此后，随着 U_C 因电容 C_2 被充电而逐渐升高，负栅偏压也逐渐减小。但只要 U_{GS}（负值）的绝对值还大于管子的夹断电压 U_p（负值）的绝对值，即$|U_C-U_S|>U_P$，场效应管 VT_1 就不导通，晶体管 VT_2 和晶闸管 VT_3 也都不可能导通。当然，继电器 KA 也不会动作。直至 U_C 上升到$|U_C-U_S|<U_p$，即负栅偏压的绝对值小于 U_p（负值）的绝对值，VT_1 才开始导通。由于 I_D 在电阻 R_3 上产生了电压降，D 点的电位 U_D 开始下降。一旦 U_D 降低到 VT_2 的发射极电位 U_e 以下，VT_2 也导通，它的发射极电流 I_e 在电阻 R_4 上产生压降，使 U_S 降低，即使得负栅偏压越来越向正的方向变化，所以对 VT_1 来说，R_4 是起正反馈作用。这样，VT_2 就迅速由截止变为导通，并触发晶闸管 VT_3，使它导通。串联在晶闸管阳极电路中的继电器 KA 就动作。由 C_2 开始被充电起到 KA 动作为止的这一段时间，就是延时时间。继电器动作后，C_2 经过其动合触点对 R_9 放电，并使 VT_1 和 VT_2 都截止，为下一次工作做好准备。VT_3 却始终导通着，除非切断电源，使整个电路恢复到原来的状态，继电器才释放。

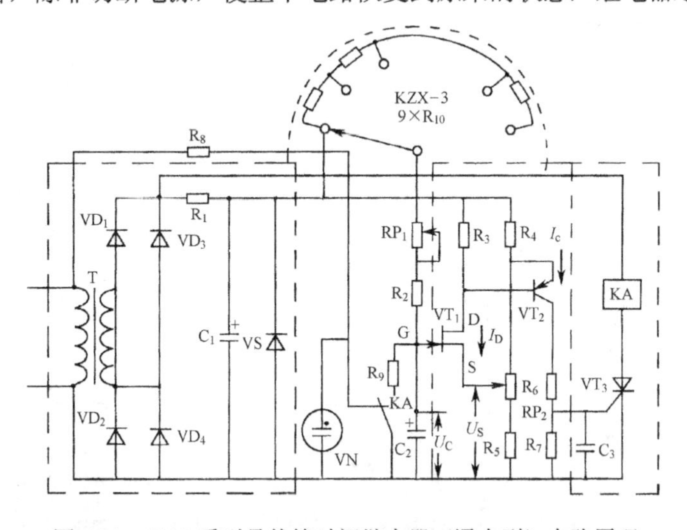

图 6.21 JS20 系列晶体管时间继电器（通电型）电路原理

JS20 系列晶体管时间继电器的技术数据如表 6.25 所示。

表 6.25　JS20 系列晶体管时间继电器技术数据

型　号	工作电压/V	延时动作的切换触点对数		瞬时动作的切换触点对数	安装方式	线路形式	延时范围/s
		通电延时	断电延时				
JS20-□/00	AC：36、110、127、220、380 DC：24、48、110	2			装置式	采用单结晶体管延时线路	0.1～0.3
JS20-□/01					面板式		
JS20-□/04		1		1	面板式		
JS20-□/05					装置式		
JS20-□/010	AC：36、110、127、220、380 DC：24、48、110	2			装置式	采用场效应管延时线路	0.1～3600
JS20-□/11					面板式		
JS20-□/14		1		1	面板式		
JS20-□/15					装置式		
JS20-□D/00			2		装置式		
JS20-□D/01					面板式		
JS20-□D/02					装置式		

4．速度继电器

速度继电器是按照预定速度的快慢而动作的继电器，因为它主要应用在电动机反接制动控制电路中，所以也称反接控制继电器。

（1）外形结构与符号

速度继电器的外形如图 6.22（a）所示，图 6.22（b）为速度继电器的符号，其文字符号为 KV。

（2）工作原理与型号含义

速度继电器的工作原理如图 6.23 所示。图中，当电动机旋转时，带动速度继电器的转子转动，在空间产生旋转磁场，笼型短路定子绕组中将产生感应电动势，同时产生感应电流，感应电流在永久磁铁的旋转磁场作用下，产生电磁转矩，使定子随永久磁铁转动。于是与定子相连的胶木摆杆也转动，并推动簧片动作（动断触点断开，动合触点闭合），同时静触点作为挡块，限制了胶木摆杆的继续转动，即定子不能继续转动。因此，永久磁铁转动时，定子只能转过一个不大的角度。

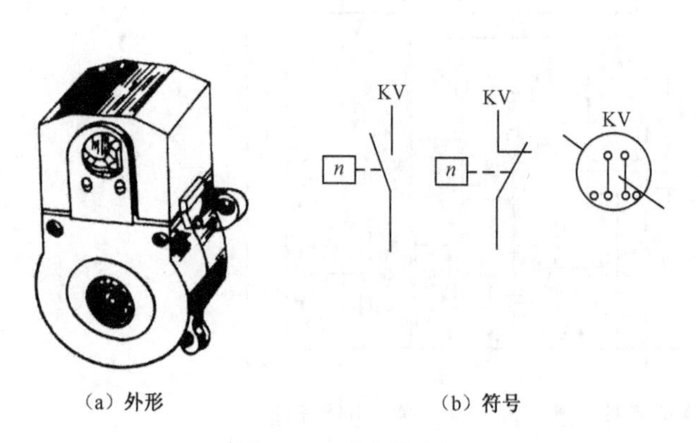

（a）外形　　（b）符号

图 6.22　速度继电器

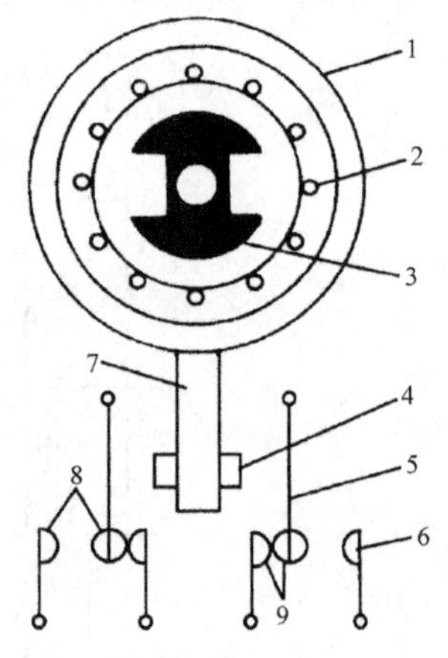

1—外环；2—笼型绕组；3—永久磁铁；
4—顶铁；5—动触点；6—静触点；
7—摆杆；8—动合触点；9—动断触点

图 6.23　速度继电器工作原理

当转速减小到一定程度（小于100r/min）时，胶木摆杆恢复原来状态，触点又断开。

速度继电器型号的表示方法及含义为：

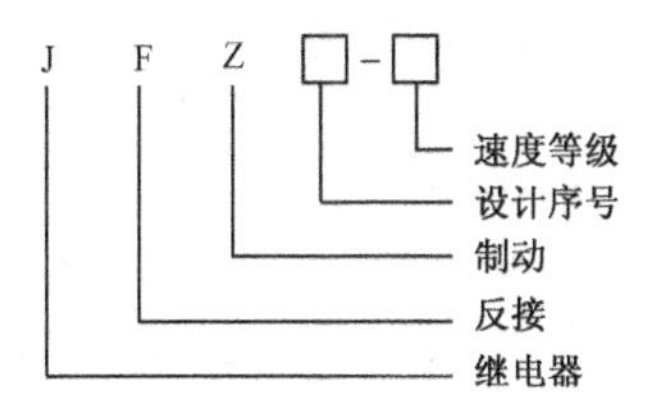

（3）技术数据

JY1型和JFZ0型速度继电器的技术数据如表6.26所示。

表6.26 JY1型和JFZ0型速度继电器技术数据

型　号	触点额定电压/V	触点额定电流/A	触点数量		额定工作转速/$r \cdot min^{-1}$	允许操作频率/次·h^{-1}
			正转时动作	反转时动作		
JY1	380	2	1组转换触点	1组转换触点	100～3 000	<30
JFZ0					300～3 600	

5．欠电压、过电流继电器

（1）欠电压继电器

欠电压继电器也称为零压继电器。它是一种在端电压不足于规定的电压低限值时而动作的继电器，常用于电动机欠电压（或零压）保护。与欠电压继电器对应的是过电压继电器，它是当端电压超过规定的电压高限值时而动作的继电器。

欠电压继电器型号的表示方法及含义为：

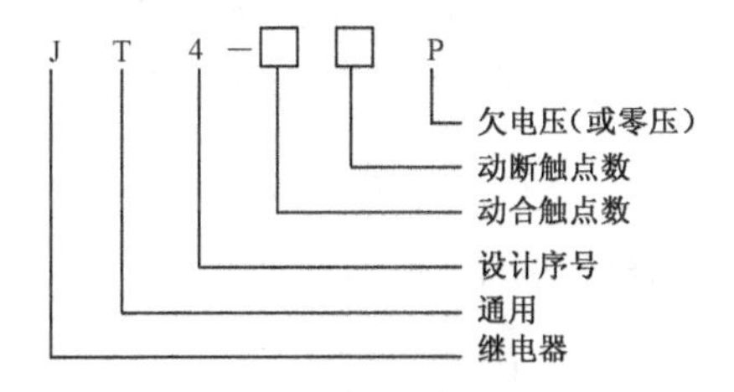

欠电压继电器的符号如图6.24所示，其文字符号为KR。

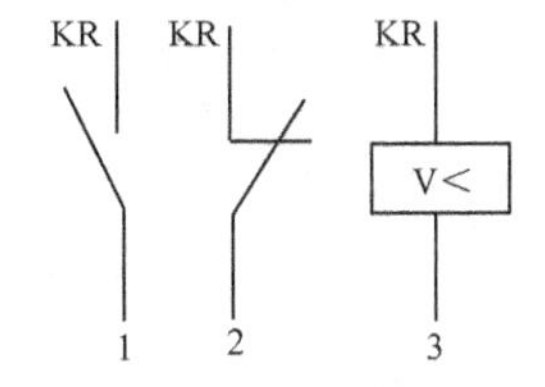

1—动合触点；2—动断触点；3—线圈

图6.24 欠电压继电器符号

JT4欠电压继电器的技术数据如表6.27所示。

表 6.27 JT4 欠电压继电器技术数据

型 号	吸引线圈规格/V	消耗功率/W	触点数目	复位方式	动作电压/V	返回系数
JT4-P	110，127，220，380		2 动合 2 动断或 1 动合 1 动断	自动	吸引电压在线圈额定电压的60%～85%范围调节，释放电压在线圈额定电压的 10%～35%间	0.2～0.4

（2）过电流继电器

过电流继电器是指当电路的电流大于线圈额定值时而动作的继电器，与它对应的是欠电流继电器，是指电路的电流低于线圈额定值时而动作的继电器。它们的结构和动作原理相似。

过电流继电器的外形如图 6.25（a）所示，图 6.25（b）是其工作原理示意图，图 6.25（c）为过电流继电器的符号，其文字符号为 FA。

过电流继电器的工作情况为：当线圈的电流为额定值时，所产生的电磁吸力不足以克服反作用弹簧力，动断触点仍保持闭合状态；当线圈的电流大于额定值时，电磁吸力大于反作用弹簧力，铁芯吸引衔铁使动断触点断开，切断控制回路，实现对电动机或电路的自动保护作用。调节反作用弹簧力，可整定继电器的动作电流值。

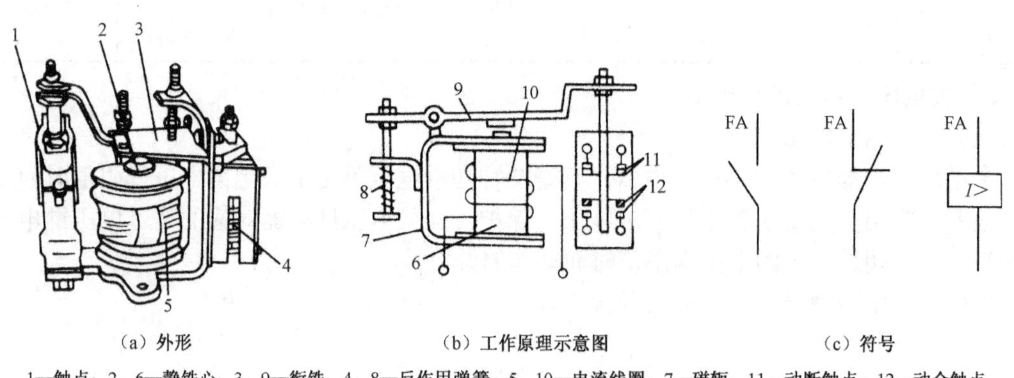

（a）外形　（b）工作原理示意图　（c）符号

1—触点；2、6—静铁心；3、9—衔铁；4、8—反作用弹簧；5、10—电流线圈；7—磁轭；11—动断触点；12—动合触点

图 6.25 过电流继电器

过电流继电器型号的表示方法及含义为：

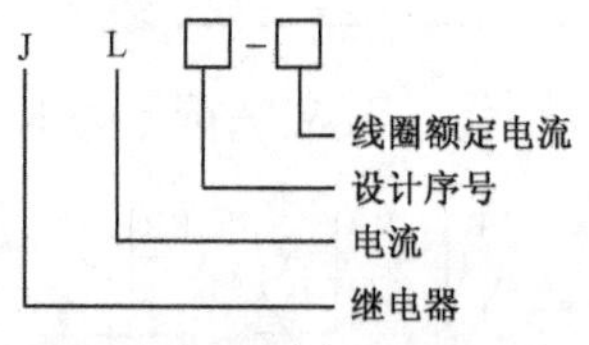

JT4 系列过电流继电器为交流通用继电器，加上不同的线圈或阻尼线圈后便可作为电流继电器、电压继电器或中间继电器使用。JT4 系列过电流继电器的技术数据如表 6.28 所示。

表 6.28 JT4 系列过电流继电器技术数据

型 号	吸引线圈规格/A	消耗功率/W	触点数目	复位方式	动 作 电 流	返回系数
JT4-□□L	110，127，220，380	5	2 动合 2 动断或 1 动合 1 动断	自动	吸引电压在线圈额定电流的 110%～350%范围调节	0.1～0.3
JT4-□□S						

JL12 系列过电流继电器为交、直流通用继电器（用做交流时，铁芯上有槽，以减少涡流）。

JL12 系列过电流继电器的技术数据如表 6.29 所示。

表 6.29 JL12 系列过电流继电器技术数据

型 号	线圈额定电流/A	触点额定电流/A	电 压/V	
			交 流	直 流
JL12-5	5	5	380	440
JL12-20	20			
JL12-60	60			

6.2.6 行程开关

行程开关也称位置开关、限位开关，是用来限制机械运动行程的一种电器。它可将机械位移信号转换成电信号，常用来做程序控制、改变运动方向、定位、限位及安全保护之用。行程开关与按钮相同，都是对控制电器发出接通或断开指令，不同之处在于按钮是由人的手指来完成的，而行程开关是由与机械一起运动的“撞块”完成的。

1. 外形结构与符号

各种行程开关的结构和工作原理都是类似的，图 6.26 中（a）、（b）、（c）分别为按钮式、单轮旋转式、双轮旋转式行程开关的外形，（d）为行程开关的符号，其文字符号为 SQ。

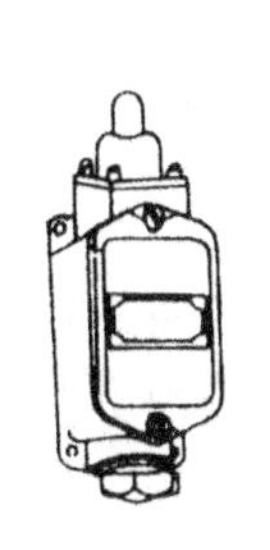

（a）JLXK1-311按钮式

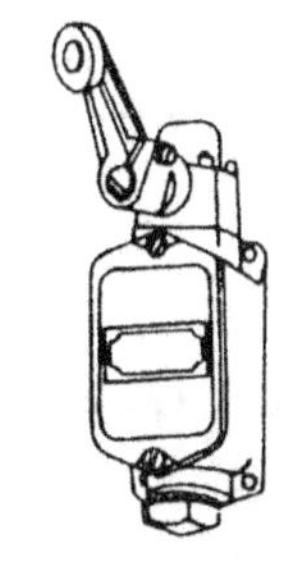

（b）JLXK1-111单轮旋转式

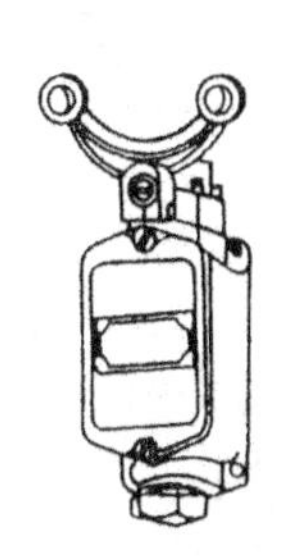

（c）JLXK1-211双轮旋转式

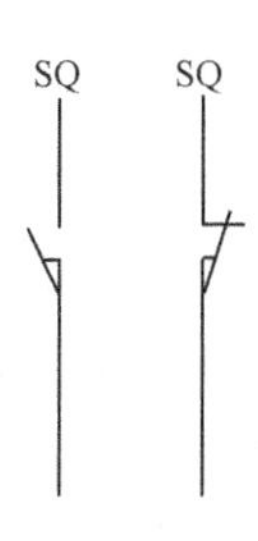

（d）符号

图 6.26 行程开关

2. 工作原理与符号含义

行程开关的工作原理示意图如图 6.27 所示。图中，随运动机械一起的挡铁（撞块）压到行程开关时，通过传动杠杆使下部的微动开关快速动作，其动断触点先断开、动合触点后闭合。当机械部件上的挡铁（撞块）移开时，复位弹簧的弹力使杠杆复位，微动开关也恢复到原来位置。

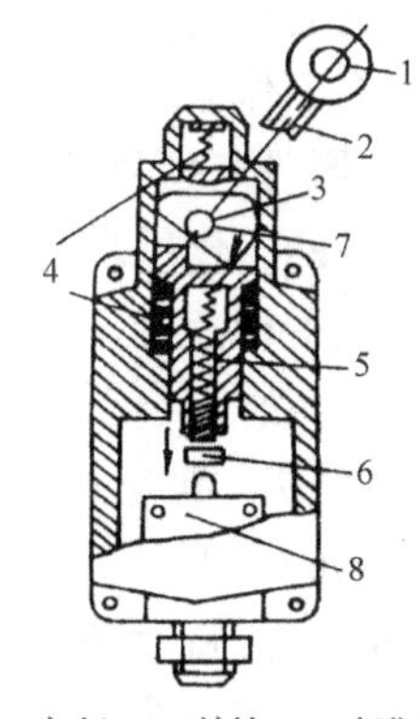

1—滚轮；2—杠杆；3—转轴；4—复位弹簧；
5—撞块；6—微动开关；7—凸轮；8—调节螺钉

图 6.27 行程开关工作原理示意图

双轮旋转式行程开关有两个臂，挡铁压下一个臂时，触点动作，挡铁离开时，不能自动复位，而是以运动机械反方向移动，挡铁碰撞另一个臂时才能复位。

行程开关型号的表示方法及含义为：

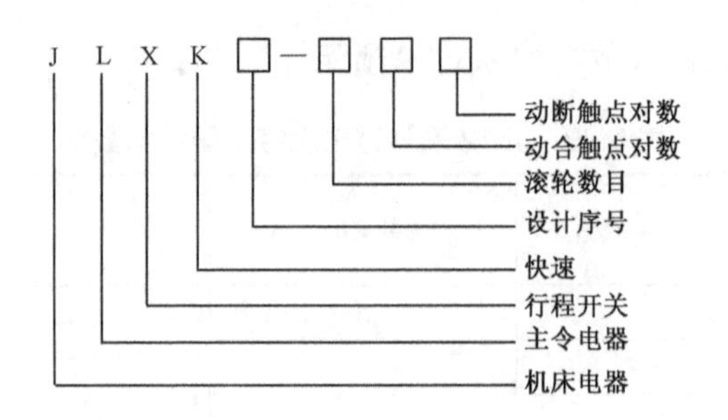

3．技术数据

LX19系列行程开关的基本技术数据如表6.30所示。

表6.30　LX19系列行程开关基本技术数据

型　号	特　征	额定电压/V	额定电流/A	触点对数
LX19	元件，直动式	380	5	1动合 1动断
LX19-001	直动式，能自动复位			
LX19-121	传动杆外侧装有单滚轮，能自动复位			
LX19-131	传动杆凹槽内装有滚轮，能自动复位			
LX19-222	传动杆为U形，外侧装有双滚轮，不能自动复位			
LX19-232	传动杆为U形，内、外侧装有双滚轮，不能自动复位			

6.2.7　自动开关

自动开关也称自动空气断路器、低压断路器，是一种自动切断线路故障用的保护电器。它可以在电动机主回路同时实现短路、过载和欠电压保护，功能上相当于刀开关、熔断器、热继电器和欠电压继电器的组合作用。

自动开关一般使用在非频繁接通和断开电源的场合。开关全部封装在盒内，手柄或操作按钮露出盒外，搬动手柄或按下按钮即可实现“分”与“合”操作。

1．外形结构与符号

自动开关的种类很多，外形各异，DZ5系列自动开关如图6.28所示。其中，（a）为其外形图，（b）为工作原理示意图，（c）为符号图，其文字符号为QF。

2．工作原理与型号含义

自动开关的工作原理示意图如图6.28（b）所示。

可以利用手柄装置使主触点处于“合”或“分”状态。自动开关正常工作时，处于“合”状态，即图示状态。自动开关的工作情况如下。

① 短路保护。过电流脱扣器线圈串入主回路，在线路正常工作时，流过线圈的电流在铁芯上产生的电磁力不足以将衔铁吸合。当发生短路或产生很大的电流时，流过线圈的电流产生足够大的电磁力将衔铁吸合。此时杠杆向上撞击，搭钩被顶开，主触点断开，将电源与负载分断，实现短路保护。

② 过载保护。加热双金属片的电阻丝串入主回路，当线路过载时通过发热元件的电流增大，产生热量使双金属片受热弯曲，推动杠杆顶开搭钩，使主触点断开，达到过载保护的目的。

③ 欠电压保护。欠电压脱扣器线圈并联在主回路上，在线路电压正常时，欠电压脱扣器产生足够大的电磁吸力以克服弹簧拉力而使衔铁吸合。当线路电压下降到一定程度时，由于电磁吸力下降到小于弹簧反力，衔铁被弹簧拉开，推动杠杆顶开搭钩，主触点断开，达到过载保护的目的。

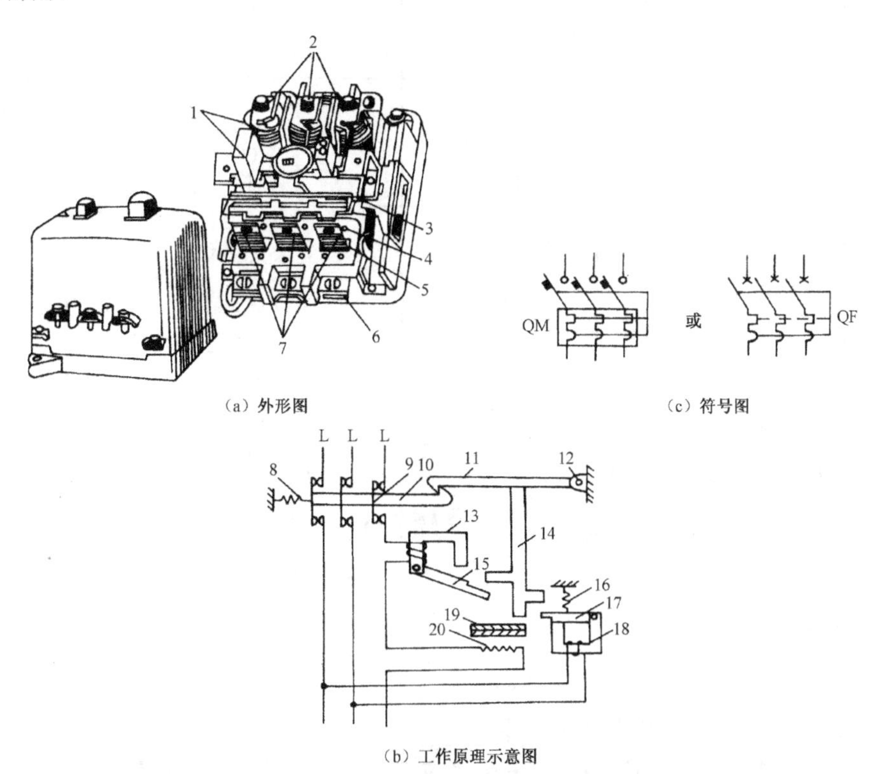

(a) 外形图　(c) 符号图

(b) 工作原理示意图

1—按钮；2—电磁脱扣器；3—自由脱扣器；4—动触点；5—静触点；6—接线柱；7—热脱扣器；8—主弹簧；9—主触点3副；10—锁链；11—搭钩；12—轴；13—过流脱扣器铁心线圈；14—杠杆；15—过流脱扣器衔铁；16—弹簧；17—欠压脱扣器衔铁；18—欠压脱扣器线圈；19—双金属片；20—热元件

图 6.28　DZ5 自动开关

自动开关的操作大多是手动式的。扳动手柄分别置于“分”、“合”位置；按钮式一般有“合”、“分”两个按钮，并且在机械上实现互锁。

自动开关型号的表示方法及含义为：

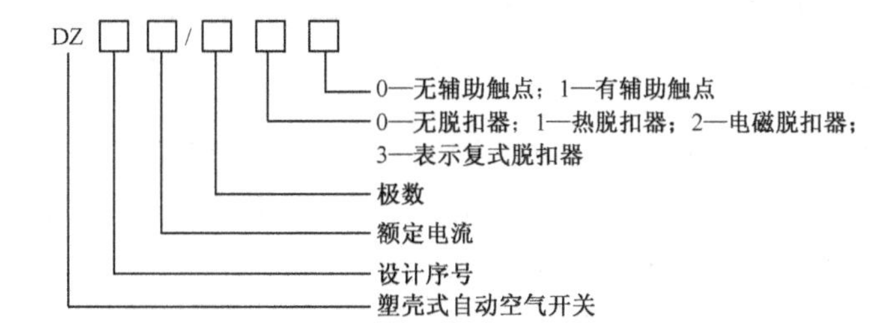

3. 技术数据

DZ5-20 自动开关的技术数据如表 6.31 所示。

表 6.31　DZ5-20 自动开关技术数据

<table>
<tr><th>型　号</th><th>额定电压
/V</th><th>主触点
额定电流</th><th>极数</th><th>脱扣式
形式</th><th>热脱扣器额定电流（括号内为
整定电流调节范围）/A</th><th>电磁脱扣器瞬时动
作整定电流/A</th></tr>
<tr><td>DZ5～20/330
DZ5～20/230</td><td rowspan="2">AC 380
直流
DC 220</td><td rowspan="2">20</td><td>3
2</td><td>复式</td><td>0.15（0.10～0.15）
0.20（0.15～0.20）
0.30（0.20～0.30）
0.45（0.30～0.45）</td><td rowspan="2">为热脱扣器额定电流的 8～12 倍（出厂时整定于 10 倍）</td></tr>
<tr><td>DZ5～20/320
DZ5～20/220
DZ5～20/310</td><td>3
2</td><td>电磁式</td><td>0.65（0.45～0.65）
1（0.65～1）
1.5（1～1.5）
2（1.5～2）</td></tr>
<tr><td rowspan="2">DZ5～20/210
DZ5～20/300
DZ5～20/200</td><td rowspan="2"></td><td rowspan="2"></td><td>3
2</td><td>热脱扣器式</td><td>3（2～3）
4.5（3～4.5）
6.5（4.5～6.5）
10（6.5～10）
15（10～15）
20（15～20）</td><td rowspan="2"></td></tr>
<tr><td>3
2</td><td colspan="2">无脱扣器式</td></tr>
</table>

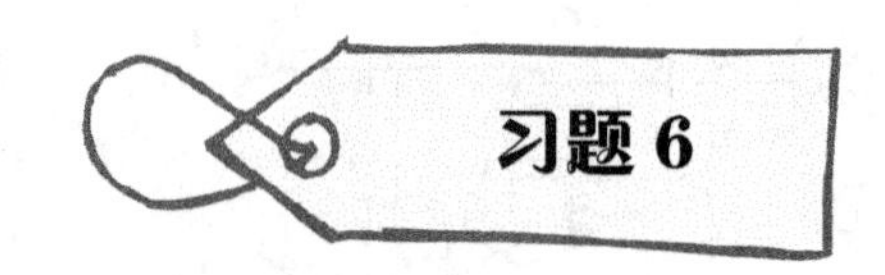

1. 填空题

（1）为了保证安全，铁壳开关上设有____________，保证开关在____________状态下开关盖不能开启，而当开关盖开启时又不能____________。

（2）螺旋式熔断器在安装使用时，电源线应接在__________上，负载应接在________上。

（3）接触器的电磁机构由____________、____________和____________三部分组成。

（4）交流接触器的铁芯及衔铁一般用硅钢片叠压而成，是为了减小____________在铁芯中产生的____________、____________，防止铁芯____________。

（5）直流接触器铁芯不会产生____________和____________，也不会____________，因此铁芯采用整块铸钢或软铁制成。

（6）继电器与接触器比较，继电器触点的____________很小，一般不设__________。

（7）根据实际应用的要求，电流继电器可分为_________________和______________。

2. 判断题（正确的打√，错误的打×）

（1）刀开关、铁壳开关、组合开关的额定电流要大于实际电路电流。（　　）

（2）按动作方式不同，低压电器可分为自动切换电器和非自动切换电器。（　　）

（3）低压开关主要用做接通和分断电路。（　　）

（4）低压开关一般为非自动切换电器。（　　）

（5）HK 系列刀开关没有专门的灭弧装置，不宜用于操作频繁的电路。（　　）

（6）开启式负荷开关没有短路保护功能。（　　）

（7）HK 系列刀开关若带负载操作时，其动作越慢越好。（　　）

（8）HZ 系列转换开关可用于频繁地接通和断开电路，换接电源和负载。（　　）

（9）熔断器熔管的作用只是作为保护熔体用。（　　）

（10）接触器除通断电路外，还具备短路和过载的保护作用。（　　）

（11）为了消除衔铁振动，交流接触器和直流接触器都装有短路环。（　　）

（12）中间继电器的输入信号为触点的通电和断电。（　　）

（13）热继电器在电路中的接线原则是热元件串联在主电路中，动合触点串联在控制电路中。（　　）

（14）触点发热程度与流过触点的电流有关，与触点的接触电阻无关。（　　）

（15）低压断路器又称自动空气开关。（　　）

（16）低压断路器中电磁脱扣器的作用是实现失压保护。（　　）

（17）低压断路器中热脱扣器的整定电流应大于控制负载的额定电流。（　　）

（18）熔断器是短路保护电器，使用时应串联在被保护的电路中。（　　）

（19）熔断器的额定电流应大于或等于所装熔体的额定电流。（　　）

（20）双轮旋转式行程开关在挡铁离开滚轮后能自动复位。（　　）

（21）接触器按线圈通过的电流种类，分为交流接触器和直流接触器两种。（　　）

（22）交流接触器电磁线圈通电时，动断触点先断开，动合触点再闭合。（　　）

（23）触点间的接触面越光滑，其接触电阻越小。（　　）

（24）运行中的交流接触器，其铁芯端面不允许涂油防锈。（　　）

（25）热继电器的触点系统一般包括一个动合触点和一个动断触点。（　　）

（26）热继电器的温度补偿元件也是双金属片，受热弯曲的方向与主双金属片的弯曲方向相反。（　　）

（27）热继电器动作不准确时，可轻轻弯折热元件以调节动作值。（　　）

3. 选择题

（1）熔断器的额定电流应（　　）所装熔体的额定电流。

A．大于　　B．大于或等于

C．小于　　D．小于或等于

（2）熔管是熔体的保护外壳，用耐热绝缘材料制成，在熔体熔断时兼有（　　）作用。

A．绝缘　　B．隔热

C．灭弧　　D．防潮

（3）低压断路器具有（　　）保护。

A．短路、过载、欠压　　B．短路、过流、欠压

C．短路、过流、失压　　D．短路、过载、失压

（4）HH 系列封闭式负荷开关属于（　　）。

A．非自动切换电器　　B．半自动切换电器

C．自动切换电器　　D．无法判断

（5）HZ 系列组合开关的触点合闸速度与手柄操作速度（　　）。

A．成反比　　B．成正比

C．无关　　D．无法判断

（6）低压电器按执行机构分为（　　）。

A．手动电器和自动电器　　B．有触点电器和无触点电器

C．配电电器和保护电器　　D．控制电器和开关电器

（7）常用的主令电器是（　　）。

A．按钮、位置开关、刀开关、主令控制器

B．按钮、位置开关、万能转换开关、主令控制器

C．按钮、位置开关、组合开关、主令控制器

D．按钮、位置开关、低压断路器、主令控制器

（8）单轮旋转式行程开关为（　　）。

A．自动复位式　　B．非自动复位式

C．半自动复位式　　D．自动式或非自动复位式

（9）（　　）是交流接触器发热的主要部件。

A．触点　　B．线圈　　C．铁芯　　D．衔铁

（10）交流接触器铁芯端面上的短路环有（　　）的作用。

A．增大铁芯磁通　　B．减缓铁芯冲击

C．减小铁芯振动　　D．减小剩磁影响

（11）交流接触器操作频率过高会导致（　　）过热。

A．线圈　　B．铁芯　　C．触点　　D．衔铁

（12）热继电器的复位方式有（　　）两种。

A．自动、半自动　　B．自动、手动　　C．手动、半自动　　D．瞬动、直动

（13）热继电器主要用于电动机的（　　）。

A．短路保护　　B．失压保护　　C．过载保护　　D．欠压保护

（14）热继电器中主双金属片的弯曲主要是由于两种金属材料的（　　）。

A．绝缘强度　　B．机械强度　　C．导电能力　　D.热膨胀系数

（15）按复合按钮时，（　　）。

A．动合触点先闭合　　B．动断触点先断开

C．动合、动断触点同时动作　　D．动断触点动作，动合触点不动作

（16）瞬动型位置开关的触点动作速度与操作速度（　　）。

A．成正比　　B．成反比　　C．无关　　D．有关

（17）交流接触器线圈电压过低将导致（　　）。

A．线圈电流显著增大　　B．线圈电流显著减小

C．铁芯电流显著增大　　D．铁芯电流显著减小

4. 简答题

（1）组合开关和按钮有哪些区别？

（2）在电动机的电路中，熔断器和热继电器的作用是什么？能否相互替代？

（3）中间继电器和交流接触器有何异同处？在什么情况下，中间继电器可以代替交流接触器启动电动机？

（4）什么是触点熔焊？常见原因是什么？

第7章 继电器—接触器基本控制环节

利用前面所学的常用低压电器，可以构成各种不同的控制线路，完成生产机械对电气控制系统所提出的要求。无论多么复杂的控制线路，都应该是由一些基本控制线路组成的，因此掌握本章内容对后续课程的学习是十分有益的。在学习本章过程中，应注重理解基本控制线路的工作原理，学会分析控制线路的方法，为后续内容的学习打下良好的基础。

7.1 电气图形符号和文字符号

电气图是一种工程图，是用来描述电气控制设备结构、工作原理和技术要求的图纸，需要用统一的工程语言的形式来表达，这个统一的工程语言应根据国家电气制图标准，用标准的图形符号、文字符号及规定的画法绘制。

7.1.1 电气图中的图形符号

所谓的图形符号是一种统称，通常是指用于图样或其他文件表示一个设备或概念的图形、标记或字符。图形符号由符号要素、限定符号、一般符号以及常用的非电气操作控制的动作（如机械控制符号等），根据不同的具体器件情况构成。

1．符号要素

符号要素是一种具有确定意义的简单图形，必须同其他图形组合才能构成一个设备或概念的完整符号。例如三相异步电动机是由定子、转子及各自的引线等几个符号要素构成的，这些符号要求有确切的含义，但一般不能单独使用，其布置也不一定与符号所表示的设备实际结构相一致。

2．一般符号

一般符号是用于表示同一类产品和此类产品特性的一种很简单的符号，它们是各类元器件的基本符号，如一般电阻器、电容器和具有一般单向导电性的半导体二极管的符号。一般符号不但广义上代表各类元器件，而且还可以表示没有附加信息或功能的具体元件。

3．限定符号

限定符号是用以提供附加信息的一种加在其他符号上的符号。例如，在电阻器一般符号的基础上，加上不同的限定符号就可组成可变电阻器、光敏电阻器、热敏电阻器等具有不同功能的电阻器。也就是说，使用限定符号以后，可以使图形符号具有多样性。

限定符号一般不能单独使用。一般符号有时也可以作为限定符号使用，例如，电容器的一般符号加到二极管的一般符号上就构成变容二极管的符号。

4．使用图形符号的几点注意

① 所有符号均应按无电压、无外力作用的正常状态示出，如按钮未按下，闸刀未合闸等。

② 在图形符号中，某些设备元件有多个图形符号，选用时，应该尽可能选用优选形。在能够表达其含义的情况下，尽可能采用最简单形式；在同一图号的图中使用时，应采用同一形式；图形符号的大小和线条的粗细应基本一致。

③ 为适应不同需求，可将图形符号根据需要放大和缩小，但各符号相互间的比例应该保持不变。图形符号绘制时方位不是强制的，在不改变符号本身含义的前提下，可以将图形符号根据需要旋转或成镜像放置。

④ 图形符号中导线符号可以用不同宽度的线条表示，以突出和区分某些电路或连接线。一般常将电源线或主信号导线用加粗的实线表示。

7.1.2 电气图中的文字符号

电气图中的文字符号是用于标明电气设备、装置和元器件的名称、功能、状态和特征的，可在电器设备、装置和元器件上或其近旁使用，是用以表明电器设备、装置和元器件种类的字母代码和功能字母代码。电气技术中的文字符号分为基本文字符号和辅助文字符号。

1．基本文字符号

基本文字符号分为单字母符号和双字母符号。

（1）单字母符号

单字母符号是用拉丁字母将各种电器设备、装置和元器件划分为23大类，每一个大类用一个字母表示。例如：“R”代表电阻器，“M”代表电动机，“C”代表电容器。

（2）双字母符号

双字母符号是由一个表示种类的单字母与另一字母组成的，并且单字母在前，另一字母在后。双字母中在后的字母通常选用该类设备、装置和元器件英文名称的首位字母。这样，双字母符号可以较详细和更具体地表述电气设备、装置和元器件的名称。例如：“RP”代表电位器，“RT”代表热敏电阻器，“MD”代表直流电动机，“MC”代表笼型异步电动机。

2．辅助文字符号

辅助文字符号是用以表示电气设备、装置和元器件以及线路的功能、状态和特征的，通常也是由英文单词的前一两个字母构成。例如：“DC”代表直流（Direct Current），“IN”代表输入（Input），“S”代表信号（Signal）。

辅助文字符号一般放在单字母文字符号后面，构成组合双字母符号。例如：“Y”是电气操作机械装置的单字母符号，“B”是代表制动的辅助文字符号，“YB”代表制动电磁铁的组合符号。辅助文字符号也可单独使用，如“ON”代表闭合，“N”代表中性线（Neutral）。

7.2 电气图的分类与作用

用电气图形符号绘制的图称为电气图，它是电工技术领域中提供信息的主要方式。电气图的种类很多，其作用也各不相同，各种图的命名主要是根据其所表达信息的类型和表达方式而确定的。

7.2.1 电气原理图

电气原理图是说明电气设备工作原理的线路图。在电气原理图中，并不考虑电气元件的实际安装位置和实际连线情况，只是把各元件按接线顺序用符号展开在平面图上，用直线将各元件连接起来。图 7.1 为笼型异步电动机控制电气原理图。

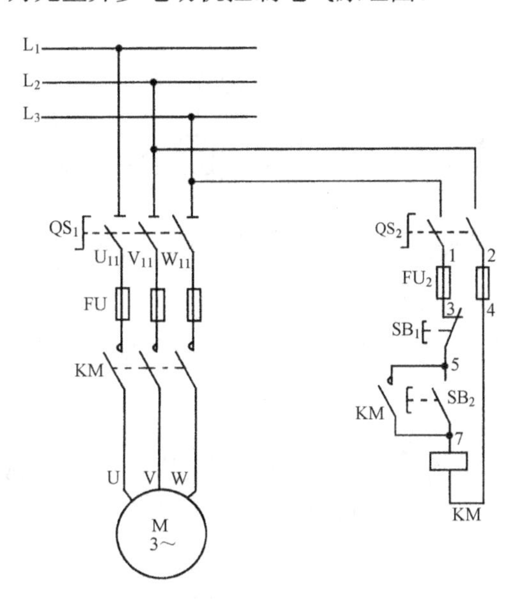

图 7.1 笼型异步电动机控制电气原理图

在阅读和绘制电气原理图时应注意以下几点：

① 电气原理图应按功能来组合，同一功能的电气相关元件应画在一起，不应受电器结构的约束。电路应按动作顺序和信号流程自上而下或自左向右排列。

② 电气控制原理图分为主电路和控制电路。一般主电路在左侧，控制电路在右侧。

③ 图 7.1 中各元器件的电气符号和文字符号必须按标准绘制和标注，同一电器的所有元件必须用同一文字符号标注。

④ 图 7.1 中各电器应该是未通电或未动作的状态，二进制逻辑元件应是置零的状态，机械开关应是循环开始的状态，即按电路“常态”画出。

7.2.2 电气安装图

电气设备安装图表示各种电气设备在机械设备和电气控制柜中的实际安装位置。它提供电气设备各个单元的布局和安装工作所需数据的图样。例如：电动机要和被拖动的机械装置在一起，行程开关应画在获取信息的地方，操作手柄应画在便于操作的地方，一般电气元件应放在电气控制柜中。图 7.2 为笼型异步电动机控制线路安装图。在阅读和绘制电气安装图时应注意以下几点。

① 按电气原理图要求，应将动力、控制和信号电路分开布置，并各自安装在相应的位置，以便于操作、维护。

② 电气控制柜中各元件之间、上下左右之间的连线应保持一定间距，并且应考虑器件的发热和散热因素，以及便于布线、接线和检修。

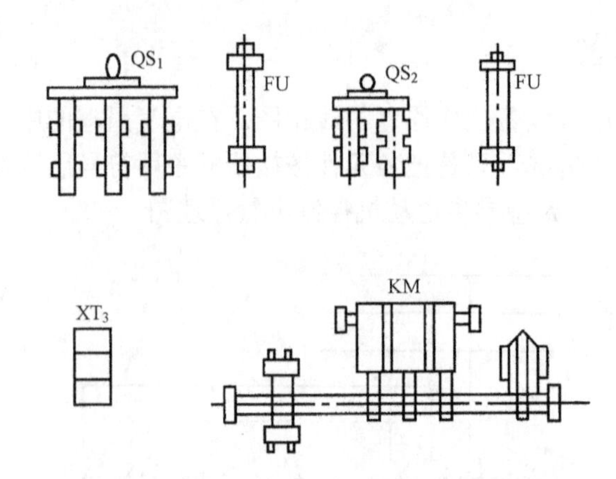

图 7.2 笼型异步电动机控制线路安装图

③ 给出部分元器件型号和参数。

④ 图中的文字代号应与电气原理图、电气互连图和电气设备清单一致。

7.2.3 电气互连图

电气互连图是用来表明电气设备各单元之间的接线关系的，一般不包括单元内部的连接，着重表明电气设备外部元件的相对位置及它们之间的电气连接。图 7.3 为笼型异步电动机控制线路电气互连图。

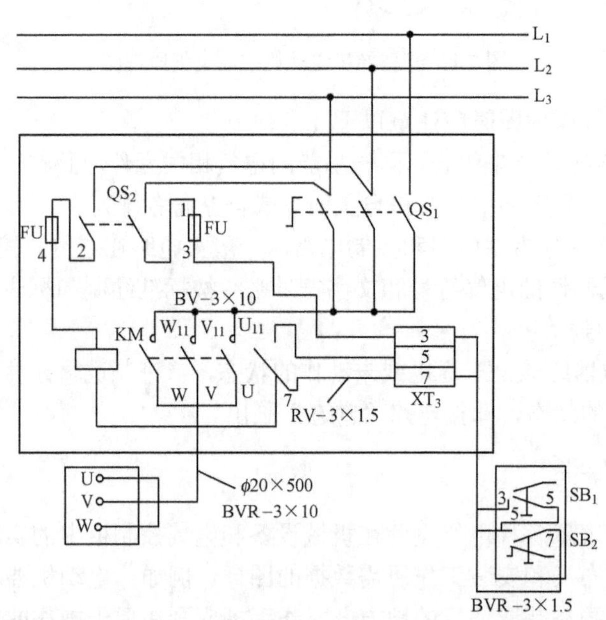

图 7.3 笼型异步电动机控制线路电气互连图

电气互连图是现场安装的依据，在实际施工和维修中是无法用电气原理图来取代的。在阅读和绘制电气互连图时应注意以下几点。

① 电气互连图应能正确表示各电器元件的互相连接关系及要求，给出电气设备外部接线所需数据。

② 不在同一控制柜和同一配电屏上的各电气元件的连接，必须经过接线端子板进行。图

中文字代号及接线端子板编号，应与原理图相一致。

③ 电气设备的外部连接应标明电源的引入点。

7.3 点动与长动控制

点动与长动控制是异步电动机两种不同的控制，点动与长动控制的主要区别在于松开启动按钮后，电动机能否继续保持得电运转的状态。如果所设计的控制线路能满足松开启动按钮后，电动机仍然保持运转，即完成了长动控制，否则就是点动控制。

7.3.1 点动控制线路

点动控制线路如图 7.4 所示。图中左侧部分为主电路，三相电源经刀开关 QS、熔断器 FU_1 和接触器 KM 的三对主触点，接到电动机 M 的定子绕组上。主电路中流过的电流是电动机的工作电流，电流值较大。右侧部分为控制电路，由熔断器 FU_2、按钮 SB 和接触器线圈 KM 串联而成，控制电路电流较小。

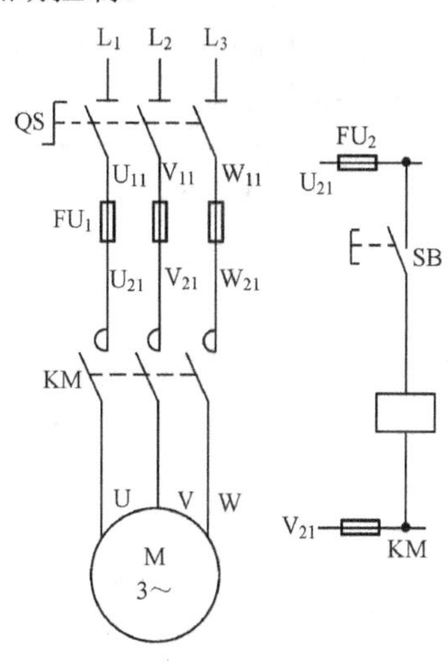

图 7.4 点动控制线路

点动控制线路的工作原理为：合上刀开关 QS 后，因没有按下点动按钮 SB，接触器 KM 线圈没有得电，KM 的主触点断开，电动机 M 不得电所以没有启动。按下点动按钮 SB 后，控制电路中接触器 KM 线圈得电，其主回路中的动合触点闭合，电动机得电运行。松开按钮 SB，按钮在复位弹簧的作用下自动复位，断开控制电路 KM 线圈，主电路中 KM 触点恢复原来的断开状态，电动机停止转动。

控制过程也可以用符号来表示，其方法规定为：各种电器在没有外力作用时或未通电的状态记做“-”，电器在受到外力作用时或通电的状态记做“+”，并将它们的相互关系用线段“——”表示，线段左边的符号表示原因，线段右边的符号表示结果，自锁状态用在接触器符号右下角写“自”表示。那么，三相异步电动机直接启动控制电路的控制过程就可表示如下。

启动过程：SB^+ ——KM^+—— M^+（启动）

停止过程：SB^- ——KM^-—— M^-（停止）

其中，SB^+ 表示按下；SB^- 松开。

该控制电路中，QS 也称为隔离开关，它不能直接给电动机 M 供电，只起到隔离电源的作用。主回路熔断器 FU_1 起短路保护作用，如发生三相电路的任两相电路短路，或是任一相电路发生对地短路，短路电流将使熔断器迅速熔断，从而切断主电路电源，实现对电动机的过流保护。控制电路 FU_2 起对该电路实现短路保护的作用。

7.3.2 长动控制线路

长动控制是相对于点动控制而言的，它是指在按下启动按钮启动电动机后，若松开按钮，电动机仍然能够得电连续运转。实现长动控制的方法很多，所以对应的控制线路也就很多。

利用接触器本身的动合触点来保证长动控制的线路如图 7.5 所示。

比较图 7.4 点动控制线路和图 7.5 长动控制线路可见，长动控制在启动按钮 SB_2 上并联了一个接触器的辅助动合触点 KM。图 7.5 长动控制线路的工作原理如下。

合上刀开关 QS。

启动：$SB_2^{\pm}$ —— $KM_{自}^{+}$ —— M^{+}（启动）

停止过程：$SB_1^{\pm}$ —— KM^{-} —— M^{-}（停止）

其中，$SB^{\pm}$表示先按下，后松开；

$KM_{自}^{+}$ 表示“自锁”。

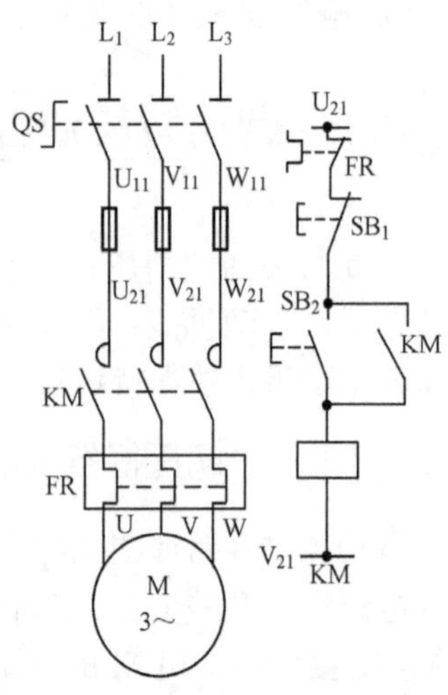

图 7.5　接触器自锁长动控制线路

在具有接触器自锁的控制线路中，还具有对电动机失压和欠压保护的功能。

1．失压保护（零压保护）

失压保护也称为零压保护。在电动机运行时，由于外界的原因突然断电后又重新供电，如果没有失压保护功能，电动机会自动运转，造成危害。在具有自锁的控制线路中，一旦发生断电，自锁触点就会断开，接触器 KM 线圈就会断电，不重新按下启动按钮 SB_2，电动机将无法自动启动。只有在操作人员有准备的情况下再次按下启动按钮 SB_2，电动机才能重新启动，从而保证了人身和设备的安全。

2．欠压保护

“欠压”是指电动机主电路和控制电路的供电电压小于电动机应加的额定电压，这样的后果是使电动机的转矩明显下降，并且转速也随之降低，影响电动机的正常工作。欠压严重时，会烧毁电动机，发生事故。在具有接触器自锁的控制电路中，控制电路接通后，若电源电压下降到一定值（一般降低到额定值的 85%以下）时，会因接触器线圈产生的磁通减弱，电磁吸力减弱，动铁芯在反作用弹簧作用下释放，自锁触点断开，而失去自锁作用，同时主触点断开，电动机停转，达到欠压保护的目的。

图 7.5 所示电路中串入的热继电器 FR，其作用是过载保护。电动机在运转过程中若遇到频繁起、停操作，负载过重或缺相运行时，会引起电动机定子绕组中的负载电流长时间超过额定工作电流，而熔断器的保护特性使得它可能不会熔断，所以必须对电动机实行过载保护。

电动机过载时，过载电流将使热继电器中的双金属片弯曲动作，使串联在控制电路的动断触点断开，从而切断接触器 KM 线圈的电路，主触点断开，电动机脱离电源停转。

7.3.3　长动与点动控制线路

能够实现既能长动又能点动的控制电路很多，下面分别介绍几种不同的控制电路，它们都能实现既能长动又能点动的控制功能。

1．利用开关控制的长动和点动控制电路

图 7.6 所示是利用开关 SA 控制的既能长动又能点动的控制电路。图中 SA 为选择开关，当 SA 断开时，按 SB_2 为点动操作；当 SA 闭合时，按 SB_2 为长动操作。

图 7.6 电路的工作原理如下。

点动（SA 断开）：SB_2^{+}——KM^{+}——M^{+}（运转）

SB_2^{-}——KM^{-}——M^{-}（停车）

长动（SA 闭合）：$SB_2^{\pm}$ ——$KM_{自}^{+}$——M^{+}（运转）

$SB_1^{\pm}$ ——KM^{-}——M^{-}（停车）

2. 利用复合按钮控制的长动和点动控制线路

图 7.7 所示为利用复合按钮控制的既能长动又能点动的控制线路。图中 SB_2 为长动按钮，SB_3 为点动按钮，注意 SB_3 使用了动合、动断各一对触点。

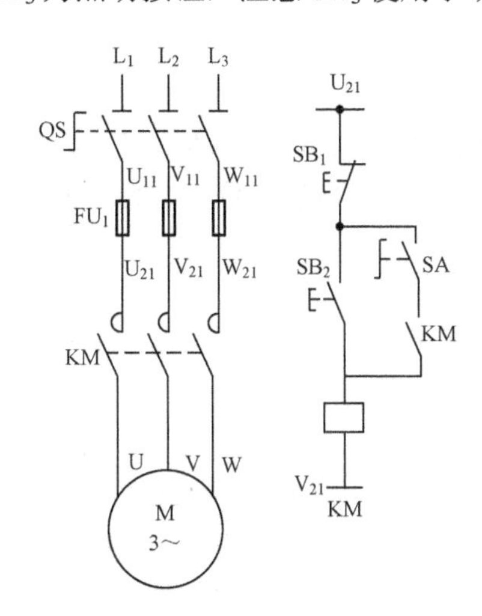

图 7.6 利用开关控制的长动和点动控制线路

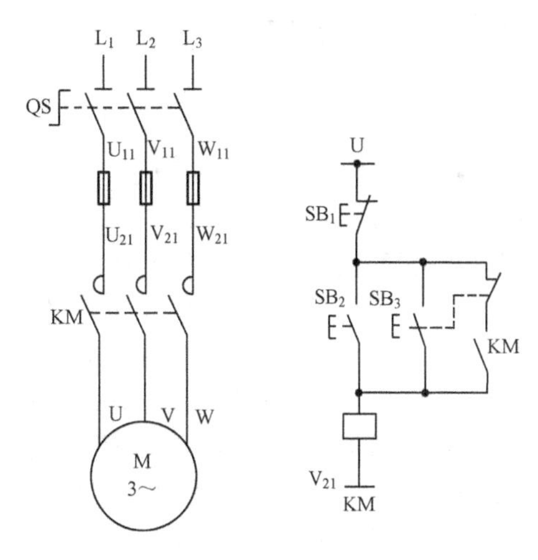

图 7.7 利用复合按钮控制的长动和点动控制线路

图 7.7 电路的工作原理如下。

长动：$SB_2^{\pm}$ ——$KM_{自}^{+}p$——M^{+}（运转）

点动：$SB_3^{\pm}$ ——$KM^{\pm}$ ——$M^{\pm}$（运转、停车）

按下长动按钮 SB_2，接触器 KM 线圈得电，一方面 KM 主触点闭合使电动机得电运转；另一方面 KM 自锁触点闭合，通过 SB_3 的动断触点接通接触器的自锁支路。所以，松开 SB_2 电动机也能继续运转。

按下点动按钮 SB_3，它的动断触点先断开接触器的自锁电路；动合触点后闭合，接通接触器线圈，尽管此时自锁触点闭合，但因 SB_2 动断触点断开而切断了 KM 线圈的自锁支路，所以无法自锁。松开 SB_3 按钮时，它的动合触点先恢复断开，切断接触器线圈电路，使其断电；而 SB_3 的动断触点后闭合，此时 KM 线圈已经断电，KM 的自锁触点断开，将接触器线圈供电电路全部断开，可见 SB_3 只能实现点动控制，无法实现长动控制。

3. 利用中间继电器控制的长动和点动控制线路

图 7.8 所示为利用中间继电器控制的既能长动又能点动的控制线路，图中 KA 为中间继电器。

图 7.8 电路的工作原理如下。

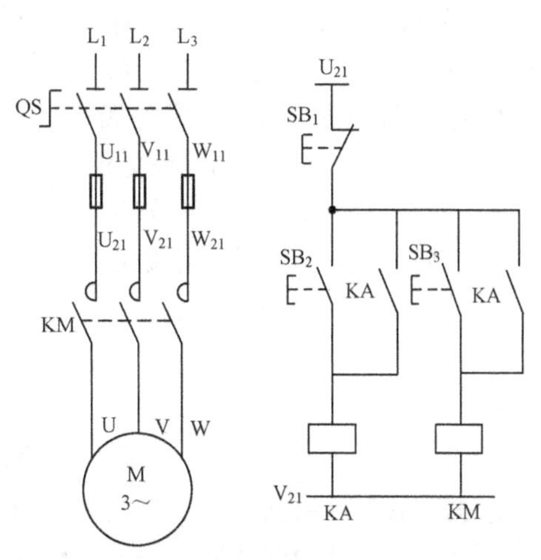

图 7.8 利用中间继电器控制的长动和点动控制线路

长动：$SB_2^{\pm}$——$KA^{+}_{\text{自}}$——KM^{+}——M^{+}（运转）

点动：$SB_3^{\pm}$——$KM^{\pm}$——$M^{\pm}$（运转、停车）

综上所述，上述线路能够实现长动和点动控制的根本原因，是看其能否保证在 KM 线圈得电后，自锁支路被接通。能够设法接通自锁支路，就可以实现长动，否则只能实现点动。

7.4 正、反转控制

正、反转也称可逆旋转，它在生产中可实现控制运动部件向正、反两个方向运动。对于笼型三相异步电动机来说，实现正、反转控制是将主电路中的三相电源线任意两相对调，电动机就会改变转向。

1．接触器互锁正、反转控制线路

图 7.9 所示为接触器互锁正、反转控制线路，KM_1 为正转接触器，KM_2 为反转接触器。显然，KM_1 和 KM_2 两组主触点不能同时闭合，否则会引起电源短路。

控制电路中，正、反转接触器 KM_1 和 KM_2 线圈支路都分别串联了对方的动断触点，任何一个接触器接通的条件是另一个接触器必须处于断电释放的状态。例如正转接触器 KM_1 线圈被接通得电，它的辅助动断触点被断开，将反转接触器 KM_2 线圈支路切断，KM_2 线圈在 KM_1 接触器得电的情况下是无法接通得电的。两个接触器之间的这种相互关系称为“互锁”（连锁），在图 7.10 所示电路中，互锁是依靠电气元件电气的方法来实现的，所以也称为电气互锁。实现电气互锁的触点称为互锁触点。

图 7.9 接触器互锁正、反转控制电路的工作原理如下。

正转：$SB_2^{\pm}$——$KM1^{+}_{\text{自}}$ ┬—M^{+}（正转）
　　　　　　　　　　　　└—KM_2^{-}（互锁）

停止：$SB_1^{\pm}$——$KM1^{-}$——M^{-}（停车）

反转：$SB_3^{\pm}$——$KM_2{}^{+}_{\text{自}}$——M^{+}（反转）
　　　　　　　　　　　　—$KM1^{-}$（互锁）

接触器互锁正、反转控制线路存在的主要问题是，从一个转向过渡到另一个转向时，要先按停止按钮 SB_1，不能直接过渡，显然这是十分不方便的。

2．按钮互锁正、反转控制线路

按钮互锁正、反转控制线路如图 7.10 所示。控制电路中使用了复合按钮 SB_2、SB_3。在电路中将动断触点接入对方线圈支路中，这样只要按下按钮，就自然切断了对方线圈支路，从而实现互锁。这种互锁是利用按钮这种机械的方法来实现的，为了区别与接触器触点的互锁（电气互锁），称其为机械互锁。

图 7.10 所示线路的工作原理可表达如下。

正转：$SB_2^{\pm}$ ┬—KM_2^{-}（互锁）
　　　　　　└—$KM1^{+}_{\text{自}}$——M^{+}（正转）

反转：$SB_3^{\pm}$ ┬—$KM1^{-}$（互锁）——M^{-}（停车）
　　　　　　└—$KM2^{+}_{\text{自}}$——M^{+}（反转）

图 7.10 所示电路可以从正转直接过渡到反转，因为复合按钮两组触点的动作情况是有先

后次序的。按下时，动断先断开，动合后闭合；松开时，动合先恢复断开，动断后恢复闭合。利用这种时间差，可以实现正、反转的直接过渡。

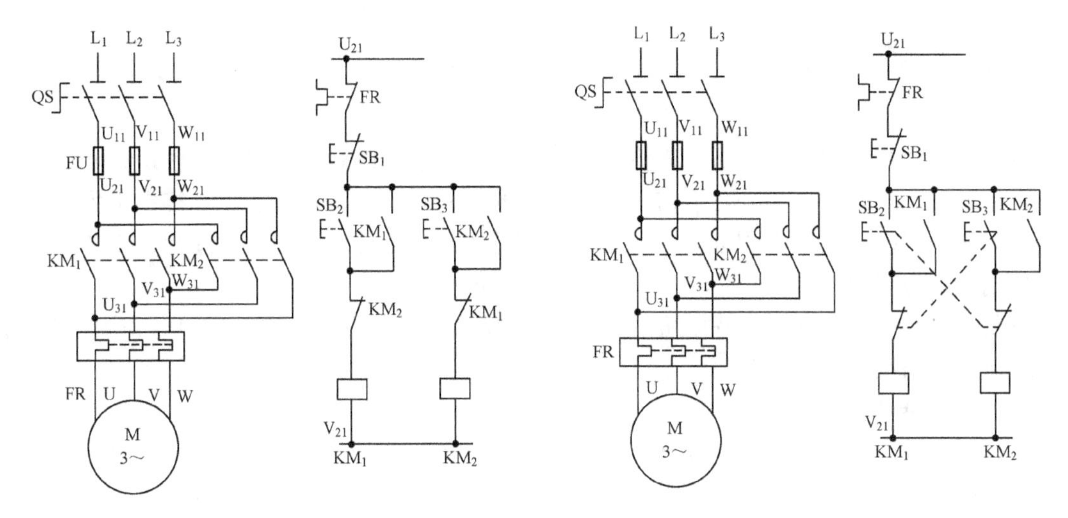

图 7.9 接触器互锁正、反转控制线路

图 7.10 按钮互锁正、反转控制线路

按钮互锁正、反转控制线路存在的主要问题是容易产生短路事故。例如，电动机正转接触器 KM_1 主触点因弹簧老化或剩磁的原因而延迟释放时，或者被卡住而不能释放时，如按下 SB_3 反转按钮，则 KM_2 接触器又得电使其主触点闭合，电源会在主电路短路。显然，这种控制线路的安全性较低。

3．双重互锁正、反转控制线路

图 7.11 为双重互锁正、反转控制线路，也称为防止相间短路的正、反转控制线路。该线路结合了接触器互锁（电气互锁）和按钮互锁（机械互锁）的优点，是一种比较完善的既能实现正、反转直接启动的要求，又具有较高安全可靠性的线路。两个控制线路的不同之处在于复合按钮中动断触点的串联位置不同，即分别串入对方的线圈支路或自锁支路，同样都达到互锁的目的。

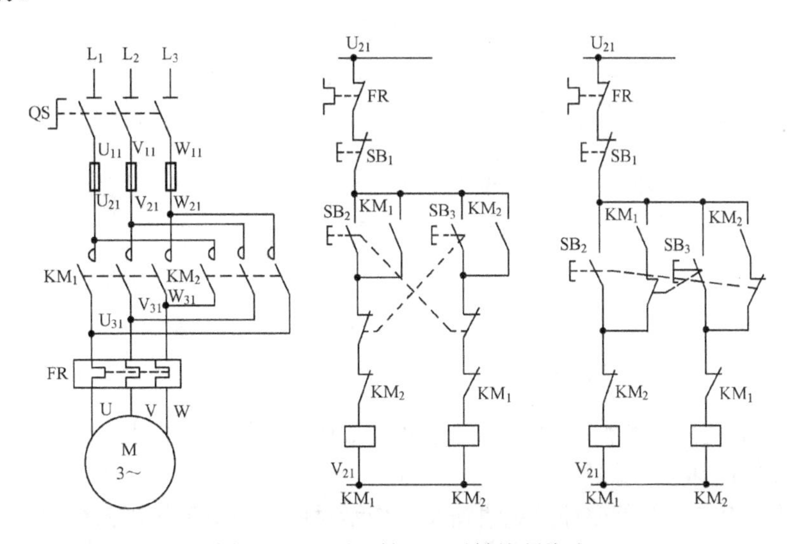

图 7.11 双重互锁正、反转控制线路

由于这种线路结构完善，所以常将它们用金属外壳封装起来，制成成品直接供给用户使用，其名称为可逆磁力启动器，所谓可逆是指它可以控制正、反转。

7.5 位置控制

位置控制也称为限位控制。生产机械运动部件运动状态的转换，是靠部件运行到一定位置时由行程开关（位置开关）发出信号进行自动控制的。例如：行车运动到终端位置的自动停车，工作台在指定区域内的自动往返移动，都是由运动部件运动的位置或行程来控制的，这种控制又称为行程控制。

位置控制是以行程开关代替按钮用以实现对电动机的起、停控制的，它可分为限位断电、限位通电和自动往复循环等控制。

1．限位断电控制线路

限位断电控制线路如图 7.12 所示，运动部件在电动机拖动下，到达预先指定点即自动断电停车。该电路工作原理如下。

$SB^{\pm}$——$KM^{+}_{自}$——M^{+}（启动）$\xrightarrow{\Delta S}$ SQ^{+}——KM^{-}——M^{-}（停车）

式中，ΔS 是指运动一段距离，达到指定位置。

这种控制线路常使用在行车或提升设备的行程终端保护上，以防止由于故障电动机无法停车而造成事故。

2．限位通电控制线路

限位通电控制线路如图 7.13 所示。这种控制是运动部件在电动机拖动下，达到预先指定的地点后能够自动接通的控制电路。其中图 7.13（a）为限位通电的点动控制线路，图 7.13（b）为限位通电的长动控制线路。电路工作原理为：电动机拖动生产机械运动到指定位置时，撞块压下行程开关 SQ，使接触器 KM 线圈得电，而产生新的控制操作，如加速、返回、延时后停车等。

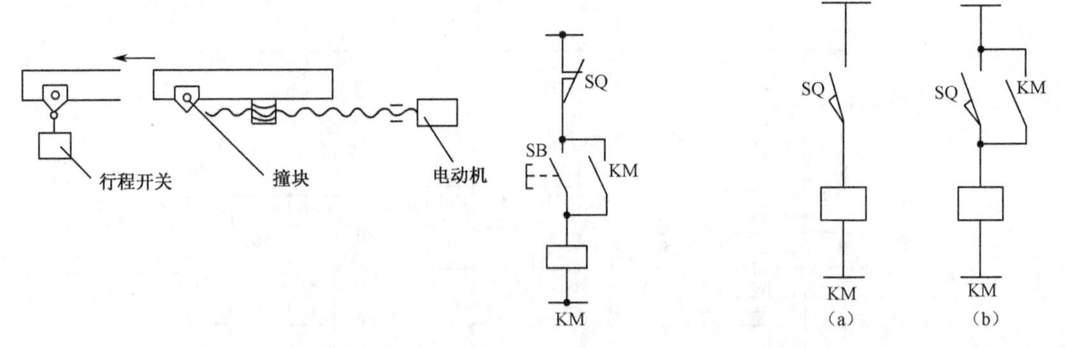

图 7.12　限位断电控制线路　　图 7.13　限位通电控制线路

这种控制线路使用在各种运动方向或运动形式中，起到转换作用。

3．自动往复循环控制线路

图 7.14 所示为自动往复循环控制线路及工作示意图，图中工作台在行程开关 SQ_1 和 SQ_2 之间自动往复运动，调节撞块 1 和撞块 2 的位置，就可以调节工作行程往复区域的大小。控

制线路中，设 KM_1 为电动机向左运动接触器，KM_2 为电动机向右运动接触器，自动往复循环控制线路的工作原理如下。

$SB_2^{\pm}$——$KM_{1自}^{+}$ ┬ M^{+}（正转）$\xrightarrow{\Delta S}$ SQ_1^{+} ┬ KM^{-}——M^{-}（停车）
　　　　　　　　└ KM_2^{-}（互锁）　　　　└ $KM_{2自}^{+}$ ┬ M^{+}（反转）$\xrightarrow{\Delta S}$ SQ_2^{+} ┬ KM_2^{-}…
　　　　　　　　　　　　　　　　　　　　　　　└ KM_1^{-}（互锁）　　　　└ $KM_{1自}^{+}$…

工作台在 SQ_1 和 SQ_2 之间周而复始往复运动，直到按下停止按钮 SB_1 为止。

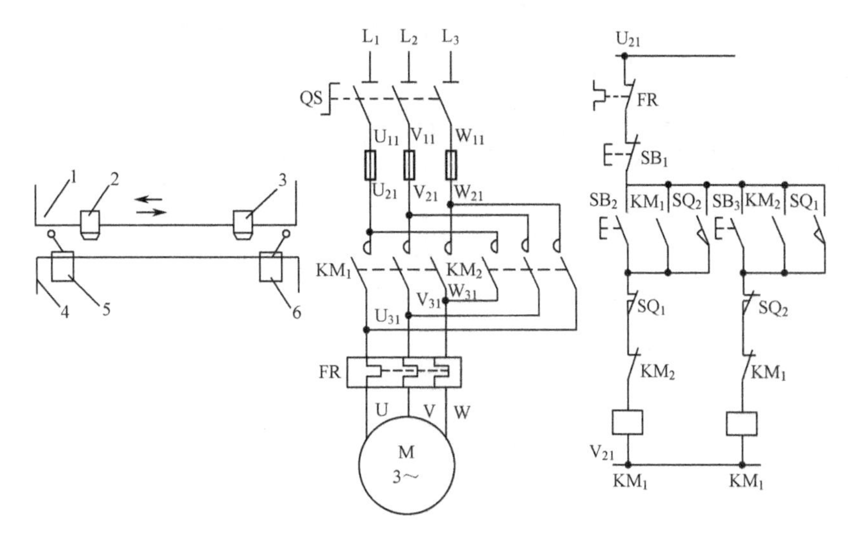

1—工作台；2—撞块1；3—撞块2；4—床身；5—SQ_1；6—SQ_2

图 7.14　自动往复循环控制线路

4．正、反转限位控制线路

图 7.15 所示为正、反转限位控制线路。将行程开关或接近开关安装在预定位置上，按下正转按钮 SB_2，接触器 KM_1 线圈得电，电动机正转，运动部件向前或向上运动。当运动部件运动到预定位置时，装在运动部件上的挡块碰压行程开关或接近开关接收到信号，使其动断触点 SQ_1 断开，接触器 KM_1 线圈失电，电动机断电、停转。这时再按正转按钮已没有作用。若按下反转按钮 SB_3，则 KM_2 得电，电动机反转，运动部件向后或向下运动到挡块碰压行程开关或接近开关，接收到信号，使其动断触点 SQ_2 断开，电动机停转。若要在运动途中停车，应按下停车按钮 SB_1。

5．自动循环控制电路

（1）行程开关的自动循环控制电路

自动往返控制电路如图 7.16 所示，与图 7.15 不同的是，它采用了具有动合、动断触点的行程开关（或接近开关）SQ_1 和 SQ_2，其动合触点并联在反方向控制电路中的启动按钮上。这样，运动部件向前方运动到预定位置时，就压迫行程开关或接近开关 SQ_1，使其动断触点断开，该方向的接触器 KM_1 断开，而其动合触点 SQ_1 闭合，使 KM_2 有电，接入电动机的电源相序改变，电动机反转，使运行部件后退；同样，当运动部件后退到预定位置时，其挡板就压迫行程开关或接近开关 SQ_2，使其动断触点断开，接触器 KM_2 断电，同时 SQ_2 的动合触点闭合，又提供 KM_1 的通路，使 KM_1 有电，其主触点闭合，电动机又开始正转，运动部件又向前运动……就这样不断进行前进、后退运动，当按下停车按钮 SB_1 时才停车。

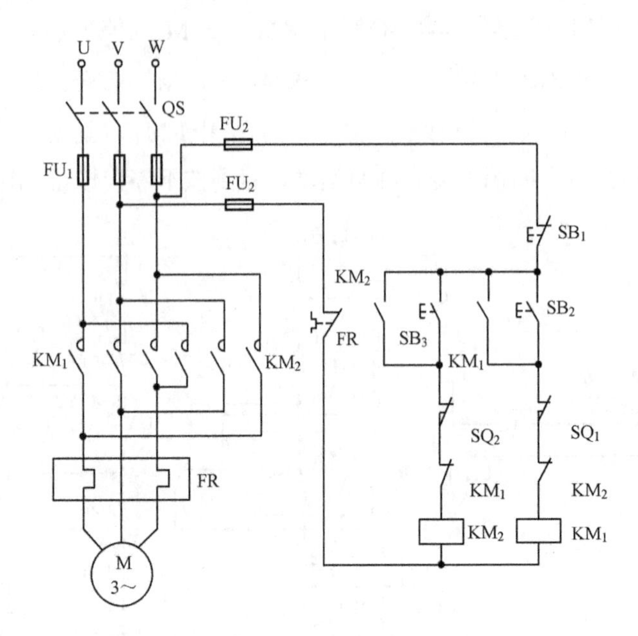

图 7.15 正、反转限位控制线路

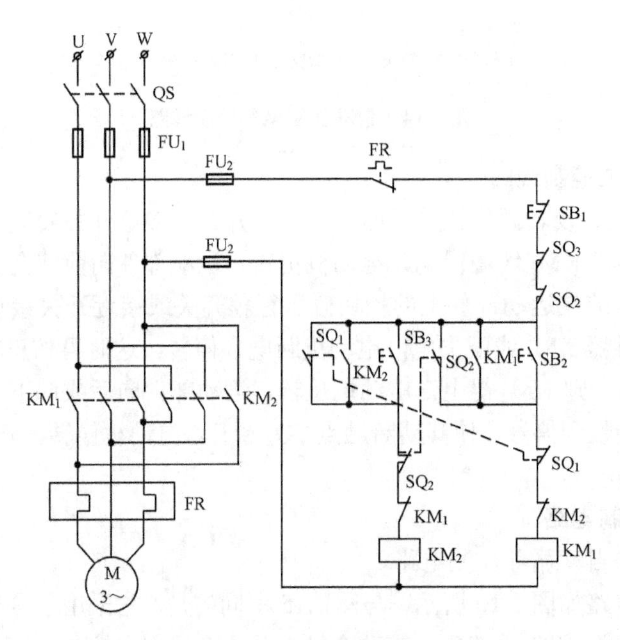

图 7.16 自动往返控制电路

（2）多台电动机自动循环控制电路

图 7.17 是由两台动力部件构成的机床及其工作自动循环的控制电路图，（a）是机床运行简图及工作循环图，SB_2、SQ_2、SQ_4、SQ_1 和 SQ_3 是状态变换的条件。

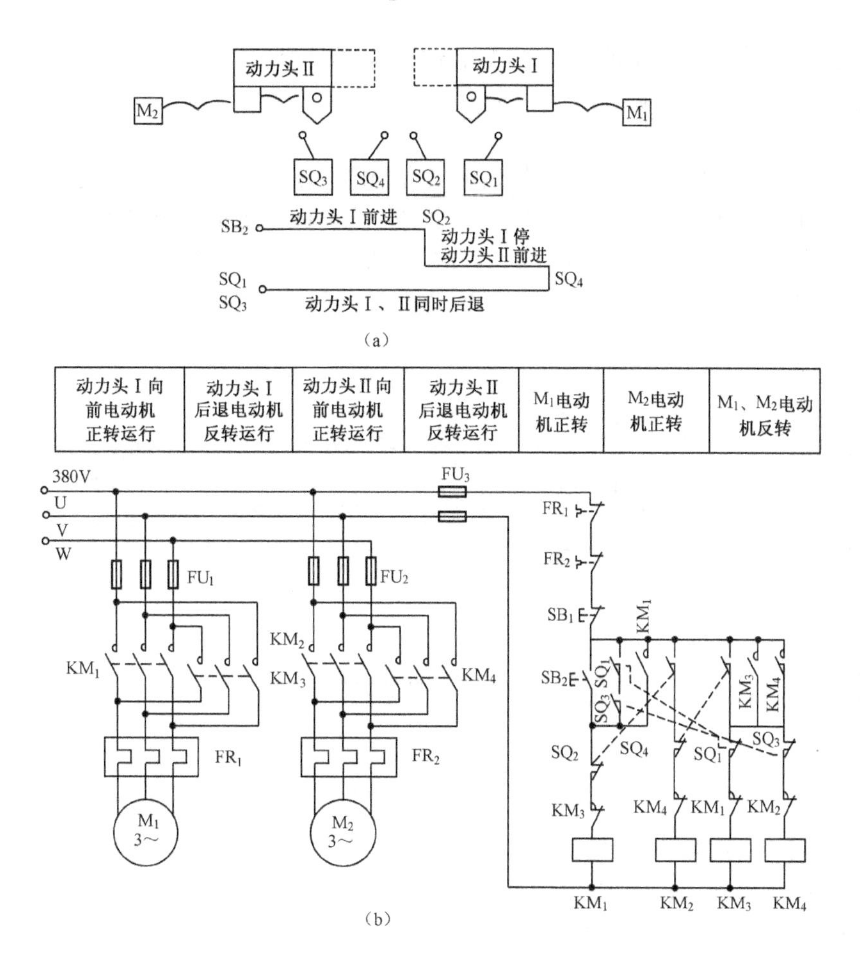

图 7.17 由两台动力部件构成的机床及其自动循环控制电路

按下 SB_2 按钮，由于动力头Ⅰ没有压下 SQ_2，所以动断触点仍处于闭合位置，使 KM_1 线圈得电，动力头Ⅰ拖动电动机 M_1 正转，动力头Ⅰ向前运行。当动力头Ⅰ运行到终点压下限位开关 SQ_2 时，其动断触点断开，使 KM_1 失电，而动合触点闭合，使 KM_2 得电，动力头Ⅱ拖动电动机 M_2 正转运行，动力头Ⅱ向前运行。当动力头Ⅱ运行到终点时，压迫 SQ_4，其动断触点断开，使 KM_2 失电，动力头Ⅱ停止向前运行。而 SQ_4 的动合触点闭合，使得 KM_3、KM_4 得电，动力头Ⅰ和Ⅱ的电动机同时反转，动力头均向后退。当动力头Ⅰ和Ⅱ均到达原始位置时，SQ_1 和 SQ_3 的动断触点断开，使 KM_3、KM_4 失电，停止后退；同时它们的动合触点闭合，使得 KM_1 又得电，新的循环开始。

图 7.17 中，正转接触器 KM_1 与反转接触器 KM_3 进行电气互锁，KM_2 与 KM_4 也进行电气互锁，可防止因误动作而造成的电源直接短接。

7.6 顺序和多点控制

许多生产机械对多台电动机的启动和停止有一定的要求，必须按预先设计好的次序先后起、停。这就要求几台电动机按一定的顺序工作，能够实现这种控制，即为顺序控制。多点控制是为了操作方便，常要求能在多个地点对同一台设备进行控制。

7.6.1 顺序控制线路

图 7.18 所示为顺序控制线路。接触器 KM_1 和 KM_2 分别控制两台电动机 M_1 和 M_2，并且只有在 M_1 电动机启动后，M_2 电动机才能启动。图 7.18（a）所示控制线路中，M_1 和 M_2 同时停止。图 7.18（b）所示控制线路中，除了具有图 7.18（a）的功能外，电动机 M_1 和 M_2 可以单独停止。图 7.18（c）所示控制线路中，电动机 M_2 停止后 M_1 才能停止。

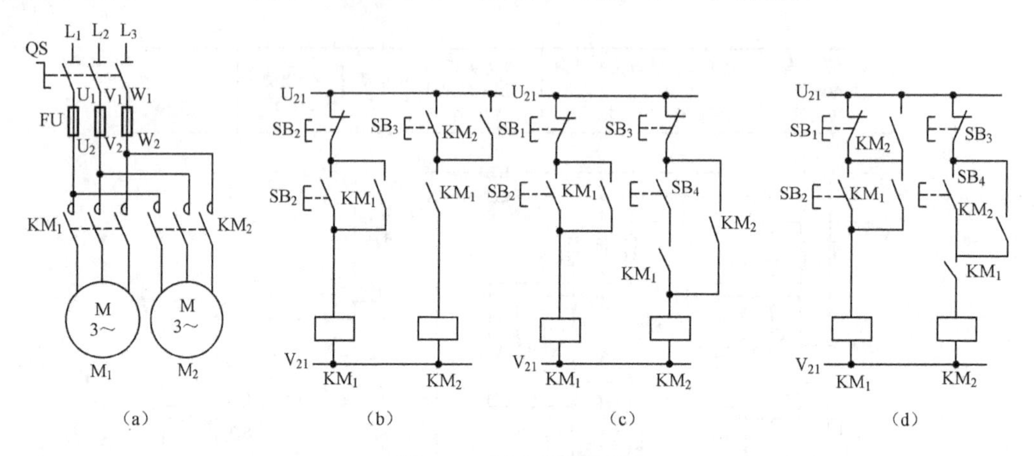

图 7.18 顺序控制线路

在生产机械设备或生产工艺过程中，通常装有多台电动机，并且要求各台电动机按生产工艺要求一定的顺序启动和停车。

图 7.19 (a) 所示的两台电动机，必须 M_1 先启动运行后，M_2 才允许启动。按下 SB_2，KM_1 有电，M_1 启动运行，同时 KM_1 串在 KM_2 线圈回路中的动合触点闭合，为 KM_2 线圈得电作准备。当 M_1 运行后，按下 SB_4，KM_2 得电，其主触头闭合，M_2 启动运行。当按下 SB_3 时，KM_2 断电，M_2 停车。而按下 SB_1 时，两个接触器 KM_1、KM_2 同时断电，M_1 和 M_2 同时停车。

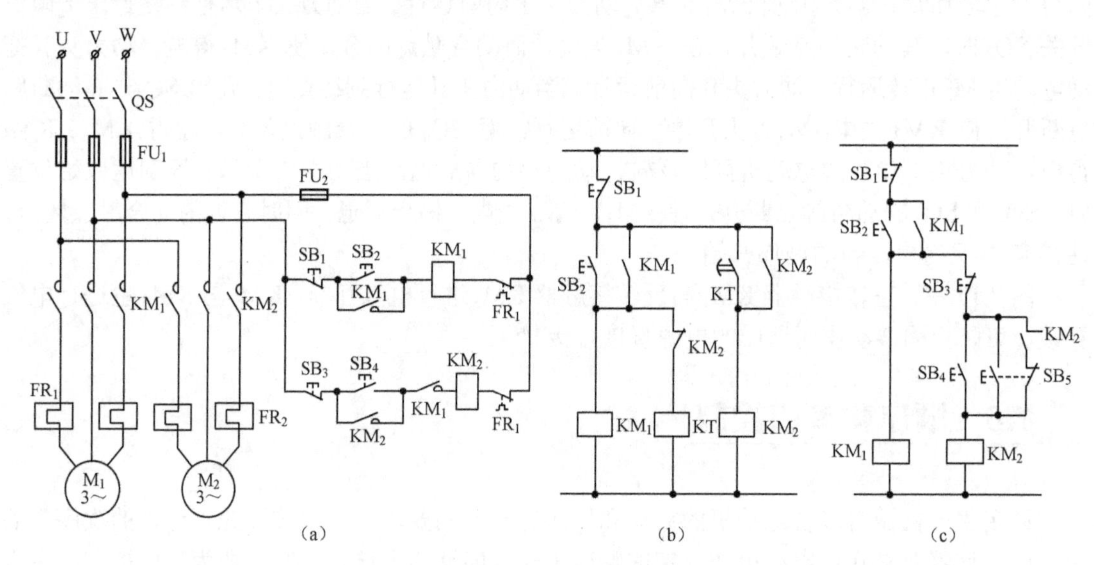

图 7.19 多台电动机顺序控制线路

图 7.19（b）是两台电动机自动延时启动电路。当按下 SB_2 时，KM_1 得电，M_1 启动运行，同时 KT 时间继电器得电，延时闭合，使 KM_2 线圈回路接通，其主触头闭合，M_2 启动运行。若按下停车按钮 SB_1，则两台电动机同时停车。

图 7.19（c）是一台电动机先启动运行、然后才允许另一台电动机启动运行，并且具有点动功能的电路。当按下 SB_2 时，KM_1 得电，M_1 启动运行。这时按下 SB_4，使 KM_2 有电，M_2 启动，连续运行。若此时按下 SB_5，M_2 就变为点动运行，因为 SB_5 的动断触点断开了 KM_2 的自锁回路。

7.6.2　多点控制线路

图 7.20 为多点控制的长动线路，启动按钮是 SB_3、SB_4，停止按钮是 SB_1、SB_2。启动按钮全部并联在自锁触点两端，按下任何一个都可以启动电动机。停止按钮全部串联在接触器线圈电路，按下任何一个都可以停止电动机的工作。

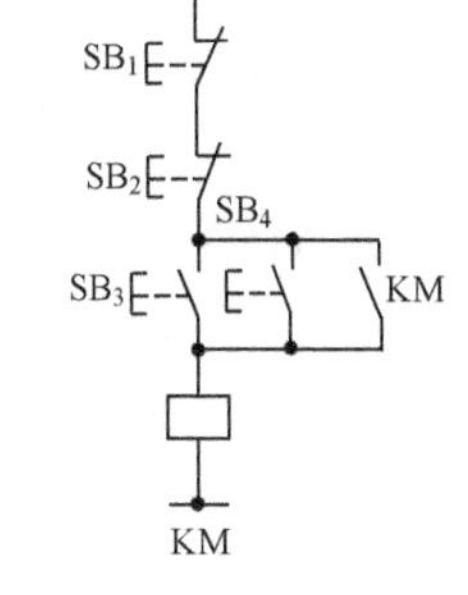

图 7.20　多点控制的长动线路

7.7　时间控制

时间控制是利用时间继电器来完成的，常用的时间继电器有通电型时间继电器和断电型时间继电器两大类。前者是线圈得电后开始延时，延时到触点动作；后者是线圈得电触点瞬时动作，线圈断电后开始延时，延时到触点复位。

1．通电型时间继电器控制线路

图 7.21 所示为通电型时间继电器控制线路。线路工作原理为：

$SB_2^{\pm}$——$KA^{+}_{自}P$——KT^{+}　$\underline{\Delta S}$　KM^{+}

可见，从按下启动按钮 SB_2 到主电路被接通，是有一段时间的，其延时量的大小由时间继电器决定。

2．断电型时间继电器控制线路

图 7.22 所示为断电型时间继电器控制线路。图中，时间继电器 KT 为断电型时间继电器，其动合延时断开触点在 KT 线圈得电时立即闭合，KT 线圈断电时，经延时后该触点断开。线路工作原理为：

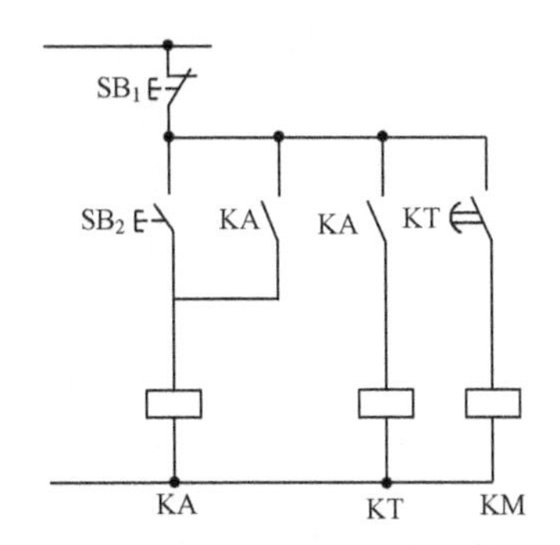

图 7.21　通电型时间继电器控制线路

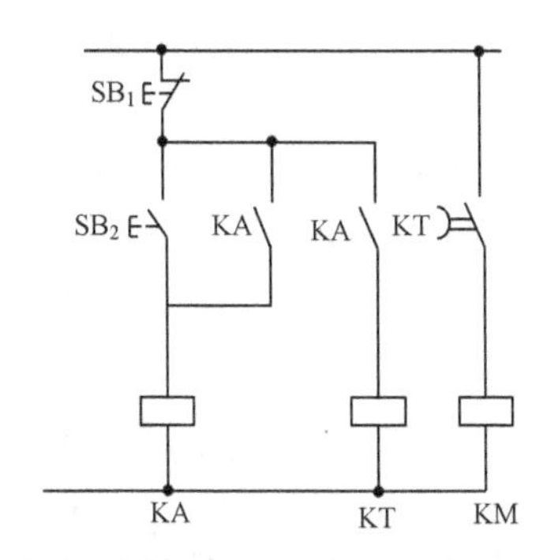

图 7.22　断电型时间继电器控制线路

$SB_2^{\pm}$——$KA_{自}^{+}$——KT^{+}——KM^{+}

$SB_1^{\pm}$——KA^{-}——KT^{-} Δt KM^{-}

可见，按下启动按钮SB_2，主电路得电；按下停止按钮SB_1，主电路延时后断电。

图7.23是按时间控制的自动循环控制线路，这里只画出了控制电路，其主电路与直接启动电路的一样。该电路常用于间歇运行设备，如机床润滑油供给系统的油泵电动机。当控制开关SA置于间歇运行位置时，开始时刻KM得电，使电动机启动运行，同时时间继电器KT_1有电。当KT_1延时时间到时，其动合触点闭合，使中间继电器KA、时间继电器KT_2得电，KA的动断触点断开，使KM失电，电动机停止运行。当KT_2的延时时间（间歇时间）到时，其动断触点断开，使KA失电。KA的动合触点断开，使KT_2失电；KA的动断触点闭合，使KM又得电，电动机启动运行，系统进入循环过程。

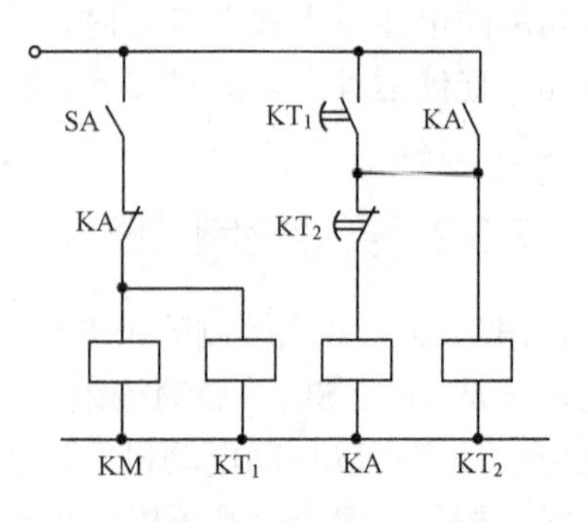

图7.23　按时间控制的自动循环控制线路

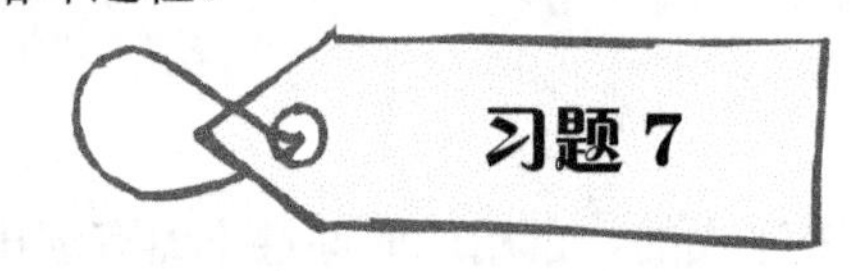

1. 判断题（正确的打√，错误的打×）

（1）接触器连锁正、反转控制线路中，正、反转接触器有时可以同时闭合。（　　）

（2）为保证三相异步电动机实现反转，正、反转接触器的主触点必须按相同的相序并接后串接在主电路中。（　　）

（3）按钮连锁的正、反转线路的缺点是易产生电源两相短路故障。（　　）

（4）自动往返控制线路需要对电动机实现自动转换的正、反转控制才能达到要求。（　　）

（5）能在两地或多地控制同一台电动机的控制方式称为电动机的多地控制。（　　）

（6）对多地控制线路来说，只要把各地的启动按钮、停止按钮串接就可以实现多地控制。（　　）

2. 选择题

（1）具有过载保护的接触器自锁控制线路中，实现短路保护的电器是（　　）。

A. 熔断器　B. 热继电器　C. 接触器　D. 电源开关

（2）具有过载保护的接触器自锁控制线路中，实现欠压和失压保护的电器是（　　）。

A. 熔断器　B. 热继电器　C. 接触器　D. 电源开关

（3）为避免正、反转接触器同时得电动作，线路采取（　　）。

A. 位置控制　B. 顺序控制　C. 自锁控制　D. 互锁控制

（4）操作接触器连锁正、反转控制线路时，要使电动机从正转变为反转，正确的操作方法是（　　）。

A. 直接按下反转启动按钮　B. 必须先按下停止按钮，再按下反转启动按钮

C. 直接按下正转启动按钮　D. 必须先按下反转启动按钮，再按下停止按钮

（5）在接触器连锁的正、反转控制线路中，其连锁触点应是对方接触器的（　　）。

A．主触点　　B．主触点或辅助触点　C．动合辅助触点　D．动断辅助触点

（6）多地控制线路中，各地的启动按钮和停止按钮分别是（　　）。

A．串联　　B．并联　　C．并联、串联　　D．串联、并联

（7）要求几台电动机的启动或停止必须按一定的先后次序来完成的控制方式称为（　　）。

A．位置控制　B．多地控制　　C．顺序控制　　D．连续控制

3. 简答题

（1）什么是电气图中的图形符号和文字符号？它们各由什么要素或符号组成？

（2）什么是电气原理图、电气安装图和电气互连图？它们各起什么作用？

（3）什么是欠压、失压保护？哪些电器可以实现欠压和失压保护？

（4）点动和长动有什么不同？各应用在什么场合？同一电路如何实现既有点动又有长动的控制？

（5）在可逆运转（正、反转）控制线路中，为什么采用了按钮的机械互锁还要采用电气互锁？

4. 绘图题

（1）试设计一控制装置在两个行程开关 SQ_1 和 SQ_2 区域内的自动往返循环控制电路。

（2）某机床有两台电动机，要求主电动机 M_1 启动后，辅助电动机 M_2 延迟 10s 自动启动，试设计控制电路。

（3）有两台电动机 M_1 和 M_2，要求：①M_1 先启动，经过 10s 后，才能用按钮启动 M_2；②M_2 启动后，M_1 立即停转。试设计控制电路图。

第8章　三相交流异步电动机的启动、制动和调速控制

三相交流异步电动机目前作为生产机械的主要动力，广泛应用在各行各业的生产设备中，其主要控制体现在启动、制动和调速等方面。本章将分别讨论三相交流异步电动机各种不同情况下的启动控制、制动控制和调速控制。

8.1　三相笼型交流异步电动机的启动控制

三相笼型交流异步电动机的启动问题是异步电动机运行中的一个特殊问题。由于生产机械对启动过程的要求不同，使得异步电动机的启动要适应各种不同情况。另一方面，异步电动机的启动电流很大，如果电源容量不能比电动机容量大许多倍，在这种情况下，启动电流可能会明显地影响同一电网中其他电气设备的正常运行，所以应考虑采取措施将启动电压降下来，待启动完毕后再恢复全压运行。如果电源容量足够大，而且在该电动机所拖动机械装置也允许的情况下，可以考虑全电压直接启动。

8.1.1　全压启动控制线路

在电网和负载两方面都允许全压直接启动的情况下，笼型异步电动机应该优先考虑直接启动。这种方法操纵控制方便，而且比较经济。

全压启动控制线路如图 8.1 所示。该线路的工作原理为：

启动：$SB2^{\pm}$——$KM^{+}_{自}$——M^{+}（启动）

停止：$SB1^{\pm}$——KM^{-}——M^{-}（停止）

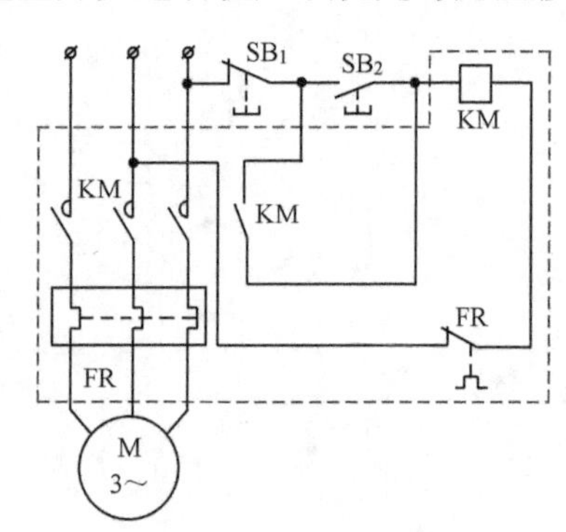

图 8.1　全压启动控制线路

当电动机过载时，若定子绕组中的电流达到热继电器 FR 的动作值，它就会在规定的时间内动作，其动断触点分断，切断接触器 KM 线圈电路，使 KM 释放、电动机停转，从而实现过载保护。失压保护是在电源突然断电时，接触器 KM 线圈断电而将其触点释放，由于自锁触点断开，在

电源恢复正常后，电动机不能自行启动。

对于一般直接启动的笼型异步电动机，工业上用电磁启动器（也称磁力启动器）来完成，电磁启动器是将接触器、热继电器等器件按被启动电动机的容量大小选择、安装在一个控制箱中，用户可以直接使用。

8.1.2　定子绕组串电阻启动控制

定子绕组串电阻降压启动是在启动时，在电动机定子绕组上串联电阻，启动电流在电阻上产生电压降，使实际加到电动机定子绕组中的电压低于额定电压，待电动机启动后，再将串联的电阻短接，使电动机在额定电压下运行。

1．接触器控制定子串电阻降压启动控制线路

利用接触器控制电动机定子绕组串电阻降压启动线路如图 8.2 所示。线路工作原理为：

$$SB_2^{\pm}——KM_{1}{}^{+}_{自}——M^{+}（串 R 降压启动）\xrightarrow{n\uparrow} SB_3^{\pm}——KM_{2}{}^{+}_{自}——M^{+}（全压运行）$$

该控制线路的优点是结构简单，存在的问题是不能实现启动全过程自动化。

2．时间继电器控制定子串电阻降压启动控制线路

图 8.2 接触器控制定子串电阻降压启动线路中，若过早按下 SB_3 运行按钮，电动机还没有到达额定转速附近，会引起较大的启动电流。并且分两次按下 SB_2 和 SB_3 也显得很不方便。利用时间继电器触点延时闭合的特点，可以组成能够自动切除降压电阻的自动控制电路。图 8.3 所示为时间继电器控制定子串电阻降压启动控制线路。线路工作原理为：

$$SB_2^{\pm}—\begin{cases} KM_{1}{}^{+}_{自}——M^{+}（串 R 降压启动）\\ KT^{+}\xrightarrow{\Delta t} KM_2^{+}——M^{+}（全压运行）\end{cases}$$

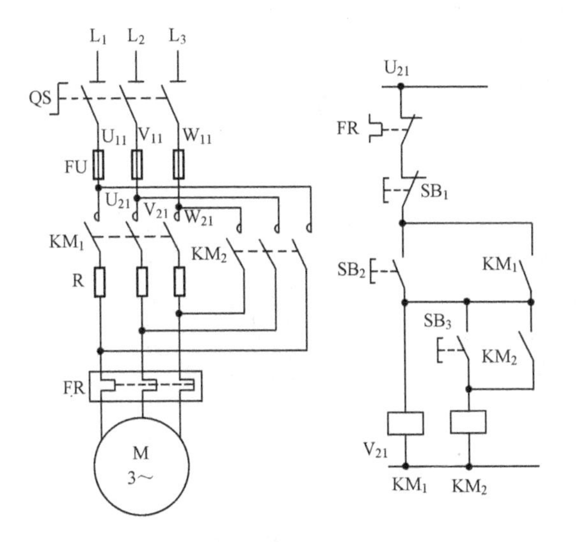

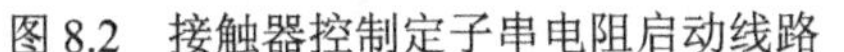
图 8.2　接触器控制定子串电阻启动线路

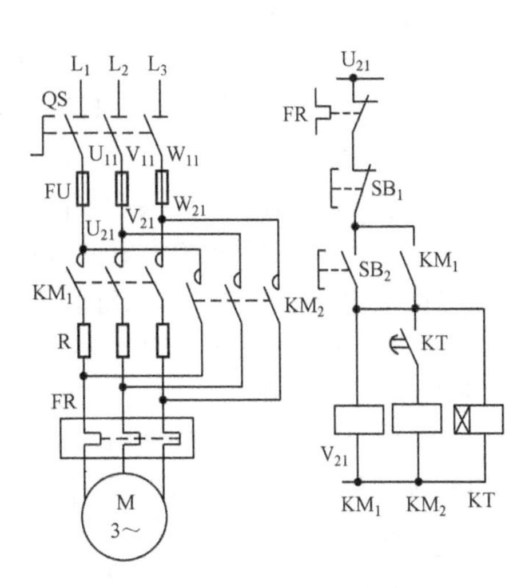

图 8.3　时间继电器控制定子串电阻降压启动线路

上述线路利用时间继电器延时量可调，在配合不同电动机启动时，一旦调整好时间，从降压启动到全压运行的过程便能够自动、准确地完成。

图 8.4 为另一种定子串电阻降压启动控制线路，工作原理为：

$$SB_2^{\pm} — KM_1^{+} \begin{cases} — M^{+}\text{（串 R 降压启动）} \\ — KT_{自}^{+} \xrightarrow{\Delta t} KM_{2自}^{+} \begin{cases} — M^{+}\text{（全压运行）} \\ — KM_1^{-} — KT^{-} \end{cases} \end{cases}$$

该线路在电动机全压运行时，KT 和 KM_1 线圈都断电，只有 KM_2 线圈得电，保证电动机全压运行。

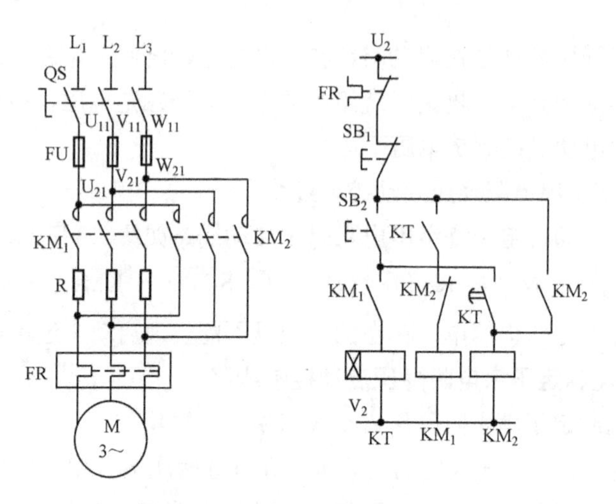

图 8.4 定子串电阻降压启动线路

8.1.3 星形—三角形启动控制

对于正常运行时电动机额定电压等于电源线电压，定子绕组为三角形连接方式的三相交流异步电动机，可以在启动时将定子绕组接成星形，待启动完毕后再换接成三角形。这样，异步电动机启动时电压降为正常工作时的 $1/\sqrt{3}$ 倍，达到降压启动的目的。

1．手动控制线路

手动控制电动机星形—三角形降压启动控制线路如图 8.5 所示。图中手动控制开关 SA_2 有两个位置，分别是电动机定子绕组星形和三角形连接。线路工作原理为：启动时，将开关 SA_2 置于“启动”位置，电动机定子绕组被接成星形降压启动。当电动机转速上升到一定值后，再将开关 SA_2 置于“运行”位置，使电动机定子绕组接成三角形，电动机全压运行。

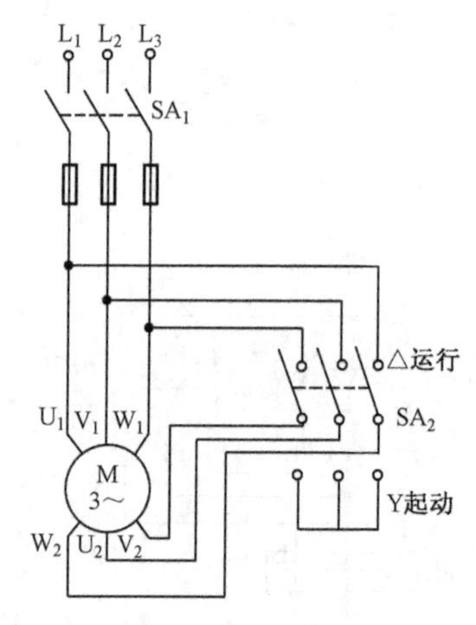

图 8.5 手动控制星形—三角形启动线路

2．自动控制线路

采用接触器控制星形—三角形降压启动线路如图 8.6 所示，该线路使用按钮控制。SB_2 为星形启动按钮，SB_3 为三角形运行按钮。线路工作原理为：

$$\text{Y 形启动：} SB_2^{\pm} \begin{cases} — KM_{2自}^{+} — M^{+}\text{（Y 形启动）} \\ — KM_1^{+} \end{cases}$$

△形运行：$SB_3^{\pm}$ ── KM_1^- ── M^-（Y 形连接解除）
　　　　　　　└ $KM_{3自}^{+}$ ── M^+（△形运行）

利用时间继电器，可以自动实现从星形降压启动到三角形全压运行的过程。图 8.7 所示为时间继电器控制星形—三角形降压启动线路。线路工作原理为：

$SB_2^{\pm}$ ── KT^+ ── KM_2^+ ┬ KM_3^+（互锁）
　　　　　　　　　　　　└ $KM_{1自}^{+}$ ┬ M^+（Y 形启动）
　　　　　　　　　　　　　　　　└ KT^- $\xrightarrow{\Delta t}$ KM_2^- ┬ M^-
　　　　　　　　　　　　　　　　　　　　　└ KM_3^+ ┬ M^+（△形运行）
　　　　　　　　　　　　　　　　　　　　　　　　└ KT^-，KM_2^-

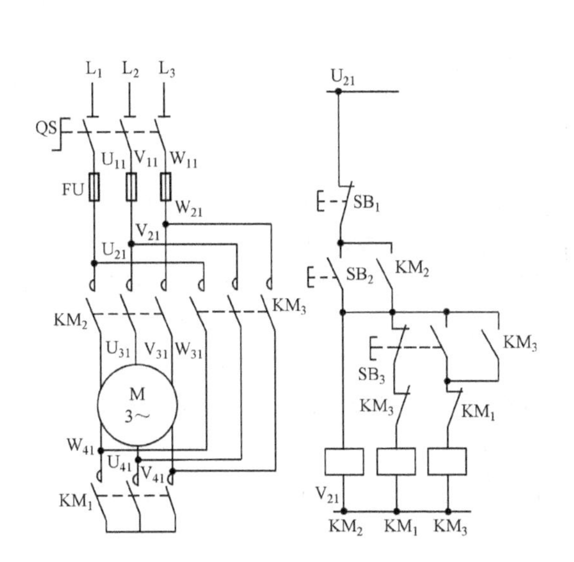

图 8.6　接触器控制星形—三角形降压启动线路

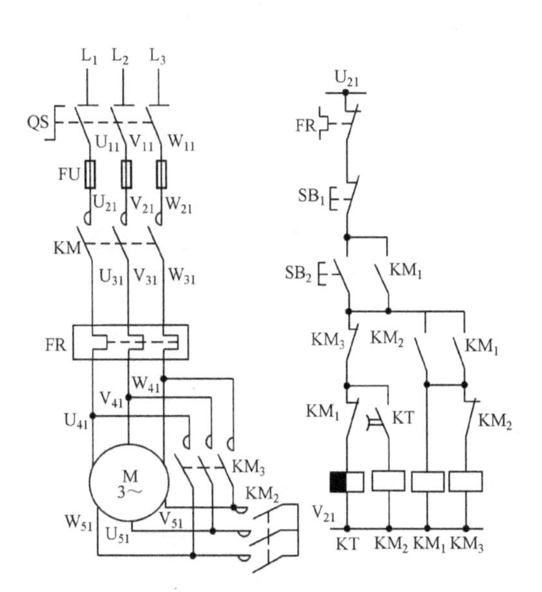

图 8.7　时间继电器控制星形—三角形降压启动线路

该线路停止按钮为 SB_1，过载保护采用热继电器，短路保护由熔断器实现。

时间继电器控制星形—三角形降压启动控制线路已经形成定型产品，图 8.8 所示为该产品的控制线路图。由图 8.8 可见，这种星形—三角形降压启动器由三个交流接触器及时间继电器、热继电器组成。因为这是一种定型的产品，所以使用时只要选配电源开关 SQ 及相应的按钮、熔断器，便可以直接使用。

该线路的工作情况是：星形启动时，KM_1、KM_3 和 KT 线圈得电，KM_1 主触点和 KM_3 主触点实现定子绕组星形连接，KT 实现启动延时控制。三角形运行时，KM_1 和 KM_2 线圈得电，KM_3 和 KT 线圈断电，实现全压运行控制。工作原理读者可自行分析。

8.1.4　自耦变压器启动控制

利用自耦变压器的降压启动方法常用来启动较大容量的三相交流笼型异步电动机。尽管这是一种比较传统的启动方法，但由于它是利用自耦变压器的多抽头减压，既能适应不同负载启动的需要，又能得到比星形—三角形启动时更大的启动转矩，所以，至今仍被广泛应用。

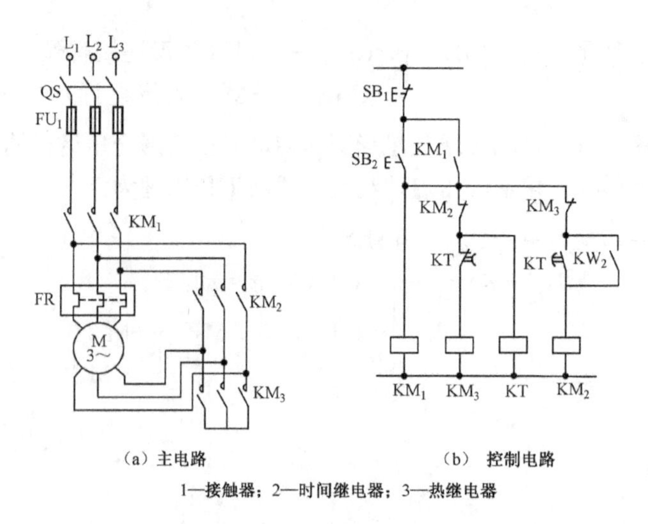

（a）主电路　　（b） 控制电路

1—接触器；2—时间继电器；3—热继电器

图 8.8　星形—三角形启动器

1. 自耦变压器降压启动手动控制线路

利用自耦变压器降压启动方式制成的工业产品称为补偿器，因为是手动操作，所以称为手动补偿器。它主要由箱式金属外壳、操作机构、触点系统、自耦变压器及保护装置等部分组成。操作机构与触点系统相连，可通过手柄控制触点的闭合或断开。

手动补偿器的控制线路如图 8.9 所示。图中操作手柄有三个位置：“停止”、“启动”和“运行”。操作机构中设有机械连锁机构，它使得操作手柄未经“启动”位置就不可能到达“运行”位置，保证了电动机必须先经过启动阶段以后才能投入运行。自耦变压器备有 65%和 85%两挡电压抽头，出厂时接在 65%抽头上，可根据电动机的负载情况选择不同的启动电压。图 8.9 中，自耦变压器只在启动过程中短时工作，启动完毕后应从电源中切除。

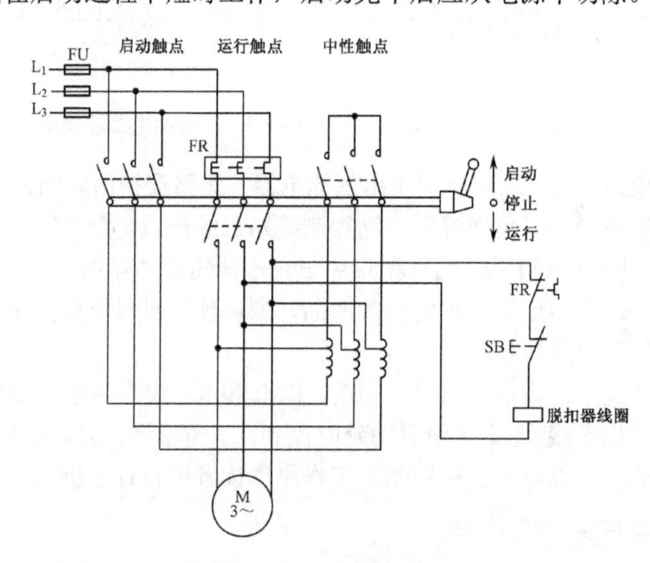

图 8.9　手动补偿器控制线路

线路工作原理为：当操作手柄置于“停止”位置时，所有的动、静触点都断开，电动机定子绕组断电，停止转动。

把操作手柄向上推至“启动”位置时，启动触点和中性触点同时闭合，电流经启动触点流入自耦变压器，再由自耦变压器的60%（或85%）抽头处输出到电动机的定子绕组，使定子绕组降压启动。随着启动的进行，当转子转速升高到接近额定转速时，可将操作手柄扳到“运行”位置，此时启动工作结束。

当操作手柄置于“运行”时，先将启动时接通的启动触点和中性触点同时断开，将自耦变压器从线路中切除。继而运行触点闭合，电动机定子绕组得到电网额定电压，电动机全压运行。

停止时，须按下 SB 按钮，使失压脱扣器的线圈断电而造成衔铁释放，通过机械脱扣装置将运行触点断开，切断电源。同时也使手柄自动跳回到“停止”位置，为下一次启动做准备。

2. 自耦变压器降压启动自动控制线路

利用自耦变压器降压启动控制除了有手动控制（手动补偿器）外，还有自动式自耦降压启动器（自动补偿器），图 8.10 所示为该系列产品的控制线路，它是依靠接触器和时间继电器实现自动控制的。图 8.10 中，信号指示电路由变压器及其他三个指示灯等组成，它们根据控制线路的工作状态分别显示“启动”、“运行”和“停止”。线路工作原理为：

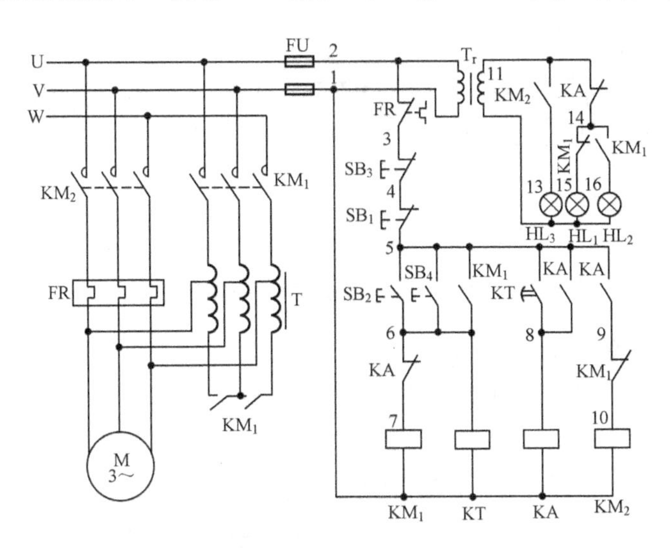

图 8.10　自动补偿器控制线路

供电电源正常，HL_1亮（指示电源正常）。

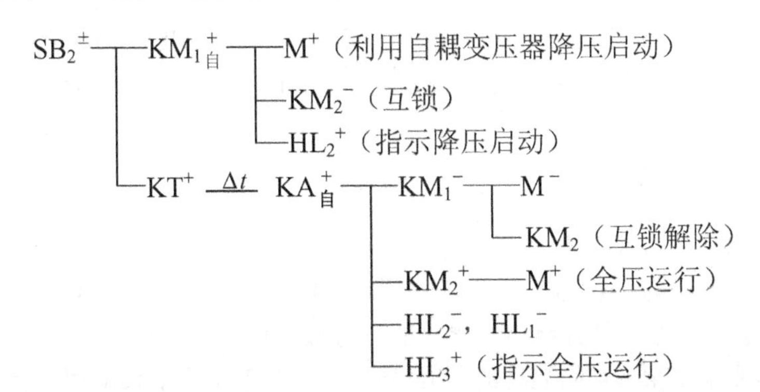

图 8.10 所示线路中还另外设置了 SB_3、SB_4 两个按钮，它们不安装在自动补偿器箱中，可以安装在外部，以便实现远程控制。在自动补偿器箱中一般只留下四个接线端，SB_3 和 SB_4 用引线接入箱内。

图 8.11 所示为另一种自耦变压器降压启动控制线路，图中主电路增加了电流互感器 TA，它一般在容量为 100kW 以上的电动机降压启动控制线路中使用，热继电器 FR 的发热元件上并联的 KM_2 动断触点是在启动时短接发热元件的，以防止因启动电流过大而造成误动作；运行时，KM_2 触点断开，主电路经电流互感器串入发热元件，达到过载保护的目的。

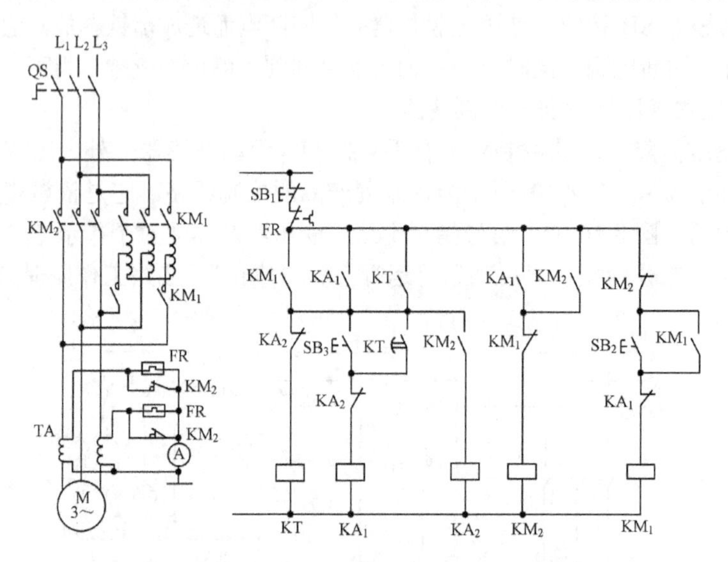

图 8.11　自耦变压器降压启动控制线路

图 8.11 所示线路的工作原理为：

$SB_2^{\pm}$ —— $KM_{1\,自}^{+}$ ┬ M^{+}（利用自耦变压器降压启动）
├ KM_2^{-}（互锁）
└ $KT_{自}^{+}$ $\xrightarrow{\Delta t}$ $KA_{1\,自}^{+}$ ┬ KM_1^{-} —— M^{-}
└ $KM_{2\,自}^{+}$ ┬ M^{+}（全压运行）
├ KA_2^{+} —— KA_1^{-} —— KT^{-} —— KA_2^{-}
└ FR^{+}（热继电器投入工作）

按钮 SB_3 的作用是在时间继电器延时量达到前，即时间继电器还未动作时，提前使电动机退出启动，进入运行状态。另外，若时间继电器损坏或失灵，按下 SB_3 即可使电动机转入正常运行状态。

8.1.5　延边三角形启动

星形—三角形启动方式存在的一个问题是启动转矩过低。因为星形连接绕组的相电压为三角形连接绕组相电压的 $1/\sqrt{3}$ 倍，虽然在星形连接时启动电流减小了（只有三角形连接时的 1/3），但它的启动转矩是与加在绕组上电压的平方成正比的。这样，采用星形连接启动时启动转矩也降低为原来三角形连接启动的 1/3。所以，这种启动方法仅适用于轻载或空载启动。

延边三角形启动方式，一方面可以减小启动电流，另一方面和星形—三角形启动方式比较又能适当增加启动转矩。这种启动方式的实质是：在启动时，使电动机定子绕组中的一部分接成星形，另一部分接成三角形；启动完毕后，再转换为三角形连接方式。

延边三角形降压启动方式适用于定子绕组有中心抽头的特殊设计的电动机，一般电动机有 6 个接线头，而这类电动机有 9 个接线头。

延边三角形降压启动电路是把三角形接法的绕组接成局部为三角形的形式进行启动的，如图 8.12（a）所示。电动机启动后转速上升，当转速达到一定值时，将绕组改为三角形接法，如图 8.12（b）所示，然后继续运行。这样可改善纯 Y-△启动中启动力矩不足的缺陷。该启动方式的控制线路图如图 8.13 所示。合上电源开关 QS，按下启动按钮 SB_2，使 KM_1、KM_2 和时间继电器 KT 得电。这时，KM_2 将绕组接成延边三角形，KM_1 接通电源，进行延边三角形下启动。经延时（即在延边下启动时间）后，KT 的动断触点断开，使 KM_2 失电，把小三角形拆开，同时 KM_2 与 KM_3 互锁的动断触点闭合，使 KM_3 得电，将定子绕组接成三角形运行。

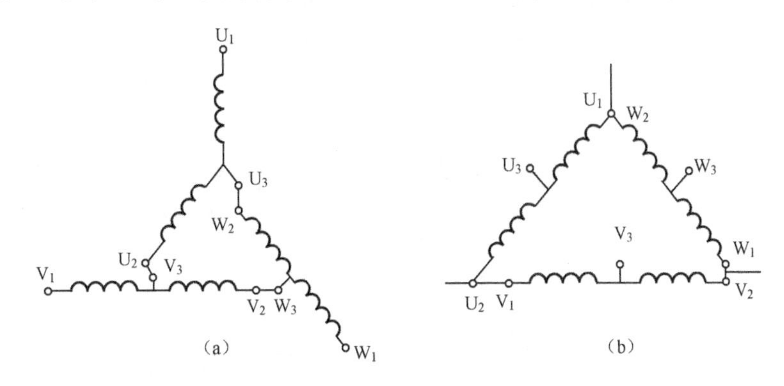

图 8.12　延边三角形接法

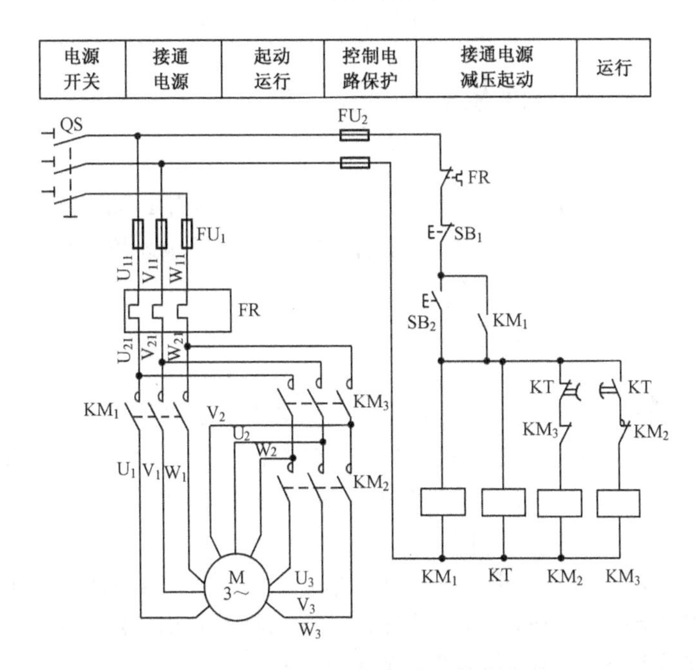

图 8.13　延边三角形降压启动控制线路

延边三角形降压启动控制线路如图 8.14 所示。图中主电路部分有三组接触器主触点，当 KM_1 和 KM_2 主触点闭合时，电动机定子绕组接成延边三角形启动；当 KM_1 和 KM_3 主触点闭合时，电动机定子绕组接成三角形运行。线路工作原理为：

$SB_2^{\pm}$ ┬ $KM_1{}^{+}_{自}$ ┬ M^{+}（U_2-V_3；V_2-W_3；W_2-U_3延边三角形降压启动）
　　 ├ KM_2^{+} 　 └ KM_3^{-}（互锁）
　　 └ $KT^{+}\xrightarrow{\Delta t}$ KM_2 ┬ M^{-}
　　　　　　　　　　 └ $KM_3{}^{+}_{自}$ ┬ M^{+}（U_1-W_2；V_1-U_2；W_1-V_2 三角形运行）
　　　　　　　　　　　　　　 └ KM_2^{-}，KT^{-}

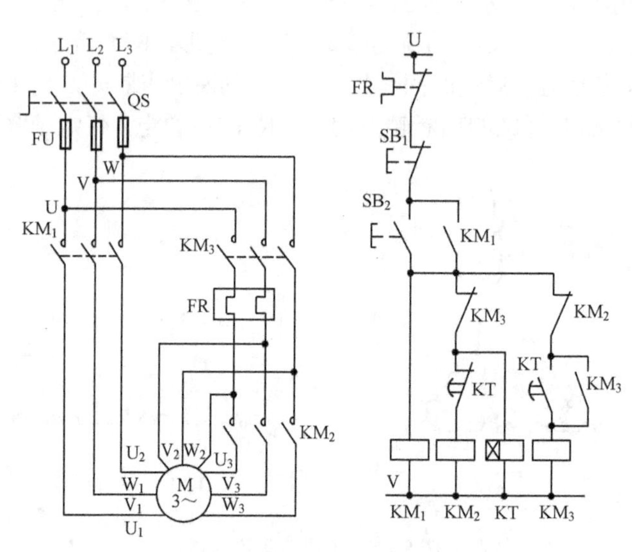

图 8.14　延边三角形降压启动控制线路

8.2　绕线式异步电动机的启动控制

与笼型感应电动机不同，绕线转子感应电动机的转子回路可以通过滑环与外部电路连接，在其转子串入电阻（或电抗），就可以限制启动电流，同时也能增加转子的功率因数和启动转矩。

8.2.1　转子串电阻启动控制

绕线式异步电动机转子电路串入电阻启动，一般是在转子回路串入多级电阻，利用接触器的主触点分段切除，使绕线式电动机的转速逐级提高，最后达到额定转速而稳定运行。

1．时间继电器控制绕线式异步电动机转子串电阻启动控制线路

利用时间继电器控制绕线式异步电动机转子串电阻三级启动线路如图 8.15 所示。图中转子回路所串的电阻分成三级，并按星形方式连接。启动前，启动电阻全部接入电路限流。在启动过程中，随转子转速的不断上升，逐级短路（切除）启动电阻，直至启动完毕，启动电阻全部被短接，电动机正常运行。线路工作原理为：

SB_2^+——$KM_{1自}^+$ ┬ M^+（串R_1、R_2、R_3启动）
└ $KT_1^+ \xrightarrow{\Delta t_1} KM_{2自}^+$ ┬ R_1^-（切除电阻R_1）
└ $KT_2^+ \xrightarrow{\Delta t_2} KM_{3自}^+$ ┬ R_2^-（切除电阻R_2）
└ $KT_3^+ \xrightarrow{\Delta t_3} KM_{4自}^+$ ┬ R_3^-（切除电阻R_3）—— M^+（正常运行）
└ KT_1^-，KM_2^-，KT_2^-，KM_3^-，KT_3^-

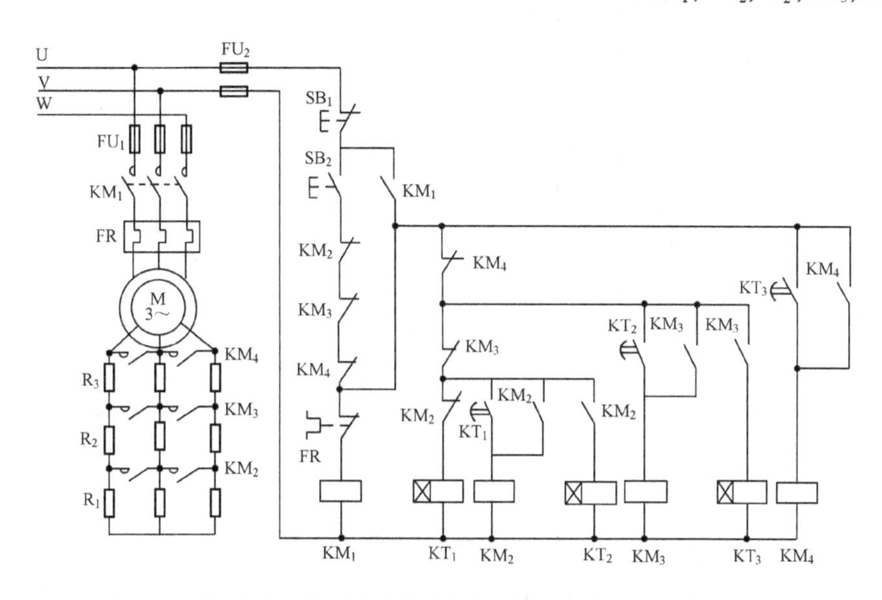

图 8.15　时间继电器控制绕线式异步电动机转子串电阻启动控制线路

时间继电器控制自动切除转子电阻的启动方法目前已得到较广泛的应用。在图 8.15 所示电路中，接触器 KM_2、KM_3、KM_4 分别在时间继电器 KT_1、KT_2、KT_3 的控制下顺序短接启动电阻 R_1、R_2、R_3，正常全压运行时，只有 KM_1 和 KM_4 两个接触器的主触点闭合。这种工作方式称为按时间原则控制的转子串电阻降压启动控制线路。

2. 电流继电器控制绕线式异步电动机转子串电阻启动线路

图 8.16 所示为利用电流继电器控制的绕线式异步电动机转子串电阻启动控制线路。该线路中，主电路的转子回路中串入电流继电器线圈，根据转子回路电流的变化（转子电流越小，转子转速越高）来分段短接启动电阻，实现自动控制的降压启动过程。

图 8.16 中，KA_1、KA_2、KA_3 为电流继电器，它们的线圈串联在转子回路中，由线圈中通过电流的大小决定触点动作顺序。KA_1、KA_2、KA_3 三个电流继电器的吸合电流一致，但释放电流不一致，KA_1 最大、KA_2 次之、KA_3 最小。在启动瞬时，转子转速为零，转子电流最大，三个电流继电器同时全部吸合，随着转子转速的逐渐提高，转子电流逐渐减小，由于 KA_1 整定值最大，所以最早动作。然后随转子电流进一步减小，KA_2、KA_3 依次动作，完成逐级切除电阻的工作。线路工作原理为：

$SB_2^{\pm}$——$KM_{4自}^+$——M^+（串 R_1、R_2、R_3 启动并 KA_1^+、KA_2^+、KA_3^+）$\underline{n_2\uparrow,\ I_2\downarrow}$ KA_1^-——KM_1^+（切除电阻 R_1）$\underline{n_2\uparrow\uparrow,\ I_2\downarrow\downarrow}$ KA_2^-——KM_2^+（切除电阻 R_2）$\underline{n_2\uparrow\uparrow\uparrow,\ I_2\downarrow\downarrow\downarrow}$ KA_3^-——KM_3^+（切除电阻 R_3）—— M（正常运行）

式中，$n_2\uparrow$、$n_2\uparrow\uparrow$、$n_2\uparrow\uparrow\uparrow$分别表示转子转速逐渐升高，同理，向下箭头表示逐渐下降。

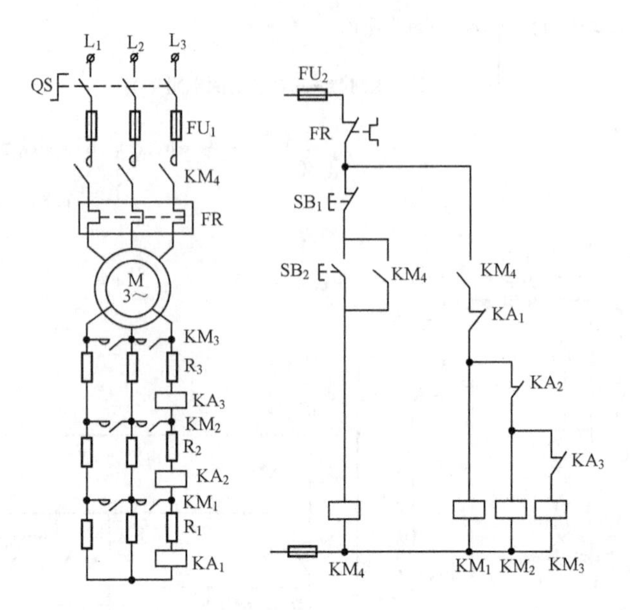

图 8.16 电流继电器控制绕线式异步电动机转子串电阻启动控制线路

8.2.2 转子串频敏变阻器启动控制

绕线式异步电动机若串入转子电路内的电阻或阻抗，能随启动过程的进行自动而又平滑地减小，那就不需要逐段切换电阻，启动过程也就能平滑进行。频敏变阻器能够完成上述要求，它是一种启动过程中随转速的升高（转子频率下降）阻抗值自动下降的器件。

绕线式异步电动机转子串频敏变阻器启动控制线路如图 8.17 所示。电动机转子电路接入按星形连接的频敏变阻器，由接触器 KM_2 主触点在启动完毕时将其短接。线路工作原理为：控制电路中有转换开关 SA，可以选择启动方式是自动控制还是手动控制。SA 置于“A”位置，为自动控制启动；SA 置于“M”位置，为手动控制启动。

自动控制：$SB_2^{\pm}$ —— $KM_{1\text{自}}^{+}$ —— M^{+}（串频敏变阻器起动）

　　　　　　　└ $KT^{+}\xrightarrow{\Delta t}KA_{\text{自}}^{+}$ —— KM_2^{+} —— M^{+}（切除频敏变阻器，正常运行）

手动控制：$SB_2^{\pm}$ —— $KM_{1\text{自}}^{+}$ —— M^{+}（串频敏变阻器起动）……$SB_3^{\pm}$ —— $KA_{\text{自}}^{+}$ —— KM_2^{+} —— M^{+}（切除频敏变阻器，正常运行）

图 8.18 所示为绕线式异步电动机正、反转转子串频敏变阻器启动控制线路。图中主电路中的接触器 KM_1 和 KM_2 动合触点分别控制电动机的正转和反转，启动用的频敏变阻器在电动机运行时由接触器 KM_3 动合触点将其短接。

图 8.18 所示控制电路中，通过转换开关 SA 的选择，可以自动（A）或手动（M）短接频敏变阻器，KT 的延时量决定启动时间的长短。手动控制由按钮 SB_4 控制。信号指示电路中 HL_1 为电源指示灯，HL_2 为正转指示灯，HL_3 为反转指示灯，HL_4 为正常运转（短接频敏变阻器）指示灯，HL_1～HL_3 在电动机启动结束转入正常运转时都熄灭。

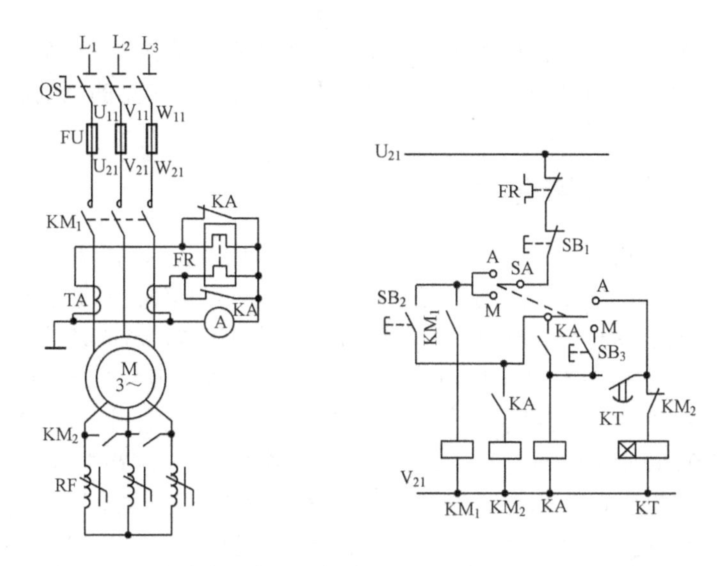

图 8.17 绕线式异步电动机转子串频敏变阻器启动控制线路

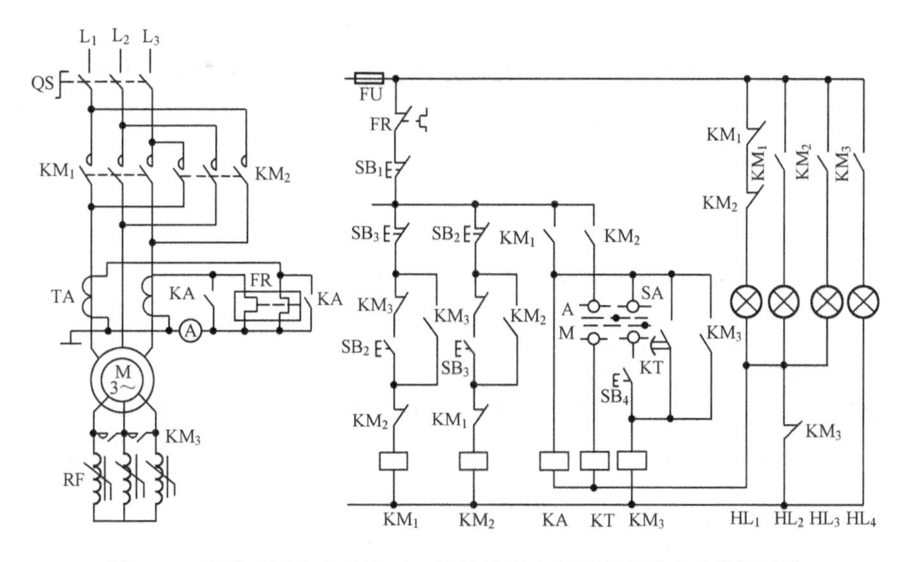

图 8.18 绕线式异步电动机正、反转转子串频敏变阻器启动控制线路

8.3 三相笼型交流异步电动机的制动控制

电动机在脱离电源后由于机械惯性的存在，使电动机完全停止需要一段时间，而实际中生产机械往往要求电动机快速、准确地停车，这就需要电动机采用有效措施进行制动。电动机的制动分两大类：机械制动和电气制动。

机械制动是利用机械装置，在电动机断电后对电动机转轴施加相反的作用力，采用机械方法迫使电动机停止转动，迅速停车。电磁抱闸就是常用方法之一，电磁抱闸由制动电磁铁和闸瓦制动器组成。断电制动型电磁抱闸在电磁铁线圈断电时，利用闸瓦对电动机轴进行制动；电磁铁线圈得电时，松开闸瓦，电动机轴可以自由转动。这种制动在起重机械上被广泛采用。

电气制动首先将电动机定子从电源上脱离，在制动的过程中产生一个和电动机实际旋转方向相反的电磁力矩，作为制动力矩，迫使电动机迅速停转。常见的电气制动有反接制动、能耗制动等。

8.3.1 反接制动控制线路

反接制动是在电动机的原三相电源被切断后，立即通上与原相序相反的三相交流电源，以形成与原转向相反的电磁力矩，利用这个制动力矩使电动机迅速停止转动。这种制动方式必须在电动机转速接近零时切除电源，否则电动机会反向旋转，造成事故。

反接制动时反向的旋转磁场切割转子导体，故转子感应电流很大，定子绕组中电流也很大，这就大大限制了反接制动方法的适用范围。一般来说，反接制动适用于10kW以下的小容量电动机，并且在4.5kW以上的电动机采用反接制动时，需要在定子回路中串入限流电阻。另外，切除电源稍迟则易产生反向运转，所以常用速度继电器来进行自动控制，及时切断电源。

图8.19所示为三相异步电动机单向运转反接制动控制线路。主电路中所串电阻R为制动限流电阻，防止反接制动瞬间过大的电流可能会损坏电动机。速度继电器KV与电动机同轴，当电动机转速上升到一定数值时，速度继电器的动合触点闭合，为制动做好准备。制动时转速迅速下降，当转速下降到接近零时，速度继电器的动合触点恢复断开，接触器KM_2线圈断电，防止电动机反转。线路工作原理为：

起动：$SB_2^{\pm}$——$KM_{1\text{自}}^{+}$——M^{+}（正转）$\underline{n_2\uparrow}$ KV^{+}
　　　　　　　　　　　└KM_2^{-}（互锁）

反接制动：$SB_1^{\pm}$——KM_1^{-}——M^{-}
　　　　　　　　　　　　　└KM_2（互锁解除）
　　　　　　　└KM_2^{+}——M^{+}（串R制动）$\underline{n_2\downarrow}$ KV^{-}——KM_2^{-}——M^{-}（制动完毕）
　　　　　　　　　　　└KM_1^{-}（互锁）

图8.20所示为另一种反接制动控制线路，它使用了一个中间继电器KA_1，这样可以避免图示线路中若SB_1没有按到底，就无法实现制动控制，只能自由停车的现象发生。

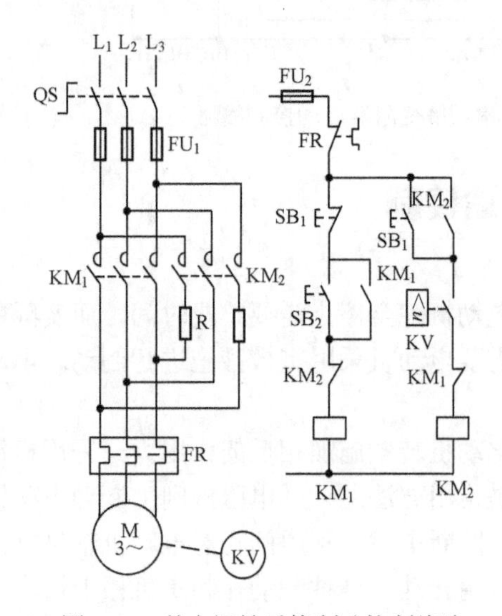

图8.19 单向运转反接制动控制线路

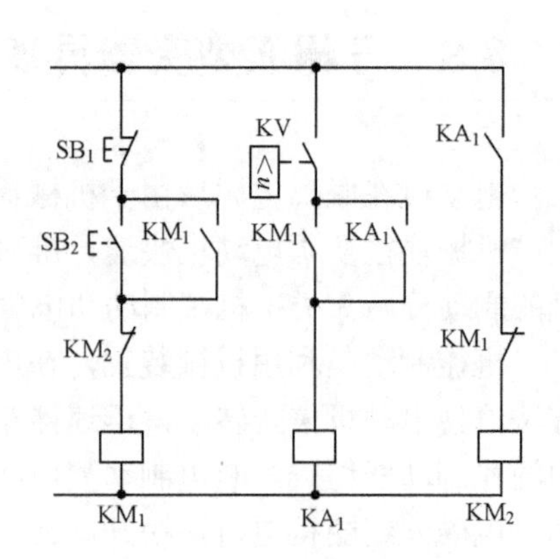

图8.20 反接制动控制线路

8.3.2　能耗制动控制线路

能耗制动是将运转的电动机从三相交流电源上切除下来，此时电动机处于自由停车状态，然后将一直流电源接入电动机定子绕组中的任意两相，产生一个静止磁场。由于电动机转子因惯性仍然按原方向旋转，所以转子导体切割静止磁场的磁力线而在其内部产生转子感应电流，这样转子绕组就成为载流导体，当它再次作用于静止磁场中时，所产生的作用力在电动机轴上形成的转矩必然与转子惯性旋转方向相反，所以是一个反向的制动转矩，因而能够迫使电动机迅速停车，达到制动目的。能耗制动时制动转矩的大小与转速有关。转速越高，制动转矩越大，随转速的降低制动转矩也下降；当转速为零时，制动转矩消失。

1．单相半波整流能耗制动控制线路

单相半波整流能耗制动控制线路如图 8.21 所示，图中主电路在进行能耗制动时所需的直流电源由一个二极管组成的单相半波整流电路构成。线路工作原理为：

起动：$SB_2^{\pm}$——$KM_{1\,自}^{+}$┬—M^{+}（起动）
　　　　　　　　　　　　└—KM_2^{-}（互锁）

能耗制动：$SB_1^{\pm}$┬—KM_1^{-}——M^{-}（自由停车）
　　　　　　　　　├—$KM_{2\,自}^{+}$——M^{+}（能耗制动）
　　　　　　　　　└—KT^{+} $\xrightarrow{\Delta t}$ KM_2^{-}——M^{-}（制动结束）

2．单相桥式整流能耗制动控制线路

单相桥式整流能耗制动控制线路如图 8.22 所示。桥式整流能耗制动控制线路与半波整流能耗制动控制线路的不同之处仅在于直流电源的获得方法不同。桥式整流电路采用 4 个二极管构成整流电路，其效率比半波整流电路大大提高。

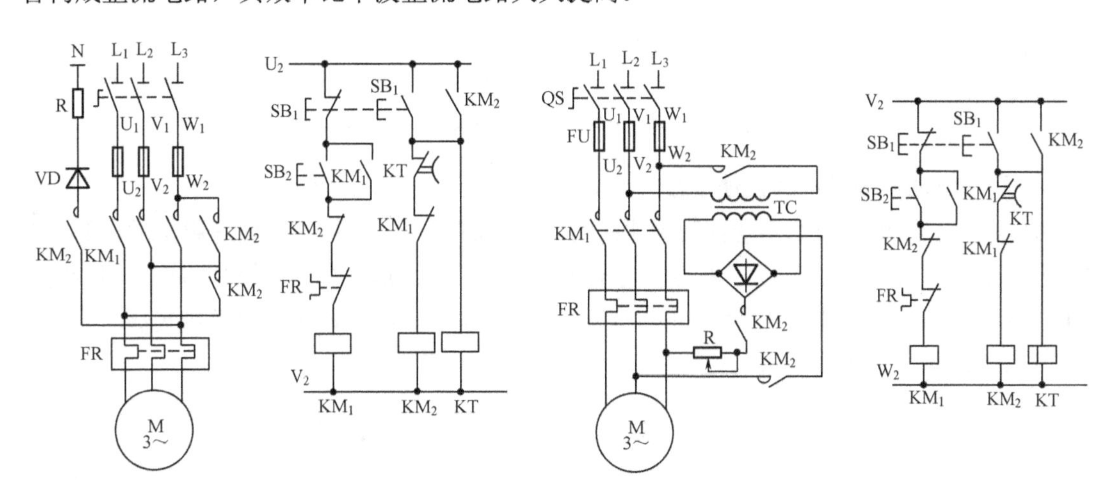

图 8.21　单相半波整流能耗制动控制线路　　　　图 8.22　单相桥式整流能耗制动控制线路

8.4　三相交流异步电动机的调速控制

三相交流异步电动机的转速为

$$n=\frac{60f}{p}\ (1-s)$$

可见，改变频率、极对数或转差率都可达到调速的目的。异步电动机的调速方法主要有以下几种：变极调速，是通过改变定子绕组的磁极对数实现调速；改变转差率调速，分为改变转子电阻调速和串极调速；变频调速，目前使用专用变频器可以实现异步电动机的变频调速控制。

8.4.1 变极调速控制线路

变极调速是通过改变定子空间磁极对数的方式改变同步转速，从而达到调速的目的。在恒定频率情况下，电动机的同步转速与磁极对数成反比，磁极对数增加一倍，同步转速就下降一半，从而引起异步电动机转子转速的下降。显然，这种调速方法只能一级一级地改变转速，而不是平滑地调速。

双速电动机定子绕组的结构是特殊的，如图 8.23（a）所示，改变其接线方法可得出两种接法，图 8.23（b）所示为三角形接法，磁极对数为 2，同步转速为 1 500 转/分，和图 8.23（c）相比是一种低速接法。若要求电动机运行在高速状态下（3 000 转/分），则要将定子绕组接成双星形接法，如图 8.23（c）所示。

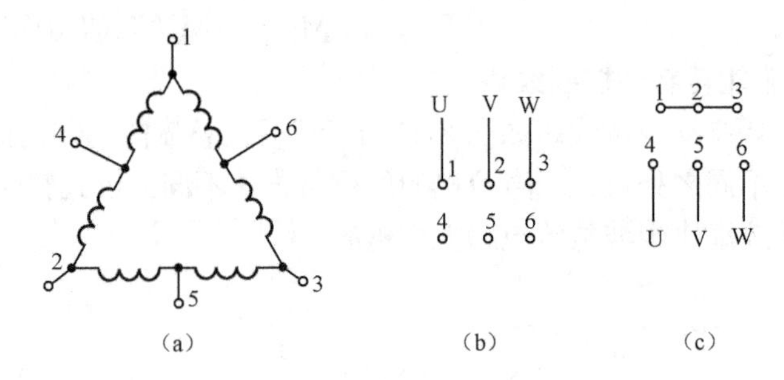

图 8.23 异步电动机三角形—双星形接线图

1. 双速电动机手动控制调速线路

双速三相异步电动机的手动控制调速线路如图 8.24 所示。图中主电路三组主触点的控制作用分别是：KM_1 主触点可以把电动机定子绕组连接成三角形接法，磁极是四极，同步转速为 1 500r/min；KM_2 和 KM_3 主触点配合，可以把电动机定子绕组连接成双星形接法，磁极是二极，同步转速为 3 000r/min。线路工作原理为：

低速控制：$SB_3^{\pm}$——$KM_{1\text{自}}^{+}$——M^{+}（△形连接、低速）
　　　　　　　　　　　　　└KM_2^{-}，KM_3^{-}（互锁）

高速控制：$SB_2^{\pm}$——KM_1^{-}（互锁）——M^{-}
　　　　　　　　　　　　　　　　　└KM_2（互锁解除）
　　　　　　　├$KM_{2\text{自}}^{+}$——M^{+}（双 Y 形连接、高速）
　　　　　　　└$KM_{3\text{自}}^{+}$　└KM_1^{-}（互锁）

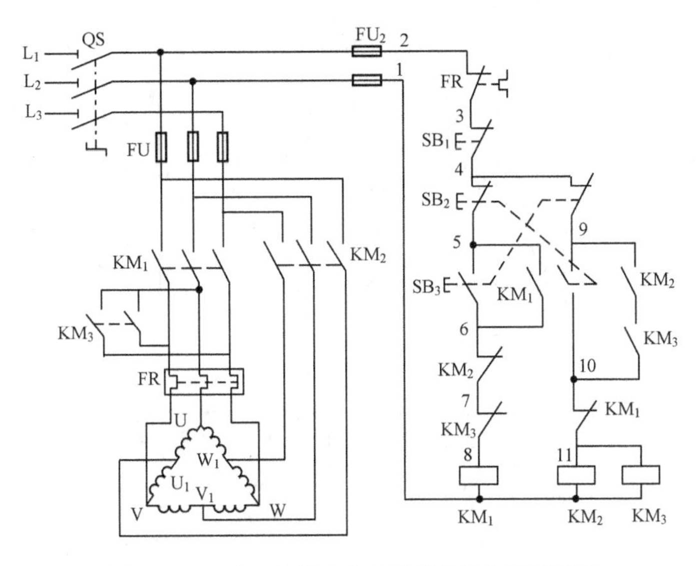

图 8.24　双速三相异步电动机手动控制调速线路

2．双速电动机自动调速控制线路

利用组合开关 SA、选择高速和低速运转的控制线路如图 8.25 所示。SA 有三个位置：中间位置，所有接触器和时间继电器都不接通，电动机控制电路不起作用，电动机处于停止状态；低速位置，接通 KM_1 线圈电路，其触点动作的结果是电动机定子绕组接成三角形，以低速运转；高速位置，接通 KM_2、KM_3 和 KT 线圈，电动机定子绕组接成双星形，以高速运转。应注意的是，该线路高速运转必须由低速运转过渡。工作原理读者可自行分析。

3．三速电动机调速控制线路

三速笼型异步电动机定子绕组的结构与双速笼型异步电动机定子绕组的结构不同，三速笼型异步电动机的定子槽安装有两套绕组，分别是三角形绕组和星形绕组，其结构如图 8.26（a）所示。低速运行按图 8.26（b）所示接线，定子绕组为三角形接法；中速运行按图 8.26（c）所示接线，定子绕组为星形接法；高速运行按图 8.26（d）所示接线，定子绕组为双星形接法。

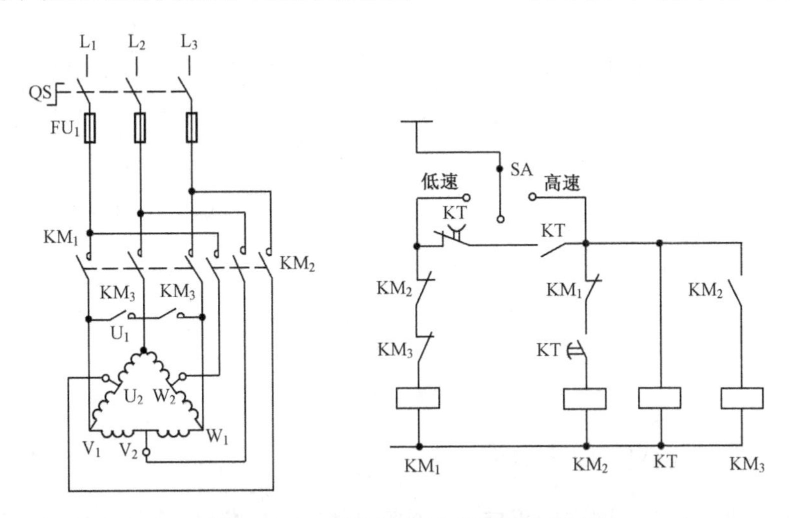

图 8.25　SA 控制双速电动机调速线路

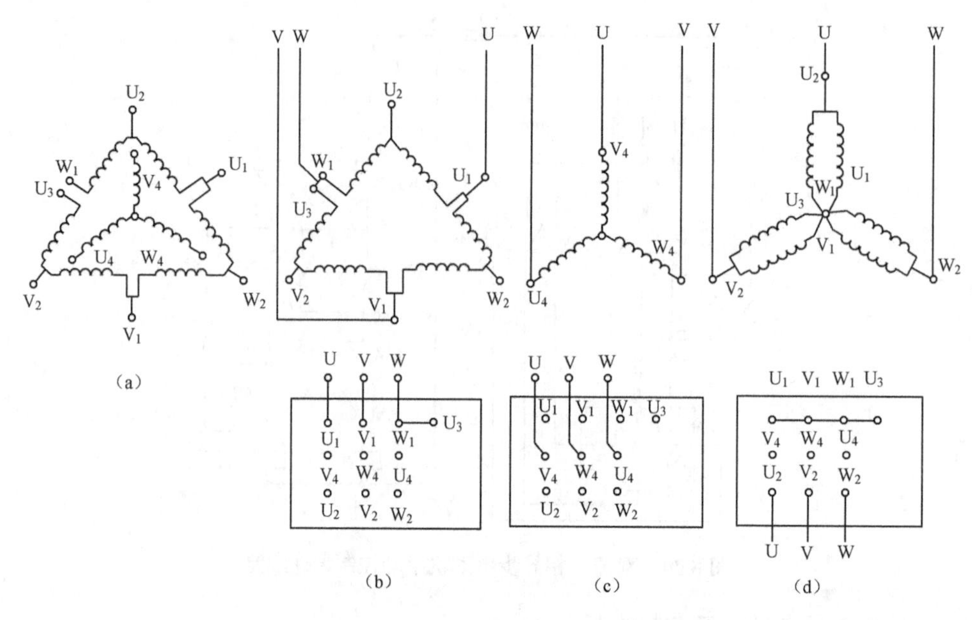

图 8.26　三速笼型异步电动机定子绕组接线图

图 8.27 所示为三速笼型电动机控制线路，图中 SB_1、SB_2、SB_3 分别为低速、中速、高速按钮，KM_1、KM_2、KM_3 为低速、中速、高速接触器。线路工作原理为：

按下任何一个速度启动控制按钮（SB_1、SB_2、SB_3），对应的接触器线圈得电，其自锁和互锁触点动作，完成对本线圈的自锁和对另外接触器线圈的互锁，主电路对应的主触点闭合，实现对电动机定子绕组对应的接法，使电动机工作在选定的转速下。

显然，这套线路任何一种速度要转换到另一种速度时，必须先按下停止按钮，否则由于互锁的作用按钮将不起作用。

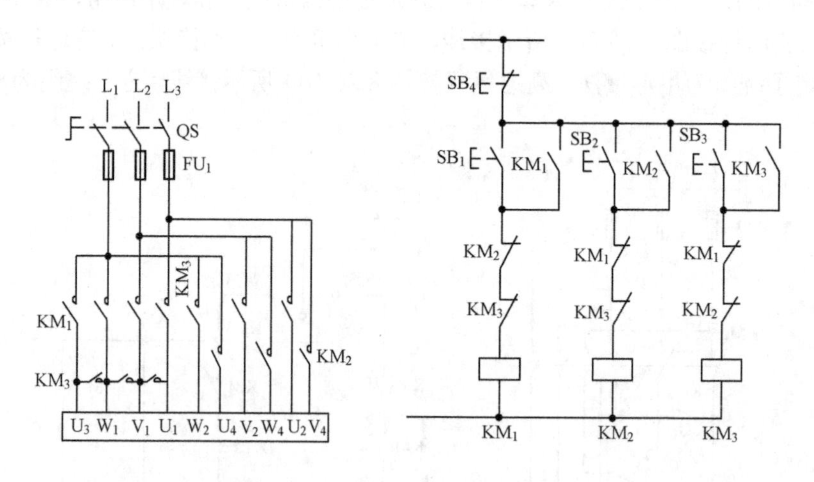

图 8.27　三速笼型电动机控制线路

8.4.2　改变极对数的调速电路

三相异步电动机的变极调速应用广泛，实现变极调速的设备简单，技术成熟、可靠，但其变速的跃变值大，一般采用“倍极比”和“非倍极比”。多速电动机的接线抽头多，接线复杂，电动机参数会发生较大变化，导致效率低，所以电动机一般做成双速或三速。图 8.28 所示为双速变极调速的异步电动机电路，其低速端接成三角形，高速端接成双星形。当转换开关 SA 置于“低速”位置时，接触器 KM_1 得电，其主触头闭合，将电动机接成三角形，在低速下运行。当转换开关 SA 置于“高速”位置时，时间继电器 KT 得电，其动合瞬时触点

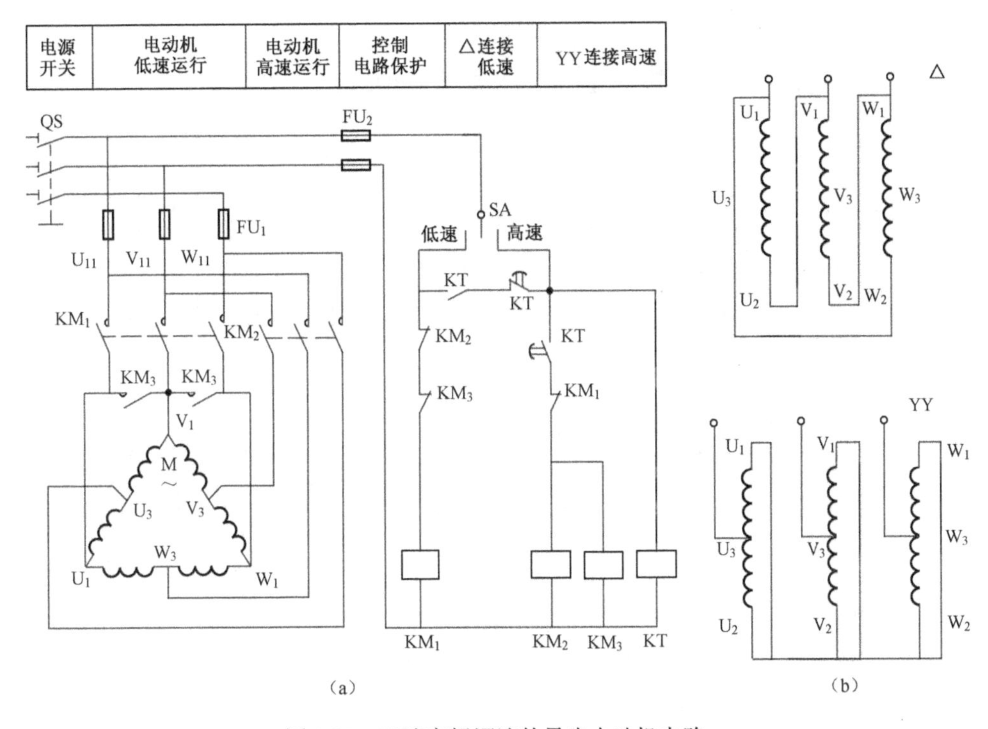

图 8.28 双速变极调速的异步电动机电路

闭合，使 KM_1 先得电，电动机接成三角形，进行低速启动。当时间继电器 KT 的动断触点延时时间到时，KM_1 线圈断电，电动机脱开三角形接法。KM_1 的动断触点和 KT 的动合触点使 KM_2 和 KM_3 得电，将电动机接成双星形，过渡到高速运行的。可见，这种电路是由低速启动按时间原则自动切换到高速运行，故也称为双速自动加速电路。

8.4.3 改变转差率的调速电路

改变三相异步电动机转差率的调速方法有两种，即改变电压和在转子回路中串电阻。

1. 改变电压调速

由于三相异步电动机的电磁转矩与电压的平方成正比，而其临界转差率 s_m 与电压无关，所以改变端电压时，其机械特性曲线也随之改变，如图 8.29 所示。由图可知，轻载时调速不明显。图 8.30 所示电路为将△接法改为 Y 接法，使绕组电压由 380V 变为 220V，从而进行调压调速。接成 Y 为低速运行，接成△为高速运行。将转换开关 SA 置于“低速”位置，KM_1 得电，电动机接成 Y，绕组电

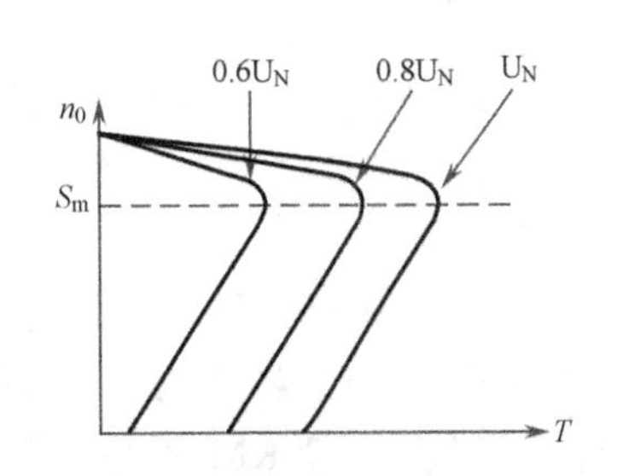

图 8.29 三相异步电动机改变电压的机械特性

压为 220V，运行在低速。当 SA 置于“高速”位置时，KT 得电，其瞬时动合触点闭合，使 KM_1 得电，接成 Y 启动。当 KT 的延时时间到时，其动断触点断开，使 KM_1 失电，电动机脱开 Y 接法，KM_1 的动断触点和 KT 的动合触点均闭合，使 KM_2 得电，接成△，绕组电压为 380V，进行加速启动运行。可见，这种电路在空载或轻载时低速运行，起到节能作用；在额定负载时，便可在额定转速下运行。

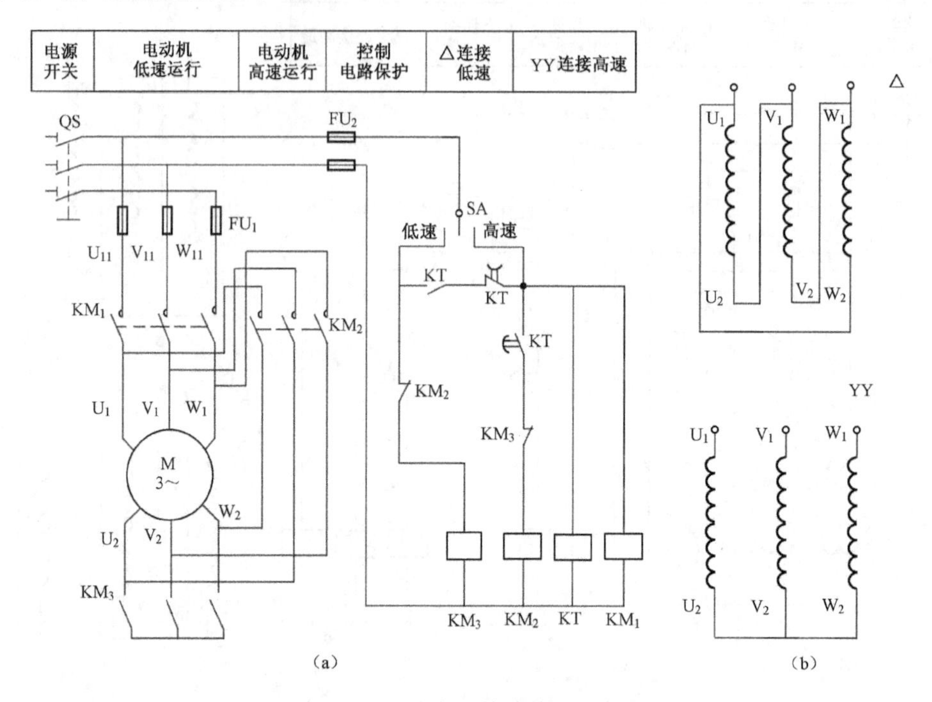

图 8.30 △改为 Y 接法的节能电路

2．转子回路串电阻调速

三相异步电动机的临界转差率 $S_m \propto R_2$，转子电阻 R_2 增大时，S_m 也增大，三相异步电动机的机械特性斜率就越大。绕线式三相异步电动机的机械特性随 R_2 变化的曲线如图 8.31 所示，在同样的负载转矩 T_L 下，不同转子回路的电阻有不同的转速。

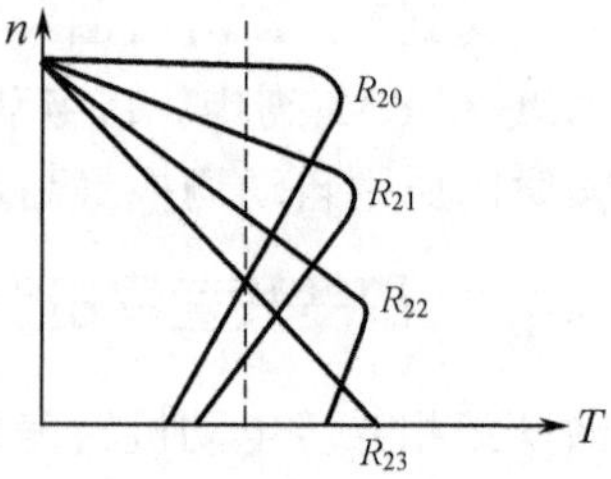

图 8.31 改变转子回路电阻的机械特性

8.4.4 变频调速

改变电源电压的频率也可改变三相异步电动机的同步转速（$n_1=60f/p$），从而达到调速的目的，目前采用较多的是半导体变频器。

1．无正、反转功能的变频器实现正、反转功能的电路

图 8.32 是一个没有正、反转功能的变频器实现正、反转功能的电路图，它是将变频器输出的三相电压采用接触器方式，改变相序，达到改变转向的目的。按下正转按钮 SB_2，使中间继电器 KA_1 有电，将模拟输入量端短接，同时使 KT 得电。KT 的瞬时闭合动合触点闭合，与 KA_1 共同作用，使 KM_1 有电，其主触头闭合，电动机正转。改变输入给定电位器 RP 就可改变变频器的输出频率，进行正转调速。当要进行反转调速时，若是静止状态，则按下反转

按钮 SB_3，其动作过程与正转一样，只是把 KA_1 改为 KA_2、KM_1 改为 KM_2。若电动机处于正转状态，应先按下停止按钮 SB_1，使 KA_1 断电，KA_1 的动合触点断开，使 KT 失电。KT 断电延时，其动合触点延时断开，这时 KM_1 仍然有电，接通电动机。而 KA_1 也断开，其模拟量输入端断开，变频器进入能量回馈制动阶段。当转速下降时，KT 的延时时间到，其

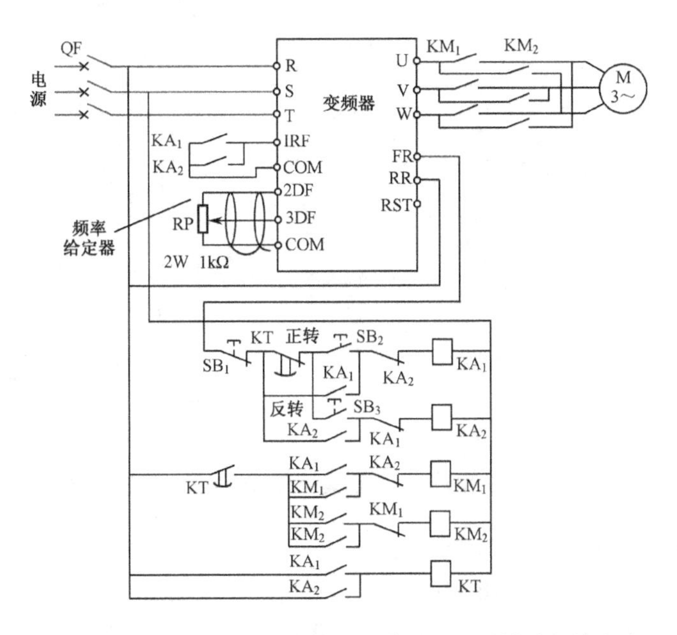

图 8.32　无正、反转功能的变频器实现正、反转功能的电路

动合触点断开，使 KM_1 断电，电动机脱离变频器，而 KT 的动断触点闭合。按下反转按钮 SB_3，使 KA_2 得电，接通模拟量输入端，同时使 KT 有电，瞬时闭合其动合触点，使 KM_2 得电，电动机接成反序，进行反转调速。

2. 具有点动控制的变频器电路

图 8.33 为具有点动控制的变频器电路。按要求调好点动控制要求的转速（即给定值）后，按下点动按钮 SB_3，就可进行点动控制。松开 SB_3，电动机即停转。

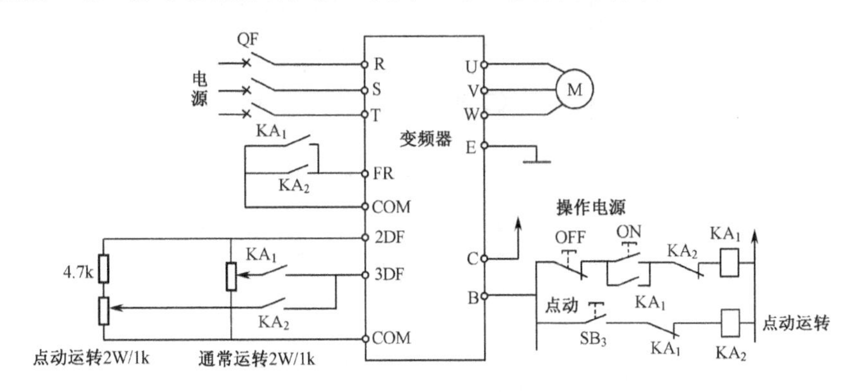

图 8.33　点动控制的变频器电路

3. 变频器三速控制电路

图 8.34 为变频器三速控制电路。按下 SB_1，使 KM 得电，接通变频器电源。KM 接通 R_1

进行自保，启动开关 SQ 合上，然后按拖动负载转动要求，扳动 SA 转换开关到所需的高、中、低挡，通过中间继电器 KA_1、KA_2、KA_3 给一个给定值，使电动机在对应的转速下运行。

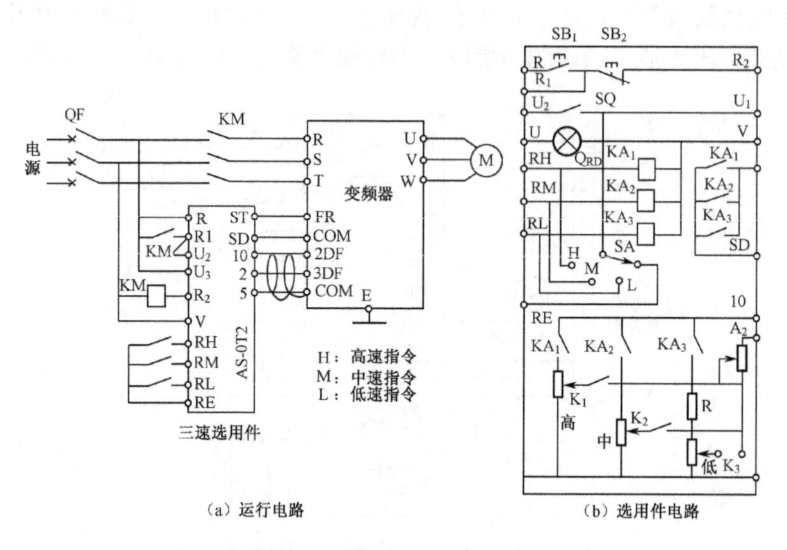

（a）运行电路　　（b）选用件电路

图 8.34　变频器三速控制电路

4．单台频率给定值的电动机同步运行电路

图 8.35 为单台频率给定值的电动机同步运行电路，供给多台变频器的给定值，以实现开环同步运行。该电路很简单，将多台频率给定值输入线并联，由单台给定电位器供给即可。

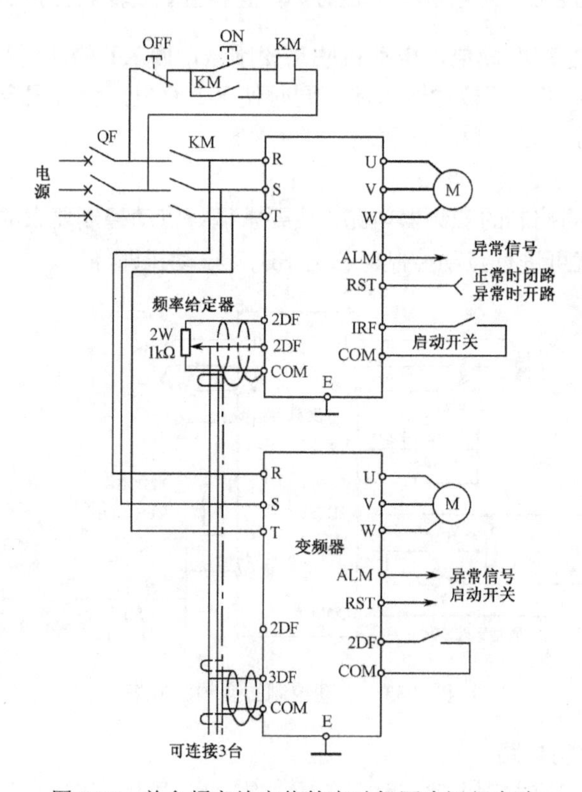

图 8.35　单台频率给定值的电动机同步运行电路

1. 填空题

（1）定子绕组串电阻降压启动是指在电动机启动时，把电阻串接在电动机________与________之间，通过电阻的分压作用，来降低定子绕组上的________，待电动机启动后，再将电阻________，使电动机在________下正常工作。

（2）三相笼型异步电动机串接电阻降压启动控制线路的启动电阻串接于________中，而绕线式异步电动机串接电阻降压启动控制线路的启动电阻串接于________中。

（3）三相笼型异步电动机常用的降压启动方法有________、________、________和________。

（4）Y-△降压启动是指电动机启动时，将定子绕组接成________，以降低启动电压，限制启动电流，待电动机启动后，再将定子绕组改接成________，使电动机全压运行。这种启动方法适用于在正常运行时定子绕组做________连接的电动机。

2. 判断题（正确的打√，错误的打×）

（1）降压启动的目的就是为了减小启动电压。（　　）

（2）降压启动导致电动机的启动转矩大为降低，所以降压启动需要在空载或轻载下启动。（　　）

（3）延边△降压启动时，电动机每相定子绕组承受的电压等于△连接时的相电压。（　　）

（4）Y-△降压启动只适用于正常工作时定子绕组做△连接的电动机。（　　）

（5）自耦变压器降压启动是指电动机启动时利用自耦变压器来降低加在电动机定子绕组上的工作电压。（　　）

（6）反接制动是依靠改变电动机定子绕组的电源相序来产生制动力矩的。（　　）

（7）在接触器正、反转控制线路中，若正转接触器和反转接触器同时通电会发生两相电源短路事故。（　　）

（8）反接制动就是改变输入电动机的电源相序，使电动机反向旋转。（　　）

（9）点动控制就是点一下按钮就可以启动并连续运转的控制方式。（　　）

3. 选择题

（1）自耦减压启动器是利用（　　）来进行降压的启动装置。

A．定子绕组串电阻　　B．延边△降压启动

C．自耦变压器　　D．Y-△降压启动

（2）—降压启动的目的是（　　）。

A．减小启动电流　　B．减小启动电压

C．增大启动电流　　D．增大启动电压

（3）定子绕组串接电阻降压启动是指在电动机启动时，把电阻串接在电动机定子绕组与电源之间，通过电阻分压作用降低定子绕组上的（　　）。

A．启动电流　B．启动电压　C．工作电流　D．工作电压

（4）手动控制自耦减压启动器降压启动线路中，保护装置有（　　）两种保护。

A．短路、过载　B．短路、欠压　C．欠压、过载　D．欠压、过电流

（5）自耦变压器降压启动的优点是（　　）可以调节。

A．启动电压和启动电流　B．启动电压和启动转矩

C．启动电流和功率　D．启动转矩和启动电流

（6）Y-△降压启动适用于电动机正常运行时，定子绕组做（　　）连接的电路。

A．Y或△　B．Y　C．Y和△　D．△

（7）Y-△降压启动方法只适用于（　　）下启动。

A．满载　B．过载　C．轻载或空载　D．任意条件

（8）按钮、接触器控制Y-△降压启动线路中使用了（　　）个接触器。

A．1　B．2　C．3　D．4

（9）（　　）属于机械制动。

A．电磁抱闸制动器　B．反接制动　C．能耗制动　D．电容制动

（10）反接制动是依靠改变电动机定子绕组的（　　）来产生制动力矩。

A．串接电阻　B．电源相序　C．串接电容　D．电流大小

（11）反接制动常利用（　　）在制动结束时自动切断电源。

A．时间继电器　B．速度继电器　C．压力继电器　D．中间继电器

（12）能耗制动是当电动机断电后，立即在定子绕组的任意两相中通入（　　）迫使电动机迅速停转的方法。

A．直流电　B．交流电　C．直流电和交流电　D．直流脉冲

4. 绘图题

（1）某生产机械要求由M_1、M_2两台电动机拖动，M_2应在M_1启动一段时间后才能启动，但M_1、M_2可以单独控制启动与停止，要求有短路和过载保护。试画出其控制电路图。

（2）有一台三相笼型异步电动机，其工作要求如下：① 电动机正、反转点动控制；② 两地控制；③ 有短路保护、过载保护和双重互锁保护。试画出符合要求的控制线路。

第9章 直流电动机控制线路

直流电动机具有启动转矩大、调速范围广、调速精度高、调速平滑性好和易实现无级调速等一系列优点，使得它在生产设备中得到广泛的应用，特别是在直流电力拖动系统中，有着不可代替的作用，如高精度金属切削机床、轧钢机、造纸机等。在要求有较宽调速范围和较快过渡过程的系统中（如龙门刨床的进给系统），在要求有较大启动转矩和一定调速范围的设备中（如电气机车、电车），都是使用直流电动机拖动的。

由于各种设备和系统的要求不同，因此对直流电动机的控制也就不同。从控制的角度出发，直流电动机可分成启动、制动、调速和保护等基本环节，这些环节也均由按钮、接触器、继电器等低压电器组成。

9.1 他励直流电动机启动控制

他励直流电动机的电枢绕组和励磁绕组必须有两个直流电源分别对它们进行供电，而且在他励直流电动机启动时，存在两个必须妥善解决的问题，其一是必须先给励磁绕组加上电压，然后才能给电枢加电压，否则会因为电枢回路没有反电动势平衡外加电源电压而使电枢绕组中出现远远大于其额定值的电流，极易烧毁电动机。其二是除非电动机容量很小，否则不允许全压启动。原因是刚启动瞬间转子转速为零，反电动势也为零，在额定电枢电压作用下，电枢电流可达到额定值的十几倍。所以，电枢电压必须分段、逐级增加，以免因过流而损坏电动机和其他设备。

他励直流电动机电枢电路串电阻降压启动是常用方法之一，在启动时，先串入电阻启动，然后随启动过程的进行逐级短接启动电阻，直到启动完毕。

1．他励直流电动机手动控制启动线路

图9.1为他励直流电动机使用三端启动器的工作原理图。图中经开关QS给电枢绕组和励磁绕组供电，电枢绕组串联几段启动电阻，励磁绕组串入电磁铁线圈。

线路工作原理为：合上QS后，将手柄从“0”位置扳到“1”位置，他励直流电动机开始串入全部电阻启动，此时因串入电阻最多，故能够将启动电流限制在比额定工作电流略大一些的数值上。随着转速的上升，电枢电路中反电动势逐渐加大，这时再将手柄依次扳到“2”、“3”、“4”和“5”位置上，启动电阻被逐段短接，电动机的转速不断提高。当手柄达到“5”位置时，电动机电枢绕组处于额定电压运行状态，启动工作结束。在“5”位置上，手柄被电磁铁吸持，即只有具备足够的励磁电流时，才能全压运行。这样，三端启动器还具有零励磁和欠励磁的保护功能。

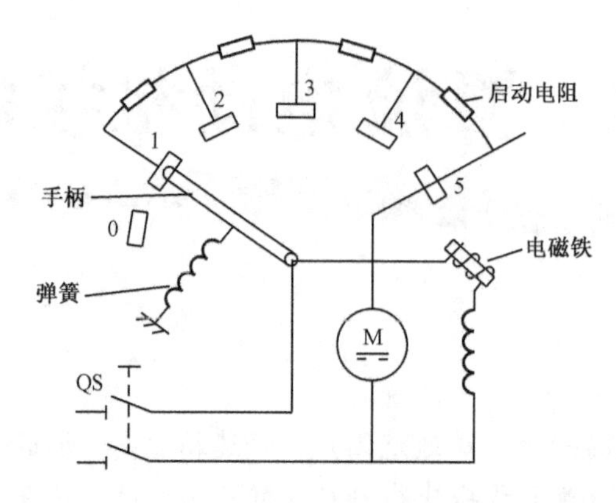

图 9.1　他励直流电动机使用三端启动器工作原理图

利用接触器构成的他励直流电动机启动控制线路如图 9.2 所示。图中电枢电路串入 R_1、R_2、R_3 电阻，接触器 KM_1、KM_2、KM_3 的主触点分别将它们短接。

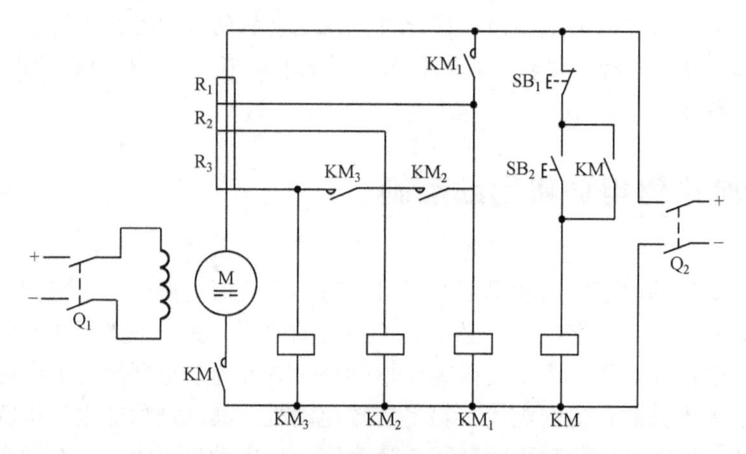

图 9.2　他励直流电动机降压启动控制线路

线路工作原理为：按下启动按钮 SB_2，接触器 KM 线圈得电，KM 自锁触点闭合，实现自锁。KM 串联在电枢电路，其动合触点闭合，电枢串入 R_1、R_2、R_3 电阻后接入直流电源，开始降压启动。随着电动机转速从零开始上升，接触器 KM_1 两端电压 $U_{KM1}=K\phi n+(R_2+R_3+R_a)I_a$ 也随之上升，当 U_{KM1} 达到接触器 KM_1 的动作值时，KM_1 动作，其动合触点闭合，将启动电阻 R_1 短接。电动机转速继续上升，随后 KM_2、KM_3 都先后达到动作值而动作，分别将 R_2、R_3 电阻短接。电动机转速达到额定值，电动机启动完毕，进入正常额定电压运转。工作原理可表述为：

Q_1^+ —— $SB_2^{\pm}$ —— $KM_{1自}^{+}$ —— M^+（串 R_1、R_2、R_3 启动）$\underline{n_2\uparrow、U_{KM_1}\uparrow}$ KM_1^+ — R_1^- $\underline{n_2\uparrow\uparrow、U_{KM_2}\uparrow}$

KM_2^+ —— R_1^- $\underline{n_2\uparrow\uparrow\uparrow、U_{KM_3}\uparrow}$ KM_3^+ —— R_3^- —— M^-（全压运行）

2．利用时间继电器自动控制他励直流电动机启动控制线路

图 9.3 是利用接触器和时间继电器配合他励直流电动机电枢串电阻降压启动控制线路。

图中 KT_1 和 KT_2 为断电型时间继电器，在开关 SQ_2 合上后，KT_1 和 KT_2 线圈得电，它们的动断触点立即断开，使接触器 KM_2、KM_3 线圈断电，于是与电枢串联的电阻 R_1、R_2 串入电路进行降压启动。线路工作原理为：

$$Q_2^+ \begin{cases} KT_1^+ — KM_2^-,\ KM_3^- \\ KT_2^+ — KM_3^- \end{cases} SB_2^{\pm} — KM_{1自}^+ — ①$$

$$① \begin{cases} M^+\ (串\ R_1、R_2\ 起动) \\ KT_1^- \xrightarrow{\Delta t_1} KM_2^+ — R_2(先切除R_2) — M^+(串\ R_1起动) \\ KT_2^- \xrightarrow{\Delta t_2} KM_3^+ — R_1^-(后切除R_1) — M^+(全压运行) \end{cases}$$

其中，$\Delta t_1<\Delta t_2$，即 KT_1 整定时间短，其触点先动作；KT_2 整定时间长，其触点后动作。

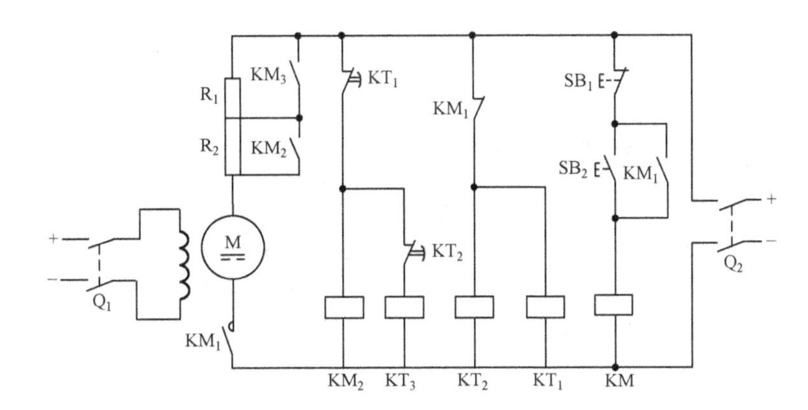

图 9.3 时间继电器控制他励直流电动机降压启动控制线路

图 9.3 所示控制线路和图 9.2 所示控制线路比较，前者不受电网电压波动的影响，工作的可靠性较高，而且适用于较大功率直流电动机的控制；后者线路简单，所使用元器件的数量少。

9.2 他励直流电动机正、反转控制

直流电动机正、反转控制可有两种方法实现：其一是改变励磁电流的方向，其二是改变电枢电流的方向。在实际应用中，改变励磁电流方向来改变电动机转向的方法使用较少，原因是励磁绕组的磁场在换向时要经过零点，极易引起电动机"飞车"，另外励磁绕组电感量较大，在换向时需要有一个放电过程。所以，通常都采用改变电枢电流方向的方法来控制直流电动机的正、反转。

1. 改变电枢电流方向控制他励直流电动机正、反转控制线路

图 9.4 所示为改变电枢电流方向控制他励直流电动机正、反转控制线路。图中电枢电路的电源由接触器 KM_1 和 KM_2 主触点分别接入，但其方向相反，从而达到控制正、反转的目的。线路工作原理为：

正转：$SB_2^{\pm}$ —— $KM_{1自}^{+}$ —— M^{+}（正转）

　　　　　　　　　　　　└ KM_2^{-}（互锁）

停车：$SB_1^{\pm}$ —— KM_1^{-} —— M^{-}（停车）

反转：$SB_3^{\pm}$ —— $KM_{2自}^{+}$ —— M^{+}（反转）

　　　　　　　　　　　　└ KM_2^{-}（互锁）

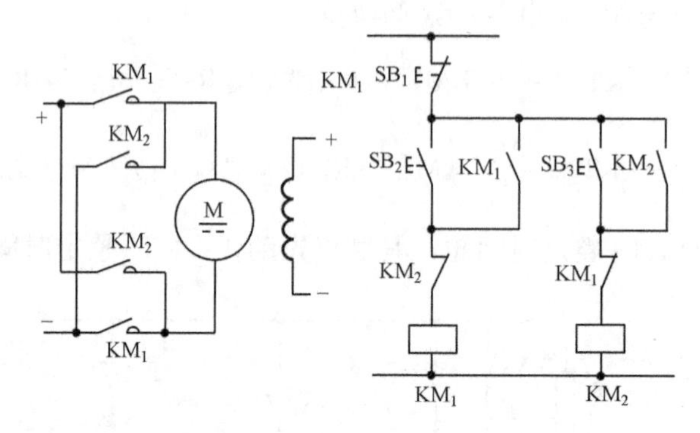

图 9.4　改变电枢电流方向控制他励直流电动机正、反转控制线路

图 9.5 为利用行程开关控制的他励直流电动机改变电枢电流正、反转启动控制线路。图中接触器 KM_1、KM_2 控制电动机正、反转，接触器 KM_3、KM_4 短接电枢启动电阻，行程开关 SQ_1、SQ_2 可替代正、反转启动按钮 SB_2、SB_3，实现自动往返控制，时间继电器 KT_1、KT_2 控制启动时间，分段短接启动电阻 R_1、R_2、R_3 为放电电阻，KA_1 为过电流继电器，KA_2 为欠电流继电器。

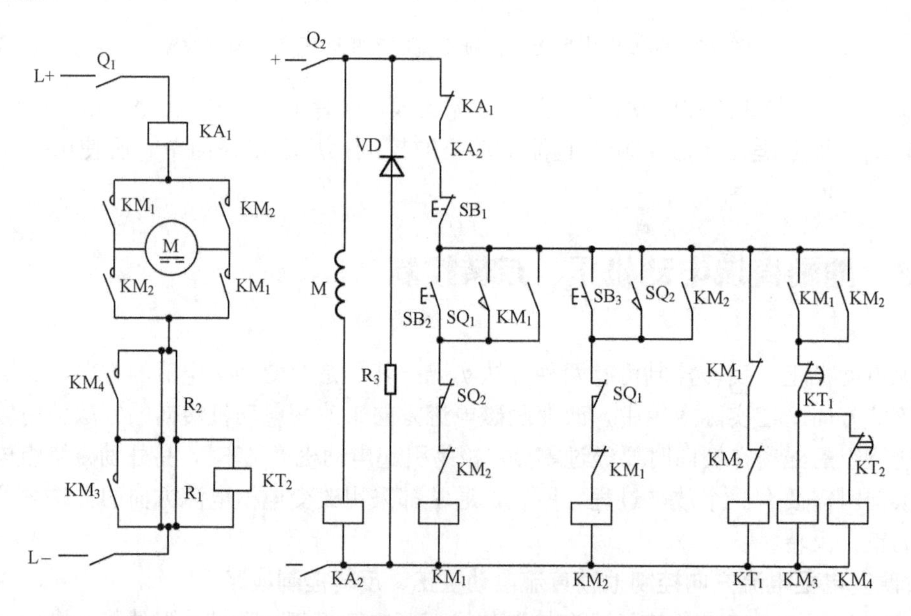

图 9.5　利用行程开关控制的他励直流电动机正、反转控制线路

线路工作原理为：接通电源后，按下启动按钮前，当励磁线圈中通过足够大的电流时，欠电流继电器 KA_2 得电动作，其动合触点闭合，使断电型时间继电器 KT_1 线圈得电，KT_1 动

断触点断开，接触器 KM_3、KM_4 线圈断电。

按下正转启动按钮 SB_2，接触器 KM_1 线圈得电，KM_1 自锁与互锁触点动作，实现对 KM_1 线圈的自锁和对接触器 KM_2 线圈的互锁。另外，KM_1 串联在 KT_1 线圈电路的动断触点断开，时间继电器 KT_1 开始延时。电枢电路 KM_1 动合触点闭合，直流电动机电枢电路串入 R_1、R_2 电阻启动。此时 R_1 两端并联的断电型时间继电器 KT_2 线圈得电，其动断触点断开，使接触器 KM_4 线圈无法得电。

随着启动的进行，转速不断提高，经过 KT_1 设置的时间后，KT_1 延时闭合动断触点闭合，因 KM_1 线圈得电后其动合触点也闭合，所以接触器 KM_3 线圈得电。电枢电路中的 KM_3 动合主触点闭合，短接掉电阻 R_1 和时间继电器 KT_2 线圈。R_1 被短接，直流电动机转速进一步提高，继续进行降压启动过程。时间继电器 KT_2 被短接，相当于该线圈断电。KT_2 开始进行延时，经过 KT_2 设置时间值，其触点闭合，使接触器 KM_4 线圈得电。电枢电路中 KM_4 的动合主触点闭合，电枢电路串联启动电阻 R_2 被短接。正转启动过程结束，电动机电枢全压运行。其反转启动过程与正转启动过程类似。

图 9.5 中的电动机拖动机械设备运动，在限位位置上压下行程开关 SQ_2，其动断触点断开，使接触器 KM_1 线圈断电，其动合触点闭合接通接触器 KM_2 线圈，电枢电路中的 KM_1 主触点断开，正转停止；KM_2 主触点闭合，反转开始。该电路由 SQ_1 和 SQ_2 组成自动往返控制，电动机的正、反转是由 KM_1 和 KM_2 主触点的闭合情况决定的。

过电流继电器 KA_1 线圈串入电枢电路，起过载保护和短路作用。过载（或短路）时，过电流继电器因电枢电路电流过大而动作，其动断触点断开，励磁和控制电路断电。

二极管 VD 和电阻 R_3 构成励磁绕组放电电路，防止励磁电流断电时产生过电压。欠电流继电器 KA_2 线圈串联在励磁绕组中，当励磁电流不足时，KA_2 首先释放，其动合触点恢复断开，切断控制电路，达到欠磁场保护作用。

2. 改变励磁电流方向控制他励直流电动机正、反转控制线路

改变励磁电流、改变直流电动机转向时，必须保持电枢电路方向不变，其控制线路如图 9.6 所示。图中 KM_1、KM_2 主触点的通断决定电流流入励磁绕组的方向，从而确定电动机的转向。线路工作原理与图 9.4 改变电枢电流方向控制他励直流电动机正、反转控制线路基本一致。

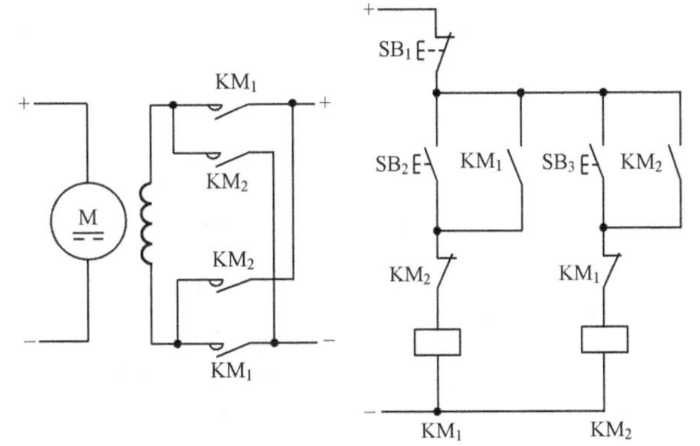

图 9.6 改变励磁电流控制线路

9.3 直流电动机制动控制

与交流电动机一样，直流电动机也可以采用机械制动或电气制动。电气制动就是使电动机产生的电磁转矩与电动机旋转方向相反，使电动机转速迅速下降。电气制动的特点是：产生的转矩大，易于控制，操作方便。他励直流电动机的电气制动方法有反接制动、能耗制动等。

1．反接制动控制线路

反接制动的工作原理与交流电动机反接制动的原理基本一致。将正在运转的直流电动机的电枢两端突然反接，但仍然维持其励磁电流方向不变，电枢将产生反向力矩，强迫电动机迅速停转。

直流电动机单向反接制动线路如图 9.7 所示。图中接触器 KM_1 控制电动机正常运转，接触器 KM_2 控制电动机反接制动，电枢电路中的 R 为制动限流电阻，其作用是减小过大的反接制动电流，因为此时电枢电路的电流值是由电枢电压和反电动势之和建立的。

线路工作原理为：按下启动按钮 SB_2，接触器 KM_1 线圈得电，其自锁和互锁触点动作，分别对 KM_1 线圈实现自锁、对接触器 KM_2 线圈实现互锁。电枢电路中的 KM_1 主触点闭合，电动机电枢接入电源，电动机运转。

按下制动按钮 SB_1，其动断触点先断开，使接触器 KM_1 线圈断电，解除 KM_1 的自锁和互锁，主回路中的 KM_1 主触点断开，电动机电枢惯性旋转。SB_1 的动合触点后闭合，接触器 KM_2 线圈得电，电枢电路中的 KM_2 主触点闭合，电枢接入反方向电源，串入电阻进行反接制动。

反接制动必须在转速为零时切断制动电源，否则会引起电动机反向启动。为此，和异步电动机反接制动一样，采用与电枢同轴的速度继电器（图中未画出）控制。这样制动的准确性比手动控制大为提高。另外，反接制动过程中冲击强烈，极易损害传动零件。但反接制动的优点也十分明显，即制动力矩大，制动速度快，线路简单，操作较方便。鉴于反接制动的这些特点，反接制动一般适用于不经常启动与制动的场合。

2．能耗制动控制线路

能耗制动是将正在运转的电动机电枢从电源上断开，串入外接能耗制动电阻后，再与电枢组成回路，并且维持原来的励磁电流，使机械系统和电枢的惯性动能转换成电能，消耗在电枢和外接电阻上，迫使电动机迅速停止转动。

直流电动机的能耗制动控制线路如图 9.8 所示。电枢电路中的 KM_2 动合触点在能耗制动时将制动电阻 R 接入电路。

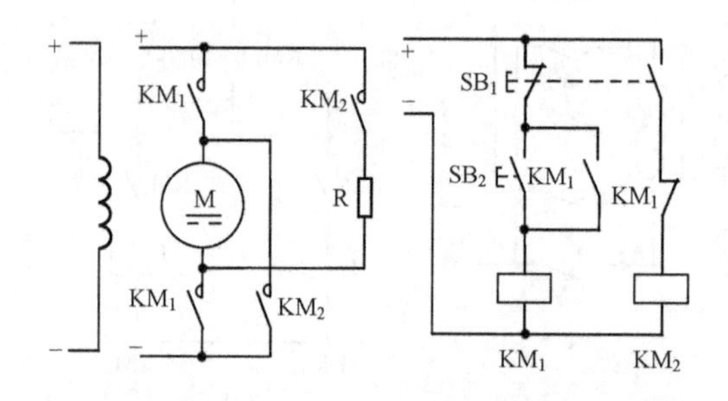

图 9.7　单向反接制动控制线路

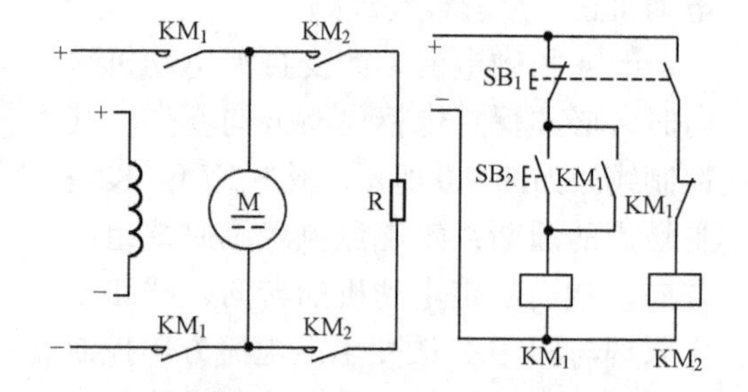

图 9.8　能耗制动控制线路

线路工作原理为：SB_2 为启动按钮，它可以接通接触器 KM_1 线圈。制动按钮 SB_1 按下时，接触器 KM_2 线圈得电，电枢电路中的电阻 R 串入，直流电动机进入能耗制动状态，随着制动的进行，电动机减速。

能耗制动所串入制动电阻大小的选择十分重要。若阻值选择较大，会导致制动电流小，制动缓慢；若阻值选择较小，则制动电流大，制动迅速，但其电流可能会超过电枢电路的允许值。一般情况下，按最大制动电流小于 2 倍额定电枢电流来选择较合适。

能耗制动的优点是：制动准确、平稳，能量消耗少。能耗制动的弱点是：制动力矩小，制动速度不快。

9.4　直流电动机的保护

直流电动机的保护是保证电动机正常运转，防止电动机或机械设备损坏，保护人身安全，所以直流电动机的保护环节是电气控制系统中不可缺少的组成部分。这些保护环节包括短路保护、过压和失压保护、过载保护、限速保护、励磁保护等。有些保护环节与交流异步电动机的保护环节完全一样。本节主要介绍过载保护和励磁保护。

1. 直流电动机的过载保护

直流电动机在启动、制动和短时过载时，电流会很大，应将其电流限制在允许过载的范围内。直流电动机的过载保护一般是利用过电流继电器来实现的，保护线路如图所示，图 9.9 中电枢电路串联过电流继电器 KA_2。

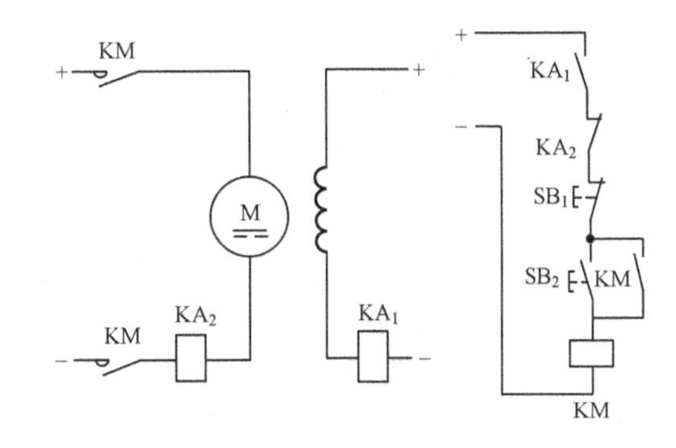

图 9.9　直流电动机的保护线路

线路工作原理为：电动机负载正常时，过电流继电器中通过的电枢电流正常，KA_2 不动作，其动断触点保持闭合状态，控制电路能够正常工作。一旦发生过载情况时，电枢电路的电流会增大，当其值超过 KA_2 的整定值时，过电流继电器 KA_2 动作，其动断触点断开，切断控制电路，使直流电动机脱离电源，起到过载保护的作用。

2. 直流电动机的励磁保护

直流电动机在正常运转状态下，如果励磁电路的电压下降较多或突然断电，会引起电动机的速度急剧上升，出现“飞车”现象。“飞车”现象一旦发生，会严重损坏电动机或机械设备。直流电动机防止失去励磁或削弱励磁的保护，是采用欠电流继电器来实现的，如图 9.9 所示。

图 9.9 中励磁电路串联欠电流继电器 KA_1，当励磁电流合适时，欠电流继电器吸合，其动合触点闭合，控制电路能够正常工作。当励磁电流减小或为零时，欠电流继电器因电流过低而释放，其动合触点恢复断开状态，切断控制电路，使电动机脱离电源，起到励磁保护的作用。

简答题

（1）他励直流电动机降压启动控制线路中启动电阻应如何串入电路？如何切除（短路）？
（2）他励直流电动机正、反转控制有哪两种方法可以实现？各有什么优缺点？
（3）直流电动机控制中有哪些保护？如何实现？

第10章　车床的电气控制

10.1　概述

10.1.1　机床电气线路的读图方法

金属切削机床是机械制造业的主要加工设备，它用切削的方法将金属毛坯加工成具有一定形状、尺寸和表面质量的机械零件。机床的品种和规格繁多，可按不同特性分类，最基本的是按机床的加工方式及其用途来分类。我国将机床共分成12大类，每一类中的机床按其结构、性能及工艺特点的不同，又细分成很多形式，如磨床类机床可分为平面磨床、外圆磨床、内圆磨床、导轨磨床等。

为了区别不同类型的机床，使用代号简明地表示机床的类型、主要技术参数、使用和结构特性等。我国机床的型号由汉语拼音字母和阿拉伯数字按一定规律排列组成。机床的分类代号有：

C——车床；Z——钻床；T——镗床；M——磨床；X——铣床……

机床通用特性代号有：

W——万能；Z——自动；B——半自动；H——自动换刀……

一般机床和机械装置电气线路图读图的基本方法如下。

① 了解机床设备的结构、动作过程及操作方法。对一些由机械运动引启动作的电气元件（如行程开关、传感器等），应注意其在机床上的安装位置及作用，通过电气线路图、元器件的明细表，了解接触器、继电器、开关、按钮的安装位置及作用。对于电子控制线路和测量电路、保护电路，应搞清其输入、输出信号及作用。

② 了解机床加工工艺及运动部件的动作情况。特别要分清该机床的主运动和辅助运动之间的关系，以及各种运动的动作顺序和控制顺序开始与结束的控制元件。

③ 根据机床的动作情况，结合机床结构，分步骤识读电气线路图。将主电路和控制电路分开看，先看主电路，再配合机械动作看控制电路。将控制电路划分成几个部分，逐步分析各部分电路的作用与原理。

④ 对于比较复杂的线路图，先找出其中的典型电路进行分析，再分析其辅助电路，然后分析整个电路的原理。

10.1.2　机床电气设备的日常维护和保养

1. 机床电气设备日常维护保养的必要性

机床电气设备在运行中常常会发生各种故障，轻者使机床停止工作，影响生产，重者还会造成事故。产生故障的原因是多方面的，有的是由于电气设备的自然寿命引起的；有相当部分的故障是由于忽视了对电气设备的日常维护和保养，致使小问题发展成大问题而造成的；还有的则是由于操作人员操作不当，或是维修人员维修时判断失误，修理方法不当而加重了故障、扩大了范围引起的。所以，为保证机床的正常运行，减少因电气设备故障进行修理的停机时间，从而减小对生产的影响，必须十分重视做好对机床电气设备的日常维护和保养工作，消除隐患，防止事故发生。同时，还应根据实际情况，储备必要的电器配件。

2．机床电气设备日常维护保养的主要内容和要求

机床电气设备主要是电动机、电器和线路，其维护保养的主要内容和要求如下。

（1）电动机部分

电动机是机床设备的主要动力源，一旦发生故障将使机床停止工作，而且电动机的修理往往既费事又费时，因此必须注意做好电动机的日常维护保养工作。

① 电动机应经常保持清洁，进、出风口必须保持畅通，不允许有任何异物进入电动机内部。

② 在正常运行时，电动机的负载电流不能超过其铭牌规定的额定值。同时，还应检查其三相电流是否平衡，三相电流的任何一相与三相的平均值相差不能超过10%。

③ 应经常检查电源电压、频率是否与铭牌值相符，并检查电源三相电压是否对称。

④ 经常检查电动机的温升有无超过规定值。三相异步电动机是根据其铭牌标注的绝缘等级来确定各部位的最高允许温度的，如表10.1所示。

表10.1 三相异步电动机的最高允许温度

电动机部位	允许温度/℃				
	A级	B级	C级	D级	E级
定子绕组或转子绕组	95	105	110	125	145
定子铁芯	100	115	120	140	165
滑环	100	110	120	130	140

注：用温度计测量法，环境温度+40℃。

⑤ 经常检查电动机运行时是否有不正常的振动、噪声、气味，有无冒烟，以及电动机的启动是否正常，若有不正常的现象，应立即停车检查。

⑥ 经常检查电动机轴承部位的工作情况，看其是否有过热、漏油现象，可用螺丝刀放在轴承部位用耳朵紧贴木柄听有无异常的杂音。轴承的振动和轴向移动应不超过规定值。还应检查电动机传动机械的运行是否正常，联轴器带轮或传动齿轮有无跳动。

⑦ 经常检查电动机的绝缘电阻，特别是对工作环境条件较差（如工作在潮湿、灰尘大或有腐蚀性气体的环境下）的电动机，更应加强检查。一般三相380V的电动机及各种低压电动机，其绝缘电阻≥0.5Ω，高压电动机的定子绝缘电阻≥1MΩ，转子绝缘电阻≥0.5MΩ。如果发现电动机的绝缘电阻低于规定标准，应采用烘干、浸漆等方法处理后，再测量其绝缘电阻，达到要求才能使用。

⑧ 检查电动机的引出线是否绝缘良好、连接可靠。检查电动机的接地装置是否可靠和完整。

⑨ 对绕线式异步电动机，应注意检查其电刷与集电环之间的接触压力、磨损情况及有无产生不正常的火花。一般电刷与集电环的接触面不应小于全面积的3/4；电刷压强应为15kPa～25kPa；刷握与集电环之间应有2～4mm的距离；电刷与刷握内壁应保持0.1～0.2mm的游隙。

如果发现有不正常的火花时，应清理集电环的表面，可用零号砂布均匀地磨平集电环的表面，并校正电刷压强到不产生火花为止。

⑩ 对直流电动机，应特别注意其换向器装置的工作情况，检查换向器表面是否光滑圆整，有无机械损伤或火花灼伤。

（2）电器及控制线路部分

① 随时保持机床电器所有外露部件处于良好的状态。检查电气柜，壁龛的门、盖、锁及门框周边的耐油密封垫是否保持良好，所有门、盖均应能严密关闭，不能有水、油污和灰尘、金属屑等入内；检查各部件之间的连接电缆及保护导线的软管，不得被冷却液、油污等腐蚀；机床的运行部件（如铣床的升降台、龙门刨床的刀架及悬挂按钮站等）连接电缆的保护软管，在使用一段时间后容易在其接头处产生脱落或散头的现象，使其中的电线裸露，应注意检查，发现后要及时修复，防止电线损坏造成短路事故；应经常擦拭电器控制箱、操纵台的外表，保持其清洁。特别是操纵台上一些主令电器的按钮和操纵手柄，如果经常有油污等进入，容易造成元件损坏运行失灵，因此应注意保持清洁。

② 对安装在电气柜、壁龛内的电器元件，为了安全和不影响机床的正常工作，不可能经常开门进行检查，但可以通过倾听电器动作时的声音来判定其工作是否正常：如电器工作正常，通电或断电时动作灵敏干脆，其声音清脆，在铁芯吸合时应无明显的交流声和杂音；当铁芯因各种原因吸合困难时，会产生振动发出噪声。如发现有可疑的不正常的声音，应立即停机检查。对这些电气柜、壁龛内的电器元件，更主要的是要做好定期的维护保养工作。维护保养的周期可根据机床电气设备的结构、使用情况及条件等来确定，一般可配合机床的一、二级保养同时进行电气设备的维护保养工作，配合机床的一级保养进行电气设备的维护保养工作。

金属切削机床的一级保养通常 2～3 个月进行一次，作业时间随机床复杂程度的不同一般在 6～12 个小时不等，这时可对机床电气柜内的电器元件进行保养工作：清扫电气柜内的灰尘和异物，注意有无损坏或将损坏的电器元件；整理内部接线，使之整齐美观，特别是经过应急修理后来不及整理的，应尽量恢复成原来的整齐状态；检查所有电器元件的固定螺钉，旋紧螺旋式熔断器；拧紧接线板和电器元件上的压线螺丝，保证所有接线头接触可靠，减小接触电阻；通电试车，检查电器元件的动作顺序是否正确、可靠。

金属切削机床的二级保养一般一年左右进行一次，作业时间为 3～6 天不等，这时可对机床电气柜内的电器元件进行的保养工作有：在机床一级保养时进行的各项保养工作，在二级保养时仍需进行；着重检查运行频繁且电流较大的接触器、继电器的触点，许多电器的触点采用银或银合金制成，这类触点即使表面被烧毛或凹凸不平，也不会影响触点的良好接触性，因此不需要进行修整，但如果是铜质触点则应用油光锉修平。另外，如果触点已严重磨损，则应更换新触点；检查发出动作时有明显噪声的接触器、继电器，如不能修复则应更换；校验热继电器的整定值是否适当；校验时间继电器的延时时间是否适当；检查各位置开关动作是否正常；检查各类信号指示装置和照明装置是否完好。

③ 保养时应注意下列事项。

• 对机床电气控制线路的各种保护环节（如过载、短路、过流保护等），在维护时不要随意改变其电器（如热继电器、低压断路器）的整定值和更换熔体。若要进行调整或更换，应按要求选配。

• 要加强在高温、霉雨、严寒季节对电气设备的维护保养。

- 在进行维护保养时，要注意安全，电气设备的接地或接零必须可靠。

10.1.3 普通车床的主要结构与运动形式

车床的应用极为普遍，在机床总数中占比重最大，是一种用途广泛的金属切削机床。车床主要用于加工各种回转表面（内、外圆柱面，圆锥面，成型回转面等）和回转体的端面。

车床加工所使用的刀具主要是各种车刀。此外，多数车床还可以采用钻头、扩孔钻、绞刀、丝锥、板牙等孔加工刀具和螺纹刀具进行加工。

普通车床的结构示意图如图 10.1 所示，主要由床身、主轴箱、进给箱、溜板箱、刀架和尾座等部件组成。主轴箱固定安装在床身的左端，其内装有主轴和变速传动机构。工件通过卡盘等夹具装夹在主轴的前端，由电动机经变速机构传动旋转，实现主运动并获得所需转速。在床身的右边装有尾座，尾座上装有后顶尖以支撑长工件的另一端，也可安装钻头等孔加工刀具以进行钻、扩、铰孔等加工。尾座可沿床身顶面的一组导轨（尾架导轨）做纵向调整移动，然后夹紧在需要的位置上，以适应加工不同长度工件的需要。尾座还可相对其底座在横向调整位置，以便车削锥度较小而长度较大的外圆锥面。刀架装在床身顶面的另外一组导轨（刀架导轨）上，它由几层溜板和方刀架组成，可带着夹持在其上的车刀移动，实现纵向、横向和斜向进给运动。刀架的纵、横向进给运动既可以机动，也可以手动，而斜向进给运动通常只能手动。机动进给时，动力由主轴箱经挂轮架、进给箱、光杠或丝杠、溜板箱传来，并由溜板箱控制进给运动的接通、断开和转换。

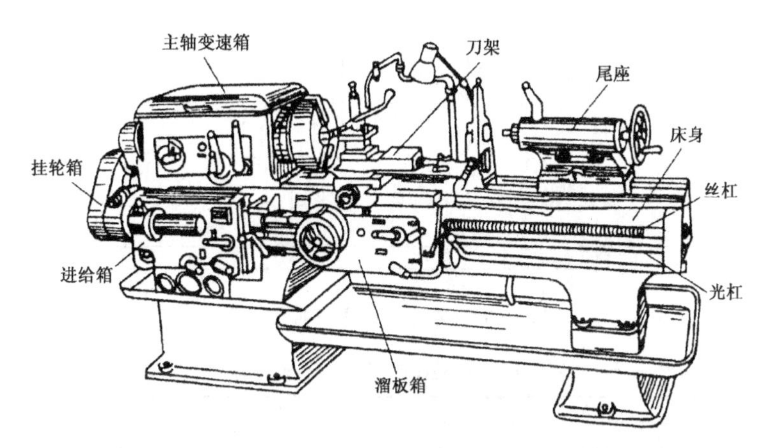

图 10.1 普通车床结构示意图

车床的主运动和进给运动示意图如图 10.2 所示。加工时通常由工件旋转形成主运动，刀具沿平行或垂直于工件旋转轴线移动，完成进给运动。与工件旋转轴线平行的进给运动称为纵向进给运动，垂直的称为横向进给运动。机床除主运动和进给运动之外的其他运动称为辅助运动，如刀架的快速移动、工件的夹紧和放松等。

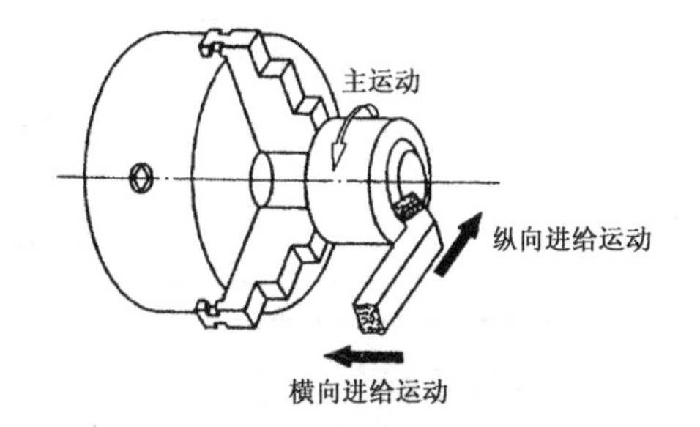

图 10.2 车床的主运动和进给运动示意图

车削加工一般不要求反转，只在加工螺纹时，为避免乱扣，要求反转退刀，再纵向进刀加工，这就要求主轴能够正、反转。刀架的纵向和横向进给运动都是直线运动，有手动和机动两种方式可供选用。

10.2 C620车床的电气控制

C620车床属于中小型车床，它对电气控制方面的要求不高。主轴的调速由主轴变速箱来完成，主轴拖动电机为三相笼型异步电动机，在电气上设有调速的要求。刀架移动和主轴的转动同为一台电机拖动，刀架利用走刀箱调节纵横走刀量。刀架移动和主轴转动是通过齿轮啮合控制的，有着严格的加工比例。由于加工时刀具温度升得过高，需要冷却液冷却，所以采用一台冷却泵电动机供给冷却液。C620车床电气控制线路如图10.3所示。表10.2为C620车床电气元件明细表。

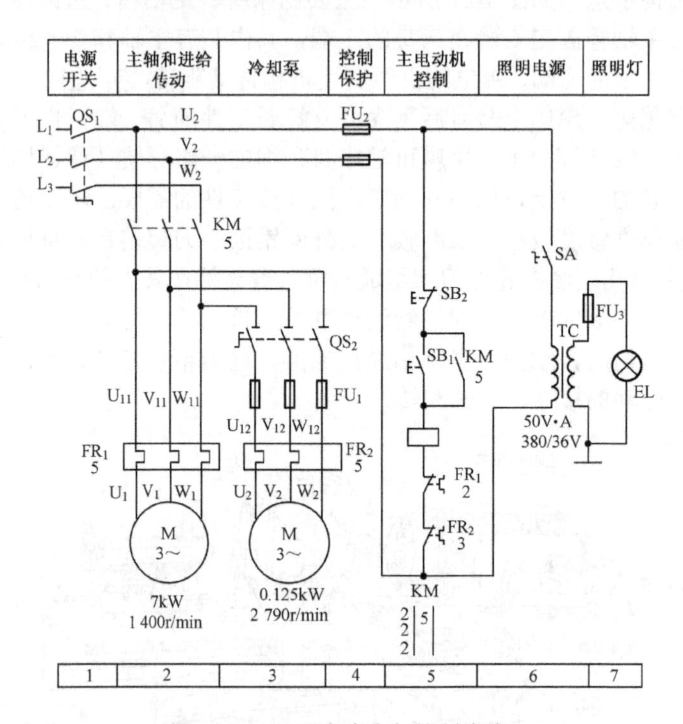

图10.3 C620车床电气控制线路

表10.2 C620车床电气元件明细表

文字符号	名称	型号	规格
M_1	电动机	J52-4	7kW，1 400r/min
M_2	电动机	JCB-22	0.125 kW，2 790r/min
KM	交流接触器	CJ0-20	380V
FR_1	热继电器	JR2-1	14.5A
FR_2	热继电器	JR-1	0.34A
QS_1	开关	HZ2-25/3	500V，10A
QS_2	开关	HZ2-10/3	2A
FU_1	熔断器	RM3-25	2A
FU_2	熔断器	RM3-25	1A
TC	变压器	RM3-25	380V/36V
SB_1	按钮	LA1-22K	
SB_2	按钮	LA4-22K	
SA	开关	HZ2-10/2	
EL	照明灯		40W，36V

1．主电路

机床电气控制线路中广泛使用电路编号法绘制，即对电路的各分支电路用数字编号来表示其位置，以便查找相对应的元件，数字编号按自左至右的顺序排列。图 10.3 共分 7 条支路，标在图的下端，图的顶端标出的是编号所对应分支电路的功能（如电源开关、主轴和进给传动、冷却泵、控制保护、主电动机控制、照明电源、照明灯）。

如果某些元件符号之间有相关功能或因果关系，要标出它们之间的关系。如接触器 KM 线圈下面，竖线的左边有 3 个“2”，表示在 2 号支路中有它的 3 副主触点；第二条竖线的左边有 1 个“5”，表示在 5 号支路里有 1 副动合辅助触点；右边空着，表示接触器 KM 没有使用触点。如果该处有数字“6”，则表示在 6 号支路中有 1 副动断辅助触点。在触点 KM 的下面有个“5”，表明它的线圈在 5 号支路中。

图 10.3 中主电路和控制电路均按电路功能编号，接触器触点的分布也已在接触器线圈下面注明，整个电路从左至右分为主电路、控制电路、照明电路。

M_1 为主轴电动机，在拖动主轴旋转的同时，通过进给机构实现车床的进给运动。主轴通过摩擦离合器实现正、反转。M_2 为冷却泵电动机，拖动冷却泵供给冷却液，降低加工时刀具的温度。冷却泵电动机必须在主轴电动机启动后才能启动，受开关 QS_2 控制。QS_1 为机床总电源开关。热继电器 FR_1、FR_2 分别对 M_1、M_2 电动机实现过载保护。FU_1 为冷却泵电动机短路保护。

2. 控制电路

由于电动机 M_1、M_2 容量都小于 10kW，因此宜采用全压直接启动，在电气上都是单方向旋转。照明电路由 380V/36V 变压器降压后供给照明灯 EL。

（1）启动

按下启动按钮 SB_2，接触器 KM 线圈得电，其自锁触点闭合实现自锁。主电路中的 KM_1 动合主触点闭合，电动机 M_1 得电启动并运转。

（2）停止

按下停止按钮 SB_1，控制电路断电，接触器 KM 线圈断电，主电路中的 KM 主触点复位，电动机 M_1 断电停止转动。

（3）保护

过载保护由热继电器 FR_1、FR_2 实现，无论哪台电动机出现过载情况，其相应热继电器的动断触点断开，控制电路断电而导致接触器 KM 线圈断电，主触点复位，电动机停转得到保护。控制电路短路保护由 FU_2 实现。由于线路中使用了接触器及自锁线路，因此具有欠压和失压保护。

（4）照明线路

照明的安全电压为 36V，所以使用变压器 TC 降压，用开关 SA 控制。照明电路保护由 FU_3 实现。照明电路必须可靠接地，以确保人身安全。

10.3 C650 车床的电气控制

C650 车床属于中型车床，除了有主轴电动机和冷却泵电动机外，还设置了一台功率为 2.2kW 的刀架快速移动电动机，由电磁离合器来控制溜板箱和中滑板的前、后、左、右运动。另外，C650 车床比 C620 车床增加了点动和多地点控制、可逆旋转（正、反转）及速度继电器配合时间继电器的反接制动等电路。C650 车床电气控制线路如图 10.4 所示，其中图 10.4（a）为主电路，图 10.4（b）为控制电路。表 10.3 为 C650 车床电气元件明细表。

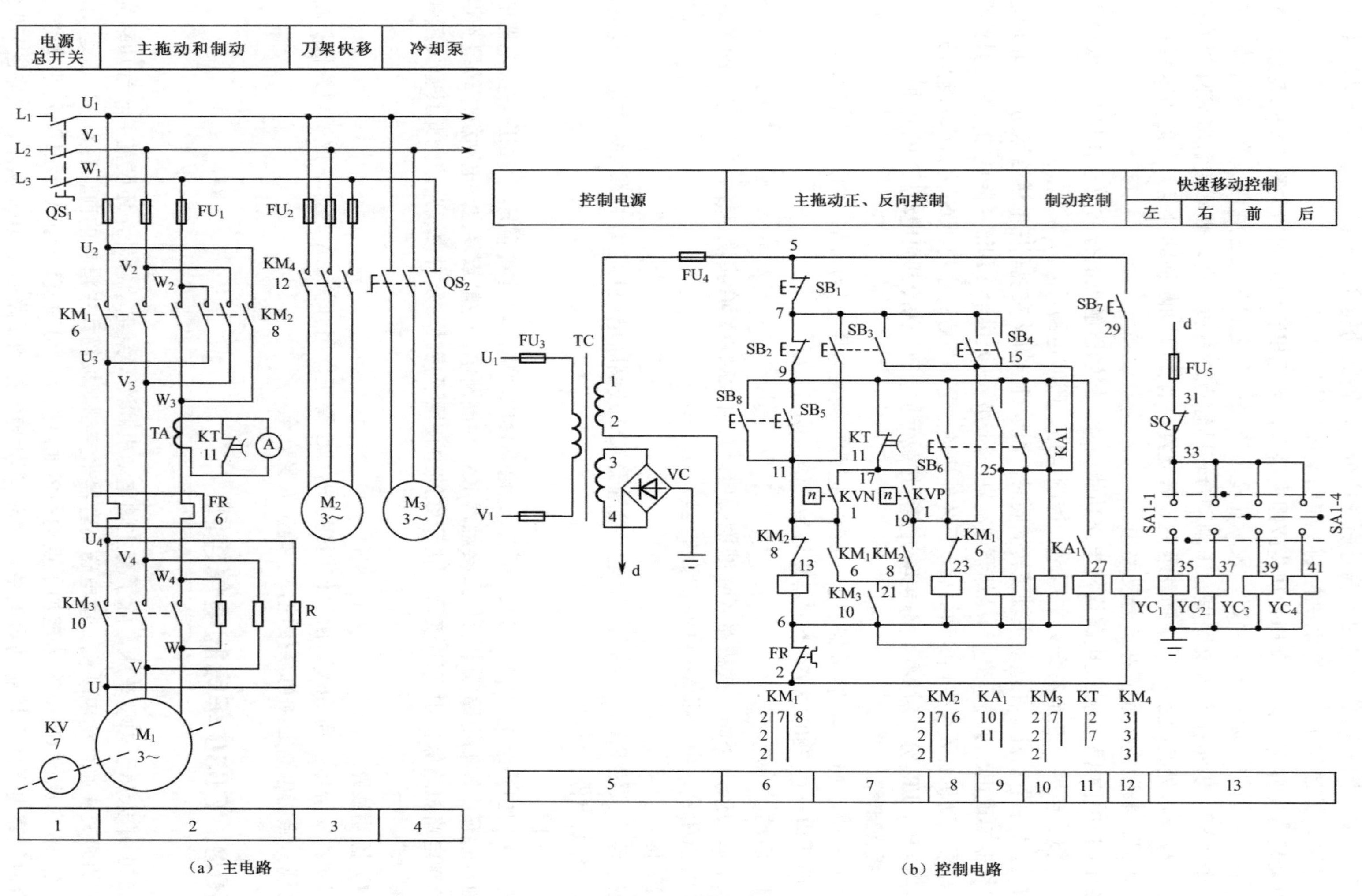

（a）主电路

（b）控制电路

图 10.4 C650 车床电气控制线路

表 10.3 C650 车床电气元件明细表

文字符号	名称	型号	规格
M_1	主轴电动机	JO2-72-4	30kW，1 470r/min
M_2	刀架快移电动机	JO2-31-4	2.2 kW，1 430r/min
M_3	冷却泵电动机	JCB-22	0.125 kW
KM_1、KM_2、KM_3	交流接触器	CJ0-75	75A，线圈电压 127V
KM_4	交流接触器	CJ0-10	10 A，线圈电压 127V
KA_1	中间继电器	JZ7-44	线圈电压 127V
KT	时间继电器	JS7-2	线圈电压 127V
TC	控制变压器	BK-400	400V·A，（380/127/36）V
TA	电流互感器	LQG-0.5	（75/5）A
QS_1	闸刀开关	HD9	380V，200A
QS_2	组合开关	HZ-10/3	
SA	十字开关		
SB_7	快速移动按钮	LA2	
SQ	限位开关	LX3-11H	
YC_1～YC_4	电磁离合器	DLMO	
SB_3、SB_5	正转按钮	LA8-1	
SB_4、SB_6	反转按钮	LA8-1	
SB_1、SB_2	停止按钮	LA2	
SB_8	点动按钮	LA2	
KV	速度继电器	JY1	
FR	热继电器	JB2-2	83 号热元件
FU_1	熔断器	RM1-100	100A
FU_2～FU_5	熔断器	RL-15	
VC	整流器		24V，1.2A

1. 主电路

C650 车床主轴电动机 M_1 的正、反转控制由接触器 KM_1、KM_2 主触点实现，反接制动接触器 KM_3 主触点断开时，电动机 M_1 串入电阻进行反接制动。电动机 M_2 为刀架快速移动电动机，由 KM_4 控制。电动机 M_3 为冷却泵电动机，由开关 QS_2 控制。

电动机 M_1、M_2 的短路保护由 FU_1、FU_2 实现。热继电器 FR 作为主轴电动机 M_1 的过载保护。电流表 A 的作用是监视主轴电动机 M_1 定子绕组的电流，将它通过电流互感器 TA 接入主电路。为了防止启动电流过大烧毁电流表，用时间继电器 KT 的延时断开动断触点和电流表 A 并联。限流电阻 R 除了限制制动电流外，还可以在点动时串入电路，防止因连续启动造成过大启动电流而使电动机过载。速度继电器 KV 与电动机同轴，其正、反转动合触点串联在控制电路。

2. 控制电路

主轴电动机 M_1 正、反转启动采用全压直接启动，点动时，串入电阻 R 降压启动与运行，可以获得低速运转，实现对刀的操作。M_1 的反接制动由速度继电器 KV 和时间继电器 KT 对其进行控制。进给电动机 M_2 的快速移动是与十字形开关配合完成的。

（1）主轴点动

按下点动按钮 SB_8，接触器 KM_1 线圈得电，主电路中的 KM_1 主触点闭合，主轴电动机 M_1 定子绕组串入限流电阻 R 接通电源，电动机转速因串入电阻而较低。这样非常便于低速下实现对刀的操作。在点动操作过程中，因为中间继电器 KA_1 和接触器 KM_3 的线圈都没有得电，所以接触器 KM_1 线圈无法自锁。松开 SB_8 按钮，接触器 KM_1 线圈断电，电动机定子绕组断电，电动机停转。

（2）主轴正转

按下正转启动按钮 SB_5（或 SB_3），接触器 KM_1、KM_3 和中间继电器 KA_1 线圈同时得电。

其自锁触点 KM_1（11-21）、KM_1（21-25）、KA_1（9-25）闭合，实现对接触器 KM_1、KM_3 和中间继电器 KA_1 的自锁。中间继电器 KA_1 动合触点 KA_1（9-27）闭合，时间继电器 KT 线圈得电，其延时断开动断触点此时不动作，保持闭合状态，将主电路中电流互感器副绕组中的电流表 A 短接，防止启动电流过大冲击电流表。主电路中 KM_1、KM_3 的主触点闭合，电动机 M_1 定子绕组接通正序电源，电动机正向启动并运转。正常运转后，时间继电器 KT 延时完毕，其动断触点断开，电流表 A 经电流互感器投入主电路进行测量。

随着正转启动转速不断升高，当转速上升到一定值时，速度继电器动作，其正转动合触点 KVP（17-19）闭合，为正转反接制动做好准备。

（3）主轴反转

主轴反转与主轴正转的控制基本一致。按下反转启动按钮 SB_6（或 SB_4），接触器 KM_2、KM_3 和中间继电器 KA_1 线圈同时得电。由 KM_2（19-21）、KM_3（21-25）、KA_1（9-25）触点实现自锁。由 KA_1（9-21）接通时间继电器 KT 线圈，由 KT 延时触点完成对电流表 A 运行时投入测量的控制。主电路中 KM_2、KM_3 的主触点闭合，电动机 M_1 定子绕组接入负序电源，电动机反向启动并运转。

由反向启动到运转，时间继电器和速度继电器都要动作，分别将电流表 A 投入测量和将反转动合触点 KVN（7-11）闭合，为反转反接制动做好准备。

（4）主轴反接制动

M_1 反接制动以电动机正转为例说明其工作原理。按一下停止按钮 SB_1（或 SB_2），原本得电的接触器 KM_1、KM_3 线圈和中间继电器 KA_1 线圈及时间继电器 KT 线圈全部断电，它们所有的触点都复位。尽管主电路电动机定子脱离了正序电源，但在惯性的作用下仍然以较高的转速旋转，则速度继电器 KVP（17-19）仍然保持接通状态。此时，接触器 KM_2 线圈经触点 KT（9-17）、KVP（17-19）、KM_1（19-23）得电，KM_2 的互锁触点 KM_2（11-13）断开，实现对 KM_1 线圈的互锁。主电路中 KM_2 的主触点闭合，电动机定子绕组接入负序电源，因为接触器 KM_3 线圈不得电，所以电动机串入电阻 R 进行反接制动，使电动机转速迅速下降。当转速下降到一定数值时，速度继电器的触点释放，其触点 KVP（17-19）断开，接触器 KM_2 线圈断电，主电路中 KM_2 的主触点复位，电动机定子绕组脱离电源，反接制动结束。

主轴电动机 M_1 反转时的反接制动与正转时反接制动的工作原理类似，不同之处是正转时接触器 KM_1 和速度继电器触点 KVP（17-19）对应，反转时接触器 KM_2 和速度继电器触点 KVN（17-11）对应。

（5）刀架快速移动

刀架快速移动由电动机 M_2 拖动，配合前、后、左、右方向移动的电磁离合器 YC 传动，实现各方向的快速移动，电动机 M_2 只做方向旋转。电磁离合器 YC 采用直流电源，由桥式整流电路供电，用十字形开关 SA 控制，当 SA 扳到所需移动方向时，相应的电磁离合器得电吸合，再按下快移按钮 SB_7，使接触器 KM_4 线圈得电，主电路中 KM_4 的主触点闭合，电动机 M_2 定子绕组接入电源，M_2 电动机启动并运转，拖动刀架移动装置快速移动。到位时，松开 SB_7，电动机 M_2 断电停转，刀架快移工作结束。

刀架快移电路中行程开关触点 SQ（31-33）的作用是对移动进行限位保护。另外，上、下、左、右任一方向快移结束后，应将十字形开关扳到中间继电器位置，以免电磁铁长时间通电。

（6）冷却泵控制

冷却泵电动机 M_3 由开关 QS_2 手动控制。

（7）主轴电动机负载检测及保护环节

C650 车床主轴电动机 M_1 的负载情况由电流表 A 检测。M_1 启动时，为防止启动电流的冲击，由时间继电器 KT 触点短接电流表 A，启动完成后，再将电流表投入测量。所以时间继电器 KT 的延时应略长于电动机 M_1 的启动时间。当 M_1 停车反接制动时，接触器 KM_3、中间继电器 KA_1、时间继电器 KT 的线圈都断电，由 KT 的触点瞬时闭合，将电流表 A 短接，使之不受反接制动电流的冲击。

第 11 章　磨床的电气控制

磨床是以磨料磨具（如砂轮、砂带、油石、研磨剂等）为工具进行切削加工的机床。它可以加工各种表面，如内外圆柱面和圆锥面、平面、螺旋面等，还可以进行切断等加工。

磨床加工的特点是比较容易获得高的加工精度和细的表面粗糙度，可以加工其他机床不能或很难加工的高硬度材料，但磨床的切削效率一般比其他机床低。

磨床的种类很多，根据用途和采用工艺方法的不同，大致可分为外圆磨床、内圆磨床、平面及端面磨床、导轨磨床、工具磨床，以及一些专用磨床等。

11.1　平面磨床的主要结构与运动形式

平面磨床的结构示意图如图 11.1 所示。

平面磨床主要用于磨削各种工件的平面，根据磨削方法和机床布局的不同，平面磨床的类型有 4 种，图 11.1 所示为卧轴矩台平面磨床。图中工作台只做纵向往复运动，而由砂轮架沿滑鞍上的燕尾导轨移动来实现周期性的横向进给运动；滑鞍和砂轮架一起可沿立柱导轨移动，做周期性的垂直进给运动。这类平面磨床工作台的纵向往复运动和砂轮架的横向周期进给运动，一般都采用液压传动。砂轮架的垂直进给运动一般是手动的。为了节省时间和减轻劳动强度，有些磨床具有快速升降机构，用以实现砂轮架的快速机动调位运动。磨床的工作台表面有 T 型槽，用以固定电磁吸盘，再通过电磁吸盘吸持加工工件。工作台的行程长度是通过调节安装在正面槽中工作台换向撞块的位置来实现的。

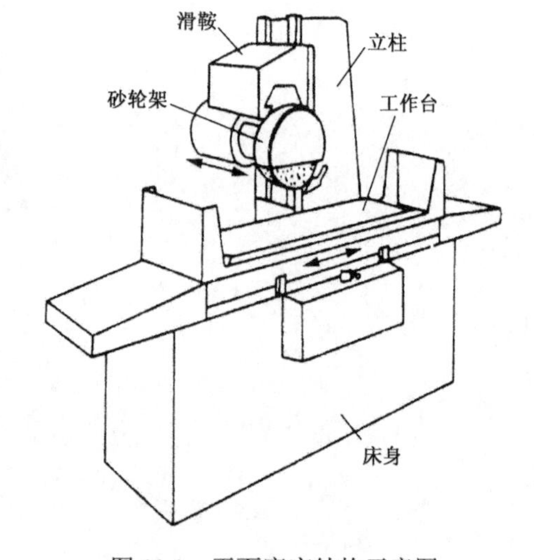

图 11.1　平面磨床结构示意图

卧轴矩台平面磨床的磨削方法如图 11.2 所示。工件安装在矩形工作台上，做纵向往复运动（s_1），用砂轮的周边进行磨削，由于砂轮宽度的限制，磨削时需要有沿砂轮轴线方向的横向进给运动（s_2）为了逐步地切除全部余量并获得所要求的工作尺寸，砂轮还须周期地沿垂直于被磨削表面的方向进给（s_3）。

卧轴矩台平面磨床加工时的运动情况如下。

主运动：砂轮的旋转运动。

进给运动：垂直进给运动，滑座在立柱上的上、下运动；横向进给运动，砂轮箱在滑座上的水平运动；纵向进给运动，工作台沿床身的往返运动。

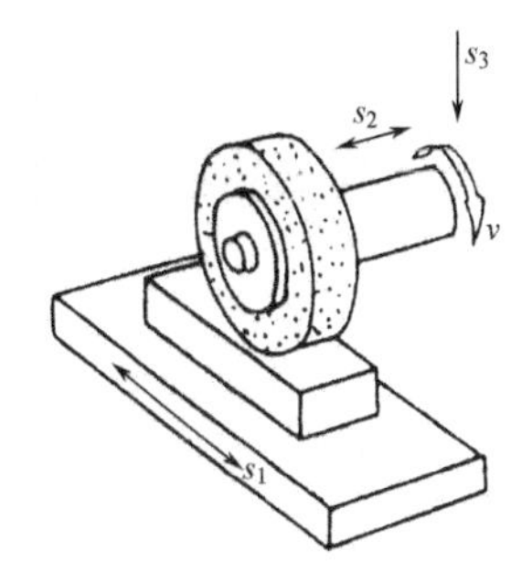

图 11.2 平面磨床的磨削方法

11.2 M7120 磨床的电气控制

M7120 平面磨床由 4 台电动机拖动，其电气控制线路分为电机控制线路、电磁吸盘控制线路和照明与信号电路。M7120 平面磨床的电气控制线路如图 11.3 所示，表 11.1 为其电气元件明细表。

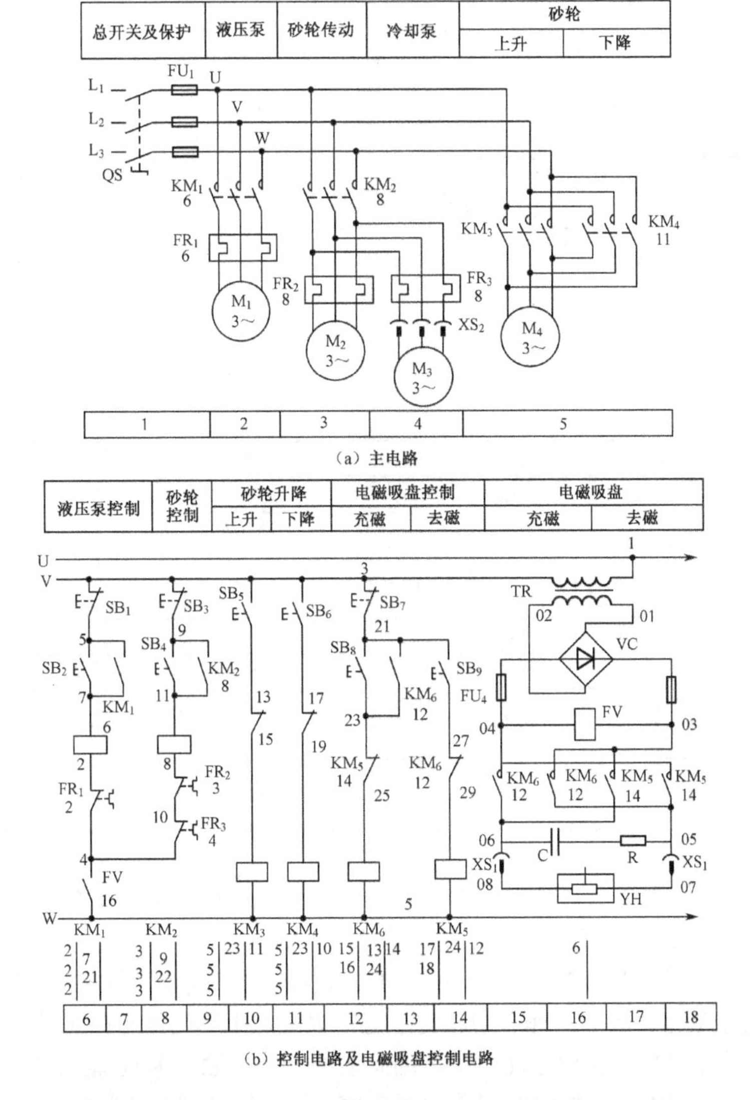

图 11.3

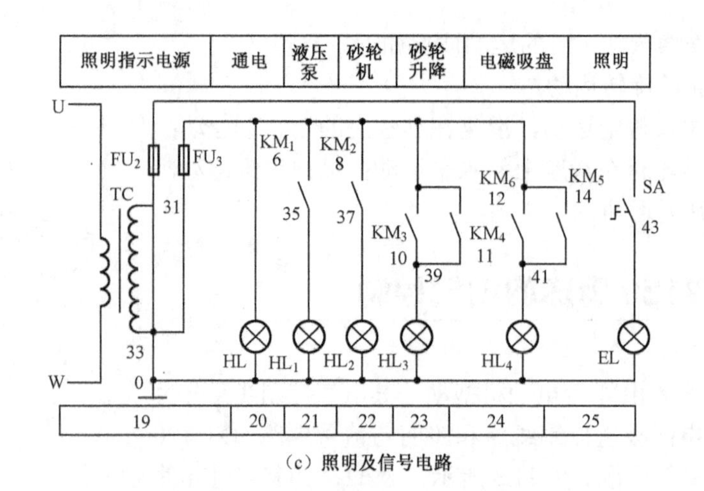

（c）照明及信号电路

图 11.3　M7120 平面磨床电气控制线路

表 11.1　M7120 平面磨床电气元件明细表

文 字 符 号	器 件 名 称	型　号	规　格
M_1	液压泵电动机	JJO2-21-4	1.1kW，1 410r/min
M_2	砂轮电动机	JO2-31-2	3kW，2 860r/min
M_3	冷却泵电动机	JB-25A	0.12 kW，2 870r/min
M_4	砂轮升降电动机	JO3-801-4	0.75kW，1 410r/min
KM_1～KM_5	交流接触器	CJ0-10	线圈 380V
FR_1	热继电器	JR10-10	2.71A
FR_2			6.16A
FR_3			0.47A
SB_1～SB_9	按钮	LA2	
TR	变压器	BK-150	（380/135）V
TC	变压器	BK-50	（380/36）V、6.3V
VC	整流器	4X2CZ11C	
FV	电压继电器		直流 110V
R	电阻		500Ω
C	电容		110V，5μF
YH	电磁吸盘	HD×P	110V，1.45A
FU_1	熔断器	RL1	60/25
FU_2～FU_4			15/2
QS	开关	HZ1-25/3	
SA			

1．主电路

M7120 平面磨床主电路有 4 台电动机，其中液压泵电动机 M_1 拖动高压液压泵提供压力油，液压系统传动机构完成工作台的往复运动及砂轮的横向进给运动；砂轮电动机 M_2 拖动砂轮旋转对工件进行磨削加工；冷却泵电动机 M_3 拖动冷却泵供给磨削时所需的冷却液；砂轮升降电动机 M_4 用于调整砂轮与工作台的相对位置，以便加工不同尺寸的工件。

由于 M_3 必须在 M_2 运转后才能启动，因此由同一个接触器 KM_2 动合主触点控制。M_4 有正、反转要求，分别由接触器 KM_3 和接触器 KM_4 的主触点控制。M_1 只需要单向旋转，由接

触器 KM_1 动合主触点控制。

长期工作的 M_1、M_2 和 M_3，分别由热继电器 FR_1、FR_2 和 FR_3 作为过载保护。M_4 工作时间很短，不需要过载保护。4 台电动机共用一组熔断器 FU_1 实现短路保护。

2. 控制电路

为了保证安全可靠，要求只有确保电磁吸盘吸牢工件，才能启动砂轮和液压系统，为此将欠电压继电器 FV 的动合触点 FV（4-6）串联于接触器 KM_1 和 KM_2 线圈电路，只有电源电压正常时，其动合触点才会闭合，才能启动液压泵电动机和砂轮电动机。

（1）液压泵电动机 M_1 的控制

如果电源电压正常，由变压器 TR 副方提供 135V 交流电压，经桥式整流器 VC 整流可得到 110V 直流电压，使欠电压继电器 FA 线圈得电，其动合触点 FA（4-6）闭合，将接触器 KM_1、KM_2 线圈电路接通。若电源电压偏低，欠电压继电器 FV 将其动合触点释放，接触器 KM_1、KM_2 线圈不能得电。

按下启动按钮 SB_2，接触器 KM_1 得电，自锁触点 KM_1（5-7）闭合，实现自锁，动合触点 KM_1（33-35）闭合，液压泵信号灯 HL_1 发光，指示液压泵启动运转。主电路 KM_1 的主触点闭合，电动机 M_1 定子绕组接通电源，液压泵电动机 M_1 启动并正常运转。按下停止按钮 SB_1，接触器 KM_1 线圈断电，液压泵电动机 M_1 停转。

（2）砂轮电动机 M_2 和冷却泵电动机 M_3 的控制

在电压继电器 FV 得电吸合后，按下启动按钮 SB_4，接触器 KM_2 线圈得电，自锁触点 KM_2（9-11）闭合。砂轮机信号灯 HL_2 发光，指示砂轮机启动运转。主电路中的 KM_2 主触点闭合，电动机 M_2 定子绕组接通电源，砂轮电动机 M_2 启动并正常运转。

按下停止按钮 SB_3，接触器 KM_2 线圈断电，砂轮电动机 M_2 停转。

冷却泵电动机 M_3 在插上插头 XS_2 后，与砂轮电动机 M_2 同时启动、停止。如果不需要冷却液，可以拔下 XS_2 插头。

（3）砂轮升降电动机 M_4 的控制

砂轮升降电动机 M_4 采用点动控制，是因为 M_4 电动机只在调整工件与砂轮间相对位置时使用，没有使用自锁触点。按下启动按钮 SB_5，接触器 KM_3 线圈得电，主电路中的 KM_3 主触点闭合，电动机 M_4 接通正序电源正转，砂轮上升。当砂轮上升到指定位置时，松开 SB_5，因 KM_3 线圈没有自锁，所以断电，电动机 M_4 停转，砂轮停止上升。

砂轮下降用 SB_6 控制，接通接触器 KM_4，电动机 M_4 接通负序电源反转。接触器 KM_3 和 KM_4 必须互锁，防止它们同时得电，造成电源短路。

3. 电磁吸盘

为了适应磨削小工件的需要，也为了工件在磨削过程中受热能自由伸缩，采用电磁吸盘来吸持工件，它是一种固定加工工件的工具。

（1）电磁吸盘的结构与工作原理

电磁吸盘的结构如图 11.4 所示，其外壳和盖板是钢制箱体，箱内安装一些套上电磁线圈的芯体，钢盖板上与芯体对应的部分都由隔磁材料隔成多个小块。当线圈通上直流电后，芯体被磁化而形成磁场，磁场

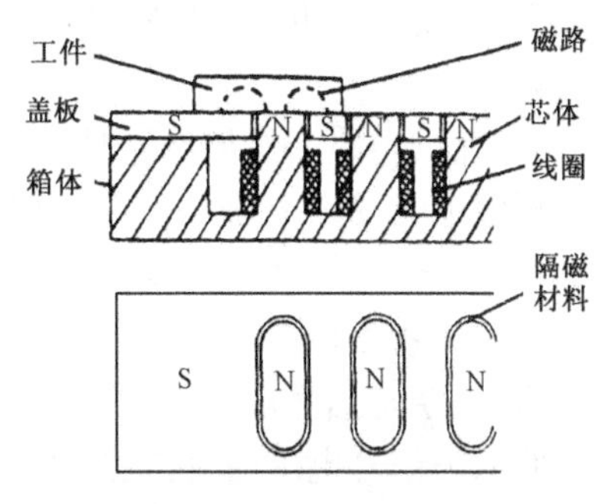

图 11.4 电磁吸盘结构

在面板上形成磁极（N 极和 S 极），将工件放在磁极中间，磁通将以芯体和工件作为回路，磁路就构成闭合回路，所以将工件牢牢吸住。

电磁吸盘与机械夹紧装置相比，其优点是操作快捷，不伤工件并能同时吸持多个小工件，在加工过程中工件发热可以自由伸缩。存在的主要问题是要使用直流电源和不能吸持非磁性材料工件。

（2）电磁吸盘 YH 的控制

电磁吸盘 YH 是由桥式整流电路 VC 供给直流电源的，其电压为直流 110V；由按钮 SB_7、SB_8、SB_9 和接触器 KM_5、KM_6 组成控制电路。工作原理如下。

① 充磁。当电磁吸盘需要吸持工件时，按下充磁按钮 SB_8，接触器 KM_6 线圈得电，其自锁触点 KM_6（21-23）闭合，实现自锁。互锁触点 KM_6（27-29）断开，实现对接触器 KM_5 的互锁。电磁吸盘电路中的 KM_6（04-06），KM_6（03-05）闭合，接通充磁电路。充磁电流路径为：

VC→FU_4→KM_6（03-05）→XS_1→YH→XS_1→KM_6（06-04）→FU_4→VC（-）

充磁电流作用于电磁吸盘 YH 产生磁场，吸牢工件，进行磨削加工。加工完毕后，取下工件前先按下停止充磁按钮 SB_7，使接触器 KM_6 断电释放，切断充磁电路。如果吸盘和工件的剩磁使得难以取下工件，这时必须对吸盘和工件进行去磁。

② 去磁。去磁时按下去磁按钮 SB_9，接触器 KM_5 线圈得电，其电磁吸盘电路主触点 KM_5（03-06），KM_5（04-06）闭合，接通去磁电路。去磁电流路径为：

VC（+）→FU_4→KM_5（03-06）→SX_1→YH→XS_1→KM_5（05-04）→FU_4→VC（-）

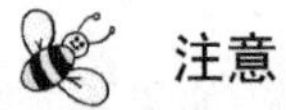

注意

去磁电流流入电磁吸盘的方向（08-07）和充磁电流流入的方向（07-08）相反，产生反向磁通抵消吸盘和工件的剩磁。若去磁时间过长，可能会导致反方向充磁，吸盘和工件反向磁化，因此去磁按钮 SB_9 采用点动控制不准自锁。SB_9 按下多长时间合适，应根据工件大小、材料性质，再经过操作者几次实践，便可以掌握其规律。

③ 放电回路。与电磁吸盘 YH 并联的 RC 支路构成电磁吸盘线路的放电回路。电磁吸盘在充磁过程中，线圈内储存了大量磁场能量。当电磁吸盘线圈断电时，因吸盘线圈电感量较大，所以会在其两端感应很高的自感电动势，极易击穿吸盘线圈和损坏其他电器。为了消除这种危害，在线圈两端连接上 RC 放电支路，当电磁吸盘线圈断电时，通过 R 和 C 进行放电。实际上，调整 R 和 C 的参数，可使 R、C、L 组成一个衰减的振荡电路来消耗电感放电的能量。

④ 保护电路。保护电路是一种失磁保护，当线圈电压下降幅度超过一定数值或为零时，欠电压继电器 FV 释放，其动合触点复位，从而切断液压泵、砂轮机、冷却泵控制电路，使电动机 M_1、M_2 和 M_3 全部停转，以防止电磁吸盘因电压下降造成吸力不足，或电压为零造成无吸力而导致工件被砂轮抛出，造成事故。

4．照明与信号电路

照明与信号电压由变压器 TC 降压后提供 36V 和 6.3V 两组电压，分别供给照明灯和信号灯。它们的短路保护由 FU_2、FU_3 实现。照明灯由开关 SA 控制，信号灯由相应的接触器动合触点控制。各信号灯作用为：

HL亮，电源正常指示；

HL_1亮，液压泵正在工作；

HL_2亮，砂轮机正在工作；

HL_3亮，砂轮在上、下移动；

HL_4亮，工作台电磁吸盘在充、去磁。

11.3　M1432万能外圆磨床的电气控制

万能外圆磨床主要用于磨削外圆柱面、外圆锥面，磨削台端面和内孔等。M1432万能外圆磨床的结构如图11.5所示。被加工工件支承在头、尾顶尖上，或夹持在头架主轴上的卡盘中，由头架上的传动装置带动旋转。尾架在工作台上可左右移动调整位置，以适应装夹不同长度工件的需要。工作台由液压传动床身导轨往复移动，使工件实现纵向进给运动；也可用手轮操纵，做手动进给或调整纵向位置。工作台由上、下两层组成，上部（上工作台）可相对于下部（下工作台）在水平面内偏转一定角度（一般不超过±10°），以便磨削锥度不大的圆柱面。装有砂轮主轴及其传动装置的砂轮架安装在床身顶面后部的横向

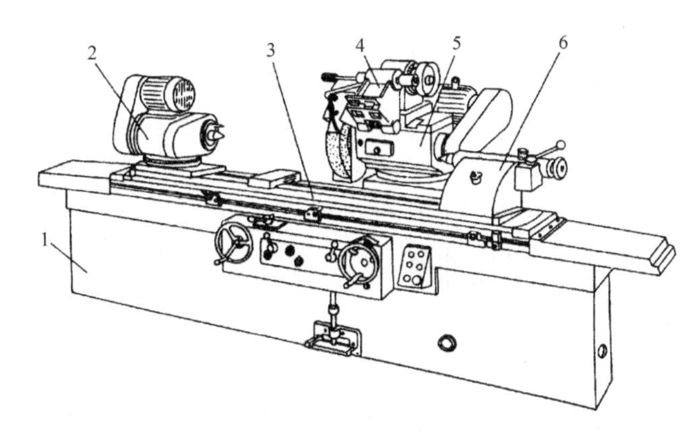

1—床身；2—头架；3—工作台；4—内磨装置；5—砂轮架；6—尾架

图11.5　M1432万能外圆磨床结构

导轨上，利用横向进给机构可实现周期性的或连续性的进给运动以及调整位移。为便于装卸工件和进行测量，砂轮架还可做短距离的横向快速进退运动。装在砂轮架上的内磨装置装有供磨削内孔用的砂轮主轴。万能外圆磨床的砂轮架和头架，都可绕垂直轴线转动一定角度，以便磨削锥度较大的圆锥面。

外圆磨床的磨削方法如图11.6所示。图11.6（a）对应的是纵磨进给运动：工件旋转——圆周进给运动s_1，工件沿其轴线往复移动——纵向进给运动s_2，在工件（或砂轮）每一纵向进行或往复行程终了时，砂轮周期性地做一次横向进给运动s_3，全部余量在多次往复行程中逐步磨去。图11.6（b）为切入磨法，工件只做圆周进给运动而无纵向进给运动，砂轮则连续地做横向进给运动s_3，直到磨去全部余量，达到所要求的尺寸为止。图11.6（c）为砂轮端磨削工件的台肩端面，磨削时工件转动并沿其轴线缓慢移动，完成进给运动。

万能外圆磨床加工时的运动情况如下。

主运动：砂轮架（或内圆磨具）带动砂轮高速旋转，头架主轴带动工件做旋转运动。

进给运动：工作台纵向（轴向）往复运动，砂轮架横向（径向）进给运动。

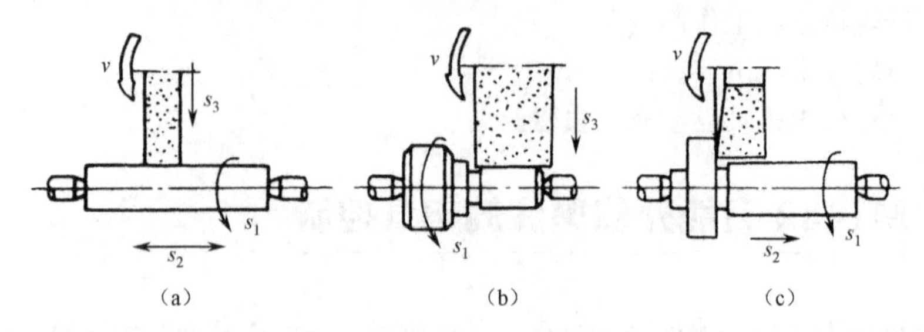

图 11.6 外圆磨床的磨削方法

辅助运动：砂轮架快速进退运动。

M1432 万能外圆磨床的内圆磨削和外圆磨削分别由两台电动机拖动，它们之间有互锁。砂轮电动机只需单方向旋转，无反转要求。工作台轴向移动和砂轮架快速移动采用液压传动，其原因是要求平稳和无级调速。在内圆磨头插入工件时，不允许砂轮架快速移动。M1432 万能外圆磨床的电气线路如图 11.7 所示，表 11.2 为其电气元件明细表。

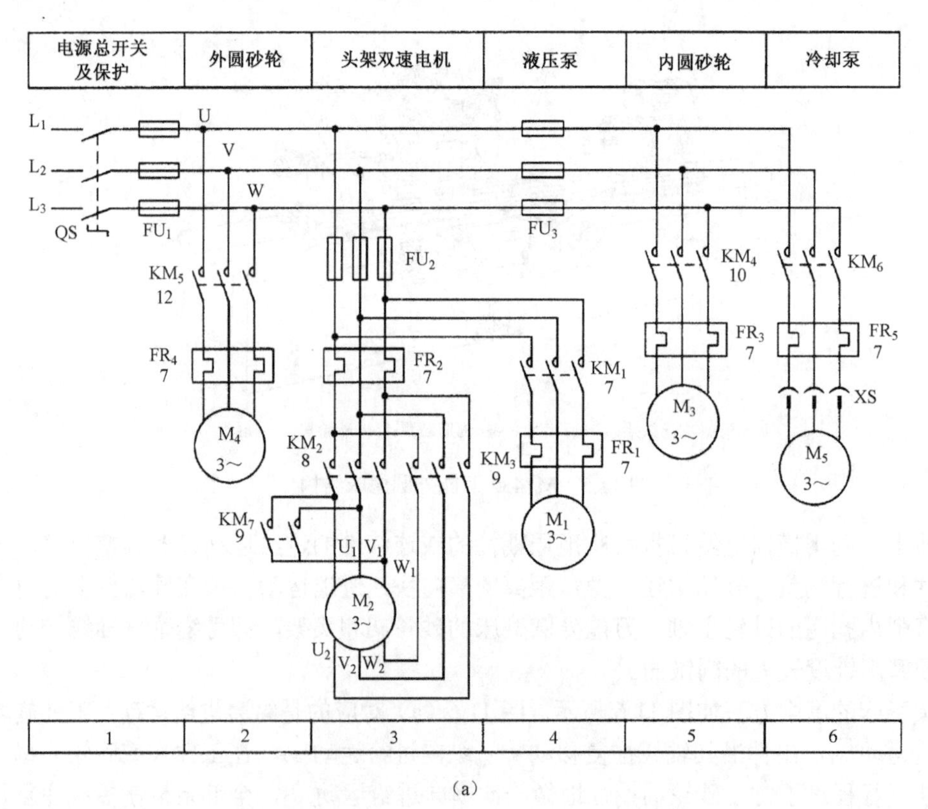

（a）

图 11.7

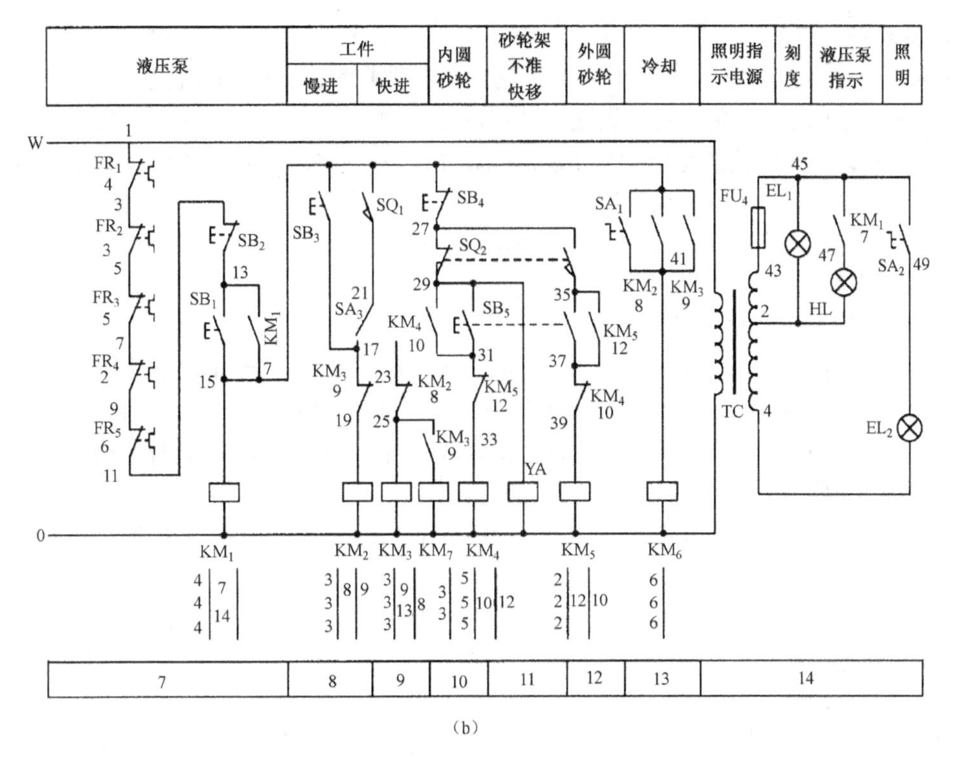

(b)

图 11.7　M1432 万能外圆磨床电气线路

表 11.2　M1432 万能外圆磨床电气元件明细表

文字符号	器件名称	型　号	规　格
M_1	液压泵电动机	JO3-801-4/72	0.75kW
M_2	头架电动机	JO3-90S-8/4	（0.37/0.75）kW
M_3	内圆砂轮电动机	JO3-801-2	1.1 kW
M_4	外圆砂轮电动机	JO3-112S-4	4kW
M_5	冷却泵电动机	DB-25A	0.12kW
KM_1～KM_7	交流接触器	CJ0-10	10A，220V
FR_1	热继电器	JR10-1L	2A
FR_2			1.6A
FR_3			2.5A
FR_4			9A
FR_5			0.47A
FU_1	熔断器	RL1	30A
FU_2			10A
FU_3			10A
FU_4			2A
QS	开关	LWS-3/C5172	15A
SA_1	手动开关	LA18-22×2	
SA_2	开关		
SA_3	转速选择开关		
SB_1	启动按钮	LA19-11D	
SB_2	停止按钮	LA19-11J	
SB_3	工件对准按钮	LA19-11	
SB_4	停止按钮	LA19-11	
SB_5	启动按钮	LA19-22	
SQ_1	位置开关	LX12-2	
SQ_2	行程开关		
YA	电磁铁	MQW0.7	7N，220V
TC	变压器	BK-50	（220/36）V，6.3V

1．主电路

M1432 万能外圆磨床有 5 台电动机。液压泵电动机 M_1 为液压系统提供压力油；头架电动机 M_2 为双速电动机，采用变极调速，使用△-Y 变换，以获得低、高速运转速度带动工件旋转；拖动内、外圆砂轮的是电动机 M_3 和 M_4；M_5 为冷却泵电动机；M_1～M_5 电动机由各自的热继电器 FR_1～FR_5 进行过载保护；M_1、M_2 两台电动机共用 FU_2 进行短路保护；M_3、M_5 两台电动机共用 FU_3 进行短路保护。M_1～M_5 共用 FU_1 进行短路保护。

2．控制电路

（1）液压泵电动机 M_1 的控制

液压泵电动机 M_1 提供的压力油是供给工作台的纵向进给和砂轮架的快速进退液压系统的。按下启动按钮 SB_1，接触器 KM_1 线圈得电，自锁触点 KM_1（13-15）闭合，实现自锁。其动合触点 KM_1（45-47）闭合，液压泵指示灯 HL 亮。主电路中的 KM_1 动合主触点闭合，液压泵电动机 M_1 启动并运转。

由控制电路可见，只有在接触器 KM_1 得电以后，其余电控线路才能接通。也就是说，只有在液压泵电动机 M_1 启动，液压系统做好准备以后，其他电动机才能接通电源，启动运行。

按下停止按钮 SB_2，接触器 KM_1 线圈断电，电动机 M_1 断电停转。此时，其他任何控制电路都无法接通。

（2）头架电动机 M_2 的控制

磨削加工时，由头架和尾架将工件沿中心轴顶紧，头架电动机 M_2 安装在头架上。电动机 M_2 旋转时，拖动头架带动工件旋转。由于加工工件直径大小不同，精磨和粗磨要求不同，因此头架顶头的转速是要能调速的。M1432 万能外圆磨床采用塔式皮带轮配合双速电动机满足所需的调速要求。控制线路中 SA_3 为转速选择开关，分为“低”、“停”、“高”三挡。

① 低速：SA_3 置于“低”位置。当工件安装完毕后（液压泵电动机 M_1 已启动），操纵液压手柄使砂轮快速接近工件，砂轮架压住位置开关 SQ_1，因 SA_3 置于低速位置，故通过 SQ_1 和 SA_3 接通接触器 KM_2 线圈，其互锁触点 KM_2（23-25）断开，实现对接触器 KM_3 的互锁。主电路中 KM_2 的动合主触点闭合，电动机 M_2 定子绕组以△接法接入电源，电动机 M_2 低速运转，配合塔式皮带轮的传动比，可以得到工件所需要的转速。此时动合触点 KM_2（15-41）闭合，接通接触器 KM_6 线圈，主电路中的 KM_6 主触点闭合，冷却泵电动机 M_5 启动供给冷却液。

② 停车：SA_3 置于“停”位置。控制线路被断开，低速和高速控制都无法实现，但能够进行点动调试。按下 SB_3 工件低速运转，便于将工件和砂轮对准位置。松开 SB_2，头架电动机 M_2 停转，对准工件调试结束。

③ 高速：SA_3 置于“高”位置。通过位置开关 SQ_1，接触器 KM_3 线圈得电，其互锁触点 KM_3（17-19）断开，实现对接触器 KM_2 的互锁。KM_3 动合触点闭合，接触器 KM_7 线圈得电。主电路中的 KM_3 和 KM_7 主触点闭合，头架电动机 M_2 定子绕组以双 Y 接法接入电源，电动机 M_2 高速运转，配合塔式皮带轮的传动比，可得工件所需的转速。此时，动合触点 KM_3（15-41）闭合，接触器 KM_6 线圈得电，其主触点闭合，冷却泵电动机 M_5 启动供给冷却液。

高速、低速、停止无论采用哪种速度，在切削完毕时，均用液压手柄操作使砂轮架快速退回原处，位置开关 SQ_1 释放，头架电动机停止运转。

（3）内、外圆砂轮电动机 M_3、M_4 的控制

内、外圆砂轮分别由电动机 M_3、M_4 拖动，由接触器 KM_4、KM_5 及行程开关 SQ_2 的动合、

动断触点控制，确保内、外圆电动机 M_3、M_4 不会同时运转。

① 外圆磨削。在进行外圆磨削加工时，把外圆磨具砂轮架翻下来，使内圆磨具离开，砂轮架压下行程开关 SQ_2，其动合触点 SQ_2（27-35）闭合，动断触点 SQ_2（27-29）断开。按下 SB_5，接触器 KM_5 线圈得电，其自锁触点 KM_5（31-33）断开，实现对接触器 KM_4 的互锁。主电路中的 KM_5 主触点闭合，外圆砂轮电动机 M_4 定子接通电源，拖动外圆砂轮进行外圆加工。

② 内圆磨削。在进行内圆磨削加工时，将内圆磨具砂轮翻下来，行程开关 SQ_2 被释放复位，接触器 KM_5 线圈断电，接触器 KM_4 线圈和电磁铁 YA 通电吸合，其衔铁被吸下，砂轮架快速移动的手柄被挡住，使砂轮架不能快速移动。其原因是在磨削内圆时，内圆磨头是伸入工件内孔中的，砂轮架做横向快速移动，必然造成设备事故。若要求砂轮架快速退回，应先将工件退下，将内圆磨砂轮架翻上去之后，电磁铁 YA 断电后，才可以操作液压手柄，进行砂轮架快速退回。

安装好工件后，按下启动按钮 SB_5，接触器 KM_4 线圈得电，其自锁触点 KM_4（29-31）闭合，实现自锁。互锁触点 KM_4（37-39）断开，实现对接触器 KM_5 的互锁。主电路的 KM_4 主触点闭合，电动机 M_3 定子绕组接入电源，内圆砂轮电动机运转，拖动内圆磨头的砂轮进行内圆磨削加工。

③ 内、外圆磨削停止。无论是内圆磨削加工还是外圆磨削加工，均按下停止按钮 SB_4，使接触器 KM_4 或 KM_5 线圈断电，其主触点释放，内、外圆砂轮电动机 M_3 或 M_4 断电停止。

（4）冷却泵电动机 M_5 的控制

头架电动机 M_2 拖动工件旋转时，不论是高速（KM_3 和 KM_7 线圈得电）还是低速（KM_2 线圈得电），都需要冷却泵提供冷却液。此时由接触器 KM_3 或 KM_2 的动合触点 KM_3（15-41）或 KM_2（15-41）接通接触器 KM_6，它的主触点闭合，使冷却泵电动机 M_5 得电，提供冷却液。另外，在修整砂轮时，并不需要启动头架电动机，但需要供给冷却液，可由手动开关 SA_1 接通接触器 KM_6 线圈，使冷却泵电动机 M_5 得电旋转。

（5）照明与指示电路

照明灯 EL_1、EL_2 和信号指示灯 HL 由变压器 TC 降压供电。EL_2 由手动开关 SA_2 控制。信号灯 HL 由接触器触点 KM_1（45-47）控制，指示液压泵电动机 M_1 是否运转。

第12章 摇臂钻床的电气控制

钻床一般用于加工尺寸较小、精度要求不太高的孔，如各种零件上的连接螺钉孔。它主要是用孔头在实心材料上钻孔，此外还可以进行扩孔、铰孔、攻丝等工作。钻床进行加工时，工件一般固定不动，刀具一面做旋转运动，一面沿其轴线移动，完成进给运动。

钻床主要的几种类型是：立式钻床，用于加工中小型工件；台式钻床，用于加工小尺寸工件；摇臂钻床，用于加工大中型工件；专门化钻床，如用于加工深孔（枪管和炮筒孔等）的深孔钻床，成批和大量生产中用于钻轴类零件上中心孔的中心孔钻床等。

12.1 摇臂钻床的主要结构与运动形式

摇臂钻床主要用来加工大中型工件上的孔，若使用一般立式钻床，每加工一个孔需要移动一次工件，对于大而重的工件，不仅操作困难，而且影响加工精度。使用摇臂钻床，其主轴可以很方便地在水平面上调整位置，使刀具对准被加工孔的中心，而工件则固定不动。

摇臂钻床由底座、立柱、摇臂和主轴箱等部件组成，其结构示意图如图12.1所示。主轴箱装在可绕垂直轴线回转的摇臂的水平导轨上，通过主轴箱在摇臂上的径向移动以及摇臂的回转，可以很方便地将主轴调整至机床尺寸范围内的任意位置。为了适应加工不同高度工件的需要，摇臂可沿立柱上下移动以调整位置。工件根据其尺寸大小，可以安装在工作台上或直接安装在底座上。

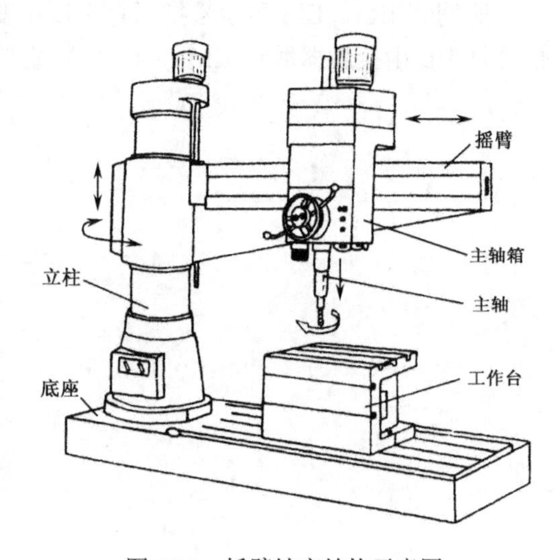

图12.1 摇臂钻床结构示意图

立柱由内立柱和外立柱组成，内立柱固定在底座一端，外立柱套在内立柱的外面并可绕内立柱回转360°。摇臂的一端利用套筒套在外立柱上，在电动机拖动下可沿外立柱上下移动。摇臂不能绕外立柱转动，只能与外立柱一起绕内立柱回转。主轴箱沿摇臂上的水平导轨通过手轮操作使其移动。在进行钻削加工时，必须利用夹紧装置将主轴箱紧固在摇臂导轨上，外立柱紧固在内立柱上，摇臂紧固在外立柱上。

摇臂钻床钻削加工时的运动情况如下。

主运动：主轴拖动钻头旋转。

进给运动：主轴上的钻头纵向进给。

辅助运动：摇臂沿外立柱垂直移动，主轴箱沿摇臂长度方向移动，摇臂与外立柱一起绕内立柱回旋。

12.2 Z35 摇臂钻床的电气控制

Z35 摇臂钻床共有 4 台电动机拖动，主轴电动机和冷却泵电动机只要求单向旋转；摇臂电动机有摇臂上升和下降的动作，立柱电动机有松开和夹紧的动作，所以要求这两台电动机能够正、反转。摇臂升降是由十字开关控制的，该开关还同时控制主轴旋转和具有零压保护作用，其余均为按钮控制。由于摇臂要求回转，摇臂上主轴箱的电源通过安装在摇臂升降机体壳中的 4 个汇流环 W 引入。

Z35 摇臂钻床的电气线路如图 12.2 所示，表 12.1 为其电气元件明细表。

表 12.1 Z35 摇臂钻床电气元件明细表

文字符号	器件名称	型 号	规 格
M_1	冷却泵电动机	JCB-22-2	0.125kW，2 790r/min
M_2	主轴电动机	JO2-22-4	6.5kW，1 400r/min
M_3	摇臂升降电动机	JO2-42-4	1.5kW，1 400r/min
M_4	立柱夹紧电动机	JO2-22-6	0.8kW，930r/min
KM_1	交流接触器	CJ0-10	20A，127V
KM_2～KM_5	交流接触器	CJ0-10	10A，127V
FU_1	熔断器	RL1	60A，熔体 25A
FU_2			15A，熔体 10A
FU_3			15A，熔体 2A
QS_1	开关	HZ2-25/3	25A
QS_2	开关	HZ2-10/3	10A
SA	十字开关		
FV	电压继电器	JZ7-44	127V
FR	热继电器	JR2-1	11.1A
SQ_1、SQ_2	位置开关	HZ4-22	
SQ_3、SQ_4	位置开关	LX5-110/1	
SB_1、SB_2	按钮	LA2	5A
TC	控制变压器	BK-150	（380/127）V，36V，6.3V
W	汇流排		

1. 主电路

拖动钻头进行钻削加工的主轴电动机 M_2 在电气上只有单方向旋转，实际加工中需要反转运动是通过操作摩擦离合器手柄实现的。冷却泵电动机 M_1 直接用手动开关 QS_2 操作。摇臂升降电动机 M_3 的正、反转控制由控制电路中的十字形手柄控制，将手柄置于不同位置（共有 5 个位置）时，可实现相应的操作。立柱夹紧电动机 M_4 的正、反转控制使用按钮操作。

过载保护只有主轴电动机 M_2 设置了热继电器 FR，其他电动机因都是短期工作，所以不设置过载保护。摇臂升降电动机 M_3 和立柱夹紧电动机 M_4 共用一组熔断器 FU_2 做短路保护，FU_1 为 4 台电动机总的短路保护。

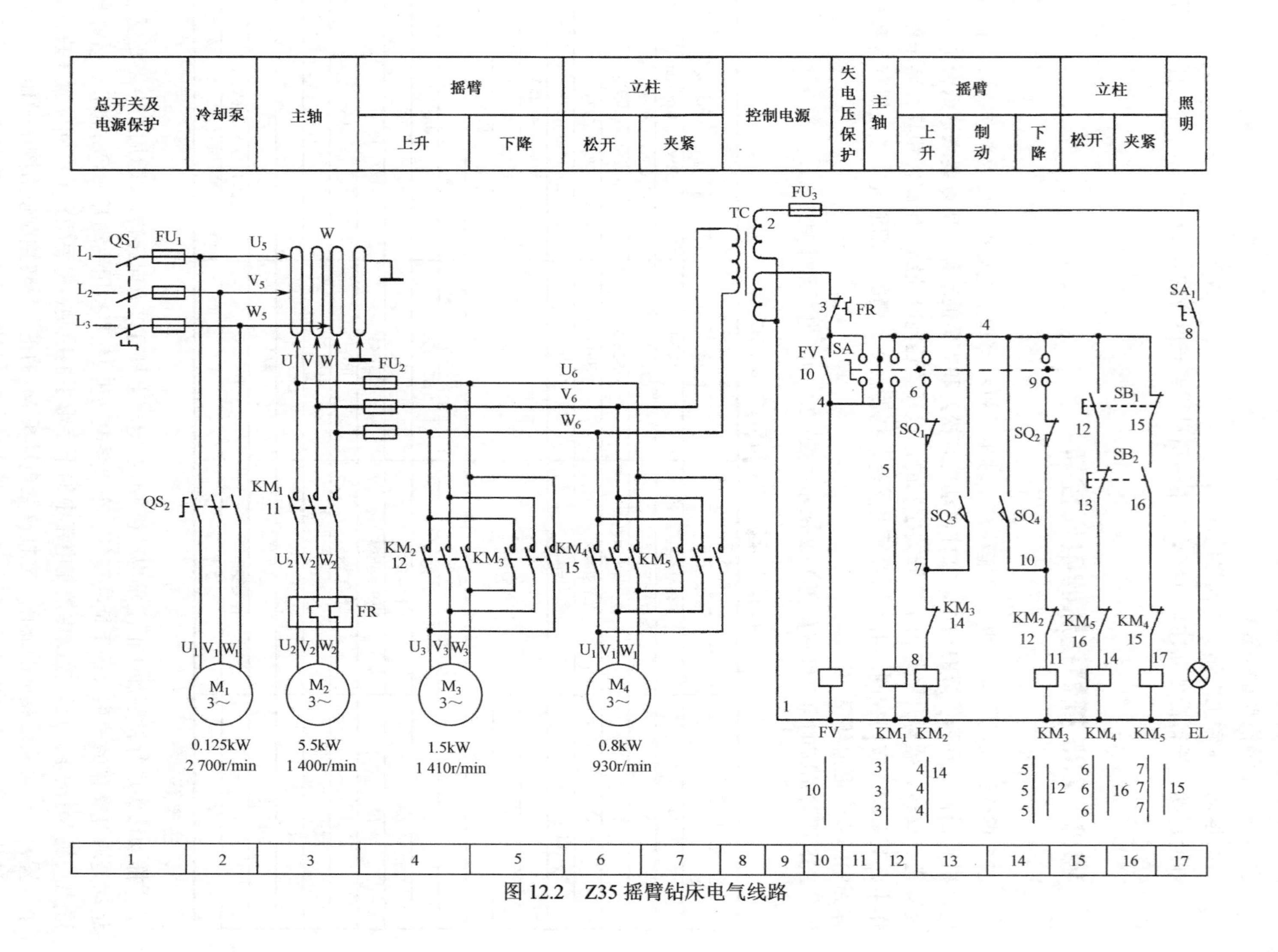

图 12.2 Z35 摇臂钻床电气线路

2. 控制电路

控制电路采用 127V 电压供电，由变压器 TC 将 380V 电压降到 127V。目前我国已将 127V 电压等级取消，但在一些旧机床上仍然使用，在大修时可以考虑将其改成 380V 或 220V 供电，以便与国家标准统一。Z35 摇臂钻床使用十字开关 SA，用于控制摇臂升降、主轴转动和零压保护。

(1) 十字开关 SA

十字开关 SA 是一个功能选择开关，置于不同的位置（5 个）时，可以完成不同的控制功能。面板上十字开关有上、下、左、右、中 5 个位置，除中间位置外，其余 4 个位置下面都装有微动开关，扳动开关手柄位于上、下、左、右 4 个位置时，都可压下对应的微动开关，接通相应的控制电路；当手柄离开原位时，微动开关自动复位，处于断开状态。当手柄处于中间位置时，4 个微动开关都呈断开状态，对应的控制电路无法接通。十字开关手柄位置的控制功能如表 12.2 所示。

表 12.2 十字开关手柄位置的控制功能

手柄位置	实物图形	电气符号	接通的线路	控制对象及功能
中间	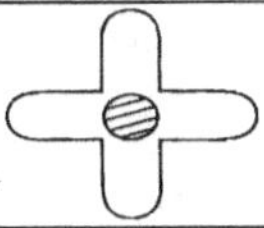	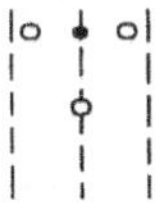	控制电路断电	
左	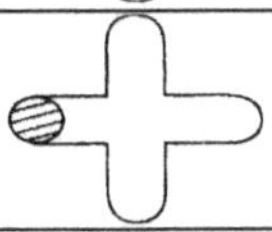	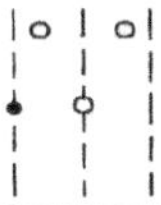	FV 线圈支路	使 FV 通电并自锁，实现零压保护
右	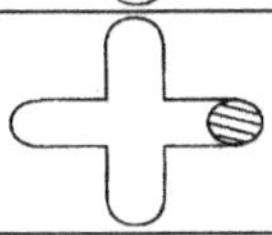	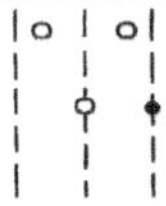	KM_1 线圈支路	主轴转动
上	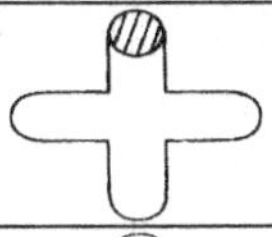	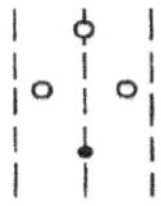	KM_2 线圈支路	摇摆上升
下	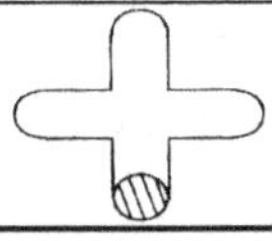	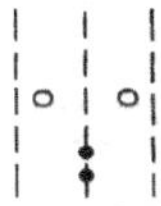	KM_3 线圈支路	摇摆下降

通过十字开关可操作对应的电气元件，完成相应操作。操作完毕后，再把手柄扳回中间位置。

(2) 主轴电动机 M_2 的控制

启动 M_2 电动机前，先将选择开关 SA 扳向左边接通控制电路的电源（FV 得电并自锁），然后扳到右边使 SA（4-5）接通，接触器 KM_1 线圈得电，其主电路的主触点闭合，电动机 M_2 定子绕组接入电源，主轴电动机 M_2 启动并运转。主轴转动方向由主轴箱上双向摩擦离合器的手柄控制。

主轴电动机 M_2 的停止是将十字手柄 SA 扳回中间位置，使 SA（4-5）断开，接触器 KM_1 线圈断电，电动机 M_1 断电，主轴电动机停止。

(3) 摇臂升降电动机 M_3 的控制

摇臂的升降是通过摇臂升降电动机 M_3 的正、反转拖动的，但在升、降前后必须完成摇臂松开和夹紧工作。

上升过程：摇臂松开——摇臂上升——夹紧摇臂。

下降过程：摇臂松开——摇臂下降——夹紧摇臂。

摇臂上升前，先将十字开关SA扳到向上位置，接通SA（4-6），接触器KM_2线圈得电，其互锁触点KM_2（9-11）断开，实现对接触器KM_3的互锁。主电路中KM_3的主触点闭合，摇臂电动机M_3得电正转，由于摇臂在上升前还被夹紧在外立柱上，所以即使电动机M_3正转，摇臂也不会上升，须通过传动装置将摇臂夹紧装置放松，在放松的同时SQ（4-10）被压合，为夹紧摇臂做好准备。

当摇臂完全松开后，因M_3继续正转，故经机械装置传动摇臂上升。到达预定位置时，应将十字开关扳回到中间位置，SA（4-6）断开，接触器KM_2线圈断电，其互锁触点KM_2（9-12）恢复闭合，互锁解除。KM_2主触点断开，摇臂升降电动机M_3断电，摇臂停止上升。

由于SQ_4（4-10）已闭合，接触器KM_2（10-11）已接通，所以接触器KM_3线圈得电，其互锁触点KM_3（7-8）断开，实现对KM_2线圈的互锁。主电路中的KM_3主触点闭合，摇臂电动机M_3得电反转，通过机械夹紧机构使摇臂自动夹紧。摇臂夹紧后，行程开关SQ_4被释放，其触点SQ_4（4-10）恢复断开（复位），接触器KM_3线圈断电，摇臂升降电动机M_3停转，摇臂上升过程结束。

摇臂下降，只须十字开关扳到向下位置，接通接触器KM_3，使电动机M_3反转，先将夹紧装置松开，并将行程开关SQ_3压合，然后拖动摇臂下降。到位时，再由SQ_3（4-7）接通接触器KM_2，电动机M_3正转，将摇臂夹紧，直到松开SQ_3，电动机M_3断电停止。

摇臂上升和下降极限位置使用了行程开关SQ_1和SQ_2，分别对上升和下降进行限位保护。

（4）立柱电动机M_4夹紧、松开控制

摇臂可以绕立柱用人力推动回转，但在推动前，必须将内、外立柱松开，因为摇臂是和外立柱一起绕内立柱回转的，平时是夹紧的，松开后才能完成回转。按下立柱松开按钮SB_1，其动断触点SB_1（4-15）断开，动合触点SB_1（4-12）闭合，接触器KM_4线圈得电，其互锁触点KM_4（16-17）断开，实现对接触器KM_5的互锁。主电路中的KM_4主触点闭合，立柱夹紧电动机M_4定子绕组得电正转，拖动齿轮液压泵，经油路系统输送高压油，配合机械传动系统将内立柱和外立柱松开。松开SB_1，接触器KM_4线圈断电，其互锁解除，主触点恢复断开，电动机M_4停转。

立柱松开后，可通过人力推动摇臂绕内立柱转动，到达指定位置，按下立柱夹紧按钮SB_2，其触点SB_2（12-13）断开，SB_2（15-16）闭合，接触器KM_5线圈得电，其互锁触点KM_5（13-16）断开，实现对接触器KM_4的互锁。主电路KM_5闭合，立柱夹紧电动机M_4定子绕组得电反转，拖动齿轮液压泵，经油路系统反方向送高压油，配合机械传动系统，将内立柱和外立柱夹紧。松开SB_2，电动机M_4停止。

（5）零压（欠压）保护

零压保护是由欠电压继电器FV和十字开关SA共同实现的。当电压大幅度下降或为零时，欠电压继电器FV会自动释放，使其触点FV（3-4）断开，控制电路全部断电，电动机停止运转。电压恢复正常后，应重新操作十字开关SA，才能启动控制电路。

（6）冷却泵电动机M_1的控制

冷却泵电动机M_1由手动开关SQ_2控制，在钻削加工时提供冷却液。

（7）照明控制

照明灯 EL 由手动开关 SA_1 控制，触点 SA_1（2-8）闭合，照明灯亮，反之熄灭。

12.3 Z3040 摇臂钻床的电气控制

Z3040 摇臂钻床的动作是通过机、电、液联合控制来实现的。主轴的变速利用变速箱来实现，其正、反转运动是利用机械的方法来实现的，主轴电动机只需单方向旋转。摇臂的升降由一台交流异步电动机来拖动。内、外立柱，主轴箱和摇臂的夹紧与放松是通过电动机带动液压泵，通过夹紧机构来实现的。图 12.3 为 Z3040 摇臂钻床电气控制线路图，图 12.4 为其夹紧机构液压系统原理图。

图 12.3 中，M_1 为主轴电动机，主轴的正、反转由机床液压系统操纵机构配合正、反转磨擦离合器实现。M_2 为摇臂升降电动机，M_3 为液压泵电动机，M_4 为冷却泵电动机。SQ_1 为摇臂升降极限保护开关，SQ_2 和 SQ_3 是分别反映摇臂是否完全松开和夹紧并发出相应信号的位置开关，SQ_4 是用来反映主轴箱与立柱的夹紧和放松状态的信号控制开关。YV 为二位六通电磁阀。

1. 主轴电动机 M_1 的控制

合上电源开关 Q，按下 SB_2 按钮，$SB_2^{\pm}$——$KM_{1自}^{+}$——M_1^{+}，M_1 主轴电动机启动。此时指示灯 HL_3 亮，表示主轴电动机正在旋转。需停车时按下 SB_1，$SB_1^{\pm}$——KM_1^{-}——M_1^{-}，M_1 停止。

2. 摇臂的升降控制

摇臂的升降控制必须与夹紧机构液压系统紧密配合，其动作过程为：摇臂放松——上升或下降——摇臂夹紧。所以它与液压泵电动机的控制有着密切的关系。下面以摇臂的上升为例加以说明。

按下 SB_3：SB_3^{+}—KT^{+}—┬—KM_4^{+}—M_3^{+} 正转，拖动液压泵送出液压油。
　　　　　　　　　　　　└—YV^{+} 接通摇臂放松油路。

液压油将摇臂放松，当摇臂完全松开后，压下位置开关 SQ_2，发出摇臂放松信号，压下 SQ_2^{+}：

SQ_2^{+}—SQ_2（6–13）$^{-}$—┬—KM_4^{-}—M_3^{-} 停止提供液压油，摇臂维持放松状态。
　　　　　　　　　　　　└—SQ_2^{+}（6–7）—KM_2^{+}—M_2^{+} 启动，摇臂上升。

当摇臂上升到位时，松开 SB_3 按钮；SB_3^{-}—┬— KM_2—M_2^{-} 摇臂停止上升。
　　　　　　　　　　　　└— $KT^{-}\xrightarrow{\Delta t}YV^{-}$、$KM_5^{+}$—$M_3^{+}$反转，拖动液压泵供出液压油，液压油进入夹紧液压腔，将摇臂夹紧。当摇臂完全夹紧后，压下位置开关 SQ_3，SQ_3（1–17）$^{-}$—KM_5^{-}—M_3^{-} 停止运转，摇臂夹紧完成。

时间继电器 KT 是为保证夹紧动作在摇臂升降电动机停止运转之后而设置的，KT 延时的长短应依照摇臂升降电动机切断电源到停止时惯性的大小来进行调整。

SQ_1 是为限制摇臂升降的极限而设置的位置开关。当摇臂升降到极限位置时，SQ_1 相应的触点动作，切断对应的上升或下降接触器 KM_2 和 KM_3，使 M_2 停止运转，摇臂停止移动，从而达到限位保护的目的。SQ_1 的触点平时应调整在同时接通的位置，一旦撞击使其动作时，也应只断开一对触点，而另一对仍保持闭合。

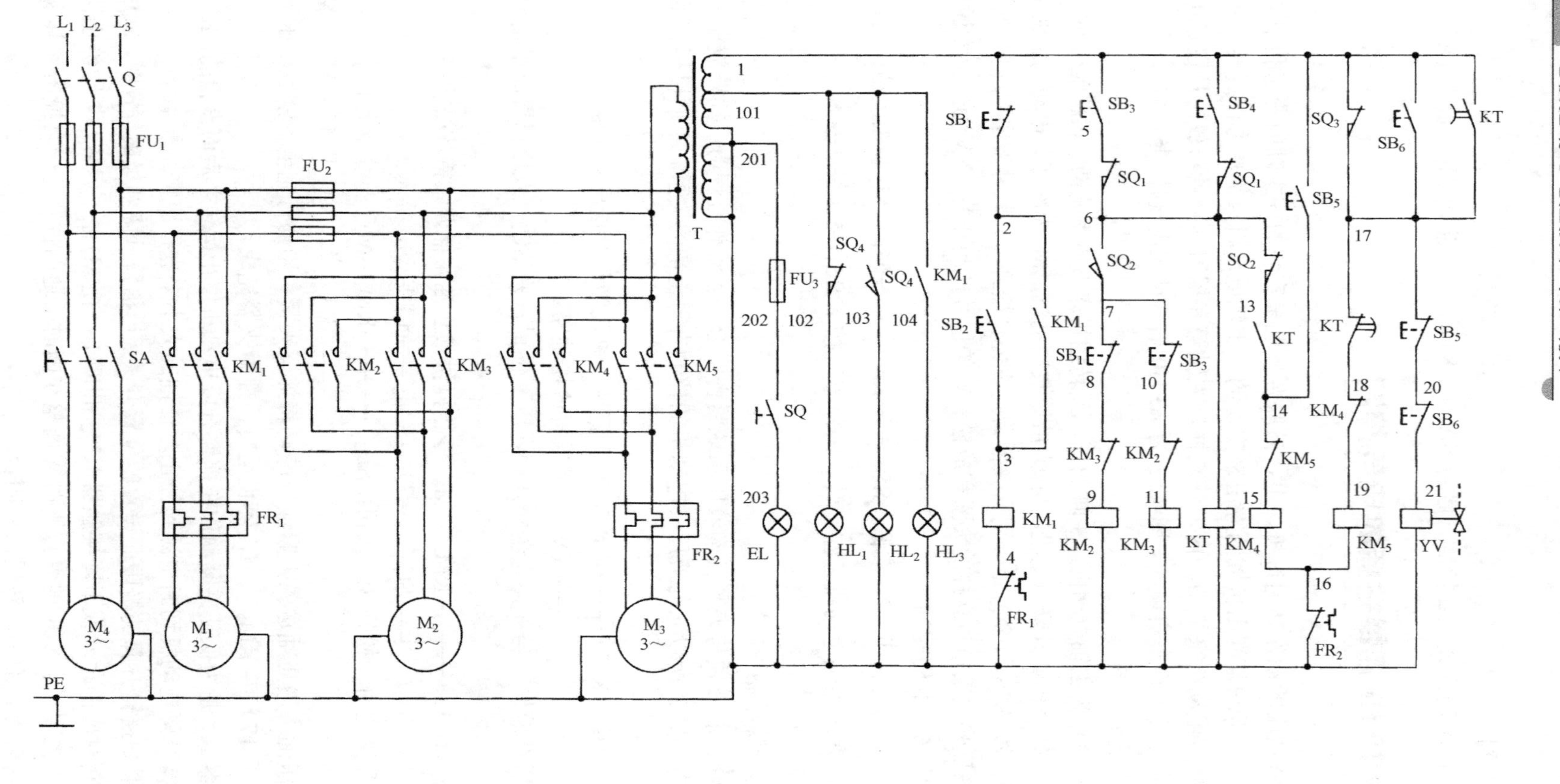

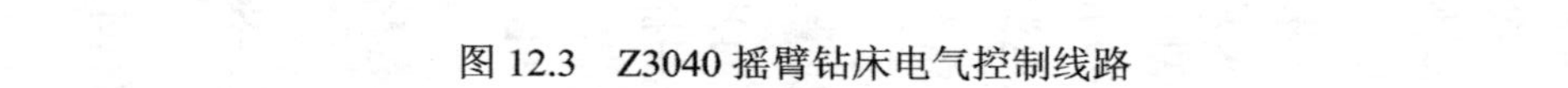
图 12.3　Z3040 摇臂钻床电气控制线路

3. 主轴箱与立柱的夹紧和放松控制

主轴箱与立柱的夹紧和放松是同时进行的，这可从图 12.4 上看出。

夹紧时：$SB_6^{\pm}$——$KM_5^{\pm}$（YV^{-}）——$M_3^{\pm}$反转，液压油进入夹紧油腔，使主轴箱和立柱夹紧停止。

放松时：$SB_5^{\pm}$——$KM_4^{\pm}$（YV^{-}）——$M_3^{\pm}$正转，液压油进入松开油腔，使主轴箱和立柱放松停止。

SQ_4在夹紧时受压，指示灯 HL_2亮，表示可以进行钻削加工；在主轴箱和立柱放松时，SQ_4不受压，指示灯 HL_1亮，表示可以进行移动调整。

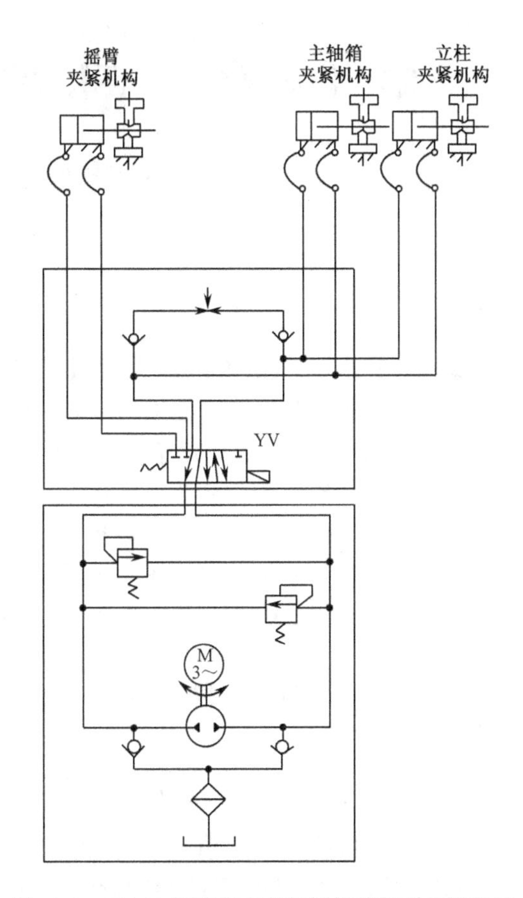

图 12.4　Z3040 摇臂钻床夹紧机构液压系统原理图

4. 保护环节、照明电路和冷却泵电动机 M_4 的控制

（1）保护环节

Z3040 摇臂钻床的保护环节主要包括短路保护、主轴电动机和液压泵电动机的过载保护、摇臂的升降限位保护等。

（2）照明电路

机床的局部照明由变压器 T 供给 36V 安全电压，由开关 SQ 控制照明灯 EL。

（3）冷却泵电动机 M_4 的控制

冷却泵电动机 M_4 的容量很小，仅 0.125kW，由开关 SA 控制。

第 13 章 卧式镗床的电气控制

镗床和钻床都是孔加工机床，主要用于加工外形复杂、没有对称回转轴线的工件上单个或一系列圆柱孔，如杠杆、盖板、箱体、机架等零件上各种用途的孔。

和钻床相比，镗床通常用于加工尺寸较大、精度要求较高的孔，特别是分布在不同位置、相互之间相对位置精度要求很严格的孔，如变速箱等零件上的轴承孔。镗床主要用镗刀镗削工件上铸出的或已粗钻的孔，其运动情况与钻床类似，但进给运动是由刀具或工件完成的。除镗孔外，大部分镗床还可以进行铣削、钻孔、扩孔、铰孔等工作。镗床的主要类型有卧式镗床、落地镗床、落地镗铣床、坐标镗床和金刚镗床等。

13.1 卧式镗床的主要结构与运动形式

卧式镗床的主要组成部分有床身、前立柱、主轴箱、工作台以及带后支承架的后立柱等。卧式镗床的结构如图 13.1 所示，前立柱固定地安装在床身的右端（有些国外生产的卧式镗床，其前立柱安装在床身的左端），在它的垂直导轨上装有可上下移动的主轴箱。主轴箱中装有主轴部件、主运动和进给运动变速传动机构以及操纵机构等。根据加工情况的不同，刀具可以装在镗轴前端的锥孔中，或装在平旋盘与径向刀具溜板上。加工时，镗轴旋转完成主运动，并可沿其轴线移动做轴向进给运动；平旋盘只能做旋转主运动；装在平旋盘导轨上的径向刀具溜板，除了随平旋盘一起旋转外，还可沿导轨移动做径向进给运动。在主轴箱的后部固定着后尾筒，其内装有镗轴的轴向进给结构。装在后立柱垂直导轨上的后支承架，用于支承悬伸长度较大的刀杆（通常称为镗杆）的悬伸端，以增加其刚性。后支承架可沿着后立柱上的垂直导轨与主轴箱同步升降，以保持其上的支承孔与镗轴在同一轴线上。根据刀杆长度的不同，后立柱可沿着床身导轨左右移动，调整位置；如有需要，也可将其从床身上卸下。安装工件的工作台部件装在床身的导轨上，它由下滑座、上滑座和工作台组成。下滑座可沿床身顶面上的水平导轨做纵向移动，上滑座可沿下滑座顶部的导轨做横向移动，工作台可在上滑座的环形导轨上绕垂直轴线转位，能使工件在水平面内调整至一定角度位置，以便在一次安装中对互相平行或成一定角度的孔与平面进行加工。

卧式镗床的典型加工方法如图 13.2 所示。图中，（a）为用装在镗轴上的悬伸刀杆镗孔，由镗轴移动完成纵向进给运动（s_1）；（b）为利用后支承架支承的长刀杆镗削同一轴线上的两个孔，由工作台移动完成纵向进给运动（s_3）；（c）为用装在平旋盘上的悬伸刀杆镗削大直径的孔，由工作台移动完成纵向进给运动（s_3）；（d）为用装在镗轴上的端铣刀铣平面，由主轴箱完成垂直进给运动（s_2）；（e）、（f）为用装在平旋盘刀具溜板上的车刀车内沟槽和端面，由刀具溜板移动完成径向进给运动（s_4）。

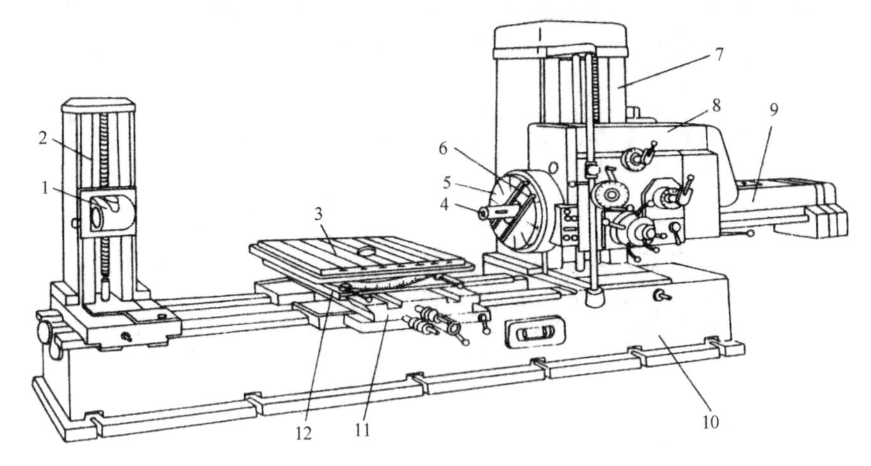

1—后支承架；2—后立柱；3—工作台；4—镗轴；5—平旋盘；6—刀具溜板；
7—前立柱；8—主轴箱；9—后尾筒；10—床身；11—下滑座；12—上滑座

图 13.1　卧式镗床结构

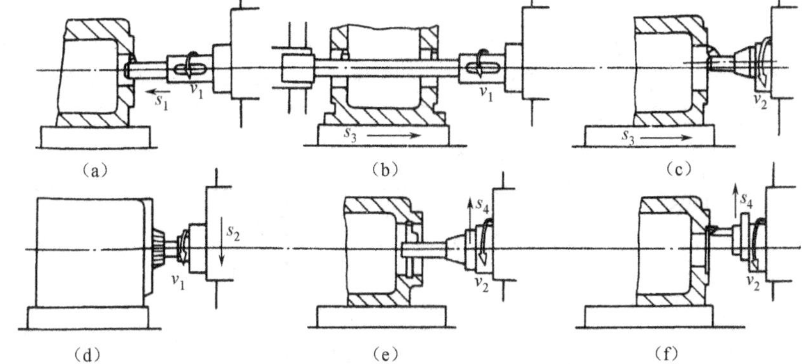

图 13.2　卧式镗床的典型加工方法

卧式镗床加工时，主运动为镗轴和平旋盘的旋转；进给运动包括镗轴的轴向进给、平旋盘刀具溜板的径向进给、主轴箱的垂直进给、工作台的纵向和横向进给；辅助运动包括主轴箱、工作台等的进给运动上的快速调位移动、后立柱的纵向调位移动、后支承架的垂直调位移动、工作台的转位。

13.2　T68 卧式镗床的电气控制

T68 卧式镗床的运动情况比较复杂，控制电路中使用了较多的行程开关，它们都安装在床身的相应位置上，主电路只有两台电动机。T68 卧式镗床电气线路如图 13.3 所示，图中，（a）为主电路，（b）为控制电路、照明和信号电路。表 13.1 为 T68 卧式镗床电气元件明细表。

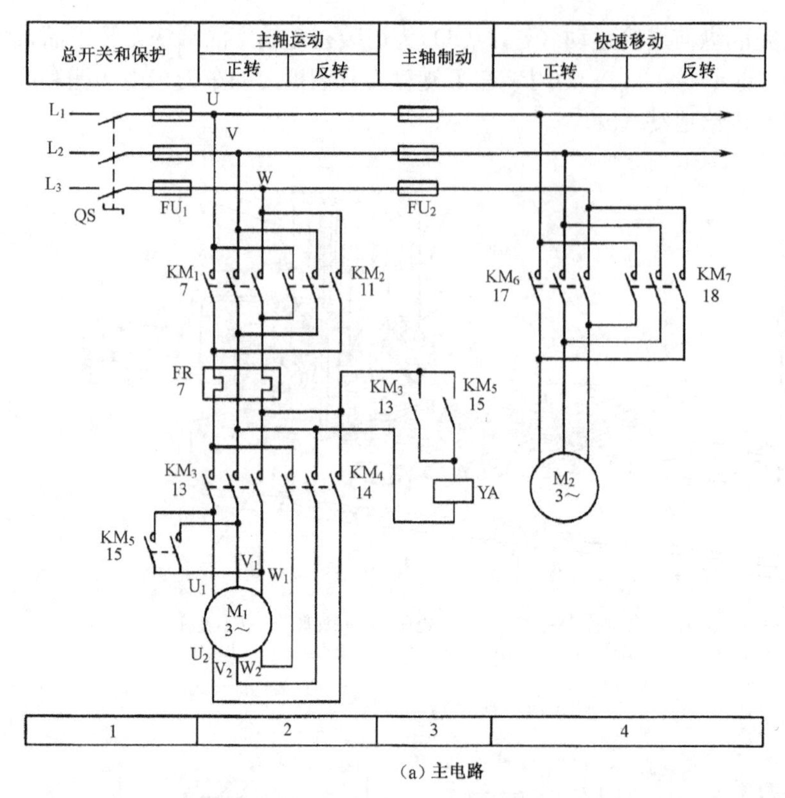

（a）主电路

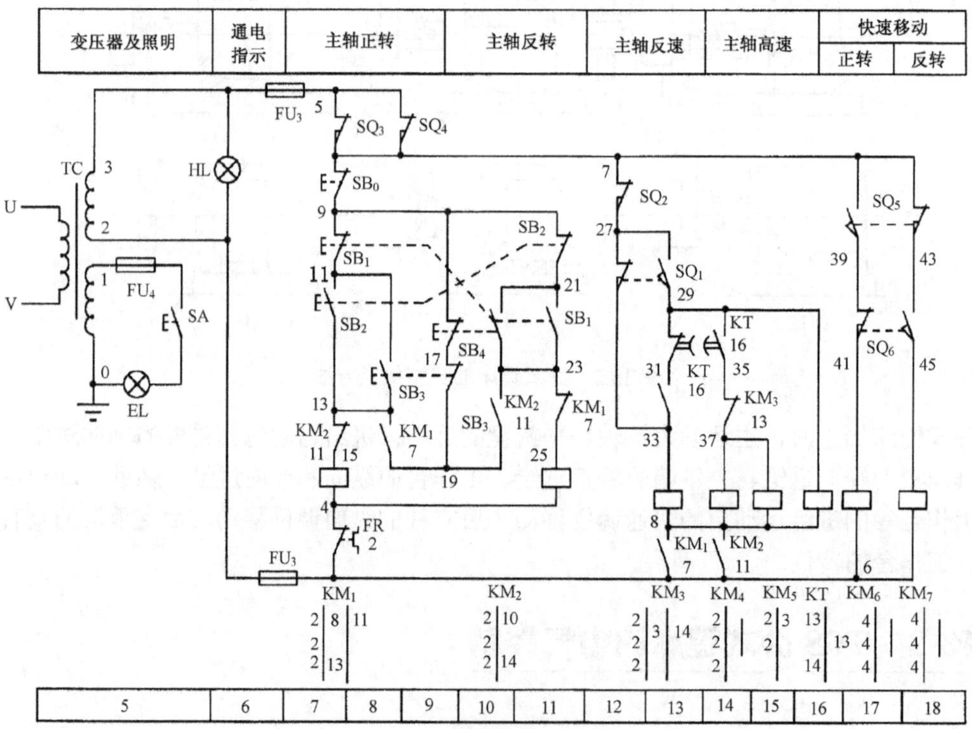

（b）控制电路、照明和信号电路

图 13.3　T68 卧式镗床电气线路

表 13.1　T68 卧式镗床电气元件明细表

文字符号	器件名称	型　号	规　格
M_1	电动机	JJDO2-51-214	7.5kW，900r/min
M_2	电动机	JO2-32-4	3kW，1 430r/min
KM_1～KM_5	接触器	CJ0-40	20A，127V
KM_6～KM_7	接触器	CJ0-10	10A，127V
FU_1	熔断器	RL-40	40V
FU_2	熔断器	RL-40	20V
FU_3	熔断器	RL-10	2V
FU_4	熔断器	RL-10	2V
QS	开关	HZ2-25/3	500V，30A
FR	热继电器	JR0-40	16-25V
SQ_1～SQ_6	位置开关	LX3-11K	500V，5A
SB_0～SB_4	按钮	LA2	500V，5A
TC	变压器	BK-400	（380/127）V，36V，6.3V
KT	时间继电器	JS7-2	127V
YA	电磁铁	MQ1-5131	380V，吸力 78.5N

13.2.1　主电路

T68 卧式镗床主轴电动机 M_1 采用双速电动机，由接触器 KM_3、KM_4 和 KM_5 做三角形—双星形变换，得到主轴电动机 M_1 的低速和高速。接触器 KM_1、KM_2 主触点控制主轴电动机 M_1 的正、反转。电磁铁 YA 用于主轴电动机 M_1 断电抱闸制动。快速移动电动机 M_2 的正、反转由接触器 KM_6、KM_7 控制，由于 M_2 是短时工作，所以不设置过载保护。

13.2.2　控制电路

1．主轴电动机 M_1 的控制

主轴电动机 M_1 的控制有高速和低速长动，正、反转，点动，以及变速缓动。

（1）正、反转

主轴电动机正、反转由接触器 KM_1、KM_2 主触点完成电源相序的改变，达到改变电动机转向的目的。按下正转启动按钮 SB_2，接触器 KM_1 线圈得电，其自锁触点 KM_1（13-19）闭合，实现自锁。互锁触点 KM_1（23-25）断开，实现对接触器 KM_2 的互锁。另外，动合触点 KM_1（8-6）闭合，为主轴电动机 M_2 高速或低速运转做好准备。主电路中的 KM_1 主触点闭合，电源通过 KM_3 或 KM_4、KM_5 接通定子绕组，主轴电动机 M_1 正转。

反转时，按下反转启动按钮 SB_1，对应接触器 KM_2 线圈得电，主轴电动机 M_1 反转。为了防止接触器 KM_1 和 KM_2 同时得电引起电源短路事故，采用这两个接触器互锁及两个按钮 SB_1、SB_2 的复合按钮方式。

（2）点动

对刀时必须点动控制，这种控制不能自锁。正转点动按钮 SB_3 按下时，由动合触点 SB_3（11-13）接通接触器 KM_1 线圈电路；动断触点 SB_3（17-19）断开接触器 KM_1 的自锁电路，使其无法自锁，从而实现点动控制。

反转点动按钮 SB_4 同样有动合和动断触点各一对，利用这种复合按钮可以方便地实现点动控制。

（3）高、低速

主轴电动机 M_1 为双速电动机，定子绕组为△接法（KM_3 得电吸合）时，电动机低速旋转；为双 Y 接法（KM_4 和 KM_5 得电吸合）时，电动机高速旋转。电动机有 2 级调速，与变速箱有 9 级调速配合可得 18 级速度。高、低速的选择与转换由变速手柄和行程开关 SQ_1 控制。

选择好主轴转速，将变速手柄置于相应低速位置，再将变速手柄压下，行程开关 SQ_1 未被压合，SQ_1 的触点不动作，由于主轴电动机 M_1 已经选择了正转或反转，即 KM_1（8-6）或 KM_2（8-6）闭合，此时接触器 KM_3 线圈得电，其互锁触点 KM_3（35-37）断开，实现对接触器 KM_4、KM_5 的互锁。主电路中的 KM_3 主触点闭合，一方面接通电磁抱闸线圈，松开机械制动装置，另一方面将主轴电动机 M_1 定子绕组接成△接入电源，电动机低速运转。

主轴电动机高速运转时，为了减小启动时的机械冲击，在启动时，先将定子绕组接成低速连线（△连接），经适当延时后换接成高速运转。其工作情况是先将变速手柄置于相应高速位置，再将手柄压下，行程开关 SQ_1 被压合，其动断触点 SQ_1（27-33）断开，动合触点 SQ_1（27-29）闭合。时间继电器 KT 线圈得电，它的延时触点暂不动作，但 KT 的瞬动触点 KT（31-33）立即闭合，接触器 KM_3 线圈得电，电动机 M_1 定子接成△，低速启动。经过一段延时（启动完毕），延时触点 KT（29-31）断开，接触器 KM_3 线圈断电，电动机 M_1 解除△连接；延时触点 KT（29-35）闭合，接触器 KM_4、KM_5 线圈得电，主电路中的 KM_4、KM_5 主触点闭合，一方面接通电磁抱闸线圈、松开机械制动装置，另一方面将主轴电动机 M_1 定子绕组连接成双 Y 接入电源，电动机高速运转。

（4）制动

主轴电动机 M_1 采用电磁抱闸制动，该线路属于断电制动型，即当 KM_3 或 KM_5 任一动合触点闭合时，电磁抱闸线圈 YA 得电，吸动衔铁使闸瓦和闸轮分开，因电动机轴与闸轮连在一起，所以电动机轴也松开，能够自由转动。当电磁抱闸线圈 YA 断电时，在弹簧力的作用下，闸瓦与闸轮紧紧抱在一起，电动机的轴也无法自由旋转，电动机被迫停转。

（5）变速冲动

变速冲动是 T68 卧式镗床在运转过程中进行变速时，为了使齿轮更好地啮合而设置的一种控制。其工作情况是如果运转中要变速，不必按下停车按钮，而是将变速手柄拉出，这时行程开关 SQ_2 被压，触点 SQ_2（7-27）断开，接触器 KM_3、KM_4、KM_5 线圈全部断电，无论电动机 M_1 原来工作在低速（接触器 KM_3 主触点闭合，△连接），还是工作在高速（接触器 KM_4、KM_5 主触点闭合，双 Y 连接），都断电停车，同时因 KM_3 和 KM_5 线圈断电，故电磁抱闸线圈 YA 断电，电磁抱闸对电动机 M_1 进行机械制动。这时可以转动变速操作盘，选择所需转速，然后将变速手柄推回原位。

若手柄可以推回原处，则行程开关 SQ_2 复位，SQ_2（7-27）触点闭合，此时无论是否压下行程开关 SQ_1，主轴电动机 M_1 都以低速启动，便于齿轮啮合，然后过渡到新选定的转速下运行。若因顶齿而使手柄无法推回原处时，可来回推动手柄，通过手柄运动中压合、释放行程开关 SQ_2，使电动机 M_1 瞬间得电、断电，产生冲动，使齿轮在冲动过程中很快啮合，将手柄推上。这时变速冲动结束，主轴电动机 M_1 在新选定的转速下转动。

2. 快速移动电动机 M_2 的控制

T68 卧式镗床快速移动的对象较多，但拖动快速移动的电动机只有 M_2，被拖动对象的确定，取决于机械传动结构的不同。它们是由手柄操作来选择的，如镗头架在前立柱垂直导轨上升降快速移动，工作台快速移动，尾架快速移动和后立柱快速移动。

以上快速移动操作相应的手柄，压下 SQ_5 或 SQ_6，使接触器 KM_6 或 KM_7 线圈得电，主电路快速移动电动机 M_2 正转或反转，通过机械传动装置，拖动它们快速移动。到达指定位置后，将操作手柄扳回零位，行程开关 SQ_5 或 SQ_6 复位，接触器 KM_6 或 KM_7 线圈断电，主触点释放，快速移动电动机 M_2 停止，快速移动工作结束。

3. 照明与信号电路

照明电灯 EL 由变压器 TC 降压至 36V 供电，由手动开关 SA 控制。FU_4 为照明线路的短路保护。为安全用电，照明灯一端应正确接地。

信号灯 HL 并联在控制电路上，经变压器 TC 降压至 127V 供电，HL 指示电路是否有电，以便开始控制操作。

13.3 T612 镗床的电气控制

T612 镗床的电气控制主电路如图 13.4（a）所示，其控制电路如图 13.4（b）所示。

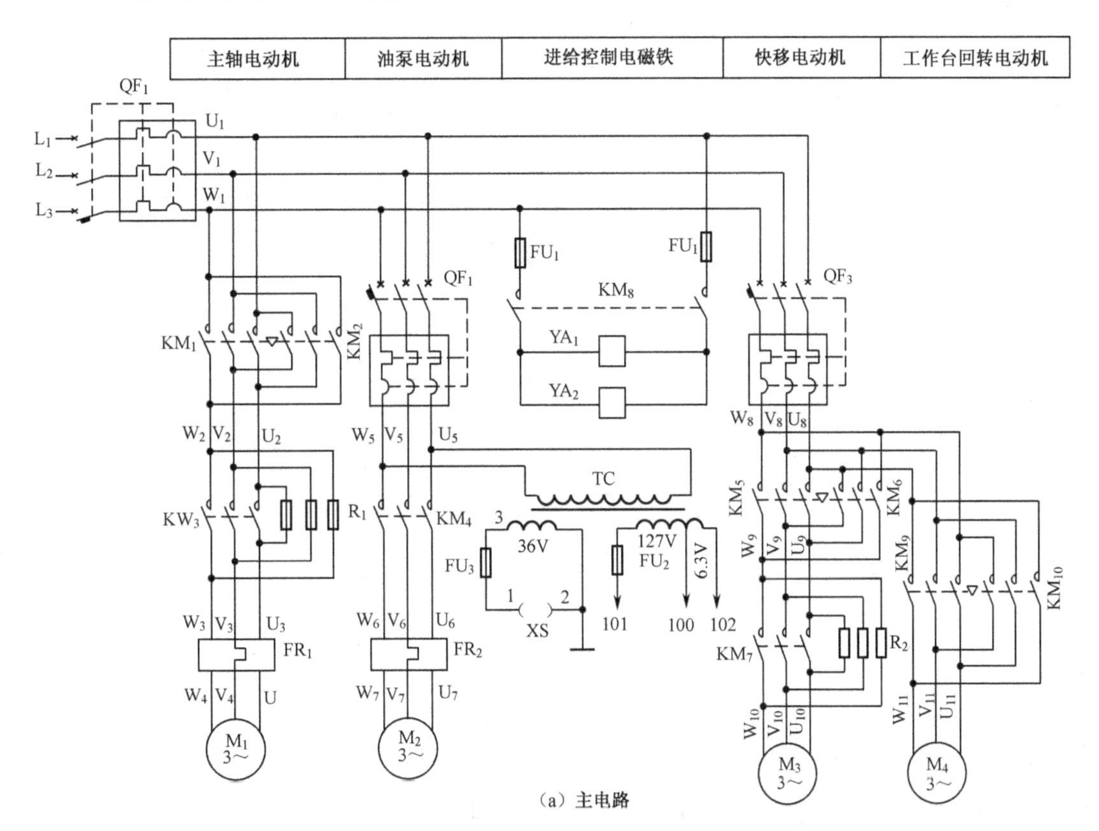

（a）主电路

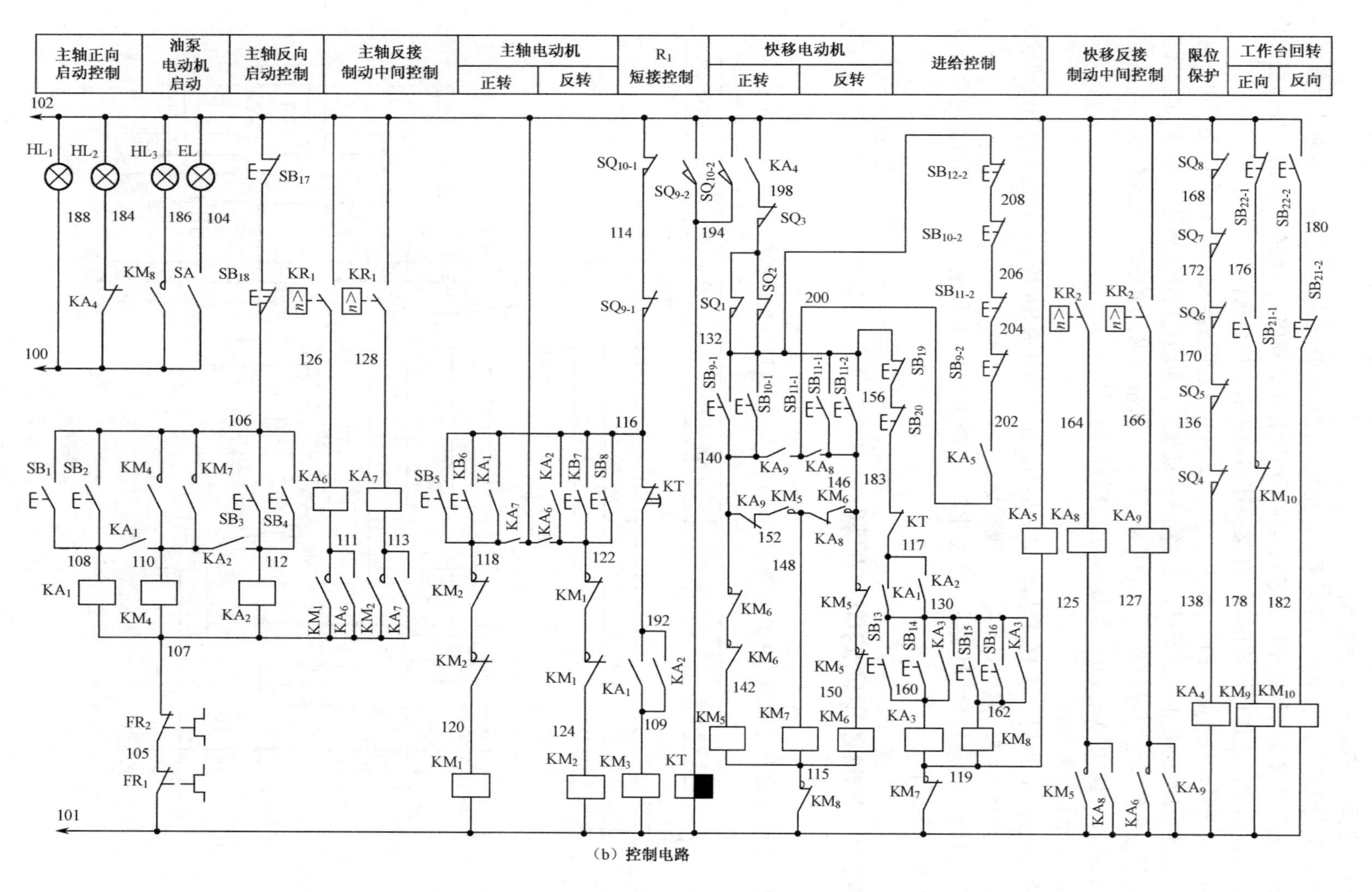

（b）控制电路

图 13.4 T612 镗床电气控制图

机床主运动和进给运动共用一台电动机 M_1 来拖动，采用机械滑移齿轮有级变速系统，因而主电动机的电气控制较简单。主电动机可以正、反转及正、反转点动控制，停车时采用反接制动。为限制电动机的启动和制动电流，在点动和制动时，定子绕组串入了限流电阻 R_1。为保证变速后齿轮进入良好的啮合状态，在主轴变速和进给变速时，通过变速手柄的冲击动作，分别使主轴变速行程开关 SQ_9 和进给量变速行程开关 SQ_{10} 动作，从而使主电动机 M_1 做瞬时冲动旋转。

机床各运动部件的快速移动用一台电动机 M_3 拖动，为缩短停车时间，停车时采取反接制动，并串入限流电阻 R_2，限制制动电流。回转工作台的旋转专门用一台电动机 M_4 拖动，可沿顺时针或逆时针方向旋转，由安装在上滑座右边操作台上的按钮 SB_{21}、SB_{22} 控制。机床除回转工作台以外的所有控制均采用两地控制，其控制按钮分别安装在主轴操纵台和移动控制箱上。

13.3.1 主电路

T612 镗床的主电路采用 380V 三相交流电源，控制回路、照明灯、指示灯则由控制变压器 TC 降压供电，电压分别为 127V、36V、6.3V。

自动空气开关 QF_1、QF_2、QF_3 分别做机床的电源总开关、油泵电动机 M_2 及控制回路电源的开关、快速移动电动机 M_3 和工作台回转电动机 M_4 的开关，并兼有短路保护和过载保护的功能。

主轴旋转（平旋盘回转）和进给、快速移动、工作台回转部分分别由三相交流电动机 M_1、M_3、M_4 来拖动。回转工作台则由安装在上滑座右边操作台上的按钮控制。QF_1、QF_2 接通时，操纵台上的信号灯 HL_1 亮，表示机床已接通电源。

13.3.2 控制电路

1．主轴电动机 M_1 的控制

（1）正、反转控制

主轴正向（顺时针旋转）启动，按下正向启动按钮 SB_1（或 SB_2），中间继电器 KA_1 得电，其动合触点 KA_1（108-110）闭合，油泵控制接触器 KM_4 得电，油泵电动机启动。KM_4 的动合触点 KM_4（106-110）闭合，与 KA_1（108-110）触点一起完成对 KA_1 和 KM_4 的自锁，保证了油泵电动机在主轴电动机之前启动。KA_1 的另一组动合触点 KA_1（109-192）闭合，接触器 KM_3 得电，将限流电阻 R_1 短接；同时，KA_1 的第三组动合触点 KA_1（116-118）闭合，正转接触器 KM_1 得电，主轴电动机 M_1 在全压下正向启动运行。

反向（逆时针旋转）启动过程与正向启动基本相同。

（2）反接制动控制

主轴正转时，速度继电器 KR_1 的正转动合触点（126-102）闭合，反转动合触点（128-102）断开。设主轴电动机 M_1 停车前为正向转动，即 KA_1、KM_1、KM_3、KM_4 得电吸合，速度继电器 KR_1 的正转动合触点（126-102）闭合，中间继电器 KA_6 得电并自锁，其动合触点（102-122）闭合。当按停止按钮 SB_{17}（或 SB_{18}）时，KA_1、KM_1、KM_3、KM_4 相继断电，切断了油泵电动机和主轴电动机的电源。与此同时，经 KA_6 的动合触点（102-122）接通反转接触器 KM_2 的电源，主电动机 M_1 串入限流电阻 R_1 进行反接制动。当电动机转速下降到速度继电器的复位转速时，其正转动合触点 KR_1（126-102）断开，KA_6 和 KM_2 相继断电，主轴电动机制动结束。

（3）点动控制

在正向点动控制中，按下正向点动控制按钮 SB_5（或 SB_6）时，正转接触器 KM_1 得电，三相电源经 KM_1 主触点、限流电阻 R_1 接入电动机 M_1，电动机低速正向旋转。松开 SB_5（或 SB_6），电动机即通过正转动合触点 KR_1（126-102）、中间继电器 KA_6、反转接触器 KM_2 制动停车。

2．进给控制

本机床的进给运动与主轴运动共由一台电动机 M_1 来拖动，主电动机 M_1 通过进给箱，按进给手柄的位置带动相应的主轴箱、工作台等做进给运动。可见，进给运动是在主电动机 M_1 已经启动，即中间继电器 KA_1（或 KA_2）、接触器 KM_1（或 KM_2）和 KM_3 已经吸合，主轴或平旋盘正在旋转的基础上进行的。按下自动进给按钮 SB_{13}（或 SB_{14}），继电器 KA_3 得电并自锁，KA_3 的动合触点（162-130）闭合，接通接触器 KM_8 线圈的电源，使牵引电磁铁 YA_1、YA_2 得电吸合，进给信号灯 HL_3 亮，表明自动进给开始；当按下点动进给按钮 SB_{15}（或 SB_{16}）时，接触器 KM_8 吸合，但不能自锁，牵引电磁铁 YA_1、YA_2 吸合，点动进给开始。松开 SB_{15}（或 SB_{16}）时，KM_8、YA_1、YA_2 相继断电，点动进给即停止。

3．主轴变速与进给量变换的控制

本机床主轴及进给的各种速度是通过变速操纵盘进行调节的，它不但可在停车时进行变速，即使在运行中也可变速。变速时，主轴电动机 M_1 可获得瞬时冲动，以利于齿轮啮合。

主轴变速时，将主轴变速操纵盘手柄拉出，这时，与变速手柄有机械联系的行程开关 SQ_9 受压动作，其动断触点 $SQ_{9\text{-}1}$（116-114）瞬时断开，接触器 KM_1、KM_3 断电释放；SQ_9 的动合触点 $SQ_{9\text{-}2}$（194-102）闭合，时间继电器 KT 得电。此时速度继电器 KR_1 的正转动合触点（126-102）由于电动机仍在旋转而闭合，继电器 KA_6 吸合，接触器 KM_2 吸合，主回路串入限流电阻 R_1 对 M_1 进行反接制动。当主轴电动机的转速接近零时，KR_1（126-102）断开，主轴电动机 M_1 停止。这时，就可以旋转变速操纵盘，进行转速选择。转速选好后，再把变速手柄推合上，行程开关 SQ_9 复位，其动断触点 $SQ_{9\text{-}1}$（116-114）闭合，使接触器 KM_1 得电，M_1 串电阻启动；同时，SQ_9 的动合触点 $SQ_{9\text{-}2}$（194-102）断开，时间继电器 KT 断电释放，其延时闭合的动断触点 KT（192-116）经 1～2s 延时后闭合，使接触器 KM_3 吸合，短接电阻 R_1，主轴按新选择的转速做正向转动。

如果齿轮啮合不好，则应将变速手柄拉出，做冲击动作，使行程开关 SQ_9 的触点（116-114）做瞬时闭合，主轴电动机 M_1 做瞬时旋转，直到齿轮啮合良好为止。

进给量变换的工作过程与主轴变速基本相同。

4．快速移动电动机 M_3 的控制

正向快速移动时，当按下按钮 SB_9（或 SB_{10}）时，正转接触器 KM_5 和控制接触器 KM_7 得电吸合，快速移动电动机 M_3 全压运行，带动工作部件快速移动。同时，速度继电器 KR_2 的正转动合触点（164-102）闭合，继电器 KA_8 得电吸合，其动合触点（146-200）闭合，动断触点（146-154）断开，为停车时反接制动做好准备。当松开 SB_9（或 SB_{10}）时，接触器 KM_5、KM_7 断电切断电动机 M_3 的电源。与此同时，继电器 KA_5 得电吸合，其动合触点 KA_5（200-202）闭合，接通反转接触器 KM_6 的电源，电动机 M_3 串入限流电阻 R_2 反接制动。当 M_3 快速制动下降到接近零时，KR_2 的正转动合触点 KR_2（164-102）断开，KA_8 和 KM_6 相继断电释放，M_3制动结束，实现了快速停车。

5. 工作台回转电动机 M_4 的控制

按下按钮 SB_{21}（或 SB_{22}）时，接触器 KM_9（或 KM_{10}）得电吸合，电动机 M_4 带动工作台正向（或反向）回转。

6. 互锁及保护电路

由行程开关 SQ_1 和 SQ_2 组成工作台横向进给或主轴箱进给与主轴或平旋盘进给的互锁电路。当两种进给同时发生时，SQ_1 和 SQ_2 都断开，切断有关的进给控制电路，保证两种进给不会同时发生，避免了机床和刀具的损坏。

为防止加工时因进给量过大损坏设备和工件，在进给量超过极限时，使总保险摩擦离合器滑动，带动行程开关 SQ_3 动作，切断接触器 KM_8 的电源，从而牵引电磁铁 YA_1、YA_2 断电释放，进给运动停止，起到自动保护作用。

此外，通过中间继电器 KA_4 和行程开关 SQ_4、SQ_5、SQ_6、SQ_7、SQ_8 组成限位保护电路。其中 SQ_4 用于限制上滑座移动行程；SQ_5 限制下滑座移动行程；SQ_6 限制主轴返回行程；SQ_7 限制主轴伸出移动行程；SQ_8 限制主轴行程。这些行程开关的任一个动作，都使进给及快速移动的控制电路切断。

本机床在主轴变速和进给量变换时，不允许有进给运动发生。为此，在变速时，通过时间继电器 KT 的瞬动动断触点 KT（117-183）切断进给控制电路。

本机床可动部件的快速移动和机床的进给运动不允许同时发生，电路上是通过接触器 KM_8 的动断触点 KM_8（101-115）和 KM_7 的动断触点 KM_7（101-119）实现互锁的。

第14章 铣床的电气控制

铣床可以加工平面（水平面、垂直面等）、沟槽（键槽、T 形槽、燕尾槽等）、分齿零件（齿轮、链轮、棘轮、花轮轴等）、螺旋形表面（罗纹、螺旋槽）及各种曲面。此外，还可以用于对回旋体表面及内孔进行加工，以及进行切断工作等。

铣床的种类很多，根据构造特点及用途分，主要类型有：升降台式铣床、工具铣床、工作台不升降铣床、龙门铣床、仿形铣床。此外，还有仪表铣床、专门化铣床（包括键槽铣床、曲轴铣床、凸轮铣床）等。

14.1 万能铣床的主要结构与运动形式

万能铣床的结构如图 14.1 所示。万能铣床的床身固定在底座上，用于安装与支承机床各部件。在床身内装有主轴部件、主传动装置及其变速操纵机构等。床身顶部的导轨上装有悬梁，可沿水平方向调整其前后位置，悬梁上的支架用于支承刀杆的悬伸端，以提高刀杆刚性。升降台安装在床身前侧面的垂直导轨上，可上下（称垂直）移动。升降台内装有进给运动和快速移动传动装置，以及操纵机构等。升降台的水平导轨上装有床鞍，可沿平行于主轴的轴线方向（称横向）移动。工作台经过回旋盘装在床鞍上，这样工作台可以沿垂直于主轴轴线方向（称纵向）移动。固定在工作台上的工件，通过工作台、回旋盘、床鞍及升降台，可以在相互垂直的 3 个方向实现任一方向的调整或进给运动。回转盘可以绕垂直轴在 $\pm45^{\circ}$ 范围内调整一定角度，使工作台能沿该方向进给，因此这种铣床除了能够完成卧式升降台铣床的各种铣削加工外，还能够铣削螺旋槽。

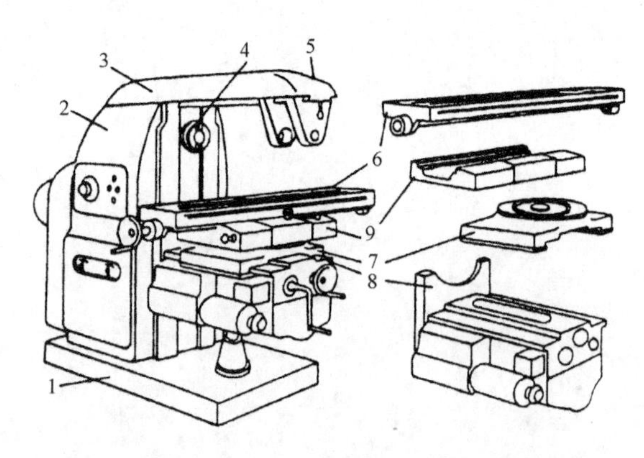

1—底座；2—床身；3—悬梁；4—主轴；5—支架；6—工作台；7—床鞍；8—升降台；9—回旋盘

图 14.1 万能铣床的结构

铣床工作时的主运动是铣刀的旋转运动。在大多数铣床上，进给运动是由工件垂直于铣刀轴线方向的直线运动来完成的；在少数铣床上，进给运动是工件的回转运动或曲线运动。为了适应加工不同形状和尺寸的工件，铣床保证工件与铣刀之间可在相互垂直的三个方向上调整位置，并根据加工要求，在其中任一方向实现进给运动。在铣床上，工作进给和调整刀具与工件相对位置的运动，根据机床类型不同，可由工件或分别由刀具及工件来实现。

万能铣床加工时的运动情况如下。

主运动：铣刀的旋转。

进给运动：工作台的上、下、左、右、前、后运动。

辅助运动：工作台的上、下、左、右、前、后方向上的快速运动。

14.2 X62W 万能铣床的电气控制

X62W 万能铣床是自动化程度比较高、功能多的机械加工机床，采用三台电动机拖动。X62W 万能铣床的电气线路如图 14.2 所示，表 14.1 为其电气元件明细表。

表 14.1 X62W 万能铣床电气元件明细表

文字符号	器件名称	型号	规格
M_1	电动机	JO2-51-4	7.5kW，1 450r/min
M_2	电动机	JO2-22-4	1.5kW，1 410r/min
M_3	电动机	JCB-22	0.125 kW，2 790r/min
KM_1	接触器	CJ0-20	20A，100V
KM_2～KM_4	接触器	CJ0-10	10A，110V
FU_1	熔断器	RL1-60	60A
FU_2～FU_4	熔断器	RL1-15	5A
FU_5	熔断器	RL1-15	1A
QS_1	开关	HZ1-60/3J	60A，500V
QS_2	开关	HZ1-10/3J	10A，500V
SA_1、SA_2	开关	HZ1-10/3J	10A，500V
SA_3	开关	HZ3-133	60A，500V
FR_1	热继电器	JR0-60/3	16A
FR_2	热继电器	JR0-20/3	0.5A
FR_3	热继电器	JR0-20/3	1.5A
SQ_1	位置开关	LX1-11K	
SQ_2	位置开关	LX3-11K	
SQ_3～SQ_6	位置开关	LX2-131	
SB_1～SB_6	按钮	LA2	
T_2	变压器	BK-100	380/36V
TC	变压器	BK-150	380/110V
T_1	变压器	BK-50	380/24V
VC	整流器	4X2ZC	
YC_1～YC_3	电磁离合器	定做	

14.2.1 主电路

主电路三台电动机分别是主轴电动机 M_1、进给电动机 M_2 和冷却泵电动机 M_3。在铣削加工时，要求主轴能够正转和反转，完成顺铣和逆铣工艺，但这两种铣削方法变换得不频繁，所以采用组合开关 SA_3 手动控制。主轴变速由机械机构完成，不需要电气调速，制动时采用电磁离合器。进给电动机 M_2 拖动工作台在纵向、横向和垂直三个方向运动，所以要求 M_2 能够正、反转，其转向由机械手柄控制。冷却泵电动机只要求单一转向，供给铣削用的冷却液。

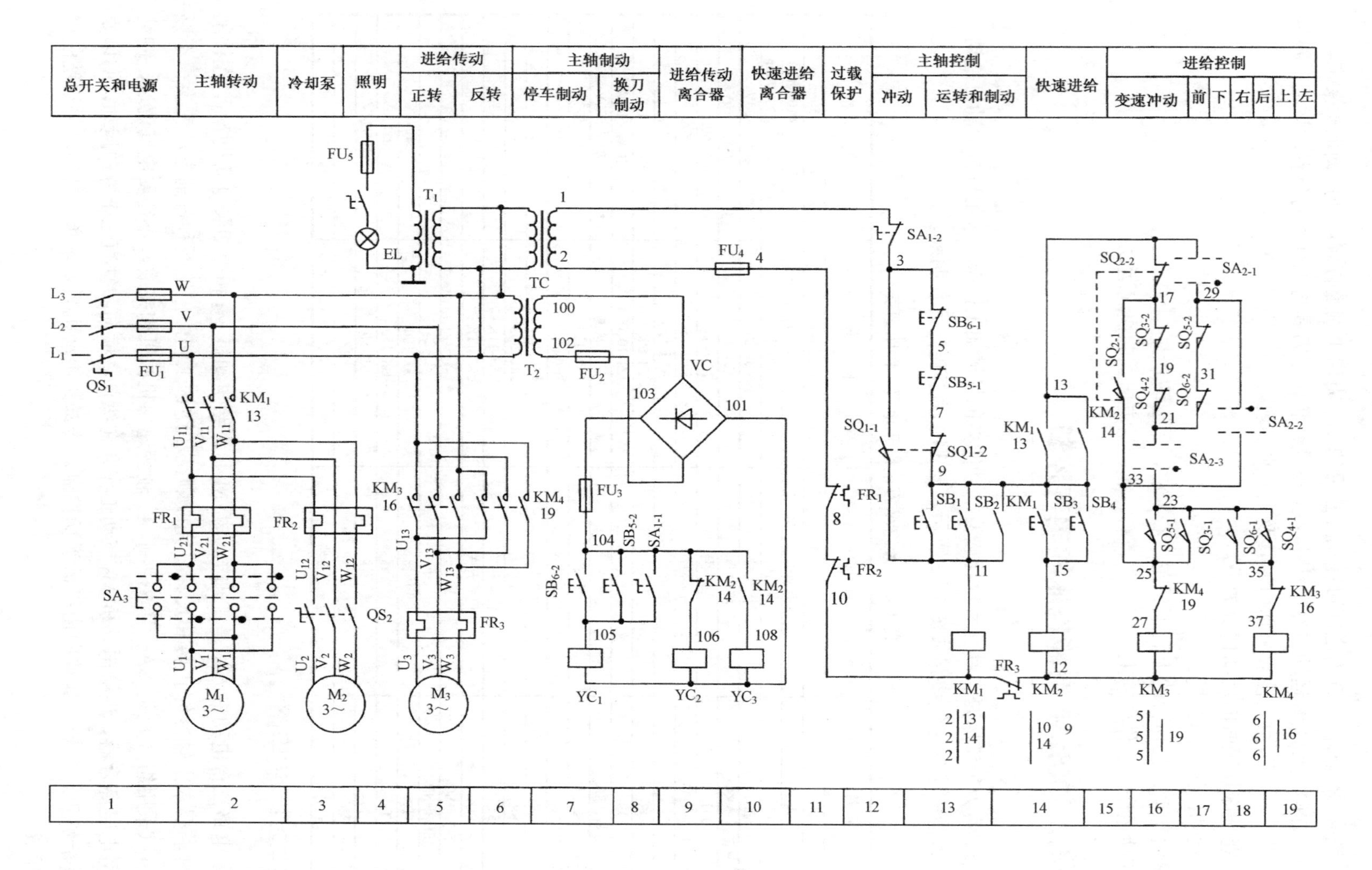

图 14.2 X62W 万能铣床电气线路

14.2.2 控制电路

1. 主轴电动机 M_1 的控制

主轴电动机 M_1 由接触器 KM_1 接通电源，为便于操作，在床身和工作台上分别安装一套启动和停止按钮，启动按钮是 SB_1 和 SB_2，停止按钮是 SB_5 和 SB_6。另外，对主轴的控制有启动、制动、主轴换刀和主轴变速运动。

（1）启动

启动前先选定转向，将主轴转向预选开关 SA_3 扳到所需转向，按下启动按钮 SB_1（或 SB_2），接触器 KM_1 线圈得电，其自锁触点 KM_1（9-11）闭合，实现自锁。动合触点 KM_1（9-13）闭合，接通进给控制电路。也就是说，主轴电动机若不运行（KM_1 和 KM_2 的动合触点不闭合），进给控制电路将无法接通电源。

（2）停止与制动

主轴电动机 M_1 停车与制动使用复合按钮 SB_5 或 SB_6。停车时，按下 SB_5（或 SB_6），其动断触点 SB_5（5-7）断开，接触器 KM_1 线圈断电，主轴电动机 M_1 断电，处于自由停车状态；动合触点 SB_5（104-105）闭合，电磁离合器 YC_1 线圈得电，它是通电型制动器，YC_1 线圈得电后，对主轴电动机进行机械制动，迫使电动机迅速停止。

操作按钮 SB_5（或 SB_6）时，要按到底，使其动断触点断开，动合触点闭合，否则只能切断电动机 M_1 的定子电源，实现自由停车，而无法实现制动。

（3）换铣刀控制

X62W 铣床加工时，需要更换不同的铣刀，为了便于更换铣刀和操作安全，应切断主轴电动机电路和控制电路。换刀时将开关 SA_1 扳到换刀位置，$SA_{1\text{-}1}$（104-105）触点闭合，电磁离合器 YC_1 线圈得电，电磁抱闸将主轴电动机制动，使主轴不能自由转动，便于更换铣刀。$SA_{1\text{-}2}$(1-3) 断开，整个控制电路都无法得电，防止换刀时误按下启动按钮而使主轴旋转，造成事故。

（4）变速冲动

主轴变速时，为了便于变速后齿轮的啮合，利用手柄瞬时压动行程开关，接通电动机使其短暂得电，拖动齿轮系统产生抖动，为齿轮的啮合创造条件。主轴变速时，先将变速手柄拉出，使齿轮组脱离啮合，用变速盘调整到所需的新转速后，将手柄以较快的速度推回原处，使改变了传动比的齿轮重新啮合。为了便于啮合，特别是在顶齿时，必须使电动机 M_1 瞬间转动一下，这样齿轮组就能很好地啮合。其工作情况是在推动手柄返回原处时，手柄上的机械机构瞬时压动行程开关 SQ_1。

压下时：$SQ_{1\text{-}1}$（3-11）闭合，接触器 KM_1 线圈得电，主轴电动机 M_1 得电，主轴机械系统转动。

松开时：$SQ_{1\text{-}1}$（3-11）断开，接触器 KM_1 线圈断电，主轴电动机 M_1 断电，由于此时主轴电动机 M_1 没有制动，所以仍然以惯性转动，使齿轮系统抖动，此时推入手柄，齿轮将很顺利地啮合。

2. 进给电动机 M_2 的控制

进给运动必须在主轴电动机启动后，方能进行控制。进给电动机拖动工作台实现上、下、左、右、前、后六个方向的运动，即纵向（左右）、横向（前后）和垂直（上下）三个垂直方向的运动。通过机械操作手柄（纵向手柄和十字形手柄）控制三个垂直方向，利用电动机 M_2 的正、反转实现每个垂直方向上两个相反方向的运动。

在工作台做进给运动时，是不能进行圆工作台运动的，即转换开关 SA_2 扳到“工作台进给”位置，其各触点 $SA_{2\text{-}1}$（13-29）和 $SA_{2\text{-}3}$（21-23）闭合，而 $SA_{2\text{-}2}$（29-33）断开。

（1）工作台纵向（左右）进给

工作台纵向进给运动必须扳动纵向手柄，它有左、中、右三个位置：中间位置对应停止；左、右位置对应机械传动链分别接入向左或向右运动方向，在电动机正、反转拖动下，实现向左或向右进给运动。

工作台向左运动时，将纵向手柄扳到“左”位置，机械上电动机的传动链与左右进给丝杆相连；电气上纵向手柄压下行程开关 SQ_6，其触点 $SQ_{6\text{-}1}$（23-35）闭合，接触器 KM_4 线圈得电，互锁触点 KM_4（25-27）断开，实现对接触器 KM_3 的互锁，主电路中的 KM_4 主触点闭合，进给电动机 M_2 反转，拖动工作台向左进给；$SQ_{6\text{-}2}$（21-31）断开时，实现纵向进给运动和垂直、横向进给运动的互锁，一旦此时扳动垂直、横向运动的十字形手柄，将会断开 $SQ_{3\text{-}2}$（17-19）或 $SQ_{4\text{-}2}$（19-21）电路，使任何进给运动都因断电而停止。

工作台停止运动只需要将纵向手柄扳回中间位置，此时 SQ_5 释放，同时纵向机械传动链脱离，工作台停止左右方向的进给。

工作台向右运动时，将纵向手柄扳到“右”，机械传动与向左一样，但电气上压下行程开关 SQ_5，其触点 $SQ_{5\text{-}1}$（23-25）闭合，接触器 KM_3 线圈得电，进给电动机 M_2 正转，拖动工作台向左进给运动；同样，$SQ_{5\text{-}2}$（29-31）断开时，实现纵向进给运动和垂直、横向进给运动的互锁。

（2）工作台横向（前后）和垂直（上下）进给

工作台横向和垂直进给运动必须扳动十字形手柄，它有上、下、左、右、中 5 个位置：中间位置对应停止；上、下位置对应机械传动链接入垂直传动丝杆；左、右位置对应机械传动链接入横向传动丝杆。在电动机 M_3 的拖动下，完成上、下、前、后 4 个方向的进给运动。

工作台向上运动时，十字形手柄扳到“上”位置，机械传动系统接通垂直传动丝杆；电气上十字形手柄在“上”位置压下行程开关 SQ_4，其触点 $SQ_{4\text{-}1}$（23-35）闭合，接触器 KM_4 线圈得电，互锁触点 KM_4（25-27）断开，实现对接触器 KM_3 的互锁。主电路中 KM_4 的主触点闭合，进给电动机 M_2 反转，拖动工作台向上运动。若要求停止上升，只要把十字手柄扳回到中间位置即可。

工作台向下运动时，十字形手柄扳到“下”位置，机械传动系统接通垂直传动丝杆；电气上十字形手柄在“下”位置压下行程开关 SQ_3，其触点 $SQ_{3\text{-}1}$（23-25）闭合，接触器 KM_3 线圈得电，互锁触点 KM_3（35-37）断开，实现对接触器 KM_4 的互锁。主电路中 KM_3 的主触点闭合，进给电动机 M_2 反转，拖动工作台向下运动。若要求停止下降，只要把十字手柄扳回到中间位置即可。

工作台向后运动时，其工作过程与工作台向上运动一样，不同之处是十字手柄扳到“右”（后）位置。机械传动接通横向传动丝杆，手柄压下 SQ_4，进给电动机 M_2 反转，拖动工作台向后进给。

工作台向前运动时，其工作过程与工作台向上运动一样，不同之处是十字手柄扳到“左”（前）位置。机械传动接通横向传动丝杆，手柄压下 SQ_3，进给电动机 M_2 正转，拖动工作台向前进给。

（3）终端保护

工作台前、后、左、右、上、下 6 个方向的进给运动都有终端保护装置。左、右进给运动是纵向进给运动终端保护，在工作台上安装左右终端撞块，当左、右进给运动达到极限位置时，撞击操作手柄，使手柄回到中间位置，从而达到终端保护目的。

工作台上、下、左、右进给运动的终端保护，是利用固定在床身上的挡块，当工作台运动到极限位置时，挡块撞击十字手柄，使其回到中间位置，工作台停止运动，从而实现终端保护。

（4）互锁

工作台 6 个方向的运动，在同一时刻只允许一个方向有进给运动，这就存在互锁问题，X62W 万能铣床的控制线路中，采用机械和电气方法实现。机械方法是使用两套操作手柄（纵向手柄和十字手柄），每个操作手柄的每个位置只有一种操作。如纵向手柄三个位置（左、中、右）本身就实现了左、右互锁，即手柄在左位置时，无法接通右运动，手柄扳到右位置时，左运动也就自然切断。十字手柄同样可以对上、下、前、后运动进行互锁。

电气互锁是由行程开关 SQ_{3-2}（29-31）、SQ_{4-2}（19-21）、SQ_{5-2}（29-31）、SQ_{6-2}（31-2）4 个动断触点机构完成的。电气原理图中，SQ_{3-2}、SQ_{4-2} 相串联，SQ_{5-2}、SQ_{6-2} 相串联，然后两条支路再并联。纵向手柄控制 SQ_{5-2}、SQ_{6-2}，十字手柄控制 SQ_{3-2}、SQ_{4-2}，在扳到纵向手柄时，SQ_{5-2} 或 SQ_{6-2} 有一个已经断开，如果此时再扳动十字手柄，必然会导致 SQ_{3-2} 或 SQ_{4-2} 有一个断开，这样两条电路都会被切断，接触器 KM_3、KM_4 不可能得电，电动机 M_2 无法得电运转。

（5）快速移动

工作台在安装工件和对刀时，要求快速移动，以提高效率。X62W 万能铣床的快速移动是通过机械方法来实现的，按下快速进给按钮 SB_3（或 SB_4），接触器 KM_2 线圈得电，动合触点 KM_2（9-13）闭合，接通进给控制电路，完成相应的进给运动。动断触点 KM_2（104-106）断开，电磁离合器 YC_2 线圈断电，动合触点 KM_2（104-108）闭合，电磁离合器 YC_3 线圈得电，快速移动传动系统接通，工作台在操作手柄控制的方向上快速移动。松开 SB_3（或 SB_4），电磁离合器 YC_3 线圈断电，YC_2 线圈得电，进给运动又恢复到原来的进给运动状态。

（6）变速冲动

进给变速与主轴变速控制一样，先外拉变速盘，调节好速度，再推回变速盘，在推回过程中，瞬时压动 SQ_2。在压下 SQ_2 时，SQ_{2-1}（17-33）触点闭合，接触器 KM_3 线圈得电，使进给电动机得电旋转。但 SQ_2 很快被释放，SQ_{2-1}（17-33）触点断开，进给电动机断电停止。这种电动机瞬时得电旋转一下，可使齿轮系统抖动，变速后的齿轮更易于啮合。

（7）圆工作台进给运动

圆工作台进给运动是使工作台绕轴心回转，以便进行弧形加工。先将选择开关 SA_2 扳到“圆工作台”位置，这时 SA_{2-1}（13-29）和 SA_{2-3}（21-33）断开，SA_{2-2}（29-33）闭合。工作台 6 个方向的进给运动都停止，主轴电动机启动后，接触器 KM_3 线圈得电，其电流路径为：13→SQ_{2-2}→SQ_{3-2}→SQ_{4-2}→SQ_{6-2}→SQ_{5-2}→SA_{2-2}→KM_4 动断触点→KM_3 线圈。KM_3 线圈得电，主电路中的 KM_3 主触点接通，进给电动机 M_2 得电旋转，拖动工作台做圆工作台旋转。

14.2.3 照明控制

照明线路采用 24V 安全电压，手动开关控制，由 FU_5 实现对照明线路的短路保护。

14.2.4 冷却泵电动机 M_2

冷却泵电动机 M_2 在主轴电动机 M_1 运转后，利用手动开关 QS_2 控制，其过载保护由 FR_2 实现。

第 15 章　项目实训与综合实训

15.1　小型单相变压器的制作与测试

【任务名称】小型单相变压器的制作与测试

【任务描述】

在电气设备维护中，经常会碰到小型变压器的线圈、交直流接触器的线圈、各种继电器的线圈、电磁铁及电磁阀的线圈烧毁而需要重新绕制的问题。本任务是根据所给的材料，按小型变压器绕制工艺绕制绕组，绕制结束后，先插片，紧固铁芯，焊接引出线，检验后再进行浸漆、烘干。最后进行空载试验，测量空载电压及空载电流。

1．任务要求

按照变压器绕制的工艺绕制变压器的线圈和装配变压器。

（1）变压器额定参数：一次侧额定电压为 220V，额定电流为 0.6A；二次侧额定电压为 17V，额定电流为 6A；二次侧额定电压 30V×2（中心抽头），额定电流为 0.2A。

（2）测量二次侧空载电压允许误差在±5%，中心抽头电压允许误差在±2%。

（3）测量变压器的空载电流，使其在额定电流的 5%～8%。

（4）测量绕组间及对地绝缘电阻，其值应>1MΩ

2．所需设备、材料、工具

（1）E 形硅钢片，其尺寸为 a=38mm、c=19mm、h=57mm、H=95mm，叠成厚度 48mm。

（2）一次侧绕组最大外径为 0.67mm，Q 型漆包线绕 534 匝。二次侧 17V、6A 的绕组用最大外径 1.64mm，Q 型漆包线绕 41 匝。二次侧 30V×2（中心抽头）、0.2A 绕组用最大外径为 0.33mm，Q 型漆包线绕 146 匝。

（3）绕线芯子用厚 1mm 的玻璃纤维制成活络框架结构。对铁芯绝缘用厚 0.07mm 的两层电缆纸、一层厚 0.14mm 的黄蜡布。

（4）17V 层间绝缘用厚 0.12mm 的两层电缆纸，其他绕组间绝缘用厚 0.07mm 的一层电缆纸，绕组间绝缘用厚 0.07mm 的两层电缆纸，厚 0.14mm 的一层黄蜡布。

（5）绕线机、木锤、常用电工工具、万用表、兆欧表、自耦调压器。

【任务实施】

工作子任务一：绕制前的准备工作

（1）选择漆包线及绝缘材料。依据计算结果选用相应规格的漆包线。对于层间绝缘应按

2 倍层间电压的绝缘强度选用绝缘材料。对铁芯绝缘及绕组间的绝缘，按对地电压 2 倍的绝缘强度来选用。漆包线和绝缘材料选定以后，应根据已知绕组匝数、线径和绝缘层厚度来核算变压器绕组所占铁芯窗口面积，核算出来的面积应小于铁芯实际窗口面积（$h \times c$），如图 15-1 所示。否则会因绕好的线圈装不进铁芯而返工。

（2）制作木芯。木芯是用来套在绕线机转轴上，支撑绕组骨架，以便进行绕制，当线圈绕好后，再把它从线框中取出。通常用杨木或杉木按比铁芯中心柱截面积 $a \times b$ 稍大些的尺寸 $a' \times b'$ 制成，如图 15-2 所示。木芯的长边 h' 应比铁芯窗口高度 h 短一些，木芯的中心孔径为 10mm，孔必须钻得平直。木芯的四边必须相互垂直，否则绕线时会发生晃动，绕组不易平齐。木芯的边角用砂纸磨成圆角，以便套进或抽出骨架。

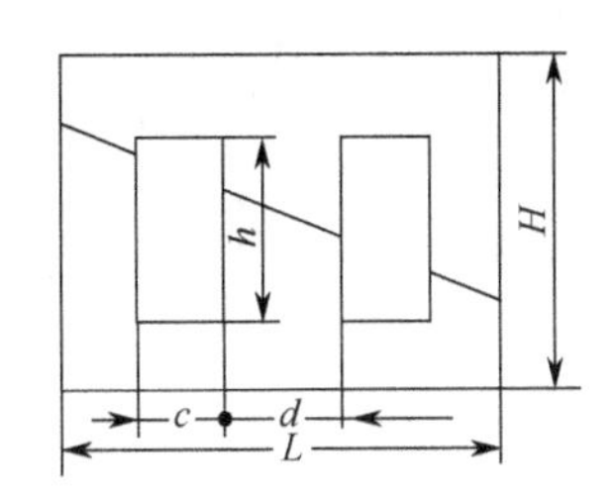

图 15-1 小型变压器硅钢片尺寸

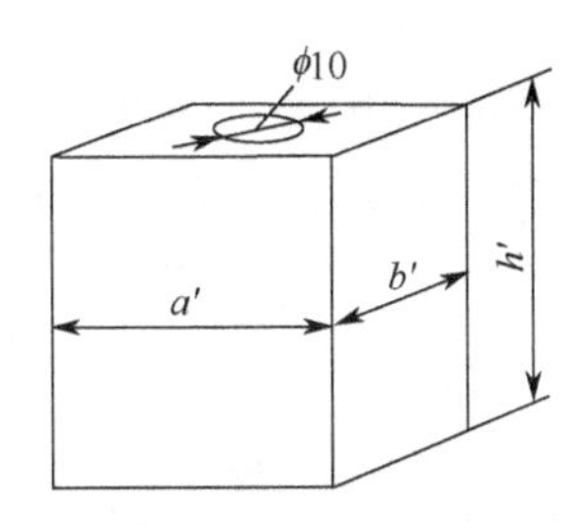

图 15-2 木芯

（3）制作绕组框架。目前变压器框架多采用有框框架，其结构如图 15-3 所示。绕组框架除支撑绕组外，还对铁芯起到绝缘作用。做框架的板材不宜过厚，过厚则会减小铁芯窗口的有效绕线面积。框架由两端的两块框板和四侧的两种形状的夹板拼合成为一个完整的骨架。在制作框板和夹板时，几何形状要求规范，尺寸误差要尽量小，以免拼合时出现骨架松垮或拼合不上的现象。

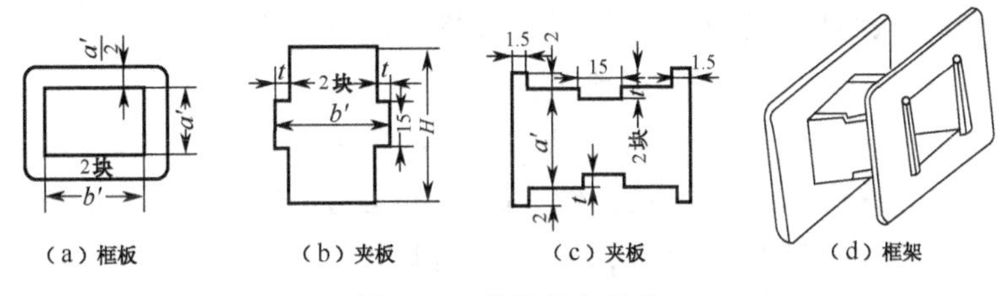

图 15-3 绕组框架结构

工作子任务二：线圈绕制

（1）裁剪绝缘纸。绝缘纸的宽度应稍长于骨架或绕线芯子的长度，而长度就稍大于骨架或绕线芯子的周长，还应考虑到绕组匝数增加后所需的裕量。

（2）起绕线圈。绕制前，先在套好木芯的骨架上垫好对铁芯的绝缘层，然后将木芯中心孔穿入绕线机轴紧固，如图 15-4（a）所示。将绕线机上的计数转盘调零。若采用的是绕线芯子，起绕时在导线引线头压入一条绝缘带的折条，以便抽紧起始线头，如图 15-4（b）所示。导线起绕点不可过于靠近绕线芯子的边缘，以免在绕线时漆包线滑出，以防止在插入硅钢片时碰伤导线的绝缘。若采用有框架，导线要紧靠边框板，不必留出空间。

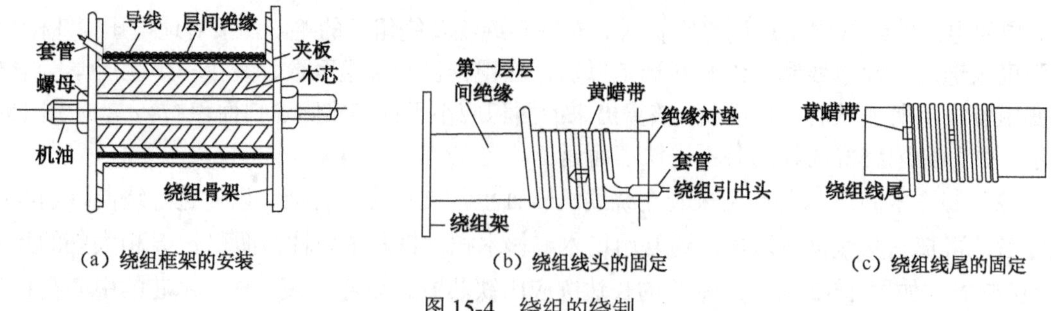

（a）绕组框架的安装　　（b）绕组线头的固定　　（c）绕组线尾的固定

图 15-4　绕组的绕制

（3）绕线方法。绕线时将导线稍微拉向绕线前进的相反方向约 5°，如图 15-5 所示。拉线的手顺绕线前进方向而移动，拉力大小应根据导线粗细而掌握，导线就容易排列整齐，每绕完一层要垫层间绝缘。注意：导线要求绕得紧密、整齐，不允许有叠线现象。

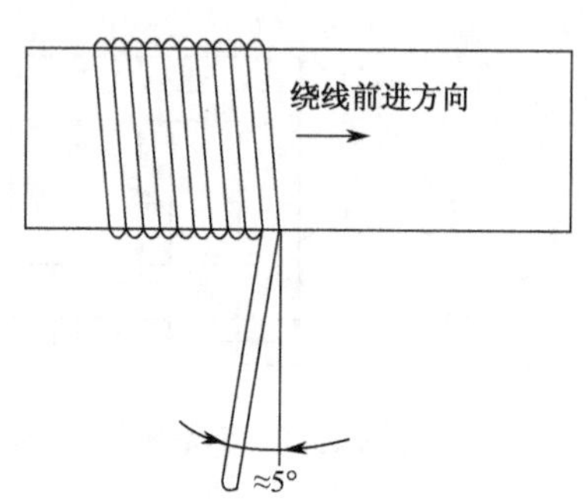

图 15-5　绕线时的持线方法

（4）线圈的层次。绕线时应先绕一次绕组、再绕静电屏蔽层，然后二次按高压绕组至低压绕组依次叠绕。每绕完一组后，要衬垫绕组间绝缘。当一次绕组数较多时，每绕好一组后用万用表检查是否正确。

（5）线尾的固定。当一组绕组绕制近结束时，要垫上一条绝缘带的折条，继续绕线到结束，将线尾插入绝缘带的折缝中，抽紧绝缘带，线尾便得以固定，如图 15-4（c）所示。

（6）静电屏蔽层的制作。由于是电源变压器，需在一、二次绕组间放置静电屏蔽层。屏蔽层可用厚约 0.1 mm 的铜箔或其他金属箔制成。其宽度比骨架长度稍短 1～3mm，长度比一次绕组的周长短 5mm 左右，夹在一、二次绕组的绝缘衬垫之间，但不能碰到导线或自行短路，铜箔上焊接一根多股软线作为引出接地线。如无铜箔，可用 0.12～0.15mm 的漆包线密绕一层，一端埋在绝缘层内，另一端引出作为接地线。

（7）引出线。当线径大于 0.2mm 时，绕组的引出线可利用原线绞合引出即可。当线径小于 0.2mm 时，应采用多股软线焊接后引出。引出线的套管应按耐压等级的要求选用。

（8）外层绝缘。绕组绕制好后，外层绝缘用铆好焊片的青壳纸缠绕 2～3 层，用胶水粘牢。将各绕组的引出线焊在焊片上。

工作子任务三：线圈的绝缘处理

绕组绕好后，为防潮和增加绝缘强度，应做绝缘处理。处理方法是：将绕组在烘箱内加温到 70～80℃，预热 3～5h 取出，立即浸入绝缘清漆中约 0.5h，取出后在通风处滴干，然后在 80℃烘箱内烘 8h 左右即可。

工作子任务四：变压器铁芯的装配

（1）插片要求：铁芯插片要求紧密、整齐，不能损伤绕组，否则会使铁芯截面积达不到计算要求，造成磁通密度过大而发热，以及变压器在运行时硅钢片会产生振动噪声。

（2）插片方法：插片应从绕组两边一片一片地交叉对插，插到中部时则要两片地对插，当余下最后几片硅钢片时，比较难插，俗称紧片。紧片需用旋具撬开两片硅钢片的夹缝才能插入，同时用木锤轻轻敲入，切不可硬性将硅钢片插入，以免损伤框架或绕组。

工作子任务五：变压器的测试

（1）绝缘电阻值的测定：用500V兆欧表测量各绕组间和各绕组对铁芯的绝缘电阻。400V以下的变压器其绝缘电阻值应大于1MΩ。

（2）各绕组电压值的测量：将被测变压器一次绕组接入可调电源，并调至额定电压值，再测量二次绕组电压值，应符合原变压器电压值，误差在任务要求范围内。

（3）空载电流的测试：当一次电压加到额定值时，其空载电流约为5%～8%的额定电流值。如空载电流大于额定电流10%时，变压器损耗较大；当空载电流超过额定电流的20%，时，它的温升将超过允许值，就不能使用。

【提交材料】

（1）任务实施计划书。

（2）具体使用材料清单。

（3）变压器制作过程及测试记录。

（4）《小型单相变压器的制作与测试》的实训报告。

15.2 交流电动机拆装

【任务名称】三相交流异步电动机拆装

【任务描述】

通过对三相交流异步电动机拆装与测试了解电机的结构及拆装工艺；了解转速表、兆欧表及钳形电流表的使用方法；掌握电机的简单测试和常见故障的排除。

1．任务要求

（1）三相异步电动机的拆装及结构认识。

（2）三相异步电动机绕组间绝缘电阻的测试。

（3）三相异步电动机的接线与运转。

（4）三相异步电动机启动电流、工作电流及转速的测试。

2．所需设备、材料、工具

（1）三相笼型异步电动机1台。

（2）万用表、钳形电流表、兆欧表各1只。

（3）三相负荷开关1只。

（4）木板1块、导线若干。

（5）电工工具1套。

【任务实施】

在修理或维护保养电动机时，须把电动机拆开。拆卸应按正确的方法进行，在拆卸中不能使电动机的各个零部件受到不应有的应力，否则就会损坏零部件。拆卸前，应预先在线头、端盖、刷握等处做好标记，以便于修复后的装配，各归原位。经过维护保养后的电动机须重新进行装配，装配与拆卸步骤相反。安装完毕后，用手转动转轴，转子应转动灵活、均匀，无停滞或偏重现象。并需要用兆欧表检查三相绕组对机壳之间、三相绕组之间的绝缘电阻，其阻值不低于 0.5MΩ。根据以上任务要求，每个实训小组制定具体工作计划并根据任务要求记录相关实验数据。

工作子任务一：拆装三相异步电动机

在拆装过程中注意观察各部件的结构，了解各部件的作用。严格按下面的操作步骤进行操作。

1．拆卸前的准备工作

（1）用压缩空气吹净电动机表面灰尘，并将电动机表面污垢檫拭干净。

（2）清理施工现场环境。

（3）熟悉电动机结构和检修技术要求。

（4）准备好解体电动机的工具和设备。

（5）拆除电动机外部接线，做好记录。

2．电动机拆卸工序

（1）拆卸联接件。

（2）拆卸外风扇罩。

（3）拆卸外风扇。

（4）拆下后轴承外盖与内盖固定的三颗螺钉，取下后轴承外盖。

（5）拧下固定后端盖的固定螺钉。

（6）拧下固定前端盖的固定螺钉。

（7）将前、后端盖与机座配合的部位做好原始记录标志，然后用扁铲伸入机座与后端盖的配合面缝隙中撬开后端盖，取下后端盖。

（8）用木板垫在转子后轴端用铁锤向前端方向打击，则可将前端盖连转子一起移出。

（9）拆卸前轴承外盖与内盖的螺钉后，可检查轴承。

3．电动机的装配

装配的工序大致与拆卸的顺序相反，需注意下列几点：

（1）清除浸漆留下的漆瘤，特别是机座和端盖止口上的漆瘤和污垢要用刮刀和铲刀铲除干净，否则影响电动机的装配质量。

（2）铁芯通风沟要清理干净。

（3）检查齿压板、槽楔、绕组绑扎和绝缘垫块是否松动和脱落，槽楔和绑扎的无纬带是否高出铁芯表面。

（4）检查装配零部件是否齐全。电动机内是否留有异物和工具。

（5）测量绝缘电阻。其值不应低于规程的规定。

（6）清理电动机内外表面，用压缩空气吹净电动机铁芯和绕组上的灰尘。

（7）端盖的固定螺钉要均匀对称拧紧，敲打端盖时要垫上木板。

工作子任务二：测试三相异步电动机绕组间的绝缘电阻

用兆欧表测量电动机各绕组间的绝缘电阻，并将测量结果记录在表 15-1 中。

表 15-1　绕组间的绝缘电阻

各相绕组间的绝缘电阻值/MΩ			绕组与机壳间的绝缘电阻值/MΩ		
U-V	V-W	W-U	U-地	V-地	W-地

工作子任务三：测试三相异步电动机的启动电流和工作电流

（1）将三相异步电动机按要求连接好，接入三相电源，观察电动机的运转情况。若电动机运转不正常或出现异常情况，立即断开电源，进行检测及故障排除。

（2）利用钳形电流表测量三相异步电动机的启动电流和工作电流，并将结果记录在表15-2中。

表15-2　三相异步电动机的启动电流和工作电流

	电动机正转时	电动机反转时
启动电流/A		
工作电流/A		

工作子任务四：测试三相异步电动机的转速

利用转速表测量电动机的转速，并将结果记录在表15-3中。

表15-3　电动机的转速

电源线电压/V	电动机转向	空载转速/（r/min）
380	正转	
380	反转	

【提交材料】

（1）任务实施计划书。

（2）具体使用材料清单。

（3）电机拆装记录及测试数据。

（4）《交流电动机拆装》实训报告。

15.3　直流电动机的拆装与控制

【任务名称】直流电动机的拆装与控制

【任务描述】

在维护、修理和保养直流电动机时，往往需要拆装直流电动机。修好后，再重新将电机装配好。如拆装步骤和方法不当，就会使部分零部件受到不应有的应力而损坏。因此，掌握正确的拆装步骤和方法是十分必要的。本项目要求按照直流电动机的拆装工艺和操作规程，对Z4-100-1型1.5kW的直流电动机进行拆装，完成直流电动机的刷架的调整及参数测试，启动、调速控制线路的接线与调试。

1．任务要求

（1）通过拆装仔细观察直流电动机的基本结构和并了解主要部件的作用。

（2）学会直流电动机的拆装方法及工艺。

（3）能正确连接直流电动机的控制线路。

（4）能掌握直流电动机启动、调速的操作方法。

（5）文明文训、注意安全，不发生违纪和实训事故。

2．所需设备、材料、工具

（1）1.5kW直流电动机Z4-100-1；

（2）拉具、活络扳手、手锤、木锤、扁凿、常用电工工具1套；

（3）3V直流电源；

（4）直流毫伏表(万用表)；

（5）并励直流电动机启动、调速控制设备。

【任务实施】

工作子任务一：直流电动机的拆装

在进行拆卸前要对直流电动机进行全面的检查，熟悉有关的情况，做好有关记录，做好拆装的准备工作。折卸步骤具体如下：

（1）拆除直流电动机上的所有接线，做好复位标记和记录。

（2）拆除换向器端的端盖螺栓和轴承盖的螺栓，并取下轴承外盖。

（3）打开端盖两侧的通风窗，从各刷握中取出电刷，然后再拆下接在刷杆上的连接线，并做好电刷和连接线的复位标记。

（4）拆卸换向器端的端盖。拆卸时先在端盖与机座的接缝处打上复位标记，然后在端盖边缘处垫上木楔，用铁锤沿端盖的边缘均匀地敲打，使端盖止口脱开机座及轴承外圈。记好刷架的位置，取下刷架。

（5）用厚纸或布把换向器包好，并妥善存放。

（6）拆除轴伸出端的端盖螺钉，将连同端盖的电枢从定子内小心地抽出或吊出。操作中不要擦伤绕组。并把连同端盖的电枢放在木架上，并用纸或布包裹好。

（7）拆除轴伸端的轴承盖螺钉，取下轴承外盖和端盖。轴承只在有损坏时才需取下来更换，一般情况下不要拆卸。

直流电动机的装配步骤按拆卸的相反顺序进行。操作中，各部件应按复位标记和记录进行装配，并校正电刷位置。

工作子任务二：直流电动机的检查与测试

直流电动机经过拆装后，需要进行检查与测试，其内容主要是将电机试运转若干小时，观察电机出力、火花及转速等情况。目的是为了确定每台装配完成的电动机在电气或机械方面是否都符合要求。

1．装配后的一般检查

装配或检修后的直流电动机，欲投入运行的电机，需将所有紧固螺钉拧紧，使电机转动是否灵活。此外还应检查下列内容：

（1）电动机接线的检查。要求检查出线的是否正确，接线是否与端子的标号一致，电机内部的接线是否有碰触转动的部件。

（2）换向器表面的检查。要求换向器表面应平滑、光洁、不得有毛刺、裂纹、裂痕等缺陷。换向片间的云母片不得高出换向器的表面，凹下深度为 1～1.5 mm。

（3）刷握的检查。要求刷握应牢固而精确地固定在刷架上，各刷握之间的距离应相等，刷距偏差不超过 1 mm。

（4）间距及尺寸的检查。要求检查刷握的下边缘与换向器表面的距离、电刷在刷握中装配的尺寸要求、电刷与换向片的吻合接触面积。

（5）电刷压力弹簧压力的检查。同一电机内各电刷的压力与其平均值的偏差不应超过±10%。

（6）电机气隙的不均匀程度的检查。当气隙在 3mm 以下时，其最大容许偏差值不应超过其算术平均值的 20%；当气隙在 3mm 以上时，偏差不应超过算术平均值的 10%。测量时可用塞规在电枢的圆周上检测各磁极下的气隙，每次在电机的轴向两端测量。

2．直流电动机刷架中性线位置的调整方法

（1）松开刷架的紧固螺钉。

（2）将励磁绕组通过开关接到 3V 直流电源上。

（3）将毫伏表接到相邻两绕组的电刷上。

（4）频繁合上和打开开关，同时将刷架左右慢慢移动，观察直流毫伏表的摆动情况。当毫伏表指针不动或摆动很微弱时，刷架位置就是中性线位置。

（5）紧固刷架后，要复测一次。

3．绝缘电阻的测试

对 500 V 以下的电机，用 500 V 的兆欧表分别测量各绕组对地及各绕组与绕组之间的绝缘电阻，其阻值应大于 0.5MΩ。

4．空载试验

在直流电动机上述检查测试后。将电动机接入电源并励磁，使其在空载下运行一定时间，观察各部位，看是否有过热现象、异常噪声、异常振动或出现火花等，初步鉴定电动机的接线、装配是否合格。

工作子任务三：并励直流电动机启动、调速控制线路

并励直流电动机启动、调速控制线路如图 15-6 所示。直流电机启动、调速的操作方法和注意事项如下：

1．操作方法

（1）在合上电源开关之前、要检查启动电阻器 RS 及调速电阻器 RA 是否置于零位，即应使 RS 的阻值为最大，RA 的阻值为零。

（2）合上电源开关 QS。

（3）扳动启动电阻器手柄，逐渐切除启动电阻，要注意每切除一级电阻要稍停留数秒。

（4）调节调速电阻器 RA，在逐渐增大励磁绕组串接电阻的同时，要测量电动机的转速，注意不能超过电动机的弱磁转速 2000r/min。

（5）停转时断开电源开关 QS，将 RA 扳到零位并检查启动电阻器是否自动返回起始位置。

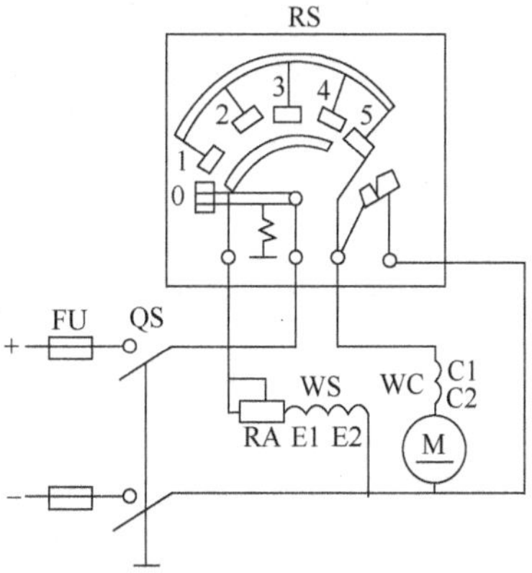

图 15-6 并励直流电动机启动、调速控制线路

2．注意事项

（1）接线时要注意励磁回路的连接必须可靠。防止电动机在运行时出现励磁回路开路、否则电动机在运行时会产生“飞车”事故。

（2）电动机应在满磁情况下启动。且启动电阻 RS 不能一扳到底。

【提交材料】

（1）任务实施计划书。

（2）设备及材料清单。

（3）直流电动机拆装记录。

（4）直流电动机检查与测试记录。

（5）并励直流电动机启动、调速控制线路操作记录。

（6）《直流电动机拆装与控制》的实训报告。

15.4 三相交流异步电动机正反转控制

【任务名称】 三相交流异步电动机正反转控制

【任务描述】

根据所给器材在实训板上安装并操纵三相交流异步电动机正反转控制电路。通过实践认识交流接触器与辅助触头的连接方法及所起到的作用；理解互锁的含义、作用以及实现互锁的方法；学会实现电机正反转的方法以及注意事项。

1．任务要求

（1）检查并测试各电器。

（2）设计电气控制安装图并把低压电器按一定的规律安装在操作板上。

（3）按照工艺要求连接双重互锁正、反转控制线路并使设备走线合理、美观。

（4）利用仪器仪表检查电路连接是否正确。

（5）检查无误进行通电调试。

2．所需设备、材料、工具

（1）实训操作板 1 块、三相笼型异步电动机 1 台、万用表 1 台、电工工具 1 套。

（2）低压断路器、热继电器 1 只，交流接触器 2 只，按钮 3 只。

（3）各色铜芯线、号码管、线卡、标签若干。

【任务实施】

工作子任务一：绘制电路

1．根据以上任务要求，绘制双重互锁正、反转控制线路，如图 15-7 所示。

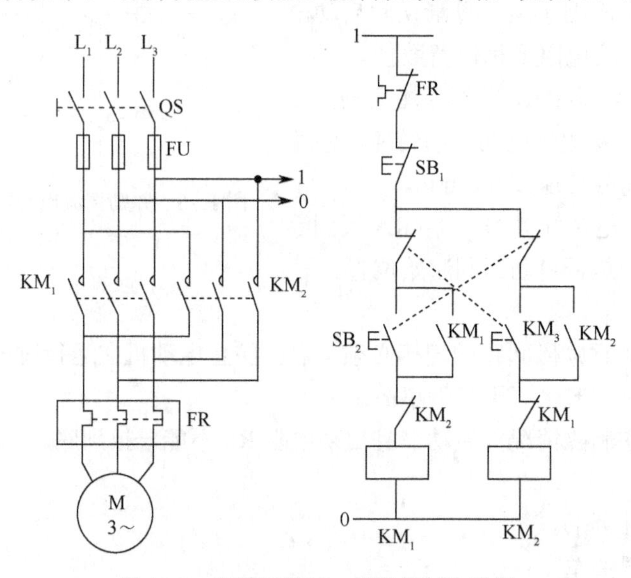

图 15-7 双重互锁正、反转控制电线图

2．分析双重互锁正、反转控制线路的工作原理。其工作过程如下：

合上电源开关 QS

正转：$SB_2^{\pm}$ ┬ KM_2^-（互锁）
└ $KM_{1自}^{+}$ —— M^+（正转）

反转：$SB_3^{\pm}$ ┬ KM_1^-（互锁）—— M^-（停车）
└ $KM_{2自}^{+}$ —— M^+（反转）

按下停止按钮 SB1→控制电路断路→所有控制线圈断电→电动机 M 停止运转。

工作子任务二：电气控制线路的安装与调试

（1）根据电气原理图，自己设计实训电路安装图。

（2）将低压电器按照所需的实训接线图按对应位置固定在实训面板上。

（3）把接线端子排按一定的顺序固定在实训面板上。

（4）在实训面板上把低压电器的各接线端按标号接到对应的接线端子排的内层。

（5）按接线图对号接线，线接在接线端子排的外层，注意编号不能遗漏。

（6）主电路和控制电路全部接好后，先自我检查，再经老师检查确认无误后，接通三相电源进行验证。

（7）如电动机不能按设计要求动作，先自行检查主电路和控制电路，分析原因，找出故障点进行排除，并对出现的故障和排除方法进行记录。

【提交材料】

（1）《三相交流异步电动机正反转控制》实训报告

（2）调试运行记录。

15.5 三相交流异步电动机Y-△降压启动控制

【任务名称】三相交流异步电动机Y-△降压启动控制

【任务描述】

通过对三相异步电动机Y-△降压启动控制电路的接线与操纵，掌握时间继电器的基本结构及原理；了解电路原理，掌握接线方法；进一步加深对电气控制电路的理解并学会正确排除电路故障。

1．任务要求

（1）检查并测试各电器。

（2）设计电气控制安装图并把低压电器按一定的规律安装在操作板上。

（3）按照工艺要求连接三相异步电动机Y-△降压启动控制电路并使设备走线合理、美观。

（4）利用仪器仪表检查电路连接是否正确。

（5）检查无误进行通电调试。

2．所需设备、材料、工具

（1）实训操作板一块、三相笼型异步电动机 1 台、万用表一台、电工工具 1 套。

（2）低压断路器、热继电器、时间继电器 1 只，交流接触器 3 只，按钮 2 只。

（3）各色铜芯线、号码管、线卡、标签若干。

【任务实施】

工作子任务一：绘制电路

（1）根据以上任务要求，绘制三相异步电动机Y-△降压启动控制线路，如图 15-8 所示。

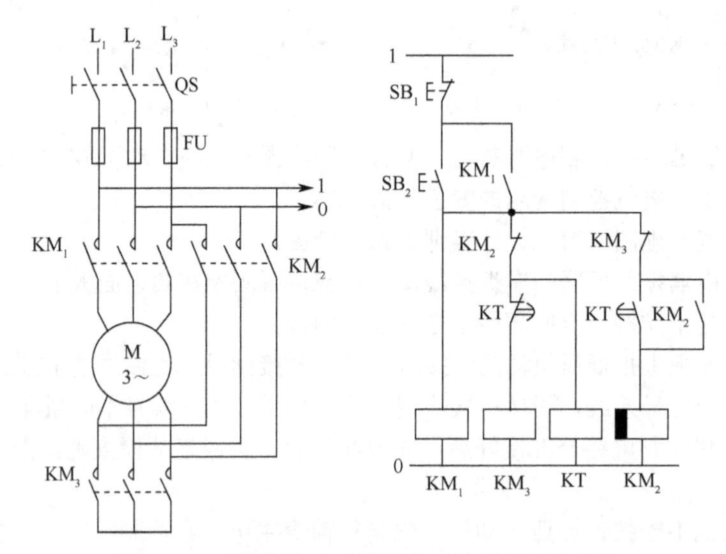

图 15-8 三相电机 Y-△降压启动控制电路原理图

（2）分析三相异步电动机Y-△降压启动控制线路的工作原理。其工作过程如下，合上总电源开关 QS 后，

$SB_2^{\pm}$ — KM_3^{+} — M^{+}（Y起动）
- $KM_{1自}^{+}$
- $KT^{+} \xrightarrow{\Delta t} KM_3^{-}$ — M^{-}
  - $KM_{2自}^{+}$ — M^{+}（△运行）
    - KT^{-}, KM_3^{-}

必须指出，KM2 和 KM3 实行电气互锁的目的是为避免 KM2 和 KM3 同时通电吸合而造成严重的电源短路事故。接线时一定要加以注意。

工作子任务二：电气控制线路的安装与调试

（1）根据电气原理图，设计电器的安装布置图。

（2）将低压电器按照设计好的安装布置图固定在实训面板上。

（3）把接线端子排按一定的顺序固定在实训面板上。

（4）在实训面板上把低压电器的各接线端按标号接到对应的接线端子排的内层。

（5）按接线图对号接线，线接在接线端子排的外层，注意编号不能遗漏。

（6）主电路和控制电路全部接好后，先自我检查，特别注意 KM2 和 KM3 两个互锁触头是否正确接入，经老师检查确认无误后，接通三相电源进行验证。

（7）调整时间继电器的整定时间，观察接触器 KM2、KM3 的动作时间的变化并记录下来。

（8）如电动机不能按设计要求动作，先自行检查主电路和控制电路，分析原因，找出故障点进行排除，并对出现的故障和排除方法进行记录。

【提交材料】

（1）《三相交流异步电动机Y-△降压启动控制》实训报告。

（2）调试运行记录。

参 考 文 献

[1] 李发海．电机学（上、下册）．北京：科学出版社，1982
[2] 顾绳谷．电机及拖动基础（上、下册）．北京：机械工业出版社，1980
[3] 应崇实．电机及拖动基础．北京：机械工业出版社，1987
[4] 郑朝科．电机学．上海：同济大学出版社，1988
[5] 任兴权．电力拖动基础．北京：冶金工业出版社，1980
[6] 杨渝钦．控制电机．北京：机械工业出版社，1981
[7] 陈伯时．电机与拖动．北京：中央广播电视大学出版社，1983
[8] 张延英、任志锦．工厂电气控制设备（第 1 版）．北京：中国轻工业出版社，1993
[9] 许谬．工厂电气控制设备（第 1 版）．北京：机械工业出版社，1991
[10] 劳动部培训司．电力拖动与自动控制（第 1 版）．北京：劳动人事出版社，1990
[11] 顾维邦编．金属切削机床（第 1 版）．北京：机械工业出版社，1985
[12] 张冠生、丁明道．常用低压电器及应用（修订本）．北京：机械工业出版社，1994
[13] 郑凤翼、孙铁宸、孟庆涛．怎样看电工实用线路图．北京：人民邮电出版社，1996
[14] 武汉市教学研究室．机床维修电工．北京：高等教育出版社，1996
[15] 宋健雄．低压电器设备运行与维修．北京：高等教育出版社，1997
[16] 刘玉池、李翰奇、高玉奎．机床电气线路新旧图标对照与故障处理．北京：机械工业出版社，1993
[17] 职业技能鉴定指导编审委员会．维修电工．北京：中国劳动出版社，1998
[18] 程周．电机与电气控制（第 1 版）．北京：中国轻工业出版社，1999
[19] 程周．电机与电气控制实验及课程设计（第 1 版）．北京：中国轻工业出版社，2000

高等职业院校精品教材系列

校级精品课
配套教材

传感器与检测技术
项目式教程

陈晓军　主　编
蒋琦娟　副主编
贲礼进　主　审

電子工業出版社
Publishing House of Electronics Industry
北京 • BEIJING

职业教育　继往开来（序）

我国经济在 21 世纪快速发展以来，各行各业都取得了前所未有的进步。随着我国工业生产规模的扩大和经济发展水平的提高，教育行业受到了各方面的重视。尤其对高等职业教育来说，近几年在教育部和财政部实施的国家示范性院校建设政策鼓舞下，高职院校以服务为宗旨、以就业为导向，开展工学结合与校企合作，进行了较大范围的专业建设和课程改革，涌现出一批示范专业和精品课程。高职教育在为区域经济建设服务的前提下，逐步加大校内生产性实训比例，引入企业参与教学过程和质量评价。在这种开放式人才培养模式下，教学以育人为目标，以掌握知识和技能为根本，克服了以学科体系进行教学的缺点和不足，为学生的顶岗实习和顺利就业创造了条件。

中国电子教育学会立足于电子行业企事业单位，为行业教育事业的改革和发展，为实施“科教兴国”战略做了许多工作。电子工业出版社作为职业教育教材出版大社，具有优秀的编辑人才队伍和丰富的职业教育教材出版经验，有义务和能力与广大的高职院校密切合作，探索创新职业教育的新方法，出版反映最新教学改革成果的新教材。中国电子教育学会经常与电子工业出版社开展交流与合作，在职业教育新的教学模式下，将共同为培养符合当今社会需要的、合格的职业技能人才而提供优质服务。

近期由电子工业出版社组织策划和编辑出版的“全国高职高专院校规划教材·精品与示范系列”，具有以下几个突出特点，特向全国的职业教育院校进行推荐。

（1）本系列教材的课程研究专家和作者主要来自于教育部和各省市评审通过的多所示范院校。他们对教育部倡导的职业教育教学改革精神理解得透彻准确，并且具有多年的职业教育教学经验及工学结合、校企合作经验，能够准确地对职业教育相关专业的知识点和技能点进行横向与纵向设计，能够把握创新型教材的出版方向。

（2）本系列教材的编写以多所示范院校的课程改革成果为基础，体现“重点突出、实用为主、够用为度”的原则，采用项目驱动的教学方式。学习任务主要以本行业工作岗位群中的典型实例提炼后进行设置，项目实例较多，应用范围较广，图片数量较大，还引入了一些经验性的公式、表格等，文字叙述浅显易懂。增强了教学过程的互动性与趣味性，对全国许多职业教育院校具有较大的适用性，同时对企业技术人员具有可参考性。

（3）根据职业教育的特点，本系列教材在全国独创性地提出“职业导航、教学导航、知识分布网络、知识梳理与总结”及“封面重点知识”等内容，有利于老师选择合适的教材并有重点地开展教学过程，也有利于学生了解该教材相关的职业特点和对教材内容进行高效率的学习与总结。

（4）根据每门课程的内容特点，为教材配备了相应的电子教学课件、习题答案与指导、教学素材资源、程序源代码、教学网站支持等立体化教学资源。

职业教育要不断进行改革，创新型教材建设是一项长期而艰巨的任务。为了使职业教育能够更好地为区域经济和企业服务，殷切希望高职高专院校的各位职教专家和老师提出建议和撰写精品教材（联系邮箱:chenjd@phei.com.cn，电话:010-88254585），共同为我国的职业教育发展尽自己的责任与义务！

中国电子教育学会

前言

随着工业自动化技术的迅猛发展，传感器与检测技术得到了越来越广泛的应用，各高职院校逐渐将本课程作为自动化类、机电类、电子信息类、仪器仪表类、机械制造类等专业的专业课程。传感器与检测技术是一门多学科融合的技术，编者根据教育部最新的教学改革要求，结合多年的专业建设和课程改革实践与成果，以培养技能应用型人才为目标，采用项目引导、任务驱动的形式编写了本书。

本书着重体现“学做合一”的职业教育理念，注重传感器性能、选用等方面的技能培养，同时广泛参考和吸取国内外优秀教材的特点，体现“淡化理论，够用为度，培养技能，重在运用”的指导思想，由工业生产和实际生活中的应用实例引入，精简理论知识和公式推导，重点突出实用技术的掌握和运用。全书共分为 8 个项目：项目 1 介绍检测技术基础知识；项目 2～项目 7 介绍常用物理量的检测方法和各传感器的典型应用；项目 8 介绍检测技术综合应用技能。每个项目设有多个任务，并配有一定量的思考与练习题，以供学生复习、巩固所学内容。

每个项目任务均选自工业生产和实际生活实践，具有较强的代表性和实用性，包括“任务描述”、“相关知识”、“任务实施”和“知识拓展”4 个栏目，以常见物理量的检测为主线，介绍传感器的工作原理、类型、测量电路和具体应用方法。任务的设计和实施主要从传感器选型、测量电路设计和模拟调试三个环节完成，有较强的指导性和可操作性，易于安排教学，能够有效提高学生的传感器实际应用技能。

本书体系新颖、内容丰富、图文并茂、实用性突出，为高等职业本专科院校自动化类、机电类、电子信息类、仪器仪表类、机械制造类等专业的教材，也可作为开放大学、成人教育、自学考试、中职学校和培训班的教材，以及工程技术人员的参考工具书。

本书由江苏城市职业学院陈晓军副教授任主编并统稿，蒋琦娟任副主编。具体编写分工为：陈晓军编写项目 1、5、6、8；朱云开编写项目 2 和 3；李雪峰编写项目 4 和 7；其中，刘宪鹏编写任务 1.3 和 4.1，蒋琦娟编写任务 2.3 和 8.2，季建华参与部分插图的绘制。本书由南通纺织职业技术学院责礼进研究员主审。在编写过程中得到黄道华高工和张鹰副教授的指导，同时还参阅了同行专家们的论文著作及文献和相关网络资源，在此一并真诚致谢。

限于编者的学识水平和实践经验，书中不妥之处在所难免，敬请专家和读者批评指正。

为了方便教师教学，本书还配有免费的电子教学课件、练习题参考答案，请有此需要的教师登录华信教育资源网（http://www.hxedu.com.cn）免费注册后再进行下载，有问题时请在网站留言或与电子工业出版社联系（E-mail：hxedu@phei.com.cn）。读者也可通过该精品课网站（http://jpkc.jscvc.cn/course/CourseSite.htm?id=1fd27f87-68f5-4e00-9cd2-09f68375c621）浏览和参考更多的教学资源。

编　者

项目1 检测技术基础

教学导航

知识目标	（1）熟悉测量的基本概念与测量的方法。 （2）掌握测量的基本误差与分析方法。 （3）掌握传感器的定义、组成及类型。 （4）了解传感器的基本特性与性能指标。 （5）掌握电桥电路的工作原理及应用。 （6）了解调制电路、滤波电路的工作原理及作用。
能力目标	（1）能够进行测量数据的处理。 （2）能够根据实际要求选用传感器。 （3）能够根据需要设计合适的测量电路。

项目背景

对于工业生产而言，采用各种先进的检测技术对生产过程进行检查、监测，对确保安全生产、保证产品质量、提高产品合格率、降低能源和原材料消耗，提高企业的劳动生产率和经济效益是必不可少的。

生产过程中有各种各样的参数要进行检测和控制。检测是指在各类生产、科研、试验及服务等各个领域，为及时获得被测、被控对象的有关信息而实时或非实时地对一些参量进行定性检查和定量测量。能从被检测的参量中提取有用信息（它往往是电量），并且有时还将它转换成易于传递和处理的电信号，称之为传感器。检测系统的主要组成部分之一是测量，人们采用各种测量手段来获取所研究对象在数量上的信息，从而通过测量得到定量的结果。检测系统的终端设备应该包括各种指示、显示装置和记录仪表，以及各种控制用的伺服机构或元件。

任务 1.1 测量数据处理

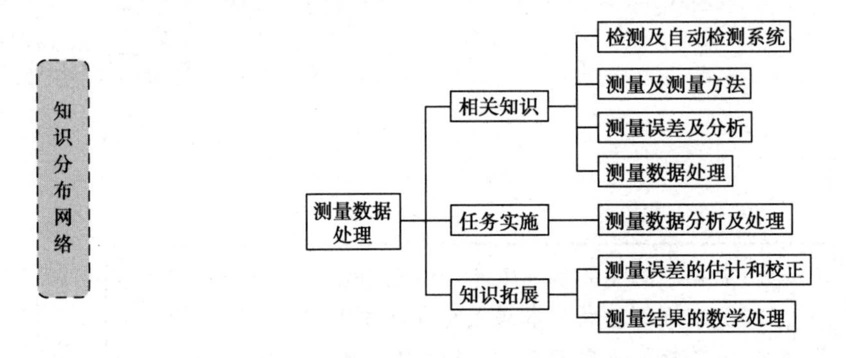

任务描述

对某一零件长度等精度测量 16 次，得到如下数据（单位为 cm）：27.774，27.778，27.771，27.780，27.772，27.777，27.773，27.775，27.774，27.772，27.774，27.776，27.775，27.777，27.777，27.779。假定该测量数据不存在固定的系统误差，请计算出该零件长度。

相关知识

1.1.1 检测及自动检测系统

1．检测技术的概念与作用

检测技术是人们为了对被测对象所包含的信息进行定性了解和定量掌握所采取的一系列技术措施。检测包含检查和测量两方面，是将生产、科研、生活等方面的相关信息通过选择合适的检测方法与装置进行分析或定量计算，以发现事物的规律性。在自动化系统中，首先要通过检测获取生产流程中的各种有关信息，然后对它们进行分析、判断，以便

进行自动控制。

检测技术也是自动化系统中不可缺少的组成部分，检测技术的完善和发展推动着现代科学技术的进步。检测技术几乎渗透到人类的一切活动领域，发挥着越来越大的作用。检测技术是产品检验和质量控制的重要手段，借助于检测工具对产品进行质量评价，这是检测技术最重要的应用领域。另外，随着新型检测技术不断地成熟和发展，它在大型设备安全经济运行和监测中得到了越来越广泛的应用。例如，电力、石油、化工、机械等行业的一些大型设备，通常都在高温、高压、高速和大功率状态下运行，保证这些关键设备的安全运行具有十分重要的意义。为此，通常设置故障监测系统以对温度、压力、流量、转速、振动和噪声等多种参数进行长期动态监测，以便及时发现异常情况，加强故障预防，达到早期诊断的目的。这样做可以避免严重的突发事故，保证设备和人员安全，提高经济效益。随着计算机技术的发展，这类监测系统已经发展成故障自诊断系统，采用计算机来处理检测信息，进行分析、判断，及时诊断出设备故障并自动报警或采取相应的对策。

2. 自动检测系统

自动检测系统是指在物理量的测试中，能自动地按照一定的程序选择测量对象，获得测量数据，并对数据进行分析和处理，最后将结果显示或记录下来的系统。一个完整的检测系统通常由传感器、测量电路、显示记录装置、数据处理装置和执行机构等几部分组成，分别完成信息获取、转换、显示、处理和控制等功能。自动检测系统组成如图 1-1 所示。

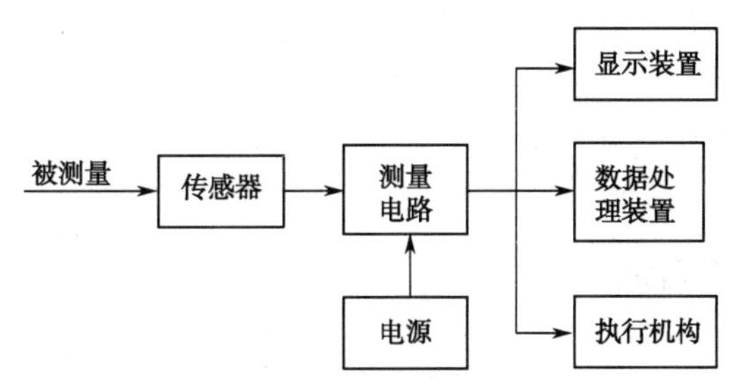

图 1-1　自动检测系统组成

1）传感器

传感器是把被测量转换成为与之有确定对应关系，且便于应用的某些物理量（通常为电量）的测量装置。传感器是检测系统与被测对象直接发生联系的部件，也是检测系统最重要的环节，检测系统获取信息的质量往往是由传感器的性能确定的。

2）测量电路

测量电路的作用是将传感器的输出信号转换成易于测量的电压或电流信号。通常传感器输出信号是微弱的，就需要由测量电路加以放大，以满足显示记录装置的要求。根据需要测量电路还能进行阻抗匹配、微分、积分、线性化补偿等信号处理工作。

3）显示记录装置

显示记录装置是检测人员和检测系统联系的主要环节，主要作用是使人们了解被测量的大小或变化的过程。常用的有模拟显示、数字显示和图像显示三种。

模拟式显示是利用指针对标尺的相对位置来表示被测量的大小，其特点是读数方便、直观，结构简单、价格低廉，在检测系统中一直被大量应用；数字式显示则直接以十进制数字形式来显示读数，实际上是专用的数字电压表，它可以附加打印机，打印记录测量数值；图像显示是将输出信号送至记录仪，从而描绘出被测量随时间变化的曲线，作为检测结果，供分析使用。

4）数据处理装置

数据处理装置是用来对测试所得的实验数据进行处理、运算、分析，对动态测试结果做出频谱分析、相关分析等，完成这些任务主要采用计算机技术。

5）执行机构

执行机构是运动部件，通常采用电力驱动、气压驱动和液压驱动等几种方式。电力执行器包括各种继电器、接触器、电磁铁、电磁阀门、电磁调节阀、伺服电动机等；气动执行器包括汽缸、气动阀门等；液压执行器包括液压缸、液压马达等。许多检测系统能输出与被测量相关的电流或电压信号，作为自动控制系统的控制信号，来驱动这些执行机构。

3．检测技术的发展

检测技术的发展趋势主要有以下几个方面：

（1）不断提高仪器的性能、可靠性，扩大应用范围。

（2）新原理、新材料和新工艺将产生更多品质优良的新型传感器。

（3）开发小型化、集成化、多功能化、多维化、智能化和高性能、大量程装置。

（4）微电子技术、微型计算机技术、现场总线技术与仪器仪表和传感器相结合，扩大了检测领域，构成了新一代智能化测试系统，使测量精度、自动化水平进一步提高。

1.1.2 测量及测量方法

1．测量的定义

测量就是借助于专门的技术工具或手段，通过实验的方法把被测量与同性质的标准量进行比较，求取二者比值从而得到被测量数值大小的过程。其数学表达式为

$$x = A_x A_e \tag{1-1}$$

式中 x——被测量；

A_e——测量的单位名称；

A_x——被测量的数据。

式（1-1）称为测量的基本方程式。它说明被测量值的大小与测量单位有关，单位越小数值越大。因此，一个完整的测量结果应包含测量值 A_x 和所选测量单位 A_e 两部分内容。

2．测量方法及分类

测量方法是指测量时所采用的测量原理、测量器具和测量条件的总和。按不同的分类方法进行分类可得到不同的分类结果。

（1）根据测量的手段分类，可分为直接测量和间接测量。

直接测量就是用仪表测量，测量值就是被测值。例如，用电流表测量电流，用电桥测

量电阻等。这种方式简单方便，但它的准确程度受所用仪器误差的限制。如果被测量不能直接测量，或直接测量该被测量的仪器不够准确，那么利用被测量与某种中间量之间的函数关系，先测出中间量，然后通过计算公式，算出被测量的值，这种方式称为间接测量。例如，用伏安法测电阻，就是利用测出的电压与电流的值，通过欧姆定律间接算出电阻的值。

（2）根据被测量是否随时间变化，可分为静态测量和动态测量。

静态测量是指被测对象处于稳定情况下的测量，此时被测量是恒定的，如测物体的重量就属于静态测量。动态测量是指被测对象处于不稳定情况下的测量，此时被测量随时间变化而变化。例如，用光导纤维陀螺仪测量火箭的飞行速度、方向就属于动态测量。

（3）根据被测量结果的显示方式，可分为模拟式测量和数字式测量。

被测量连续变化的量是模拟量，模拟式测量易受噪声和干扰的影响。数字式测量是用数字式仪器数码显示结果，读数方便，不易读错。要求精密测量时绝大多数采用数字式测量。

（4）根据测量时是否与被测对象接触，可分为接触式测量和非接触式测量。

接触式测量是指传感器直接与被测对象接触，承受被测参数的作用，感受其变化，从而获得信号，并测量其信号大小的测量方法。例如，用体温计测体温。非接触式测量是指传感器不与被测对象直接接触，而是间接承受被测参数的作用，感受其变化，从而获得信号，并测量其信号大小的测量方法。例如，用辐射式温度计测量温度，用光电转速表测量转速等。

（5）根据是否在生产线上检测，可分为在线检测和离线检测。

在线检测即实时检测。例如，在加工过程中实时对刀具进行检测，并依据测量的结果做出相应的处理。离线检测无法实时监控生产质量。

3. 测量方法的选择

在选择测量方法时，要综合考虑下列主要因素：

（1）从被测量本身的特点来考虑。被测量的性质不同，采用的测量仪器和测量方法当然不同。

（2）从测量的精确度和灵敏度来考虑。工程测量和精密测量对这两者的要求有所不同，要注意选择仪器、仪表的准确度等级，还要选择满足测量误差要求的测量技术。如果属于精密测量，还要按照误差理论的要求进行比较严格的数据处理。

（3）考虑测量环境是否符合测量设备和测量技术的要求，尽量减少仪器、仪表对被测电路状态的影响。

（4）测量方法简单可靠，测量原理科学，尽量减少原理性误差。

1.1.3　测量误差及分析

在实际的工业环境中，由于种种原因，如传感器本身性能不十分优良、测量方法不十分完善、外界干扰的影响等，造成被测量的测得值与真实值不一致，使测量中总是存在误差。由于真值未知，所以在实际测量中，有时用约定值代替真值，常用某量多次测量结果来确定约定真值，或用精度高的仪器示值代替约定真值。

1．测量误差表示的方法

1）绝对误差

绝对误差也称示值误差，是测量仪器的示值 x 与被测量的真值 A_0 之差，则绝对误差 Δx 为

$$\Delta x = x - A_0 \tag{1-2}$$

由于一般无法求得真值 A_0，在实际应用时常用精度高一级的标准器具的示值，即实际值 A 代替真值 A_0。x 与 A 之差称为测量器具的示值误差，记为

$$\Delta x = x - A \tag{1-3}$$

仪器示值范围内的不同工作点，示值可能是不相同的。一般可用适当精度的量块或其他计量标准器来检定测量器具的示值误差。采用绝对误差（示值误差）表示测量误差，不能很好地说明测量质量的好坏，但可以比较客观地反映测量的准确性。

2）相对误差

相对误差是绝对误差与被测量约定值的百分比。在实际测量中，相对误差有实际相对误差、示值相对误差和满度（引用）相对误差三种表示方法。

（1）实际相对误差 γ_A。实际相对误差 γ_A 用绝对误差Δx 与约定真值 A 的百分比表示

$$\gamma_A = \frac{\Delta x}{A} \times 100\% \tag{1-4}$$

（2）示值相对误差 γ_x。示值相对误差 γ_x 用绝对误差Δx 与示值 x 的百分比表示

$$\gamma_x = \frac{\Delta x}{x} \times 100\% \tag{1-5}$$

（3）满度（引用）相对误差 γ_m。满度相对误差 γ_m 用绝对误差Δx 与仪表满量程值 A_m 的百分比表示

$$\gamma_m = \frac{\Delta x}{A_m} \times 100\% \tag{1-6}$$

由于 γ_m 是用绝对误差Δx 与一个常量 A_m（量程上限）的比值表示，所以实际上给出的是绝对误差。当Δx 取最大值（Δx_m）时，其满度相对误差常用来确定仪表的精度等级 S。例如，0.5 级表的引用误差的最大值不超过 ±0.5%；1.0 级表的引用误差的最大值不超过 ±1%。在使用仪表测量时，应选择适当的量程，使示值尽可能接近于满度值，指针最好能偏转在不小于满度值 2/3 以上的区域。

【实例 1-1】 某温度计的量程范围为 0～500℃，校验时该表的最大绝对误差为 7℃，试确定该仪表的精度等级。

解： 根据题意得

$$\Delta x_m = 7℃，A_m = 500℃$$

带入式（1-6），则

$$\gamma_m = \frac{\Delta x_m}{A_m} \times 100\% = \frac{7}{500} \times 100\% = 1.4\%$$

该温度计的基本误差介于 1.0%～1.5%，因此该表的精度等级为 1.5 级。

2. 测量误差分析

根据测量数据中的误差所呈现的规律及产生原因可将其分为系统误差、随机误差和粗大误差。

1）系统误差

在相同条件下多次测量同一量值时，误差值保持恒定；或者当条件改变时，其值按某一确定的规律变化的误差，统称为系统误差。系统误差按其出现的规律又可分为定值系统误差和变值系统误差。

系统误差表征测量的准确度，可以通过实验的方法或引入修正值的方法计算修正，也可以通过重新调整测量仪表的有关部件予以消除。

2）随机误差

在相同条件下，以不可预知的方式变化的测量误差称为随机误差。在一定测量条件下对同一值进行大量重复测量时，总体随机误差的产生满足统计规律，即具有有界性、对称性、抵偿性、单峰性。因此，可以分析和估算误差值的变动范围，并通过取平均值的办法来减小对测量结果的影响。

随机误差 δ_i 的表达式为：

$$\delta_i = x_i - \overline{x} \tag{1-7}$$

式中　x_i ——被测量的某一个测量值；

$\overline{x}$ ——重复性条件下无限多次的测量值的平均值。

$$\overline{x} = \frac{x_1 + x_2 + \cdots + x_n}{n} \tag{1-8}$$

随机误差表征测量的精密度，从理论上讲，随着测量次数 n 的增加，随机误差 δ_i 将逐渐变小，但不能通过实验的办法消除。

如果一个测量数据的准确度和精密度都很高，就称此测量的精确度很高，其测量误差也一定很小。为加深对精密度、准确度和精确度的理解，可以用图 1-2 射击的例子来加以说明。

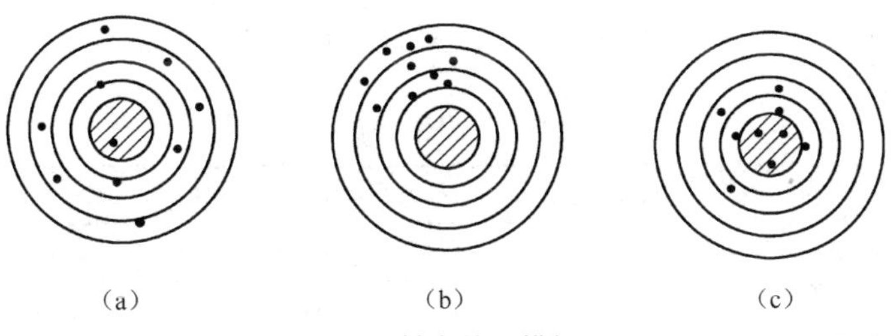

图 1-2　射击结果模拟

图 1-2（a）的弹着点很分散，表明它的精密度低；图 1-2（b）的弹着点集中但偏向一方，表明精密度虽高，但准确度低；图 1-2（c）的弹着点集中靶心，则表明既精密又准确，即精确度高。

3）粗大误差

超出在规定条件下预期的误差称为粗大误差，粗大误差又称疏忽误差。粗大误差的出现具有突然性，它是由某些偶尔发生的反常因素造成的。这种显著歪曲测得值的粗大误差应尽量避免，且在一系列测得值中按一定的判别准则予以剔除。

在数据处理时，要采用的测量值不应该包含有粗大误差，即所有的“坏”值都应当剔除。所以进行误差分析时，要估计的误差只有系统误差和随机误差两类。

1.1.4 测量数据处理

在实际测量工作中，所测得的数据并不一定十分理想。为了能得到较精确的测量结果，应对多次测量的数据进行分析与处理。测量结果的数据处理可以按照下列步骤进行：

（1）将一系列等精度测量的数据 x_i（i=1,2,…,n）按先后顺序列成表格（在测量时应尽可能消除系统误差）。

（2）求出测量数据 x_i 的算术平均值 $\overline{x}$ 。

（3）计算出各测量值的残余误差 V_i（$V_i = x_i - \overline{x}$），并列入表中每个测量数值旁。

（4）检查 $\sum_{i=1}^{n} V_i = 0$ 的条件是否满足。若不满足，说明计算有错误，须再计算。

（5）在每个残余误差旁列出 V_i^2，然后利用公式 $\sigma = \sqrt{\dfrac{\sum_{i=1}^{n} V_i^2}{n-1}}$ 求出方均根误差σ。

（6）判别是否存在粗大误差（即是否有 $|V_i| > 3\sigma$），若有，应舍去此数，然后从步骤（2）开始重新计算。

（7）在确定不存在粗大误差（即 $|V_i| \leqslant 3\sigma$）后，利用公式 $\overline{\sigma} = \dfrac{\sigma}{\sqrt{n}}$，求出算术平均值的标准差 $\overline{\sigma}$ 。

（8）写出最后的测量结果 $x = \overline{x} \pm 3\sigma$，并注明置信概率（99.7%）。

任务实施

将所测得的数据按照下列步骤进行处理：

（1）按测量数值的顺序列成表格，形成测量数据表 1-1。

表 1-1　测量数据表

序号	x_i/cm	V_i/cm	V_i^2/cm^2
1	27.774	−0.001	0.000 001
2	27.778	+0.003	0.000 009
3	27.771	−0.004	0.000 016
4	27.780	+0.005	0.000 025
5	27.772	−0.003	0.000 009
6	27.777	+0.002	0.000 004
7	27.773	−0.002	0.000 004
8	27.775	0	0

续表

序号	x_i/cm	V_i/cm	V_i^2/cm²
9	27.774	−0.001	0.000 001
10	27.772	−0.003	0.000 009
11	27.774	−0.001	0.000 001
12	27.776	+0.001	0.000 001
13	27.775	0	0
14	27.777	+0.002	0.000 004
15	27.777	+0.002	0.000 004
16	27.779	+0.004	0.000 016
计算结果	$\sum_{i=1}^{16} x_i = 444.404, \overline{x} = 27.775$	$\sum_{i=1}^{16} V_i = 0.004$	$\sum_{i=1}^{n} V_i^2 = 0.000\ 094$

（2）求出测量数据 x_i 的算术平均值 $\overline{x}$：

$$\overline{x} = \frac{\sum_{i=1}^{16} x_i}{n} = \frac{444.404}{16} = 27.775\ 3 \approx 27.775$$

（3）计算出各测量值的残余误差 V_i（$V_i = x_i - \overline{x}$），并列入表 1-1 中每个测量数值旁。

（4）检查 $\sum_{i=1}^{n} V_i = 0$ 的条件是否满足。$\sum_{i=1}^{16} V_i = 0.004 \approx 0$，上述计算正确。

（5）计算方均根误差，$\sigma = \sqrt{\frac{\sum_{i=1}^{n} V_i^2}{n-1}} = \sqrt{\frac{0.000\ 094}{15}} = 0.002\ 5$。

（6）计算出极限误差，$3\sigma = 0.007\ 5$，经检查，未发现有 $|V_i| > 3\sigma$，故 16 个测量值无粗大误差。

（7）计算出算术平均值的标准差，$\overline{\sigma} = \frac{\sigma}{\sqrt{n}} = \frac{0.0025}{\sqrt{16}} \approx 0.001$。

（8）写出最后的测量结果，$x = \overline{x} \pm 3\overline{\sigma} = 27.775 \pm 0.003$ （cm）（置信概率为 99.7%）。

知识拓展

1.1.5　测量误差的估计和校正

从前面分析可知，测量数据中含有系统误差和随机误差，有时还会含有粗大误差。它们的性质不同，对测量结果的影响及处理方法也不同。在测量中，对测量数据进行分析时，首先判断测量数据中是否含有粗大误差，如果有，则必须加以剔除。再看数据中是否存在系统误差，对系统误差可设法消除或加以修正。对排除了系统误差和粗大误差的测量数据，就利用随机误差性质进行处理。总之，对于不同情况的测量数据，首先要加以分析研究，判断情况，分别处理，再经综合整理以得出符合科学性的结果。

1. 随机误差的影响及统计处理

在测量中，当系统误差已设法消除或减小到可以忽略的程度时，如果测量数据仍有不稳定的现象，则说明存在随机误差。对于随机误差，可以采用概率数理统计的方法来研究其规律并处理测量数据。随机误差处理的任务就是从随机数据中求出最接近真值的值（或称最佳估计值），对数据精密度的高低（或称可信程度）进行评定并给出测量结果。

2. 系统误差的发现与判别

发现系统误差一般比较困难，常用方法有以下几种：

1）实验对比法

这种方法是通过改变产生系统误差的条件，进行不同条件的测量来发现系统误差。该方法适用于发现固定的系统误差。例如，一台测量仪表本身存在固定的系统误差，即使进行多次测量也不能发现，只有用更高一级精度的测量仪表测量时，才能发现这台测量仪表的系统误差。

2）残余误差观察法

将一个测量列的残余误差 V_i 在 V_i-n 坐标中依次连接后，如图 1-3 所示，通过观察误差曲线即可以判断有无系统误差的存在。

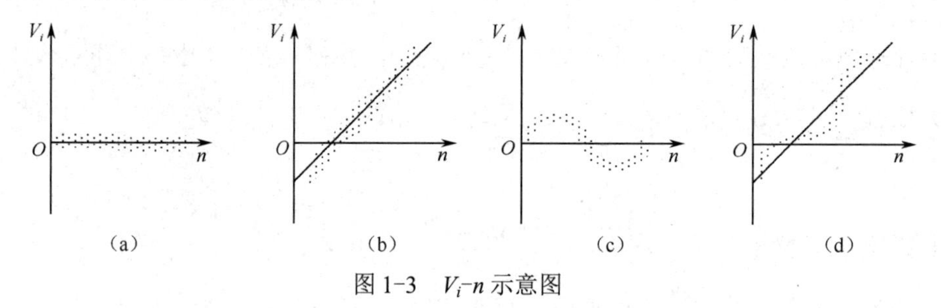

图 1-3　V_i-n 示意图

图 1-3（a）中残余误差大体上是正负相同，且无明显的变化规律，则无理由怀疑存在系统误差；图 1-3（b）中残余误差有规律地递增（或递减），表明存在线性变化的系统误差；图 1-3（c）中残余误差大小和符号大体呈周期性变化，可以认为有周期性系统误差；图 1-3（d）中残余误差变化规律较复杂，则怀疑同时存在线性系统误差和周期性系统误差。

3）准则判别法

通过现有的相关准则进行理论计算，也可以检验测量数据中是否含有系统误差。不过这些准则都有一定的适用范围。例如，马利科夫准则，适用于判别测量数据中是否存在累进性系统误差；阿卑—赫梅特（Abbe-Helmert）准则，适用于判别测量数据中是否存在周期性系统误差。

3. 系统误差的校正

1）采用修正值方法

对于定值系统误差可以采取修正措施，一般采用加修正值的方法。

2）从产生根源消除

用排除误差源的办法来消除系统误差是比较好的办法。这就要对所用标准装置、测量环境条件及测量方法等进行仔细分析、研究，尽可能找出产生系统误差的根源，进而采取措施。

3）补偿法

在传感器的结构设计中，常选用在同一干扰变量作用下所产生的误差数值相等而符号相反的零部件或元器件作为补偿元件。例如，热电偶冷端温度补偿器的铜电阻。

1.1.6　测量结果的数学处理

大量的实验数据最终必然要以人们易于接受的方式表述出来，常用的表述方法有表格法、图解法和解析法。

1．表格法

表格法是把被测量数据精选、定值，按一定的规律归纳整理后列于一个或几个表格中。该方法比较简单、有效，数据具体，形式紧凑，便于对比。常用的是函数式表格，一般以自变量测量值增加或减少为顺序，该表能同时表示几个变量的变化而不混乱。一个完整的函数式表格，应包括表的序号、名称、项目、测量数据和函数推算值，有时还应加以说明。

2．图解法

图解法是把互相关联的实验数据按照自变量和因变量的关系在适当的坐标系中绘制成几何图形，用来表示被测量的变化规律和相关变量之间的关系。该方法的最大优点是直观性强，在未知变量之间解析关系时，易于看出数据的变化规律和数据中的极值点、转折点、周期性和变化率等。

3．解析法

通过实验获得一系列数据。这些数据不仅可用图表法表示出函数之间的关系，而且可用与图形相对应的数学公式来描述函数之间的关系，从而进一步用数学分析的方法来研究这些变量之间的关系。该数学表达式称为经验公式，又称回归方程。建立回归方程常用的方法为回归分析。变量个数及变量之间的关系不同，所建立的回归方程也不同。

任务1.2　传感器认知及选用

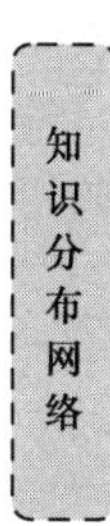

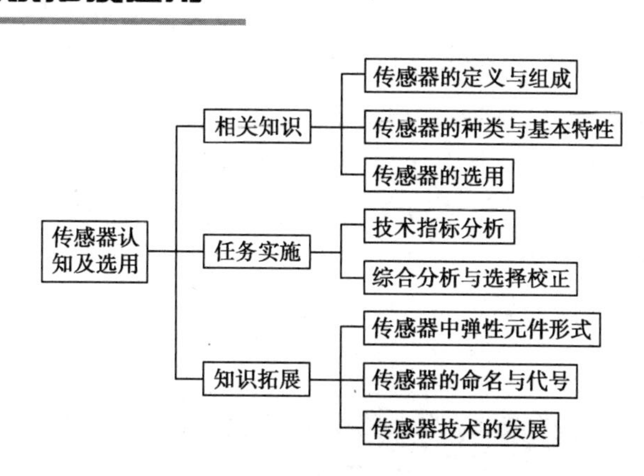

任务描述

要实时监测一个加热炉的温度：测量温度范围大约为 50～80℃，检测结果的精度要求达到 1℃。现有 3 种带数字显示表的温度传感器，它们的量程分别是 0～500℃，0～300℃，0～100℃，精度等级分别是 0.2 级、0.5 级、1.0 级，为了满足测量需要，选择合适的传感器。

相关知识

1.2.1 传感器的定义和组成

1．传感器的定义

传感器是指能够感受规定的被测量，并按照一定的规律转换成可输出信号的器件或装置。

从传感器的定义可知，传感器是一种测量装置，能够完成信号获取的任务。传感器的输入量就是被测量，被测量可以是物理量、生物量、化学量等各种形式。传感器的输出量是某种物理量，通常情况下传感器以电信号的形式进行输出，如电压、电流、频率等。传感器的输入输出有着对应的关系，并有一定的精度要求。

2．传感器的组成

传感器一般由敏感元件、转换元件和测量电路三部分组成，如图 1-4 所示。

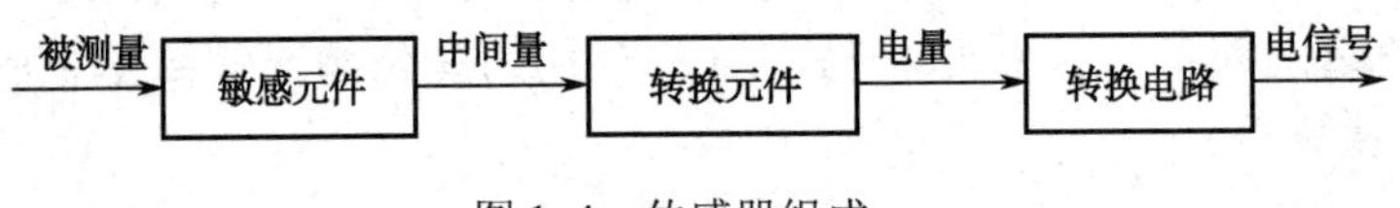

图 1-4　传感器组成

（1）敏感元件。敏感元件是指传感器中直接感受被测量的部分。在完成非电量到电量的变换时，并非所有的非电量都能利用现有手段直接转换成电量，敏感元件在接受被测量后输出一种易于转换为电量的非电量。

（2）转换元件。转换元件也叫传感元件，是将敏感元件的输出转换成适于传输或测量的电信号元件。

（3）测量电路。测量电路又称为转换电路，其作用是将转换元件输出的电信号进行处理，如放大、滤波、线性化和补偿等，以转换成易于处理的电压、电流或频率等参数。

图 1-5 所示是一种气体压力传感器的示意图。膜盒 2 下半部与壳体 1 固定连接，上半部通过连杆与磁芯 4 相连，磁芯 4 置于两个电感线圈 3 中，后者接入转换电路 5。膜盒外部与大气压力 p_a 相通，内部感受被测压力 p。当 p 变化时，引起膜盒上半部移动，即输出相应的位移量。这里的膜盒就是敏感元件，转换元件为可变电感线圈，将电路参数接入转换电路 5，便可转换成电量输出。

3．传感器技术的发展方向

1）新型传感器的开发

利用各种物理、化学效应和定律制作新型产品，这是发展高性能、低成本和小型化传

感器的重要途径。例如，利用光子滞后效应制作的红外传感器，利用量子力学效应研制的高灵敏度阀传感器等。

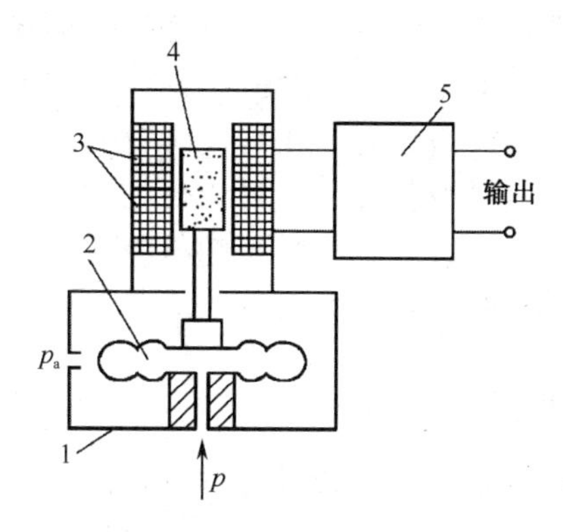

1—壳体；2—膜盒；3—电感线圈；4—磁芯；5—转换电路

图 1-5　压力传感器的示意图

传感器材料是传感器技术升级的重要基础。半导体材料、陶瓷材料、光导纤维以及超导材料的开发，为传感器的发展提供了物质基础。例如，根据半导体材料易于微型化、集成化的特点，发展了红外传感器、光纤传感器等；在敏感材料中，陶瓷材料、有机材料可采用不同的配方混合原料，经过成形烧结，可用于制作新型气体传感器。

2）传感器的集成化

传感器的集成化是利用集成电路制作技术和机械加工技术，将多个传感器集成为一维线型传感器或二维面型传感器，具体有以下 3 种类型：

（1）将多个功能相同的敏感元件集成在一起，检测被测量的分布信息。

（2）将多个功能相近的敏感元件集成在一起，扩大传感器的测量范围。

（3）将多个功能不同的敏感元件集成在一起，测量不同参数，实现综合测量，如压力、静压、温度三变量传感器，气压、风力、温度、湿度四变量传感器。

3）传感器的智能化、网络化

智能传感系统采用微机加工技术和大规模集成电路技术，将敏感元件、处理电路、微处理器单元集成在一块芯片上，也称为集成智能传感器。智能传感器具有自检测、自补偿、自诊断、存储和记忆功能。例如，电子血压计，智能水表、电表、煤气表、热量表，它们由传感器与微型计算机有机结合，构成智能传感器，用软件来实现系统功能。

1.2.2　传感器的分类

目前传感器主要按以下几种方法分类：

（1）按被测量分类。按被测量分类可分为位移、力、力矩、转速、振动、加速度、温度、压力、流量、流速等传感器。

（2）按传感器测量原理分类。按传感器测量原理分类可分为电阻、电容、电感、光栅、热电偶、超声波、激光、红外、光导纤维等传感器。这种分类方法表明了传感器的工作原理，有利于传感器的设计与应用。

（3）按传感器能量转换情况分类。按传感器能量转换情况分类可分为能量变换型（发电型）和能量控制型（参量型）两种。能量变换型传感器在进行信号转换时不需要另外提供能量，可将输入信号能量变换为另一种形式能量输出，如热电偶传感器、压电式传感器等。能量控制型传感器在工作时必须有外加电源，如电阻、电感、电容传感器等。

（4）按传感器工作原理分类。按传感器工作原理分类可分为结构型传感器和物性型传感器等。结构性传感器是指被测量变化时引起传感器结构发生变化，从而引起输出电量变化。物性型传感器是利用物质的物理或化学特性随被测参数变化的原理构成的，一般没有可动结构部分，易小型化，如各种半导体传感器。

1.2.3 传感器的基本特性

传感器所要测量的信号可能是恒定量或者缓慢变化的量，也可能随时间变化较快，无论哪种情况，使用传感器的目的都是使其输出信号能够准确地反映被测量的数值或变化情况。对传感器的输出量与输入量之间对应关系的描述就称为传感器的特性。输入量恒定或缓慢变化时的传感器特性称为静态特性；输入量变化较快时的传感器特性称为动态特性。

1. 传感器的静态特性

1）灵敏度

传感器的灵敏度 S 是指达到稳定工作状态时，输出变化量与引起此变化的输入变化量之比，可表示为

$$S=\frac{\Delta y}{\Delta x} \tag{1-9}$$

式中 Δy——输出变化量；

Δx——输入变化量。

如图 1-6 所示，输入输出为线性关系的传感器，灵敏度为直线的斜率，是一个常数。若传感器的输入输出为非线性关系，其灵敏度为工作点处的切线斜率。

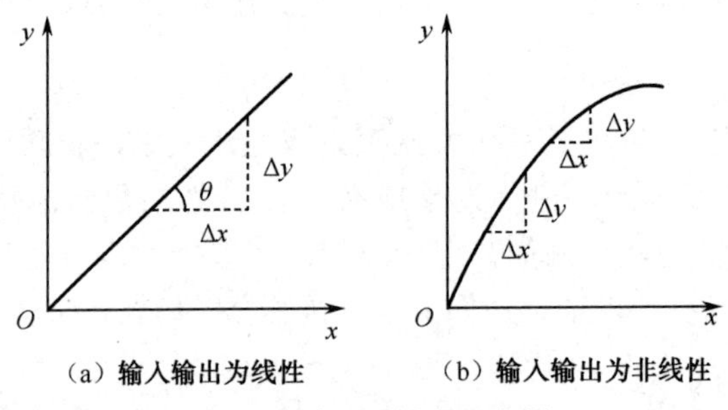

（a）输入输出为线性　（b）输入输出为非线性

图 1-6　传感器灵敏度示意图

灵敏度表示单位输入量的变化所引起传感器输出量的变化，灵敏度值越高表示传感器越灵敏。

【实例 1-2】 有一个位移传感器，当位移变化为 0.5 mm 时，输出电压变化为 150 mV，则灵敏度是多少？

解： 根据式（1-9）可得灵敏度：

$$S = \frac{\Delta y}{\Delta x} = \frac{150\ \text{mV}}{0.5\ \text{mm}} = 300\ \text{mV/mm}$$

2）线性度

线性度又称为线性误差，是指传感器实际特性曲线与拟合直线（也称理论直线）之间的最大偏差与传感器满量程输出的百分比，如图 1-7 所示。

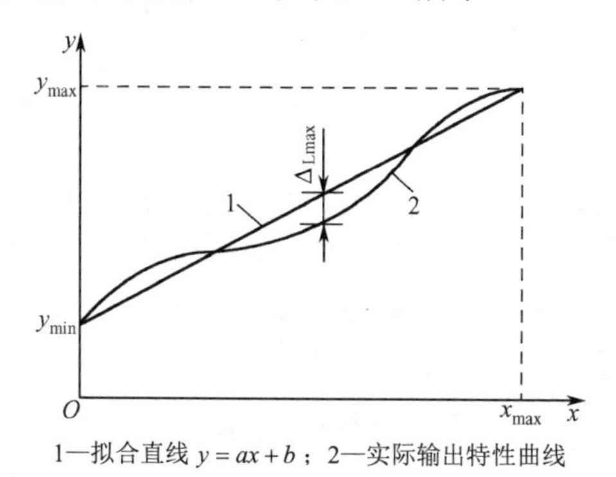

1—拟合直线 $y = ax + b$；2—实际输出特性曲线

图 1-7　传感器的线性度

它常用相对误差 γ_L 表示，即

$$\gamma_L = \frac{\Delta L_{max}}{y_{max} - y_{min}} \times 100\% \tag{1-10}$$

式中　ΔL_{max}——非线性最大偏差；

$y_{max}-y_{min}$——输出范围。

拟合直线的选取有多种方法，常用的拟合方法有理论拟合、过零旋转拟合、端点拟合、端点平移拟合和最小二乘拟合等。选择拟合直线的主要出发点是既考虑获得最小的非线性误差，还得考虑使用是否方便，计算是否简便。图 1-7 所示为选取端点拟合方法，即将传感器输出起始点与满量程点连接起来的直线作为拟合直线，因而得出的线性度称为端点线性度。

3）迟滞性

传感器在正（输入量增大）、反（输入量减小）行程中输入输出曲线不重合的现象称为迟滞，如图 1-8 所示。

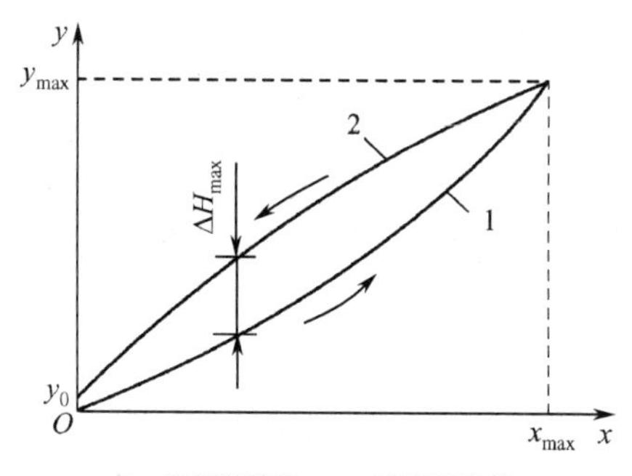

1—正行程特性；2—反行程特性

图 1-8　迟滞特性

表达式为

$$\gamma_{\mathrm{H}} = \pm\frac{1}{2}\frac{\Delta H_{\max}}{y_{\max}} \times 100\% \tag{1-11}$$

式中　$\Delta H_{\max}$ ——正、反行程间输出的最大差值；

　　$y_{\max}$ ——满量程输出。

必须指出，正反行程的特性曲线是不重合的，且反行程特性曲线的终点与正行程特性曲线的起点也不重合。迟滞会引起分辨力变差，或造成测量盲区，故一般希望迟滞越小越好。

4）重复性

重复性是指当传感器在相同工作条件下，输入量按同一方向全量程连续多次测试时，所得特性曲线不一致的程度。如图 1-9 所示，正行程的最大重复性偏差为 $\Delta R_{\max 1}$，反行程的最大重复性偏差为 $\Delta R_{\max 2}$。重复性误差取这两个最大偏差中较大的一个（为 $\Delta R_{\max}$），再与满量程输出 $y_{\max}$ 的百分比表示，即

$$\gamma_{\mathrm{R}} = \frac{\Delta R_{\max}}{\Delta y} \times 100\% \tag{1-12}$$

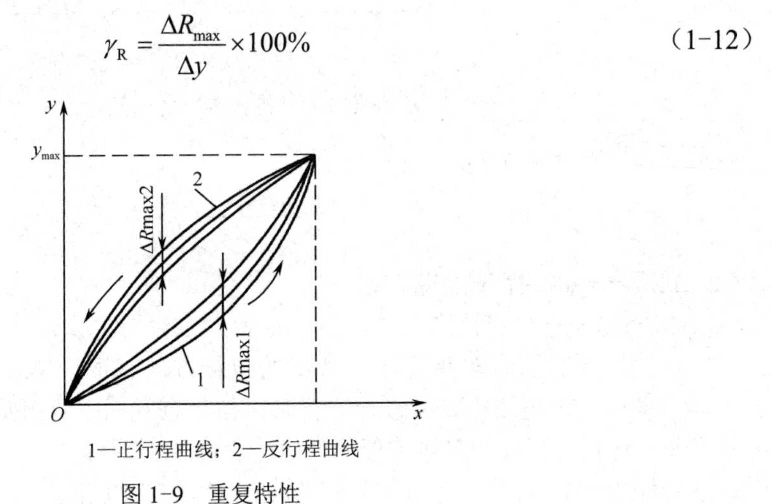

1—正行程曲线；2—反行程曲线

图 1-9　重复特性

5）分辨力与阈值

分辨力是指传感器能检测到的最小输入增量。分辨力可用绝对值表示，也可用与满量程的百分数表示。当被测量的变化小于分辨力时，传感器对输入量的变化无任何反应。

在传感器输入零点附近的分辨力称为阈值。数字式传感器分辨力一般为输出的数字指示值的最后一位数字。

6）稳定性

稳定性是指在规定条件下，传感器保持其特性恒定不变的能力，通常是对时间而言的。理想情况下，传感器的特性参数是不随时间变化的。但实际上，随着时间的推移，大多数传感器的特性会发生缓慢的改变。这是因为敏感元件或构成传感器的部件，其特性会随时间发生变化，从而影响了传感器的稳定性。

稳定性一般以室温条件下经过一规定时间间隔后，传感器的输出与起始标定时的输出之间的差异来表示，称为稳定性误差。稳定性误差可用相对误差表示，也可用绝对误差来表示。

2．传感器的动态特性

传感器的动态特性是指其输出对随时间变化的输入量的响应特性。一个动态特性好的传感器，其输出将再现输入量的变化规律，即具有相同的时间函数。在动态的输入信号情况下，输出信号一般不会与输入信号具有完全相同的时间函数，这种输出与输入间的差异就是所谓的动态误差。

影响传感器动态特性的主要是传感器的固有因素，如温度传感器的热惯性等，不同的传感器，其固有因素的表现形式和作用程度不同。另外，动态特性还与传感器输入量的变化形式有关。传感器的输入量随时间变化的规律有各种各样的，通常传感器动态特性是从时域和频域两个方面分别采用瞬态响应法和频率响应法进行分析。

1.2.4　传感器的选用

现代传感器的原理与结构千差万别，如何根据具体的测量目的、测量对象以及测量环境合理地选用传感器，是在组建测量系统时首先要解决的问题。当传感器确定之后，与之相配套的测量方法和测量设备也就可以确定了。测量结果的成败，在很大程度上取决于传感器的选用是否合理。

选择传感器主要考虑其静态特性、动态响应特性和测量方式等方面的问题，而静态特性又包括灵敏度、线性度、精度等指标，动态响应特性包括稳定性、快速性等指标。

1．灵敏度选择

一般来说，传感器灵敏度越高越好，因为灵敏度越高，传感器所能感知的变化量越小，即只要被测量有一微小变化，传感器就有较大的输出。但是，在确定灵敏度时，还要考虑以下几个问题：

（1）当传感器的灵敏度过高时，对干扰信号也会很敏感。因此，为了既能使传感器检测到有用的微小信号，又能使噪声干扰小，要求传感器的信噪比（S/N）越大越好。

（2）与灵敏度紧密相关的是量程范围。过高的灵敏度会影响其适用的测量范围。

（3）当被测量是向量时，情况就复杂些。如果是一个单向量，就要求传感器纵向灵敏度越高越好，而横向灵敏度越低越好；如果被测量是二维或三维向量，那么还要求传感器的交叉灵敏度越低越好。

2．准确度和精密度

衡量测量结果优劣常用精确度来表示。有的传感器随机误差小，精密度高，但不一定准确。同样，准确度高的传感器不一定精密。在选用传感器时，要着重考虑精密度，因为准确度可用某种方法进行补偿，而精密度是传感器本身固有的。

3．动态范围和线性度

动态范围是由传感器本身决定的，线性和非线性是相对应的。若配用一般测量电路，线性很重要；若用微型计算机进行数据处理，则动态范围需要重点考虑。即使非线性很严重，也可用计算机等对其进行线性化处理。

4．响应速度和滞后性

对所使用的传感器，希望其动态响应快，时间滞后少，但这类传感器的价格相应就会

偏高一些。

5. 测量方式

传感器在实际条件下的工作方式，也是选择传感器时应考虑的重要因素。例如，接触与非接触测量、破坏与非破坏性测量、在线与非在线测量等，条件不同，对测量方式的要求也不同。

6. 其他方面

其他方面主要包括传感器的安装现场条件、使用环境、信号传输距离等因素。

任务实施

在本任务中，要实时监测一个加热炉的温度，在选择温度传感器时，主要从技术指标和成本两个方面进行考虑。

1. 技术指标分析

技术指标以测量精度为主要因素，分别计算各自的最大相对误差，然后进行比较。

（1）若选用量程为 0～500℃、精度等级为 0.2 级的温度传感器，则它的最大示值相对误差：

$$\gamma = \frac{\Delta}{A_0} \times 100\% = \pm \frac{500 \times 0.2\%}{80} \times 100\% = \pm 1.25\% \tag{1-13}$$

（2）若选用量程为 0～300℃、精度等级为 0.5 级的温度传感器，则它的最大示值相对误差：

$$\gamma = \frac{\Delta}{A_0} \times 100\% = \pm \frac{300 \times 0.5\%}{80} \times 100\% = \pm 1.857\% \tag{1-14}$$

（3）若选用量程为 0～100℃、精度等级为 1.0 级的温度传感器，则它的最大示值相对误差：

$$\gamma = \frac{\Delta}{A_0} \times 100\% = \pm \frac{100 \times 1.0\%}{80} \times 100\% = \pm 1.25\% \tag{1-15}$$

由精度计算可见，量程为 0～300℃、精度等级为 0.5 级的温度传感器的示值相对误差较大，精度低；量程为 0～500℃、精度等级为 0.2 级和量程为 0～100℃、精度等级为 1.0 级的温度传感器示值相对误差相同。

2. 综合分析与选择

从成本考虑，量程为 0～500℃、精度等级为 0.2 级的温度传感器在测量 80℃时，灵敏度较小，且 0.2 级精度的仪器价格较高。综合以上分析，选用量程为 0～100℃、精度等级为 1.0 级的温度传感器比较合适。

知识拓展

1.2.5 传感器中弹性元件形式

所谓的弹性元件是指能够因外力作用而改变形状或尺寸，而外力撤除后能完全恢复其

原形的物体。在传感器中应用的弹性元件称为弹性敏感元件。

传感器中输入弹性敏感元件的通常是力（力矩）或压力，即使是其他非电被测量输入给弹性敏感元件时，也是先将它们变换成力或者压力，再输入至弹性敏感元件。弹性敏感元件输出的是应变或者位移。因此弹性敏感元件在形式上基本分为两大类：力变换成应变（或者位移）的变换力的弹性敏感元件和压力变换成应变（或位移）的变换压力的弹性敏感元件。

1．变换力的弹性敏感元件

在力变换中，弹性敏感元件的形式有实心圆柱体、空心圆柱体、等截面圆环、等截面悬臂梁、等强度悬臂梁、扭转轴等，如图 1-10 所示。

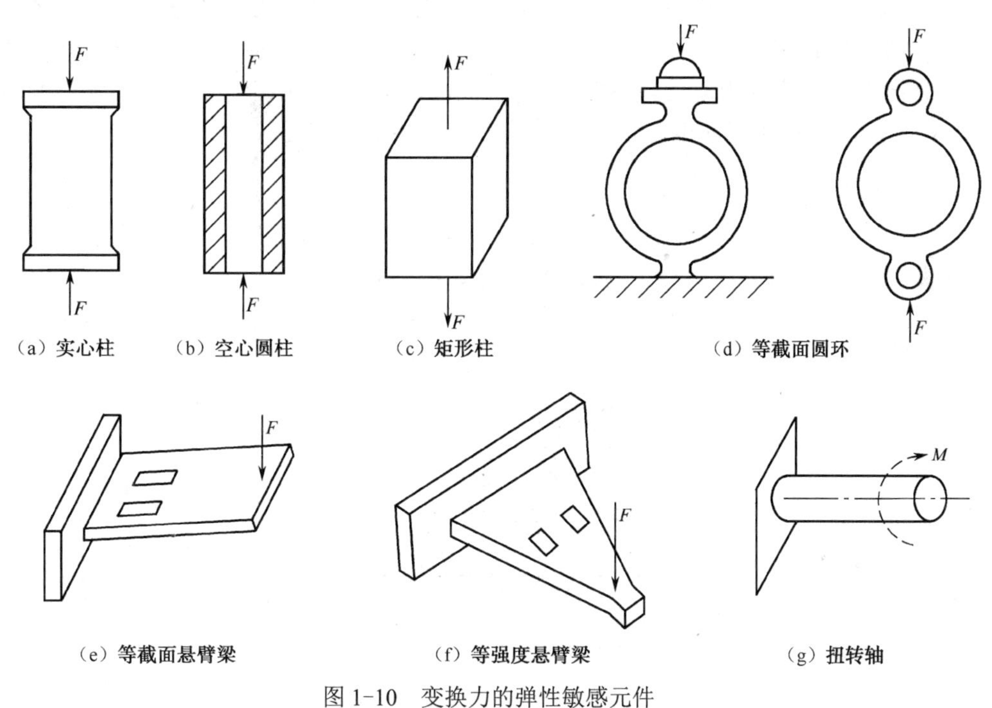

图 1-10　变换力的弹性敏感元件

1）等截面柱式

等截面柱式弹性敏感元件根据截面形状可分为实心圆截面、空心圆截面和矩形截面形式，如图 1-10（a）、（b）、（c）所示。它们的特点：结构简单，可以承受较大的载荷，便于加工，容易达到高精度的几何尺寸和光滑的加工表面。

当被测力较大时，一般多用钢材制作的弹性敏感元件。当被测力较小时，可用铝合金或者铜合金。材料越软，弹性模量越小，其灵敏度也越高。

2）圆环式

图 1-10（d）是等截面圆环式弹性敏感元件。它因输出有较大的位移而有较高的灵敏度，适用于测量较小的力。它的缺点：加工工艺性不如轴状弹性敏感元件，加工时不易得到高的精度和粗糙度。用圆环式弹性敏感元件组成的传感器，其轮廓尺寸和重量比用轴状弹性元件大。

由于环式弹性敏感元件各变形部位应力不均匀，采用测应变力时，应变片要贴在应变量最大的位置。

3）悬臂梁

图 1-10（e）、（f）均为悬臂梁弹性敏感元件，它们是一端固定，另一端自由的弹性敏感元件。它们的特点：灵敏度高，结构简单，加工方便，输出应变和位移较大，适合于测量较小的力。根据它们的截面形状可分为等截面和变截面悬梁臂。

4）扭转轴

如图 1-10（g）所示，扭转轴用于测量力矩和转矩。力矩 T 为作用力 F 和力臂 L 的乘积，即 $T=FL$，力矩单位为 N·m。使机械部件转动的力矩叫转动力矩（简称转矩）。在转矩作用下，任何部件必定产生某种程度不同的扭转变形，因此，习惯上又常称为扭转力矩，专门用于测量力矩的弹性敏感元件称为扭转轴。在扭转力矩的作用下，扭转轴的表面将产生拉应变、压应变，在轴表面上与轴线成 45° 方向上数值是相等的，但符号相反。

2．变换压力的弹性敏感元件

在工业生产中，经常要测量流体（气体或液体）产生的压力。变换压力的弹性敏感元件形式很多，通常是弹簧管、膜片、膜盒等，如图 1-11 所示。

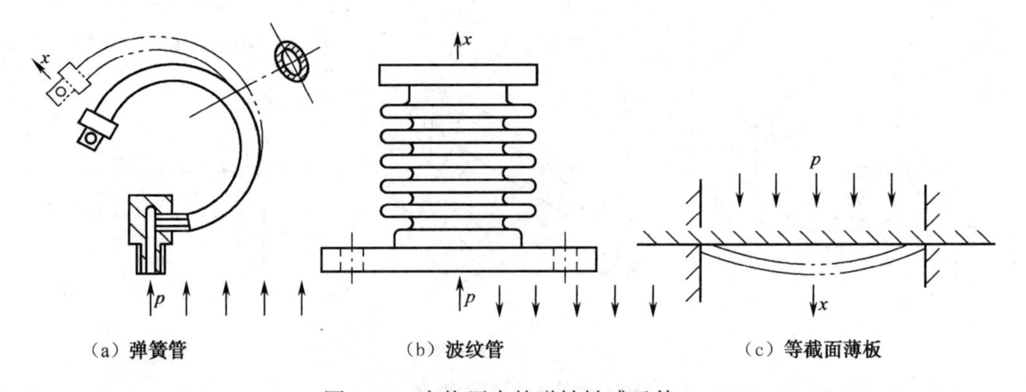

图 1-11　变换压力的弹性敏感元件

1）弹簧管

弹簧管又称波登管，它是弯成各种形状的空心管，大多是 C 形薄壁空心管，如图 1-11（a）所示，它一端固定，另一端封闭，但不固定，为自由端。弹簧管能将压力转换为位移。当流体压力 P 通过接头固定端导入弹簧管后，在压力 P 的作用下，弹簧管的横截面力图变成圆形截面，而截面的短轴力图伸长，长轴力图缩短，截面形状的改变导致弹簧管趋向伸直，一直伸到管弹力与压力的作用相平衡为止。由此可见，利用弹簧管可把压力变换成位移，因而可在自由端连接传感元件。C 形弹簧管的刚度较大，灵敏度较小，但过载能力较强，常作为测量较大压力的弹性敏感元件。

2）波纹管

波纹管是一种从表面上看是由许多同心环状波形皱纹组成的薄壁圆管，如图 1-11（b）所示。在流体压力或轴向力的作用下伸长或缩短，自由端输出位移。金属波纹管的轴向容

易变形，即轴向灵敏度好，在变形允许的范围内，压力或轴向力的变化与波纹管的伸缩量成正比，利用它将压力或轴向力变成位移。波纹管主要用作测量压力的弹性敏感元件。由于其灵敏度高，在小压力和差压测量中用得较多。

3）等截面薄板

等截面薄板又称平膜片，如图 1-1（c）所示。它是周边固定的圆薄板，当它的上下两面受到均匀分布的压力时，薄板将弯向压力低的一面，并在薄板表面产生应力，从而把均匀分布压力变为薄板表面的位移或应变。在应变处贴上应变片就可测出应变的大小，从而测出压力 p 的大小。在非电量测量中，利用等截面薄板的应变可组成电阻应变式传感器，也可利用它的位移组成电容式、霍尔式压力传感器。

4）波纹膜片和膜盒

平膜片的位移较小，为了能获得大位移而制作了波纹膜片。它是一种具有环状同心波纹的圆形薄膜。膜片边缘固定，中心可以自由弹性移动，如图 1-12 所示。为了便于与其他部件连接，膜片中心留有一个光滑部分或中心焊上一块金属片，当膜片两侧受到不同压力时，膜片将弯向压力低的一面，其中心有一定的位移，即将被测压力变为位移，它多用于测量较小压力的弹性敏感元件。

为了增加膜片的中心位移量，提高灵敏度，把两个波纹膜片的边缘焊在一起组成膜盒，如图 1-13 所示。它的中心位移为单个波纹膜片的两倍。

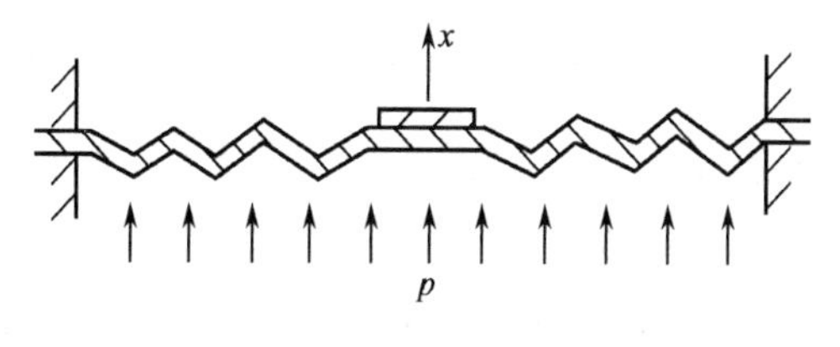

图 1-12　波纹膜片

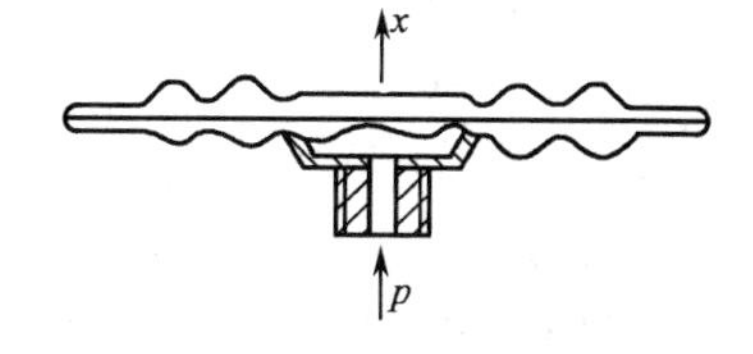

图 1-13　膜盒

波纹膜片的波纹形状有正弦形、梯形和锯齿形，其形状对膜片的变换特性有影响。在同一压力下，正弦形膜片给出的位移最大；而锯齿形膜片给出的位移最小，但它的变换特性比较近于线性；梯形膜片的特性介于两者之间。

波纹膜片和膜盒都是利用它的中心位移变换压力或力的，因而可以制成电容式、电涡流式传感器。

1.2.6　传感器的命名与代号

1. 传感器命名法的构成

传感器产品的名称应由主题词及四级修饰语构成。

（1）主题词——传感器。

（2）第一级修饰语——被测量，包括修饰被测量的定语。

（3）第二级修饰语——转换原理，一般后面加“式”字。

（4）第三级修饰语——特征描述，指传感器结构、性能、材料特征、敏感元件及其他必要的性能特征，一般后面加“型”字。

（5）第四级修饰语——主要技术指标（量程、精确度、灵敏度等）。

本命名法在有关传感器的统计表格、图书索引、检索以及计算机汉字处理等特殊场合使用。

【实例 1-3】 下面传感器的名称是什么？

（1）传感器，绝对压力，应变式，放大型，1～3 500 kPa。

（2）传感器，加速度，压电式，±20 g。

解： 在技术文件、产品样书、学术论文、教材及书刊的陈述句子中，作为产品名称应采用与上述相反的顺序。

（1）1～3 500 kPa 放大型应变式绝对压力传感器。

（2）±20 g 压电式加速度传感器。

2．传感器代号的标记方法

一般规定用大写汉字拼音字母和阿拉伯数字构成传感器完整代号。依次为：主称（传感器）、被测量、转换原理和序号，在被测量、转换原理、序号三部分代号之间用连字符“-”连接，如图 1-14 所示。

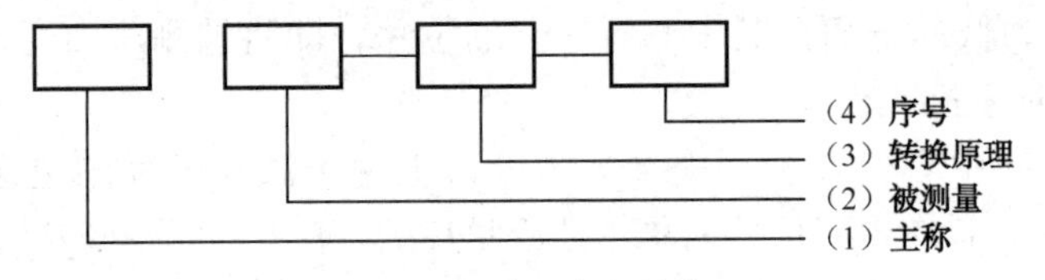

图 1-14　传感器命名结构

（1）主称——传感器，代号 C。

（2）被测量——用一个或两个汉语拼音的第一个大写字母标记。

（3）转换原理——用一个或两个汉语拼音的第一个大写字母标记。

（4）序号——用一个阿拉伯数字标记，厂家自定，用来表征产品设计特性、性能参数、产品系列等。

例如，应变式位移传感器，代号为：CWY-YB-10；光纤压力传感器，代号为：CY-GQ-1；温度传感器，代号为：CW-01A；电容式加速度传感器，代号为：CA-DR-2。

有少数代号用其英文的第一个字母表示，如加速度用“A”表示。

任务 1.3　电阻电桥电路设计

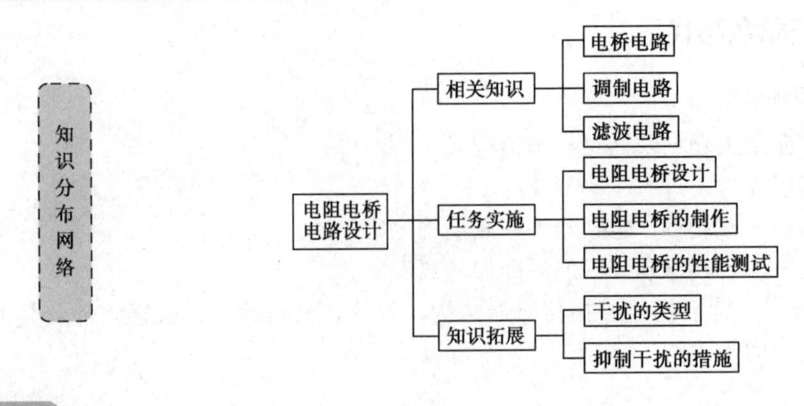

任务描述

本任务主要就是讨论如何将输入的电阻信号（被测量）转化成电压信号进行输出。研究电桥电路在各种输出状态下，输入电阻与输出电压之间的关系要求。用四个电位器组成一个电阻电桥，自选桥路电压，进行调零，分别进行单臂、双臂和全桥工作方式的输出测量，将测量所得数据与理论计算值相比得到误差，分析误差产生的原因，并提出改进措施。

相关知识

被测非电量经过传感器变换之后，往往成为电阻、电容、电感或电荷、电压、电流等微小电参量。这些电参量还要经过中间转换装置予以变换、放大、运算、调整，转换为适合于进一步处理的形式后，才能送入显示仪表、记录器、控制器或输入计算机进行最后处理。

根据激励电源的不同，中间转换部分可分为直流和交流两大类。直流转换系统比较简单，它的基本电路包括直流电桥、放大器和滤波器，一般用于电阻式传感器。多数传感器使用交流测量系统。其中能量转换型传感器，如磁电式、热电式、光电式等传感器的输出就是电压量或电流量，接信号放大器后，便可送至显示记录仪器；而能量控制型传感器，如电阻式、电容式、电感式等传感器，其输出为电阻、电容或电感的变化量，应通过转换电路（如电桥、谐振电路等）把它们转换成电压或电流，然后放大，滤波再输出，故常使用调制测量电路。

本任务主要介绍电桥电路、调制电路、滤波电路及抗干扰技术等。

1.3.1　电桥电路

电桥的主要作用是把被测的非电量或者电量转换成电阻、电感、电容的变化，再变成电流或电压的变化。它是测量系统中广泛使用的一种电路。根据电桥的供电电源不同，可分为直流电桥和交流电桥两种。直流检测系统主要用于检测纯电阻的变化，如电阻应变仪、热电阻温度计等，也可以用于检测直流电压的变化，如热电偶测温仪表等。交流检测系统主要用于检测阻抗的变化，振荡频率通常在 50 Hz～20 kHz；若使用电容式传感器检测，振荡频率可达 0.5 MHz。

1．直流电桥

1）直流电桥平衡条件

直流电桥基本电路如图 1-15 所示，电桥各臂的电阻值分别为 R_1、R_2、R_3 及 R_4。U_i 为电桥直流电源电压，U_o 为电桥输出电压。

当电桥输出端有放大器时，由于放大器的输入阻抗很高，所以可以认为电桥的负载电阻为无穷大，输出电压为电桥输出端的开路电压。

其输出电压 U_o 为

$$\begin{aligned}U_0 &= \left(\frac{R_1}{R_1+R_2}-\frac{R_4}{R_3+R_4}\right)U_i \\ &= \frac{R_1R_3-R_2R_4}{(R_1+R_2)(R_3+R_4)}U_i\end{aligned} \tag{1-16}$$

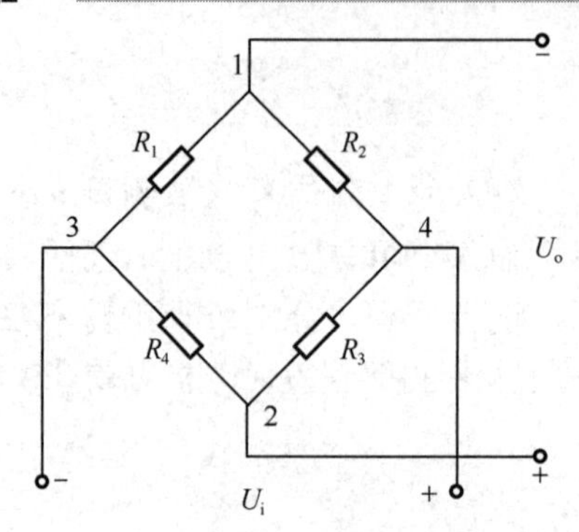

图 1-15　直流电桥基本电路

上式即为直流电桥的特性公式，由此式可见：若 $R_1R_3=R_2R_4$，则输出电压 U_o 为零，称为电桥处于平衡状态，所以把 $R_1R_3=R_2R_4$ 或 $R_1/R_2=R_4/R_3$ 称为直流电桥的平衡条件。这说明欲使电桥平衡，其相对两臂电阻的乘积相等，或相邻两臂电阻的比值应相等。四个桥臂电阻中任意一个、两个、三个甚至四个发生变化，此电桥平衡条件即不成立，使输出电压 U_o 不为零，此时的输出电压 U_o 就反映了桥臂电阻变化的情况。

2）单臂电桥

当电桥中 R_1 为电阻应变片，R_2、R_3、R_4 为电桥固定电阻，这就构成了单臂电桥，如图 1-16 所示。

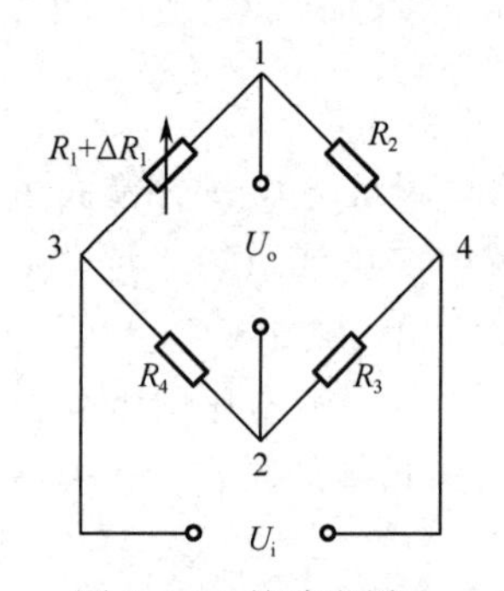

图 1-16　单臂电桥

当产生应变时，若应变片 R_1 电阻变化为ΔR，其他桥臂固定不变，电桥输出电压 $U_o\neq0$，则电桥不平衡输出电压为

$$U_0=\left(\frac{R_1+\Delta R}{R_1+\Delta R+R_2}-\frac{R_4}{R_3+R_4}\right)U_i \tag{1-17}$$

若取

$$R_1=R_2=R_3=R_4=R_0$$

则

$$U_0\approx\frac{\Delta R}{4R_0}U_i \tag{1-18}$$

所以，单臂电桥电压灵敏度

$$K_U=\frac{U_i}{4} \tag{1-19}$$

3）双臂半桥

当电桥中 R_1、R_2 为电阻应变片，R_3、R_4 为电桥固定电阻，这就构成了双臂电桥，如图 1-17 所示。

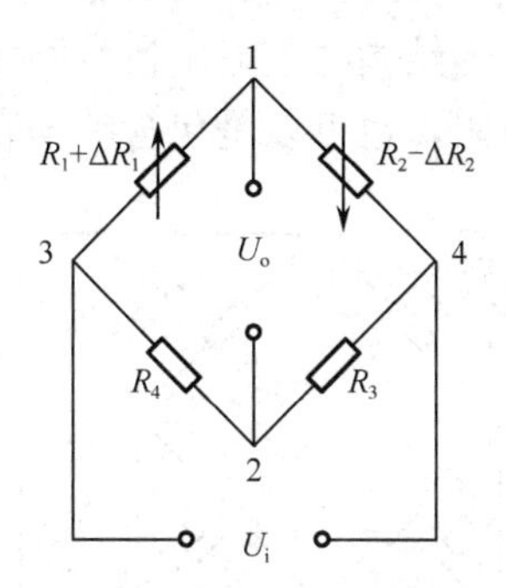

图 1-17 双臂半桥

工作应变片 R_1、R_2 接入电桥两相邻臂，跨在电源两端。感受到的应变 ε_1、ε_2 以及产生的电阻增量 ΔR_1、ΔR_2 大小相等，方向相反，$\Delta R_1=\Delta R_2=\Delta R$。

同样，可推导出公式为

$$U_0 \approx \frac{\Delta R}{2R_0}U_i \tag{1-20}$$

$$K_U = \frac{U_i}{2} \tag{1-21}$$

4）四臂全桥

应变片全桥是指四个桥臂均接有应变片，即四个桥臂电阻都发生变化，如图 1-18 所示。

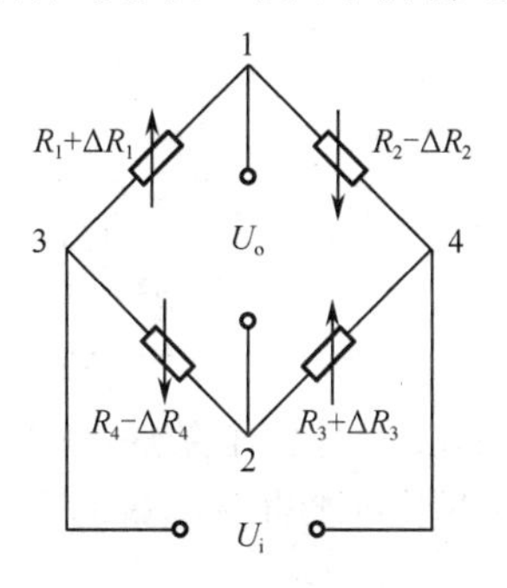

图 1-18 四臂全桥

设初始时 $R_1=R_2=R_3=R_4=R_0$，工作时各个桥臂中电阻应变片电阻的变化为 ΔR_1、ΔR_2、ΔR_3、ΔR_4，两个电阻应变片受拉，两个电阻应变片受压，即 $\Delta R_1=\Delta R_3=\Delta R$，$\Delta R_2=\Delta R_4=-\Delta R$，则电桥输出为

$$U_0 \approx \frac{\Delta R}{R_0}U_i \tag{1-22}$$

$$K_U = U_i \tag{1-23}$$

上述三种工作方式中，全桥四臂工作方式的灵敏度最高，双臂半桥次之，单臂半桥灵敏度最低。采用四臂全桥（或双臂半桥）还能实现温度自补偿。

2．交流电桥

根据上述直流电桥分析可知，其优点是高稳定直流电源易于获得，电桥调节平衡电路简单，但由于电桥输出电压很小，一般都要加放大器，而直流放大器易产生零漂，因此应变电桥多采用交流电桥。交流电桥的结构与直流电桥相同，如图 1-19 所示，不同的是电源电压为交流电压，桥臂可以是纯电阻，也可以是包含有电容、电感的交流阻抗。

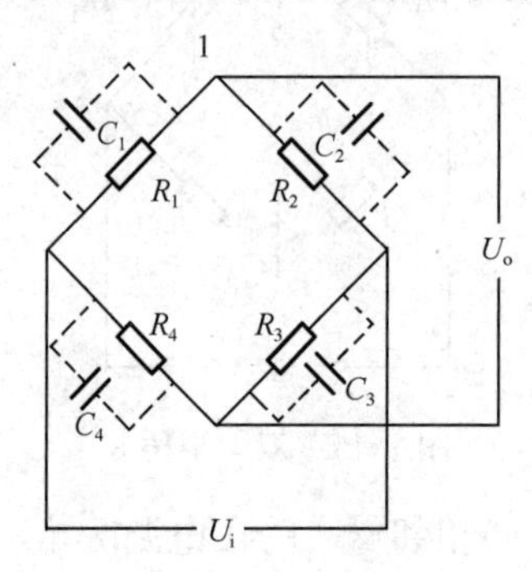

图 1-19　交流电桥

其输出电压 U_o：

$$U_o = \frac{Z_1 Z_3 - Z_2 Z_4}{(Z_1 + Z_2)(Z_3 + Z_4)} U_i \tag{1-24}$$

由式（1-24）可导出交流电桥的平衡条件为

$$Z_1 Z_3 = Z_2 Z_4 \tag{1-25}$$

$$Z_i = z_i e^{j\varphi_i} \tag{1-26}$$

式中　Z_i——各桥臂的复数阻抗；

z_i——复数阻抗的模；

φ_i——复数阻抗的阻抗角。

故交流电桥的平衡条件可表达为

$$\begin{cases} z_1 z_3 = z_2 z_4 \\ \varphi_1 + \varphi_3 = \varphi_2 + \varphi_4 \end{cases} \tag{1-27}$$

式（1-27）表明，交流电桥平衡要满足两个条件，即相对两臂复阻抗的模之积相等，并且其幅角之和相等。所以交流电桥的平衡比直流电桥的平衡要复杂得多。

1.3.2　调制电路

工程中被测物理量，如力、位移、温度、流量等，经过传感器变换后，常常是一些缓变的微小电信号。从放大处理来看，直流放大有零漂和级间耦合等问题，为此，往往把缓慢变化的信号先变成频率适当的交流信号，然后利用交流放大器放大，最后再恢复为原信号，这样的变化过程称为信号的调制与解调，它广泛用于传感器的调理电路中。

调制是指利用被测缓变信号来控制或改变高频振荡波的某个参数（幅值、频率或相位），使其按被测信号的规律变化，以利于信号的放大与传输。若控制量是高频振荡波的幅值，则称为调幅（AM）；若控制量是高频振荡波的频率或相位，则称为调频（FM）或调相（PM）。

一般把控制高频振荡波的缓变信号称为调制波，载送缓变信号的高频振荡波称为载波，经过调制的高频振荡波称为已调波，根据调制原理不同，分别称为调幅波、调频波，如图 1-20 所示。解调是对已调波进行鉴别以恢复缓变的测量信号。

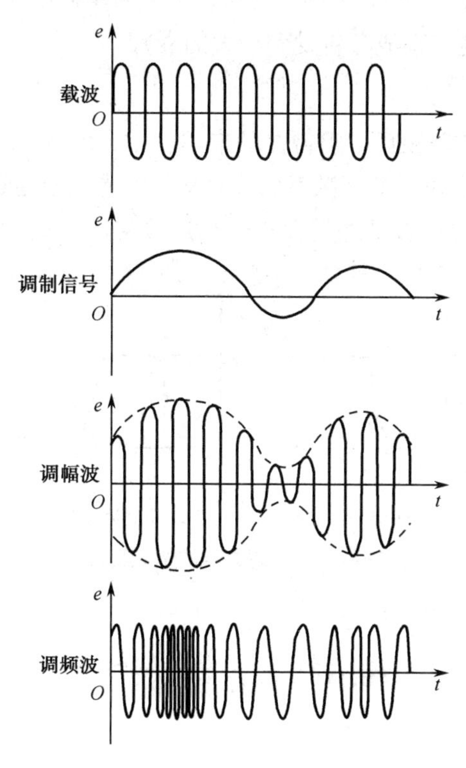

图 1-20　载波、调制波及已调波

1.3.3　滤波电路

滤波是测量系统排除干扰、抑制噪声常用的方法。滤波技术分为硬件滤波和软件滤波。硬件滤波器是一种选频电路，它的功能是让指定频段的信号以固定增益通过，而将其余频段的信号加以抑制或使其极大地衰减；软件滤波是通过计算机程序，采用某些算法对传感器信号进行处理。滤波电路在测控系统中的作用：一方面是滤除噪声；另一方面是分离各种不同的信号。依据不同的方法划分，滤波器有多种不同类型。

1. 滤波器的分类

根据滤波器处理信号的频带，滤波器可分为低通滤波器、高通滤波器、带通滤波器、带阻滤波器等四种，图 1-21 表示了这四种滤波电路理想的幅频特性。

1）低通滤波器

低通滤波器从 0～f_{C2} 频率之间，幅频特性平直。它可以使信号中低于 f_{C2} 的频率成分几乎不受衰减地通过，而高于 f_{C2} 的频率成分将受到极大的衰减。

2）高通滤波器

高通滤波器与低通滤波器相反，从频率 f_{C2}～∞，幅频特性平直。它可以使信号中高于

f_{C2} 的频率成分几乎不受衰减地通过，而低于 f_{C2} 的频率成分将受到极大的衰减。

3）带通滤波器

带通滤波器的通频带在 f_{C1}～f_{C2} 之间。它可以使信号中高于 f_{C1} 而低于 f_{C2} 的频率成分几乎不受衰减地通过，而其他频率成分将受到极大的衰减。

4）带阻滤波器

带阻滤波器与带通滤波器相反，阻带在频率 f_{C1}～f_{C2} 之间。它使信号中高于 f_{C1} 而低于 f_{C2} 的频率成分受到极大的衰减，其余频率成分几乎不受衰减地通过。

上述滤波器中，在通带和阻带之间存在一个过渡带，其幅频特性是一斜线，在次频带内，信号将受到不同程度的衰减，过渡带是滤波器所不希望的，但也是不可避免的。

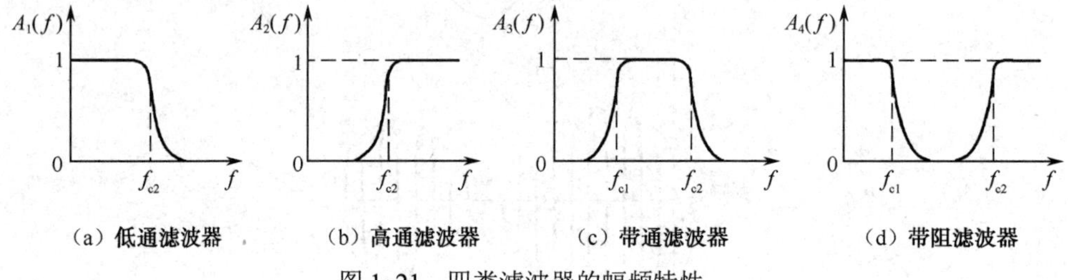

（a）低通滤波器　（b）高通滤波器　（c）带通滤波器　（d）带阻滤波器

图 1-21　四类滤波器的幅频特性

2. *RC* 滤波器原理及特性

在检测系统中，常用 *RC* 滤波器，其电路结构简单，抗干扰性强，有较好的低频特性。

1）*RC* 低通滤波器

RC 低通滤波器的典型电路及其幅频、相频特性如图 1-22 所示，这是一个典型的一阶系统。输入和输出电压分别为 e_x 和 e_y，电路时间常数 $\tau = RC$。

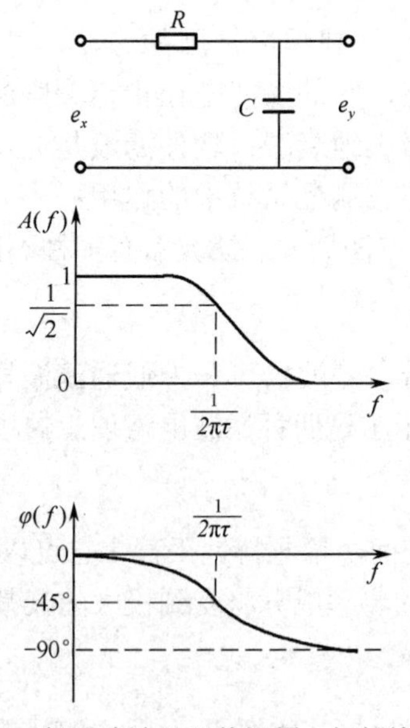

图 1-22　*RC* 低通滤波器及其幅频、相频特性曲线

幅频特性为

$$A(f)=\frac{1}{\sqrt{1+(2\pi f\tau)^2}} \tag{1-28}$$

相频特性为

$$\varphi(f)=-\text{arctg}(2\pi f\tau) \tag{1-29}$$

分析该系统特性可知：

（1）当 $f\ll\frac{1}{2\pi\tau}$，则 $A(f)=1$，此时信号几乎不受衰减地通过，并且相频特性近似为一条通过原点的直线。因此，可以认为在此情况下，*RC* 低通滤波器是一个不失真的传输系统。

（2）当 $f=\frac{1}{2\pi\tau}$，$A(f)=\frac{1}{\sqrt{2}}$ 即

$$f_{C2}=\frac{1}{2\pi\tau} \tag{1-30}$$

由式 1-30 可知，*RC* 值决定着上截止频率。因此，适当的改变 *RC*，可以改变滤波器的截止频率。

（3）当 $f\gg\frac{1}{2\pi\tau}$，则输出 e_y 与输入 e_x 的积分成正比，即

$$e_y=\frac{1}{\tau}\int e_x\text{d}t \tag{1-31}$$

此时 *RC* 低通滤波器起着积分器的作用，对高频成分的衰减率为-20 dB/10 倍频程。

2）*RC* 高通滤波器

RC 高通滤波器的典型电路及其幅频、相频特性如图 1-23 所示。同理设输入和输出电压分别为 e_x 和 e_y，电路时间常数 $\tau=RC$。

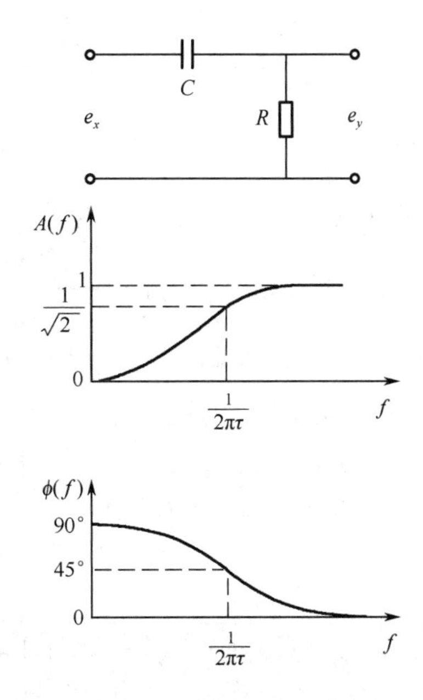

图 1-23　*RC* 高通滤波器的典型电路及其幅频、相频特性

幅频特性为

$$A(f)=\frac{2\pi f\tau}{\sqrt{1+(2\pi f\tau)^2}} \tag{1-32}$$

相频特性为

$$\varphi(f)=\text{arctg}\left(\frac{1}{2\pi f\tau}\right) \tag{1-33}$$

分析该系统特性可知：

（1）当 $f \gg \frac{1}{2\pi\tau}$，则幅频特性接近于 1，相移趋于零，此时 RC 高通滤波器可视为不失真的传输系统。

（2）当 $f=\frac{1}{2\pi\tau}$，则 $A(f)=\frac{1}{\sqrt{2}}$，即滤波器的−3 dB 截止频率为

$$f_{C1}=\frac{1}{2\pi\tau} \tag{1-34}$$

（3）当 $f \ll \frac{1}{2\pi\tau}$，RC 高通滤波器的输出与输入的微分成正比，起着微分器的作用。

3）RC 带通滤波器

RC 带通滤波电路可以看成是由 RC 低通滤波电路和高通滤波电路串联组成，如图 1-24 所示。

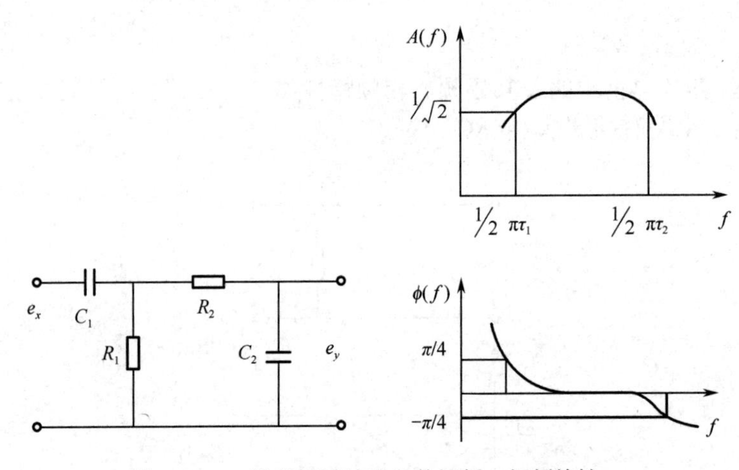

图 1-24　一阶带通滤波器及其幅频、相频特性

在 $R_2 \gg R_1$ 时，低通滤波电路对前面的高通滤波电路影响极小。设 $H_1(s)$为高通滤波器的传递函数，$H_2(s)$为低通滤波器的传递函数，则串联之后，带通滤波电路的传递函数为

$$H(s)=H_1(s)\cdot H_2(s) \tag{1-35}$$

幅频特性为

$$A(f)=\frac{2\pi f\tau_1}{\sqrt{1+(2\pi f\tau_1)^2}}\cdot\frac{1}{\sqrt{1+(2\pi f\tau_2)^2}} \tag{1-36}$$

相频特性为

$$\varphi(f)=\mathrm{arctg}\left(\frac{1}{2\pi f\tau_1}\right)-\mathrm{arctg}(2\pi f\tau_2) \tag{1-37}$$

串联后所得带通滤波电路以原有高通滤波电路的截止频率为下截止频率，即

$$f_{C1}=\frac{1}{2\pi\tau_1} \tag{1-38}$$

相应地其上截止频率为原低通滤波电路的−3dB 截止频率，即

$$f_{C2}=\frac{1}{2\pi\tau_2} \tag{1-39}$$

这时极低和极高的频率成分都完全被阻挡，不能通过；只有位于频率通带内的信号频率成分能通过。

注意：当高通滤波电路、低通滤波电路两级串联时，应消除两级耦合时的相互影响，因为后一级成为前一级的“负载”，而前一级又是后一级的信号源内阻。实际上两级间常用射极输出器或者用运算放大器进行隔离，所以实际的带通滤波器常常是有源的。有源滤波器由 *RC* 调谐网络和运算放大器组成，运算放大器既可作为级间隔离作用，又可起信号幅值的放大作用。

任务实施

1．电阻电桥设计

采用 4 个性能一致的 1 kΩ精密电位器组成如图 1-25 所示电路，输入直流电压 9 V，将电位器调整在中间（即初始状态），各桥臂阻值为 500 Ω。

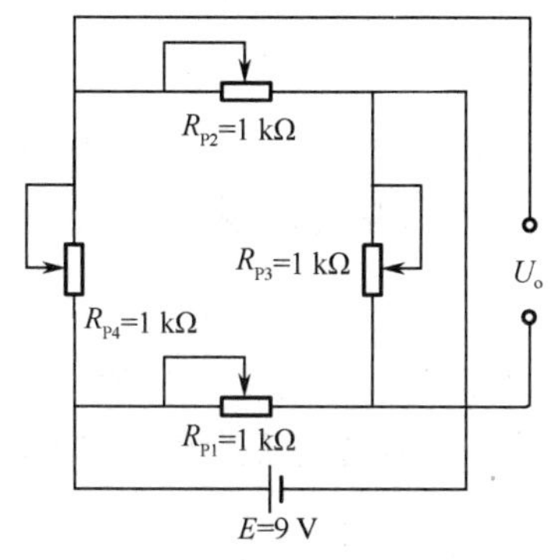

图 1-25　电阻电桥电路

2．电阻电桥的制作

为了方便制作和器件的重复利用，可采用面包板进行电路搭建，这样便于电路调整，减少制作成本。将 4 个电位器先调至中点，用万用表测其阻值为 500 Ω，再插接在面包板上组成桥路，接好电源线和输出电极。接入 9 V 直流电源，就可用万用表或数字毫伏表测量电桥的输出电压了。

3．电阻电桥的性能测试

（1）电桥搭建好后，接入电源，将输出接到电压表，检查电路连接的正确性。

（2）单臂时只调整一个电位器即可，双臂时调整两个，全桥时 4 个电位器同时调整。

（3）调邻边电阻时方向要相反，使一边电阻增大，另一边电阻减小；而调对边时则要使变化方向相同。

（4）设定电位器的阻值，每隔 100 Ω作为一个测点进行记录，并对误差进行分析。

知识拓展

在实际测量过程中，测量电路常会受到来自系统内部或外部的各种因素影响，从而导致测量精度的下降。因此，要保证传感器正常工作并获得准确、可靠的测量结果，就必须研究干扰的性质、来源及抑制干扰的措施。

1.3.4 干扰的类型和抑制措施

干扰来自干扰源。在工业现场和环境中，干扰源是各种各样的。按干扰的来源，可以将干扰分为外部干扰和内部干扰。

1. 外部干扰

外部干扰主要来自于传感器系统外部的干扰信号，如电网电压的波动、电磁辐射、高压电源漏电等。

1）电磁干扰

检测系统所在位置空间电场和磁场的变化会在检测系统装置的电路或者导线中感应出干扰电压，从而影响检测系统正常工作。这种电场和磁场通过电路和磁路对检测系统产生的干扰称为电磁干扰，它是最为普遍、影响最严重的干扰。

2）射线辐射干扰

射线会使气体电离，使半导体激发电子空穴对、金属逸出电子等，从而引起半导体器件产生电势或电阻值的变化，以致影响到传感器检测系统的正常工作。

2. 内部干扰

内部干扰是指系统内部的各种元器件、信道、负载、电源等引起的各种干扰。下面介绍检测系统中常见的电源电路干扰、信号通道干扰和负载干扰等。

1）电源干扰

对于电子、电气设备来说，电源干扰是较为普遍的问题。在计算机检测系统的实际应用中，大多数是采用由工业用电网络供电。工业系统中的某些大设备的启动、停机等，都可能引起电源的过压、欠压、浪涌、下陷及尖峰等，这些是要加以重视的干扰因素。同时，这些电压噪声均通过电源的内阻，耦合到系统内部的电路，从而对系统造成极大的危害。

2）信号通道干扰

计算机检测系统的信号采集、数据处理与执行机构的控制等，都离不开信号通道的构建与优化。在进行实际系统的信道设计时，必须注意其间的干扰问题。信号通道形成的干扰主要有共模干扰和差模干扰（又称串模干扰）。

3）负载干扰

继电器、电磁阀和晶闸管等动作型器件和电力电子器件，对检测系统的干扰是不可忽视的。继电器与电磁阀均是开关型动作的执行器件。它们在断开时，电感线圈会产生放电和电弧干扰；闭合时，由于触点的机械抖动，形成脉冲序列干扰。这种干扰如不加以抑制，除了会对电路带来干扰外，严重时还会造成器件损坏。

3．抑制干扰的措施

把消除或削弱各种干扰影响的全部技术措施，总称为抗干扰技术。抑制干扰主要通过消除或抑制干扰源、破坏干扰途径以及消除被干扰对象对干扰的敏感性等来实现。通常抗干扰技术包括：屏蔽技术、接地技术、隔离技术、滤波技术、电路的合理布局等。

1）屏蔽技术

屏蔽技术是利用金属材料对电磁波具有较好的吸收和反射能力来进行抗干扰的。屏蔽技术一般分为以下三种。

（1）静电屏蔽：用导体做成的屏蔽外壳处于外电场时，由于壳内的场强为零，可使放置其内的电路不受外界电场的干扰。如果将带电体放入接地的导体外壳内，则壳内电场不能穿透到外部。使用静电屏蔽技术时，应注意屏蔽体必须接地。

（2）磁场屏蔽：采用高导磁材料作屏蔽层，使外部磁场的干扰磁通被限制在磁阻很小的磁屏蔽层内部，从而无法对屏蔽体内电路产生干扰。

（3）电磁屏蔽：采用导电良好的金属材料做成屏蔽层，利用高频干扰电磁场在屏蔽体内产生涡流，利用涡流产生的磁场抵消或减弱干扰磁场的影响。若将电磁屏蔽层接地，则同时兼有静电屏蔽的作用，即可同时起到电磁屏蔽和静电屏蔽的作用。

2）接地技术

电路或传感器中的地指的是一个等电位点，它是电路或传感器的基准电位点，与基准电位点相连就是接地。传感器或电路接地，是为了清除电流流经公共地线阻抗时产生的噪声电压，也可以避免受磁场或地电位差的影响。检测系统的接地主要有两种类型：保护接地和工作接地。保护接地是为了避免因设备的绝缘损坏或性能下降时系统操作人员遭受触电危险，并保证系统安全而采取的安全措施。工作接地是为了保证系统稳定可靠地运行，防止地环路引起干扰而采取的防干扰措施。

（1）单点接地：单点接地有串联单点接地和并联单点接地两种形式。两个或两个以上的电路共用一段地线的接地方法称为串联单点接地，通常用来连接地电流较小且相差不太大的电路，等效电路如图 1-26 所示。

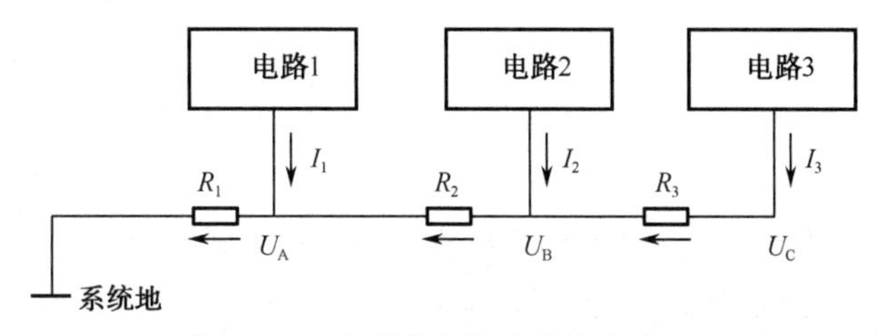

图 1-26　串联单点接地等效电路

并联单点接地如图 1-27 所示，这种方式在低频时最适用，因为各电路的地电流和地线阻抗有关，不会因地电流引起各电路间的耦合。

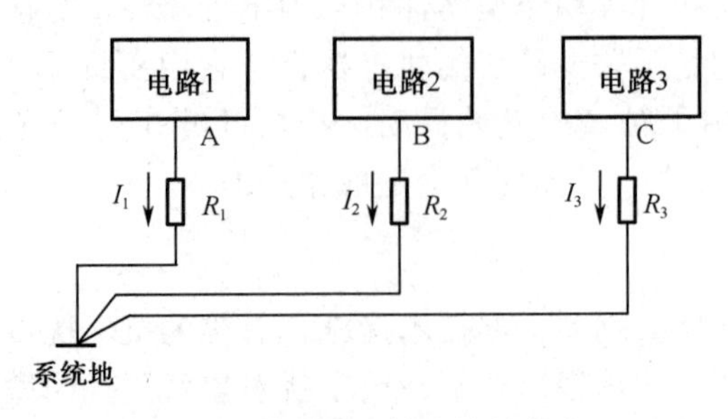

图 1-27　并联单点接地等效电路

（2）多点接地方式：若电路工作频率较高，电感分量大，各地线间的互感耦合会增加干扰，这时最好采用多点接地，如图 1-28 所示，各接地点就近与接地汇流排或底座、外壳等金属构件连接。

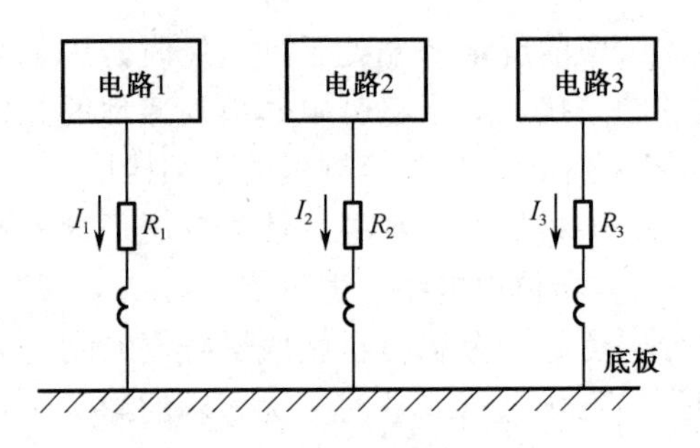

图 1-28　多点接地等效电路

3）浮置技术

浮置又称浮空、浮接，是指检测装置的输入信号和放大器公共线（模拟信号地）不接机壳或大地。这种被浮置的检测装置的测量电路与机壳或大地之间无直接接地，阻断了干扰电路的通路，明显地加大了测量电路放大器公共线与地（或机壳）之间的阻抗，因此浮置与接地相比能大大减小共模干扰电流。浮置的桥式传感器测量系统如图 1-29 所示。

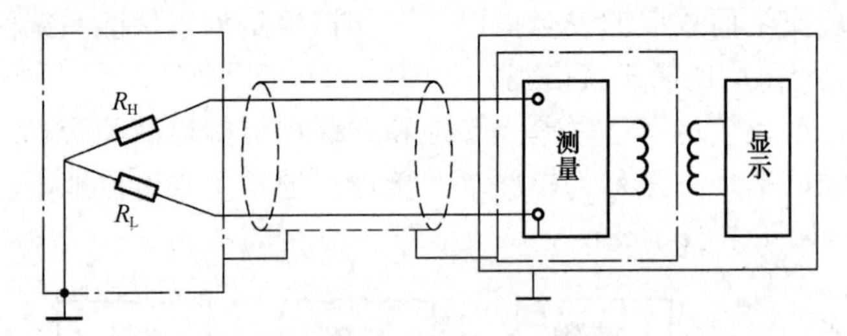

图 1-29　浮置的桥式传感器测量系统

4）隔离技术

检测系统中的前后两个电路信号端直接连接，容易形成环路电流，引起噪声干扰。常采用隔离的方法把两个电路的信号端从电路上隔开。

隔离的方法主要采用变压器隔离和光耦合器隔离。如图 1-30（a）所示的变压器隔离，

在两个电路之间加入隔离变压器，这样可以切断地环路实现前后电路的隔离，该方法只适用于交流电路。如图 1-30（b）所示的光耦合器隔离，光耦合器借助光媒介进行耦合，切断了电和磁的干扰耦合通道，具有较强的隔离和抗干扰能力，该方法主要适用于直流或超低频测量系统中。

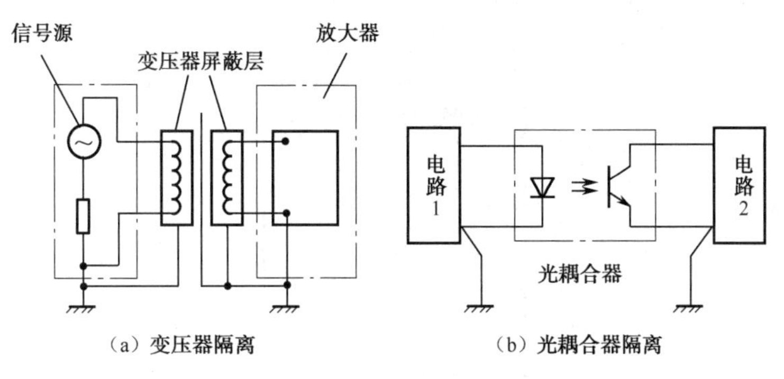

图 1-30 变压器隔离和光耦合器隔离

项目小结

检测技术是人们为了对被测对象所包含的信息进行定性的了解和定量的掌握所采取的一系列技术措施。检测包含检查和测量两方面，本项目分别介绍了测量数据的一般处理方法，传感器的一般知识与选用以及常见检测转换电路的结构和作用。

测量方法是指测量时所采用的测量原理、测量器具和测量条件的总和。按不同的分类方法进行分类可得到不同的分类结果。在实际测量工作中，所测得的数据并不一定十分理想。为了能得到较精确的测量结果，应对多次测量的数据进行分析与处理。

传感器作为自动检测系统中重要的测量装置，起着将被测量转换成具有一定精度的电信号的作用。传感器一般由敏感元件、转换元件和测量电路三部分组成。根据不同的分类标准，传感器可以有不同的类别。根据测量目的、测量对象以及测量环境的不同，可选择不同技术指标的传感器进行测量。

检测系统中的被测量经过传感器变换为微小电参量，这些电参量要经过中间转换装置转换为适合于进一步处理的形式后，才能送入显示仪表、记录器、控制器或输入计算机进行最后处理。中间转换部分可分为直流和交流两大类。直流转换系统的基本电路包括直流电桥、放大器和滤波器，一般使用电阻式传感器。交流测量系统中的能量转换型传感器，如磁电式、热电式、光电式等传感器的输出就是电压或电流量，接信号放大器后，便可送至显示记录仪器；能量控制型传感器，如电阻式、电容式、电感式等传感器的输出为电阻、电容或电感的变化量，应通过转换电路（如电桥、谐振电路等）把它们转换成电压或电流，然后放大，滤波再输出。

思考与练习 1

1．画出检测系统的组成框图，并简述检测系统由哪几部分组成？说明各部分作用。

2．有三台测温仪表，量程均为 0～800℃，精度等级分别为 2.5 级、2.0 级和 1.5 级，现要测量 500℃的温度，要求相对误差不超过 2.5%，选哪台仪表合理？

3．已知某位移传感器的位移测量值如表 1-2 所示，其拟合直线为 $y=-2.2+6.8x$ ，试问：此拟合直线能否满足线性误差小于 5%的要求？

表 1-2　题 3

y/mm	*x*/mV
0	0.00
10	1.85
20	3.45
30	4.92
40	6.22
50	7.37

4．根据你所学的传感器相关知识，请分别列出下列物理量可以使用什么传感器来测量？

（1）加速度；（2）温度；（3）工件尺寸；（4）压力。

5．现欲测量 240 V 左右的电压，要求测量示值相对误差的绝对值不大于 0.6%，问：若选用量程为 250 V 的电压表，其精度应选哪一级？若选用量程为 500 V 的电压表，其精度又应选哪一级？

6．已知待测拉力约为 70 N，现有两只测力仪表，一只为 0.5 级，测量范围为 0～500 N；另一只为 1.0 级，测量范围为 0～100 N，问选用哪一只测力仪表较好？为什么？

7．传感器的型号有几部分组成，各部分有何意义？

8．某线性位移测量仪，当被测位移由 4.5 mm 变到 5.0 mm 时，位移测量仪的输出电压由 3.5 V 减至 2.5 V，求该仪器的灵敏度。

9．某测温系统由以下四个环节组成，各自的灵敏度如下：

铂电阻温度传感器：0.45 Ω/℃；

电桥：0.02 V/Ω；

放大器：100（放大倍数）；

笔式记录仪：0.2 cm/V。

求：（1）测温系统的总灵敏度；

（2）记录仪笔尖位移 4 cm 时，所对应的温度变化值。

10．等精度测量某电阻 10 次，得到的测量值如下：

R_1=167.95 Ω；R_2=167.45 Ω；R_3=167.60 Ω；R_4=167.60 Ω；R_5=167.87 Ω；R_6=167.88 Ω；R_7=168.00 Ω；R_8=167.850 Ω；R_9=167.82 Ω；R_{10}=167.61 Ω。

求 10 次测量的算术平均值 $\bar{R}$ ，测量的方均根误差 σ 和算术平均值的标准误差 $\bar{\sigma}$ 。

11．试分析图 1-31 所示电压输出型直流电桥的输入与输出关系，写出输出的表达式，并判断何时电桥平衡？

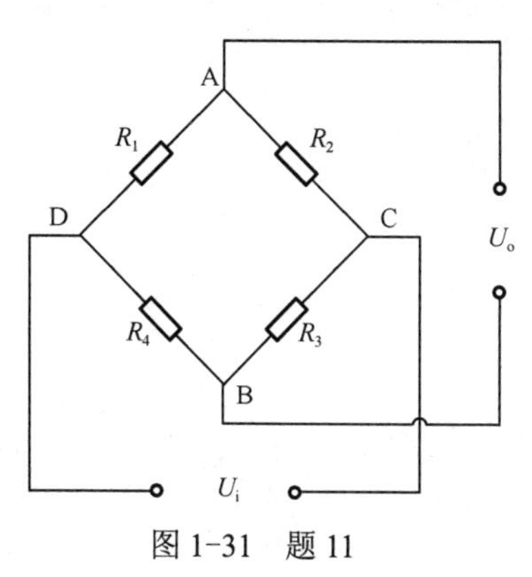

图 1-31　题 11

项目2 压力检测

教学导航

知识目标	（1）了解压力测量的基本方法和力传感器类型。 （2）理解压阻式传感器的工作原理和类型。 （3）掌握电阻应变式传感器的工作原理、基本特性和结构类型。 （4）掌握压电式传感器的工作原理、等效电路和常用结构形式。 （5）掌握压电材料的类型、特性和主要特性参数。
能力目标	（1）能够根据需要选择合适的压力传感器进行压力测量电路设计。 （2）学会压力测量系统的制作与调试。

项目背景

压力在工业自动化生产过程中是重要的工艺参数之一，因此，正确地测量和控制压力是保证生产过程良好地运行并达到优质高产、低消耗和安全生产的重要环节。应变也是物体在外界压力作用下改变原来尺寸或形状的现象，当压力去除后，物体又能完全恢复其原来的尺寸和形状。通过对物体应变的检测，从而得到物体受外界压力作用的程度。工业上压力的检测方法主要有液柱测压法、弹性变形法和电测压力法。其中应用较多的是电测压力法，利用转换元件（如某些机械和电气元件）直接把被测压力变换为电信号来进行测量。根据转换元件不同，主要有以下两类：

（1）弹性元件附加一些变换装置，使弹性元件自由端的位移量转换成相应的电信号，如电阻式、电感式、电容式、霍尔片式、应变式、振弦式等。

（2）非弹性元件组成的快速测压元件，主要利用某些物体的某一物理性质与压力有关，如压电式、压阻式、压磁式等。

本项目重点介绍电阻应变式传感器、压阻式传感器、压电式传感器的工作原理和应用。

任务 2.1　重量检测

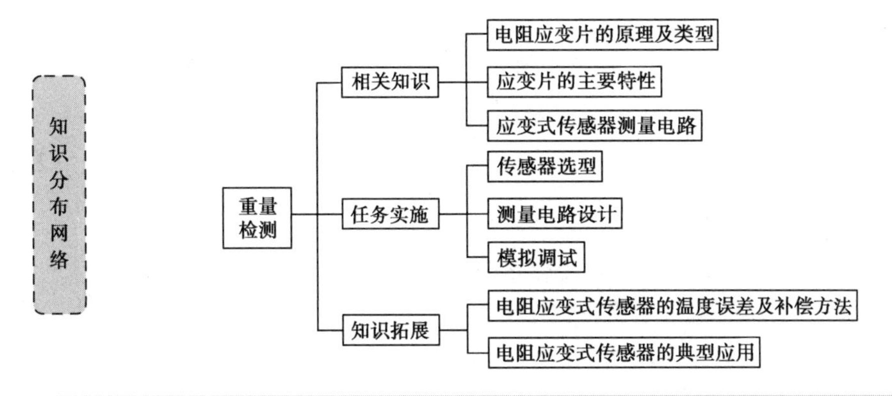

任务描述

随着技术的进步，由电阻应变式称重传感器制作的电子衡器已广泛地应用到各行各业，实现了对物料的快速、准确的称量，特别是随着微处理器的出现，工业生产过程自动化程度不断提高，称重传感器已成为过程控制中的一种必需的装置，从以前不能称重的大型罐、料斗等重量计测，以及吊车秤、汽车秤等计测控制，到混合分配多种原料的配料系统、生产工艺中的自动检测和粉粒体进料量控制等，都应用了称重传感器。本任务要求利用电阻应变片设计制作电子称重仪，要求：量程为 0～2 kg，精度为 0.001 kg，并具有数显功能。

相关知识

应变式电阻传感器主要由弹性敏感元件（或试件）、电阻应变片和测量转换电路组成。

电阻应变片也叫电阻应变敏感元件，是传感器的核心部件。其基本原理是利用电阻应变片将应变转换为电阻变化。电阻应变片一般粘贴在弹性元件上，当被测物理量作用在弹性元件上时，弹性元件的变形引起应变敏感元件的阻值变化，通过转换电路将其转变成电量输出，电量变化的大小反映了被测物理量的大小。

应变式电阻传感器结构简单，使用方便，性能稳定、可靠，易于实现测试过程自动化和多点同步测量，以及远距测量和遥测。此外，它还具有灵敏度高、测量速度快、适合静态和动态测量等特点，是目前测量力、力矩、压力、加速度、重量等参数应用最广泛的传感器。

2.1.1 电阻应变片的原理及类型

1. 应变效应

电阻应变片的工作原理是基于应变效应，即在金属导体产生机械变形时，它的电阻值相应发生变化。

一根金属电阻丝，在其未受力时，原始电阻值为

$$R = \rho \frac{L}{S} \tag{2-1}$$

式中 ρ——金属丝的电阻率，单位为Ω · m；

L——金属丝的长度，单位为 m；

S——金属丝的截面积，单位为 m^2。

如图 2-1 所示，当金属丝受到拉力 F 作用时，将伸长ΔL，横截面积相应减小ΔS，电阻率将因晶格发生变形等因素而改变$\Delta\rho$，故引起电阻值相对变化量为

$$\frac{\Delta R}{R} = \frac{\Delta L}{L} - \frac{\Delta S}{S} + \frac{\Delta\rho}{\rho} \tag{2-2}$$

式中 $\Delta L/L$——长度相对变化量，用应变ε表示；

$\Delta S/S$——圆形金属丝的截面积相对变化量；

$\Delta\rho/\rho$——圆形金属丝的电阻率相对变化量。

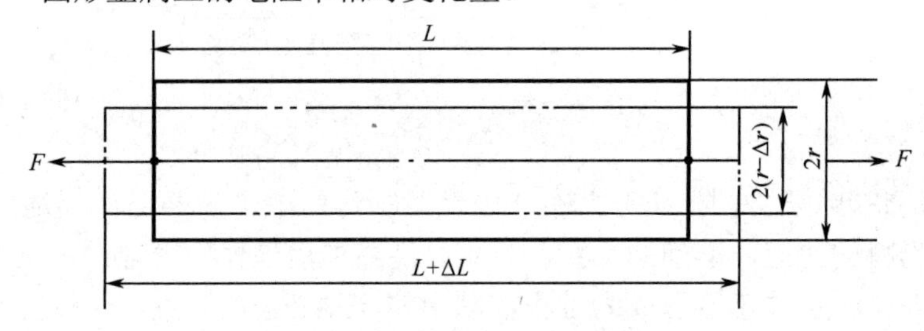

图 2-1　金属电阻丝的应变效应

则

$$\varepsilon = \frac{\Delta L}{L} \tag{2-3}$$

$$\frac{\Delta S}{S} = \frac{2\Delta r}{r} \tag{2-4}$$

由材料力学可知，在弹性范围内，金属丝受拉力时，沿轴向伸长，沿径向缩短，那么轴向应变和径向应变的关系可表示为

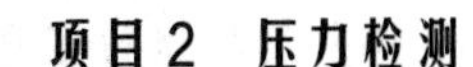

$$\frac{\Delta r}{r}=-\mu\frac{\Delta L}{L}=-\mu\varepsilon \tag{2-5}$$

式中　μ——金属丝材料的泊松比，负号表示与轴向应变方向相反。

将式（2-3）、式（2-5）代入式（2-2），可得

$$\frac{\Delta R}{R}=(1+2\mu)\varepsilon+\frac{\Delta\rho}{\rho} \tag{2-6}$$

$$\frac{\frac{\Delta R}{R}}{\varepsilon}=(1+2\mu)+\frac{\frac{\Delta\rho}{\rho}}{\varepsilon} \tag{2-7}$$

通常把单位应变能引起的电阻值变化称为金属丝的灵敏度系数 K_s。其表达式为

$$K_s=(1+2\mu)+\frac{\frac{\Delta\rho}{\rho}}{\varepsilon} \tag{2-8}$$

由式（2-8）可知，因应变导致金属丝电阻值的变化由两项组成：第一项（$1+2\mu$）表示由于几何尺寸改变引起的电阻变化；另一项（$\Delta\rho/\rho$）$/\varepsilon$ 表示单位轴向应变引起电阻率的变化。

对于大多数金属材料电阻丝而言，可得

$$1+2\mu\gg\frac{\frac{\Delta\rho}{\rho}}{\varepsilon}$$

因此，有

$$K_s\approx1+2\mu \tag{2-9}$$

式（2-9）中的灵敏度系数 K_s 是一个常数，可将式（2-6）改写成

$$\frac{\Delta R}{R}=K_s\varepsilon \tag{2-10}$$

上式表明：加载后，金属丝的电阻值随着其轴向几何尺寸变化（伸长或缩短）而发生相应的变化。

2．应变片的结构类型

常用的应变片可分为两类：金属电阻应变片和半导体电阻应变片。半导体电阻应变片是基于压阻效应，将在任务2.2中介绍，这里主要介绍金属电阻应变片。

金属电阻应变片由引线、覆盖片、基底和敏感栅等部分组成，如图2-2所示，l 为应变片的标距或工作基长，b 为应变片的工作宽度，$b\times l$ 为应变片的规格。应变片规格一般以使用面积或电阻值来表示，如3 mm×10 mm或120 Ω。

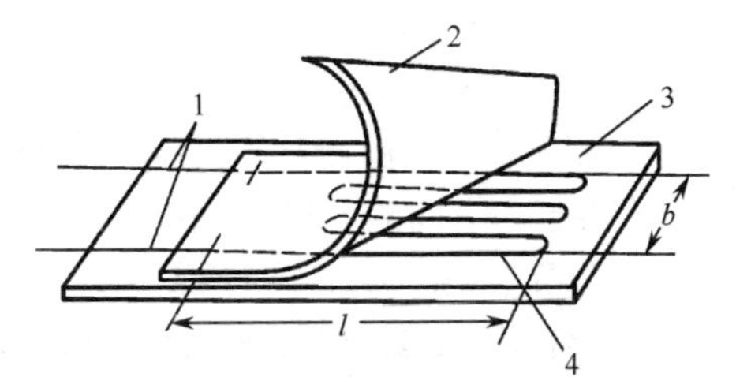

1—引线；2—覆盖片；3—基底；4—敏感栅

图2-2　金属电阻丝的应变效应

在金属电阻应变片中，基底主要起固定与绝缘的作用（厚度约为 0.03 mm），敏感栅是应变片的核心部分，它粘贴在绝缘的基底上，其上再粘贴起保护作用的覆盖层，两端焊接引出导线（直径为 0.1～0.3 mm）。敏感栅通常有金属丝式、金属箔式和薄膜式三种形式。

1）金属丝式应变片

金属丝式应变片是将直径为 0.01～0.05 mm 金属丝按照图 2-2 所示形状弯曲绕成栅状后，用黏合剂贴在基底上而成，基底可分为纸基、胶基和纸浸胶基等。电阻丝两端焊有引出线，使用时只要将应变片贴于弹性体上就可以构成应变式传感器。

2）金属箔式应变片

箔式应变片中的箔栅是由厚度为 0.003～0.01 mm 的金属箔片通过光刻、腐蚀等工艺制成的各种图形的敏感栅，也称应变花，如图 2-3 所示。箔的材料多为电阻率高、热稳定性好的铜镍合金。箔式应变片与基片的接触面积大，散热条件较好，在长时间测量时的蠕变较小，一致性较好，适合于大批量生产。

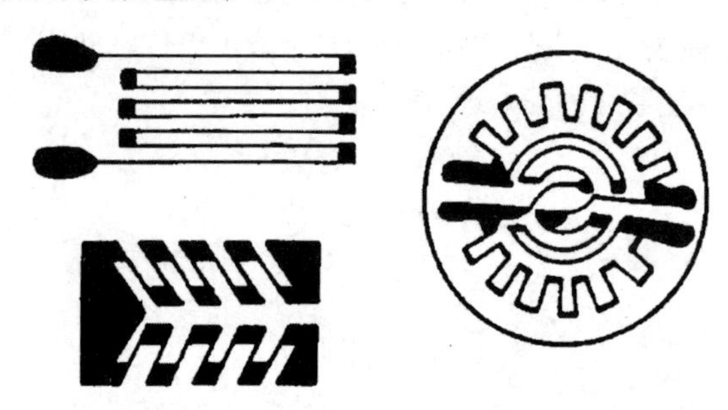

图 2-3　金属箔式应变片

3）薄膜式应变片

薄膜式应变片是采用真空溅射或真空蒸镀等方法在薄的绝缘基片上形成 0.1 μm 以下的金属电阻薄膜的敏感栅，最后再加上保护层。它的优点是应变灵敏度系数大，允许电流密度大，工作范围广，便于工业化生产，因此发展较快。

应变片是通过黏合剂粘贴到试件上的，通过黏合剂和基底的传递作用使敏感栅感受测试件表面的变形和应变。其中黏合剂的种类很多，选用黏合剂时要根据应变片材料、测试件材料、应变片的工作条件（如工作温度、潮湿程度、有无化学腐蚀、稳定性要求）、加温加压固化的可能性、粘贴时间长短等因素来综合考虑。

2.1.2　应变片的主要特性

1. 应变片几何尺寸

应变片的纵轴线称为灵敏轴线，沿着灵敏轴线的方向称为纵向，垂直于灵敏轴线的方向称为横向。如图 2-4 所示，敏感栅在纵向的长度 l，称为应变片的标距，也称栅长；敏感栅在横向的宽度 b，称为应变片的栅宽；栅长与栅宽的乘积 $b \times l$，称为应变片的工作面积。

一般厂家生产的应变片，标距都有一个系列值，最短为 0.2 mm，最长为 300 mm。应变片的工作面积小，有利于减小传感器体积及选择贴片位置，但不利于散热。因此，应根据需要选择应变片的几何尺寸。

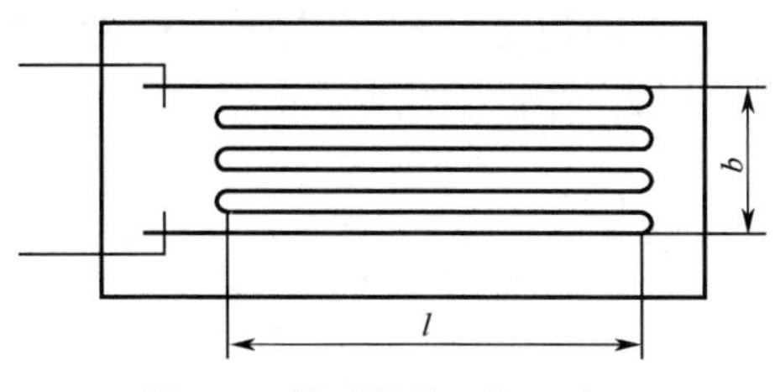

图 2-4　敏感栅的几何尺寸

2．应变片电阻值（R_0）

应变片在未粘贴及未受外力作用的情况下，于室温条件下测定的电阻值（原始电阻值），称为应变片的电阻值（R_0）。R_0 目前已标准化，常用电阻应变片的电阻值主要有 60 Ω、120 Ω、350 Ω、500 Ω和 1000 Ω等多种规格，其中以 120 Ω最为常用。

应变片的电阻值越大，允许的工作电压就越大，传感器的输出电压也越大，应变片的尺寸也要相应增大，在条件许可的情况下，应尽量选用高阻值应变片。

3．灵敏度系数（K）

灵敏度系数（K）是指应变片在其轴线方向上应力作用下，应变片的电阻值相对变化与应变区域的轴向应变之比。电阻应变片灵敏度系数 K 和金属丝灵敏度系数 K_s 是不相同的，一般情况，$K<K_s$。因此，电阻应变片灵敏度系数 K 须通过抽样重新实验测定，取平均值标注在应变片的包装袋上，故 K 又称为标称灵敏度系数。实验证明，在一定的应变范围内，应变片灵敏度系数 K 是一个常数。

4．横向效应

沿应变片轴向的应变必然引起应变片电阻的相应变化，而沿垂直于应变片轴向的横向应变，也会引起其电阻的相应变化，从而使应变片灵敏度系数 K 降低的现象称为横向效应。这种现象的产生和影响与应变片结构有关，敏感栅“横栅段”（圆弧或直线）上的应变状态不同于敏感栅“直线段”上的应变，使应变片敏感栅的电阻变化较相同长度直线金属丝在单向应力作用下的电阻变化小，如图 2-5 所示，因此，灵敏度系数有所降低。

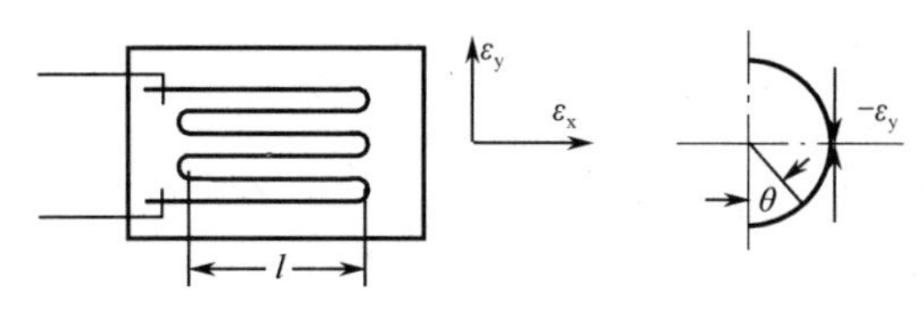

图 2-5　应变片横向效应

当实际使用应变片的条件与其灵敏度系数的标定条件不同时，由于横向效应的影响，实际值要改变。如仍按标称灵敏度系数来计算，可能造成较大误差，如果不能满足测量精度要求，就要进行必要的修正。为了减小横向效应产生的误差，现在多采用箔式应变片。

5．机械滞后

应变片粘贴在被测试件上，当温度恒定时，其加载特性曲线（正程）和卸载特性曲线

（逆程）不重合，即为机械滞后，如图 2-6 所示。产生的原因在于应变片在承受机械应变后，其内部会产生残余应变，使敏感栅电阻发生少量不可逆变化。

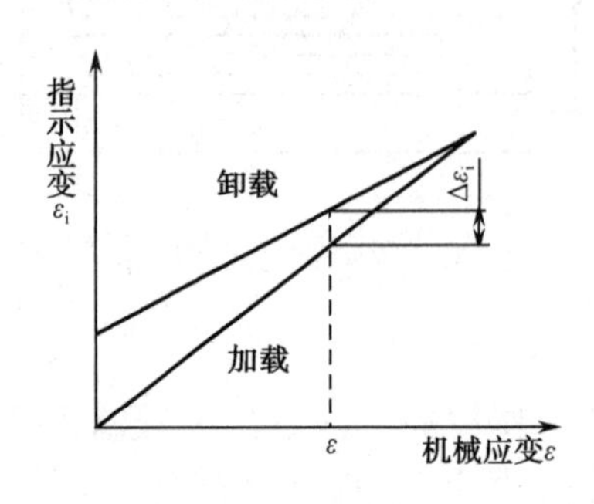

图 2-6　机械滞后

6．零漂和蠕变

对于已粘贴好的应变片，在温度保持恒定、不承受应变作用时，应变片的电阻值会随时间增加而变化的特性，称为应变片的零点漂移，简称零漂。在一定温度下，使应变片承受恒定的机械应变，其电阻值会随时间增加而变化的特性称为蠕变。在应变片工作时，零漂和蠕变是同时存在的。在蠕变值中包含着同一时间内的零漂值。这两项指标都用来衡量应变片特性对时间的稳定性，在长时间测量时其意义更为特殊。

7．温度效应

用作测量应变的金属应变片，希望其阻值仅随应变变化，而不受其他因素的影响。实际上应变片的阻值受环境温度（包括被测试件的温度）影响很大。这种由温度变化引起的应变片电阻变化，从而产生虚假应变的现象，称为应变片的温度效应。由温度效应给测量带来的附加误差称为应变片的温度误差，又称为热输出。

2.1.3　应变式传感器测量电路

在压力、力、加速度等非电量的检测中，由其产生的机械应变所引起的应变片的电阻变化范围很小，难以直接用电测仪器进行精确测量，通常采用电桥电路将电阻变化转换成电压或电流后放大测量。

在应变式传感器中，最常用的是桥式电路，有关电桥电路在任务 1.3 中已详细介绍。在三种电桥电路中，全桥四臂工作方式的灵敏度最高，双臂半桥次之，单臂半桥灵敏度最低，采用四臂全桥（或双臂半桥）还能实现温度自补偿。

任务实施

1．传感器选型

电阻应变片是称重仪的关键部件，由于电阻应变片的种类和型号较多，因此，应根据电路的具体要求来选择适合的电阻应变片。本设计中选用 E350-2AA 箔式电阻应变片，其常态阻值为 350 Ω。将应变片采用合理的粘贴方法粘贴在称重仪的桥臂中央位置，如图 2-7 所示，使应变片的变形与桥臂变形一致，提高测量的准确性。

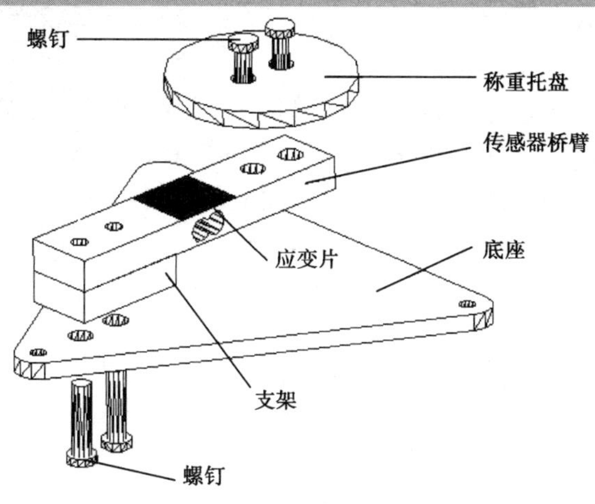

图 2-7　电阻应变式称重仪的结构

2. 测量电路设计

电阻应变式称重仪电路原理如图 2-8 所示，其主要部分为电阻应变式传感器 R_1 及 IC_2、IC_3 组成的测量放大电路，以及 IC_1 和外围元件组成的数显面板表。电阻应变式传感器 R_1 采用 E350-2AA 箔式电阻应变片，其常态阻值为 350 Ω。测量电路将 R_1 产生的电阻应变量转换成电压信号输出。IC_3 将经转换后的弱电压信号进行放大，作为 A/D 转换器的模拟电压输入。IC_4 提供 1.22 V 基准电压，它同时经 R_5、R_6 及 R_{P2} 分压后作为 A/D 转换器的参考电压。A/D 转换器 ICL7126 的参考电压输入正端由 R_{P2} 中间触头引入，负端则由 R_{P3} 的中间触头引入。两端参考电压可对传感器非线性误差进行适量补偿。

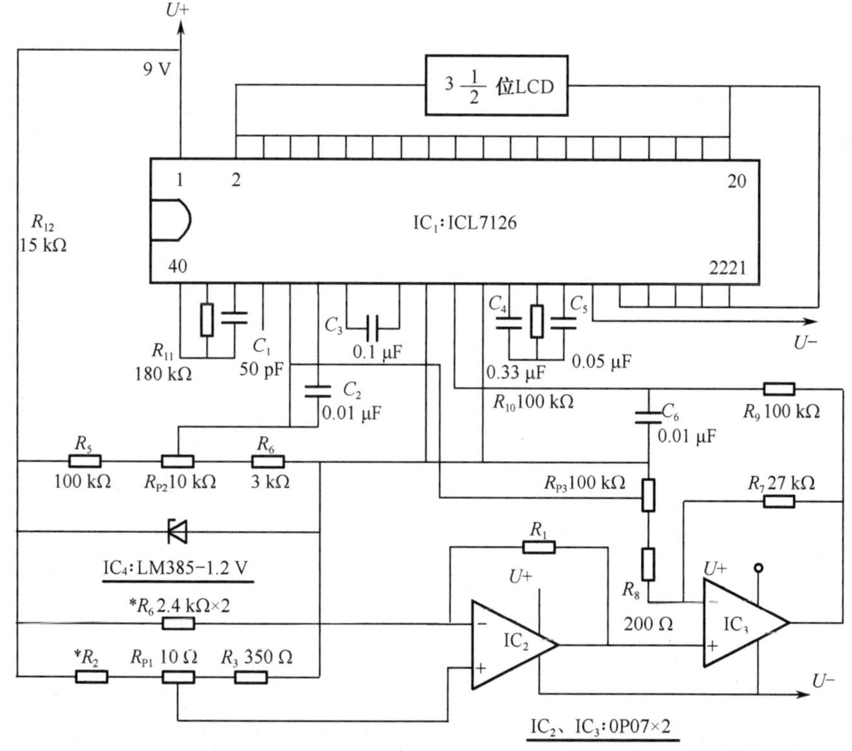

图 2-8　电阻应变式称重仪电路原理

3. 模拟调试

在调试过程中，准备 1 kg 及 2 kg 标准砝码各一个。按如下步骤调试：

（1）按照电路图，将各元件焊接到实验板上，并检查正确性。

（2）在称重托盘无负载时调整 R_{P1}，使显示器准确显示零。

（3）调整 R_{P2}，使托盘承担满量程重量（本电路选满量程为 2 kg）时显示满量程值。

（4）在托盘上放置 1 kg 的标准砝码，观察显示器是否显示 1.000，如有偏差，可调整 R_{P3} 的阻值，使之准确显示 1.000。

（5）重复（3）、（4）步骤，直至均满足要求为止。

（6）最后准确测量 R_{P2}、R_{P3} 的电阻值，并用固定精密电阻予以代替。R_{P1} 可引出进行表外调整。测量前先调整 R_{P1}，使显示器回零。

知识拓展

2.1.4 电阻应变式传感器的温度误差及补偿方法

正如前面分析的那样，金属电阻丝应变片均对温度变化十分敏感，因而温度变化易引起电桥测量误差，为消除温度误差，可采取如下温度补偿措施：

1. 单丝自补偿

这种方法是通过精心选配敏感栅材料电阻温度系数α、线膨胀系数β_s、试件材料线膨胀系数β_g 参数来实现热输出补偿。

若要使应变片在温度变化Δt 时的热输出值为零，必须使

$$\alpha + K(\beta_g - \beta_s) = 0 \tag{2-11}$$

每一种材料的被测试件，其线膨胀系数β_g 都为确定值，可以在有关的材料手册中查到。在选择应变片时，若应变片的敏感栅是用单一的合金丝制成，并使其电阻温度系数α 和线膨胀系数β_s 满足上式的条件，即可实现温度自补偿。具有这种敏感栅的应变片称为单丝自补偿应变片。

这种自补偿方法的最大优点是：结构简单，制造、使用方便。最大的难点是：不容易做到敏感栅电阻温度系数α、线膨胀系数β_s、试件材料线膨胀系数β_g 相匹配。

2. 双丝自补偿

采用这种补偿方法的应变片，其敏感栅是由两种不同温度系数（一种为正值，一种为负值）的金属电阻丝串接而成的，如图 2-9 所示。

如图 2-9（a）所示，利用两种具有不同符号的电阻温度系数进行补偿的应变片结构，它是将两种具有不同温度系数的电阻丝串联绕制成敏感栅。这种应变片的自补偿条件要求粘贴在某种试件上的两段敏感栅，随温度变化而产生的电阻增量大小相等，符号相反，即 $\Delta R_{1t} = -\Delta R_{2t}$。

双丝组合式自补偿应变片的另一种形式是用两种同符号温度系数的合金丝串接成敏感栅，在两段电阻丝栅 R_1 和 R_2 的串接处焊出引线并接入电桥，如图 2-9（b）所示，即将 R_1 和 R_2 分别接入电桥的相邻两臂，R_1 是工作臂，R_2 与串联外接电阻 R_B 组成补偿臂。适当调

节 R_1 与 R_2 的长度比和外接电阻 R_B 的值，使两臂由于温度变化而引起的电阻变化相等或接近，使之满足条件

$$\frac{\Delta R_{1t}}{R_1}=\frac{\Delta R_{2t}}{R_2+R_B} \tag{2-12}$$

即可满足温度自补偿要求。

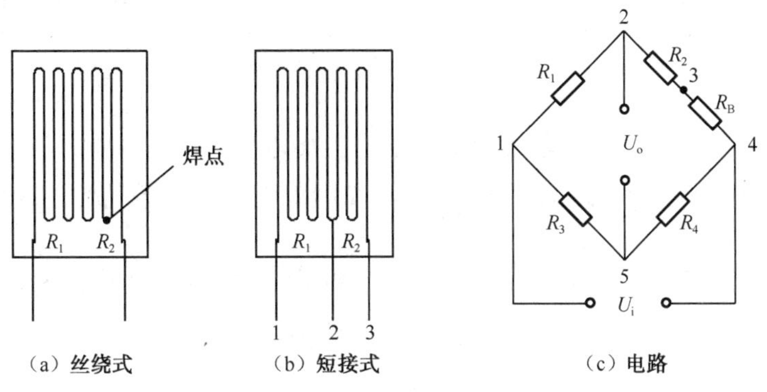

图2-9　双丝自补偿应变片

3．桥路补偿

常用的桥路补偿法是利用电桥电路的和差原理来进行温度误差补偿的，如图2-10所示。测量应变时，工作应变片 R_1 粘贴在被测试件上，另选一个特性与 R_1 相同的补偿片 R_B，补偿应变片 R_B 粘贴在与被测试件材料完全相同的补偿块上，温度与试件相同，仅工作应变片 R_1 承受应变，补偿应变片 R_B 不承受应变。R_1 与 R_B 接入电桥相邻臂上。由于温度变化相同致使 R_1 和 R_B 电阻变化相同，根据电桥理论可知，电桥输出电压与温度变化无关。

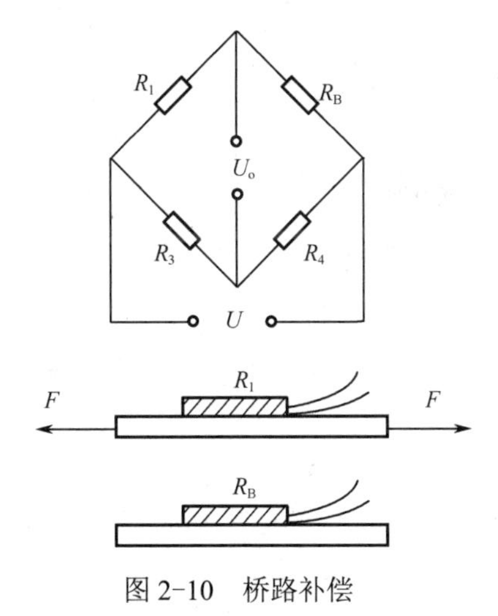

图2-10　桥路补偿

2.1.5　电阻应变式传感器的典型应用

电阻应变式传感器还可用来测量应变以外的物理量，例如力、扭矩、加速度和压力等。把应变片粘贴到弹性敏感元件上，使弹性敏感元件的应变与被测量成比例关系。

1．应变式力传感器

被测物理量为荷重或力的应变式传感器，统称为应变式力传感器，其测力范围可以是几克到几百吨，精度可高达满量程的 0.05%，其主要用途是作为各种电子秤与测力仪表的测力元件，也可用于各种动力机械和材料试验机的力测试等。

应变式力传感器根据所用的弹性敏感元件的不同，主要有柱式力传感器、环式力传感器、悬臂梁式力传感器。

1）柱式力传感器

柱式力传感器的弹性元件分实心和空心两种，如图 2-11（a）～（c）所示。其特点是结构简单，可承受较大载荷，最大可达 10^7 N，在测 10^3～10^5 N 载荷时，为提高变换灵敏度和抗横向干扰，一般采用空心圆柱结构。

如图 2-11（d）所示，应变片粘贴在圆柱的表面上，轴向粘贴的应变片与切向粘贴的个数相等，以便接成差动测量电桥，如图 2-11（e）所示。

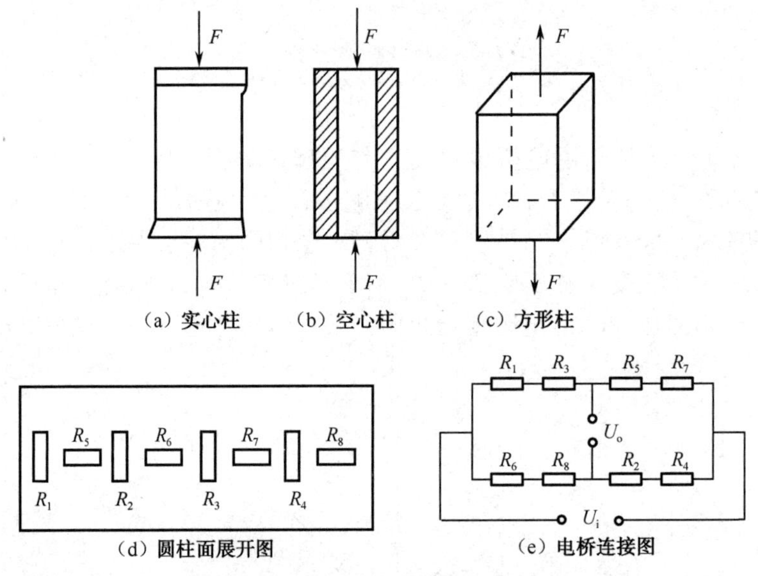

图 2-11　柱式力传感器

2）环式力传感器

环式力传感器如图 2-12 所示。与柱式相比，薄壁圆环受力作用后的应力分布更复杂，变化更大，且有方向上的区别。

由图 2-12（b）可见，圆环上与垂直轴夹角为 39.5° 处，即图中 C 位置的应力和应变为零，主要起温度补偿作用；AC 段和 BC 段的应力和应变的符号相反。

对于 $R/h>5$ 的小曲率圆环，A 点处的应变为

$$\varepsilon_{\mathrm{A}} = -\frac{1.09FR}{bh^2E} \tag{2-13}$$

B 点处的应变为

$$\varepsilon_{\mathrm{B}} = \frac{1.91FR}{bh^2E} \tag{2-14}$$

式中 h——圆环厚度；

b——圆环宽度；

E——材料弹性模量。

这样，测出 A 点、B 点处的应变，即可确定载荷 F。

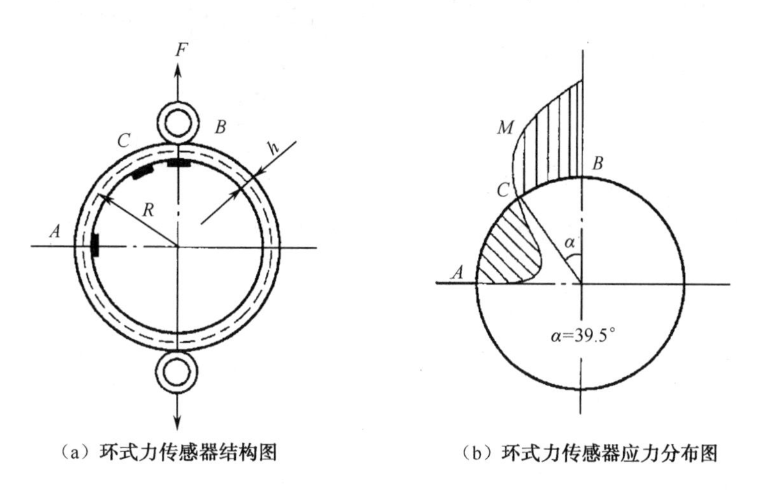

（a）环式力传感器结构图　（b）环式力传感器应力分布图

图 2-12　环式力传感器

3）悬臂梁式力传感器

悬臂梁式力传感器的弹性元件是一个悬臂梁，载荷加在梁的自由端，应变片沿梁的长度方向上下粘贴，悬臂梁分等强度梁和等截面梁两种，其应变特性也各不相同。等强度悬臂梁沿长度方向强度相等、截面面积不等，如图 2-13（a）所示；等截面悬臂梁沿长度方向的各点横截面面积都相等，如图 2-13（b）所示。

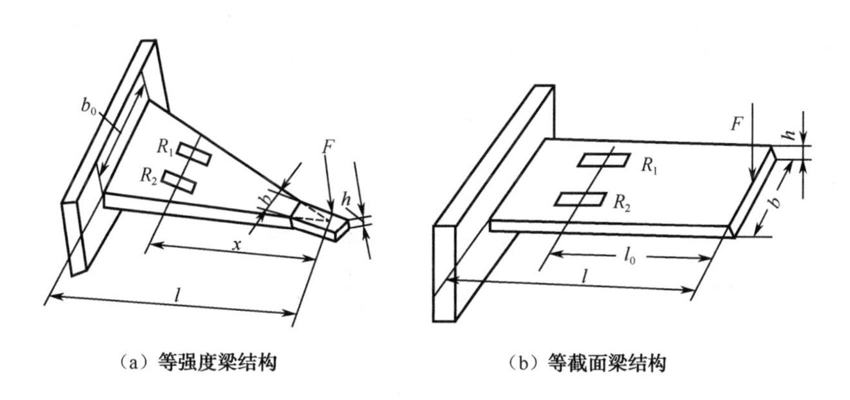

（a）等强度梁结构　（b）等截面梁结构

图 2-13　悬臂梁式力传感器

2. 应变式压力传感器

应变式压力传感器主要用于液体、气体压力的测量，如内燃机管道和动力设备管道的进气口、出气口气体和液体压力等的测量，测量压力范围是 10^4～10^7 Pa。

应变式压力传感器大多采用膜片式或筒式弹性元件。如图 2-14 所示为膜片式压力传感器示意图，周边固定弹性膜片受均匀压力 p 作用时，膜片产生径向应变和切向应变。

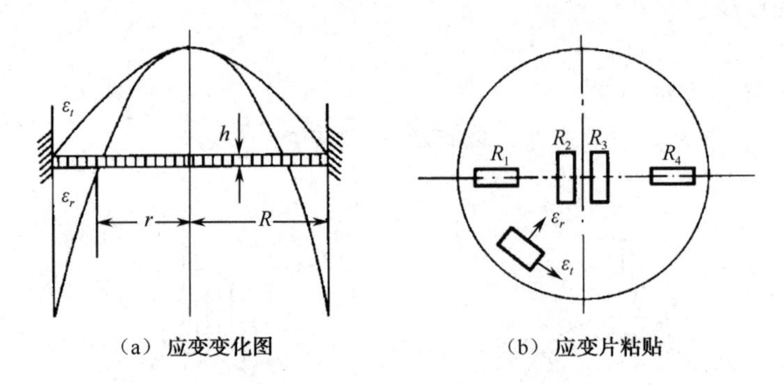

（a）应变变化图　　（b）应变片粘贴

图 2-14　膜片式压力传感器示意图

$$\varepsilon_r = \frac{3p}{8h^2E}(1-\mu^2)(R^2-3r^2) \tag{2-15}$$

$$\varepsilon_t = \frac{3p}{8h^2E}(1-\mu^2)(R^2-r^2) \tag{2-16}$$

式中　p——待测压力；

h、R——膜片厚度和半径；

E、μ——膜片材料弹性模量和泊松比。

根据以上特点，一般在平膜片圆心处切向粘贴 R_2、R_3 两个应变片，在边缘处沿径向粘贴 R_1、R_4 两个应变片，然后接成全桥测量电路。

3．应变式加速度传感器

应变式加速度传感器如图 2-15 所示，由质量块、应变片、弹性悬臂梁、基座组成。当被测物做水平加速度运动时，根据被测加速度 a 的方向，把传感器固定在被测部位。由于质量块的惯性（$F=ma$）使悬臂梁弯曲变形，通过应变片测出悬臂梁的应变量。当振动频率小于传感器的固有振动频率时，悬臂梁的应变量与加速度成正比。

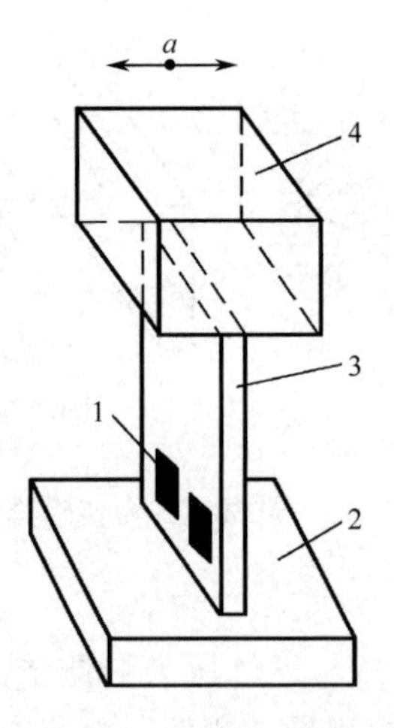

1—应变片；2—基座；3—弹性悬臂梁；4—质量块

图 2-15　应变式加速度传感器

任务 2.2 汽车发动机吸气压力检测

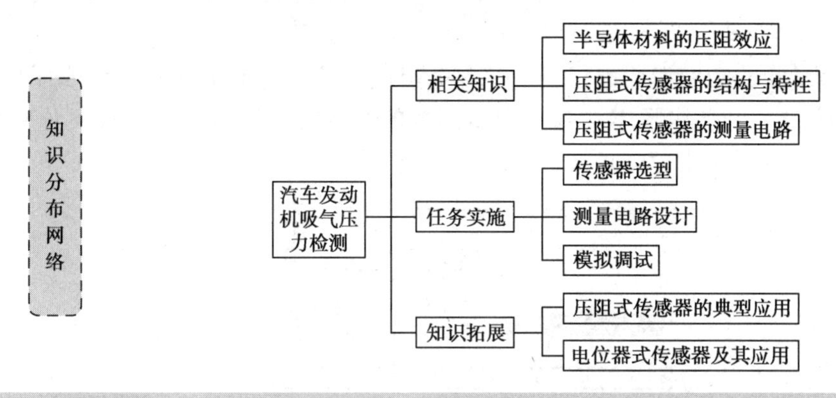

任务描述

汽车的行驶离不开发动机的工作，发动机的工作是靠爆燃燃油产生的能量，而汽油爆燃就需要洁净的空气助燃，发动机进气量的大小决定了汽油爆燃的充分性。目前，汽车发动机吸气压力检测是检测汽车发动机进气量大小的最常用检测方法之一，如需了解发动机的充气效率、燃油与空气混合比或是改善发动机的动力性能、经济性能等均要测定发动机进气量。目前在汽车发动机进气量检测中，主要采用流量计检测和压阻式压力计检测两种方式。本任务中主要利用压阻式压力计来完成发动机进气量检测电路的设计和制作。

相关知识

2.2.1 半导体材料的压阻效应

对一块半导体沿某一轴向施加一定的应力而产生应变时，它的电阻率会发生一定的变化，这种现象称为半导体的压阻效应。压阻式传感器就是基于半导体材料的压阻效应原理工作的，它也属于一种电阻式传感器。

半导体应变片受轴向力作用时，其电阻相对变化仍可用金属丝电阻应变片方程式（2-6）表示。实验证明，对于金属电阻应变片而言，其中$\Delta\rho/\rho$很小，即电阻率的变化很小，因而可以忽略不计，所以金属电阻应变片的电阻变化主要由金属材料的几何尺寸所决定。但对于半导体材料而言，情况正好相反，由材料几何尺寸变化而引起电阻的变化很小，可忽略不计，而$\Delta\rho/\rho$很大，也就是说，半导体材料电阻的变化主要由半导体材料电阻率的变化所造成，这就是压阻式传感器的工作原理。

压阻式传感器电阻的变化表示为

$$\frac{\Delta R}{R} \approx \frac{\Delta\rho}{\rho} = \pi_l \sigma = \pi_l E \varepsilon \tag{2-17}$$

式中 π_l——半导体晶体纵向压阻系数；

σ——应力；

E——半导体材料弹性模量；

ε——应变。

2.2.2 压阻式传感器的结构与特性

1. 压阻式传感器的结构

半导体应变片由基片、敏感栅和电极引线等部分组成，基片是绝缘胶膜，敏感栅由硅或锗等半导体材料构成，内引线是连接基片和敏感栅的金属线，带状电极引线又称外引线，一般由康铜箔等制成，如图 2-16 所示。

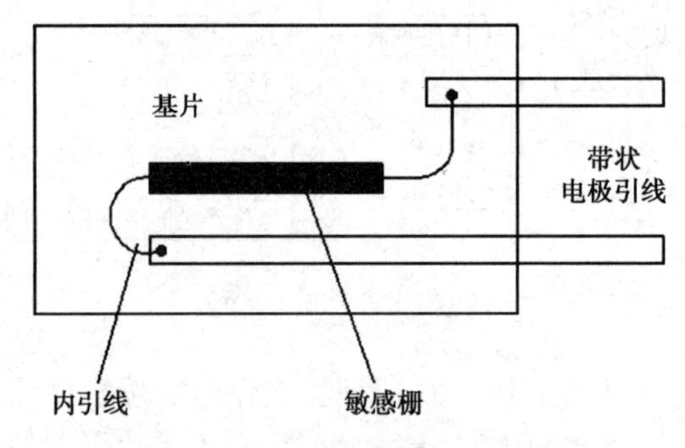

图 2-16 半导体应变片结构

根据敏感栅形成的方法不同，压阻式传感器主要有体型、薄膜型和扩散型三种类型。体型半导体应变片是一种将硅或锗晶体按一定方向切割成的片状小条，经腐蚀压焊粘贴在基片上而成的应变片；薄膜型半导体应变片是利用真空沉积技术，将半导体材料沉积在带有绝缘层的试件上而制成；扩散型半导体应变片是将 P 型杂质扩散到 N 型硅单晶基底上，形成一层极薄的 P 型导电膜片而制成。

2. 压阻式传感器的特性

1）应变—电阻特性

以硅片应变片为例，由图 2-17 可知，N 型半导体受压时，阻值变小；P 型半导体受压时，阻值变大。且在数百微应变内呈线性，在较大的应变范围内则呈非线性。

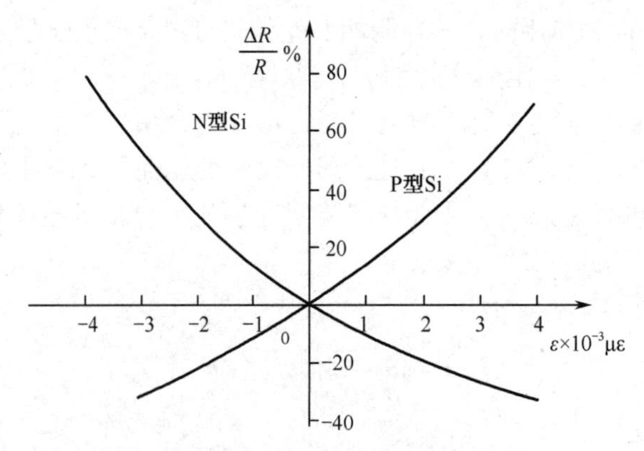

图 2-17 硅片的应变—电阻特性曲线

2）电阻—温度特性

粘贴在试件上的体型半导体应变片也和金属丝电阻应变片一样受温度变化影响，温度变

化引起的电阻变化为

$$\left(\frac{\Delta R}{R}\right)_t=\left(\frac{\Delta R}{R}\right)_{t1}+\left(\frac{\Delta R}{R}\right)_{t2}=\alpha\Delta t+S(\beta_g-\beta_s)\Delta t \tag{2-18}$$

式中　α——敏感栅电阻温度系数；

β_g——试件材料线膨胀系数；

β_s——敏感栅材料线膨胀系数；

S——敏感栅灵敏度系数；

Δt——温度变化值。

2.2.3　压阻式传感器的测量电路

因为半导体材料对温度很敏感，温度稳定性和线性度比金属电阻应变片差得多，因此，压阻式传感器的温度误差较大，必须要有温度补偿。

压阻式传感器的测量电路仍然使用平衡电桥。由于制造、温度影响等原因，电桥存在失调、零位温漂、灵敏度温度系数和非线性等问题，以致影响传感器的准确性。因此，必须采取减小与补偿误差措施。

1. 恒流源供电电桥

恒流源供电的全桥差动电路如图 2-18 所示。

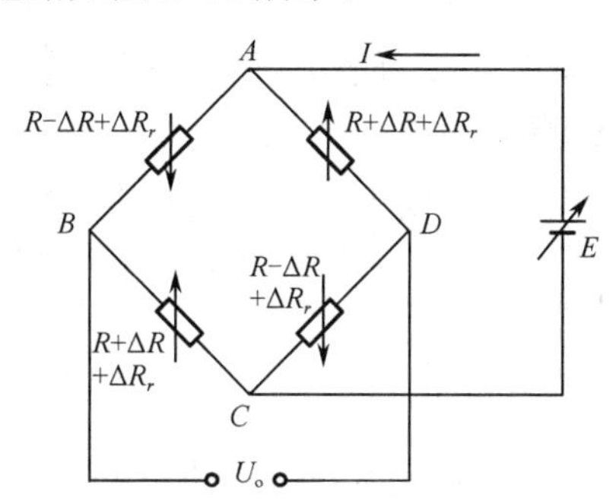

图 2-18　恒流源供电的全桥差动电路

假设ΔR_T为温度引起的电阻变化，而

$$I_{ABC}=I_{ADC}=\frac{1}{2}I \tag{2-19}$$

所以，电桥的输出为

$$\begin{aligned}U_o&=U_{BD}\\&=\frac{1}{2}I(R+\Delta R+\Delta R_T)-\frac{1}{2}I(R-\Delta R+\Delta R_T)\\&=I\Delta R\end{aligned} \tag{2-20}$$

可见，电桥的输出电压与电阻变化成正比，与恒流源电流成正比，但与温度无关，因此测量不受温度的影响。

2. 零点与灵敏度温度补偿

由于温度变化，将引起零漂和灵敏度漂移。零漂产生的原因是扩散电阻的阻值随温度

变化而变化。灵敏度漂移是因为压阻系数随温度的变化而变化。

采用图 2-19 所示的零漂和灵敏度漂移补偿电路，可以有效地解决零漂和灵敏度漂移问题。

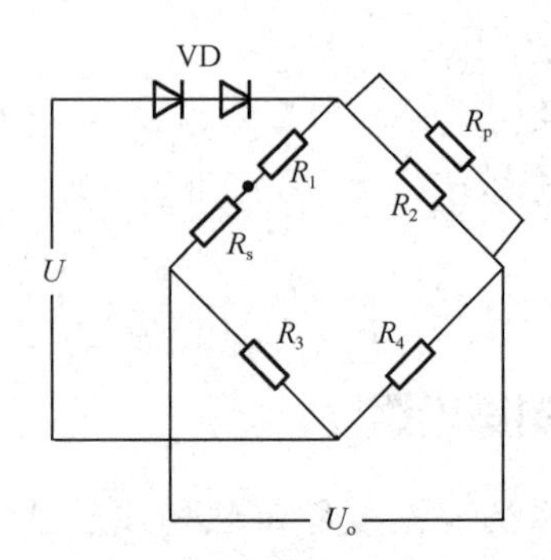

图 2-19　零漂和灵敏度漂移补偿电路

并联电阻 $R_P//R_2$，串联电阻 R_s、R_1 用于抑制零位温漂，串联电阻 R_s 起调零作用，并联电阻 R_P 起补偿作用。串联二极管 VD，用于灵敏度的温漂补偿。

任务实施

1. 传感器选型

压阻式传感器是整个压力计的关键部件，由于压阻式传感器的种类和型号较多，因此，应根据电路的具体要求来选择适合的压阻式传感器。本任务选用 MPX2050GP 硅压阻式传感器，其额定压力范围为 0～0.5 kg/cm^2 或 0～1 kg/cm^2（过压值为最大值的 2 倍），外加基准电源是直流 1.5 mA，额定输出电压为 100±30 mV，失调电压为±3 mV，压阻传感器电桥电阻为 4700（1±3%）Ω。

2. 测量电路设计

本任务中采用的压阻式传感器位于进气道（距进气阀座 230 mm）处，它的安装位置如图 2-20 所示，其测量电路原理如图 2-21 所示。

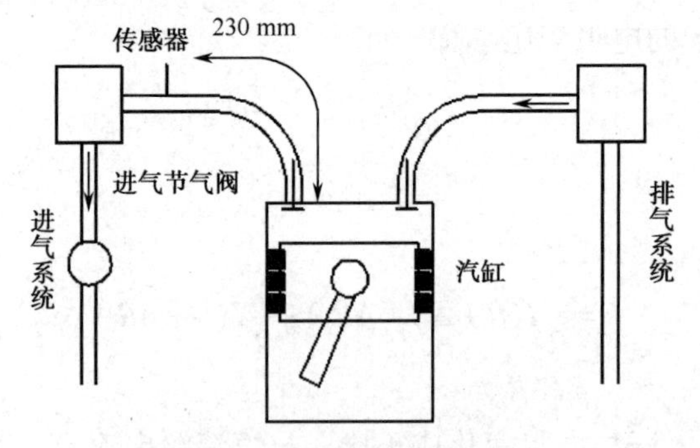

图 2-20　传感器的安装位置

图 2-21 中，A_1 作为电压/电流变换器件向电桥提供 1.5 mA 基准电流。A_2 作为差动变压器，A_3 作为零调整、压力/比例调整器件。A_1 和 A_3 可用 F4558 或 F741 等运算放大器，A_2 是主放大器，要求稳定性好、漂移小、失调小、共模抑制比高，如 OP07 等运算放大器，在

要求精度不太高的应用中，A_2可使用 F741 运算放大器。压阻式力敏传感器输出电压为 0～0.1 V，经A_2放大后为-0.5～0 V，与基准电压U_{REF}=2 V 一起送到 A/D 转换器就可以取得对应的数字量，后接数字表头就称为数字压力计，送入微机就可构成压力系统等。R_{P1}用于调整比例关系，R_{P2}用于调零，需要重复多次调整。

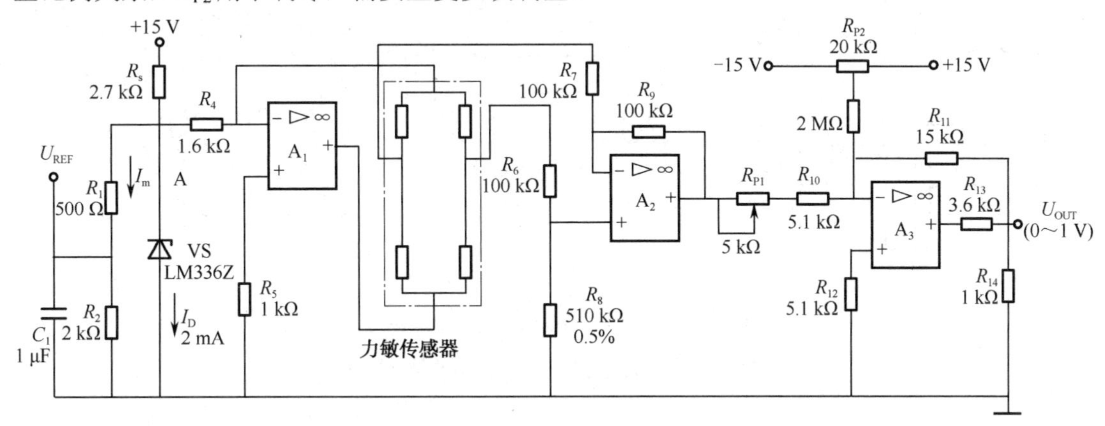

图 2-21　压阻式传感器测量电路原理

3．模拟调试

（1）按照电路图 2-21 所示，将各元件焊接到实验板上，并检查正确性（考虑到是实验室模拟测试，可利用电风扇对力敏传感器的作用来模拟发动机进气系统的进气量检测）。

（2）将A_3运算放大器输出端U_{OUT}与毫伏表连接，接通电源U_{REF}。

（3）用电风扇对力敏传感器施加气场压力，因为力敏传感器的核心是在一块圆形膜片上安装着 4 个阻值相等的半导体电阻构成电桥，此时在电风扇作用下，膜片两侧产生压力差，4 个电阻阻值发生变化，电桥失去平衡，输出相应电压，毫伏表有指示，说明电路正确。

（4）用不同的风力进行调试，观察毫伏表的示意变化是否同步。

知识拓展

2.2.4　压阻式传感器的典型应用

压阻式传感器具有灵敏度系数大、分辨率高、频率响应高、体积小、应变的横向效应和机械滞后极小等特点。它主要用于测量压力、加速度和载荷等参数。

1．扩散型压阻式压力传感器

在弹性变形限度内，硅的压阻效应是可逆的，即在应力作用下硅的电阻发生变化，而当应力去除时，硅的电阻又恢复到原来的数值。硅的压阻效应因晶体的取向不同而不同。

图 2-22 所示为扩散型压阻式压力传感器的结构简图，采用 N 型单晶硅为传感器的弹性元件，在它上面直接蒸镀半导体电阻应变薄膜。传感器的硅膜片两边有两个压力腔，一个是和被测压力相连接的高压腔，另一个是低压腔，通常和大气相通。

在测量时，被测压力引入高压腔，压力膜片两边存在压力差，膜片会产生变形，膜片

上各点产生应力。四个电阻在应力作用下，阻值发生变化，电桥失去平衡，输出相应的电压，电压与膜片两边的压力差成正比。

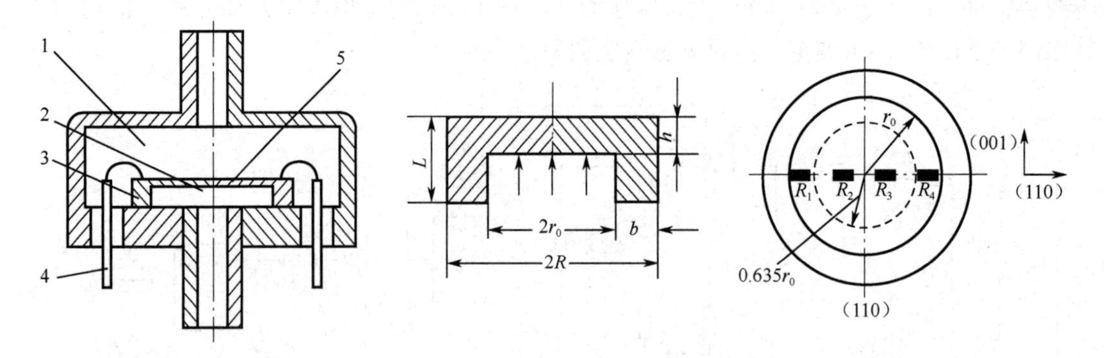

1—低压腔；2—高压腔；3—硅杯；4—引线；5—硅膜片

图 2-22　扩散型压阻式压力传感器的结构简图

2. 压阻式加速度传感器

压阻式加速度传感器的悬臂梁直接用单晶硅制成，在硅悬梁的自由端装有敏感质量块，在梁的根部，四个扩散电阻安装在其两面，如图 2-23 所示。

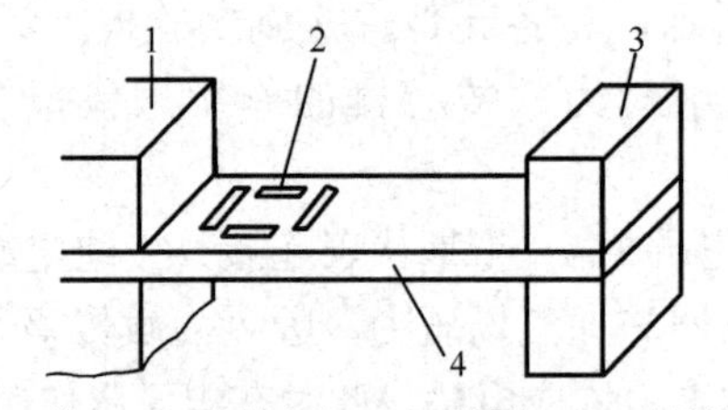

1—基座；2—扩散电阻；3—质量块；4—硅悬梁

图 2-23　压阻式加速度传感器

当硅悬梁自由端的质量块受到外界加速度作用时，将感受到的加速度转变为惯性力，使硅悬梁受到弯矩作用，产生应力。这时硅悬梁上的 4 个电阻条阻值发生变化，使电桥产生不平衡，从而输出与外界的加速度成正比的电压值。

2.2.5　电位器式传感器及其应用

电位器式传感器又称为变阻器式传感器，主要由电阻元件和电刷等部件组成，其基本原理是把机械的线位移或角位移输入量转换为与它成一定函数关系的电阻或电压输出。主要用于测量压力、高度、加速度等各种参数。

电位器式传感器具有一系列优点，如结构简单、尺寸小、重量轻、精度高（0.1%～0.05%）、性能稳定、受环境因素影响小、可实现输出—输入任意函数关系、输出信号较大、一般不用放大。其缺点是：要求输入能量大，电刷与电阻元件之间容易磨损。

1. 工作原理

当被测量发生变化时，通过电刷触点在电阻元件上产生移动，该触点与电阻元件间的电阻值就会发生变化，即可实现位移（被测量）与电阻之间的线性转换。

对于金属丝式电位计，由式（2-1）可知，当电阻丝直径与材质一定时，电阻值将随导线长度的变化而变化。

2．结构类型

电位器式传感器的种类很多，按输出和输入关系可分为：线性和非线性；按结构形式可分为：线绕式、薄膜式和光电式等。目前常用的以单圈线绕电位器居多，如图 2-24 所示。

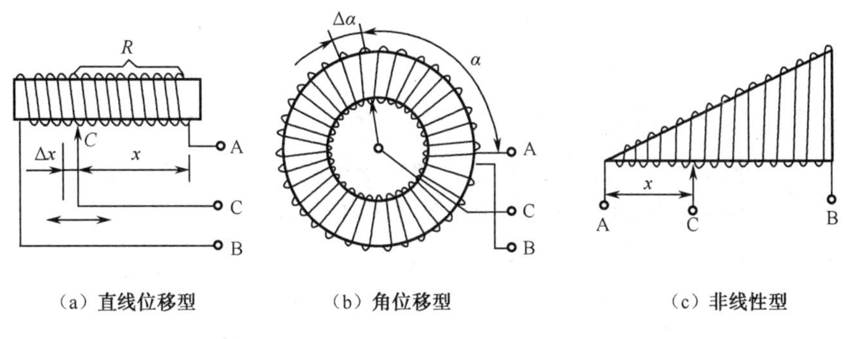

（a）直线位移型　（b）角位移型　（c）非线性型

图 2-24　电位器式传感器

3．电位器式位移传感器的应用

电位器式位移传感器常用于测量几毫米到几十米的位移和几度到 360° 的角度。推杆式位移传感器如图 2-25 所示，可测量 5～200 mm 的位移，可在温度为±50℃，相对湿度为 98%（t=20℃），频率为 300 Hz 以内，加速度为 300 m/s^2 的振动条件下工作，精度为 2%，电位器的总电阻为 1500 Ω。

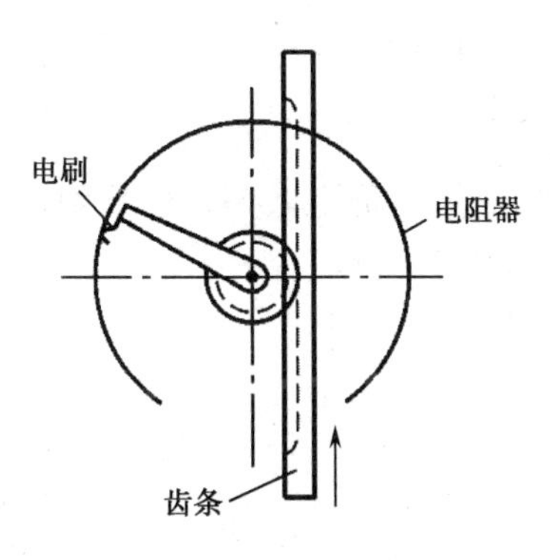

图 2-25　推杆式位移传感器

替换杆式位移传感器如图 2-26 所示，可用于量程为 10～320 mm 的多种测量范围，其巧妙之处在于采用替换杆（每种量程有一种杆）。替换杆的工作段上开有螺旋槽，当位移超过测量范围时，替换杆则很容易与传感器脱开，要测大位移时可再换上其他杆。电位器和以一定螺距开螺旋槽的多种长度的替换杆是传感器的主要元件，滑动件上装有销子，用以将位移转换成滑动件的旋转。替换杆 5 在外壳的轴承中自由运动，并通过其本身的螺旋槽作用于销子上，使滑动件上的电刷沿电位器绕组滑动，此时电位器的输出电阻与杆的位移成比例。

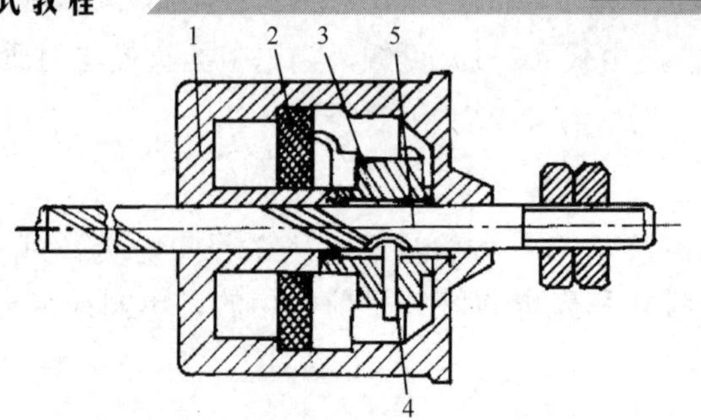

1—外壳；2—电位器；3—滑动件；4—销子；5—替换杆

图 2-26　替换杆式位移传感器

4．电位器式加速度传感器的应用

电位器式加速度传感器如图 2-27 所示，惯性质量块 1 在被测加速度作用下，使片状弹簧 2 产生正比于被测加速度的位移，从而引起电刷 4 在电位器 3 的电阻元件上滑动，输出与加速度成比例的电压信号。

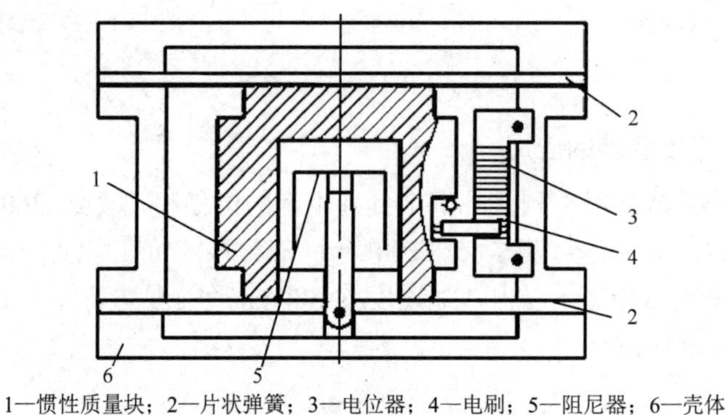

1—惯性质量块；2—片状弹簧；3—电位器；4—电刷；5—阻尼器；6—壳体

图 2-27　电位器式加速度传感器

电位器式加速度传感器结构简单，价格低廉，性能稳定，能承受恶劣环境条件，输出功率大，一般不用对输出信号放大就可以直接驱动伺服元件和显示仪表。但测量精度不高，动态响应较差，不适于测量快速变化量。

任务 2.3　大气压检测

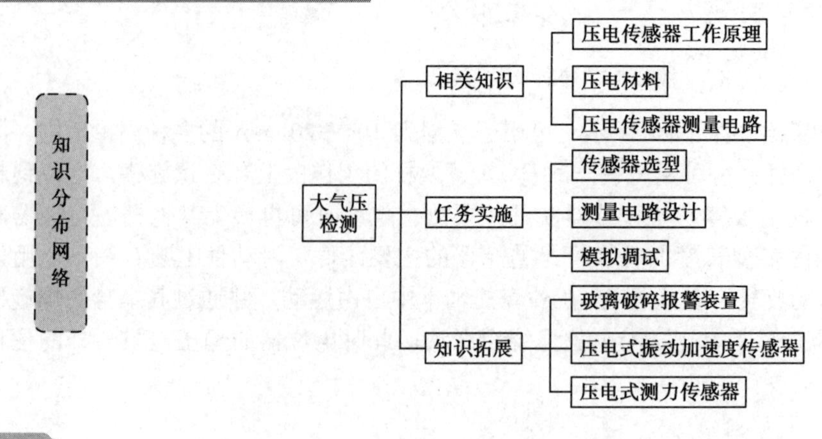

任务描述

在大气层中的物体，都要受到空气分子撞击产生的压力，这个压力称为大气压力。气压是随大气高度而变化的。海拔越高，大气压力越小；两地的海拔相差越悬殊，其气压差也越大。气象科学上的气压，是指单位面积上所受大气柱的重量（大气压强），也就是大气柱在单位面积上所施加的压力。天气的变化与大气压力、湿度和温度有关，特别是与气压的关系更为密切。一般讲，气压升高预示天气变晴，气压下降预示天气变阴或有雨，因此我们可以通过对大气压力的监测来预报天气。本任务利用压电传感器来检测大气压力的变化，从而预报天气变化趋势，对预报天气等有十分重要的意义。

相关知识

2.3.1　压电式传感器的工作原理

压电式传感器的工作原理是基于某些介质材料的压电效应，是典型的自发电式传感器。当材料受力作用而变形时，其表面会有电荷产生，从而实现非电量测量。压电式传感器具有体积小、重量轻、工作频带宽等特点，因此在各种动态力、机械冲击与振动的测量，以及声学、医学、力学、宇航等方面都得到了非常广泛的应用。

1. 压电效应

某些电介质，当沿着一定方向对其施力而使它变形时，内部就产生极化现象，同时在它的两个表面上便产生符号相反的电荷，当外力去掉后，又重新恢复到不带电状态，这种现象称为压电效应。当作用力方向改变时，电荷的极性也随之改变。有时人们把这种机械能转换为电能的现象，称为正压电效应；反之，在电介质的极化方向上施加交变电场，它会产生机械变形，当去掉外加电场，电介质变形随之消失，这种现象称为逆压电效应（电致伸缩效应）。具有压电效应的材料称为压电材料，压电材料能实现机械能和电能的相互转换，如图 2-28 所示。

图 2-28　压电效应可逆性

2. 压电效应机理

具有压电效应的物质很多，如天然形成的石英晶体、人工制造的压电陶瓷等。现以石英晶体为例，简要说明压电效应的机理。

天然结构的石英晶体呈六角形晶柱，如图 2-29（a）所示。石英晶体化学式为 SiO_2，是单晶体结构，它是一个正六面体。

石英晶体各个方向的特性是不同的，在晶体学中可用 3 根相互垂直的晶轴：x 轴、y 轴和 z 轴来表示，如图 2-29（b）所示。z 轴又称为光轴，它与晶体的纵轴线方向一致；x 轴又称为电轴，经过六面体相对的两个棱线并垂直于光轴；y 轴又称为机械轴，是与 x 轴和 z 轴同时垂直的轴。

从晶体上沿 x、y、z 轴线切下的一片平行六面体的薄片称为晶体切片，如图 2-29（c）所示。通常把沿电轴 x 方向的力作用下产生电荷的压电效应称为纵向压电效应；把沿机械轴 y 方向的力作用下产生电荷的压电效应称为横向压电效应；而沿光轴 z 方向的力作用时不产生压电效应。

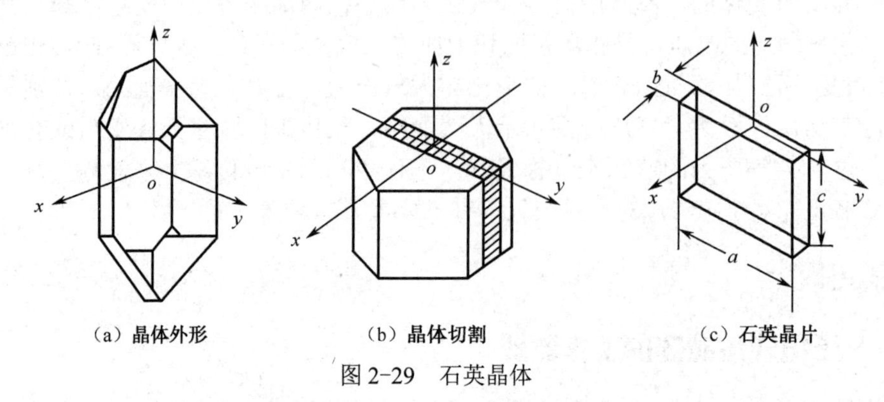

（a）晶体外形　（b）晶体切割　（c）石英晶片

图 2-29　石英晶体

下面分析石英晶体产生压电效应的机理。石英晶体的压电效应与其内部结构有关，产生极化现象的机理可用图 2-30 来说明。石英晶体的每个晶胞中有 3 个硅离子和 6 个氧离子，1 个硅离子和 2 个氧离子交替排列（氧原子是成对出现的）。沿光轴看去，可以等效地认为它是如图 2-30（a）所示的正六边形排列结构。

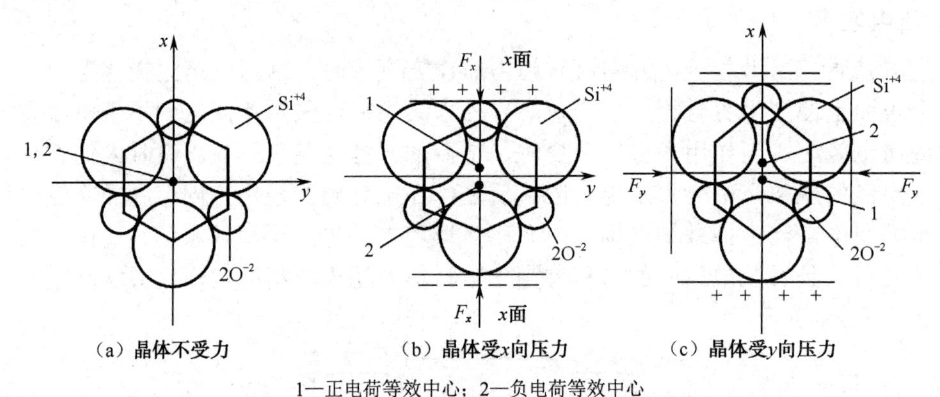

（a）晶体不受力　（b）晶体受x向压力　（c）晶体受y向压力

1—正电荷等效中心；2—负电荷等效中心

图 2-30　石英晶体压电效应机理

（1）在无外力作用时，如图 2-30（a）所示。硅离子所带正电荷的等效中心与氧离子所带负电荷的等效中心是重合的，整个晶胞不呈现带电现象。

（2）当石英晶体受到沿 x 轴方向的压力作用时，如图 2-30（b）所示，晶体沿 x 方向将产生压缩变形，正负电荷重心不再重合，在 x 轴的正方向出现正电荷，电偶极矩在 y 方向上的分量仍为零，不出现电荷。在晶体的线性弹性范围内，当沿 x 轴方向作用压力 F_x 时，在与 x 轴垂直的平面上产生的电荷量为

$$Q=d_{11}F_x \tag{2-21}$$

式中　d_{11}——沿 x 轴方向施力的压电常数。

（3）当晶体受到沿 y 轴方向的压力作用时，如图 2-30（c）所示。在 x 轴上出现电荷，它的极性为 x 轴正向为负电荷，在 y 轴方向上不出现电荷。在晶体的线性弹性范围内，当沿

y 轴方向作用压力 F_y 时，在与 x 轴垂直的平面上产生的电荷量为

$$Q = d_{12}\frac{a}{b}F_y \tag{2-22}$$

式中 d_{12}——沿 y 轴方向施力的压电常数，由于晶体的轴对称，所以 $d_{12}=-d_{11}$；

a——石英晶片的长度，单位为 m；

b——石英晶片的宽度，单位为 m。

（4）如果沿 z 轴方向施加作用力，因为晶体在 x 方向和 y 方向所产生的形变完全相同，所以正负电荷重心保持重合，电偶极矩矢量和等于零。这表明沿 z 轴方向施加作用力，晶体不会产生压电效应。

综上所述，石英晶体具有以下结构特性：

（1）沿 x 轴、y 轴方向作用力时，可产生压电效应。沿 z 轴方向施力，无压电效应。同样道理，如果对石英晶体的各个方向同时施加相等的力（如液体压力、热应力等），石英晶体无压电效应。

（2）不论沿 x 轴方向还是 y 轴方向作用力，正、负电荷等效中心只在 x 轴方向移动，此为极化方向，即电荷只产生在垂直于 x 轴的两平面上。

（3）沿 y 轴方向作用拉力与沿 x 轴方向作用压力，晶胞结构变形相同，因而产生的电荷极性相同；同理，沿 x 轴方向作用拉力与沿 y 轴方向作用压力而产生的电荷极性相同。

2.3.2 压电材料

1．压电材料的特性

压电材料是压电式传感器的敏感材料，因此，选择合适的压电材料是设计高性能传感器的关键，考虑的因素有：

（1）转换性能。要求具有较大压电常数。

（2）机械性能。压电元件作为受力元件，希望它的机械强度高、刚度大，以获得宽的线性范围和高的固有振动频率。

（3）电性能。应具有高电阻率和大介电常数，以减弱外部分布电容的影响，并获得良好的低频特性。

（4）环境适应性。温度和湿度稳定性要好，要求具有较高的居里点，获得较宽的工作温度范围。

（5）时间稳定性。要求压电性能不随时间变化。

压电材料的主要特性参数有：

（1）压电常数 d：是衡量材料压电效应强弱的参数，它直接关系到压电输出的灵敏度。

（2）居里点：压电材料开始丧失压电特性的温度称为居里点温度。

（3）介电常数 ε_r：它决定固有电容的大小。

（4）电阻率：绝缘电阻将减少电荷泄漏，从而改善压电传感器的低频特性。

（5）刚度：刚度大，机械强度高，固有频率高，线性范围宽，动态性能好。

2．常见的压电材料

应用于压电式传感器中的压电元件材料一般有三类：一类是压电晶体；另一类是经过

极化处理的压电陶瓷（前者为单晶体，而后者为多晶体）；第三类是高分子压电材料。

1）石英晶体

石英晶体是一种性能良好的压电晶体，有天然和人工培养两种。石英晶体的突出优点是性能非常稳定，它在 20～200℃的温度范围内，压电常数的变化率是-0.00016/℃。石英晶体的居里点为 575℃，还具有自振频率高、动态响应好、机械强度高、绝缘性能好、迟滞小、重复性好、线性范围宽等优点。其缺点是灵敏度低、压电常数小（$d_{11}=2.31\times10^{-12}$ C/N），因此石英晶体大多只在标准传感器、高精度传感器或使用温度较高的传感器中作为压电元件。而在一般要求测量用的压电传感器中，则基本上采用压电陶瓷。

2）压电陶瓷

压电陶瓷是人工制造的多晶体压电材料，有钛酸钡 $BaTiO_3$（压电常数 $d_{33}=107\times10^{-12}$ C/N）和称为 PZT 压电系列的锆钛酸铅 Pb（ZrTr）O_3（压电常数 $d_{33}=$（200～500）$\times10^{-12}$ C/N）等。

压电陶瓷的压电效应机理如图 2-31 所示，晶粒内有许多自发晶化的电畴，它有一定的极化方向，但是在极化处理之前，这些电畴杂乱分布，自发极化效应相互抵消，不具有压电性质，如图 2-31（a）所示。

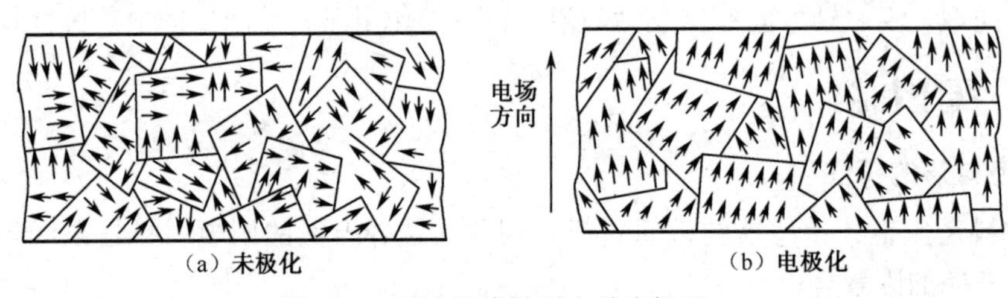

图 2-31　压电陶瓷的压电效应机理

当在陶瓷上施加外加电场时，电畴的极化方向发生转动，趋向于按外电场方向排列，从而使材料得到极化。外电场愈强，就有更多的电畴完全地转向外电场方向。当外电场强度达到饱和程度时，所有的电畴极化方向都整齐地与外电场方向一致，使陶瓷材料得到极化。当外电场去掉后，电畴极化方向基本不变，剩余极化强度很大，所以，压电陶瓷极化后才具有压电特性，未极化时是非压电体，如图 2-31（b）所示。

极化处理后陶瓷材料内部存在有很强的剩余极化，当陶瓷材料受到外力作用时，电畴的界限发生移动，电畴发生偏转，从而引起剩余极化强度的变化，因而在垂直于极化方向的平面上将出现极化电荷的变化。这种因受力而产生的由机械效应转变为电效应、机械能转变为电能的现象，就是压电陶瓷的正压电效应。电荷量的大小与外力成如下的正比关系：

$$Q = d_{33}F \tag{2-23}$$

式中　d_{33}——压电陶瓷的压电系数；

F——作用力。

压电陶瓷的压电系数比石英晶体的大得多，所以采用压电陶瓷制作的压电式传感器的灵敏度较高。但压电陶瓷的特性不稳定，随时间变化比较明显，用压电陶瓷做成的传感器要经常校准。压电陶瓷除作为机械能转换为电能的传感器导件之外，还经常用作电能转换为机械能的执行控制器件。

目前使用较多的压电陶瓷材料是锆钛酸铅（PZT）系列，它是钛酸铅（$PbTiO_2$）和锆酸铅（$PbZrO_3$）组成的（Pb（ZrTi）O_3）。其居里点在 300℃以上，性能稳定，有较高的介电常数和压电系数。

3）压电高分子材料

高分子材料属于有机分子半结晶或结晶聚合物，其压电效应较复杂，不仅要考虑晶格中均匀的内应变对压电效应的贡献，还要考虑高分子材料中非均匀内应变所产生的各种高次效应以及同整个体系平均变形无关的电荷位移而表现出来的压电特性。

典型的高分子压电材料有聚偏二氟乙烯（PVF_2 或 PVDF）、聚氟乙烯（PVF）、改性聚氯乙烯（PVC）等。高分子压电材料的工作温度一般低于 100℃，温度升高，会导致其灵敏度降低。因此，高分子压电材料常用于对测量精度要求不高的场合，如水声测量、防盗、振动测量等方面。

压电材料不同，它们的特性就不相同，所以用途也不一样。压电晶体主要用于实验室基准传感器；压电陶瓷价格便宜、灵敏度高、机械强度好，常用于测力和振动传感器；而高分子压电材料多用于定性测量。

2.3.3　压电式传感器的测量电路

1. 压电式传感器的等效电路

给压电晶片加上电极就构成了最简单的压电式传感器。当压电传感器受到沿其敏感轴向的外力作用时，就在两电极上产生极性相反的电荷，因此它相当于一个电荷源（静电发生器）。由于压电晶体是绝缘体，当它的两极表面聚集电荷时，它又相当于一个电容器，其电容量为

$$C_a = \frac{\varepsilon_r \varepsilon_0 A}{d} \tag{2-24}$$

式中　A——压电片的面积，单位为 m^2；

d——压电片的厚度，单位为 m；

ε_r——压电材料的相对介电常数；

ε_0——真空的介电常数（$\varepsilon_0=8.85\times10^{-12}$ F/m）。

因此，压电传感器可以等效为一个与电容相串联的电压源。如图 2-32（a）所示，电容器上的电压 U_a、电荷量 q 和电容量 C_a 三者之间的关系为

$$U_a = \frac{q}{C_a} \tag{2-25}$$

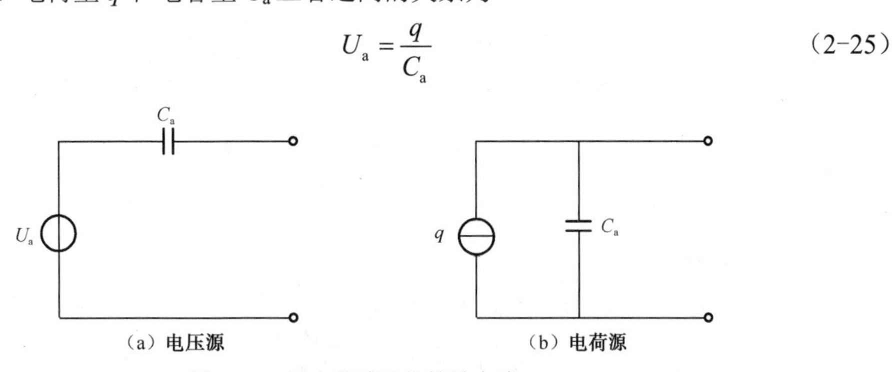

图 2-32　压电传感器的等效电路

压电传感器也可以等效为一个电荷源，如图 2-32（b）所示。

压电传感器在实际使用时总要与测量仪器或测量电路相连接，因此还要考虑连接电缆的等效电容 C_c，放大器的输入电阻 R_i、输入电容 C_i 以及压电传感器的泄漏电阻 R_a。这样，压电传感器在测量系统中的实际等效电路如图 2-33 所示。

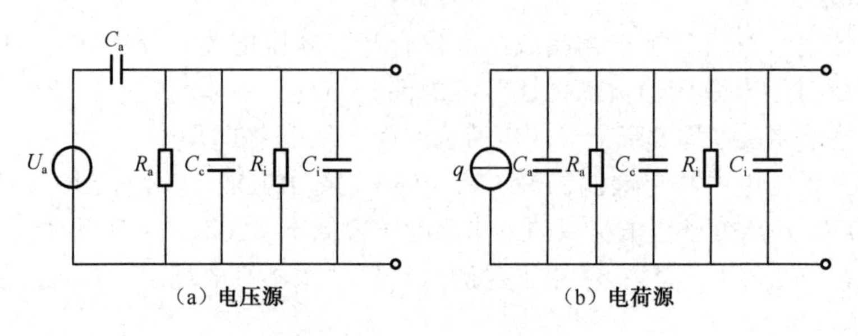

图 2-33　压电传感器在测量系统中的实际等效电路

2. 压电式传感器的测量电路

压电传感器本身的内阻抗很高，而输出能量较小，因此它的测量电路通常要接入一个高输入阻抗前置放大器。其作用，一是把它的高输出阻抗变换为低输出阻抗；二是放大传感器输出的微弱信号。压电传感器的输出可以是电压信号，也可以是电荷信号，因此前置放大器也有两种形式：电压放大器和电荷放大器。

1）电压放大器（阻抗变换器）

电压放大器的功能是将压电传感器的高输出阻抗变为较低阻抗，并将压电式传感器的微弱电压信号放大。电压放大器电路如图 2-34 所示。

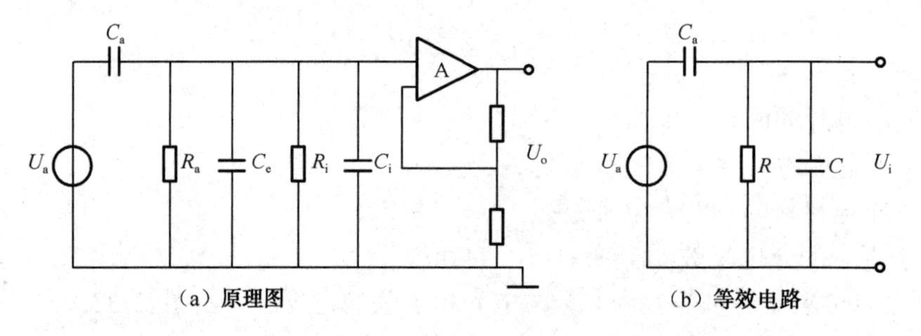

图 2-34　电压放大器电路

在图 2-34（b）中，电阻 $R=R_aR_i/(R_a+R_i)$，电容 $C=C_c+C_i$，而 $U_a=q/C_a$，若压电元件受正弦力 $f=F_m\sin\omega t$ 的作用，则其电压为

$$\dot{U}_a=\frac{\mathrm{d}F_m}{C_a}\sin\omega t=U_m\sin\omega t \tag{2-26}$$

式中　U_m——压电元件输出电压幅值，$U_m=\mathrm{d}F_m/C_a$；

d——压电系数。

由此可得放大器输入端电压 U_i，其复数形式为

$$\dot{U}_i=\mathrm{d}f\frac{\mathrm{j}\omega R}{1+\mathrm{j}\omega R(C_a+C)} \tag{2-27}$$

U_i的幅值U_{im}为

$$U_{im}(\omega)=\frac{\mathrm{d}F_m\omega R}{\sqrt{1+\omega^2R^2(C_a+C_c+C_i)^2}} \tag{2-28}$$

输入电压和作用力之间相位差为

$$\Phi(\omega)=\frac{\pi}{2}-\arctan[\omega(C_a+C_c+C_i)R] \tag{2-29}$$

在理想情况下，传感器的R_a电阻值与前置放大器输入电阻R_i都为无限大，即$\omega(C_a+C_c+C_i)R\gg1$，那么由式（2-28）可知，理想情况下输入电压幅值U_{im}为

$$U_{im}=\frac{\mathrm{d}F_m}{C_a+C_c+C_i} \tag{2-30}$$

式（2-30）表明前置放大器输入电压U_{im}与频率无关，一般在$\omega/\omega_0>3$时，就可以认为U_{im}与ω无关，ω_0表示测量电路时间常数的倒数，即

$$\omega_0=\frac{1}{(C_a+C_c+C_i)R} \tag{2-31}$$

这表明压电传感器有很好的高频响应，但是，当作用于压电元件的力为静态力（ω=0）时，前置放大器的输出电压等于零，因为电荷会通过放大器输入电阻和传感器本身漏电阻漏掉，所以压电传感器不能用于静态力的测量。

当$\omega(C_a+C_c+C_i)R\gg1$时，放大器输入电压U_{im}如式（2-30）所示，式中C_c为连接电缆电容，当电缆长度改变时，C_c也将改变，因而U_{im}也随之变化。因此，压电传感器与前置放大器之间连接电缆不能随意更换，否则将引入测量误差。

2）电荷放大器

由于电压放大器的输出电压与电缆电容有关，故目前多采用电荷放大器。电荷放大器常作为压电传感器的输入电路，由一个反馈电容C_f和高增益运算放大器构成，如图2-35所示。由于运算放大器输入阻抗极高，放大器输入端几乎没有分流，故可略去R_a和R_i并联电阻。则输出电压为

$$U_o=-AU_i=-A\frac{q}{C} \tag{2-32}$$

$$U_o=-AU_i=-\frac{qA}{C_a+C_c+C_i+(1+A)C_f} \tag{2-33}$$

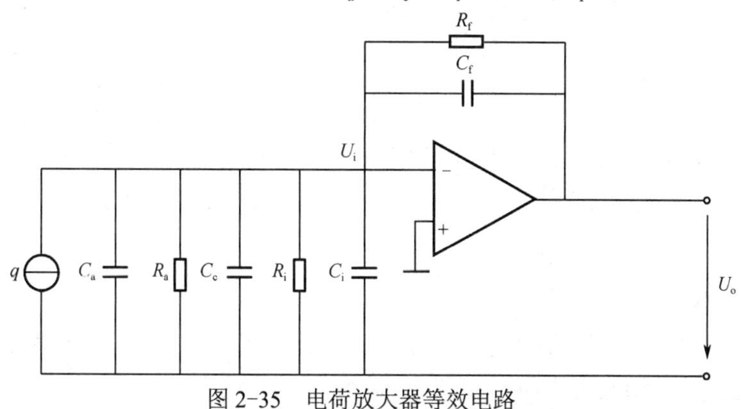

图2-35　电荷放大器等效电路

通常 $A=10^4\sim10^8$，因此

$$(1+A)C_f \gg C_a + C_c + C_i \tag{2-34}$$

则式（2-33）可近似表示为

$$U_o \approx -\frac{q}{C_f} \tag{2-35}$$

由式（2-35）可见，电荷放大器的输出电压 U_o 只取决于输入电荷与反馈电容 C_f，与电缆电容 C_c 无关，且与 q 成正比，这是电荷放大器的最大特点。为了得到必要的测量精度，要求反馈电容 C_f 的温度和时间稳定性都很好，在实际电路中，考虑到不同的量程等因素，C_f 的容量做成可选择的，范围一般为 $100\sim10^4$ pF。

3．压电元件的连接形式

单片压电元件产生的电荷量甚微，为了提高压电传感器的输出灵敏度，在实际应用中常采用两片（或两片以上）同型号的压电元件黏结在一起，如图 2-36 所示。从作用力看，元件是串接的，因而每片受到的作用力相同，产生的变形和电荷数量大小都与单片时相同。

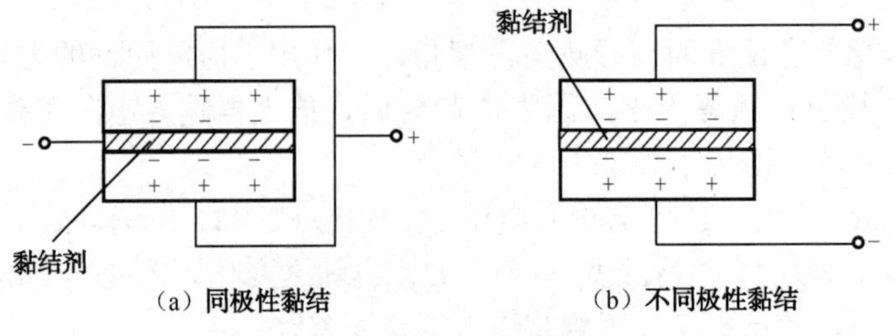

图 2-36　压电元件的连接形式

图 2-36（a）从电路上看是并联接法，类似两个电容的并联。所以，外力作用下正负电极上的电荷量增加了 1 倍，电容量也增加了 1 倍，输出电压与单片时相同。

图 2-36（b）从电路上看是串联接法，两压电片中间黏结处正负电荷中和，上、下极板的电荷量与单片时相同，总电容量为单片的一半，输出电压增大了 1 倍。

在这两种接法中，并联接法输出电荷量大、本身电容大、时间常数大，适用于测量慢信号并且以电荷作为输出量的情况。而串联接法输出电压大、电容小，适用于以电压作为输出信号，并且测量电路输入阻抗很高的场合。

任务实施

1．传感器选型

一个标准大气压（atm）相当于 101.325 kPa。因此，对大气压力的测量可采用满量程为 200 kPa 的绝对压力传感器。选择 HS20 型压电式压力传感器，工作电压为 5 V，它能将气压的变化直接转换为输出电压的变化，并且具有温度漂移小和使用方便的优点，其输出电压随大气压力变化的线性较好，两者关系如图 2-37 所示。

2．测量电路设计

用 HS20 压电式传感器构成的大气压力测量仪由测量电路、显示驱动和窗口鉴别三部分电路组成，这里主要介绍测量电路，如图 2-38 所示。

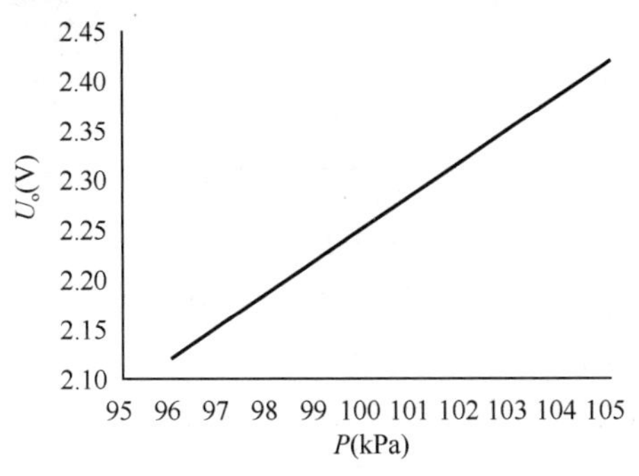

图 2-37　大气压力与输出电压关系

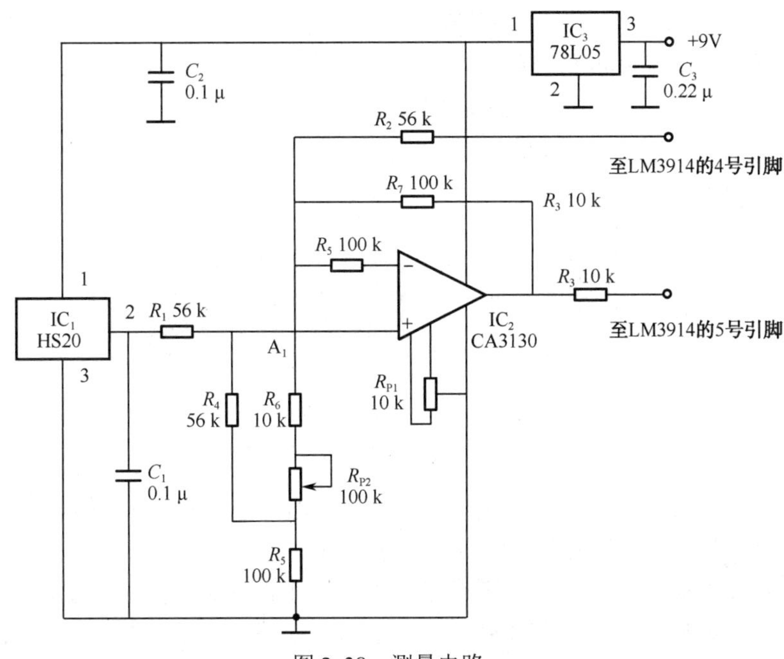

图 2-38　测量电路

图 2-38 中，压力传感器 IC_1（HS20）的 2 号引脚输出与大气压力成正比的信号电压，送入放大器 IC_2 进行放大。HS20 由 IC_3（78L05）集成稳压器提供稳定的 5V 电源电压供电，以减小其测量误差。放大器 IC_2 采用高输入阻抗的运放 CA3130，它接成同相放大器形式。失调电压由电位器 R_{P1} 调节，因此调整 R_{P1} 可使 IC_2 的输出为零。放大倍数由电位器 R_{P2} 调整，故 R_{P2} 可用于校准调节。IC_2 的输出电压送至显示驱动器 LM3914 的输入端 5 号引脚。

3．模拟调试

（1）按照图 2-38 所示电路，将各元件焊接到实验板上，并检查正确性。

（2）接通电路电源，调零。将 IC_2 的 2、3 号引脚暂时短接，调节 R_{P1}，使 IC_2 输出电压 $U_o \approx 0$。

（3）气压计校准。改变大气压，通过调节 R_{P2}，使电路的输出符合图 2-37 所示关系曲线。

知识拓展

压电式传感器具有使用频带宽、灵敏度高、信噪比高、结构简单、工作可靠及质量轻等优点。由于压电式传感器是自发电式传感器，压电元件受外力作用产生的电荷只有在无泄漏的情况下才能保存，这在测量过程中是不可能的，只有在交变力的作用下，压电元件上的电荷才得到不断补充，因此压电式传感器不适合于静态力的测量，只能用于脉冲力、冲击力、振动加速度等动态力的测量。下面介绍几种压电式传感器的典型应用。

2.3.4 玻璃破碎报警装置

BS-D2 压电式传感器是专门用于检测玻璃破碎的一种传感器，它利用压电元件对振动敏感的特性来感知玻璃受撞击和破碎时产生的振动波。传感器把振动波转换成电压输出，输出电压经放大、滤波、比较等处理后提供给报警系统。

BS-D2 压电式玻璃破碎传感器的外形及内部电路如图 2-39 所示。传感器的最小输出电压为 100 mV，最大输出电压为 100 V，内阻抗为 15～20 kΩ。

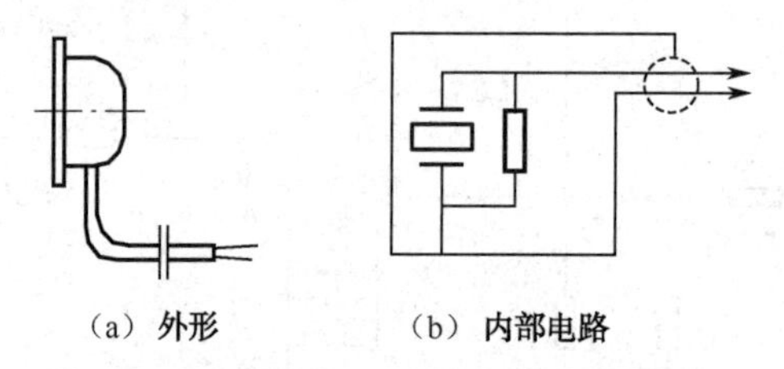

（a）外形　　（b）内部电路

图 2-39　BS-D2 压电式玻璃破碎传感器

压电式玻璃破碎报警器的电路框图如图 2-40 所示。使用时将传感器用胶粘贴在玻璃上，然后通过电缆和报警电路相连。为了提高报警器的灵敏度，信号经放大后，须经带通滤波器进行滤波，要求它对选定的频谱通带的衰减要小，而频带外衰减要尽量大。由于玻璃振动的波长在音频和超声波的范围内，这就使滤波器成为电路中的关键。只有当传感器输出信号高于设定的阈值时，才会输出报警信号，驱动报警执行机构工作。

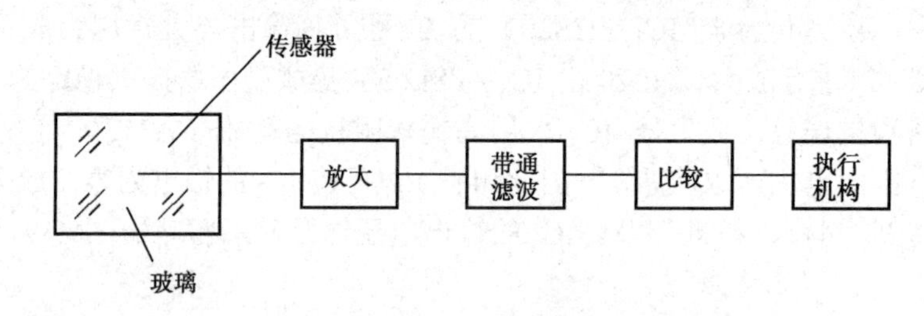

图 2-40　压电式玻璃破碎报警器的电路框图

玻璃破碎报警器可广泛用于文物保管、贵重商品保管及其他商品柜台保管等场合。

2.3.5 压电式振动加速度传感器

YD 系列压电式加速度传感器如图 2-41 所示。它主要由压电元件、质量块、预压弹簧、基座及外壳等组成。整个部件装在外壳内，并由螺栓加以固定。

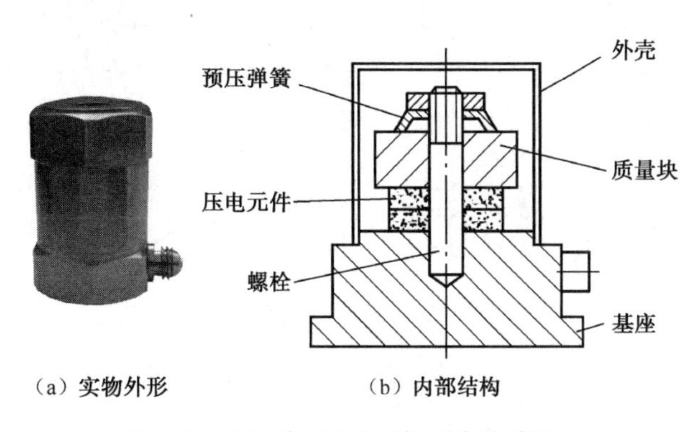

（a）实物外形　　（b）内部结构

图 2-41　YD 系列压电式加速度传感器

当加速度传感器和被测物一起受到冲击振动时，质量块感受与传感器基座相同的振动，并受到与加速度方向相反的惯性力的作用。这样，质量块就有一个正比于加速度的交变力作用在压电片上。由于压电片压电效应，两个表面上就产生交变电荷，当振动频率远低于传感器的固有频率时，传感器的输出电荷（电压）与作用力成正比，也即与试件的加速度成正比。

输出电量由传感器输出端引出，输入到前置放大器后就可以用普通的测量仪器测出试件的加速度，如在放大器中加进适当的积分电路，就可以测出试件的振动速度或位移。

2.3.6　压电式测力传感器

压电式测力传感器是以压电元件为转换元件，输出电荷与作用力成正比的力—电转换装置。YDS-78 型压电式单向测力传感器的结构如图 2-42 所示，它主要由基座、上盖、石英晶片、电极以及引出插座等组成，主要用于变化频率不太高的动态力的测量，测力范围达几十千牛以上，非线性误差小于 1%，固有频率可达数十千赫兹。

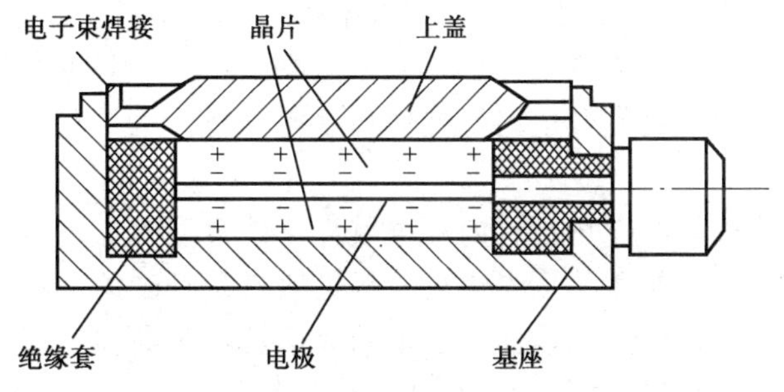

图 2-42　YDS-78 型压电式单向测力传感器的结构

其典型应用有：在测试车床动态切削力、轴承支座反力以及表面粗糙度测量仪中作为力传感器。使用时，压电元件装配时必须施加较大的预紧力，以消除各部件与压电元件之间、压电元件与压电元件之间因接触不良而引起的非线性误差，使传感器工作在线性范围。

如图 2-43 所示，压电式单向测力传感器即可用于机床动态切削力 F_z 的测量，压电传感器位于车刀前部的下方。当进行切削加工时，切削力通过刀具传给压电传感器上盖，使石英晶片沿电轴方向受压力作用。由于纵向压电效应使石英晶片在电轴方向上出现电荷，两块晶片沿电轴方向并联叠加，负电荷由片形电极输出，压电晶片正电荷一侧与底座连接。

然后，通过电荷放大电路将电压信号进行放大输出，再通过仪表记录下电信号的变化，就可测得切削力的变化。用两块并联的晶片作为传感元件，被测力通过传力给这两块晶片，就可以提高测量的灵敏度。压力元件弹性变形部分的厚度较薄，其厚度由测力大小决定。

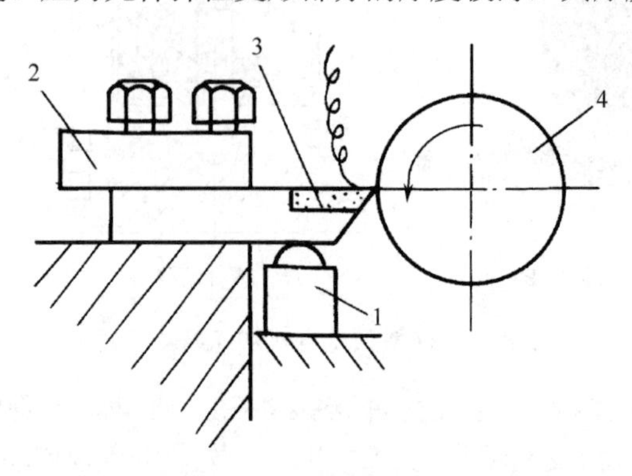

1—单向测力传感器；2—刀架；3—车刀；4—工件

图 2-43　动态切削力的测量

项目小结

压力在工业自动化生产过程中是重要的工艺参数之一，用于压力检测的传感器较多。本项目通过三个任务介绍了压力测量传感器——应变片式电阻传感器、压阻式传感器和压电式传感器的工作原理、主要特性、测量转换电路、典型应用。

应变片式电阻传感器是利用金属的应变效应来工作的，应变片的主要特性包括灵敏度系数、横向效应、机械滞后、温度补偿、零漂及蠕变等。压阻式传感器是利用半导体应变片的压阻效应来工作的。应变片式电阻传感器常用的测量电路是电桥电路，包括直流电桥和交流电桥，又分为单臂电桥、双臂半桥和四臂全桥。

压阻式传感器是利用半导体应变片的压阻效应来工作的，其主要特性是应变—电阻特性、电阻—温度特性，常用的测量电路仍然使用平衡电桥，主要包括恒流源供电电桥和恒压源供电电桥。

压电式传感器是基于某些介质材料的压电效应，是典型的自发电式传感器。压电式传感器的基本原理是基于某些晶体的压电效应，压电效应是可逆的，即存在着逆压电效应。具有压电效应的材料主要包括压电晶体、压电陶瓷、压电半导体和高分子压电材料等。其信号变换电路主要有两种形式：电压放大器和电荷放大器。

目前应变片式电阻传感器、压阻式传感器、压电式传感器主要广泛用于力、压力、加速度等物理量的测量。

思考与练习 2

1．什么是应变效应？什么是压阻效应？什么是横向效应？

2．说明电阻丝应变片和半导体应变片的异同点，各有何优点？

3．金属电阻丝应变片与半导体应变片的工作原理是什么？

4．应变片产生温度误差的原因及减小或补偿温度误差的方法是什么？

5．粘贴到试件上的电阻应变片，环境温度变化会引起电阻的相对变化，产生虚假应变，这种现象称为温度效应，简述产生这种现象的原因。

6．压电元件在使用时常采用多片串联或并联的结构形式。试述在不同连接下输出电压、电荷、电容的关系，它们分别适用于何种应用场合？

7．压电材料的主要特性参数有哪些？

8．为什么压电式传感器通常用来测量动态或瞬态参量？

9．压电式传感器的前置放大器的作用是什么？电压式与电荷式前置放大器各有何特点？

项目3 位移检测

教学导航

知识目标	（1）了解位移测量的基本方法和位移传感器类型。 （2）掌握电感式传感器的工作原理、基本特性和结构类型。 （3）掌握电感式传感器的测量电路及应用。 （4）掌握电涡流式传感器的工作原理、主要特性、测量电路和典型应用。 （5）了解光栅式传感器的工作原理、主要特性、测量电路和典型应用。
能力目标	（1）能够根据需要选择合适的位移传感器进行测量电路设计。 （2）学会位移测量系统的制作与调试。

项目背景

在生产实践中，需要进行位移测量的场合非常多。位移测量通常是线位移和角位移测量的总称。位移是向量，对位移的测量除了要确定大小以外，还要确定其方向。此外，还有许多被测物理量可以转化为位移进行测量，如压力、位置等，都可以通过某种转换部件转换为直线位移，然后通过测量位移间接得到被测量。

目前用于测量位移的传感器类型很多，最常用的位移传感器主要有电感式传感器和光电式传感器等。电感式传感器主要建立在电磁感应的基础上，把输入物理量（如位移、振幅、压力、流量、比重等参数）转换为线圈的电感或互感的变化，再由测量电路转换为电压或电流的变化。光电式传感器是基于光电效应的传感器，在受到可见光照射后即产生光电效应，将光信号转换成电信号输出。光电式传感器除能测量光强之外，还能利用光线的透射、遮挡、反射、干涉等测量多种物理量，如位移、尺寸等，因而是一种应用极广泛的重要敏感器件。光电测量时是不与被测对象直接接触的，光束的质量又近似为零，所以在测量中不存在摩擦，对被测对象几乎不施加压力。在许多应用场合，光电式传感器比其他传感器有明显的优越性。

本项目中主要介绍电感式、电涡流式、光栅式等位移传感器的工作原理及应用。

任务 3.1 电机转轴直径的检测

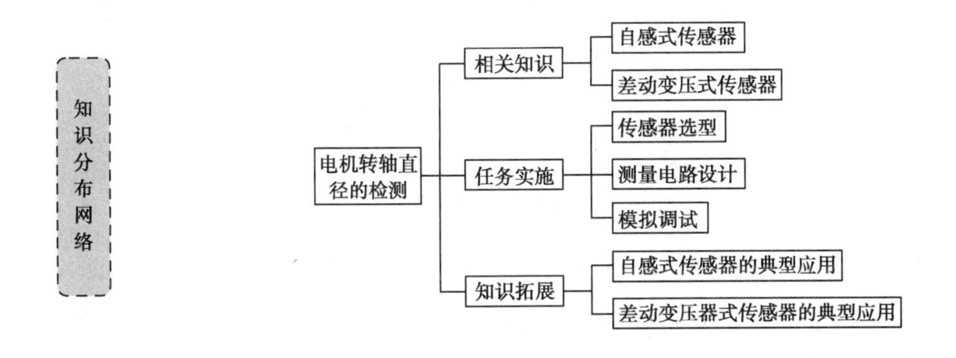

任务描述

目前在机械行业中，电机作为最常用的驱动装置，其传动精度的高低在一定程度上影响整个机械系统的性能。电机传动精度的高低与性能的好坏除了与电机转轴的强度和刚度有关，还取决于电机转轴的尺寸精度。轴径的尺寸精度要求较高，一般都在IT7以上，目前主要是靠仪器、设备来检测和判断的。因此，电机转轴直径检测仪自身是否先进，将直接影响到电机传动性能的准确性和可靠性。本任务中主要利用电感式传感器来完成电机转轴直径检测电路的设计和制作。

相关知识

电感式传感器是利用电磁感应原理将被测非电量（如位移、压力、流量、振动等）转换成线圈自感系数 L 或互感系数 M 的变化，进而由测量电路转换为电压或电流的变化量。

电感式传感器与其他类型的传感器相比，主要具有的优点是：灵敏度高，精度高，可实现信息的远距离传输、记录、显示和控制，在工业自动控制系统中被广泛采用。但缺点是：灵敏度、线性度和测量范围相互制约，传感器自身频率响应低，不适用于高频快速动态测量。

电感式传感器种类很多，按照结构的不同，可分为自感式传感器、差动变压器式传感器和电涡流式传感器三种类型。其中，自感式传感器、差动变压器式传感器为接触式测量，电涡流式传感器可实现非接触式测量。

3.1.1 自感式传感器

1．工作原理

自感式传感器又称为变磁阻式传感器，其原理如图 3-1 所示，它由线圈、铁芯和衔铁三部分组成。

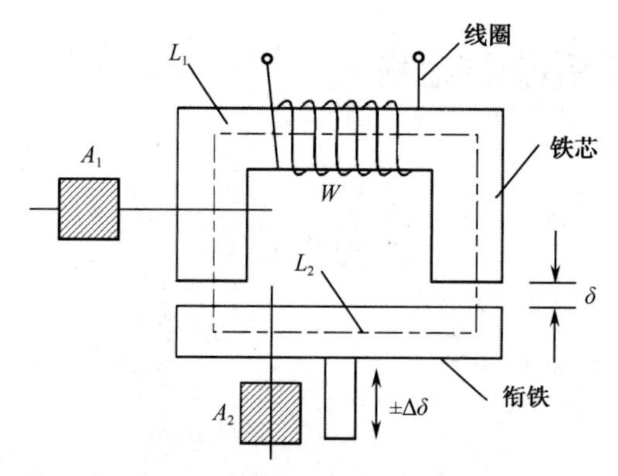

图 3-1　自感式传感器原理

如图 3-1 所示，铁芯和衔铁都是由导磁材料（如硅钢片）等制成的，它们之间留有气隙，传感器的运动部分与衔铁相连。当衔铁移动时，气隙厚度δ发生改变，引起磁路中磁阻变化，从而导致电感线圈的电感值变化，因此只要能测出这种电感量的变化，就能确定衔铁位移量的大小和方向。

根据电感的定义，线圈的电感量 L 可由下式确定：

$$L = \frac{W\Phi}{I} \tag{3-1}$$

式中　I——通过线圈的电流；

W——线圈的匝数；

Φ——穿过线圈的磁通。

由磁路欧姆定律，得

$$\Phi = \frac{IW}{R_m} \tag{3-2}$$

式中 R_m——磁路总磁阻。

所以，线圈的电感量 L 为

$$L = \frac{W^2}{R_m} \tag{3-3}$$

因为气隙δ很小，可以认为气隙中的磁场是均匀的，同时忽略绕组的漏磁，则磁路总磁阻 R_m 为

$$R_m = \frac{L_1}{\mu_1 A_1} + \frac{L_2}{\mu_2 A_2} + \frac{2\delta}{\mu_0 A_0} \tag{3-4}$$

式中 μ_1、μ_2——铁芯、衔铁材料的磁导率；

μ_0——空气的磁导率；

L_1、L_2——磁通通过铁芯、衔铁的长度；

A_0、A_1、A_2——气隙、铁芯、衔铁的截面积；

δ——气隙的厚度。

因为一般气隙磁阻远大于铁芯和衔铁的磁阻，则式（3-4）可近似写为

$$R_m = \frac{2\delta}{\mu_0 A_0} \tag{3-5}$$

联立式（3-3）及式（3-5），可得

$$L = \frac{W^2 \mu_0 A_0}{2\delta} \tag{3-6}$$

式（3-6）表明：当线圈匝数 W 为常数时，电感 L 仅仅是磁路中磁阻 R_m 的函数，改变δ或 A_0 均可导致电感变化。因此变磁阻式传感器又可分为变气隙厚度δ的传感器和变气隙面积 A_0 的传感器，若线圈中放入圆形衔铁，则又可变为螺管型电感传感器。

2．结构形式及特性

1）变气隙型电感式传感器

变气隙型电感式传感器是传感器气隙截面积 A_0 保持不变，让磁路气隙厚度δ随被测非电量而改变，从而电感量 L 发生变化，如图 3-2（a）所示。

假设传感器的初始气隙记作δ_0，衔铁处于起始位置时的电感值 L_0 为

$$L_0 = \frac{W^2 \mu_0 A_0}{2\delta_0} \tag{3-7}$$

当衔铁随外作用力向上移动$\Delta\delta$时，气隙减小，为$\delta=\delta_0-\Delta\delta$，与之相对应的自感变化量记作$\Delta L$，则此时的电感量 L 为

$$L = \frac{W^2 \mu_0 A_0}{2(\delta_0 - \Delta\delta)} \tag{3-8}$$

电感的变化量ΔL 为

$$\Delta L = L - L_0 = \frac{W^2 \mu_0 A_0}{2(\delta_0 - \Delta\delta)} - \frac{W^2 \mu_0 A_0}{2\delta_0} = L_0 \frac{\Delta\delta}{\delta_0 - \Delta\delta} \tag{3-9}$$

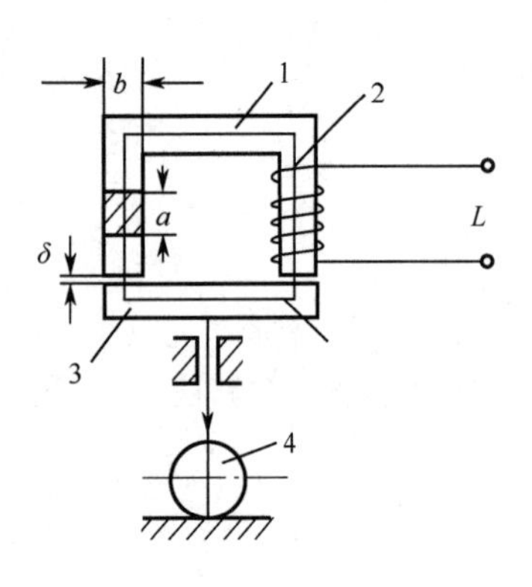

（a）变气隙型电感式传感器

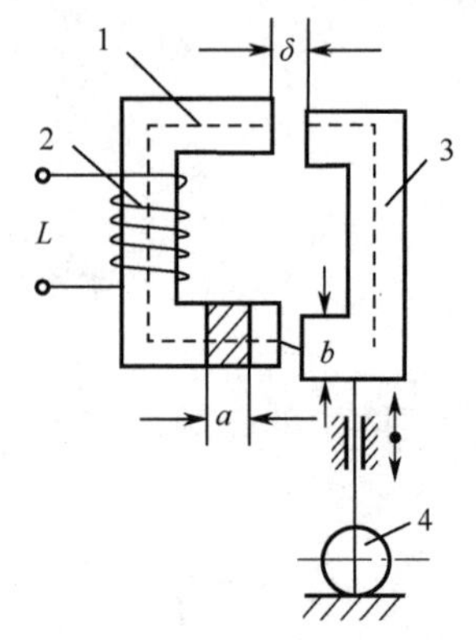

（b）变面积型电感式传感器

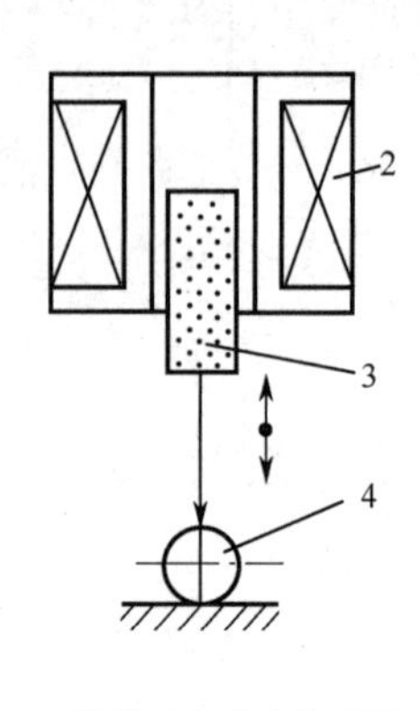

（c）螺管型电感式传感器

1—铁芯；2—线圈；3—衔铁；4—工件

图 3-2　自感式传感器的结构

电感的相对变化量为

$$\frac{\Delta L}{L_0}=\frac{\Delta\delta}{\delta_0-\Delta\delta}=\frac{\Delta\delta}{\delta_0}\left(\frac{1}{1-\Delta\delta/\delta_0}\right) \tag{3-10}$$

当$\Delta\delta/\delta_0 \ll 1$时，则

$$\frac{\Delta L}{L_0}\approx\frac{\Delta\delta}{\delta_0} \tag{3-11}$$

同理，当衔铁随外作用力向下移动时，气隙增大，变为$\delta=\delta_0+\Delta\delta$，当$\Delta\delta/\delta_0 \ll 1$时，电感相对变化量也满足式（3-11），即$\Delta L$与$\Delta\delta$成比例关系。

灵敏度为

$$S=\frac{\frac{\Delta L}{L_0}}{\Delta\delta}\approx\frac{\frac{\Delta\delta}{\delta_0}}{\Delta\delta}=\frac{1}{\delta_0} \tag{3-12}$$

由此可见：变气隙型电感式传感器的测量范围与灵敏度、线性度相矛盾，因此变气隙型电感式传感器适用于测量微小位移的场合。为了减小非线性误差，实际测量中广泛采用差动变气隙型电感式传感器。

2）变面积型电感式传感器

变面积型电感式传感器如图 3-2（b）所示，其气隙厚度δ保持不变，令磁通截面积随被测量而变（衔铁沿图 3-2（b）所示方向移动），即构成变面积型电感式传感器。

设初始磁通截面（铁芯横截面）的面积为$A_0=ab$，a为铁芯截面长，b为铁芯截面宽，当衔铁随外作用力沿铁芯截面长度方向向下移动x时，电感量L为

$$L=\frac{W^2\mu_0 a}{2\delta}(b-x) \tag{3-13}$$

灵敏度为

$$S_0=\frac{\mathrm{d}L}{\mathrm{d}x}=-\frac{W^2\mu_0 a}{2\delta} \tag{3-14}$$

由式（3-14）可知，变面积型电感式传感器在忽略气隙磁通边缘效应的条件下，输出特性呈线性，因此可得到较大的线性范围。与变气隙型电感式传感器相比较，其灵敏度较低。欲提高灵敏度，要减小气隙厚度δ和增加线圈匝数 W，但同样受到工艺和结构的限制，气隙厚度δ的选取与变气隙型电感式传感器相同。

3）螺管型电感式传感器

螺管型电感式传感器如图 3-2（c）所示，属大气隙型电感式传感器。它由线圈、衔铁和磁性套筒组成。随着铁芯在外力作用下所引起的衔铁插入线圈深度的不同，将引起线圈磁力线漏磁路中的磁阻变化，从而使线圈的电感发生变化。在一定范围内，线圈电感量与衔铁插入深度之间呈对应关系。

设线圈内磁场强度是均匀的，当铁芯插入线圈长度增加时，增加部分的磁阻下降，所以磁感应强度增大，从而使电感值增加。设 L_0 为电感初值，当铁芯插入线圈内长度增加Δl_c时，电感增加ΔL，则电感相对变化量为

$$\frac{\Delta L}{L_0}=\frac{\Delta l_c}{l_c}\bigg/\left[1+\frac{1}{\mu_m-1}\cdot\left(\frac{r}{r_c}\right)^2\cdot\frac{l}{l_c}\right] \tag{3-15}$$

式中　l_c——铁芯插入线圈内的长度；

Δl_c——铁芯插入线圈内的长度变化量；

l——螺管线圈的长度；

r——线圈半径；

r_c——铁芯半径；

μ_m——铁芯材料磁导率。

可见，单线圈螺管型电感式传感器的电感相对变化量与输入位移成正比。由于螺管线圈内磁场分布不均匀，因而实际上螺管型电感传感器的输出特性并非线性，且灵敏度较低，但结构简单，制作容易，可做得较长，用以测量较大的位移。

通过以上三种形式的单线圈电感式传感器的分析，可得到：

（1）变气隙型电感式传感器：灵敏度最高，非线性误差较大，量程必须限制在较小的范围内，通常为气隙厚度δ_0的 1/5 以下，同时，制作装配比较困难。

（2）变面积型电感式传感器：灵敏度较变气隙型电感式传感器低，线性较好，量程较大，制造装配比较方便。

（3）螺管型电感式传感器：灵敏度较变面积型电感式传感器还低，量程大，线性较好，结构简单，易于制作和批量生产。

4）差动自感式传感器

以上三种类型的传感器均是单线圈传感器，使用时，由于线圈电流的存在，它们的衔铁受单向电磁力作用，易受电源电压和频率的波动与温度变化等外界干扰的影响，且变气隙型和螺管型电感式传感器都存在着不同程度的非线性，因此不适合精密测量。目前，多采用差动式结构来改善其性能，即由两单线圈式结构对称组合，共用一个活动衔铁，构成差动自感式传感器，如图 3-3 所示。

采用差动式结构，除了可以改善非线性、提高灵敏度外，对电源电压与频率的波动及

温度变化等外界影响也有补偿作用，从而提高了传感器的稳定性。

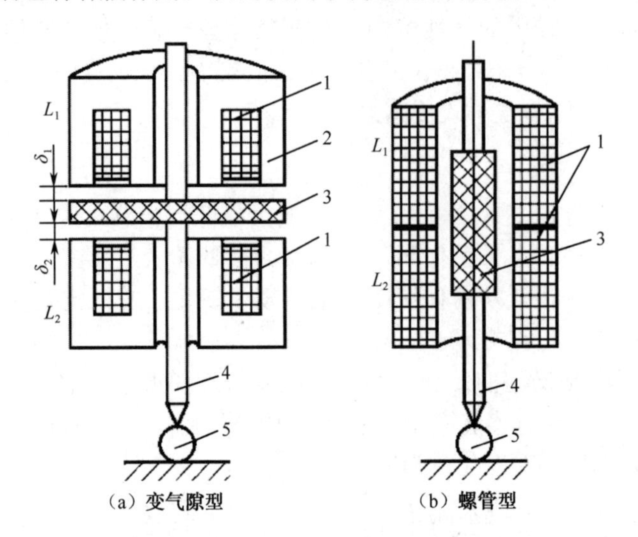

1—差动线圈；2—铁芯；3—衔铁；4—测杆；5—工件

图 3-3 差动自感式传感器的结构

现以变气隙型电感式传感器为例来分析差动自感式传感器的输出特性，由图 3-3（a）可知，差动变气隙型电感式传感器由两个相同的电感线圈 L_1、L_2 和共用的衔铁组成。测量时，衔铁通过测杆与被测位移量相连，当被测体上下移动时，测杆带动衔铁也以相同的位移上下移动，使两个磁回路中磁阻发生相反的变化，导致一个线圈的电感量增加，另一个线圈的电感量减小，形成差动形式。

当衔铁往上移动$\Delta\delta$时，两个线圈的电感变化量为ΔL_1、ΔL_2（一个增加、一个减小），根据结构对称的关系，其增加和减小的量ΔL_1、ΔL_2大小相等，则总的电感变化量为

$$\Delta L = \Delta L_1 + \Delta L_2 \approx 2L_0 \frac{\Delta\delta}{\delta_0} \tag{3-16}$$

灵敏度为

$$S = \frac{\dfrac{\Delta L}{L_0}}{\Delta\delta} = \frac{2}{\delta_0} \tag{3-17}$$

比较单线圈变气隙型电感式传感器和差动变气隙型电感式传感器的特性，可以得到如下结论：

（1）差动变气隙型电感式传感器比单线圈变气隙型电感式传感器的灵敏度高一倍。

（2）差动变气隙型电感式传感器的线性度得到明显改善。

（3）温度变化、电源波动、外界干扰等对传感器精度的影响由于能相互抵消而减小。

（4）电磁吸力对被测量的影响也由于能相互抵消而减小。

3. 自感式传感器的测量电路

自感式传感器的测量电路主要有交流电桥式、变压器式交流电桥以及谐振式等几种形式。

1）交流电桥

交流电桥是自感式传感器的主要测量电路，交流电桥一般为了提高灵敏度和改善线性度，电感线圈接成差动形式，如图 3-4 所示，桥臂 Z_1 和 Z_2 是差动传感器的两个线圈，另外两个相邻的桥臂用纯电阻 R 代替，其输出电压为

$$\dot{U}_o=\frac{Z_1}{Z_1+Z_2}\dot{U}-\frac{Z_4}{Z_3+Z_4}\dot{U}=\frac{Z_1Z_3-Z_2Z_4}{(Z_1+Z_2)(Z_3+Z_4)}\dot{U} \tag{3-18}$$

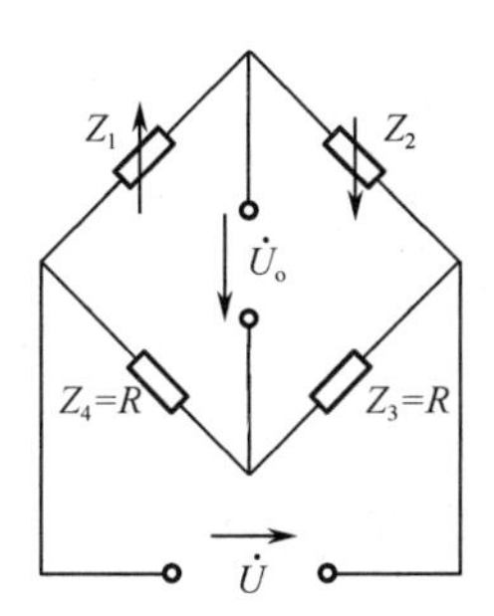

图 3-4　交流电桥

当电桥平衡时，即 $Z_1Z_3=Z_2Z_4$，电桥输出电压 $\dot{U}_o=0$；当桥臂阻抗发生变化时，引起电桥不平衡，$\dot{U}_o$ 不再为 0。通过 $\dot{U}_o$ 的变化，可以确定桥臂阻抗的变化。

现以变气隙型差动传感器为例，假设衔铁上移 $\Delta\delta$，则 $Z_1=Z_0+\Delta Z$，$Z_2=Z_0-\Delta Z$，Z_0 是衔铁在中间位置时单个线圈的复阻抗，ΔZ 是衔铁偏离中心位置时单线圈阻抗的变化量，$Z_3=Z_4=R$，则电桥输出电压为

$$\dot{U}_o=\dot{U}\left[\frac{Z_1}{Z_1+Z_2}-\frac{R}{R+R}\right]=\frac{\dot{U}}{2}\frac{Z_1-Z_2}{Z_1+Z_2}=\frac{\dot{U}}{2}\frac{\Delta Z}{Z_0} \tag{3-19}$$

则

$$\dot{U}_o=\frac{\dot{U}}{2}\frac{\Delta\delta}{\delta_0} \tag{3-20}$$

当传感器衔铁移动方向相反时，即衔铁下移，$Z_1=Z_0-\Delta Z$，$Z_2=Z_0+\Delta Z$，则空载输出电压为

$$\dot{U}_o=-\frac{\dot{U}}{2}\frac{\Delta\delta}{\delta_0} \tag{3-21}$$

可见，交流电桥输出电压是 $\Delta\delta$ 的函数，并且为线性关系。

2）变压器式交流电桥

变压器式交流电桥如图 3-5 所示，Z_1、Z_2 为差动传感器两线圈的阻抗，另两臂为电源变压器的两个二次线圈。

当负载阻抗为无穷大时，输出空载电压为

$$\dot{U}_o=\dot{U}\frac{Z_1}{Z_1+Z_2}-\frac{\dot{U}}{2}=\frac{\dot{U}}{2}\frac{Z_1-Z_2}{Z_1+Z_2} \tag{3-22}$$

若传感器的衔铁处于中间位置，即 $Z_1=Z_2=Z_0$，此时有 $\dot{U}_o=0$，电桥平衡。当传感器衔铁上移时，则 $Z_1=Z_0+\Delta Z$，$Z_2=Z_0-\Delta Z$，电桥输出电压为

$$\dot{U}_o = \frac{\dot{U}}{2}\frac{\Delta Z}{Z_0} \tag{3-23}$$

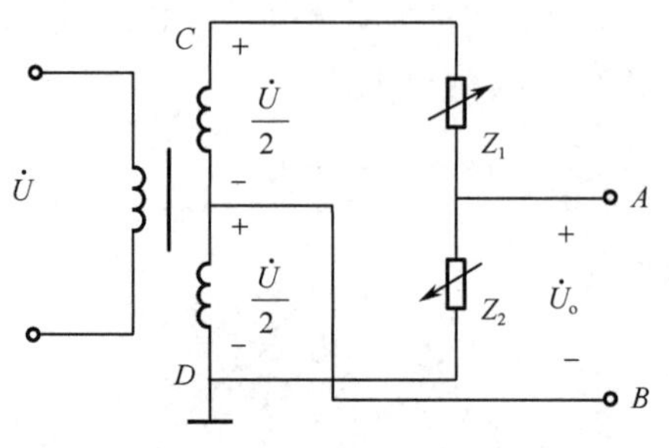

图 3-5　变压器式交流电桥

当传感器衔铁下移时，则 $Z_1=Z_0-\Delta Z$，$Z_2=Z_0+\Delta Z$，此时电桥输出电压为

$$\dot{U}_o = -\frac{\dot{U}}{2}\frac{\Delta Z}{Z_0} \tag{3-24}$$

由此可见，衔铁上下移动相同距离时，输出电压相位相反，大小随衔铁的位移而变化。由于 $\dot{U}_o$ 是交流电压，输出指示无法判断位移方向，必须配合相敏检波电路来判断位移方向。

3）谐振式测量电路

谐振式测量电路分为谐振式调幅和谐振式调频电路两种，分别如图 3-6 和图 3-7 所示。

（1）谐振式调幅电路

在图 3-6（a）所示调幅电路中，传感器电感 L、电容 C、变压器一次侧串联在一起，接入交流电源，变压器二次侧将有电压 U_o 输出，输出电压的频率与电源频率相同，而幅值随着电感 L 而变化。

图 3-6（b）所示为输出电压 U_o 与电感 L 的关系曲线，其中 L_0 为谐振点的电感值，此电路灵敏度很高，但线性差，适用于线性要求不高的场合。

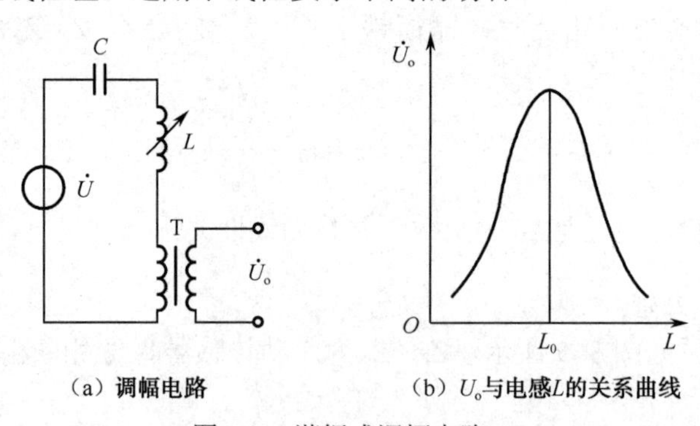

（a）调幅电路　　（b）U_o与电感L的关系曲线

图 3-6　谐振式调幅电路

（2）谐振式调频电路

调频电路的基本原理是传感器电感 L 变化将引起输出电压频率的变化。一般是把传感器电感 L 和电容 C 接入一个振荡回路中，如图 3-7（a）所示。

此时，其振荡频率为

$$f=\frac{1}{2\pi\sqrt{LC}} \tag{3-25}$$

当 L 变化时，振荡频率随之变化，根据 f 的大小即可测出被测量的值。图 3-7（b）表示 f 与 L 的特性，它具有明显的非线性关系。

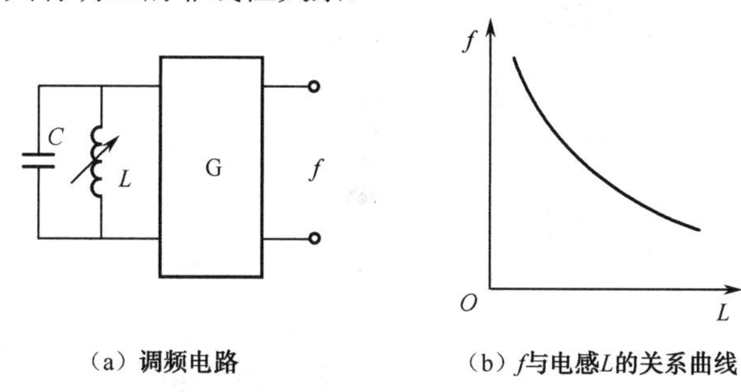

（a）调频电路　　（b）f 与电感 L 的关系曲线

图 3-7　谐振式调频电路

3.1.2　差动变压器式传感器

将被测的非电量变化转换为线圈互感系数 M 变化的传感器称为互感式传感器。差动变压器就属于互感式传感器，它根据变压器的基本原理制成，并且二次绕组用差动形式连接，故称差动变压器式传感器。

差动变压器和一般变压器的不同之处如下：

（1）一般变压器一般为闭合磁路，而差动变压器一般为开磁路。

（2）一般变压器一次侧、二次侧间的互感系数 M 为常数，而差动变压器一次侧、二次侧间的互感系数 M 随衔铁移动而变，且两个二次绕组按差动方式工作。

差动变压器工作在互感系数 M 变化的基础上，其结构形式与自感式传感器类似，也分为变气隙型、变面积型和螺管型等。在非电量测量中，最为常用的是螺管型差动变压器，它可以测量 1～100 mm 的机械位移，并具有测量精度高、灵敏度高、结构简单、性能可靠等优点。

1. 工作原理

以螺管型差动变压器为例介绍差动变压器式传感器的工作原理，其原理结构如图 3-8 所示，它主要由一个线框和一个铁芯组成。在线框上绕有一组线圈作为输入线圈 N_1。在同一线框上另绕两组完全对称的线圈作为输出线圈 N_{21}、N_{22}，它们反向串联组成差动输出形式，其等效电路如图 3-9 所示。

螺管型差动变压器按线圈绕组排列的方式不同可分为一节式、二节式、三节式、四节式和五节式等类型。一节式灵敏度高，三节式零点残余电压较小，通常采用二节式和三节式两类，图 3-8 所示为三节式螺管型差动变压器的基本结构。

当一次绕组 N_1 加入励磁电压 $\dot{U}_1$ 后，其二次绕组 N_{21}、N_{22} 产生感应电动势 $\dot{E}_{21}$、$\dot{E}_{22}$。由于变压器两二次绕组反向串联，则变压器的输出为

$$\dot{U}_o=\dot{E}_{21}-\dot{E}_{22} \tag{3-26}$$

因为

$$\dot{E}_{21}=-j\omega M_1\dot{I}_1 \quad \dot{E}_{22}=-j\omega M_2\dot{I}_1 \tag{3-27}$$

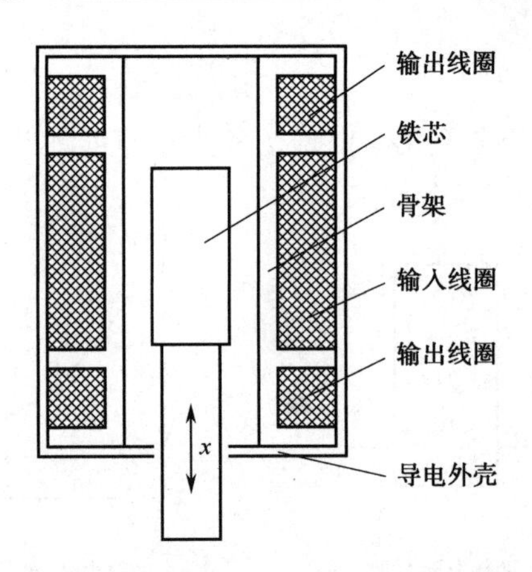

图 3-8　螺管型差动变压器的原理结构

式中　ω——励磁电源角频率，单位为 rad/s；

M_1，M_2—— 一次绕组 N_1 与二次绕组间 N_{21}、N_{22} 的互感量，单位为 H；

$\dot{I}_1$—— 一次绕组的励磁电流，单位为 A。

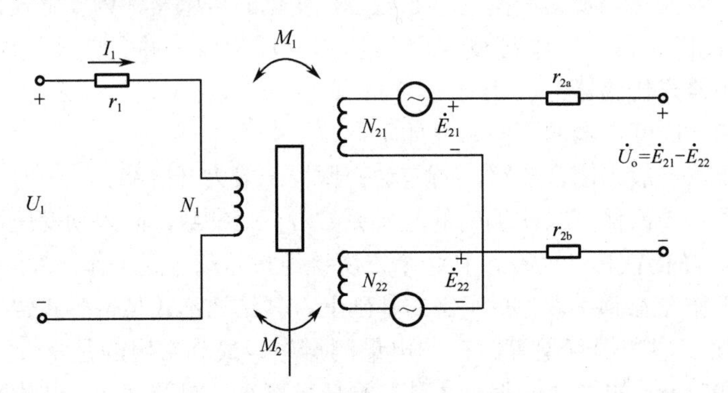

图 3-9　螺管型差动变压器的等效电路

如果工艺上保证变压器结构完全对称，则当活动衔铁处于初始平衡位置时，必然会使两互感系数 $M_1=M_2$。根据电磁感应原理，有

$$\dot{E}_{21}=\dot{E}_{22} \tag{3-28}$$

因而

$$\dot{U}_o=\dot{E}_{21}-\dot{E}_{22}=0 \tag{3-29}$$

即差动变压器输出电压为零。

当活动衔铁向上移动时，$M_1=M+\Delta M$，$M_2=M-\Delta M$，从而使 $M_1>M_2$，因而必然会使 $\dot{E}_{21}$ 增加，$\dot{E}_{22}$ 减小。反之，$\dot{E}_{22}$ 增加，$\dot{E}_{21}$ 减小。所以有

$$\dot{U}_o=\dot{E}_{21}-\dot{E}_{22}=\pm 2\mathrm{j}\omega\Delta M\dot{I}_1 \tag{3-30}$$

可见，当衔铁位移 x 变化时，$\dot{U}_o$ 也必将随 x 变化。因此，通过差动变压器输出电动势的大小和相位可以知道衔铁位移量的大小和方向。

2．测量电路

差动变压器随衔铁的位移而输出的是交流电压，若用交流电压表测量，仅仅能反映衔

铁位移的大小，而不能反映移动方向。另外，其测量值中还包含零点残余电压。

实际测量时，为了达到能辨别移动方向及消除零点残余电压的目的，最常采用差动整流电路和相敏检波电路。

1）相敏检波电路

相敏检波电路如图3-10所示，VD_1、VD_2、VD_3、VD_4为4个性能相同的二极管，以同一方向串联接成一个闭合回路，形成环形电桥。输入信号u_2通过变压器T_1加到环形电桥的一个对角线上。参考信号u_s通过变压器T_2加到环形电桥的另一个对角线上。输出信号u_o从变压器T_1与T_2的中心抽头引出，输出信号波形如图3-11所示。

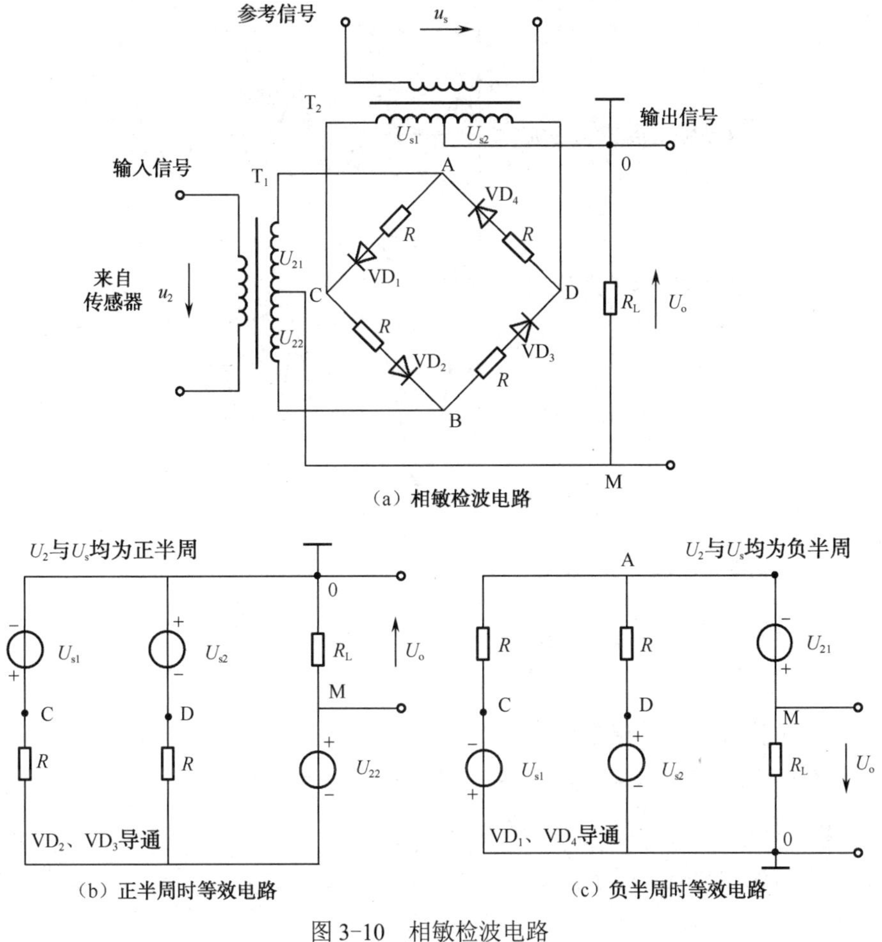

图3-10 相敏检波电路

图3-10中，平衡电阻R起限流作用，以避免二极管导通时变压器T_2的二次电流过大。R_L为负载电阻。u_s的幅值要远大于输入信号u_2的幅值，以便有效控制4个二极管的导通状态，且u_s和差动变压器式传感器励磁电压u_1由同一振荡器供电，保证二者同频同相（或反相）。

由图3-11（a）、(c)、(d）可知，当位移$\Delta x>0$时，u_2与u_s同频同相，当位移$\Delta x<0$时，u_2与u_s同频反相。

当$\Delta x>0$时，u_2与u_s为同频同相。若u_2与u_s均为正半周时，如图3-11（a）所示，环形

电桥中二极管 VD_1、VD_4 截止，VD_2、VD_3 导通，则可得图 3-10（b）的等效电路；同理，当 u_2 与 u_s 均为负半周时，环形电桥中二极管 VD_2、VD_3 截止，VD_1、VD_4 导通，其等效电路如图 3-10（c）所示，输出电压 u_o 表达式与正半周时相同，说明只要位移$\Delta x>0$，不论 u_2 与 u_s 是正半周还是负半周，负载 R_L 两端得到的电压 u_o 始终为正。

当$\Delta x<0$ 时，u_2 与 u_s 为同频反相。采用上述相同的分析方法不难得到当$\Delta x<0$ 时，不论 u_2 与 u_s 是正半周还是负半周，负载电阻 R_L 两端得到的输出电压 u_o 表达式总是为负。

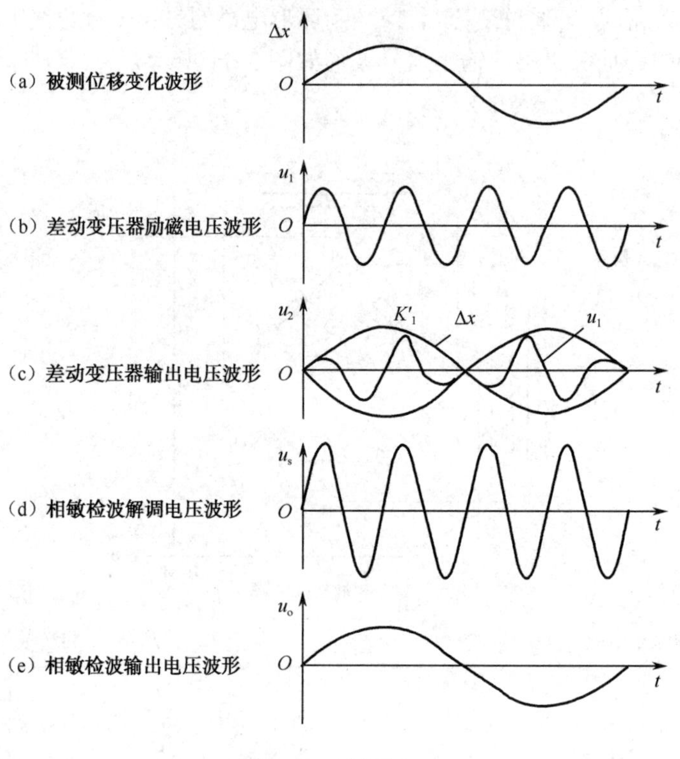

图 3-11　波形图

所以上述相敏检波电路输出电压 u_o 的变化规律充分反映了被测位移量的变化规律，即 u_o 的值反映位移Δx 的大小，而 u_o 的极性则反映了位移Δx 的方向。

2）差动整流电路

差动整流电路如图 3-12 所示，就是把差动变压器的两个二次侧输出电压分别整流后，以它们的差为输出（a、b）端，这样，二次电压的相位和零点残余电压都不必考虑。

图 3-12（a）、（b）所示电路用在连接低阻抗负载的场合，是电流输出型。图 3-12（c）、（d）所示电路用在连接高阻抗负载的场合，是电压输出型。差动整流后的输出电压的线性与不经整流的二次输出电压的线性有些不同。当二次绕阻阻抗高、负载电阻大、接入电容器进行滤波时，其输出线性的变化倾向是：当铁芯位移大时，输出灵敏度增加，利用这一特性就能够使差动变压器的直线范围扩展。

差动整流电路具有结构简单、无须考虑相位调整和零点残余电压的影响、分布电容影响小、便于远距离传输等优点，因而获得广泛应用。

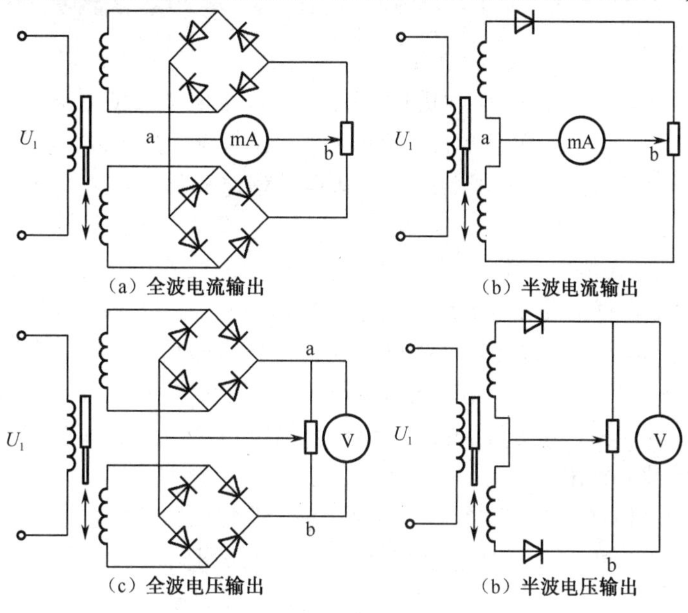

图 3-12　差动整流电路

任务实施

1．传感器选型

目前工程最常用的电机转轴直径检测设备是电感式直径分选装置，如图 3-13 所示，其主要由汽缸、活塞、推杆、落料管、电感测微器、钨钢测头等组成。其中，电感测微器是电感式直径分选装置的关键部件，其内部主要由差动变压器式传感器组成，根据电路的具体要求来选择适合的电感测微器。本设计中选用 DX-1 型电感测微器，其传感器的重复精度最高可达 0.03 μm。

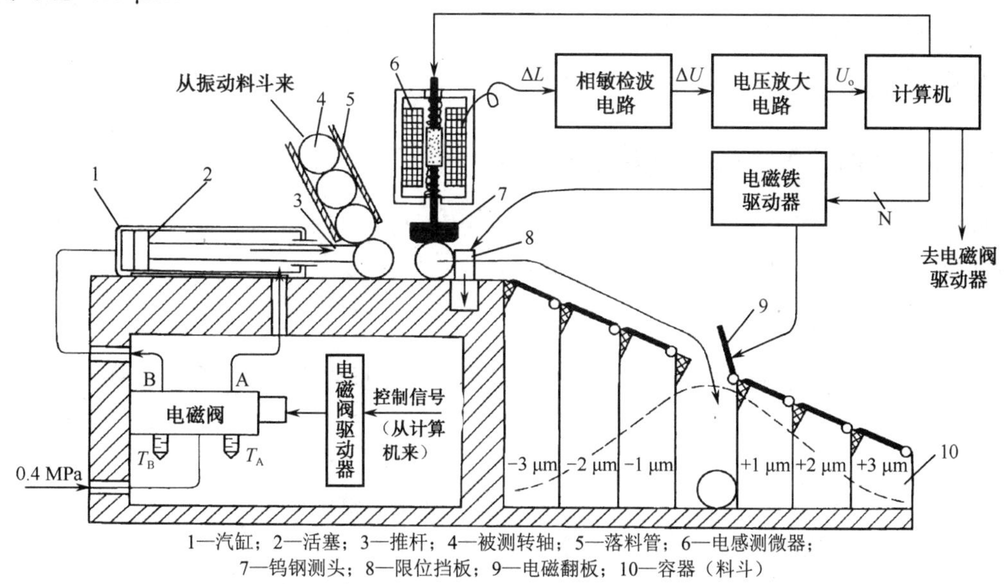

图 3-13　转轴直径分选装置

2．测量电路设计

本任务中采用的电感测微器电路如图 3-14 所示，主要由激励电源电路、相敏检波电路及放大电路等组成。其中差动变压器的激励电源由 A_4 组成正弦波振荡电路产生，A_5 为电压放大级，A_6 与光电耦合器 PC 构成负反馈，即自动增益控制（AGC）电路，进一步稳幅，A_7 与 VT_1、VT_2 组成升压电路。

本任务中差动变压器的测量电路为相敏检波电路，这里采用 LM1496 集成电路，LM1496 是一个双差分模拟乘法器电路，由于 LM1496 的 1（SIG）脚加有直流偏置电压，因此用电容 C_1 隔直流耦合，以免影响差动变压器工作，差动变压器的交流激励信号作为载波信号加到 LM1496 的 7（CAR）脚，用 VS_3 稳压管降低并限定载波信号的电压，接在 2 脚和 3 脚间的 R_1 和 R_{P1} 用来调整 LM1496 的增益，LM1496 的 9 脚和 6 脚为对称输出，再通过 A_2 变为非对称（单端）输出。

由 LM1496 相敏检波后的信号经 A_2 和 A_3 进行放大，A_2 的增益调整要进行均衡调整，要保证负反馈电阻和同相端的平衡电阻相等，因此要采用同轴电位器分别串入负反馈电阻（10 kΩ）和同相端接地电阻（10 kΩ）进行调整，A_3 为缓冲放大器，并能通过 R_{P4} 适当调整增益，使输出为 0～±10 V 的电压。

3．模拟调试

（1）按照图 3-14 所示电路，将各元件焊接到实验板上，并检查正确性（考虑到是实验室模拟测试，可在 A_3 放大器输出 TP_7 端连接数字万用表）。

（2）调整 R_{P2}，使观察到的与振荡频率相同的交流分量最小，这时万用表上应显示为 0V 电压。若不为 0V，可减小 LM1496 的 7 脚的载波输入，输入必须为正负对称的交流波形。

（3）此时稍微移动差动变压器的衔铁，万用表显示正负直流电压信号，则电路工作正常。

知识拓展

3.1.3 自感式传感器的典型应用

自感式传感器的应用非常广泛，不仅可直接用于位移测量，也可以测量与位移有关的任何机械量，如振动、加速度、应变等。

1．变隙电感式压力传感器

变隙电感式压力传感器的结构如图 3-15 所示，它主要由膜盒、铁芯、衔铁及线圈等组成，衔铁与膜盒的上端连在一起。

当压力 F 进入膜盒时，膜盒的顶端在压力 F 的作用下产生与压力 F 大小成正比的位移，于是衔铁也发生移动，从而使气隙发生变化，流过线圈的电流也发生相应的变化，电流表 A 的指示值就反映了被测压力的大小。

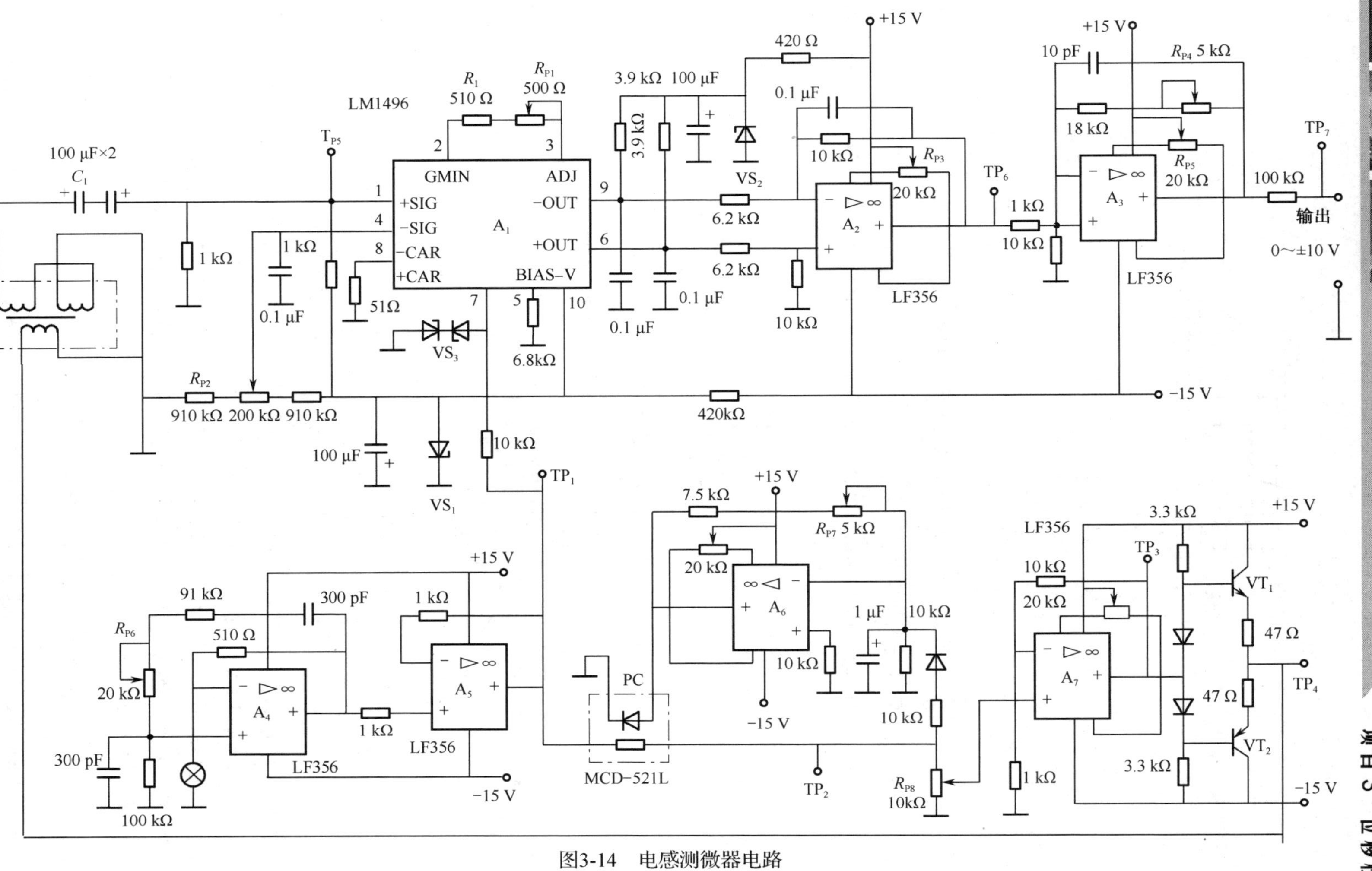

图3-14 电感测微器电路

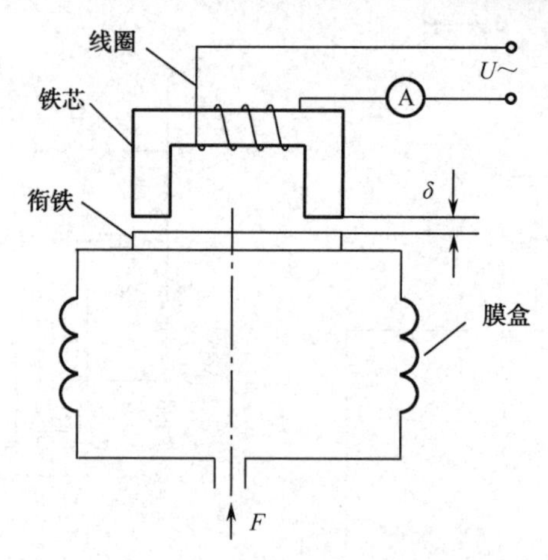

图 3-15　变隙电感式压力传感器的结构

2. 变隙差动电感式压力传感器

变隙差动电感式压力传感器的结构如图 3-16 所示，它主要由 C 形弹簧管、衔铁、铁芯和线圈等组成。

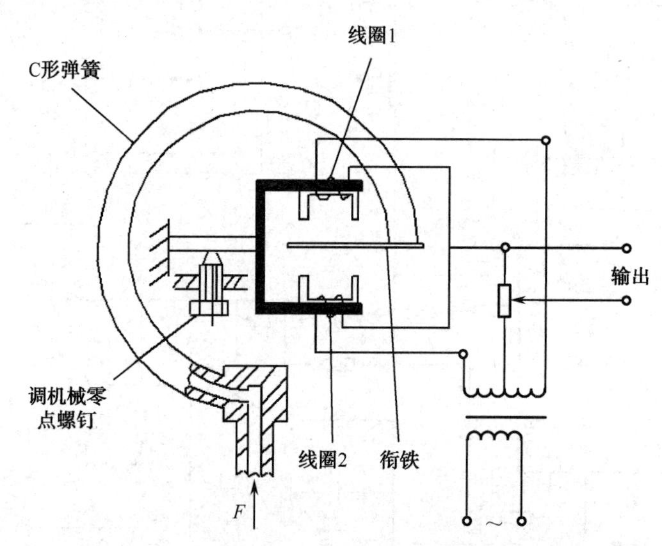

图 3-16　变隙差动电感式压力传感器的结构

当被测压力 F 进入 C 形弹簧管时，C 形弹簧管产生变形，其自由端发生位移，带动与自由端连接成一体的衔铁运动，使线圈 1 和线圈 2 中的电感发生大小相等、符号相反的变化。即一个电感量增大，另一个电感量减小。电感的这种变化通过电桥电路转换成电压输出。由于输出电压与被测压力之间成比例关系，所以只要用检测仪表测量出输出电压，即可得知被测压力 F 的大小。

3.1.4　差动变压器式传感器的典型应用

差动变压器式传感器可直接用于位移测量，也可以测量与位移有关的任何机械量，如振动、加速度、应变、比重、张力和厚度等。

1. 位移测量

差动变压器式传感器测量液位的原理如图 3-17 所示，在油罐中浮有一浮子，浮子一端连着差动变压器的铁芯，当某一设定液位使铁芯处于中心位置时，差动变压器输出信号 $U_o=0$；当液位上升或下降时，$U_o\neq0$，通过相应的测量电路便能确定液位的高低。因此，通过差动变压器输出电压的大小和相位可以知道衔铁位移量的大小和方向。

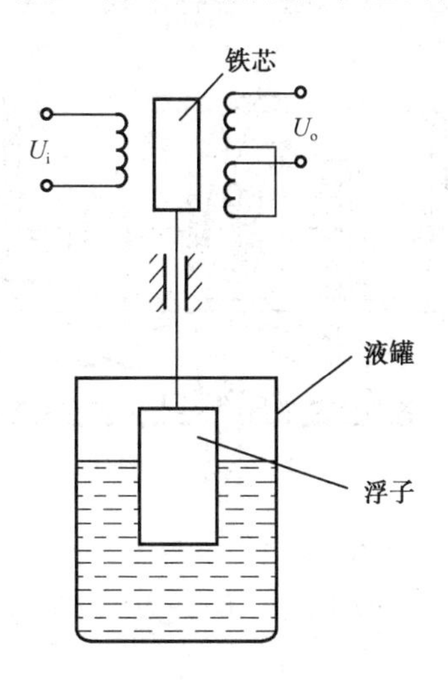

图 3-17 差动变压器式传感器测量液位的原理

2. 振动和加速度测量

如图 3-18 所示，利用三节螺管型差动变压器式传感器来测量加速度。测量时，将悬臂梁底座及差动变压器的线圈骨架固定，而将衔铁的 A 端与被测振动体相连。

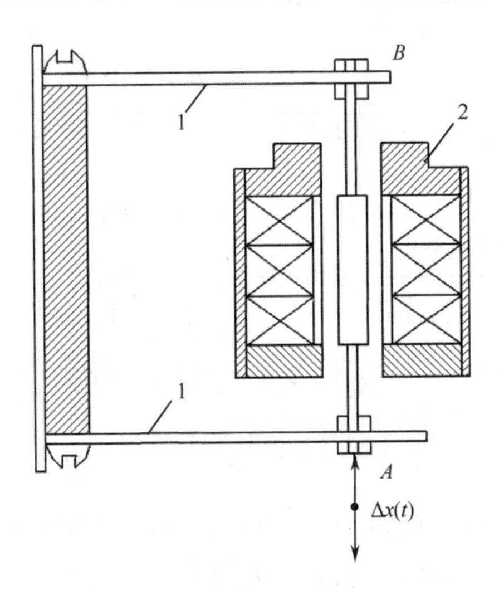

1—悬臂梁；2—差动变压器

图 3-18 差动变压器加速度计结构

当被测体带动衔铁以$\Delta x(t)$振动时，导致差动变压器的输出电压也按相同规律变化。经检波器和滤波器对信号进行处理，输出与加速度成正比的电压信号。

用于测定振动物体的频率和振幅时，其励磁频率必须是振动频率的十倍以上，才能得到精确的测量结果。可测量的振幅为0.1～5 mm，振动频率为0～150 Hz。

3．微压力测量

差动变压器式微压力传感器的结构如图 3-19 所示，它由差动变压器和弹性敏感元件（膜片、膜盒和弹簧管等）相结合，可以组成各种形式的压力传感器。

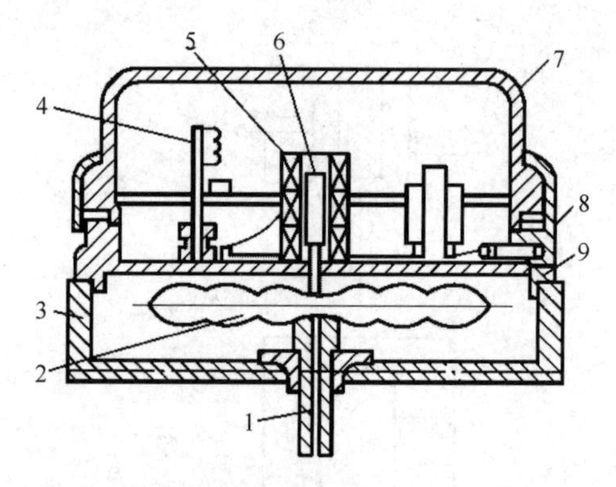

1—接头；2—膜盒；3—底座；4—印制线路板；5—差分变压器；6—衔铁；7—罩壳；8—插头；9—通孔

图 3-19　差动变压器式微压力传感器的结构

当接头接上被测压力时，膜盒受压引起变形，从而使得衔铁产生位移，导致差动变压器的输出电压也按相同方向变化。经相敏检波电路处理，输出与输入压力成正比的电压信号。

任务 3.2　金属表面镀膜厚度测量

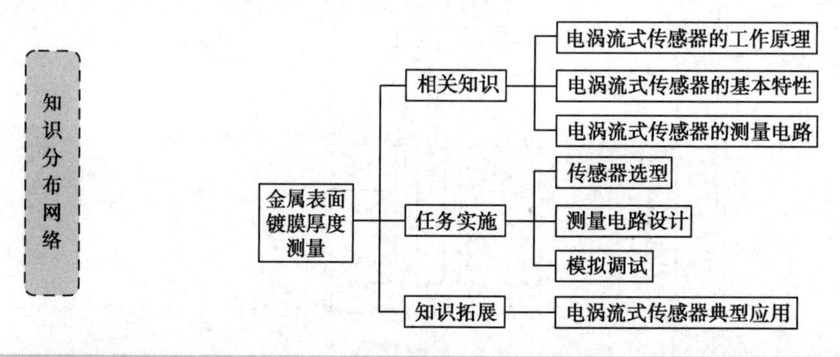

任务描述

在采用镀膜技术对零部件表面进行处理时，其表面镀膜厚度的检测就显得尤为重要。若镀膜层太薄，可能满足不了零部件表面性能的要求，达不到表面处理的目的；若镀膜层太厚，不仅造成材料的浪费，还会造成镀膜层内应力过大，降低了镀膜层的结合强度；若镀膜层厚薄不均，也会对镀膜层的多种力学物理性能产生不良影响。因此，实时准确的镀膜厚度检测对于提高过程控制质量和零部件在线检测与维修效率具有重要意义。在 X 射线、超声、电涡流等众多方法中，电涡流检测技术以其安全、方便快捷、精度高和成本低等优点在多层导电结构厚度检测方面获得了广泛应用。

相关知识

根据法拉第电磁感应原理，当块状金属导体放置在一变化的磁场中时，导体内就会产生感应电流，这种电流像水中旋涡那样在导体内转圈，称为电涡流或涡流，这种现象就称为涡流效应。根据电涡流效应制成的传感器称为电涡流式传感器。

电涡流式传感器是 20 世纪 70 年代发展起来的新型传感器，可以对振动、位移、厚度、转速、温度和硬度等参数实现非接触式测量，还可以进行无损探伤，具有结构简单、频率响应宽、灵敏度高、测量线性范围大、体积小等优点。

3.2.1 电涡流式传感器工作原理

电涡流式传感器在金属导体上产生的涡流，其渗透深度与传感器线圈的励磁电流的频率有关。电涡流式传感器主要分为高频反射和低频透射两类。

1. 高频反射涡流传感器

电涡流式传感器的原理如图 3-20 所示，由传感器线圈和被测导体组成。

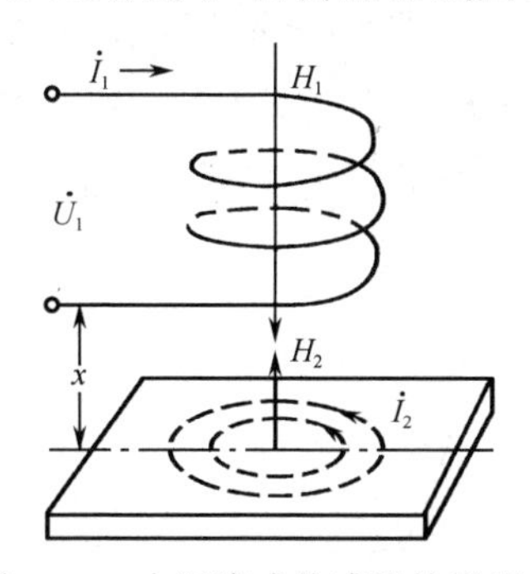

图 3-20 电涡流式传感器的原理

根据法拉第定律，当传感器线圈通以正弦交变电流 I_1 时，线圈周围空间必然产生正弦交变磁场 H_1，使置于此磁场中的金属导体中感应电涡流 I_2，I_2 又产生新的交变磁场 H_2。根据楞次定律，H_2 的作用将反作用于原磁场 H_1，从而导致线圈的等效阻抗发生变化。这些参数变化与导体的几何形状、电阻率ρ，磁导率μ、线圈的几何参数、线圈的励磁频率f以及线圈到被测导体间的距离 x 有关。

$$Z = f(\rho,\mu,\gamma,f,x) \tag{3-31}$$

式中 γ——线圈与被测体的尺寸因子。

由式（3-31）可知，如果控制上述参数中仅一个参数改变，余者皆不变，就能构成测量该参数的传感器。改变线圈和导体之间的距离 x，可以做成测量位移、厚度、振动的传感器；改变导体的电阻率ρ，可以做成测量表面温度、检测材质的传感器；改变导体的磁导率μ，可以做成测量应力、硬度的传感器；同时改变 x，ρ和μ，可以对导体进行探伤。

2. 低频透射涡流传感器

如图 3-21 所示，传感器由两个绕在胶木棒上的线圈组成，一个为发射线圈，一个为接收线圈，分别位于被测金属材料的两侧。由振荡器产生的低频电压 U_1 加到发射线圈 L_1 的两端后，线圈中流过一个同频率的交流电流，并在其周围产生一个交变磁场，如果两个线圈间不存在被测物体，那么 L_1 的磁力线就能直接贯穿 L_2，于是 L_2 的两端就会感生出一交变电动势 E，它的大小与 U_1 的幅值、频率以及 L_1、L_2 的匝数、结构和两者间的相对位置有关。如果这些参数是确定的，E 就是定值。

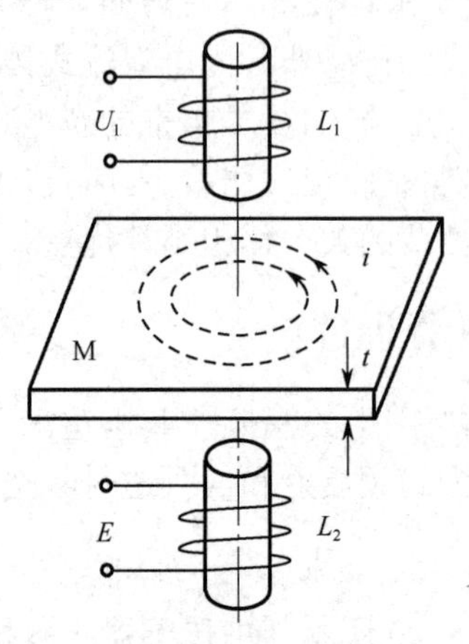

图 3-21　低频透射涡流传感器原理

当 L_1 和 L_2 之间放入金属板 M 后，金属板内就会产生涡流 I，涡流 I 损耗了部分磁场能量，使到达 L_2 上的磁力线减少，从而引起 E 的下降。金属板 M 的厚度δ越大，产生的涡流就越大，损耗的磁场能量就越大，E 就越小，二者关系曲线如图 3-22 所示。

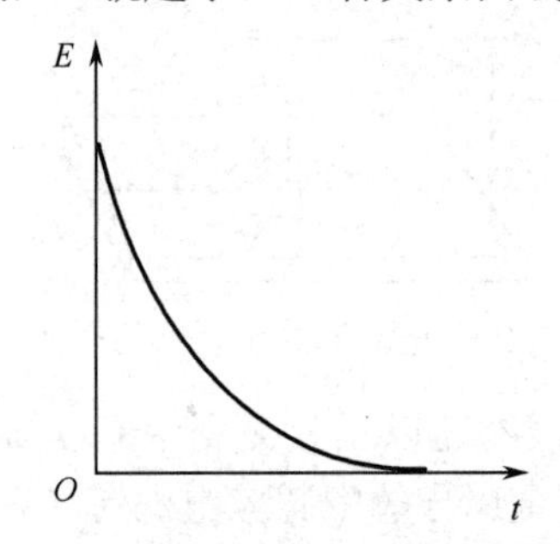

图 3-22　感生电压与被测厚度的关系

电涡流贯穿深度为

$$h = 5000\sqrt{\rho / \mu f} \tag{3-32}$$

式（3-32）说明贯穿深度 h 和 $\sqrt{\rho / \mu f}$ 成正比，当被测材料确定时，ρ和μ为定值，对于不同的励磁频率 f，其穿透深度 h 不同，产生的涡流 I 也不同，所以在线圈 L_2 中的感应电动势就不同，如图 3-23 所示。

由图 3-23 可知，当励磁频率较高时，曲线的线性度不好，但当 h 较小时，灵敏度较高。而当励磁频率较低时，线性好，测量范围宽，但灵敏度较低。因此，为了较好地测量厚度，励磁频率要选得较低，一般在 500 Hz。一般测薄导体时，频率略高些，测厚导体时频率应低些。测ρ较小的材料（如铜材）时，应选较低的频率（500 Hz），而测ρ较大的材料（如黄铜、铝）时，则选用较高的频率（2 kHz），从而保证在测不同材料时得到较好的线性和灵敏度。

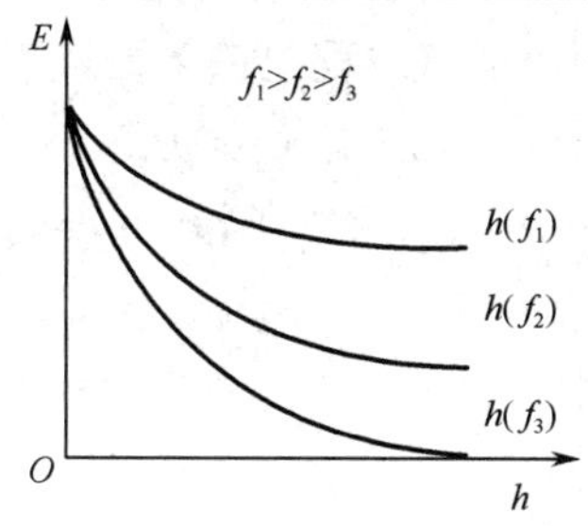

图 3-23　不同频率下的 $E=f(h)$曲线

3.2.2　电涡流式传感器基本特性

下面以高频反射电涡流传感器为例分析其基本特性。高频反射电涡流传感器简化模型如图 3-24 所示，在其简化模型中，把被测金属导体上形成的电涡流等效成一个短路环，即假设电涡流仅分布在环体之内，模型中 h（电涡流的贯穿深度）可由式（3-32）求得。

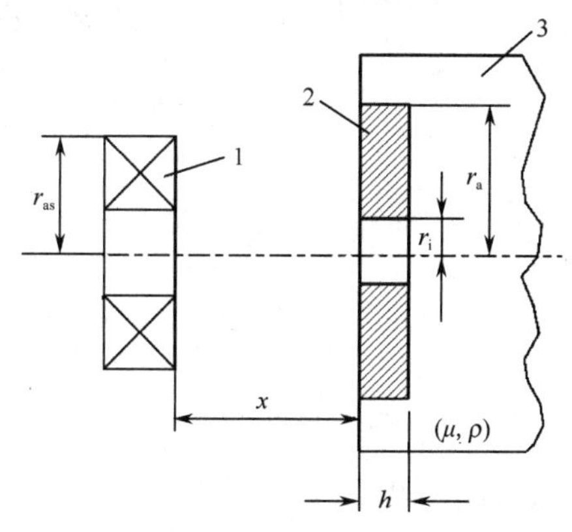

1—传感器线圈；2—短路环；3—被测金属导体

图 3-24　高频反射电涡流式传感器简化模型

根据其简化模型，可画出它的等效电路，如图 3-25 所示，R_2 为电涡流短路环等效电阻，其表达式为

$$R_2 = \frac{2\pi\rho}{h\ln\frac{r_a}{r_i}} \tag{3-33}$$

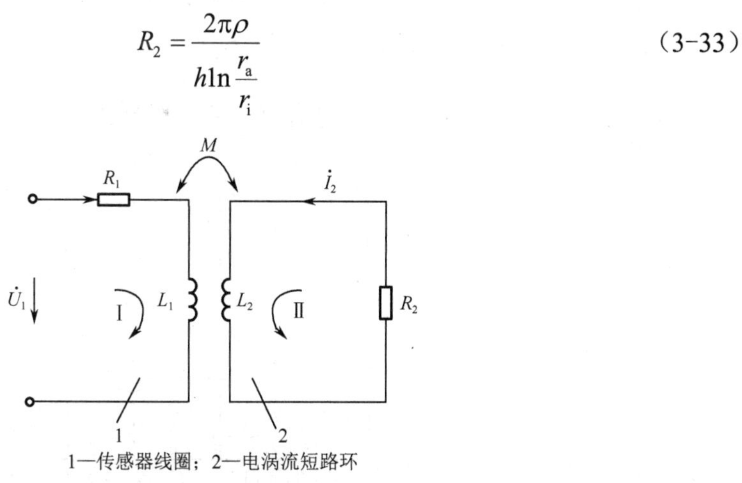

1—传感器线圈；2—电涡流短路环

图 3-25　电涡流式传感器等效电路

根据基尔霍夫第二定律，可列出如下方程组：

$$\begin{cases} R_1\dot{I}_1 + \mathrm{j}\omega L_1\dot{I}_1 - \mathrm{j}\omega M\dot{I}_2 = \dot{U}_1 \\ -\mathrm{j}\omega M\dot{I}_1 + R_2\dot{I}_2 + \mathrm{j}\omega L_2\dot{I}_2 = 0 \end{cases} \tag{3-34}$$

式中 ω——线圈励磁电流角频率。

R_1、L_1——线圈电阻和电感。

L_2——短路环等效电感。

R_2——短路环等效电阻。

解得等效阻抗 Z 的表达式为

$$\begin{aligned} Z = \frac{\dot{U}_1}{\dot{I}_1} &= R_1 + \frac{\omega^2 M^2}{R_2^2 + \omega^2 L_2^2} R_2 + \mathrm{j}\omega\left[L_1 - \frac{\omega^2 M^2}{R_2^2 + \omega^2 L_2^2} L_2\right] \\ &= R_{\mathrm{eq}} + \mathrm{j}\omega L_{\mathrm{eq}} \end{aligned} \tag{3-35}$$

式中 R_{eq}——线圈受电涡流影响后的等效电阻，$R_{\mathrm{eq}} = R_1 + \dfrac{\omega^2 M^2}{R_2^2 + \omega^2 L_2^2} R_2$；

L_{eq}——线圈受电涡流影响后的等效电感，$L_{\mathrm{eq}} = L_1 - \dfrac{\omega^2 M^2}{R_2^2 + \omega^2 L_2^2} L_2$。

线圈的等效品质因数 Q 值为

$$Q = \frac{\omega L_{\mathrm{eq}}}{R_{\mathrm{eq}}} \tag{3-36}$$

综上所述，根据电涡流式传感器的简化模型和等效电路，运用电路分析的基本方法得到的式（3-34）和式（3-35）即为电涡流基本特性。

3.2.3 电涡流式传感器测量电路

由电涡流传感器的工作原理可知，被测对象变化可引起电涡流式传感器线圈的阻抗 Z、电感 L 和品质因数 Q 发生变化，通过测量 Z、L 或 Q 就可求出被测量参数的变化。转换电路的作用就是将 Z、L 或 Q 转换为电压或电流的变化。阻抗 Z 的转换电路一般用电桥，电感 L 的转换电路一般用谐振电路，又可以分为调幅法和调频法两种。

1. 电桥

如图 3-26 所示，L_1、L_2 为两个电涡流传感器线圈的电感值，组成差动电路，也可以一

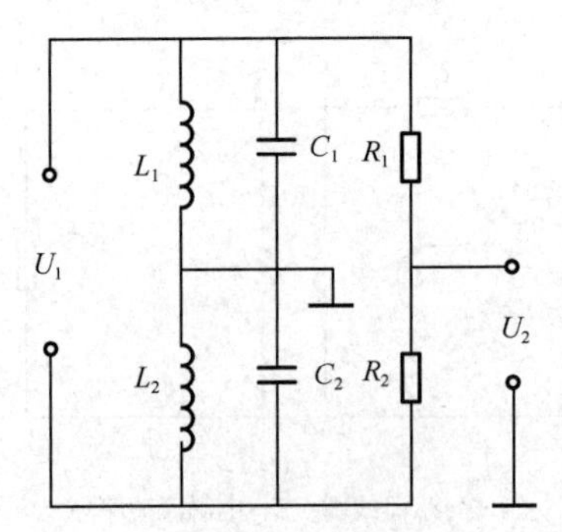

图 3-26　电涡流式传感器电桥

个是电涡流传感器线圈，另一个是固定线圈，起平衡桥路的作用。由 L_1C_1 并联、L_2C_2 并联及 R_1、R_2 组成电桥的四个桥臂，振荡器提供电源 U_1 及涡流传感器工作所需频率。

四个桥臂的阻抗分别为：$Z_1=L_1//C_1$，$Z_2=L_2//C_2$，R_1 和 R_2。初始状态下电桥平衡，即 $Z_1R_2=R_1Z_2$，$U_o=0$。当被测物体与线圈耦合时，使 Z_1、Z_2 发生变化，$U_o\neq0$，由 U_o 的值可求出被测参数的变化量。

2．调幅式电路

如图 3-27 所示，调幅式电路主要由传感器线圈 L、电容器 C 和石英晶体组成。石英晶体振荡器起恒流源的作用，给谐振回路提供一个频率（f_0）稳定的励磁电流 i_0，则有

$$Z = \mathrm{j}\omega L // \frac{1}{\mathrm{j}\omega C} = \frac{\mathrm{j}\omega L}{1-\omega^2 LC} \tag{3-37}$$

$$\dot{U}_o = i_0 \cdot Z = i_0 \frac{\mathrm{j}\omega L}{1-\omega^2 LC} \tag{3-38}$$

式中 Z——LC 回路的阻抗。

$\dot{U}_o$——LC 回路的输出电压。

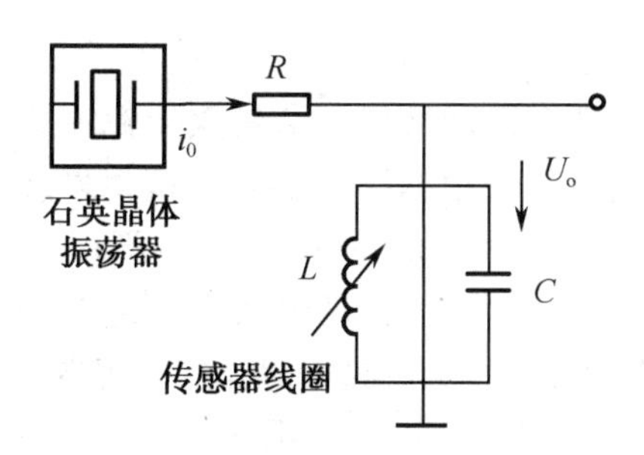

图 3-27 谐振调幅原理

当金属导体远离或去掉时，LC 并联谐振回路的谐振频率即为石英振荡频率 f_0，回路呈现的阻抗最大，谐振回路上的输出电压也最大；当金属导体靠近传感器线圈时，线圈的等效电感 L 发生变化，导致回路失谐，从而使输出电压降低，L 的数值随距离 x 的变化而变化。因此，输出电压也随 x 而变化。输出电压经放大、检波后，由指示仪表直接显示出 x 的大小。

3．调频式电路

如图 3-28 所示，传感器线圈接入 LC 振荡回路，当传感器与被测导体的距离 x 改变时，在涡流影响下，传感器的（阻抗）电感变化，将导致振荡频率的变化，该变化的频率是距离 x 的函数 $f=L(x)$，该频率可由数字频率计直接测量，或者通过 f-V 变换，用数字电压表测量对应的电压。

振荡器的频率为

$$f = \frac{1}{2\pi\sqrt{L(x)C}} \tag{3-39}$$

为了避免输出电缆的分布电容的影响，通常将 L、C 装在传感器内。此时电缆分布电容并联在大电容 C_2、C_3 上，因而对振荡频率 f 的影响将大大减小。

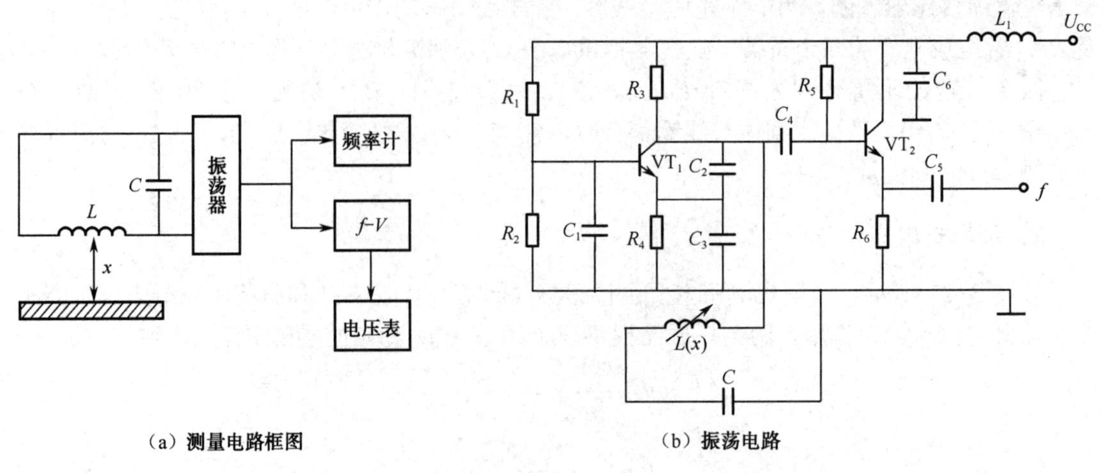

（a）测量电路框图　　（b）振荡电路

图 3-28　调频电路原理

任务实施

1．传感器选型

目前在工程中对于金属工件表面的镀膜，通常采用涡流式测厚仪来测量其厚度。由于涡流式测厚仪的种类和型号较多，应根据不同的金属基体以及表面膜的材料来选择适合的涡流式测厚仪。在本任务中，采用 ED300 型涡流式测厚仪，主要用于测量非磁性金属基体表面的氧化膜或涂层厚度，其测量范围为 0～150 μm，测量精度为±3%。

氧化膜厚度测试原理如图 3-29 所示，将电涡流式传感器探头放置在距某待测金属面 x_0 的位置，当金属表面有氧化膜时，传感器与它的距离为 x，则氧化膜的深度为（x-x_0）。根据电涡流式传感器工作原理，金属表面产生的电涡流对传感器线圈中磁场的反作用，能够改变传感器的电感量。假设当金属表层无氧化膜时，电感的电感量为 L_0，则当金属表面有氧化膜时，其电感量变为（L-L_0）。根据此时的电感量，可计算出电感变化量ΔL，由此得到氧化膜厚度$\Delta x = x - x_0$。

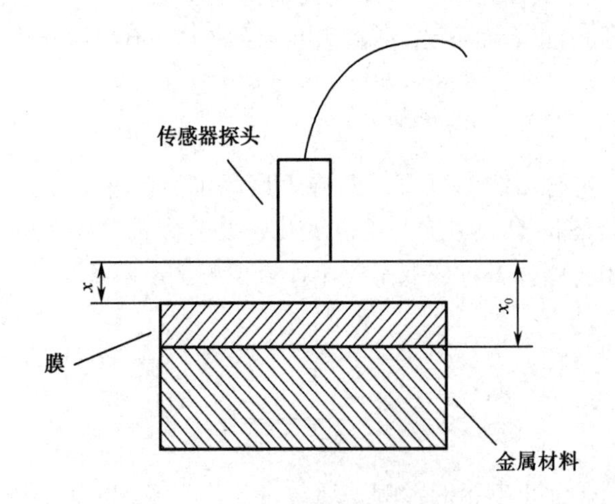

图 3-29　氧化膜厚度测试方法

2. 测量电路设计

金属氧化膜的涡流测量电路如图 3-30 所示。电路主要由振荡器、检测电桥、放大器（图中未画出）等组成。VT_1 及外围元件组成频率为 10 kHz 的振荡器，其输出通过变压器 T 耦合至电桥。电桥由 R_{P1}、R_{P2}、R_{P3}、R_1、C_6 及传感器 L 组成，适当调节 R_{P1}、R_{P2} 和 R_{P3}，可使电桥在金属物表面无氧化膜时接近平衡，几乎无交流信号从电桥输出。若此时金属物表面有氧化膜，传感器产生的感应电流使电桥失去平衡，A 点就会输出检测信号。

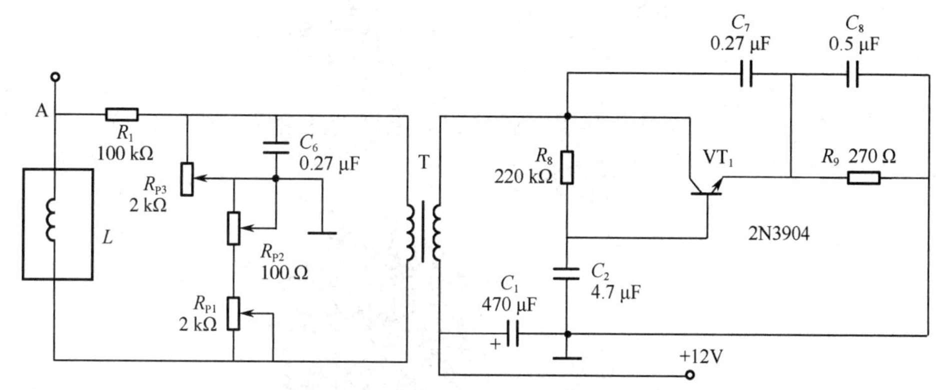

图 3-30 氧化膜厚度测量桥路

3. 模拟调试

（1）按照如图 3-30 所示的电路，将各元件焊接到实验板上，并检查正确性（考虑到是实验室模拟测试，可在输出 A 端连接万用表）。

（2）在金属物表面无氧化膜时，调整 R_{P1}、R_{P2} 和 R_{P3}，此时电桥平衡，无电压输出，这时万用表上应显示为 0 V 电压。

（3）金属物表面有氧化膜时，万用表显示不为 0V，若电压值随着膜厚变化而变化，则电路工作正常。

知识拓展

3.2.4 电涡流式传感器典型应用

电涡流式传感器具有测量范围大、灵敏度高、结构简单、抗干扰能力强和可以非接触测量等优点，被广泛应用于工业生产和科学研究各个领域中。

1. 电磁炉

电磁炉是我们日常生活中必备的家用电器之一，涡流传感器是其核心器件，高频电流通过励磁线圈，产生交变磁场。

在铁质锅底会产生无数的电涡流，使锅底自行发热，烧开锅内的食物。电磁炉的工作原理如图 3-31 所示，电磁炉内部线圈如图 3-32 所示。

2. 电涡流探雷器

探雷器其实是“金属探测器”的一种。它在电子线路与探头环内线圈振荡形成固定频

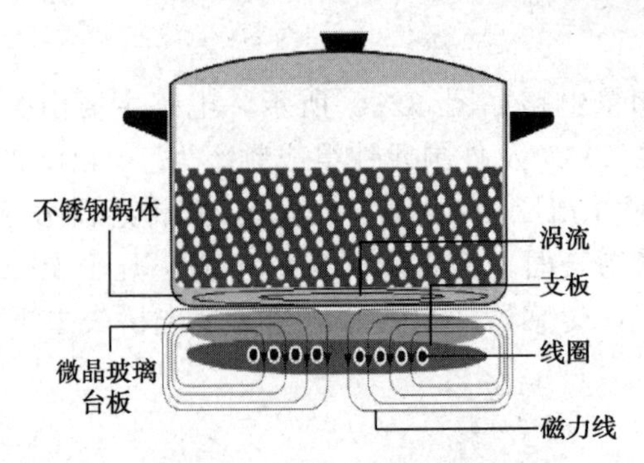

图 3-31　电磁炉工作原理

率的交变磁场。当有金属接近时，利用金属导磁的原理而改变了线圈的感抗，从而改变了振荡频率发出报警信号，但对非金属不起作用。

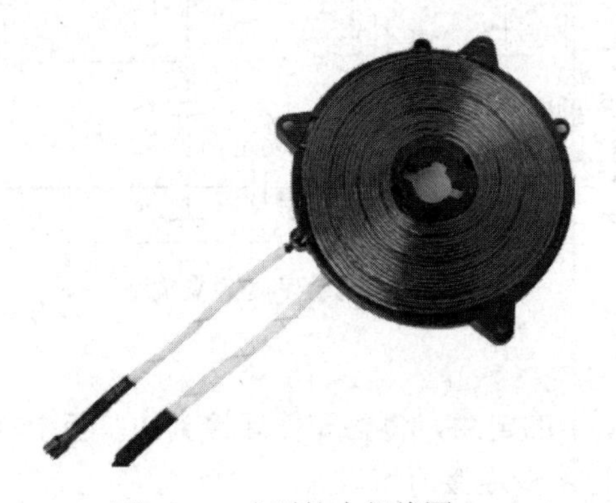

图 3-32　电磁炉内部线圈

探雷器通常由探头、信号处理单元和报警装置三大部分组成。探雷器按携带和运载方式不同，分为便携式、车载式和机载式三种类型。

便携式探雷器供单兵搜索地雷使用，又称为单兵探雷器，多以耳机声响变化作为报警信号；机载式探雷器使用直升机作为运载工具，用于在较大地域上对地雷场实施远距离快速探测。

3．电涡流式接近开关

接近开关又称为无触点行程开关。它能在一定的距离（几毫米至几十毫米）内检测有无物体靠近。当物体接近到设定距离时，就可发出“动作”信号。接近开关的核心部分是“感辨头”，它对正在接近的物体有很高的感辨能力。

电涡流式接近开关的原理框图如图 3-33 所示，这种接近开关只能检测金属。

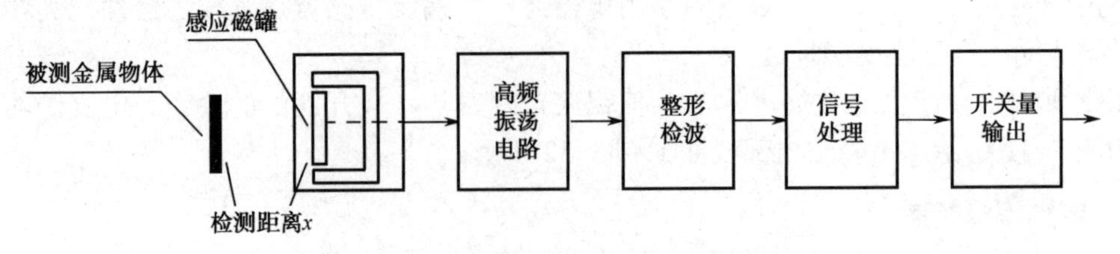

图 3-33　电涡流式接近开关的原理框图

任务3.3 数控机床工作台位移检测

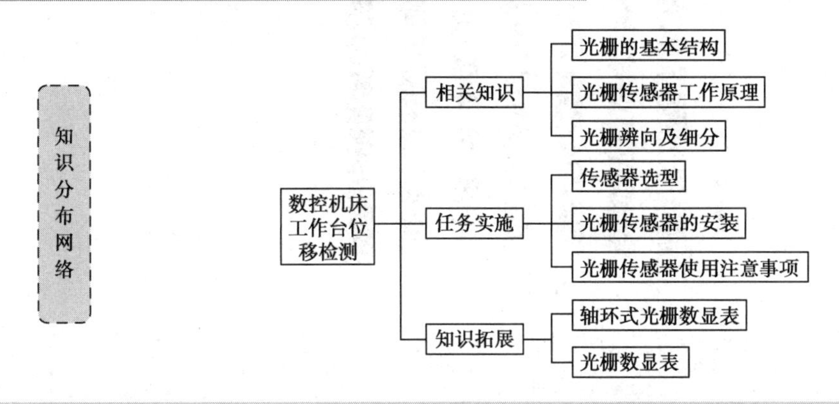

任务描述

数控机床作为制造业不可缺少的设备，其广泛应用是制造业现代化的必然趋势。数控机床加工过程是按预先编制好的零件加工程序自动进行的，不随实际加工状况变化而变化。但在实际加工现场中，通常存在许多因素直接或间接地影响加工精度，如工件毛坯、余量及其误差等。为提高数控机床的加工精度，有必要为其配备在线测量装置。光栅输出信号为数字量，数据不受温度、时间的影响，抗干扰能力强，它是一种定值式传感器，测量精度取决于光栅刻线的准确性，能够动态而高精度地测量直线位移，是改造旧机床、装备新机床以及改进长度计量仪器的重要配件。

相关知识

光栅是一种数字式位移检测元件，其结构原理简单，测量范围大而且精度高，广泛应用于高精度机床和仪器的精密定位或长度、速度、加速度、振动等方面的测量。

光栅的种类很多，在检测技术中使用的是计量光栅。计量光栅按应用范围不同有透射光栅和反射光栅两种；按用途不同有测量线位移的长光栅和测量角位移的圆光栅；按光栅的表面结构不同，又可分幅值（黑白）光栅和相位（闪耀）光栅。本任务主要介绍用于长度和线位移测量的透射黑白长光栅。光栅式传感器是根据莫尔条纹原理制成的一种计量光栅，主要用于位移测量及与位移相关的物理量（如速度、加速度、振动、质量、表面轮廓等方面）测量。

3.3.1 光栅的基本结构

1．光栅

光栅是在透明的玻璃上刻有大量相互平行、等宽而又等间距的刻线。这些刻线有透明的和不透明的，或者是对光反射的和对光不反射的，刻制的光栅条纹密度一般为每毫米 25、50、100、250 条等。黑白长光栅如图 3-34 所示，光栅上的刻线称为栅线，图 3-34 中 a 为刻线宽度，b 为缝隙宽度，$a+b=W$，W 称光栅的栅距（也称为光栅常数），通常 $a=b=W/2$。

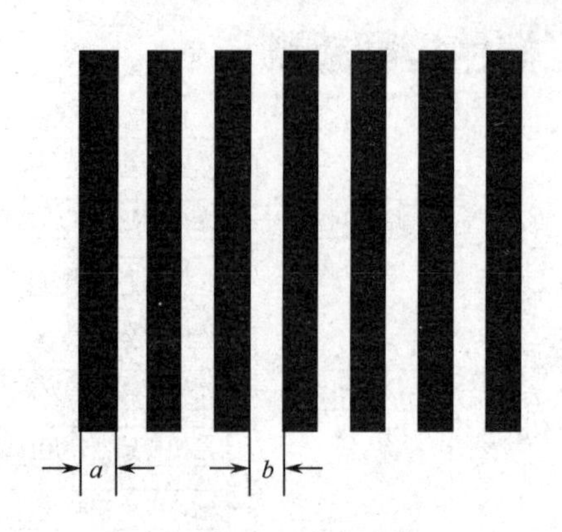

a—刻线宽度　*b*—缝隙宽度

图 3-34　黑白长光栅

2．光栅式传感器的结构

光栅式传感器主要由光源、透镜、光栅副（主光栅和指示光栅）和光电接收元件等组成，如图 3-35 所示。

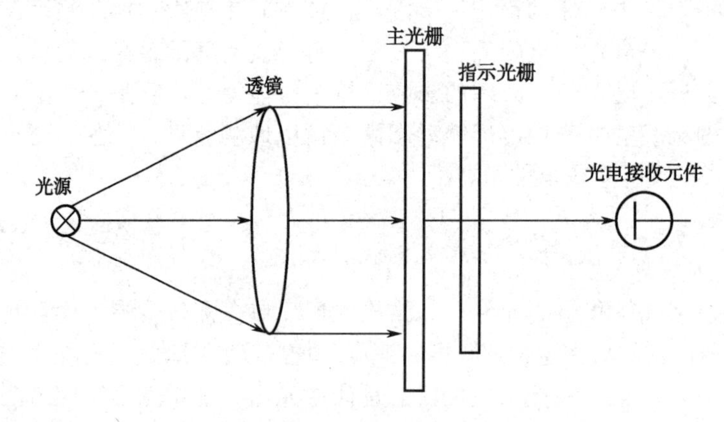

图 3-35　光栅位移检测装置组成结构

光源主要是供给光栅传感器工作所需的光能，它有单色光和普通白光两种，通常采用钨丝灯泡或半导体发光器件。透镜主要是将光源发出的点光转换成平行光，通常采用单个凸透镜。光栅副主要由主光栅和指示光栅组成，是光栅传感器的核心部分，其精度决定着整个光栅传感器的精度。主光栅是测量的基准（又称为标尺光栅），其长度由测量范围确定。指示光栅一般比主光栅短得多，其长度只要能满足测量所需的莫尔条纹数量即可，通常刻有与主光栅同样密度的线纹，如图 3-36 所示。在测量时，标尺光栅与指示光栅面相对，两光栅互相重叠，但保持有 0.05～0.1 mm 的间隙，可以相对运动。在数控机床中，标尺光栅往往固定在床身上不动，而指示光栅则安装在被测物体上随之移动。在圆光栅副中，标尺光栅通常是整圆光栅，固定在主轴上，并随主轴一起转动，指示光栅则为一个固定不动的小块。

光电接收元件是将光栅副形成的莫尔条纹的明暗强度变化转化为电量输出，主要包括有光电池和光敏三极管。在光敏元件的输出端接有放大器以得到足够大的输出信号。

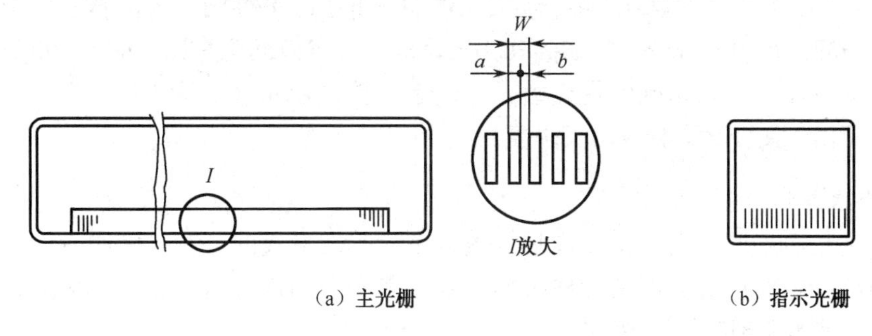

图 3-36 光栅副的结构

3.3.2 光栅式传感器工作原理

在用光栅测量位移时，由于刻线很密，栅距很小，而光敏元件有一定的机械尺寸，故很难分辨到底移动了多少个栅距，实际测量时是利用光栅的莫尔条纹现象进行的。

1．莫尔条纹形成的原理

如果把光栅常数相等的主光栅和指示光栅相对叠合（片间留有很小的间隔），并使两者栅线（光栅刻线）之间保持很小的夹角θ，在两光栅的刻线重合处，光从缝隙透过，形成亮带，在两光栅刻线的错开处，由于相互挡光而形成暗带，于是在近似于垂直栅线的方向上出现明暗相间的条纹，即在 d-d 线上形成亮带，在 f-f 线上形成暗带，如图 3-37 所示，这种明暗相间的条纹称为莫尔条纹。莫尔条纹方向与刻线条纹方向近似垂直，当指示光栅左右移动时，莫尔条纹上下移动变化。

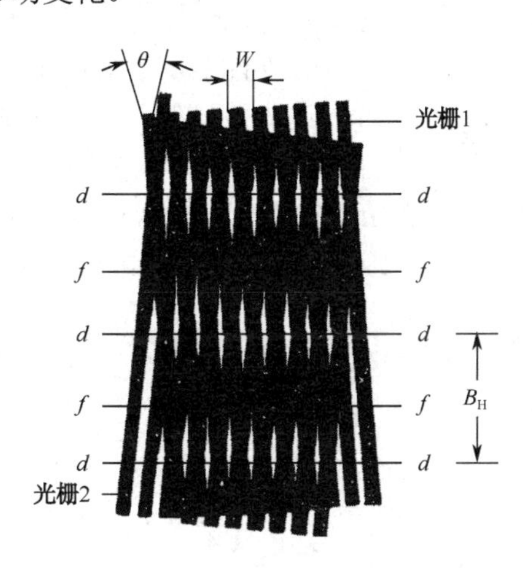

图 3-37 光栅和横向莫尔条纹

2．莫尔条纹的特性

1）位移放大作用

莫尔条纹两个亮条纹之间的宽度为其间距。从图 3-37 所示的莫尔条纹可知，莫尔条纹的间距 B_H 与两光栅夹角θ和栅距 W 的关系为

$$B_H = W/\sin\theta \approx W/\theta \tag{3-40}$$

从式（3-40）可知，θ越小，B_H越大，调整夹角θ即可得到很大的莫尔条纹宽度。例如，θ=0.001 rad，W=0.01 mm，则 B_H=10 mm，即莫尔条纹间距是栅距的 1 000 倍。所以莫尔条纹有放大栅距作用，这既使得光敏元件便于安放，让光敏元件“看清”随光栅移动所带来的光强变化，又提高了测量的灵敏度。

2）减小误差作用

莫尔条纹是由光栅的大量栅线（常为数百条）共同形成的，对光栅的刻线误差有平均作用，从而能在很大程度上可消除栅距的局部误差和短周期误差的影响。因此，莫尔条纹可以得到比光栅本身刻线精度更高的测量精度。

3）方向对应与同步性

莫尔条纹的移动量和移动方向与主光栅相对于指示光栅的位移量和位移方向有着严格的对应关系。当标尺光栅不动，指示光栅沿与光栅刻线条纹垂直的方向移动时，莫尔条纹则沿刻线条纹方向移动（两者的运动方向相互垂直）；指示光栅反向移动，莫尔条纹也反向移动，方向一一对应。如图 3-37 所示，当指示光栅向左移动时，莫尔条纹向下移动。当光栅移动一个栅距时，莫尔条纹也同步移动一个间距。

3.3.3 光栅辨向及细分

1．辨向

在实际应用中，大部分被测物体的移动往往不是单向的，既有正向运动，也有反向运动。单个光电元件接收一个固定点的莫尔条纹信号时，只能辨别明暗的变化而不能辨别莫尔条纹的移动方向，因而就不能辨别运动零件的运动方向，以至无法正确测量。为此，必须设置辨向电路。通常在相隔 $B_H/4$ 间距的位置上，放置产生正弦信号和余弦信号的两个光电元件，得到两个相位差$\pi/2$ 的电信号 u_{os} 和 u_{oc}（图 3-38 中的波形是消除直流分量后的交流分量），经过整形后得到两个方波信号 u'_{os} 和 u'_{oc}。当指示光栅沿正向移动时，u'_{os} 经微分电路后产生的脉冲，正好发生在 u'_{oc} 的“1”电平时，从而经 IC_1 输出一个计数脉冲；而 u'_{os} 经反相并微分后产生的脉冲，则与 u'_{oc} 的“0”电平相遇，与门 IC_2 被阻塞、无脉冲输出。

在指示光栅沿反向移动时，u'_{os} 的微分脉冲发生在 u'_{oc} 为“0”电平时，与门 IC_1 无脉冲输出；而 u'_{os} 的反相微分脉冲则发生在 u'_{oc} 的“1”电平时，与门 IC_2 输出一个计数脉冲。

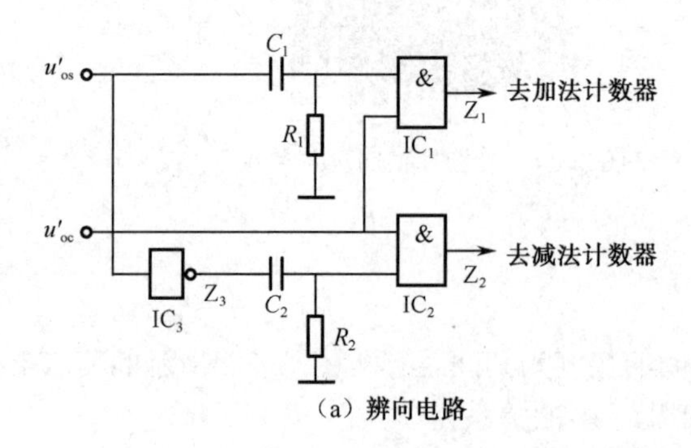

（a）辨向电路

图 3-38　辨向逻辑电路原理

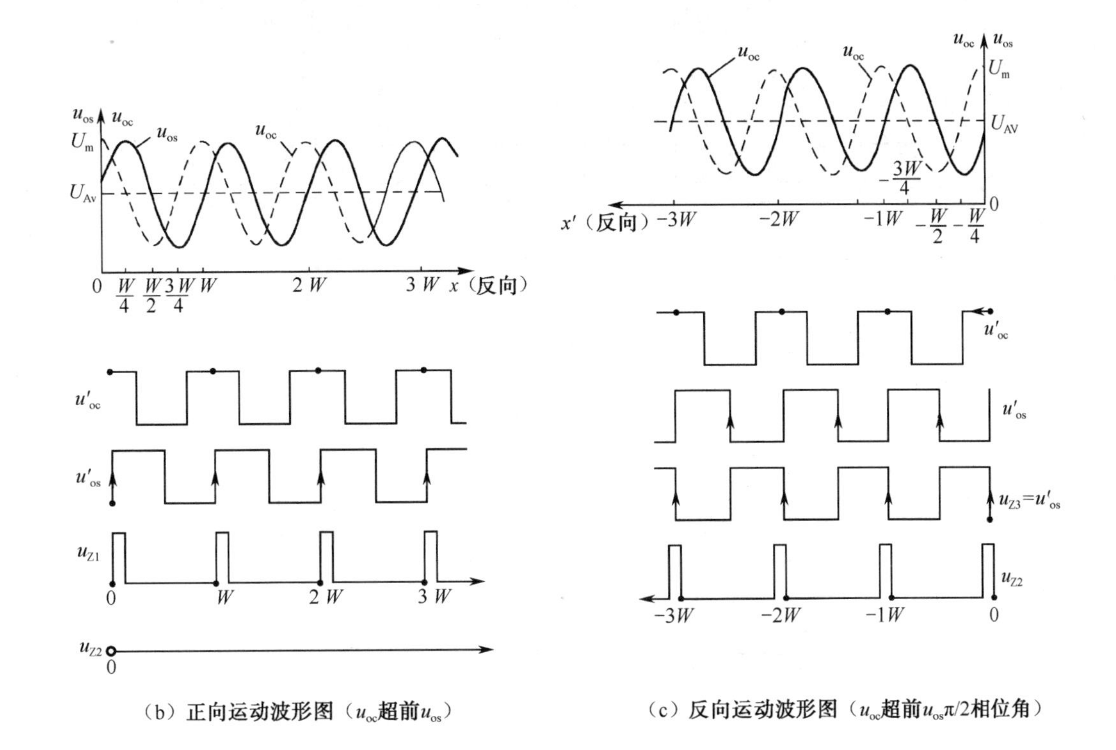

（b）正向运动波形图（u_{oc}超前u_{os}）　　（c）反向运动波形图（u_{oc}超前u_{os}π/2相位角）

图 3-38　辨向逻辑电路原理（续）

用 u'_{oc} 的电平状态作为与门的控制信号，来控制在不同的移动方向时 u'_{os} 所产生的脉冲输出。这样就可以根据运动方向正确地给出加计数脉冲或减计数脉冲，从而达到辨别光栅正、反向移动的目的。

2．细分

随着对测量精度要求的不断提高，光栅位移检测装置需要有更高的测量分辨率，采取减少光栅栅距的办法虽然可以提高分辨率，但受制造工艺限制，潜力有限。通常采用细分技术对莫尔条纹间距进行细分，即采用内插法，使得光栅每移动一个栅距能均匀产生出 n 个计数脉冲，从而可使测量分辨率提高到 W/n。

所谓细分就是在莫尔条纹信号变化一个周期内发出多个脉冲，以减小脉冲数量值，从而提高分辨率。常用的电子细分方法有直接细分法、电阻电桥细分法和电阻链细分法三种，下面主要介绍直接细分法。

直接细分法又称为位置细分法，如图 3-39 所示，常用细分数为 4，因此也称为四倍频细分。在上述辨向电路的基础上，将获得相位差为 90° 的两个正弦信号。若将这两个信号分别反向，就可以得到 4 个在相位上相差 90° 的交流信号。它们分别经过 RC 微分电路，得到脉冲信号，每一个脉冲表示 1/4 光栅距的位移，由此得到四倍频细分电路。

光栅式传感器具有测量量程范围大（可达数米）、分辨率高（可达 0.01 μm）、精度高、可实现动态测量、输出数字量、易于实现数字化测量和自动化控制、具有较强的抗干扰能力等优点，但对使用环境要求较高，怕振动，怕油污，怕灰尘，制造成本高。

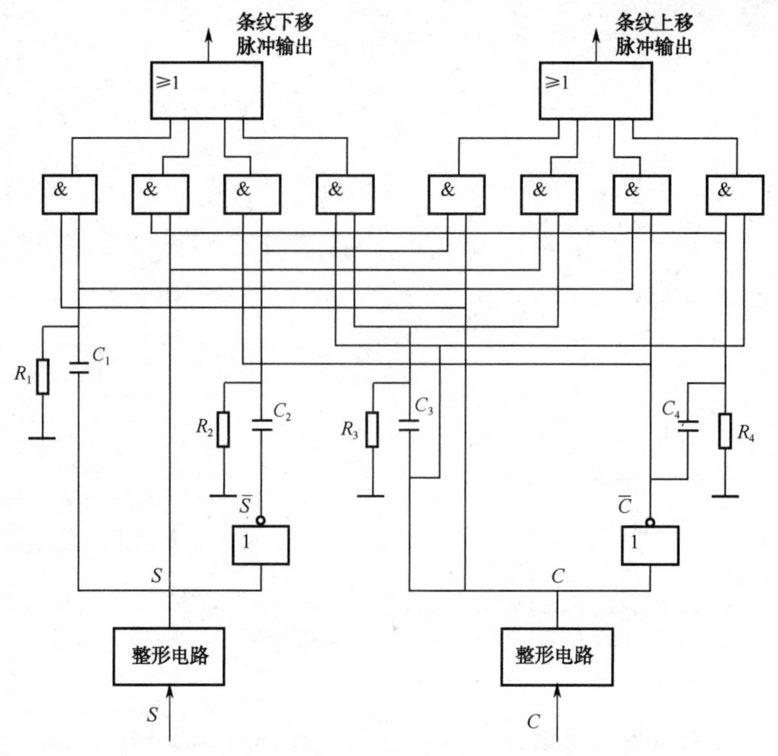

图 3-39　直接细分法

任务实施

1. 传感器选型

对于数控机床导轨直线位移检测，根据光栅式传感器的相关知识，可选用直线光栅位移传感器。本任务中选用 BG-1 型光栅式传感器，如图 3-40 所示。根据运动行程选择相应的长度 L_0，并根据检测精度要求选择光栅的栅距。

图 3-40（a）所示为 BG-1 型光栅式传感器的外形及尺寸，该传感器是将发光器件、光电转换器件和光栅尺（50 线/mm）封装在坚固的铝合金盒内。BG-1 型光栅传感器分为上滑体和读数头两部分。下滑体上固定有 5 个精度确定位的微型滚动轴承，并沿导轨运动，以保证运动中副光栅（指示光栅）与主光栅尺（标尺光栅）之间保持准确夹角和正确间隙。如图 3-40（b）所示，读数头内装有前置放大和整形电路，读数头与下滑体之间采用刚柔结合的连接方式，既保证了很高的可靠性，又有很好的灵活性。

2. 光栅式传感器的安装

光栅式传感器的读数头带有两个连接孔，固定在机床的工作台上，随机床走刀而动。主光栅尺两端装有安装孔，将其固定在机床床身上，如图 3-41 所示。

1）安装基面

安装光栅线位移传感器时，不能直接将传感器安装在粗糙不平的机床床身上，更不能安装在打底涂漆的机床身上。光栅主尺及读数头应分别安装在机床相对运动的两个部件

上。用千分表检查机床工作台的主尺安装面与导轨运动的方向平行度。

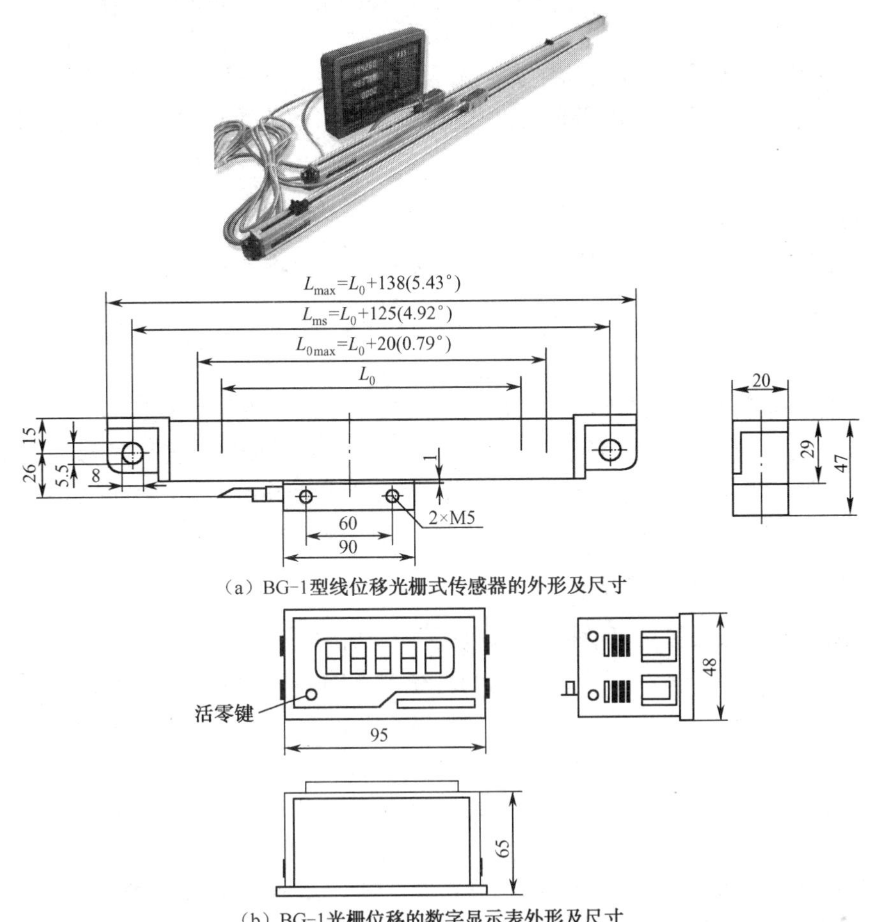

（a）BG-1型线位移光栅式传感器的外形及尺寸

（b）BG-1光栅位移的数字显示表外形及尺寸

图 3-40　光栅位移检测系统

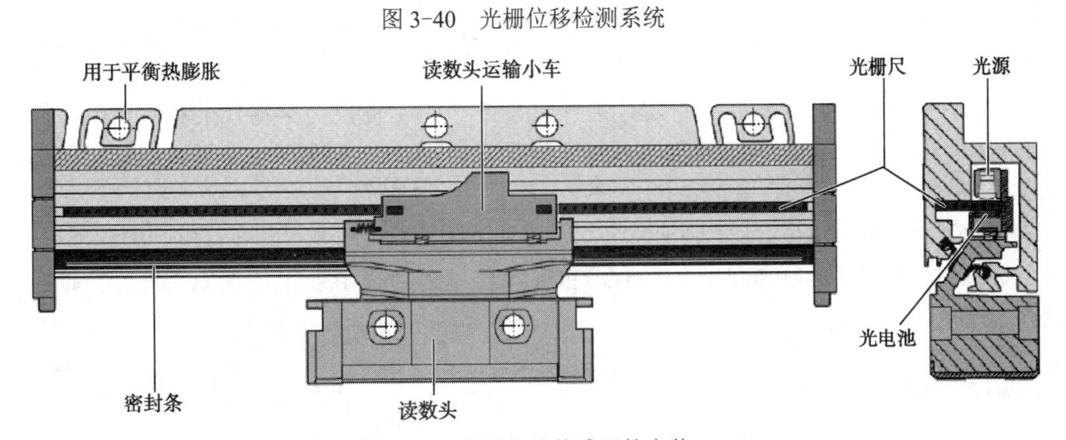

图 3-41　光栅位移传感器的安装

2）主尺安装

将光栅主尺用螺钉紧在机床床身安装面上，暂不要上紧，用千分表测量主尺平面与机床工作台运动方向的平行度，当主尺平行度在 0.1 mm/1000 mm 以内时，把螺钉彻底上紧。在

安装光栅主尺时，应注意如果安装超过 1.5 m 以上的光栅时，要在标尺中部设置支撑。

3）读数头安装

将读数头用螺钉安装在机床的工作台安装面上，其安装方法与主尺相似。调整读数头，使读数头与光栅主尺平行度保证在 0.1 mm 之内，其读数头与主尺的间隙控制在 1～1.5 mm 之间。

4）限位装置

光栅线位移传感器全部安装完以后，一定要在机床导轨上安装限位装置，以免机床加工产品移动时读数头冲撞到主尺两端，从而损坏光栅尺。

5）检查

光栅线位移传感器安装完毕后，可接通数显表，移动工作台，观察数显表计数是否正常。在机床上选取一个参考位置，来回移动工作点至该选取的位置。数显表读数应相同（或回零）。另外，也可使用千分表（或百分表），使千分表与数显表同时调至零（或记忆起始数据），往返多次后回到初始位置，观察数显表与千分表的数据是否一致。

3．光栅式传感器使用注意事项

（1）光栅式传感器与数显表插拔插头时应关闭电源后进行。

（2）尽可能外加保护罩，并及时清理溅落在尺上的切屑和油液，严格防止任何异物进入光栅式传感器的壳体内部。

（3）定期检查安装的连接螺钉是否松动。

（4）为延长防尘密封条的寿命，可在密封条上均匀涂上一薄层硅油，注意勿溅落在玻璃光栅刻划面上。

（5）为保证光栅式传感器使用的可靠性，可每隔一定时间用乙醇混合液清洗擦拭光栅尺面及指示光栅面，保持玻璃光栅尺面清洁。

（6）光栅式传感器严禁剧烈振动及摔打，以免破坏光栅尺，如果光栅尺断裂，光栅式传感器即失效了。

（7）不要自行拆开光栅式传感器，更不能任意改动主栅尺与副栅尺的相对间距，否则一方面可能破坏光栅式传感器的精度；另一方面还可能造成主栅尺与副栅尺的相对摩擦，损坏铬层也就损坏了栅线，从而造成光栅尺报废。

（8）应注意防止油污及水污染光栅尺面，以免破坏光栅尺线条纹分布，引起测量误差。

（9）光栅式传感器应尽量避免在有严重腐蚀作用的环境中工作，以免腐蚀光栅铬层及光栅尺表面，破坏光栅尺质量。

知识拓展

3.3.4 光栅数显表及应用

由于光栅具有测量精度高等一系列优点，若采用不锈钢反射式光栅，测量范围可达数十米，而且信号抗干扰能力强，因此它在国内外受到广泛重视和推广，但必须注意防尘防震问题。近年来，我国设计、制造了很多光栅式测量长度和角度的计量仪器，并成功地将

光栅作为数控机床的位置检测元件，用于精密机床和仪器的精密定位、长度检测、速度、振动和爬行的测量等。

1．轴环式光栅数显表

光栅数显表能显示技术处理后的位移数据，并给数控加工系统提供位移信号。ZBS 型轴环式光栅数显表如图 3-42 所示，其主光栅用不锈钢圆薄片制成，可用于角位移的测量。

定片（指示光栅）被固定，动片（主光栅）可与外接旋转轴相连并转动。动片表面均匀地制出 500 条透光条纹，如图 3-42（b）所示，定片为圆弧型薄片，在其表面刻有两组透光条纹（每组 3 条），定片上条纹与动片上的条纹成一个角度θ，两组条纹分别与两组红外发光二极管和光敏三极管相对应。当动片旋转时，产生莫尔条纹亮暗信号，并由第一个光敏三极管接收正弦信号，第二个光敏三极管接收余弦信号，经整流电路处理后，两者仍保持相差 1/4 周期的相位关系。再经过细分及辨向电路，根据运动的方向来控制可逆计数器做加法或减法计数，测量电路框图如图 3-42（c）所示。测量显示的零点由外部复位开关完成。

轴环式光栅数显表具有体积小、安装方便、读数直观、工作稳定、可靠性好、抗干扰能力强、性价比高等优点，适用于中小型机床的进给或定位测量，也适用于老机床的改造。

2．光栅数显表在机床上的应用

光栅数显表在机床进给运动中的应用如图 3-43 所示。在机床操作过程中，由于用数字显示方式代替了传统的标尺刻度读数，大大提高了加工精度和加工效率。以横向进给为例，光栅读数头固定在工作台上，尺身固定在床鞍上，当工作台沿着床鞍左右运动时，工作台移动的位移量（相对值/绝对值）可通过数字显示装置显示出来。同理，床鞍前后移动的位移量可按同样的方法来处理。

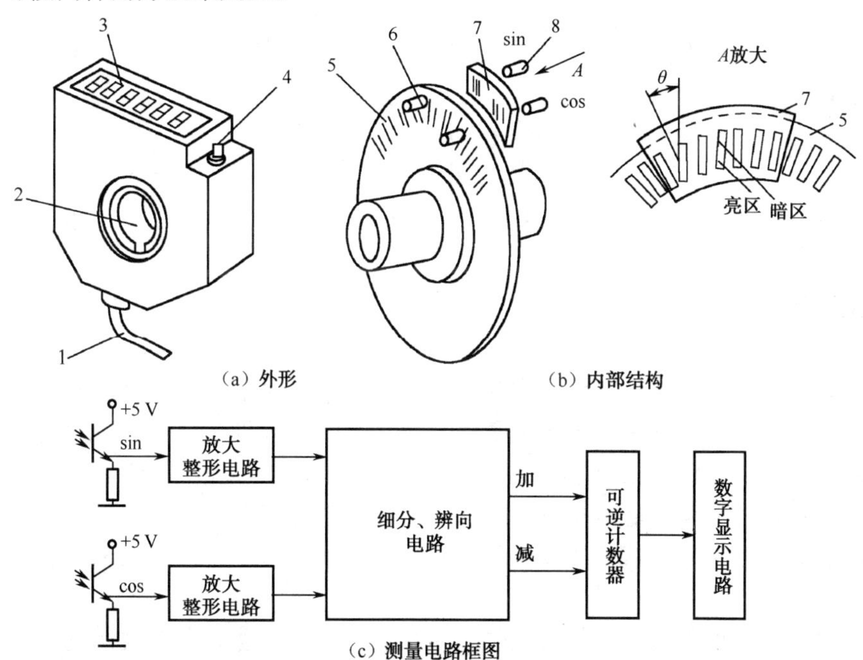

1—电源线（+5V）；2—短路环；3—数字显示表；4—复位开关；5—主光栅；6—红外发光二极管；7—指示光栅；8—光敏三极管

图 3-42 ZBS 型轴环式光栅数显表

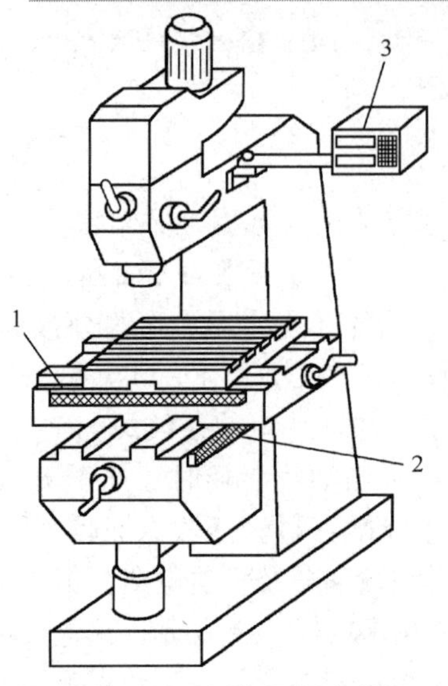

1—横向进给位置光栅检测；2—纵向进给位置光栅检测；3—数字显示装置

图 3-43　光栅数显表在机床进给运动中的应用

微机光栅数显表的组成框图如图 3-44 所示。在微机光栅数显表中，放大、整形电路采用传统的集成电路，辨向、细分功能可由微机来完成。

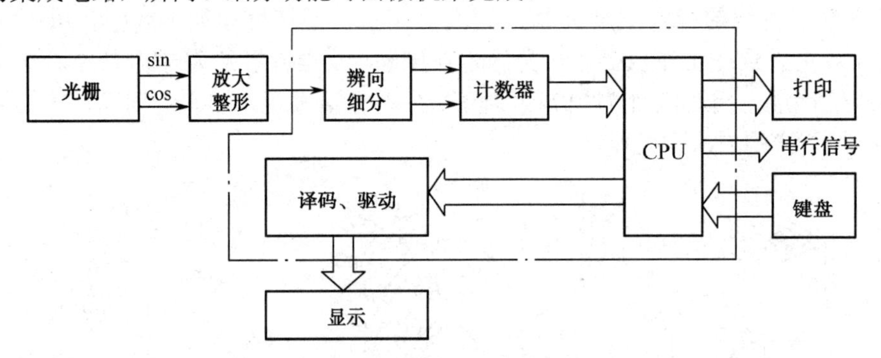

图 3-44　微机光栅数显表的组成框图

项目小结

位移测量通常是线位移和角位移测量的总称。位移是向量，对位移的测量，除了要确定大小以外，还要确定其方向。用于测量位移的传感器类型很多，本项目通过三个任务介绍了常用的电感式传感器、电涡流式传感器和光栅式传感器的工作原理及应用。

电感式传感器是把被测量转换为电感量变化的一种传感器，包括自感式、差动变压器式、电涡流式等。自感式传感器的基本原理是将被测量的变化转换为电感变化。它可以分为变气隙型、变面积型和螺管型三种。变气隙型灵敏度高，但非线性严重，量程较小；变面积型的灵敏度低，但是具有良好的线性，量程较大；螺管型的灵敏度最低，但量程大，线性较好。为了提高电感式传感器的灵敏度，减小测量误差，常采用差动方式。

电涡流式传感器的工作原理是基于涡流效应，涡流的大小与导体的电阻率ρ、磁导率

μ、导体的厚度 t、线圈的励磁频率 f 以及线圈到被测导体间的距离 x 等参数有关。电涡流式传感器可分为高频反射和低频投射两类。

光栅式传感器是根据莫尔条纹原理制成的一种计量光栅，主要用于位移测量及与位移相关的物理量（如速度、加速度、振动、质量、表面轮廓等方面）测量。

思考与练习3

1．为什么电感式传感器一般都采用差动形式？

2．交流电桥的平衡条件是什么？

3．如图3-45所示为一个差动整流电路，试分析电路的工作原理。

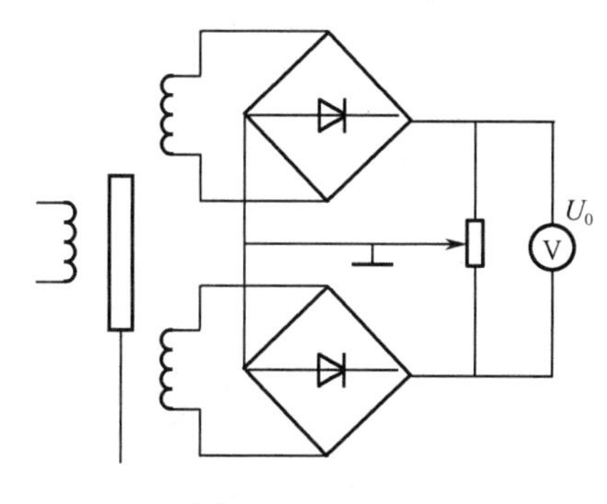

图3-45　题3

4．什么是电涡流效应？

5．如图3-46所示，设计利用涡流位移传感器测量转速的装置，并说明其工作原理。

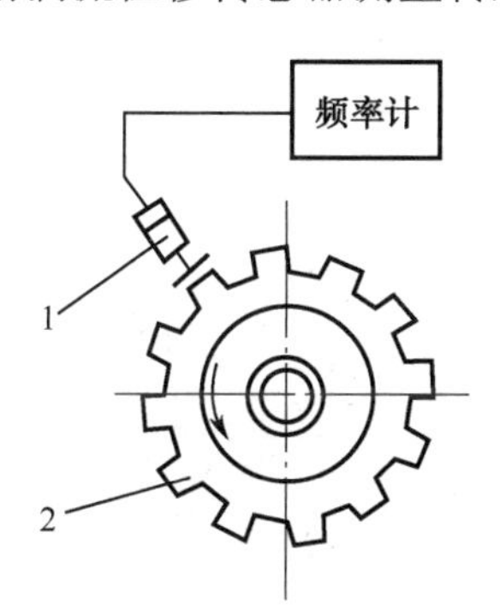

1—电涡流位移传感器；2—带齿圆盘

图3-46　题5

6．图3-47所示为采用某一种传感器测量不同的非电量的示意图。图中被测物体2均为金属材料制成，1为传感器。试问：

（1）该种传感器是何种传感器？

（2）图中分别测量的是哪些非电量？

（3）总结该种传感器的两个优点。

7．电涡流式传感器除了能测量位移外，还能测量哪些非电量？

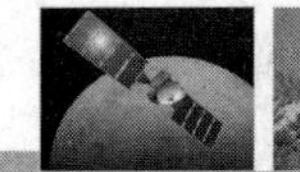

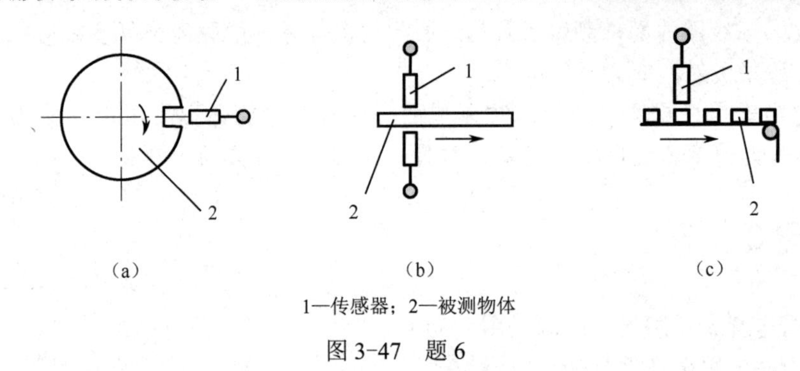

1—传感器；2—被测物体

图 3-47　题 6

8．电涡流式传感器测量位移与其他位移传感器比较，其主要优点是什么？电涡流式传感器能否测量大位移量？为什么？

9．光栅式传感器的组成及工作原理是什么？

10．什么是光栅的莫尔条纹？莫尔条纹是怎样产生的？它具有什么特点？

项目4 速度检测

教学导航

知识目标	（1）理解霍尔效应、霍尔传感器的工作原理。 （2）了解光纤传感器的工作原理。 （3）熟悉霍尔传感器的测量电路。 （4）熟悉光纤传感器类型和应用。 （5）掌握霍尔传感器的结构和主要特性。 （6）理解光电编码器的工作原理及应用。
能力目标	（1）能够根据需要选择合适的速度传感器进行速度测量电路设计。 （2）学会速度测量系统的制作与调试。

项目背景

速度是物体运动的重要参数，物体运动速度的检测分为线速度检测和转速检测。通常线速度用 v 表示，转速用 n 表示，角速度用 w 表示，转换关系为 $v=wr=2\pi nr$（其中 r 为半径），所以一般线速度的检测都转换为转速检测。

在工业生产中，采用各种先进的检测技术对设备的转速或者速度进行、检测，对保证安全生产、提高生产质量有着重要的意义。通过对生产设备速度的测量，可以了解整个设备的运转情况，从而根据生产需求及时作出调整。当超出设备本身的运转速度范围时，检测系统能够发出报警，从而保障生产的安全。所以，速度检测装置或系统除了具有测量功能外，还应具有记录、报警或发出控制信号的功能。

在检测系统中，速度的测量主要是通过速度传感器进行的。根据被测对象的不同、检测的条件和环境的差别，对速度进行检测的传感器有许多种。本项目主要介绍常见的霍尔传感器、光电编码器和光纤传感器等速度检测传感器的工作原理及其应用。

任务 4.1 动感单车速度检测

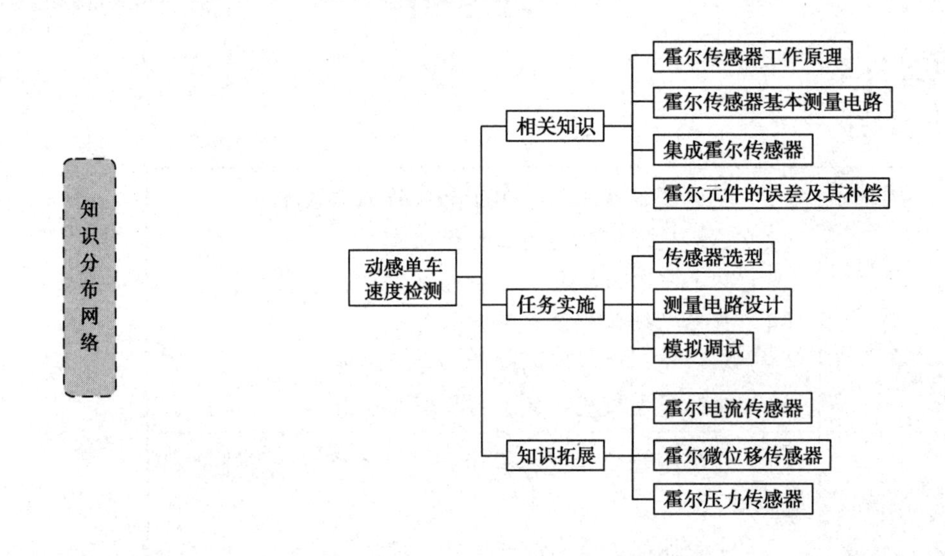

任务描述

动感单车是一种结合了音乐、视觉效果等独特的充满活力的室内自行车训练、健身设备。动感单车的结构与普通的单车相似，包括车把、车座、蹬板和轮子几个部分，如图 4-1 所示，与普通自行车不同的是，其车身稳固地连接为一个整体。

动感单车具有速度显示的功能，是训练者控制自身训练效果的一个重要参考标准。健身者通过对运动速度的把握，在一定持续时间内可以消耗不同的能量，达到健身的效果。

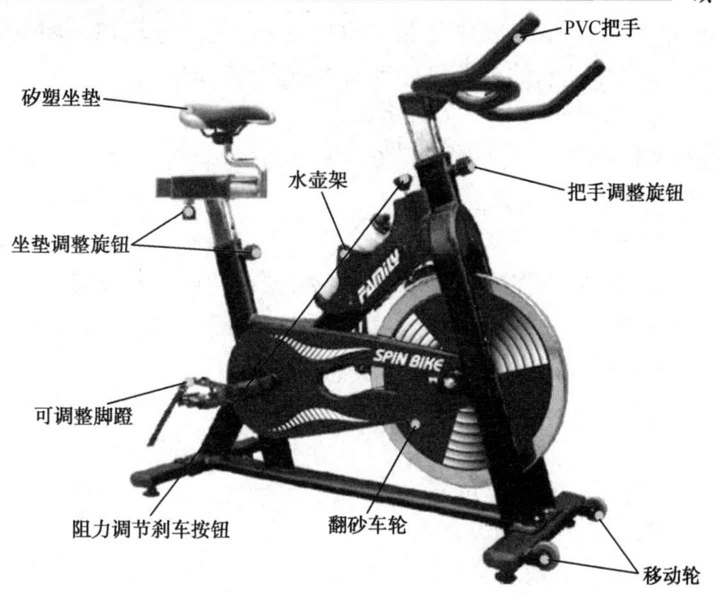

图4-1　动感单车

相关知识

动感单车的速度显示，实际上就是利用速度传感器对动感单车轮子的转速进行测量，可选用霍尔传感器进行测量。

4.1.1　霍尔传感器工作原理

霍尔传感器是基于霍尔效应的一种传感器。1879 年，美国物理学家霍尔首先在金属材料中发现了霍尔效应，但它的真正应用是随着半导体技术发展开始的。霍尔传感器可以将被测量（如电流、磁场、位移、压力、转速等）转换成电动势输出。

1. 霍尔效应

霍尔效应原理如图 4-2 所示，当把一块金属或半导体薄片垂直放在磁感应强度为 B 的磁场中时，沿着垂直于磁场的方向通以电流 I，就会在薄片的另一对侧面间产生电场 E_H，将这种现象称为霍尔效应，所产生的电动势称为霍尔电动势，这种薄片称为霍尔片或霍尔元件。

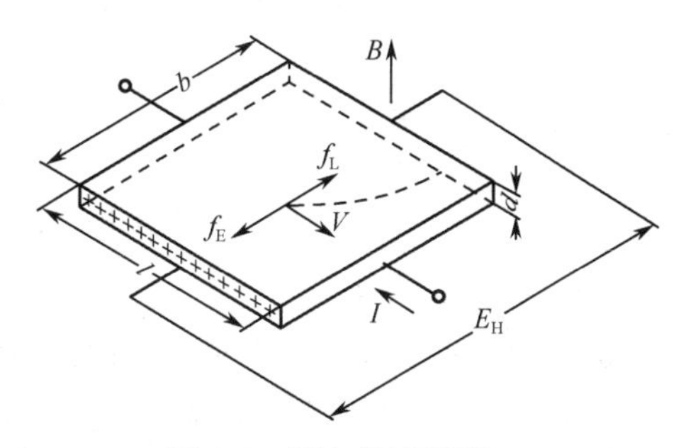

图4-2　霍尔效应原理

当电流 I 通过霍尔片时，设载流子为带负电的电子，则电子沿电流相反方向运动，设其平均速度为 v，在磁场 B 中运动的电子将受到洛伦兹力 f_L，即

$$f_L = evB \tag{4-1}$$

式中 e——电子所带电荷量，e=1.602×10^{-19}C；

v——电子运动速度，单位为 m/s；

B——磁感应强度，单位为 Wb/m^2。

运动电子在洛伦兹力 f_L 的作用下，以抛物线形式偏转至霍尔片的一侧，并使该侧形成电子积累。同时使其相对一侧形成正电荷积累，于是建立起一个霍尔电场 E_H。该电场对随后的运动电子施加一电场力 f_E，即

$$f_E = eE_H = e\frac{U_H}{b} \tag{4-2}$$

式中 b——霍尔片的宽度，单位为 m；

U_H——霍尔电动势，单位为 V。

平衡时，洛伦兹力 f_L 与电场力 f_E 相等，得到

$$evB = e\frac{U_H}{b} \tag{4-3}$$

由于电流密度为 $j=nev$，则电流为

$$I = jbd = nevbd \tag{4-4}$$

将式（4-4）代入式（4-3）可得

$$U_H = \frac{IB}{ned} = R_H \cdot \frac{IB}{d} = K_H IB \tag{4-5}$$

式中 d——霍尔片的厚度；

n——电子浓度；

R_H——霍尔系数，$R_H = \frac{1}{ne}$；

K_H——霍尔灵敏度，$K_H = \frac{1}{ned}$。

若磁感应强度 B 不垂直于霍尔元件，而是与其法线成某一角度 θ 时，实际上作用于霍尔元件上的有效磁感应强度是其法线方向（与薄片垂直的方向）的分量，即 $B\cos\theta$，这时的霍尔电势为

$$U_H = K_H IB\cos\theta \tag{4-6}$$

从式（4-6）可知，霍尔元件产生的霍尔电压主要由三个方面的因素决定，即电源提供的电流大小、霍尔元件所处磁场的强度和霍尔元件的物理尺寸。由于在使用中霍尔元件的物理尺寸是不会变化的，因此霍尔电压 U_H 正比于 I 和 B。

当控制电流 I 恒定时，B 越大，U_H 越大，B 改变方向时，U_H 也改变方向；而当 B 恒定，I 变化时，U_H 也变化。霍尔电压与元件的厚度 d 成反比，因此霍尔元件一般制作得比较薄，一般 d=0.01 mm；当宽度 b 加大或者长宽比减小时，会使霍尔电压下降，应加以修正。K_H 与组件材料的性质和几何尺寸有关，在实际应用中，一般采用 N 型半导体材料制作霍尔元件。

2．霍尔元件的结构

霍尔电压 U_H 与载流子的运动速度 v 有关，而运动速度与载流子的迁移率μ有关。由于 $\mu=v/E_I$（E_I 为电流方向上的电场强度），材料的电阻率 $\rho=1/ne\mu$，所以霍尔系数 R_H 与载流体材料的电阻率 ρ 和载流子的迁移率μ的关系为

$$R_H = \rho\mu \tag{4-7}$$

金属导体的迁移率大，但电阻率较小；绝缘体的电阻率较大，但迁移率小，不宜作为霍尔元件；半导体的迁移率和电阻率适中，因此适合作为霍尔元件。

霍尔元件一般采用 N 型锗、锑化铟、砷化铟等半导体材料制成。锑化铟元件的输出较大，但受温度的影响也较大。锗元件的输出虽小，但它的温度性能和线性度却比较好。砷化铟的输出信号没有锑化铟元件大，但是受温度的影响却比锑化铟要小，而且线性度也较好，因此，普遍采用砷化铟作为霍尔元件的材料。

霍尔元件的结构很简单，它由霍尔片、引线和壳体组成。霍尔片是一块矩形半导体单晶薄片，如图 4-3 所示。霍尔片上有 4 根引线，1、1′两根引线加激励电压或电流，称为激励电极；2、2′两根引线为霍尔输出引线，称为霍尔电极。霍尔元件壳体由非导磁金属、陶瓷或环氧树脂封装而成。

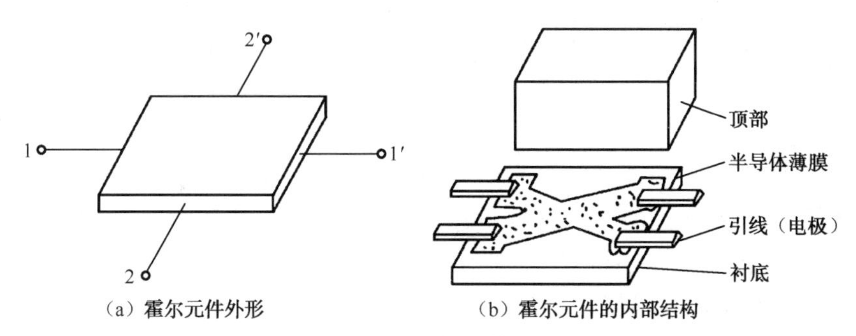

（a）霍尔元件外形　　（b）霍尔元件的内部结构

图 4-3　霍尔元件

国产器件常见的几种符号如图 4-4 所示，常用 H 代表霍尔元件，后面的字母代表元件的材料，数字代表产品的序号。例如，HZ-1 元件是用锗材料制成的霍尔元件；HT-1 元件是用锑化铟材料制成的元件。

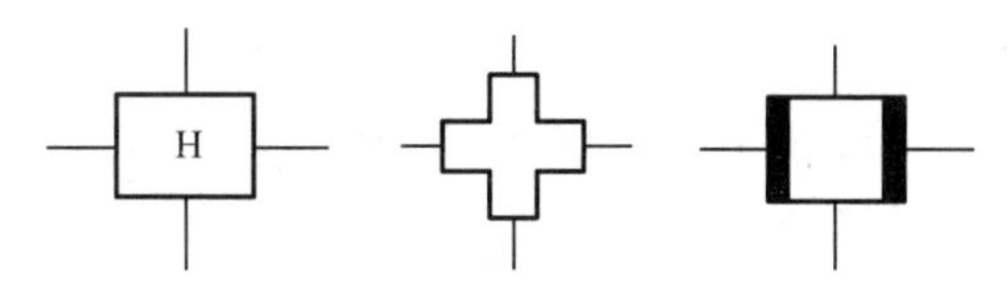

图 4-4　霍尔元件的符号

3．霍尔元件的主要技术参数

1）输入电阻 R_i

霍尔元件两激励电流端的直流电阻称为输入电阻。它的数值从几欧到几百欧，视不同型号的元件而定。温度升高时，输入电阻变小，从而使输入电流变大，最终引起霍尔电压变化。为了减少这种影响，最好采用恒流源作为激励源。

2）输出电阻 R_o

两个霍尔电压输出端之间的电阻称为输出电阻。它的数值与输入电阻是同一数量级，它也随着温度改变而改变。选择适当的负载电阻与之匹配，可以使由温度引起的霍尔电压的漂移减至最小。

3）额定励磁电流 I_C

在磁感应强度 B=0，静止空气中环境温度为 25℃，焦耳热所产生的允许温升ΔT=10℃时，霍尔器件电流输入端的电流称为额定励磁电流 I_C。由于霍尔电压随励磁电流 I_C 增大而增大，在应用中通常希望选用较大的励磁电流，但励磁电流 I_C 增大，霍尔元件的功耗增大，元件温度升高，从而引起霍尔电压的温漂增大。因此，每种型号的元件均规定了相应的最大励磁电流，它的数值从几毫安到几百毫安。

4）灵敏度 K_H

在单位控制电流 I_C 和单位磁感应强度 B 的作用下，霍尔元件输出端开路时测得的霍尔电压，称为灵敏度 K_H，其单位为 V/（A·T）。表达式为

$$K_H = \frac{R_H}{d} \tag{4-8}$$

由此可见，半导体材料的载流子迁移率越大，或者半导体片厚度 d 越小，则灵敏度越高。通常灵敏度在 10 mV/（A·T）左右。

5）不等位电势 U_o

当输入额定的控制电流 I_C 时，即使不外加磁场（B=0），由于在生产中材料厚度不均匀或输出电极焊接不良等，仍会造成两个输出电压电极不在同一等位面上，即输出电压电极之间仍有一定的电位差，这种电位差称为不等位电势 U_o。霍尔元件使用时，多采用电桥法来补偿不等位电压引起的误差。

6）寄生直流电势 U_g

在不加外磁场时，交流控制电流通过霍尔元件时，在霍尔电极间产生的直流电势称为寄生直流电势 U_g。U_g 主要由电极与基片之间的非完全欧姆接触所产生的整流效应造成。

7）霍尔电压温度系数α

在一定磁场强度和激励电流的作用下，温度每变化 1℃时，霍尔电压变化的百分数称为霍尔电压温度系数α，它与霍尔元件的材料有关。

8）电阻温度系数β

当温度每变化 1℃时，霍尔元件材料的电阻变化率称为电阻温度系数β。

4.1.2 霍尔传感器基本测量电路

霍尔元件的基本测量电路如图 4-5 所示，电源提供控制电流，R 为调节电阻，用以根据要求调节控制电流的大小。霍尔电势输出端的负载电阻 R_L，可以是放大器的输入电阻或者表头内阻等。所施加的外磁场 B 一般与霍尔元件的平面垂直。在磁场与控制电流的作用

下，负载上就有电压输出。霍尔效应的建立时间很短（约 10^{-14}～10^{-12} s），当控制电流为交流时，频率可以很高。

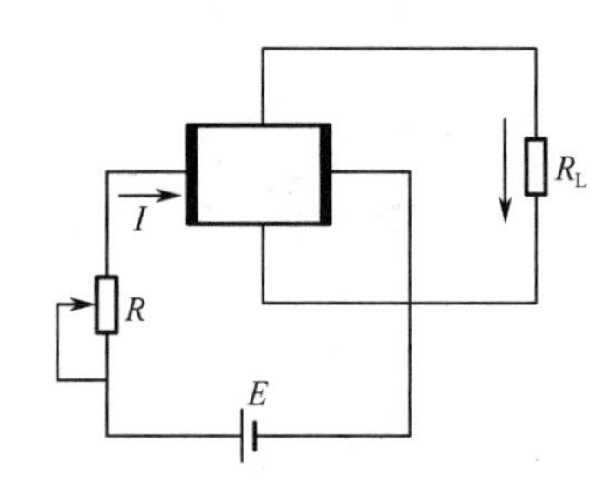

图 4-5 霍尔元件的基本测量电路

在实际应用中，霍尔元件常用到以下电路，其特性不一样，要根据实际用途来选择。

1．恒流工作电路

温度变化引起霍尔元件的输入电阻变化，从而使控制电流发生变化带来误差，为了减小这种误差，常采用恒流源供电，如图 4-6 所示。在恒流工作条件下，没有霍尔元件输入电阻和磁阻效应的影响，但偏移电压的稳定性比恒压工作时差些。

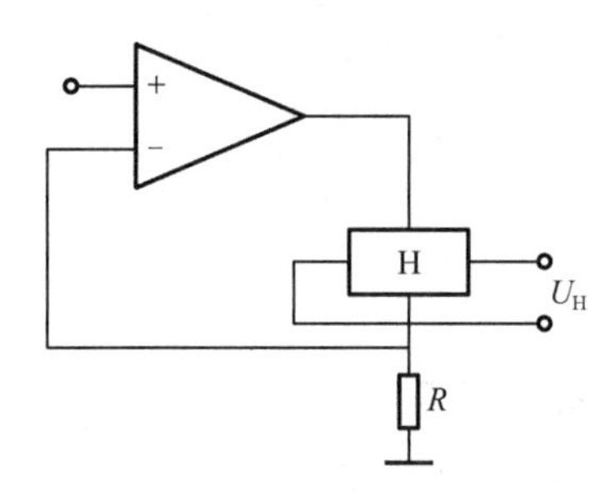

图 4-6 恒流工作的霍尔传感器

2．恒压工作电路

恒压工作比恒流工作的性能要差些，只适用于精度要求不太高的地方，如图 4-7 所示。但由于霍尔元件输入电阻温度变化和磁阻效应的影响，使得恒压条件下性能不好。

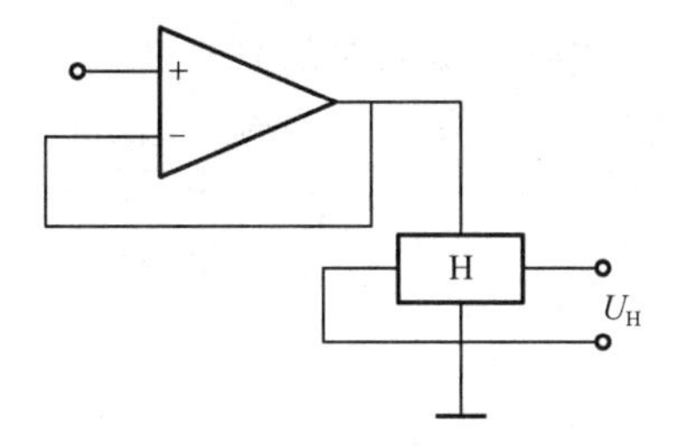

图 4-7 恒压工作的霍尔传感器

3．差分放大电路

霍尔元件的输出电压一般较小，需要用放大电路放大其输出电压。使用一个运算放大器时的电路如图 4-8 所示。霍尔元件的输出电阻可能会大于运算放大器的输入电阻，从而产生误差。为了获得较好的放大效果，常采用差分放大电路，电路如图 4-9 所示。

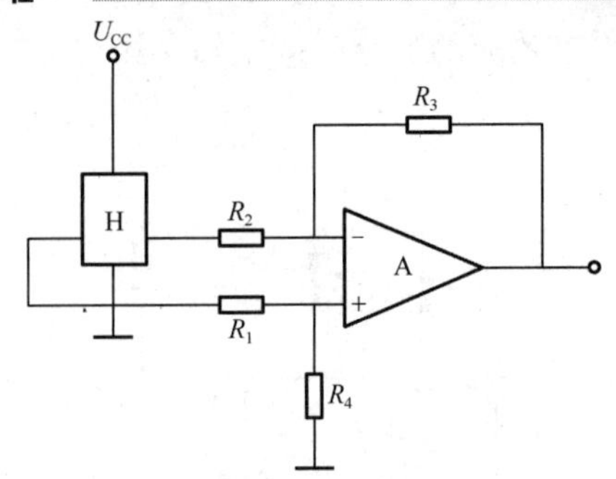

图 4-8　一个运算放大器的放大电路

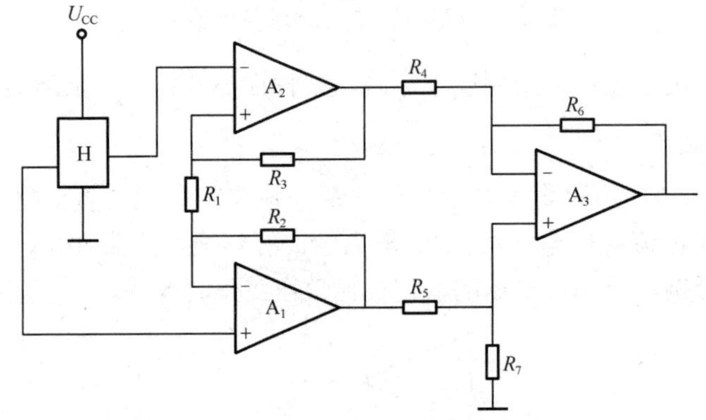

图 4-9　三个运算放大器的放大电路

4.1.3　霍尔集成传感器

利用集成技术，将霍尔敏感元件、放大器、温度补偿电路及稳压电源等集成于一个芯片上构成独立器件——霍尔集成传感器。霍尔集成传感器不仅尺寸紧凑，便于使用，而且有利于减小误差，改善稳定性。根据内部测量电路和霍尔元件工作条件的不同，可分为线性霍尔集成传感器和开关霍尔集成传感器。

1．线性霍尔集成传感器

线性霍尔集成传感器的输出电压与外加磁场强度在一定范围内成线性关系，广泛用于位置、力、重量、厚度、速度、磁场、电流等的测量控制。此种传感器有单端输出和双端输出（差动输出）两种电路，如图 4-10 所示，双端输出特性曲线如图 4-11 所示。

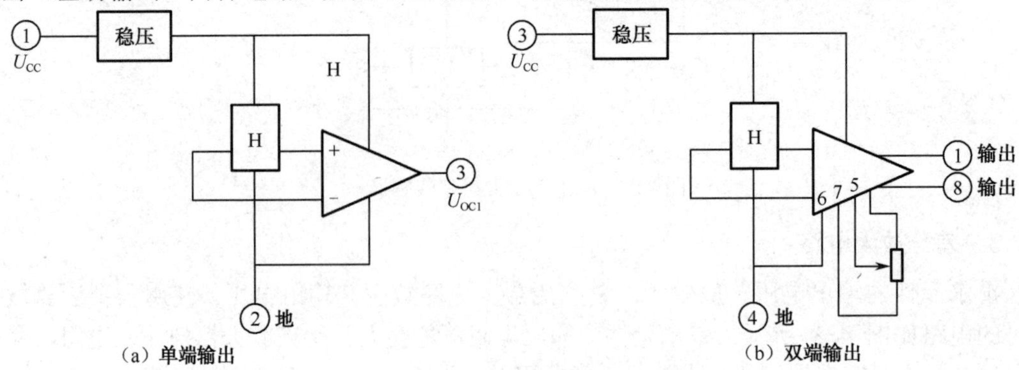

图 4-10　线性霍尔集成传感器的结构

图 4-11 显示出了具有双端差动输出特性的线性霍尔集成传感器的输出特性曲线。当磁场为零时，它的输出电压等于零；当感受的磁场为正向（磁钢的 S 极对准霍尔器件的正面）时，输出为正；磁场反向时，输出为负。

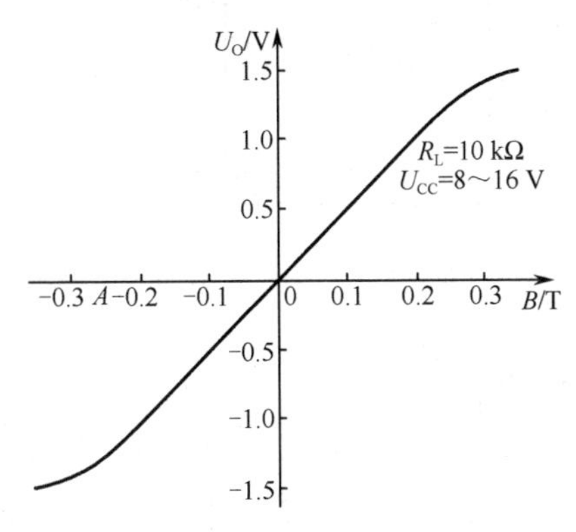

图 4-11　双端输出特性曲线

2. 开关霍尔集成传感器

开关霍尔集成传感器由霍尔元件、放大器、施密特整形电路和开关输出等部分组成，其内部结构框图如图 4-12 所示。

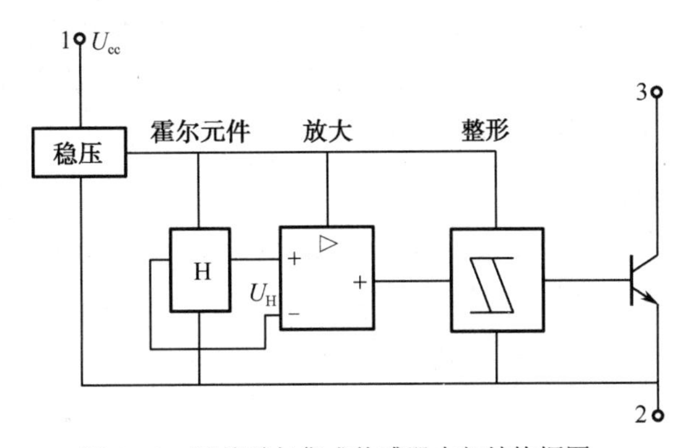

图 4-12　开关霍尔集成传感器内部结构框图

当有磁场作用在霍尔开关集成传感器上时，根据霍尔效应原理，霍尔元件输出霍尔电势，该电压经放大器放大后，送至施密特整形电路。当放大后的霍尔电势大于“开启”阈值时，施密特电路翻转，输出高电平，使晶体管导通，整个电路处于“开”状态。当磁场减弱时，霍尔元件输出的电压很小，经放大器放大后其值仍小于施密特的“关闭”阈值时，施密特整形器又翻转，输出低电平，使晶体管截止，电路处于“关”状态。这样，一次磁场强度的变化，就使传感器完成一次开关动作。

开关霍尔集成传感器的工作特性如图 4-13 所示。从工作曲线上看，工作特性有一定的磁滞，这对开关动作的可靠性是非常有利的。图 4-13 中的 B_{OP} 为工作点“开”的磁感应强度，B_{RP} 为释放点“关”的磁感应强度。当外加磁感应强度高于 B_{OP} 时，输出电平由高变低，传感器处于开状态。当外加磁感应强度低于 B_{RP} 时，输出电平由低变高，传感器处于关状态。

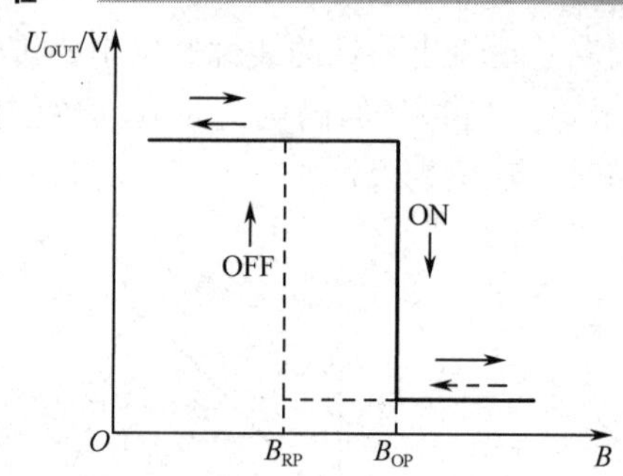

图 4-13　开关霍尔集成传感器的工作特性

4.1.4　霍尔元件的误差及其补偿

由于制造工艺问题以及其他各种影响霍尔元件性能的因素，如元件安装不合理、环境温度变化等，都会影响霍尔元件的转换精度，带来误差。霍尔元件的主要误差有温度误差和零位误差。为提高测量精度，必须对误差产生的原因进行分析，采取相应措施减小误差。

1．温度误差及补偿

霍尔传感器是采用半导体材料制成的，因此它们的许多参数都具有较大的温度系数。当温度变化时，霍尔元件的载流子浓度、迁移率、电阻率及霍尔系数都将发生变化，从而使霍尔元件产生温度误差。为了减小测量中的温度误差，除了选用温度系数小的霍尔元件，或采取一些恒温措施外，也可使用下面一些温度补偿方法。

1）合理选择负载电阻

若霍尔电势输出端接负载电阻 R_L，霍尔元件的输出电阻为 R_o，要使负载上的电压 U_L 不受温度变化的影响，必须满足

$$R_L = R_o \frac{\beta - \alpha}{\alpha} \tag{4-9}$$

式中　α——霍尔电势的温度系数；

　　　β——霍尔元件输出电阻的温度系数。

对于一个确定的霍尔元件，可以方便地获得α、β和 R_o 的值，因此只要使负载电阻 R_L 满足式（4-9），就可在输出回路实现对温度误差的补偿了。虽然 R_L 通常是放大器的输入电阻或者表头内阻，其值是一定的，但是可以通过串、并联电阻来调整 R_L 的值。

2）采用恒流源控制电流

温度变化引起霍尔元件输入电阻 R_i 变化，在采用稳压源供电时，励磁电流会发生变化，带来误差。为了减小这种误差，一般采用恒流源提供励磁电流，如图 4-14 所示。

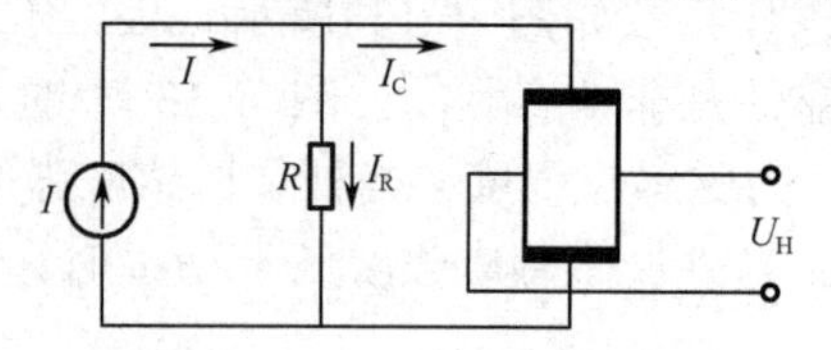

图 4-14　恒流源温度补偿电路

为进一步提高 U_H 的温度稳定性，图 4-14 所示的恒流源的测量电路中并联了一个起分流作用的补偿电阻 R，其值满足

$$R = R_i \frac{\beta - \alpha - \gamma}{\alpha} \tag{4-10}$$

式中 γ——补偿电阻 R 的温度系数。

对于霍尔元件来说，α、β、R_i 都为已知值，因此，只要选择适当的补偿电阻，使 R 和 γ 满足条件，就可在输入回路中得到温度误差的补偿。

2. 不等位电势及其补偿

霍尔元件的零位误差主要有不等位电势和寄生直流电势等，不等位电势 U_0 是霍尔误差中最主要的一种。产生不等位电势的主要原因是由于制造工艺不可能保证两个霍尔电极绝对对称地焊在霍尔片的两侧，致使两电极点不能完全位于同一等位面上；此外，霍尔片电阻率不均匀、霍尔片厚薄不均匀、励磁电流极接触不良导致等位面歪斜等，都会使两霍尔电极不在同一等位面上而产生不等位电势。

霍尔元件的不等位电势补偿电路有很多种形式，图 4-15 所示为两种常见电路，其中 R_P 是调节电阻。图 4-15（a）是在不平衡电桥的电阻值较大的一个桥臂上并联 R_P，通过调节 R_P 使电桥达到平衡状态，称为不对称补偿电路；图 4-15（b）则相当于在两个电桥臂上并联调节电阻，称为对称补偿电路。

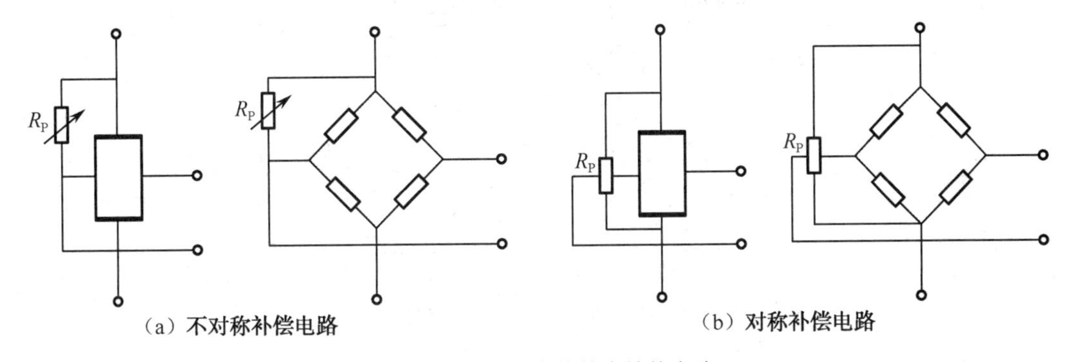

图 4-15 不等位电势的基本补偿电路

任务实施

1. 传感器选型

在常用的速度传感器中，霍尔传感器由于其体积小、寿命长、安装方便、功耗低等特点，经常被应用于较为精密的测量中。根据本任务的测量要求，选用一款霍尔集成传感器（UGN3020）作为主要的速度测量元件。

UGN3020 由霍尔元件、放大器、整形电路及集电极开路输出电路等组成。如图 4-16（a）所示，霍尔元件 H 为硅霍尔片，当垂直于霍尔元件的磁场强度随之变化时，其两端的电压就会发生变化，经放大和整形后，导通或关断 OC 门输出三极管，即可在 3 脚输出脉冲电信号。其工作特性如图 4-16（b）所示。

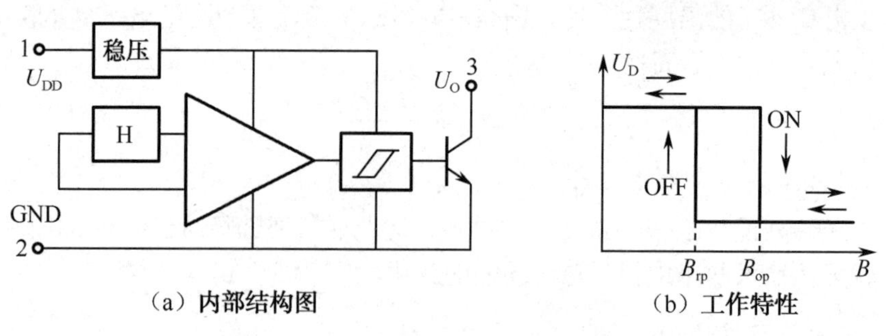

（a）内部结构图　　　　　　　　　　（b）工作特性

图 4-16　霍尔集成传感器（UGN3020）

2．测量电路设计

动感单车速度测量电路的设计如图 4-17 所示，由检测传感器模块、单片机电路和数码显示电路组成。检测模块由永久磁铁和开关霍尔集成传感器 UGN3020 组成。永久磁铁固定在车轮上，UGN3020 固定在车轮的叉架上。

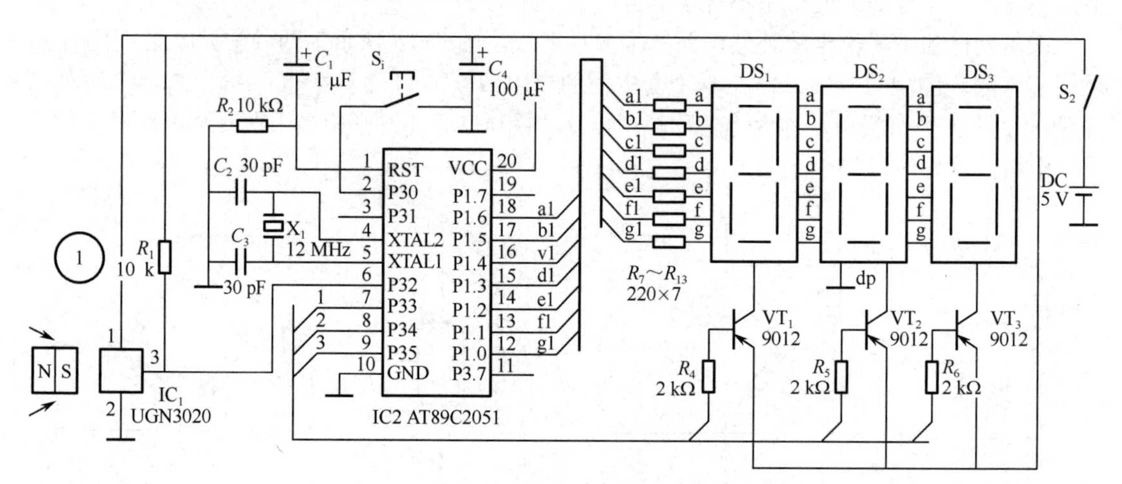

图 4-17　动感单车速度测量电路的设计

电路的工作原理：车轮每旋转一周，磁铁经过 UGN3020 一次，其输出引脚 3 就输出一个脉冲信号，此脉冲信号作为单片机 AT89C2051 的外中断信号；从 P3.2 口输入单片机测量脉冲信号的个数和脉冲周期。根据脉冲信号的个数计算出里程，根据脉冲信号的周期计算出速度并送数码管显示；开关 S_1 还可以用来进行里程和速度显示的切换，在初始状态下显示的是速度。

3．模拟调试

（1）实验室模拟调试时可在直流电动机上安装转盘替代车轮，把一块小永久磁铁固定在转盘上，霍尔集成传感器 UGN3020 固定在转盘上方的支架上，将永久磁铁 S 极面朝向 UGN3020 正面，间隔为 5 mm 左右。

（2）按照图 4-17 所示的电路，将测量电路部分的各元件连接好，并将 UGN3020 的输出端 3 接示波器，并检查正确性。

（3）接通电源，使直流电动机带动永久磁铁旋转，观察示波器检测到的信号变化，若无脉冲信号，则检查永久磁体和 UGN3020 的间隔距离是否过大。

（4）增大直流电动机电压，观察示波器检测到的脉冲信号频率是否随电动机转速的增加而加快，并根据频率计算出转速。

知识拓展

4.1.5 其他霍尔传感器的工作原理

霍尔电势是关于 I、B、θ 三个变量的函数，即 $U_H=K_HIB\cos\theta$ 。利用这个关系可以使其中两个量不变，将第三个量作为变量，或者固定其中一个量，其余两个量都作为变量，这使得霍尔传感器有许多用途。

1．霍尔电流传感器

由霍尔元件构成的电流传感器具有非接触式测量、测量精度高、不必切断电路电流、测量的频率范围广（从零到几千赫兹）、本身几乎不消耗电路功率等特点。

根据安培定律，在载流导体周围将产生一正比于该电流的磁场。用霍尔元件来测量这一磁场，可得到一个正比于该磁场的霍尔电动势。霍尔电流传感器的测量原理如图4-18所示，通过测量霍尔电动势的大小来间接测量电流的大小，实物如图4-19所示的霍尔钳形电流表。

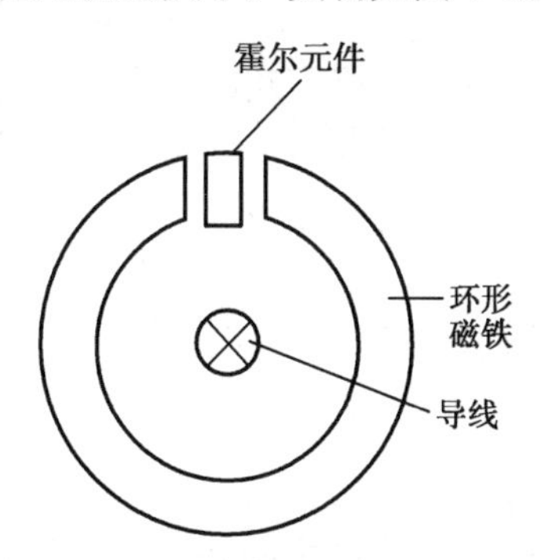

图4-18　霍尔电流传感器的测量原理

图4-19　霍尔钳形电流表

2．霍尔微位移传感器

保持霍尔元件的励磁电流恒定，而使霍尔元件在一个均匀的梯度磁场中沿 x 方向移动，

构成霍尔微位移传感器，如图 4-20 所示。

图 4-20（a）是磁场强度相同的两块永久磁铁，同极性相对地放置，霍尔元件处在两块磁铁的中间。由于磁铁中间的磁感应强度 B 为零，因此霍尔元件输出的霍尔电势 U_H 也等于零，此时位移Δx=0。若霍尔元件在两磁铁中产生相对位移，霍尔元件感受到的磁感应强度也随之改变，这时 U_H 不为零，其量值大小反映出霍尔元件与磁铁之间相对位置的变化量，这种结构的传感器，其动态范围可达 5 mm，分辨率为 0.001 mm。

图 4-20（b）所示是一种结构简单的霍尔位移传感器，由一块永久磁铁组成磁路的传感器。在Δx=0 时，霍尔电压不等于零。当霍尔元件沿 x 方向移动时，霍尔电压发生变化，根据霍尔电压的变化量可测得霍尔元件的位移量。

图 4-20（c）是一个由两个结构相同的磁路组成的霍尔位移传感器，为了获得较好的线性分布，在磁极端面装有极靴，霍尔元件调整好初始位置时，可以使霍尔电压 U_H=0。这种传感器灵敏度很高，但它所能检测的位移量较小，适合于微位移量及振动的测量。

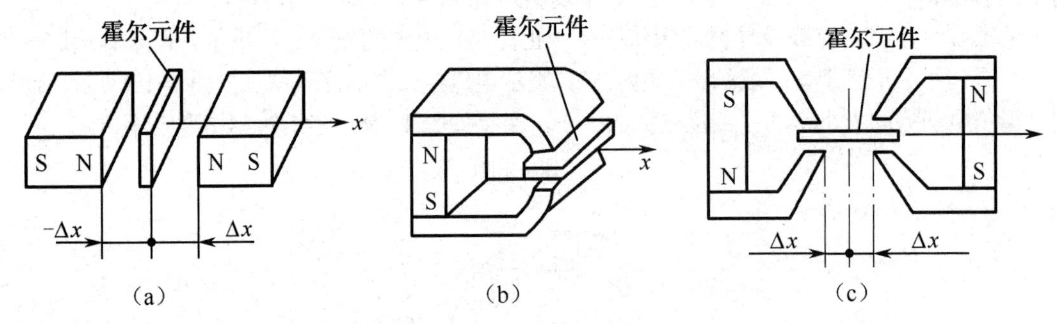

图 4-20　霍尔位移传感器的原理

3. 霍尔压力传感器

霍尔压力传感器是把压力先转换成位移后，再根据霍尔电动势与位移的关系测量出压力。如图 4-21 所示，作为压力敏感元件的弹簧片，其一端固定，另一端安装着霍尔元件。当输入压力增加时，弹簧伸长，使处于恒定梯度磁场中的霍尔元件产生相应的位移，从霍尔元件输出的电压的大小即可反映出压力的大小。

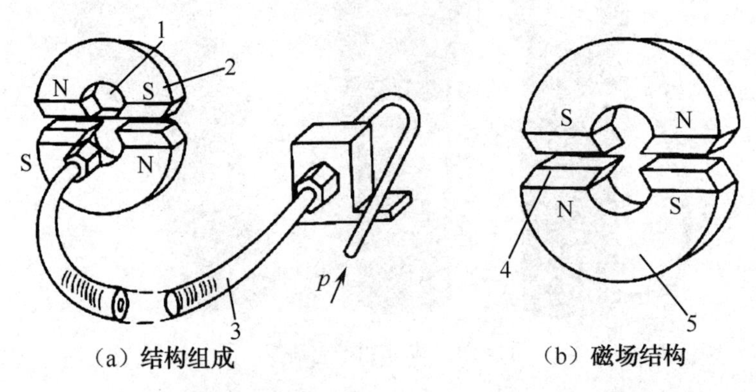

1—霍尔元件；2—磁钢；3—波登管；4—工业纯铁；5—磁钢

图 4-21　霍尔压力传感器的结构

任务 4.2　机床主轴转速检测

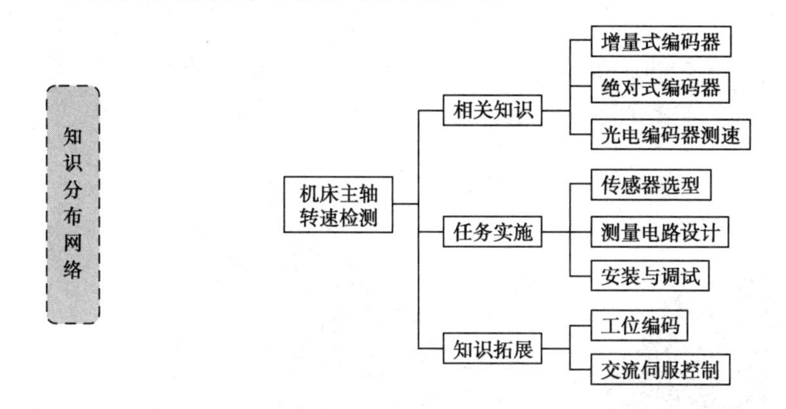

任务描述

就电气控制而言，机床主轴的控制有别于机床伺服轴的控制。一般情况下，机床主轴的控制主要是速度控制，而机床伺服轴的控制主要是位置控制。机床主轴由电动机带动工作，机械测速的缺陷日益明显，其主要表现为直流测速电动机 DG 中的炭刷磨损和交流测速发电机 TG 中的轴承磨损，增加了设备的维护工作量，也随之增加了发生故障的可能性。随着电力电子技术的不断发展，电子脉冲测速已逐步取代机械测速，如可采用磁阻式、霍尔效应式、光电式等方式检测电动机转速。本任务针对机床主轴的转速检测要求，选用合适的光电编码器进行测速，并制定合适的安装、调试方案等。

相关知识

光电编码器是一种通过光电转换将输出轴上的机械几何位移量转换成脉冲或数字量输出的传感器。光电编码器由光源、透镜、随轴旋转的码盘、窄缝和光敏元件等组成，如图 4-22 所示。由于光电码盘与电动机同轴，电动机旋转时，光栅盘与电动机同速旋转，经发光二极管等电子元件组成的检测装置检测输出若干脉冲信号，通过计算每秒光电编码器输出脉冲的个数就能反映当前电动机的转速。光电编码器是一种数字式传感器。

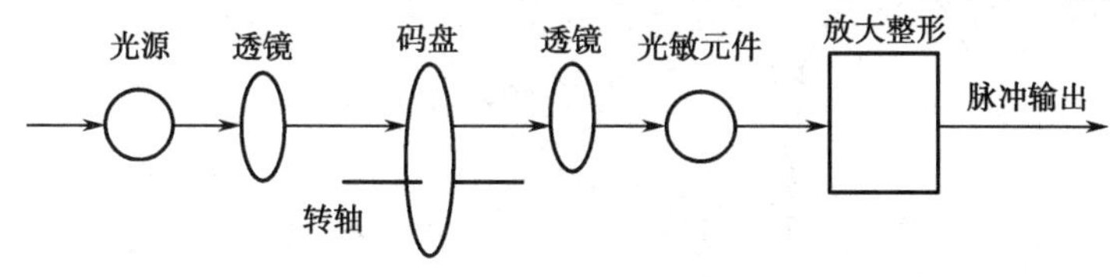

图 4-22　光电编码器的组成

光电编码器广泛应用于测量转轴的转速、角位移、丝杆的线位移等。它具有测量精度高、分辨率高、稳定性好、抗干扰能力强、便于与计算机接口、适宜远距离传输等特点。光电编码器按照它的码盘和内部结构的不同可分为增量式编码器和增量式编码器两种。

4.2.1 增量式编码器

1. 增量式编码器的结构

增量式编码器是指随转轴旋转的码盘给出一系列脉冲，然后根据旋转方向用计数器对这些脉冲进行加减计数，以此来表示转过的角位移量。增量式编码器的结构如图 4-23 所示。

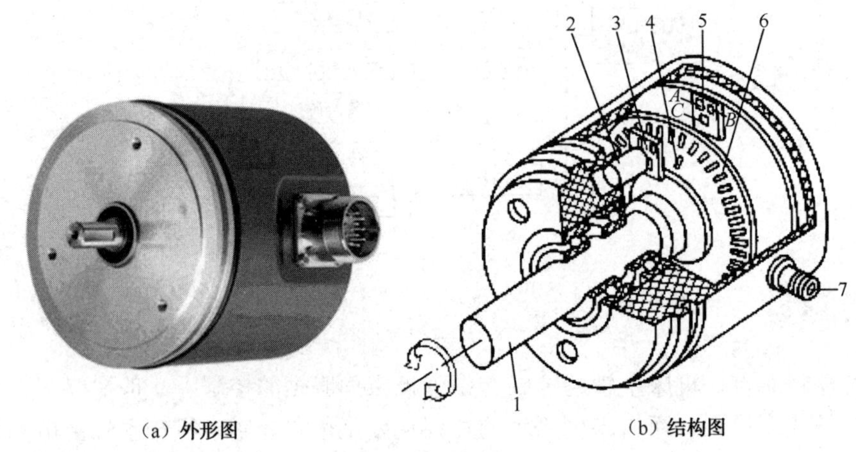

（a）外形图　（b）结构图

1—转轴；2—光源；3—光栅板；5—光敏元件；4、6—码盘；7—数字量输出

图 4-23　增量式编码器的结构

光电码盘与转轴连在一起，码盘可用玻璃材料制成，表面镀上一层不透光的金属铬，然后在边缘制成向心的透光狭缝。透光狭缝在码盘圆周上等分，数量从几百条到几千条不等。这样，整个码盘圆周上就被等分成 n 个透光的槽。增量式光电码盘也可用不锈钢薄板制成，然后在圆周边缘切割出均匀分布的透光槽。

2. 增量式编码器的工作原理

增量式编码器由主码盘、鉴向盘、光学系统和光电变换器组成，如图 4-24（a）所示。在圆形的主码盘（光电盘）周边上刻有节距相等的辐射状窄缝，形成均匀分布的透明区和不透明区。鉴向盘与主码盘平行，并刻有 A、B 两组透明检测窄缝，它们彼此错开 1/4 节距，以使 A、B 两个光电变换器的输出信号在相位上相差 90°，输出信号波形如图 4-24（b）所示。

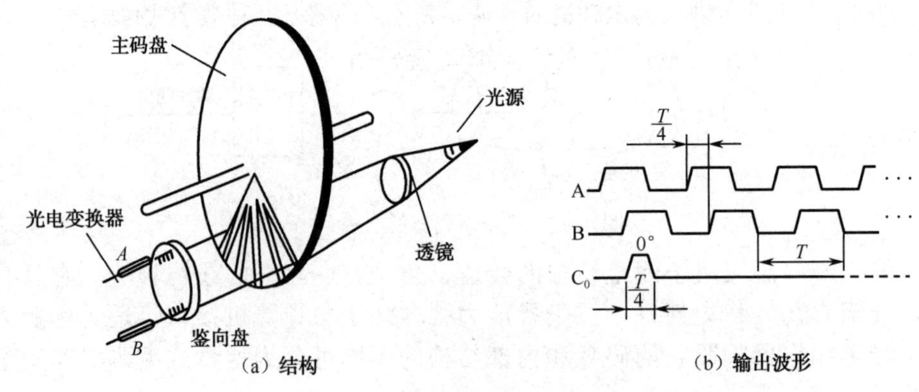

（a）结构　（b）输出波形

图 4-24　增量式编码器工作原理

增量式编码器的工作原理是由旋转轴转动带动在径向有均匀窄缝的主光栅码盘旋转，在主光栅码盘的上面有与其平行的鉴向盘，在鉴向盘上有两条彼此错开 90° 相位的窄缝，并分别有光敏二极管接收主光栅码盘透过来的信号。工作时，鉴向盘不动，主光栅码盘随转子旋转，光源经透镜平行射向主光栅码盘，通过主光栅码盘和鉴向盘后由光敏二极管接收相位差 90° 的近似正弦信号，再由逻辑电路形成转向信号和计数脉冲信号。为了获得绝对位置角，增量式编码器有零位脉冲，即主光栅每旋转一周，输出一个零位脉冲，使位置角清零。利用增量式光电编码器可以检测电动机的位置和速度。

3．旋转方向的判别

为了辨别码盘旋转方向，可以采用图 4-25 所示的电路，利用 A、B 两相脉冲来实现。光电元件 A、B 输出的信号经放大整形后，产生 P_1 和 P_2 脉冲。将它们分别接到 D 触发器的 D 端和 CP 端，由于 A、B 两相脉冲 P_1 和 P_2 相差 90°，D 触发器 FF 在 CP 脉冲（P_2）的上升沿触发。正转时 P_1 脉冲超前 P_2 脉冲，D 触发器的 Q=1 表示正转；当反转时，P_2 超前 P_1 脉冲，D 触发器的 Q=0 表示反转。可以用 Q 控制可逆计数器是正向计数还是反向计数，即可将光电脉冲变成编码输出。C 相脉冲接至计数器的复位端，实现码盘每转动一圈计数器复位一次。码盘无论正转还是反转，计数器每次反映的都是相对于上次角度的增量，故这种测量称为增量法。

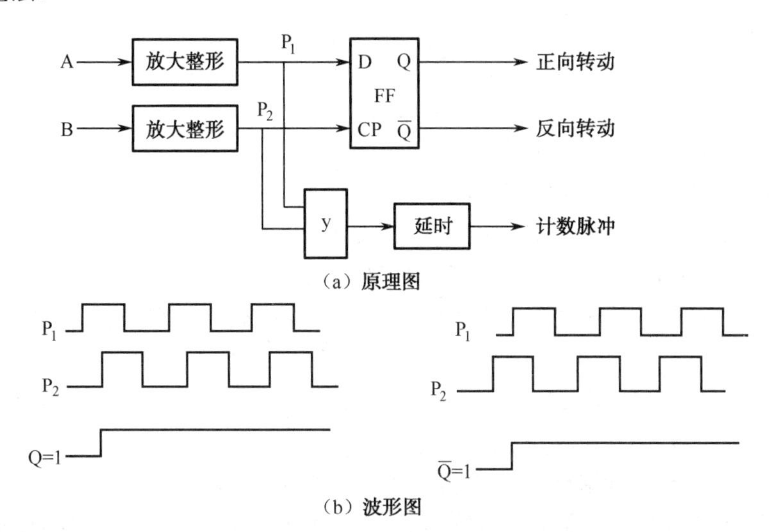

（a）原理图

（b）波形图

图 4-25 增量式编码器的辨向

4．技术参数

在增量式编码器的使用过程中，对于其技术规格通常会提出不同的要求，其中最关键的就是它的分辨率、精度、输出信号的稳定性、响应频率、信号输出形式。

1）分辨率

增量式编码器的分辨率是以编码器轴转动一周所产生的输出信号基本周期数来表示的，即脉冲数/转（PPR）。码盘上的透光缝隙的数目就等于编码器的分辨率，码盘上刻的缝隙越多，编码器的分辨率就越高。此外，对光电转换信号进行逻辑处理，可以得到 2 倍频或 4 倍频的脉冲信号，从而进一步提高分辨率。

2）精度

精度是一种度量，在所选定的分辨率范围内，确定任一脉冲相对另一脉冲位置的能力。精度通常用角度、角分或角秒来表示。增量式编码器的精度与码盘透光缝隙的加工质量、码盘的机械旋转情况的制造精度因素有关，也与安装技术有关。

3）输出信号的稳定性

增量式编码器输出信号的稳定性是指在实际运行条件下，保持规定精度的能力。影响增量式编码器输出信号稳定性的主要因素是温度对电子器件造成的漂移、外界加于增量式编码器的变形力以及光源特性的变化等。

4）响应频率

增量式编码器输出的响应频率取决于光电检测器件、电子处理线路的响应速度。当增量式编码器高速旋转时，如果其分辨率很高，那么增量式编码器输出的信号频率将会很高。增量式编码器的最大响应频率、分辨率和最高转速之间的关系为

$$f_{\max}=\frac{R_{\max}N}{60} \tag{4-11}$$

式中　$f_{\max}$——最大响应频率；

$R_{\max}$——最高转速；

N——分辨率。

通过以上分析可见，增量式光电编码器具有以下特点：

（1）当轴旋转时，增量式编码器有相应的脉冲输出，其旋转方向的判别和脉冲数量的增减通过外部的判向电路和计数器来实现。

（2）增量式光电编码器的计数起点可任意设定，并可实现多圈的无限累加和测量。还可以把每转发出一个脉冲的C信号作为参考机械零位。

（3）增量式编码器的转轴每转一圈都会输出固定的脉冲，输出脉冲数与码盘的刻度线相同。

（4）增量式编码器的输出信号为一串脉冲，每一个脉冲对应一个分辨角 α，对脉冲进行计数 N，就是对 α 的累加，即角位移$\theta=\alpha N$。

（5）增量式编码器具有结构简单、体积小、价格低、精度高、响应速度快、性能稳定等优点，在高分辨率和大量程角速率或位移测量系统中，增量式编码器更具优越性。

4.2.2　绝对式编码器

绝对式编码器是把被测转角通过读取码盘上的图案信息直接转换成相应代码的检测元件。绝对式编码器有光电式、接触式和电磁式三种。

1．绝对式光电编码器

绝对式光电编码器的码盘是目前应用较多的一种，它是在透明材料的圆盘上精确地印制上二进制编码。图 4-26 所示为四位二进制的码盘，码盘上各圈圆环分别代表一位二进制的数字码道，在同一个码道上印制黑白等间隔图案，形成一套编码。黑色不透光区和白色透光区分别代表二进制的“0”和“1”。在一个四位光电码盘上，有四圈数字码道，每

一个码道表示二进制的一位，里侧是高位，外侧是低位，在 360° 范围内可编数码数为 2^4=16 个。

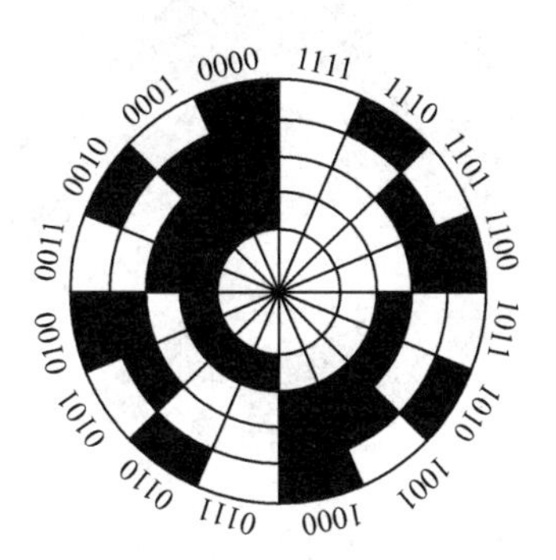

图 4-26　四位二进制的码盘

工作时，码盘的一侧放置电源，另一边放置光电接收装置，每个码道都对应有一个光电管及放大、整形电路。码盘转到不同位置，光电元件接受光信号，并转成相应的电信号，经放大整形后，成为相应数码电信号。但由于制造和安装精度的影响，当码盘回转在两码段交替过程中，会产生读数误差。例如，当码盘顺时针方向旋转，由位置 0111 变为 1000 时，这四位数要同时都变化，可能将数码误读成 16 种代码中的任意一种，如读成 1111，1011，1101，…，0001 等，产生了无法估计的数值误差，这种误差称为非单值性误差。为了消除非单值性误差，可采用以下的方法。

1）循环码盘（或称格雷码盘）

循环码习惯上又称格雷码，它也是一种二进制编码，只有“0”和“1”两个数。图 4-27 所示为四位二进制循环码盘。循环码的特点是任意相邻的两个代码间只有一位代码有变化，即“0”变为“1”或“1”变为“0”。因此，在两数变换过程中，所产生的读数误差最多不超过“1”，只可能读成相邻两个数中的一个数。所以，它是消除非单值性误差的一种有效方法。

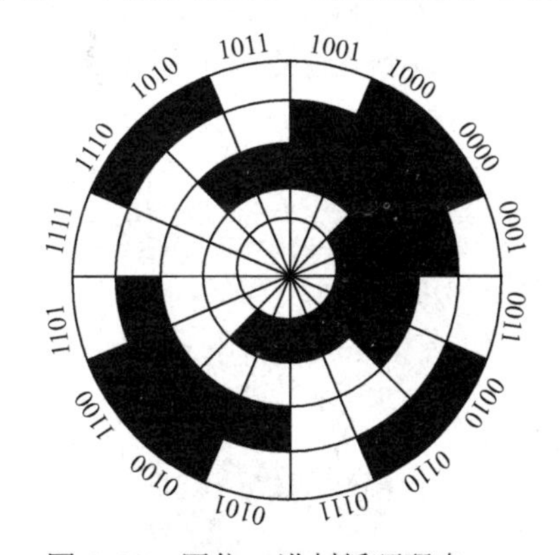

图 4-27　四位二进制循环码盘

2）带判位光电装置的二进制循环码盘

这种码盘是在四位二进制循环码盘的最外圈再增加一圈信号位。图 4-28 所示就是带判位光电装置的二进制循环码盘。该码盘最外圈上的信号位的位置正好与状态交线错开，只有当信号位处的光电元件有信号时才读数，这样就不会产生非单值性误差。

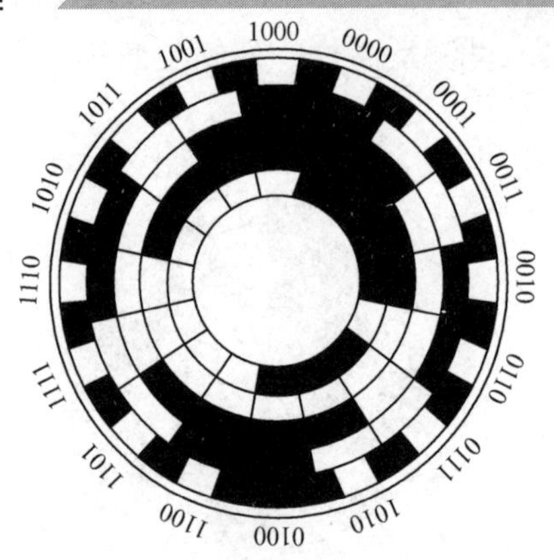

图 4-28　带判位光电装置的二进制循环码盘

2. 绝对式接触编码器

绝对式接触编码器由码盘和电刷组成，适用于角位移测量，结构如图 4-29（a）所示。码盘利用制造印制电路板的工艺，在铜箔板上制作某种码制（如 BCD 码、循环码等）图形的盘式印制电路板。电刷是一种活动触头结构，在外界力的作用下，旋转码盘时，电刷与码盘接触处就产生某种码制的数字编码输出。下面以四位二进制码盘为例，说明其工作原理和结构。

图 4-29（b）是一个四位 BCD 码盘，涂黑处为导电区，将所有导电区连接到高电位“1”。空白处为绝缘区，为低电位“0”。四个电刷沿着某一径向安装，四位二进制码盘上有四圈码道，每个码道有一个电刷，电刷经电阻接地。当码盘转动某一角度后，电刷就输出一个数码。码盘转动一周，电刷就输出 16 种不同的四位二进制数码。由此可知，二进制码盘所能分辨的旋转角度为$\alpha=360°/2^n$，若 $n=4$，则$\alpha=22.5°$。位数越多，可分辨的角度越小，若取 $n=8$，则$\alpha=1.4°$。当然，可分辨的角度越小，对码盘和电刷的制作和安装要求越严格。当 n 多到一定位数后（一般为 $n>8$），这种码盘将难以制作。

BCD 码制的码盘，由于电刷安装不可能绝对精确必然存在机械偏差，这种机械偏差会产生非单值误差。例如，由二进制码 0111 过渡到 1000 时（电刷从 h 区过渡到 i 区），即由 7 变为 8 时，如果电刷进出导电区的先后不一致，此时就会出现 8～15 间的某个数字。采用循环码制可以消除非单值误差，其编码如表 4-1 所示。四位循环码盘如图 4-29（c）所示。由循环码的特点可知，即使制作和安装不准，产生的误差最多也只是最低位。因此采用循环码盘比采用 BCD 码盘的准确性和可靠性要高得多。

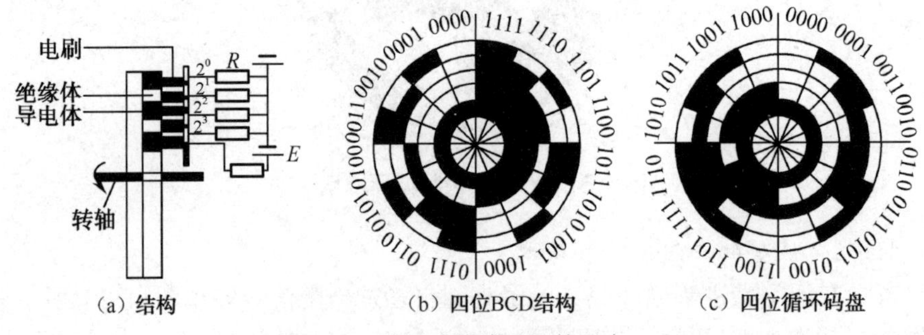

（a）结构　（b）四位BCD结构　（c）四位循环码盘

图 4-29　绝对式触编码器的码盘

表 4-1　电刷在不同位置时对应的数码

角度	电刷位置	二进制码（B）	循环码（R）	十进制数
0	a	0000	0000	0
1α	b	0001	0001	1
2α	c	0010	0011	2
3α	d	0011	0010	3
4α	e	0100	0110	4
5α	f	0101	0111	5
6α	g	0110	0101	6
7α	h	0111	0100	7
8α	i	1000	1100	8
9α	j	1001	1101	9
10α	k	1010	1111	10
11α	l	1011	1110	11
12α	m	1100	1010	12
13α	n	1101	1011	13
14α	o	1110	1001	14
15α	p	1111	1000	15

3．绝对式电磁编码器

在数字式传感器中，绝对式电磁编码器是近年发展起来的一种新型电磁敏感元件，它是随着绝对式光电编码器的发展而发展起来的。绝对式光电编码器的主要缺点是对潮湿气体和污染敏感，且可靠性差，而绝对式电磁编码器不易受到尘埃和结露影响，同时其结构简单紧凑，可高速运转，响应速度快（可达 500～700 kHz），体积比绝对式光电编码器小，而成本更低，且易将多个元件精确地排列组合，比用光学元件和半导体磁敏元件更容易构成新功能器件和多功能器件。绝对式电磁编码器的输出不仅具有一般编码器仅有的增量信号及指数信号，还具有绝对信号输出功能。所以，尽管目前大多数情况下采用了光学编码器，但毫无疑问，在未来的运动控制系统中，绝对式电磁编码器的应用将越来越广。

通过以上分析可见，绝对式编码器具有以下特点：

（1）绝对式编码器是按照角度直接进行编码，能直接把被测转角用数字代码表示出来。当轴旋转时，有与其位置对应的代码（如二进制码、循环码、BCD 码）输出。从代码大小的变更，即可判别正反方向和转轴所处的位置，而无须判向电路。

（2）绝对式编码器具有一个绝对零位代码，当停电或关机后，再开机重新测量时，仍然可以准确读出停机或关机位置的代码，并准确的找出零位代码。

（3）一般情况下，绝对式编码器的测量范围为 $0°\sim360°$。

（4）绝对式编码器的标准分辨率用位数 2^n 表示，即最小分辨率角为 $360°/2^n$。

（5）当绝对式编码器的进给数大于一转时，要用减速齿轮将两个以上的编码器连接起来，组成多级检测装置，因而结构复杂、成本高。

4.2.3 光电编码器测速

在电机控制中，可以利用定时器/计数器配合光电编码器的输出脉冲信号来测量电机的转速。具体的测速方法有M法、T法和M/T法三种。

1. M法

M法又称为测频法，其测速原理是在规定的检测时间 T_c 内，对光电编码器输出的脉冲信号进行计数的测速方法，如图4-30所示。这种方法测量的是平均速度，设编码器每转产生 N 个脉冲，则在闸门时间间隔 T_C 内得到 m_1 个脉冲，则角编码器所产生的脉冲频率 f 为

$$f=\frac{m_1}{T_c} \tag{4-12}$$

则被测转速 n（单位为r/min）为

$$n=60\frac{f}{N}=60\frac{m_1}{T_c N} \tag{4-13}$$

M法测速适用于测量高转速，因为在给定的光电编码器线数 N 及测量时间 T_c 条件下，转速越高，计数脉冲 m_1 越大，误差也就越小。

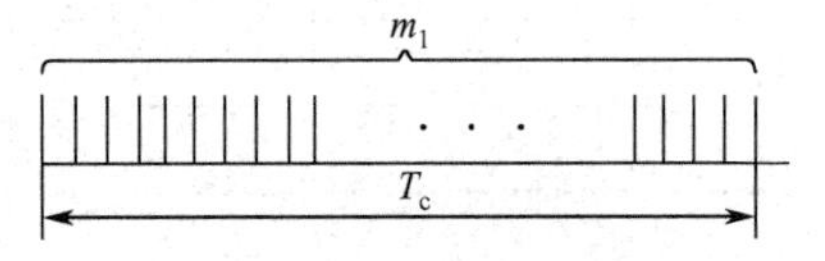

图4-30 M法测速原理

2. T法

T法也称为测周法，通过测量编码器两个相邻脉冲的时间间隔来计算转速，原理如图4-31所示。这种方法测量的是瞬时转速，设编码器每转产生 N 个脉冲，用已知频率为 f 的时钟脉冲向计数器发送脉冲，此计数器由编码器产生的两个相邻脉冲控制其开始和结束。若计数器的读数为 m_2，则被测转速 n（r/min）为

$$n=60\frac{f}{Nm_2} \tag{4-14}$$

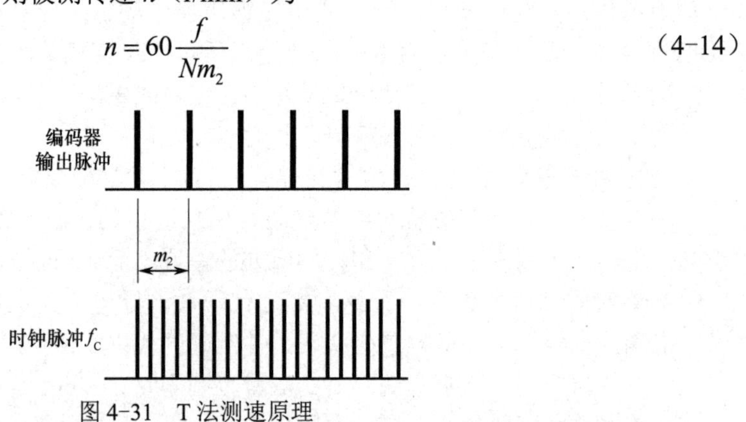

图4-31 T法测速原理

为了减小误差，希望尽可能记录较多的脉冲数，因此T法测速适用于低速运行的场合。但转速太低，一个编码器输出脉冲的时间太长，时钟脉冲数会超过计数器最大计数值

而产生溢出；另外，时间太长也会影响控制的快速性。与 M 法测速一样，选用线数较多的光电编码器可以提高对电机转速测量的快速性与精度。

3．M/T 法

M/T 法是前两种方法的结合，同时测量一定数量的编码器脉冲和产生这些脉冲所花的时间来确定被测转速，原理如图 4-32 所示。设编码器每转产生 N 个脉冲，被测速脉冲数为 m_1，计数器的读数为 m_2，则被测转速 n（r/min）为

$$n = 60\frac{f}{N}\cdot\frac{m_1}{m_2} \tag{4-15}$$

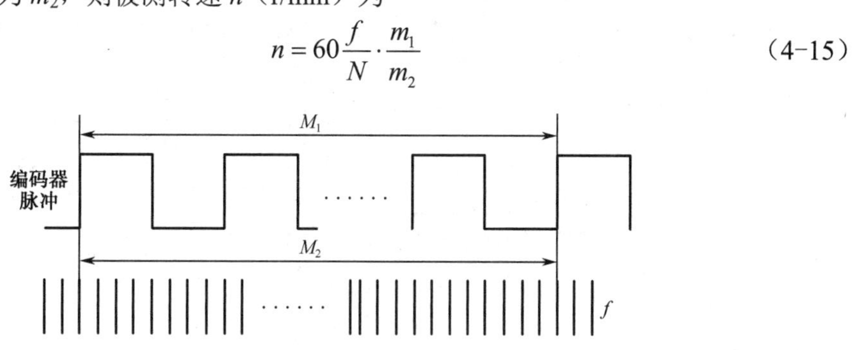

图 4-32　M/T 法测速原理

可见，M/T 法兼有 M 法和 T 法的优点，在高速和低速段均可获得较高的分辨率。

对采用增量式检测装置的伺服系统（如增量式光电编码器），因为输出信号是增量值（一串脉冲），失电后控制器就失去了对当前位置的记忆。因此，每次开机启动后要回到一个基准点，然后从这里算起，来记录增量值，这一过程称为回参考点。

任务实施

用光电编码器测机床主轴转速如图 4-33 所示。将增量式光电编码器安装在机床的主轴上，用来检测主轴的转速。当主轴旋转时，光电编码器随主轴一起旋转，输出脉冲经脉冲分配器和数控逻辑运算，输出进给速度指令控制丝杠进给电机，达到控制机床的纵向进给速度的目的。

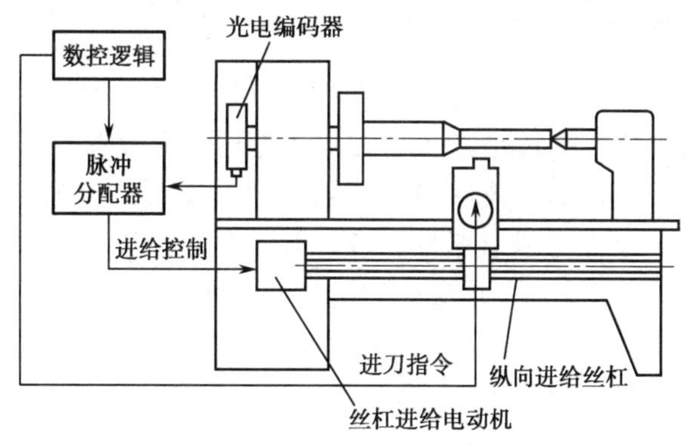

图 4-33　光电编码器测机床主轴转速

1．传感器选型

根据任务的测速要求，选用 EPC-755A 光电编码器。EPC-755A 光电编码器具备良好的

使用性能，在角度测量、速度测量时抗干扰能力很强，并具有稳定可靠的输出脉冲信号，且该脉冲信号经计数后可得到被测量的数字信号。该光电编码器输出为双通道正交信号，具有校正基准信号，可方便地实现双向计数。

2．测量电路设计

机床主轴转动是双向的，既可顺时针旋转，也可逆时针旋转，所以要先对编码器的输出信号鉴相后才能计数。EPC-755A 光电编码器实际使用的鉴相电路如图 4-34 所示，它由 1 个 D 触发器（CD4013B）和 2 个“与非”门（CD4011）组成。输出信号波形如图 4-35 所示。

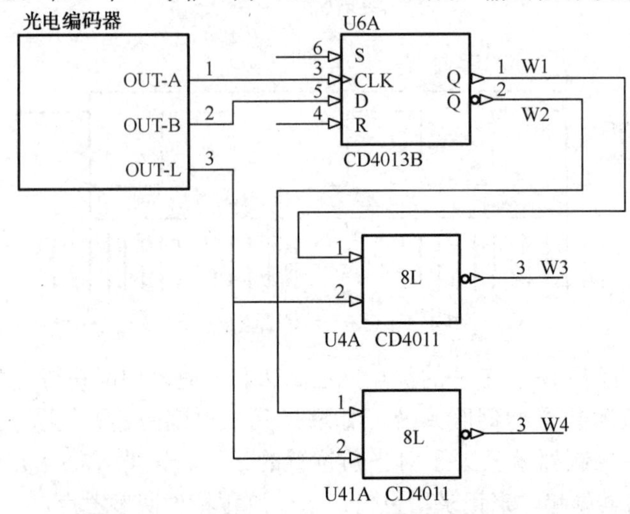

图 4-34　EPC-755A 光电编码器实际使用的鉴相电路

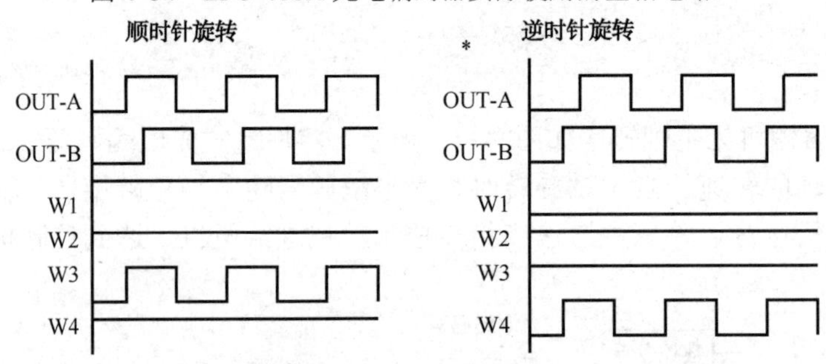

图 4-35　输出信号波形

当光电编码器顺时针旋转时，通道 A 输出波形超前通道 B 输出波形 90°，D 触发器输出 Q（波形 W1）为高电平，$\overline{Q}$（波形 W2）为低电平，U4A“与非”门打开，计数脉冲通过（波形 W3），送至 PLC 的高速计数器 1 进行加法计数；此时，U41A“与非”门关闭，其输出为高电平（波形 W4）。当光电编码器逆时针旋转时，通道 A 输出波形比通道 B 输出波形延迟 90°，D 触发器输出 Q（波形 W1）为低电平，$\overline{Q}$（波形 W2）为高电平，上面“与非”门关闭，其输出为高电平（波形 W3）；此时，U41A“与非”门打开，计数脉冲通过（波形 W4），送至 PLC 高速计数器 2 进行减法计数。

采用 M/T 法进行速度测量，具体由 PLC 编程实现。首先设置 PLC 中定时器的中断响应频率 f，在一定时间里定时器中断次数为 m_2，与此同时在这段时间里由高速计数器测出光电编码器的输出脉冲数 m_1，便可测出转速。

3. 安装与调试

1）光电编码器的安装

（1）机械方面。

① 由于编码器属于高精度机电一体化设备，所以编码器轴与用户端输出轴之间要采用弹性软连接，以避免因用户轴的跳动而造成编码器轴系和码盘的损坏。

② 安装时注意允许的轴负载。

③ 应保证编码器轴与用户输出轴的不同轴度小于 0.20 mm，与轴线的偏角小于 1.5°。

④ 安装时严禁敲击和摔打碰撞，以免损坏轴系和码盘。

⑤ 长期使用时，定期检查固定编码器的螺钉是否松动（每季度检查一次）。

（2）电气方面。

① 接地线应尽量粗，一般应大于 1.5 mm^2。

② 编码器的输出线彼此不要搭接，以免损坏输出电路。

③ 编码器的信号线不要接到直流电源上或交流电流上，以免损坏输出电路。

④ 与编码器相连的电机等设备，应接地良好，不要有静电。

⑤ 配线时应采用屏蔽电缆。

⑥ 开机前，应仔细检查产品说明书与编码器型号是否相符、接线是否正确。

⑦ 长距离传输时，应考虑信号衰减因素，选用具备输出阻抗低，抗干扰能力强的型号。

（3）环境方面。

① 编码器是精密仪器，使用时要注意周围有无振源及干扰源。

② 不是防漏结构的编码器不能溅上水、油等，必要时要加上防护罩。

③ 注意环境温度、湿度是否在仪器使用要求范围之内。

2）光电编码器与 PLC 的连接

光电编码器与 PLC 配合测电机转速时，主要与 PLC 高速计数器通道连接。根据所选用的 PLC 高速计数器的编号，接入对应的输入端口。

3）模拟调试

① 按照图 4-34 所示，完成电路制作，并检查正确性。

② 为便于在实验室进行调试，可将编码器与实验用交流电机按照要求进行连接，将 W3 和 W4 分别接入示波器（PLC 部分不接入）。

③ 接通电源，电机分别进行正转和反转，通过示波器观察波形，是否符合图 4-35 所示，以验证方案的正确性。

知识拓展

4.2.4 转盘工位编码原理

由于绝对式编码器每一转角位置均有一个固定的编码输出，若编码器与转盘同轴相连，则转盘上每一工位安装的被加工工件均可有一个编码相对应，转盘工位编码原理如图 4-36 所示。当转盘上某一工位转到加工点时，该工位对应的编码由编码器输出给控制系统。

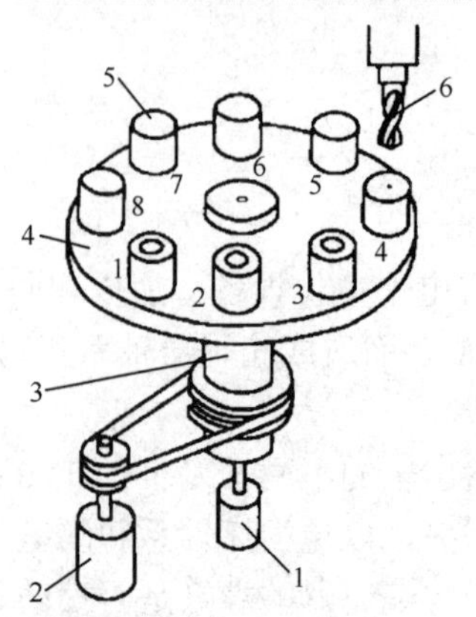

1—绝对式角编码器；2—电动机；3—转轴；4—转盘；5—工件；6—刀具；7—带轮

图 4-36　转盘工位编码原理

例如，要使处于工位 4 上的工件转到加工点等待钻孔加工，计算机就控制电动机通过带轮带动转盘逆时针旋转。与此同时，绝对式编码器（假设为 4 码道）输出的编码不断变化。设工位 1 的绝对二进制码为 0000，当输出从工位 3 的 0010 变为 0011 时，表示转盘已将工位 4 转到加工点，电动机停转。

4.2.5　交流伺服电动机控制原理

交流伺服电动机是当前伺服控制中最新技术之一。交流伺服电动机的运行需要角度位置传感器，以确定各个时刻转子磁极相对于定子绕组转过的角度，从而控制电动机的运行。图 4-37（a）所示为某一交流伺服电动机的外形，图 4-37（b）所示为控制系统框图。光电编码器在交流伺服电动机控制中的作用体现在以下三个方面。

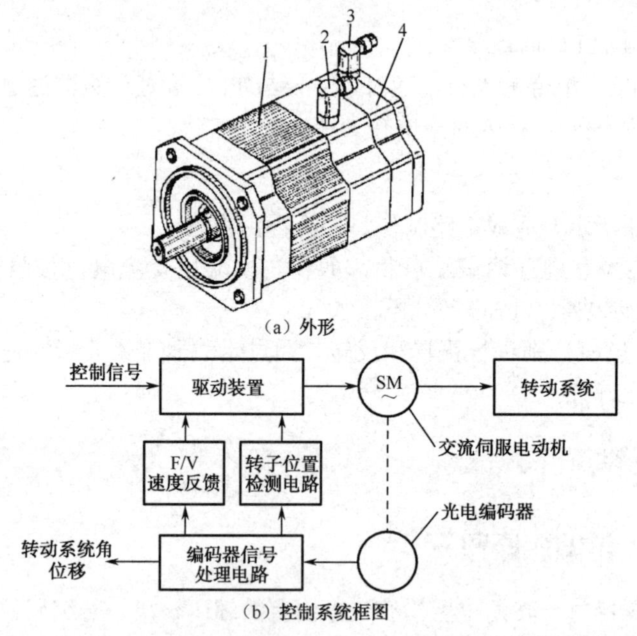

1—电动机本体；2—三相电源（U、V、W）连接座；3—光电编码器信号输出及电源连接座；4—光电编码器

图 4-37　交流伺服电动机及控制系统

（1）检测电动机转子磁极相对于定子绕组磁极的角度位置（两磁极轴心线的夹角θ），反馈给驱动器，通过 PWM 控制回路，来控制电动机定子绕组中的相电流，使电动机同步运行。

（2）提供速度反馈信号（输出的脉冲转换成电压信号反馈给驱动器，转速 n 与电压 v 成正比）。

（3）提供位置反馈信号（检测电动机的转角，转换为电脉冲信号，反馈给 CNC，构成半闭环控制系统）。

任务 4.3　直流电机转速检测

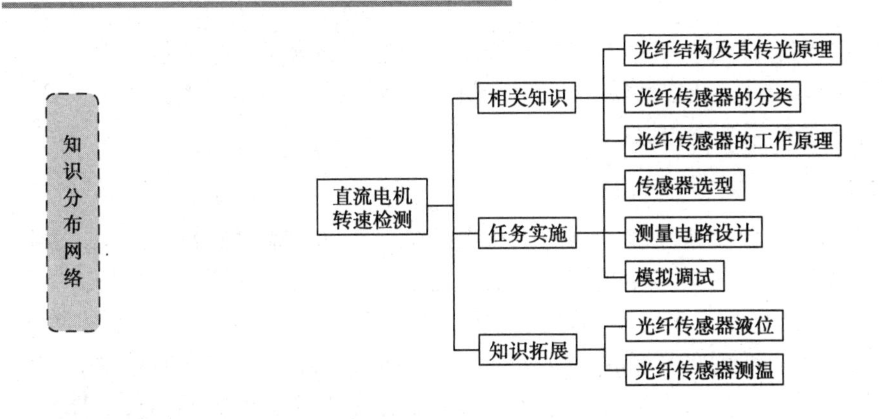

任务描述

直流电机的速度检测方法有很多，如测速发电机、光电编码器、光电对管、光纤等，本任务要求利用光纤传感器对直流电机的转速进行非接触式测量，这种方法实现起来简单、成本低、测量精度高。

相关知识

光纤传感器（Fiber Optical Sensor，FOS）是 20 世纪 70 年代中期发展起来的一种新技术，它是伴随着光纤及光通信技术的发展而逐步形成的。

光纤传感器用光作为敏感信息的载体，用光纤作为传递敏感信息的介质。光纤传感器和传统的各类传感器相比具有不受电磁干扰、体积小、重量轻、可绕曲、灵敏度高、耐腐蚀、高绝缘强度、防爆性好、集传感与传输于一体、能与数字通信系统兼容等优点。因此光纤传感器能用于温度、压力、应变、位移、速度、加速度、磁、电、声和 pH 值等多个物理量的测量，在自动控制、在线检测、故障诊断、安全报警等方面具有极为广阔的应用潜力和发展前景。

4.3.1　光纤结构及其传光原理

1. 光纤结构

光导纤维简称光纤，它是一种特殊结构的光学纤维，结构如图 4-38 所示。中心的圆柱体

叫作纤芯，围绕着纤芯的圆形外层叫作包层。纤芯和包层通常由不同掺杂的石英玻璃制成。

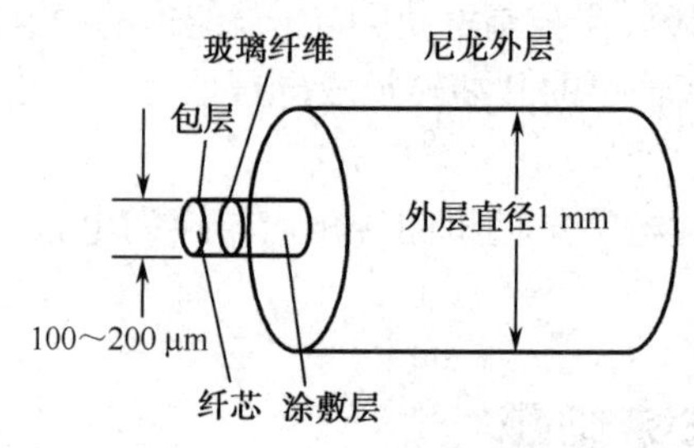

图 4-38　光纤的结构

由于纤芯和包层之间存在着折射率的差异，纤芯的折射率略大于包层的折射率，在包层外面还常有一层保护套，多为尼龙材料，以增加机械强度。光纤的导光能力取决于纤芯和包层的性质，而光纤的机械强度由保护套维持。

2. 光纤传光原理

众所周知，光在同一介质中是直线传播的。在光纤中，光的传输限制在光纤中，并随着光纤能传送很远的距离，光纤的传输是基于光的全内反射。设有一段圆柱形光纤，如图 4-39 所示，它的两个端面均为光滑的平面，当光线射入一个端面并与圆柱的轴线成θ_i角时，在端面发生折射进入光纤后，又以φ_i角入射至纤芯与包层的界面，光线有一部分透射到包层，一部分反射回纤芯。但当入射角θ_i小于临界入射角θ_c时，光线就不会透射界面，而全部被反射，光在纤芯和包层的界面上反复逐次全反射，呈锯齿波形状在纤芯内向前传播，最后从光纤的另一端面射出，这就是光纤的传光原理。

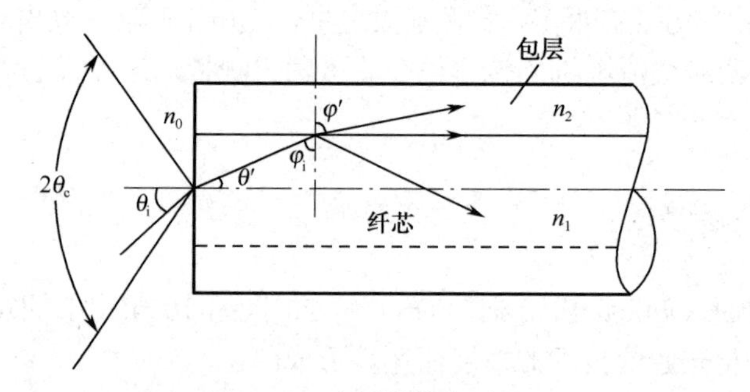

图 4-39　光纤的传光原理

根据斯涅耳（Snell）光的折射定律，可得

$$\frac{n_0}{n_1}=\frac{n_1}{n_2}=\frac{\sin\theta'}{\sin\theta_i} \tag{4-16}$$

式中　n_0——光纤外界介质的折射率。

若要在纤芯和包层的界面上发生全反射，则界面上的光线临界折射角θ_c=90°，光入射到光纤端面的入射角θ_i应满足

$$\theta_i \leqslant \theta_c = \arcsin\left(\frac{1}{n_0}\sqrt{n_1^2-n_2^2}\right) \tag{4-17}$$

一般光纤所处环境为空气，则$n_0=1$，这样式（4-17）可表示为

$$\theta_{\mathrm{i}} \leqslant \theta_{\mathrm{c}} = \arcsin\sqrt{n_1^2 - n_2^2} \tag{4-18}$$

实际工作时，光纤虽然弯曲，但只要满足全反射条件，光线仍可继续前进。可见光线“转弯”实际上是由光的全反射所形成的。

3．光纤基本特性

1）数值孔径（NA）

数值孔径是表征光纤集光能力的一个重要参数，即反映光纤接收光量的多少，其定义为

$$\mathrm{NA} = \sin\theta_{\mathrm{c}} = \frac{1}{n_0}\sqrt{n_1^2 - n_2^2} \tag{4-19}$$

由式（4-18）可见，无论光源发射功率有多大，只有入射角θ_{i}处于 $2\theta_{\mathrm{c}}$的光椎角内，光纤才能导光。如入射角过大，光线便从包层逸出而产生漏光。光纤的NA越大，表明它的集光能力越强，一般希望有大的数值孔径，这有利于提高耦合效率。但NA过大，会造成光信号畸变。所以要适当选择NA的大小，如石英光纤数值孔径一般为0.2～0.4。

2）光纤模式

光纤模式是指光波传播的途径和方式。对于不同入射角度的光线，在界面反射的次数是不同的，传递光波之间的干涉所产生的横向强度分布也是不同的，这就是传播模式不同。在光纤中，很多模式传播不利于光信号的传播，因为同一种光信号采取很多模式传播，将使一部分光信号分为多个不同时间到达接收端的小信号，从而导致合成信号的畸变，因此希望光纤信号模式数量要少。

一般纤芯直径为 2～12 μm，只能传输一种模式的光纤称为单模光纤。这类光纤的传输性能好、信号畸变小、信息容量大、线性好、灵敏度高，但由于纤芯尺寸小，制造、连接和耦合都比较困难。

纤芯直径较大（50～100 μm）、传输模式较多的光纤称为多模光纤。这类光纤的性能较差，输出波形有较大的差异，但由于纤芯截面积大，故容易制造，连接和耦合比较方便。

3）光纤传输损耗

光纤传输损耗主要由材料吸收损耗、散射损耗和光波导弯曲损耗等引起的。目前常用的光纤材料有石英玻璃、多成分玻璃、复合材料等。在这些材料中，由于存在杂质离子、原子的缺陷等都会吸收光，从而造成材料的吸收损耗。

散射损耗主要是由于材料密度及浓度不均匀引起的，这种散射与波长的四次方成反比。因此散射随着波长的缩短而迅速增大。所以可见光波段并不是光纤传输的最佳波段，在近红外波段（1～1.6 μm）有最小的传输损耗。因此该波长光纤已成为目前发展的方向。光纤拉制时粗细不均匀，造成纤维尺寸沿轴线变化，同样会引起光的散射损耗。另外纤芯和包层界面的不光滑、污染等，也会造成严重的散射损耗。

光波导弯曲损耗是使用过程中可能产生的一种损耗。光波导弯曲会引起传输模式的转换，激发高阶模式进入包层产生损耗。当弯曲半径大于 10 cm 时，损耗可忽略不计。

4.3.2 光纤传感器的分类

根据光纤在传感器中的作用，光纤传感器分为功能型、非功能型和拾光型三大类。

1. 功能型（传感型）光纤传感器

这类传感器利用的是光纤本身对外界被测对象具有的敏感能力和检测功能。光纤不仅起到传光作用，而且在被测对象作用下（如光强、相位、偏振态等光学特性）得到调制，调制后的信号携带了被测信息，如图 4-40 所示。

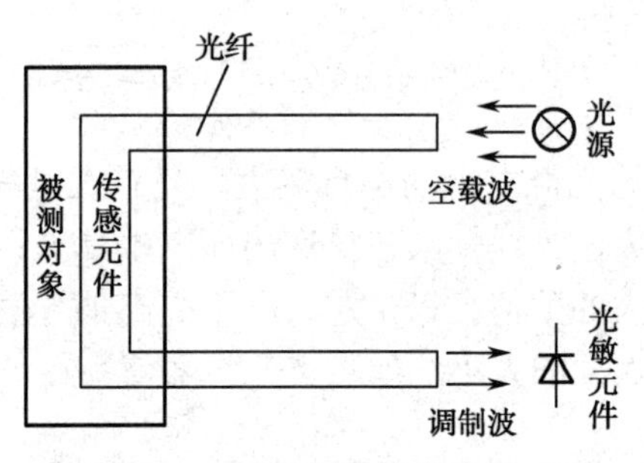

图 4-40 功能型光纤传感器

2. 非功能型（传光型）光纤传感器

非功能型光纤传感器中光纤只作为传输介质，用其他敏感元件感受被测物理量的变化，因此，也称为传光型传感器或混合型传感器。待测对象的调制功能是由其他光电转换元件实现的，光纤的状态是不连续的，光纤只起传光作用，如图 4-41 所示。

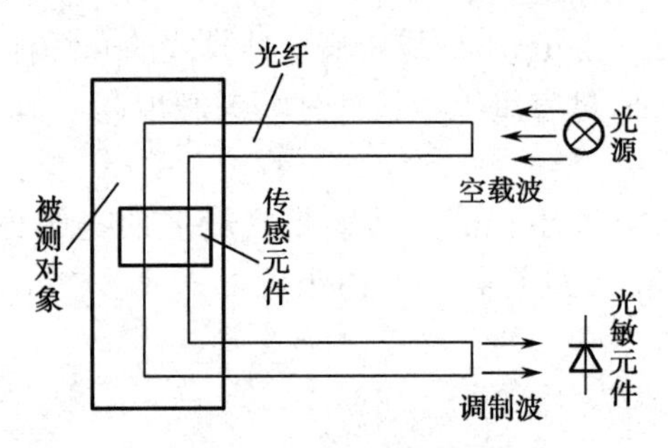

图 4-41 非功能型光纤传感器

3. 拾光型光纤传感器

用光纤作为探头，接收由被测对象辐射的光或被其反射、散射的光，如图 4-42 所示。其典型应用有光纤激光多普勒速度计、辐射式光纤温度传感器等。

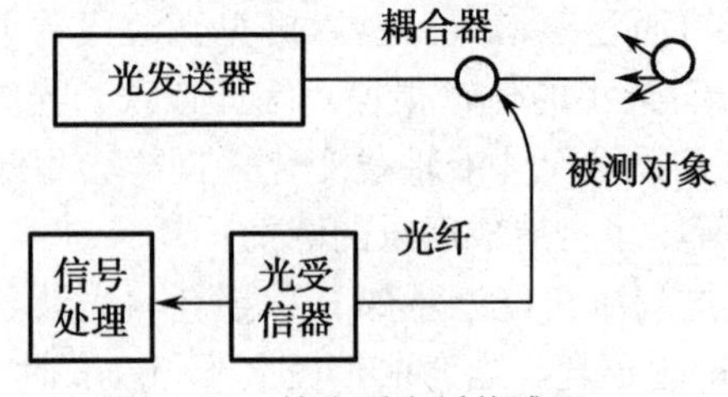

图 4-42 拾光型光纤传感器

4.3.3 光纤传感器的工作原理

光纤传感器与传统传感器相比较，在测量原理上有本质的差别。传统传感器是以机—电测量为基础，而光纤传感器则以光学测量为基础。

光是一种电磁波，其波长从极远红外的 1mm 到极远紫外线的 10 nm，它的物理作用和生物化学作用主要因其中的电场而引起。因此，研究光的敏感测量必须分析光的电矢量 E 的振动，即

$$E = A\sin\left(\omega t + \phi\right) \tag{4-20}$$

式中 A ——电场 E 的振幅矢量；

ω——光波的振动频率；

ϕ——光相位；

t——光的传播时间。

可见，测量时只要使光的强度、偏振态（矢量 A 的方向）、频率和相位等参量之一随被测量状态的变化而变化，或受被测量调制，就可获得所需要的被测量信息，这就是光纤传感器的基本工作原理。

1．强度调制型光纤传感器

强度调制型光纤传感器是利用被测对象的变化引起敏感元件的折射率、吸收或反射等参数的变化而导致光强度变化，从而实现敏感测量。可以利用光纤的微弯损耗，各物质的吸收特性，振动膜或液晶的反射光强度的变化，物质因各种粒子射线或化学、机械的激励而发光的现象，以及物质的荧光辐射或光路的遮断等来构成压力、振动、温度、位移、气体等各种强度调制型光纤传感器。

强度调制型光纤传感器的一般形式如图 4-43 所示。其工作原理：光源发射的光经入射光纤传输到传感头，光在被测信号的作用下强度发生变化，即受到了外场的调制，再经传感头把光反射到出射光纤，通过出射光纤传输到光电接收器。

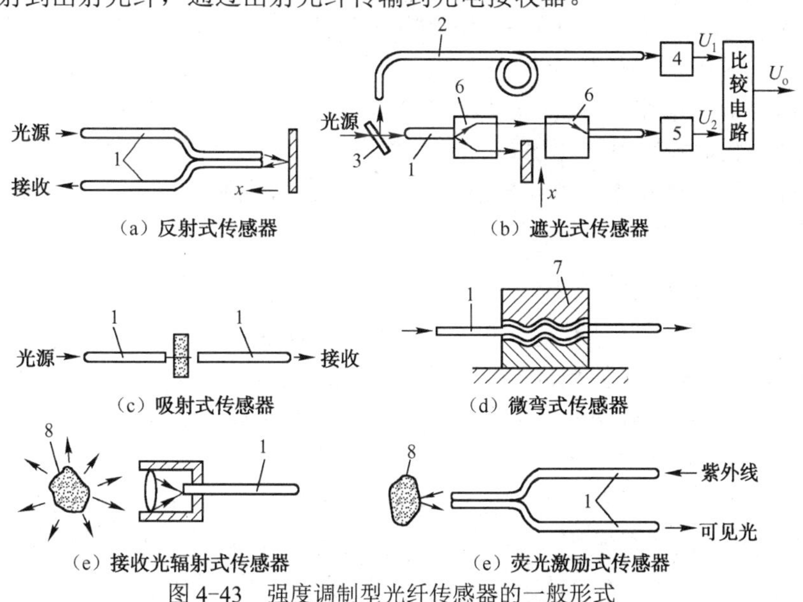

图 4-43 强度调制型光纤传感器的一般形式

2．频率调制型光纤传感器

频率调制型光纤传感器是利用外界因素改变光纤中光的频率，通过测量光频率的变化来测量外界被测参数。光的频率调制是由多普勒效应引起的。光的频率与光接收器和光源之间的运动状态有关，当它们之间相对静止时，接收到的光频率为光的振荡频率；当它们之间有相对运动时，接收到的光频率与其振荡频率发生了频移，这种现象就是多普勒效应。频移的大小与相对运动的速度大小和方向都有关，测量这个频移就能测量到物体的运动速度。光纤传感器测量物体的运动速度就是基于光纤中的光入射到运动物体上，而运动物体反射或散射的光发生的频移与运动物体的速度有关。

$$f_{移后}=\frac{f_0}{1-v/c}\approx f_0(1+v/c) \tag{4-21}$$

式中　f_0——单色光频率；

c ——光速；

v ——运动物体的速度。

将此光与参考光共同作用在光探测器上，并产生差拍，经频谱分析器处理求出频率的变化，即可推知速度。

3．波长调制型光纤传感器

波长调制型光纤传感器是利用外界因素改变光纤中光能量的波长分布，或者说光谱分布，通过检测光谱分布来测量被测参数。由于波长与颜色直接相关，所以波长调制也叫颜色调制，其原理如图 4-44 所示。

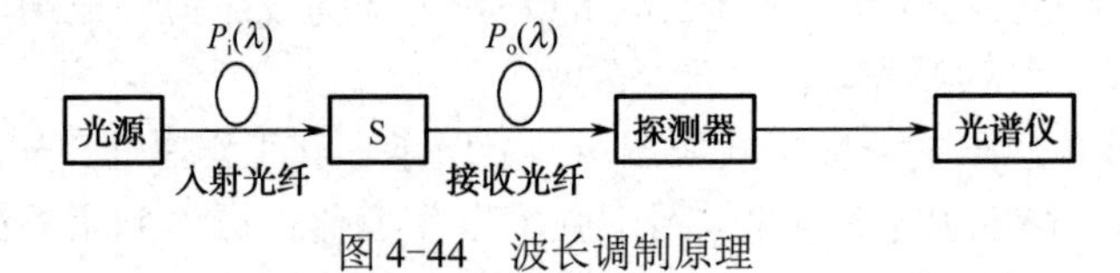

图 4-44　波长调制原理

光源发出的光能量分布为 $P_i(\lambda)$，由入射光纤耦合到传感器头 S 中，在传感器头 S 内，被测信号 $S_0(t)$ 与光相互作用，使光谱分布发生变化，输出光纤的能量分布为 $P_o(\lambda)$，由光谱分析仪检测出 $P_o(\lambda)$，即可得到 $S_0(t)$。在波长调制的光纤传感器中，有时并不需要光源，而是利用黑体辐射、荧光等的光谱分布与某些外界参数有关的特性来测量外界参数的，其调制方法有黑体辐射调制、荧光波长调制、滤光器波长调制和热色物质波长调制。

4．相位调制型光纤传感器

相位调制型光纤传感器是利用被测对象对敏感元件的作用，使敏感元件的折射率或传播常数发生变化，而导致光的相位变化，使两束单色光所产生的干涉条纹发生变化，通过检测干涉条纹的变化量来确定光的相位变化量，从而得到被测对象的信息。通常有利用光弹效应的声、压力或振动传感器，利用磁致伸缩效应的电流、磁场传感器，利用电致伸缩的电场、电压传感器，以及利用光纤赛格纳克（Sagnac）效应的旋转角速度传感器（光纤陀螺）等。这类传感器的灵敏度很高，但由于要用特殊光纤及高精度检测系统，因此成本很高。

5. 偏振态调制型光纤传感器

偏振态调制型光纤传感器是利用光偏振态变化来传递被测对象信息的传感器。通常有利用光在磁场介质内传播的法拉第效应制成电流、磁场传感器；利用光在电场中的压电晶体内传播的泡尔效应制成电场、电压传感器；利用物质的光弹效应制成压力、振动或声传感器；以及利用光纤的双折射性制成温度、压力、振动等传感器。这类传感器可以避免光源强度变化的影响，因此灵敏度高。

任务实施

1. 传感器选型

直流电机转速检测原理如图 4-45 所示，选用反射式光纤传感器进行测量。直流电动机端面上贴有反光纸，当电动机转动时，反光被光纤传感器所接收，并通过基本的放大电路转换为脉冲电压输出。这样可以通过电压表测量或者数字脉冲电路将转速测出并进行显示。

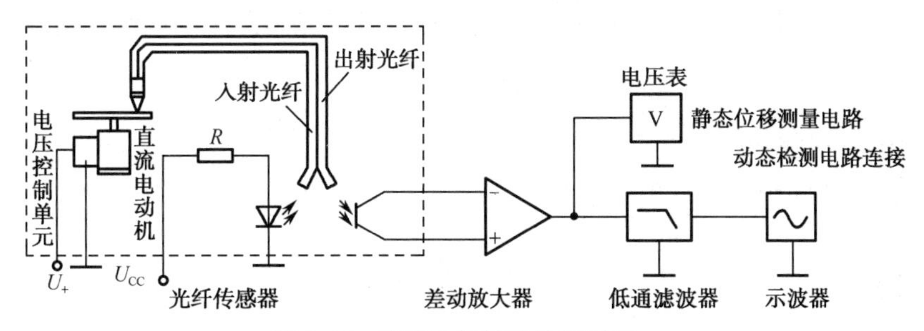

图 4-45　直流电机转速检测原理

2. 测量电路设计

测量电路如图 4-46 所示，由电源电路、稳压电路、共射级放大电路和光纤传感器检测电路组成。

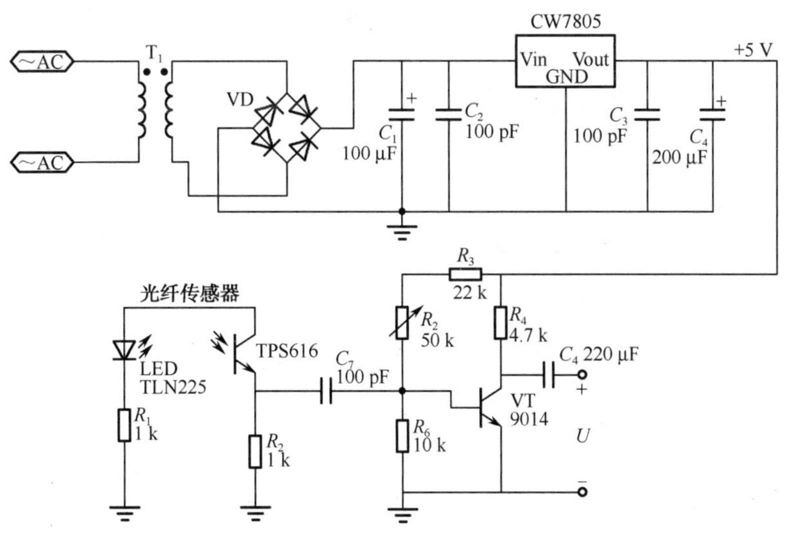

图 4-46　直流电机转速测量电路

电源电路通过变压器将 220 V 的交流电压降为 12 V 的交流电压输出，并通过直流电桥转换成脉动的直流电压，经过滤波、稳压处理，从 CW7805 端口输出稳定的 5 V 电压。由于直流电动机上贴有反光纸，当直流电动机旋转时，光纤传感器随着它的转动不断地得到数字脉冲。数字脉冲信号通过 C_7 耦合到共射级基本放大电路，调节 R_4 电阻可以控制放大倍数，最后在基本放大电路的输出端得到与光纤输出对应的电压信号，再通过电压表或者 A/D 转换，经微处理器处理后得到相关数据的显示。

3. 模拟调试

（1）按照图 4-46 所示，进行电路制作，并检查电路的正确性。

（2）将光纤探头移至电动机上方，对准电动机上的反光纸，调节光纤传感器的高度，再用手稍微转动电动机，让反光面避开光纤探头。

（3）调节放大器的调零，使 F/V 表显示接近零。

（4）将直流稳压电源置±5 V 挡，在电动机控制单元的 U_+处接入+5 V 电压，调节转速旋钮使电动机运转。F/V 表置 2 k 挡显示频率，用示波器观察 F 输出端的转速脉冲信号。

（5）根据脉冲信号的频率及电动机上反光片的数目换算出此时的电动机转速（r/min）。

$$n = \frac{60f}{z} \tag{4-22}$$

式中 f——脉冲信号频率；

Z——反光片的数目（反射点数）。

知识拓展

4.3.4 光纤传感器测液位

1. 球面光纤液位传感器

光由光纤的一端导入，在球状对折端部，一部分光透射出去，而另一部分光反射回来，由光纤的另一端导向探测器，探头结构如图 4-47 所示。反射光强的大小取决于被测介质的折射率。被测介质的折射率与光纤折射率越接近，反射光强度越小。显然，传感器处于空气中时比处于液体中时的反射光强要大。

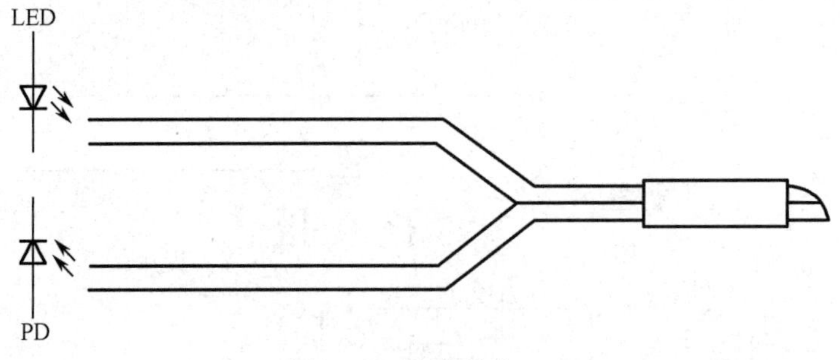

图 4-47 探头结构

因此，该传感器可用于液位报警。若以探头在空气中时的反射光强度为基准，则当接触水时反射光强变化为-6～-7 dB，接触油时变化为-25～-30 dB，检测原理如图 4-48 所示。

2．斜端面光纤液位传感器

反射式斜端面光纤液位传感器的两种结构如图 4-49 所示。同样，当传感器接触液面时，将引起反射回另一根光纤的光强度减小。这种形式的探头在空气和水中时，反射光强度差约在 20 dB 以上。

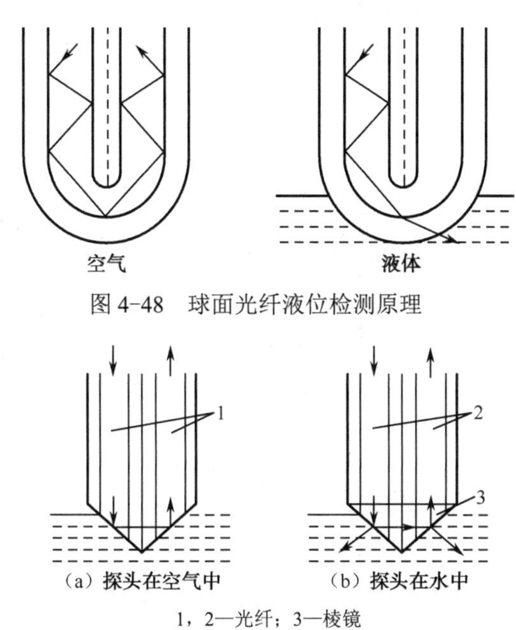

图 4-48 球面光纤液位检测原理

1，2—光纤；3—棱镜

图 4-49 反射式斜端面光纤液位传感器的两种结构

4.3.5 光纤传感器测温

在光纤本身不是敏感元件的结构型光纤传感器中，主要依据敏感元件对光强的调制。该传感器是通过半导体吸收片吸收光的能量，对传输光的光强进行调制，如图 4-50 所示。

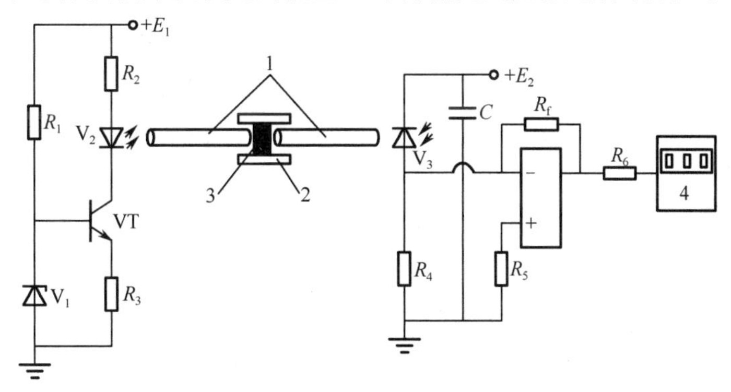

1—光纤；2—支架；3—半导体光吸收片；4—数字面板

图 4-50 半导体吸收式光纤传感器测温原理

在输入光纤和输出光纤两端面间夹一片半导体吸收薄片，并用不锈钢管圆心固定，使半导体与光纤成为一体。由半导体原理可知，在光源给定的情况下，通过该半导体吸收片的透射光强度随温度的增加而减小。采用了恒流源电路激励光源，该测试系统组成时，须

将光纤的一端与光电接收点固化耦合，光纤的另一端与发光二极管固化耦合，这样构成了一个光纤耦合器。敏感元件的夹入可看成是在耦合器的光纤中部切断置入的。系统组成并通过调试后，光源发出的稳定光通过输入光纤传到半导体敏感元件，透射光强受到所测温度的调制，并由输出光纤接收，传到光电探测器（如光电二极管），转换成电信号输出，从而达到测温的目的。该系统的温度测量范围为-20～300℃，精度约为±3℃，响应时间常数约为 2 s，能在强电场环境中工作。

项目小结

在检测系统中，速度的测量主要是通过速度传感器进行的。根据被测对象的不同，以及检测的条件和环境的差别，对速度进行检测的传感器有许多种。本项目主要介绍了常见的霍尔传感器、光电编码器和光纤等速度传感器的工作原理及其应用。

霍尔传感器是利用霍尔效应实现磁电转换的一种传感器。具有体积小、成本低、灵敏度高、性能可靠、频率响应宽、动态范围大的特点。霍尔电势是关于 I、B、 三个变量的函数，即 $U_H=K_H IB\cos\theta$ 。利用这个关系可以使其中两个量不变，将第三个量作为变量，或者固定其中一个量，其余两个量都作为变量，这使得霍尔传感器有许多用途。

光电编码器是一种通过光电转换将输出轴上的机械几何位移量转换成脉冲或数字量的传感器，从而确定被测对象的角位移或角度。光电编码器可以分为增量式编码器和绝对式编码器。增量式光电编码器在转动时，能够连续输出与旋转角度对应的脉冲数，对脉冲计数就可知旋转装置的位置。绝对式光电编码器与装置的旋转与否没有关系，可并行输出与其转动的角度对应的信号，可以确认其绝对位置。光电编码器具有体积小、重量轻、频率高、分辨率高、可靠性好、耗能低等特点。

光纤传感器用光作为敏感信息的载体，用光纤作为传递敏感信息的媒介。在温度、压力、应变、位移、速度、加速度、磁、电、声和 pH 值等多个物理量的测量中得到广泛应用。具有抗干扰强、抗化学腐蚀能力，省去一次仪表与二次仪表之间的接地麻烦，适合在狭小的空间、强电磁干扰和高电力环境或在潮湿的环境里工作。

思考与练习 4

1．什么是霍尔效应？

2．为什么霍尔元件一般采用 N 型半导体材料，而不选用导体材料或绝缘体材料？

3．什么是霍尔元件的温度特性？有哪些补偿措施？

4．集成霍尔传感器有什么特点？

5．设计一个采用霍尔传感器的液位控制系统。

6．调查并分析编码器在数控机床中的应用。

7．有一与伺服电动机同轴安装的光电编码器，指标为 1024 脉冲/转，该伺服电动机与螺距为 6 的滚珠丝杠通过联轴器直连，在位置控制伺服中断 4 ms 内，光电编码器的输出脉冲信号经 4 倍频处理后，共计脉冲数为 0.5 K（1 K=1024）。问：

（1）伺服电动机的转速为多少？

（2）伺服电动机的旋转方向是怎样判别的？

8．光纤传感器具有哪些特点？

9．光纤可以通过哪些光的调制技术进行非电量的检测，试说明原理。

10．求 n_1=1.46，n_2=1.45 的阶跃型光纤的数值孔径值；如果外部介质为空气 n_0=1，求光纤的最大入射角。

11．叙述反射式光纤位移传感器的工作原理，并列举可进行哪些物理量的检测。

项目5 物位检测

教学导航

知识目标	（1）了解物位检测的基本方法。 （2）掌握电容传感器的结构、分类和工作原理。 （3）熟悉电容传感器的基本转换电路。 （4）了解电容传感器的典型应用。 （5）理解超声波的概念及传播特性。 （6）掌握超声波传感器的工作原理和类型。
能力目标	（1）能够根据需要选择合适的物位传感器进行测量电路设计。 （2）学会物位测量系统的制作与调试。

项目背景

物位是指各种容器设备中液体介质液面的高度、两种不相溶的液体介质的分界面的高度和固体粉末状物料的堆积高度等的总称。具体来说，常把储存于各种容器中液体所积存的相对高度或自然界中江、河、湖、水库的表面称为液位；在各种容器中液体所积存的相对高度或仓库、场地上堆积的固体物的相对高度或表面位置称为料位；在同一容器中，由于两种密度不同且互不相溶的液体间或液体与固体之间的分界面（相界面）位置称为界位。

根据具体用途可以使用液位、料位、界位等传感器。物位测量的目的主要是按生产工艺要求等监视、控制被测物位的变化。物位测量结果常用绝对长度单位或百分数表示。要求物位测量装置或系统应具有对物位进行测量、记录、报警或发出控制信号等功能。

由于被测对象种类繁多，检测的条件和环境也有很大的差别，因而对物位进行测量的传感器形式有许多种，简单的有直读式或直接显示的装置；复杂的有通过敏感元件将物位转变为电量输出的电测仪表，以及建立在多种传感器数据融合技术和智能识别与控制基础上的检测与控制系统。也有应用于特殊要求和测量场合的声、光、电转换原理的传感器等。按传感器是否与被测介质接触，又可分为接触式物位传感器和非接触式物位传感器，其应用比较广泛的代表分别是电容和超声波物位传感器。

任务 5.1　汽车油箱油位检测

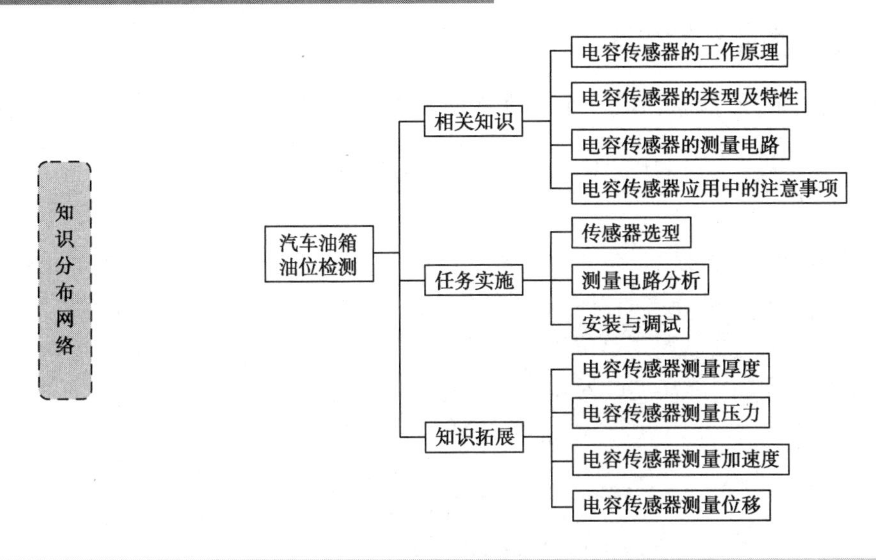

任务描述

随着汽车的日益普及，汽车油位传感器也越来越受到人们的关注，但传统的机械式汽车油位传感器存在精度低、稳定性不高、使用寿命短、使用环境存在局限等问题，导致汽车的使用成本相应增加。

为了克服并改善传统汽车油位传感器存在的局限性，电容液位传感器克服了传统油位传感器存在的上述缺点，而且在精度、稳定性等指标上有了质的飞跃，并具有数据精度高、稳定性强、使用寿命长等优点。电容油量计外形如图 5-1 所示。

图 5-1 电容油量计外形

相关知识

电容传感器是将被测量（如尺寸、位移、压力等）的变化转换成电容量变化的一种传感器。它的敏感部分就是具有可变参数的电容器。

5.1.1 电容传感器的工作原理

由物理学可知，由两平行极板组成一个电容器，如图 5-2 所示，若忽略边缘效应，其电容量为

$$C=\frac{\varepsilon A}{d} \qquad (5-1)$$

式中 ε——电容极板间介质的介电常数，$\varepsilon=\varepsilon_0\varepsilon_r$，其中 ε_0 为真空介电常数，$\varepsilon_0=8.854\times10^{-12}$ F/m，ε_r 为极板间介质相对介电常数；

A——两平行板所覆盖的面积，单位为 m^2；

d——两平行板之间的距离，单位为 m。

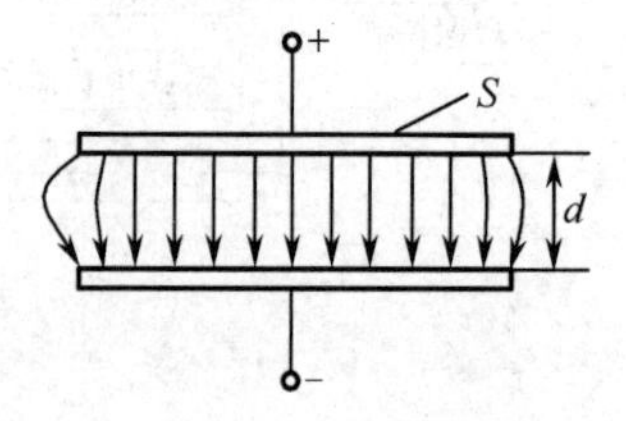

图 5-2 平板电容器

由式（5-1）所知，当 A、d 或 ε 发生变化时，电容量 C 也随之变化。如果保持其中两个参数不变，而仅改变其中一个参数，就可把该参数的变化转换为电容量的变化，通过测量

电路就可转换为电量输出。因此，可根据电容量的变化确定被测量的大小，这就是电容传感器的工作原理。

5.1.2　电容传感器的类型及特性

根据电容传感器的工作原理，电容传感器可分为变极距型、变面积型和变介质型三种类型。

1．变极距型电容传感器

变极距型电容传感器的原理如图 5-3 所示，极板 1 固定不动，称为定极板，极板 2 为可动的，称为动极板。由式（5-1）可见，电容量 C 与极板间距 d 不是线性关系，而是双曲线关系，如图 5-3（b）所示。

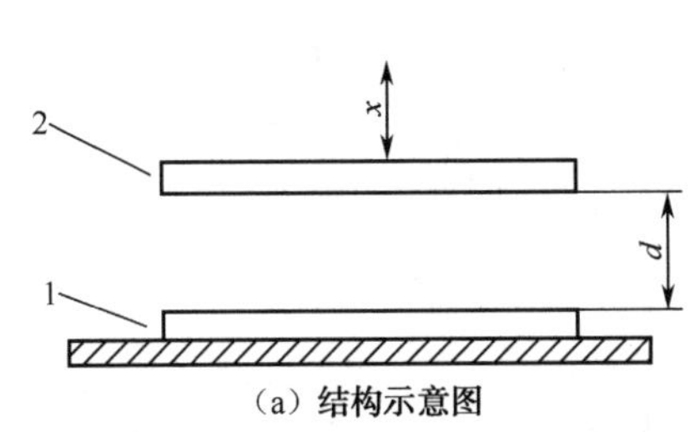

（a）结构示意图

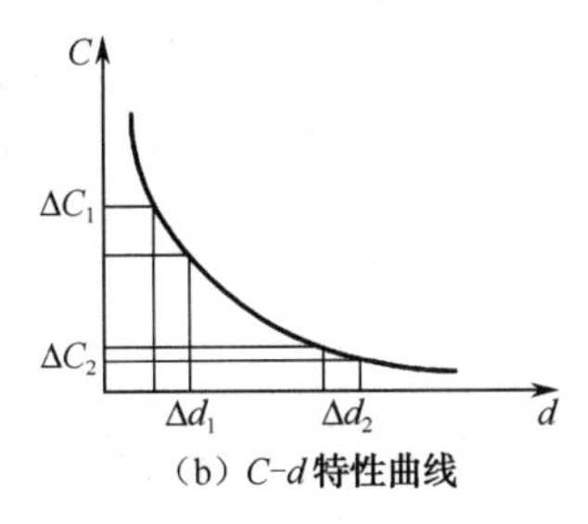

（b）C-d 特性曲线

1—定极板；2—动极板

图 5-3　变极距型电容式传感器的原理

当传感器的ε_r和 A 为常数，初始极距为 d_0 时，由式（5-1）可知其初始电容量 C_0 为

$$C_0 = \frac{\varepsilon_0 \varepsilon_r A}{d_0} \tag{5-2}$$

当动极板 2 移动 x 值后，其电容值 C 为

$$C = C_0 + \Delta C = \frac{\varepsilon_0 \varepsilon_r A}{d_0 - x} = \frac{C_0}{1 - \dfrac{x}{d_0}} = \frac{C_0\left(1 + \dfrac{x}{d_0}\right)}{1 - \left(\dfrac{x}{d_0}\right)^2} \tag{5-3}$$

式中　d_0——两平行板之间的距离，单位为 m。

由式（5-3）可知，电容量 C_x 与 x 不是线性关系，其灵敏度也不是常数。

当 $x \ll d_0$ 时，$1-(x/d_0)^2 \approx 1$，则式（5-3）可写为

$$C = C_0 + C_0 \frac{x}{d_0} \tag{5-4}$$

此时，C 与 x 近似呈线性关系，所以变极距型电容传感器只有在 x/d_0 很小时，才有近似的线性关系，这样量程就缩小很多。变极距式电容传感器的灵敏度为

$$K = \frac{\mathrm{d}C}{\mathrm{d}x} \approx \frac{C_0}{d_0} = \frac{\varepsilon A}{d_0^2} \tag{5-5}$$

由式（5-5）所知，当 d_0 较小时，该类型传感器灵敏度较高，微小的位移即产生较大的电容变化量。一般电容式传感器的起始电容量在 20～300 pF 之间，极板距离在 25～

200 μm 的范围，最大位移应小于极板间距的 1/10，故在微位移测量中应用最广。但 d_0 过小，容易引起电容器击穿或短路。为此，极板间可采用高介电常数的材料（云母、塑料膜等）作介质。

2. 变面积型电容传感器

变面积型电容式传感器通常分为直线位移式、角位移式两类，如图 5-4 所示。

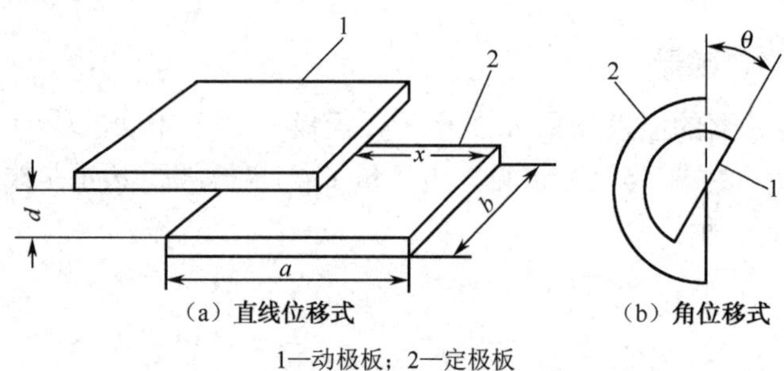

图 5-4 变面积型电容传感器的原理

1）直线位移式

直线位移式变面积型电容传感器的原理如图 5-4（a）所示。被测量通过动极板移动引起两极板有效覆盖面积 A 改变，从而得到电容量的变化。当动极板相对于定极板沿长度方向平移 x 时，电容量 C_x 也随之变化。

$$C_x = \frac{\varepsilon b(a-x)}{d} = C_0\left(1-\frac{x}{a}\right) \tag{5-6}$$

式中 C_0——初始电容，$C_0=\varepsilon_0\varepsilon_r ab/d$。

电容变化量为

$$\Delta C = C_x - C_0 = -\frac{\varepsilon bx}{d} \tag{5-7}$$

很明显，这种形式的传感器其电容量 C 与水平位移 x 呈线性关系，其灵敏度为

$$k = \frac{\Delta C}{x} = -\frac{\varepsilon b}{d} \tag{5-8}$$

由式（5-8）可见，增加极板长度 b，减小极板间距 d 都可以提高传感器的灵敏度。但 d 太小时，容易引起短路。

2）角位移式

角位移式变面积型电容传感器的原理如图 5-4（b）所示。当动极板有一个角位移 θ 变化时，与定极板间的有效覆盖面积就发生改变，从而改变了两极板间的电容量。当 $\theta=0$ 时，则

$$C_0 = \frac{\varepsilon_0\varepsilon_r A_0}{d_0} \tag{5-9}$$

式中 ε_r——介质相对介电常数；

d_0——两极板间距离；

A_0——两极板间初始覆盖面积。

$$C=\frac{\varepsilon_0\varepsilon_r A_0\left(1-\dfrac{\theta}{\pi}\right)}{d_0}=C_0-C_0\frac{\theta}{\pi} \tag{5-10}$$

从式（5-10）可以看出，传感器的电容量 C 与角位移 θ 呈线性关系，其灵敏度为

$$k=\frac{\Delta C}{\theta}=-\frac{C_0}{\pi} \tag{5-11}$$

3．变介质型电容传感器

根据前面的分析可知，介质的介电常数也是影响电容传感器电容量的一个因素。因为各种介质的介电常数不同，因而在电容器两极板间加以不同介电常数的介质时，电容器的电容量也会随之变化。利用这种原理制成的传感器在检测容器中液面高度、片状材料厚度等方面得到普遍应用。

如图 5-5 所示，一种变介质型电容传感器用于测量液位高低。设被测介质的介电常数为 ε_1，液面高度为 h，变换器总高度为 H，内筒外径为 d，外筒内径为 D，此时变换器电容值为

$$C=\frac{2\pi\varepsilon_1 h}{\ln\dfrac{D}{d}}+\frac{2\pi\varepsilon(H-h)}{\ln\dfrac{D}{d}}=\frac{2\pi\varepsilon H}{\ln\dfrac{D}{d}}+\frac{2\pi h(\varepsilon_1-\varepsilon)}{\ln\dfrac{D}{d}}=C_0+\frac{2\pi h(\varepsilon_1-\varepsilon)}{\ln\dfrac{D}{d}} \tag{5-12}$$

式中 ε——空气介电常数；

C_0——由基本尺寸决定的初始电容值。

则电容变化量为

$$\Delta C=C-C_0=\frac{2\pi(\varepsilon_1-\varepsilon)}{\ln\dfrac{D}{d}}\cdot h \tag{5-13}$$

由式（5-13）可见，此变换器的电容增量正比于被测液位高度 h。

变介质型电容传感器有较多的结构形式，可以用来测量纸张、绝缘薄膜等的厚度，也可用来测量粮食、纺织品、木材或煤等非导电固体介质的湿度。

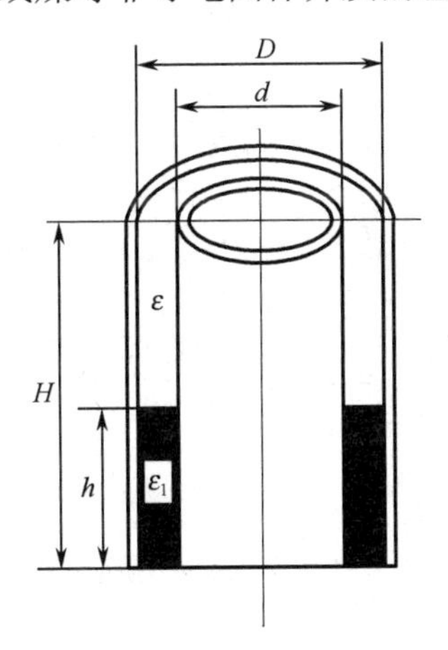

图 5-5 电容式液位计的结构原理

4．差动电容传感器

在实际应用中，为了提高灵敏度，减小非线性误差，大都采用差动式结构，如图 5-6

所示。

图 5-6（a）所示为变极距的差动式电容器，中间的极板为动极板，上下两块为定极板。当动极板向上移动Δd 距离后，一边的间隙变为 $d_0-\Delta d$，而另一边则为 $d_0+\Delta d$。电容 C_1 和 C_2 成差动变化，即其中一个电容量增加，而另一个电容量相应减小。将 C_1、C_2 差接后，能使灵敏度提高一倍。图 5-6（b）、（c）所示为变面积的差动式电容器。图 5-6（c）中上、下两个圆筒为定极板，中间的为动极板，当动极板向上移动时，与上极板的遮盖面积增加，而与下极板的遮盖面积减少，两者变化的数值相等，反之亦然。图 5-6（b）所示的旋转式变面积的差动式电容传感器的原理与之相似。

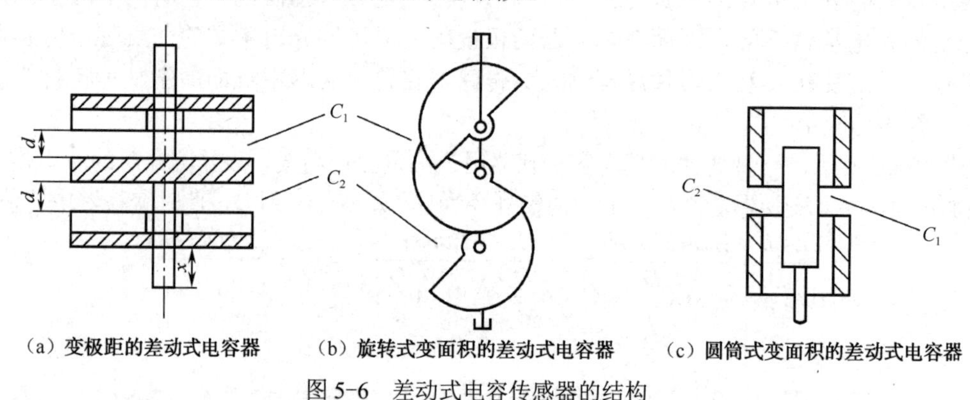

（a）变极距的差动式电容器　（b）旋转式变面积的差动式电容器　（c）圆筒式变面积的差动式电容器

图 5-6　差动式电容传感器的结构

5.1.3　电容传感器的测量电路

电容传感器输出电容量以及电容变化量都非常微小，这样微小的电容量目前还不能直接被显示仪表所显示，无法由记录仪进行记录，也不便于传输。这就要借助测量电路检出微小的电容变化量，并转换成与其成正比的电压、电流或者频率信号，才能进行显示、记录和传输。用于电容传感器的测量电路很多，常见的电路有交流电桥、调频电路、运算放大器电路、脉冲宽度调制电路、双 T 电桥电路等。

1. 交流电桥电路

电容传感器的交流电桥测量电路如图 5-7 所示，它可分为单臂接法和差动接法两种。

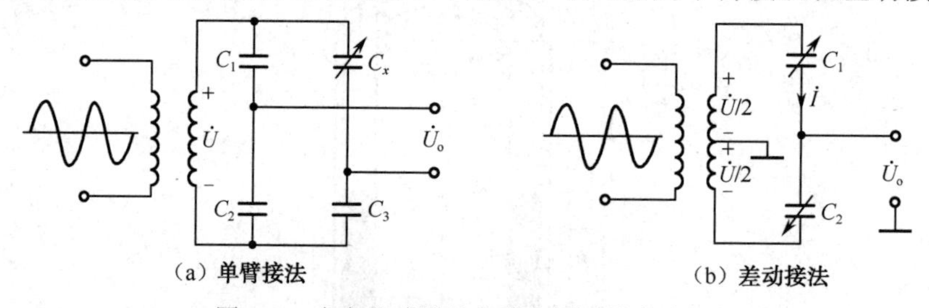

（a）单臂接法　（b）差动接法

图 5-7　电容传感器的交流电桥测量电路

1）单臂接法

图 5-7（a）所示为单臂接法的桥式测量电路，高频电源经变压器接到电容桥的一个对角线上，电容 C_1、C_2、C_3 和 C_x 构成电桥的四个臂，其中 C_x 为电容传感器。

当传感器未工作时，交流电桥处于平衡状态，有

$$\frac{C_1}{C_2}=\frac{C_x}{C_3} \tag{5-14}$$

此时，电桥输出电压$\dot{U}_o=0$。

当C_x改变时，$\dot{U}_o\neq 0$，电桥有输出电压，从而可测得电容的变化值。

2）*差动接法*

变压器电桥测量电路一般采用差动接法，如图5-7（b）所示。C_1、C_2以差动形式接入相邻两个桥臂，另外两个桥臂为变压器的二次绕组。当输出为开路时，电桥空载输出电压为

$$\dot{U}_o=\frac{\dot{U}}{2}\frac{C_1-C_2}{C_1+C_2}=\frac{\dot{U}}{2}\frac{(C_0\pm\Delta C)-(C_0\mp\Delta C)}{(C_0\pm\Delta C)+(C_0\mp\Delta C)}=\pm\frac{\dot{U}}{2}\frac{\Delta C}{C_0} \tag{5-15}$$

式中　C_0——传感器初始电容值（F）；

　　ΔC——传感器电容量的变化值（F）。

由于电桥输出电压与电源电压成比例，因此要求电源电压波动极小，要采用稳幅、稳频等措施。

2. 调频测量电路

调频测量电路把电容传感器作为振荡器谐振回路的一部分，当输入量导致电容量发生变化时，振荡器的振荡频率就发生变化。虽然可将频率作为测量系统的输出量，用以判断被测非电量的大小，但此时系统是非线性的，不易校正，因此必须加入鉴频器，将频率的变化转换为电压振幅的变化，经过放大就可以用仪器指示或记录仪记录下来。调频式测量电路原理如图5-8所示。

图5-8　调频式测量电路原理

调频振荡器的振荡频率为

$$f=\frac{1}{2\pi\sqrt{LC}} \tag{5-16}$$

式中　L——振荡回路的电感；

　　C——振荡回路的总电容，$C=C_1+C_2+C_x$，其中C_1为振荡回路固有电容，C_2为传感器引线分布电容，$C_x=C_0\pm\Delta C$为传感器的电容。

当被测信号为0时，$\Delta C=0$，则$C=C_1+C_2+C_0$，所以振荡器有一个固有频率f_0，其表示式为

$$f_0=\frac{1}{2\pi\sqrt{(C_1+C_2+C_0)L}} \tag{5-17}$$

当被测信号不为0时，$\Delta C\neq 0$，振荡器频率有相应变化，此时频率为

$$f=\frac{1}{2\pi\sqrt{(C_1+C_2+C_0\mp\Delta C)L}}=f_0\pm\Delta f \tag{5-18}$$

调频电容传感器测量电路具有较高的灵敏度，可以测量高至0.01 μm级位移变化量。信

号的输出频率易于用数字仪器测量，并与计算机通信，抗干扰能力强，可以发送、接收，以达到遥测遥控的目的。

3．运算放大器式电路

由于运算放大器的放大倍数非常大，而且输入阻抗 Z_i 很高，运算放大器的这一特点可以作为电容传感器比较理想的测量电路。运算放大器式测量电路如图 5-9 所示，C_x 为电容传感器的电容；$\dot{U}_i$ 是交流电源电压；$\dot{U}_o$ 是输出信号电压。

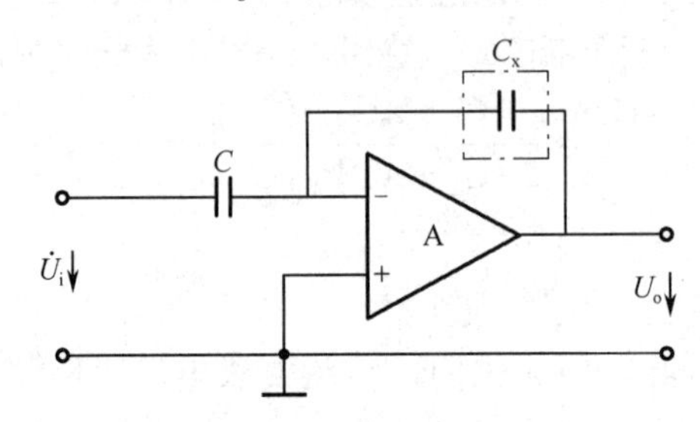

图 5-9　运算放大器式测量电路

由运算放大器工作原理可得

$$\dot{U}_o = -\frac{C}{C_x}\dot{U}_i \quad (5\text{-}19)$$

如果传感器是一只平板电容，则 $C_x=\varepsilon A/d$，代入式（5-19），可得

$$\dot{U}_o = -\dot{U}_i\frac{C}{\varepsilon A}d \quad (5\text{-}20)$$

式中“-”号表示输出电压 $\dot{U}_o$ 的相位与电源电压反相。式（5-20）说明运算放大器的输出电压与极板间距离 d 成线性关系。运算放大器式测量电路虽解决了单个变极板间距离式电容传感器的非线性问题，但要求 Z_i 及放大倍数足够大。为保证仪器精度，还要求电源电压 U_i 的幅值和固定电容 C 值稳定。

4．差动脉冲宽度调制电路

差动脉冲宽度调制电路是用于测量差动结构的电容传感器的输出电容，电路原理如图 5-10 所示。它是利用对传感器电容的充放电使电路输出脉冲的宽度随传感器电容量的变化而变化，再通过低通滤波器得到相应被测量变化的直流信号。

图 5-10 中，C_1、C_2 为传感器的差动电容，当电源接通时，设双稳态触发器的 A 端为高电位，B 端为低电位，因此 A 点通过 R_1 对 C_1 充电，直至 C 点上的电位等于参考电压 U_R 时，比较器 A_1 产生一个脉冲，触发双稳态触发器翻转，A 点成低电位，B 点成高电位。此时 C 点电位经二极管 VD_1 迅速放电至零，而同时 B 点的高电位经 R_2 向 C_2 充电。当 D 点的电位充至 U_R 时，比较器 A_2 产生一脉冲，使触发器又翻转一次，使 A 点成高电位，B 点成低电位，又重复上述过程。如此周而复始，在双稳态触发器的两输出端各自产生一宽度受 C_1、C_2 调制的脉冲方波。

当 $C_1=C_2$ 时，各点电压波形如图 5-11（a）所示，输出平均电压 U_{AB} 的平均值为零。但若 $C_1\neq C_2$（如 $C_1>C_2$），则 C_1、C_2 充电时间常数就发生改变，电压波形如图 5-11（b）所示，输出平均电压 U_{AB} 就不再为零。

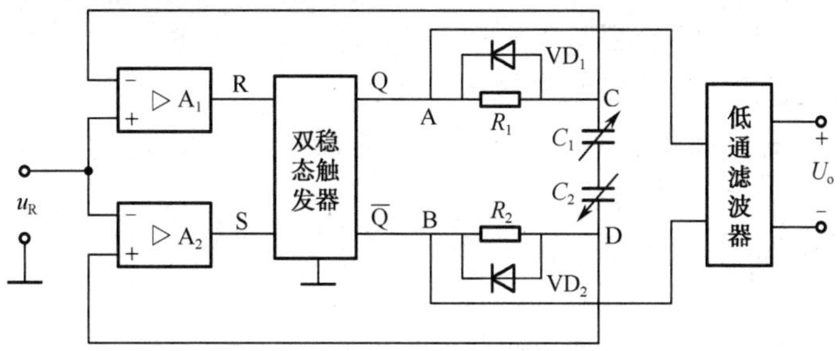

图 5-10　差动脉冲宽度调制电路

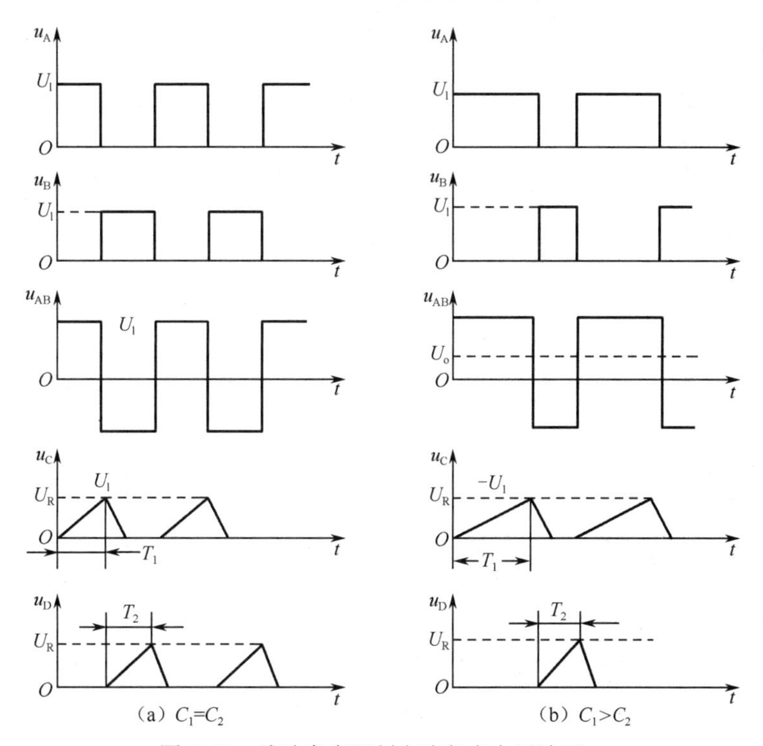

图 5-11　脉冲宽度调制电路各点电压波形

输出电压 U_{AB} 经低通滤波器后，即可得到一直流电压 U_o，在理想情况下，它等于 U_{AB} 的电压平均值，即

$$U_o = \frac{T_1}{T_1+T_2}U_1 - \frac{T_2}{T_1+T_2}U_1 = \frac{T_1-T_2}{T_1+T_2}U_1 \tag{5-21}$$

式中　T_1——C_1 充电时间，$T_1=R_1C_1\ln\dfrac{U_1}{U_1-U_r}$；

T_2——C_2 充电时间，$T_2=R_2C_2\ln\dfrac{U_1}{U_1-U_r}$；

U_1——触发器输出的高电位。

当电阻 $R_1=R_2=R$ 时，

$$U_o = \frac{T_1-T_2}{T_1+T_2}U_1 = \frac{C_1-C_2}{C_1+C_2}U_1 \tag{5-22}$$

即直流输出电压正比于电容器的电容量差值，极性可正可负。

从以上分析可以看出，脉冲调宽电路具有以下特点。

（1）对传感元件的线性要求不高，不论是变极距型，还是变面积型，其输出量都与输入量成线性关系。

（2）不需要调解电路，只要经过低通滤波器就可以得到较大的直流输出。

（3）调宽频率的变化对输出无影响。

（4）由于低通滤波器的作用，所以对输出矩形波纯度要求不高。

这些特点都是其他电容测量电路无法比拟的，但应用时应注意电源电压必须稳定。

5．双 T 电桥电路

图 5-12 所示的双 T 电桥在高频阻抗（电容）测量中得到广泛应用，用它可以测量确定值的高频阻抗和连续变化的阻抗。

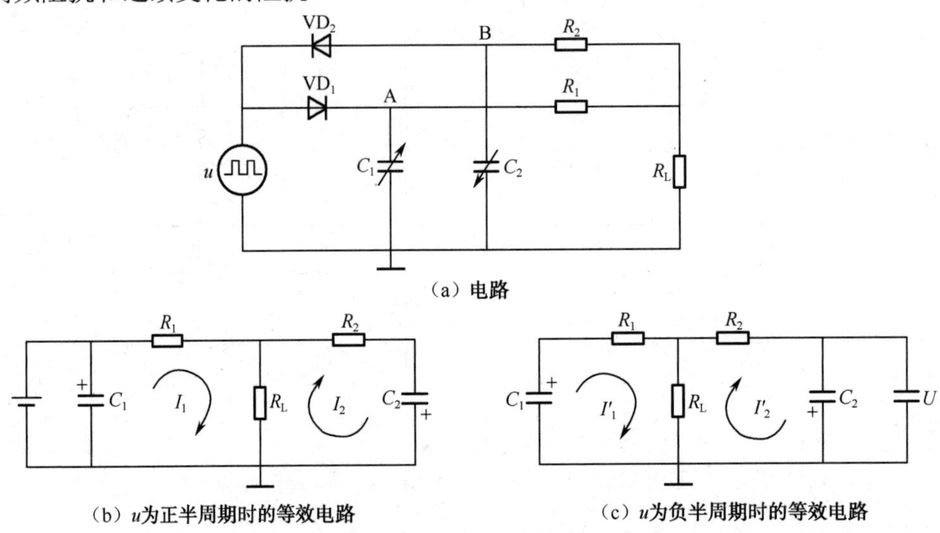

图 5-12　双 T 交流电桥

图 5-12 中 C_1 为电容传感器转换成的电容，C_2 为平衡电容，或 C_1、C_2 为差动式电容传感器的两差动电容，有公共电极。u 为高频电源，由振荡器提供兆赫级的频率，幅值为 E 的对称方波或正弦波。R_L 为负载，如电流表或放大器等。VD_1 与 VD_2 为检波二极管。

工作原理如下：

当 u 为正半周时，二极管 VD_1 导通，VD_2 截止，其等效电路如图 5-12（b）所示。电源经 VD_1 对电容 C_1 充电，并很快充至电压 E，且经 R_1 以电流 I_1 向 R_L 供电。与此同时，电容 C_2 经电阻 R_2、负载电阻 R_L（设 C_2 已充好电），产生放电电流 I_2，则流经 R_L 的总电流 I_L 为 I_1 与 I_2 之和，极性如图 5-12（b）所示。

当 u 为负半周时，二极管 VD_2 导通，VD_1 截止，其等效电路如图 5-12（c）所示。电源经 VD_2 对电容 C_2 充电，并很快充至电压 E，且经 R_2 以电流 I_2' 向 R_L 供电。与此同时，电容 C_1 经电阻 R_1、负载电阻 R_L（设 C_1 已充好电），产生放电电流 I_1'，则流经 R_L 的总电流 I_L' 为 I_1' 与 I_2' 之和，极性如图 5-12（c）所示。

由于 VD_1 与 VD_2 特性相同，且 R_1=R_2，所以当 C_1=C_2 时，在 u 的一个周期内流过 R_L 的

电流 I_L 和 I'_L 的平均值为零，即 R_L 上无信号输出。当 $C_1 \neq C_2$ 时，在 R_L 上流过电流平均值不为零，有电压信号输出。

这种电路有以下特点。

（1）输出电压高。当用有效值为 45 V、频率为 1.3 MHz 的正弦波高频电源供电时，被测电容从-7～+7 pF 内变化，可在阻值为 1 MΩ的负载上产生-5～+5 V 的直流电压。如适当选择元件参数，可直接用数字电压表进行测量。

（2）减小寄生电容影响。电源、传感器电容及负载有一个公共接地点，从而缩短了引线，减小了寄生电容及引线电容的影响。

（3）二极管在线性区工作。因为输入电压较高，所以二极管均在线性区工作，减小了非线性误差。

（4）能适用动态测量。输出电压的上升时间由负载电阻 R_L 确定，如 R_L=1 kΩ时，上升时间仅为 20 μs，故适于测量快速的机械运动。

5.1.4 电容传感器应用中的注意事项

电容传感器具有结构简单、温度稳定性好、动态响应好、测量精度高等优点，但也有输出阻抗高、负载能力差、寄生电容影响大、输出特性为非线性等缺点。因此，在设计应用时要注意以下几点。

1．消除和减小边缘效应

当极板厚度 h 与极距 d 之比相对较大时，边缘效应的影响就不能忽略，如图 5-13（a）所示。电容的边缘效应造成边缘电场产生畸变，使工作不稳定，非线性误差也增加。为了消除边缘效应的影响，在结构设计时，可以采用带有保护环的结构，如图 5-13（b）所示。保护环要与定极板同心、电气上绝缘，且间隙越小越好，同时始终保持等电位，以保证中间工作区得到均匀的场强分布，从而克服边缘效应的影响。为减小极板厚度，往往不用整块金属板做极板，而用石英或陶瓷等非金属材料，蒸涂一薄层金属作为极板。

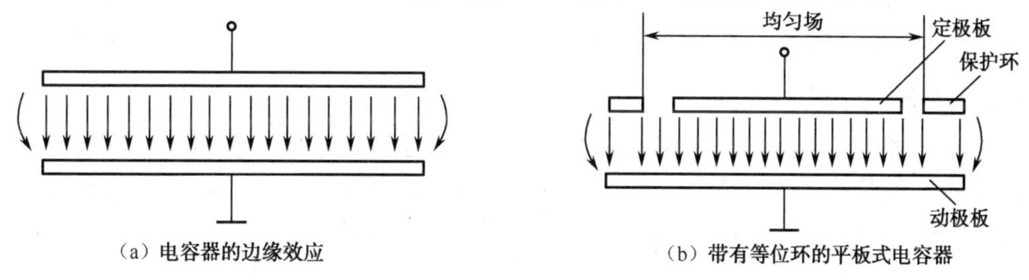

图 5-13 保护环消除电容边缘效应

2．减小环境温度影响

环境温度的变化将改变电容传感器的输出与被测输入量的单值函数关系，从而引入温度干扰误差。这种影响主要有以下两个方面。

（1）温度对结构尺寸的影响。电容传感器由于极间隙很小而对结构尺寸的变化特别敏感。在传感器各零件材料线胀系数不匹配的情况下，温度变化将导致极间隙较大的相对变化，从而产生很大的温度误差。在设计电容传感器时，适当选择材料及有关结构参数，可以满足温度误差补偿要求。

（2）温度对介质的影响。温度对介电常数的影响随介质不同而异，空气及云母的介电常数的温度系数近似为零；而某些液体介质，如硅油、煤油等，其介电常数的温度系数较大。因此，在设计电容传感器时，尽量采用空气、云母等介电常数的温度系数几乎为零的电介质作为电容传感器的电介质。

3. 减小或消除寄生电容的影响

寄生电容可能比传感器的电容大几倍甚至几十倍，影响了传感器的灵敏度和输出特性，严重时会淹没传感器的有用信号，使传感器无法正常工作。因此，减小或消除寄生电容的影响是设计电容传感器的关键。通常可采用如下方法。

（1）增加电容初始值。增加电容初始值可以减小寄生电容的影响。一般采用减小电容传感器极板之间的距离，增大有效覆盖面积来增加初始电容值。

（2）采用驱动电缆技术。驱动电缆技术又称为双层屏蔽等位传输技术，它实际上是一种等电位屏蔽法，驱动电缆技术原理如图 5-14 所示。

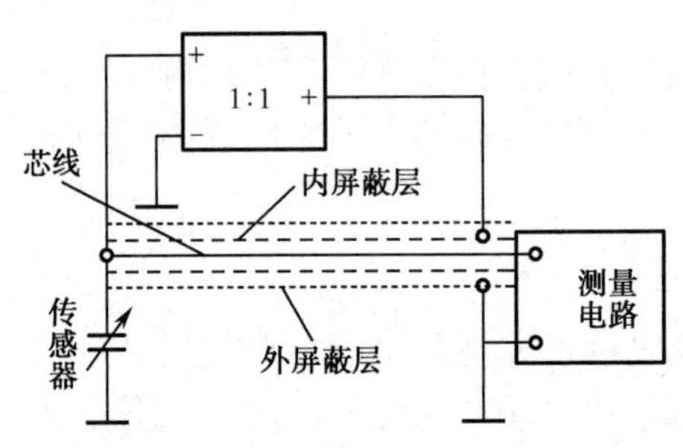

图 5-14　驱动电缆技术原理

驱动放大器是一个输入阻抗很高、具有容性负载、放大倍数为 1 的同相放大器。该方法的难点在于要在很宽的频带上实现放大倍数等于 1，且输入输出的相移为零。

由于屏蔽线上有随传感器输出信号变化而变化的电压，因此称为驱动电缆。外屏蔽层接大地或接仪器地，用来防止外界电场的干扰。

4. 防止和减小外界干扰

当外界干扰（如电磁场）在传感器上和导线之间感应出电压并与信号一起输送至测量电路时就会产生误差。干扰信号足够大时，仪器无法正常工作。此外，接地点不同所产生的接地电压差也是一种干扰信号，也会给仪器带来误差和故障。

防止和减小外界干扰有以下措施。

（1）屏蔽和接地。用良导体作为传感器壳体，将传感器包围起来，并可靠接地；用屏蔽电缆，屏蔽层可靠接地；用双层屏蔽线可靠接地并保持等电位等。

（2）增加传感器原始电容量，降低容抗。

（3）导线间的分布电容有静电感应，因此导线和导线之间要离得远，线要尽可能短，最好成直角排列，若必须平行排列时，可采用同轴屏蔽电缆线，即地线和信号线相间地走线。

（4）尽可能一点接地，避免多点接地。地线要用粗的良导体或宽印制线。

（5）采用差动式电容传感器，减小非线性误差，提高传感器灵敏度，减小寄生电容的影响和温度、湿度等误差。

任务实施

1．传感器选型

电容物位计主要有两个导体电极，电极间的气体、流体或固体的物位发生变化时导致电极间电容量的变化，因而可以反映出物位的变化。

电容液位计的结构形式很多，有平极板式、同心圆柱式等。它的适用范围非常广泛，对介质本身性质的要求不像其他方法那样严格，对导电介质和非导电介质都能测量，此外还能测量有倾斜晃动及高速运动的容器的液位。不仅可作为液位控制器，还能用于连续测量。

根据本任务的检测要求，选择CR606系列油位传感器，属于同心圆柱式，如图5-15所示。同心圆柱式电容器的电容量为

$$C=\frac{2\pi\varepsilon L}{\ln\left(\frac{D}{d}\right)} \tag{5-23}$$

式中　D、d——外电极内径和内电极外径，单位为m；

ε——极板间介质介电常数，单位为F/m；

L——极板相互重叠的长度，单位m。

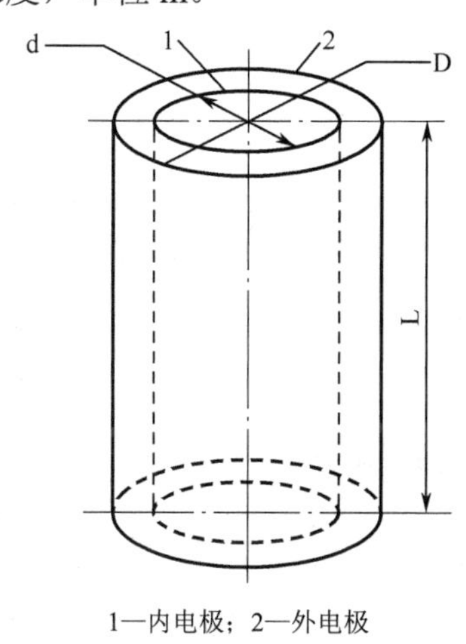

1—内电极；2—外电极

图5-15　同心圆柱式电容传感器

液位变化引起等效介电常数变化，从而使电容器的电容量变化，这就是电容液位计的检测原理。

2．测量电路设计

CR-606系列电容油位传感器的传感部分是一个同轴的容器，当油进入容器后引起传感器壳体和感应电极之间电容量的变化，这个变化量通过集成转换电路的转换并进行精确的线性和温度补偿，输出4～20 mA标准信号供给显示仪表以显示油位。如图5-16所示为测

量电路原理，主要由振荡电路、放大电路和控制电路等组成。集成的测量电路与电容转换元件（探头）制作在一起，便于现场检测和输出信号的传输，具有很强的抗干扰能力。

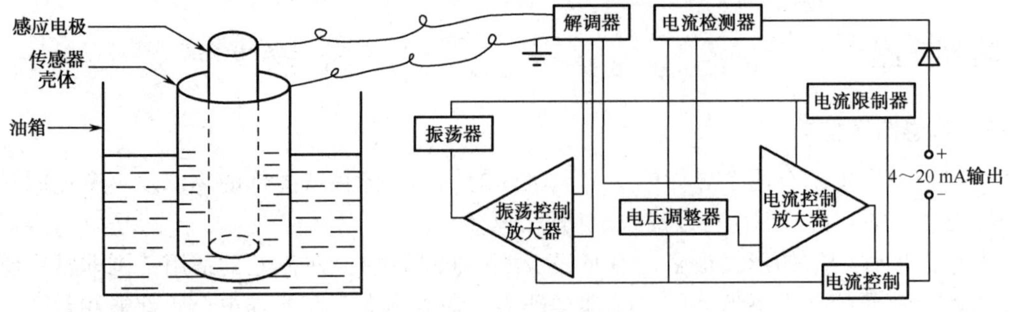

图 5-16　测量电路原理

3．安装与调试

（1）为便于观察实际液位的变化并验证测量结果的正确性，可选用带刻度的柱形透明容器代替实际油箱。按照 CR-606 型油位传感器说明书上要求正确安装传感器，外壳必须可靠接地。

（2）红、黑端分别接 24V 直流电源正、负极，输出电流信号红、蓝端分别接毫安表的正、负极，通电预热 30 min，使输出信号稳定。

（3）标定。确定液位是零的位置，按下“零点”键；加入水（从安全、经济方面考虑，用水代替汽油进行调试）至最高液位时，按下“量程”键，完成传感器的标定。完成标定后，即可自动进入运行状态。

（4）改变容器中水位的高度，观察电流表的读数与液位高度的变化关系，记录数据，分析测量结果的准确性。

知识拓展

电容传感器的应用非常广泛，除了可以测量物位外，还可用来测量厚度、压力、加速度、位移、湿度及成分等参数。

5.1.5　电容传感器其他参数测量

1．测量厚度

电容测厚传感器是用来在轧制过程中对金属带材检测厚度的，原理如图 5-17 所示。

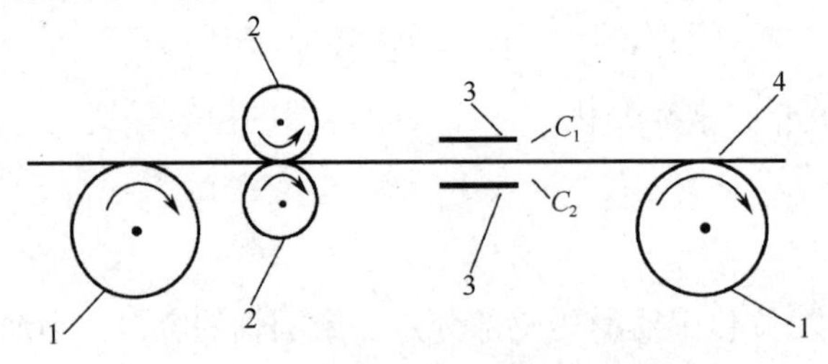

1—传动轮；2—轧辊；3—电容极板；4—金属带材

图 5-17　电容测厚传感器原理

电容测厚传感器的工作原理是在被测带材的上下两侧各放置一块面积相等，与带材距离相等的极板，这样极板与带材就构成了两个独立电容 C_1、C_2。把两块极板用导线连接起来成为一个极，而带材就是电容的另一个极，其总电容为 C_1+C_2，如果带材的厚度发生变化，将引起电容量的变化，用交流电桥将电容的变化测出来，经过放大，即可由显示仪表显示出带材厚度的变化，从而实现带材厚度的在线检测。

2. 测量压力

典型的差动电容压力传感器如图 5-18 所示，其主要结构为一个膜片动电极和两个在凹形玻璃上电镀成的固定电极组成的差动电容器。

当被测压力或压力差作用于膜片并使之产生位移时，形成的两个电容器的电容量，一个增大，一个减小。该电容值的变化经测量电路转换成与压力或压力差相对应的电流或电压的变化。

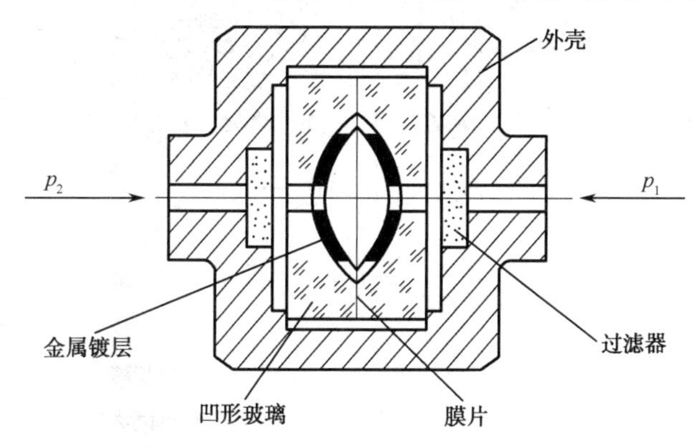

图 5-18　典型的差动电容压力传感器

3. 测量加速度

差动电容加速度传感器主要由两个固定极板（与外壳绝缘）和一个质量块组成，中间的质量块采用弹簧片来进行支撑，它的两个端面经过磨平抛光后作为可动极板，如图 5-19 所示。

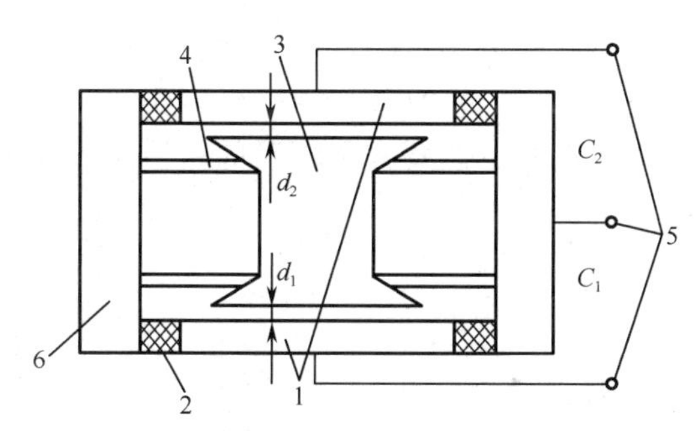

1—固定电极；2—绝缘垫；3—质量块；4—弹簧；5—输出端；6—壳体

图 5-19　差动电容加速度传感器

当传感器壳体随被测对象沿垂直方向做直线加速运动时，质量块因惯性相对静止，两个固定电极将相对于质量块在垂直方向产生大小正比于被测加速度的位移。此位移使两电容的间隙发生变化，一个增加，一个减小，从而使 C_1、C_2 产生大小相等、符号相反的增量，

此增量正比于被测加速度。

电容加速度传感器的主要特点是频率响应快和量程范围大，大多采用空气或其他气体作为阻尼物质。

4．测量位移

图 5-20 所示为一种圆筒式变面积的电容位移传感器。它采用差动式结构，其固定电极与外壳绝缘，其活动电极与测杆相连并彼此绝缘。

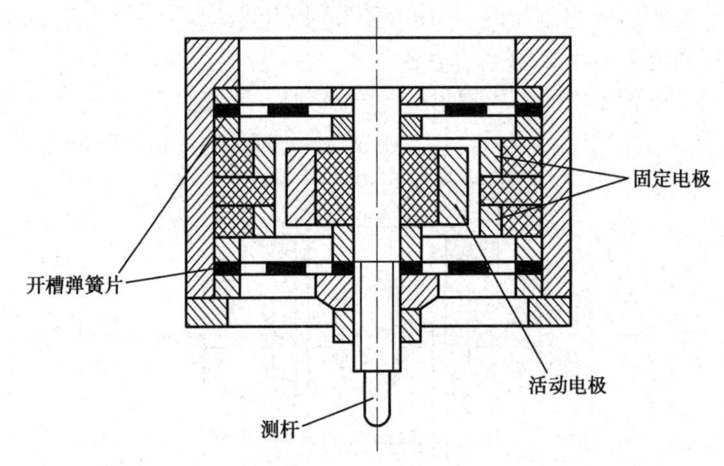

图 5-20　圆筒式变面积的电容位移传感器

测量时，动电极随被测物发生轴向移动，从而改变活动电极与两个固定电极之间的有效覆盖面积，使电容发生变化，电容的变化量与位移成正比。开槽弹簧片为传感器的导向与支撑，无机械摩擦，灵敏度高，但行程小，主要用于接触式测量。

5．测量湿度

湿度传感器主要用来测量环境的相对湿度。传感器的感湿组件是高分子薄膜式湿敏电容，其结构如图 5-21 所示。它的两个上电极是梳状金属电极，下电极是一网状多孔金属电极，上下电极间是亲水性高分子介质膜。两个梳状上电极、高分子薄膜和下电极构成两个串联的电容器，等效电路如图 5-21（c）所示。当环境相对湿度改变时，高分子薄膜通过网状下电极吸收或放出水分，使高分子薄膜的介质常数发生变化，从而导致电容量变化。

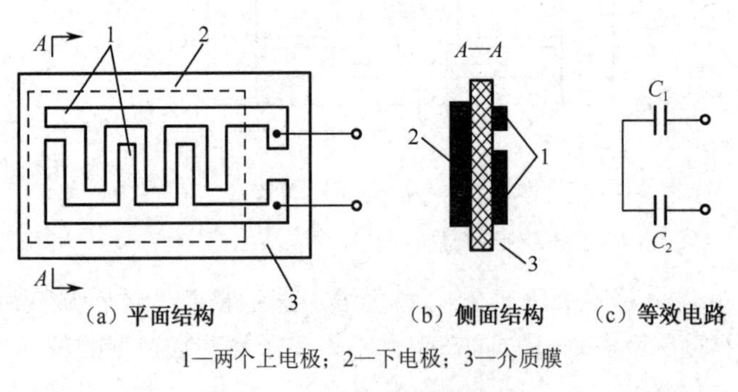

1—两个上电极；2—下电极；3—介质膜

图 5-21　湿敏电容器的结构

任务 5.2　液化气罐液位检测

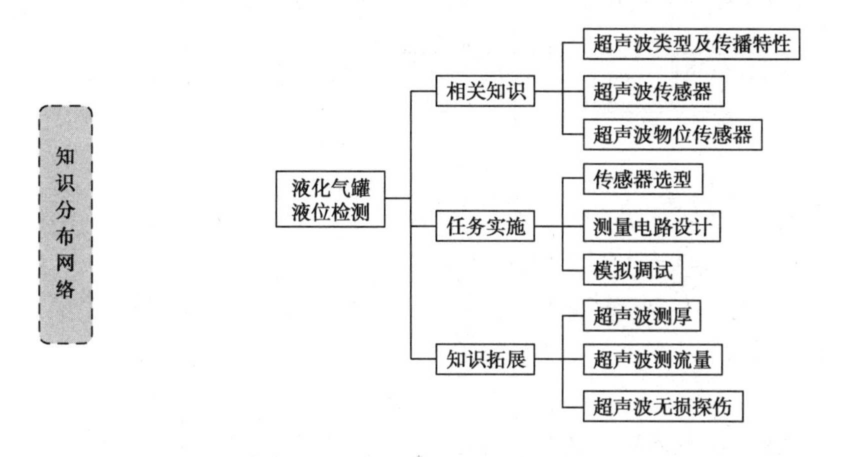

任务描述

近年来，我国液化石油气市场发展很快，家用、商用和工业用气量持续增加，大小液化石油气储配站遍布各地，储存罐的数量也就越来越多，单罐容积也有增大的趋势。在油气生产中，特别是在油气集输储运系统中，石油、天然气与伴生污水要在各种生产设备和罐器中分离、存储与处理，物位的测量与控制，对于保证正常生产和设备安全是至关重要的，否则会产生重大的事故。

针对液化气罐密闭，储存液体易燃、易爆、强腐蚀等特点，一般采用非接触测量法进行液位的检测，本任务中采用超声波液位传感器进行测量。

相关知识

超声波技术是一门以物理、电子、机械及材料学为基础，各行各业都使用的通用技术之一。它是通过超声波产生、传播以及接收这个物理过程来完成的。超声波检测就是利用不同介质的不同声学特性对超声波传播产生影响，从而进行探查和测量的一门技术。超声波在液体、固体中衰减很小，穿透能力强，特别是对不透光的固体，超声波能穿透几十米的厚度。当超声波从一种介质入射到另一种介质时，由于在两种介质中的传播速度不同，在介质面上会产生反射、折射和波形转换等现象。超声波的这些特性使它在检测技术中获得了广泛的应用，如超声波无损探伤、厚度测量、流速测量、超声显微镜及超声成像等。

5.2.1　声波与超声波

1．声波的分类

声波是振动在弹性介质内的传播，称为波动（简称波）。声波的振动频率在 20 Hz～20 kHz 范围内，为可闻声波；低于 20 Hz 的声波为次声波；高于 20 kHz 的声波为超声波。声波的频率界限划分如图 5-22 所示，频率在 3×10^{8}～3×10^{11} Hz 之间的波，称为微波。

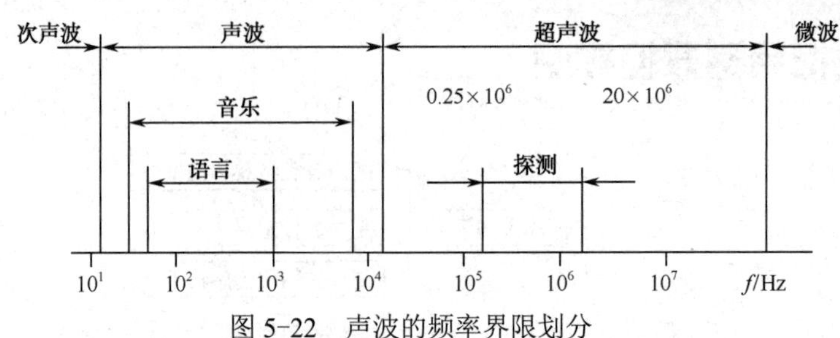

图 5-22　声波的频率界限划分

超声波不同于可闻声波，其波长短、绕射小，能够形成射线而定向传播，超声波在液体、固体中衰减很小，穿透能力强，特别是在固体中，超声波能穿透几十米的厚度。在碰到杂质或分界面，就会产生类似于光波的反射、折射现象。正是超声波的这些特性使它在检测技术中获得广泛应用。

2．超声波的波形

超声波为直线传播方式，频率越高，绕射能力越弱，但反射能力越强。根据声源在介质中的施力方向与波在介质中传播方向的不同，声波的波形也不同。声波的传播波形主要有纵波、横波和表面波。

（1）横波：质点的振动方向垂于传播方向的波，如图 5-23（a）所示，它只能在固体中传播。

（2）纵波：质点的振动方向与传播方向一致的波，如图 5-23（b）所示，它能在固体、液体和气体中传播。

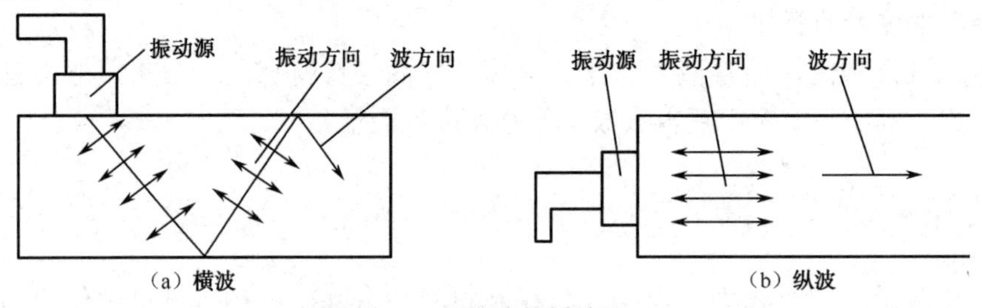

图 5-23　超声波传播波形

（3）表面波：质点的振动方向介于纵波与横波之间，沿着固体表面向前传播的波，如图 5-24 所示，它只能在固体中传播。

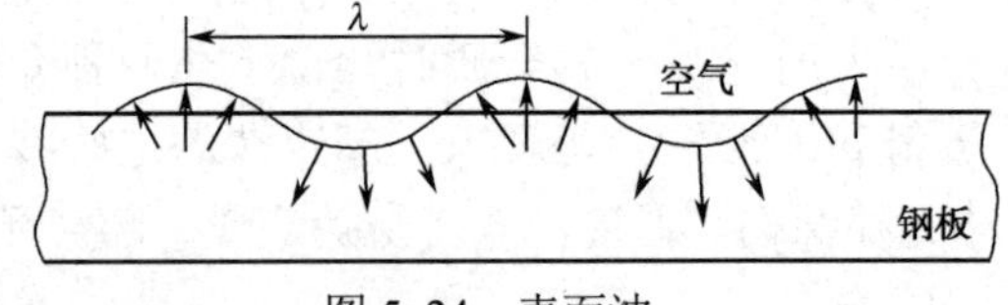

图 5-24　表面波

5.2.2　超声波的传播特性

1．声速、声压、声强与指向性

1）声速

超声波可以在气体、液体及固体中传播，并有各自的传播速度，纵波、横波和表面波的传播速度取决于介质的弹性常数、介质的密度以及声阻抗。声阻抗 Z 为介质密度 ρ 与声速 C 的乘积，即

$$Z=\rho C \tag{5-24}$$

其中，声速 C 恒等于声波的波长 λ 与频率 f 的乘积，即

$$C=\lambda f \tag{5-25}$$

常用材料的密度、声阻抗与声速如表5-1所示。

表5-1　常用材料的密度、声阻抗与声速（环境温度为0℃）

材　料	密度 ρ/（10^3kg/m）	声阻抗 Z/（10^3MPa/s）	纵波声速 c_L/（km/s）	横波声速 c_s/（km/s）
钢	7.8	46	5.9	3.23
铝	2.7	17	6.32	3.08
铜	8.9	42	4.7	2.05
有机玻璃	1.18	3.2	2.73	1.43
甘油	1.26	2.4	1.92	—
水（20℃）	1.0	1.48	1.48	—
油	0.9	1.28	1.4	—
空气	0.001 3	0.000 4	0.34	—

在固体中，纵波、横波和表面波三者的声速有着一定的关系。通常横波的声速约为纵波声速的一半，表面波声速约为横波声速的90%。例如，在常温下空气中的声速约为334 m/s；在水中的声速约为1 440 m/s；而在钢铁中的声速约为5 000 m/s。声速不仅与介质有关，而且与介质所处的状态有关。

2）声压

当超声波在介质中传播时，质点所受交变压强与质点静压强之差称为声压 P。声压与介质密度 ρ、声速 C、质点的振幅 X 及振动的角频率 ω 成正比，即

$$P=\rho CX\omega \tag{5-26}$$

3）声强

单位时间内，在垂直于声波传播方向上的单位面积 A 内所通过的声能称为声强 I，声强与声压的平方成正比，即

$$I=\frac{1}{2}\frac{P^2}{Z} \tag{5-27}$$

4）指向性

超声波声源发出的超声波束是以一定的角度向外扩散的，如图5-25所示。在声源的中心轴线上声强最大，随着扩散角度的增大声强逐步减小。半扩散角 θ、声源直径 D 以及波长 λ 之间的关系为

$$\sin\theta=1.22\frac{\lambda}{D} \tag{5-28}$$

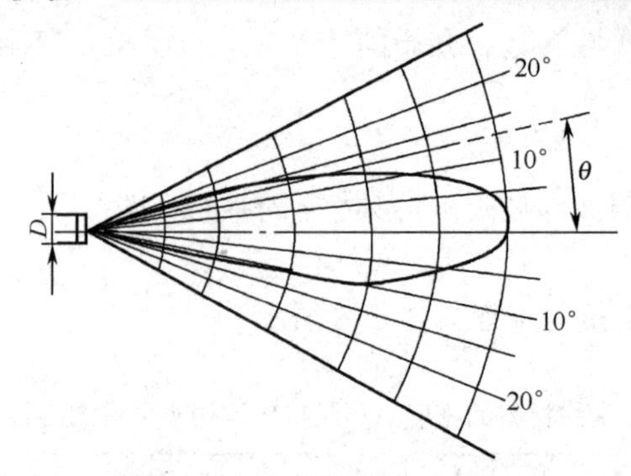

图 5-25 超声波束扩散角

设超声源的直径 D=20 mm，射入钢板的超声波（纵波）频率为 5 MHz，则根据式（5-28）可得θ=4°，可见该超声波的指向性是十分尖锐的。

2. 超声波的反射和折射

声波从一种介质传播到另一种介质，在两种介质的分界面上，一部分声波被反射，另一部分透射过界面，在另一种介质内部继续传播。这样的两种情况称之为声波的反射和折射，如图 5-26 所示。

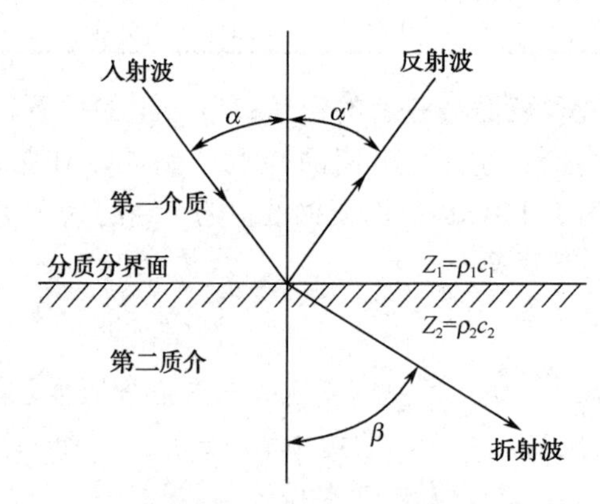

图 5-26 声波反射与折射

1）反射定律

由物理学可知，当波在界面上产生反射时，入射角α的正弦与反射角α'的正弦之比等于波速之比。声波在同一介质内的传播速度相等，所以入射角α与反射角α'相等。

2）折射定律

当波在界面处产生折射时，入射角α的正弦与折射角β的正弦之比，等于入射波在第一介质中的波速 C_1 与折射波在第二介质中的波速 C_2 之比，即

$$\frac{\sin\alpha}{\sin\beta}=\frac{C_1}{C_2} \tag{5-29}$$

3. 超声波的衰减

超声波在介质中传播时，随着传播距离的增加，能量逐渐衰减，其衰减的程度与介质

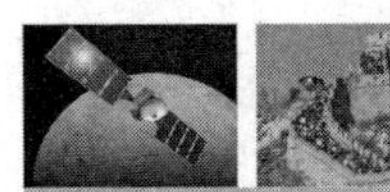

的密度、晶粒的粗细及超声波的频率等因素有关。晶粒越粗或密度越小，衰减越快；频率越高，衰减越快。气体的密度很小，因此衰减较快，尤其在频率高时衰减更快。因此，在空气中传导的超声波的频率选得较低，约数千赫兹，而在固体、液体中则选较高频率的超声波。

5.2.3 超声波传感器

1. 超声波探头

超声波传感器是利用超声波的特性，实现自动检测的测量元件。为了以超声波作为检测手段，必须能产生超声波和接收超声波。完成这种功能的装置就是超声波传感器，又称为超声波探头。超声波传感器按其工作原理，可分为压电式、磁致伸缩式 、电磁式等，下面介绍最为常用的压电式超声波传感器。

2. 压电式超声波传感器

压电式超声波传感器是利用压电材料的压电效应原理来工作的。常用的压电材料主要有压电晶体和压电陶瓷。根据正、逆压电效应的不同，压电式超声波传感器分为发生器（发射探头）和接收器（接收探头）两种。利用逆压电效应将高频电振动转换成高频机械振动，以产生超声波，可作为发射探头。而利用压电效应则将接收的超声振动转换成压电信号，可作为接收探头。

典型的压电式超声波传感器的结构如图 5-27 所示，主要由压电晶片、吸收块（阻尼块）、保护膜等组成。压电晶片多为圆板形，超声波频率与其厚度成反比。压电晶片的两面镀有银层，作为导电的极板，底面接地，上面接至引出线。为了避免传感器与被测件直接接触而磨损压电晶片，在压电晶片下粘合一层保护膜。吸收块的作用是降低压电晶片的机械品质，吸收超声波的能量。

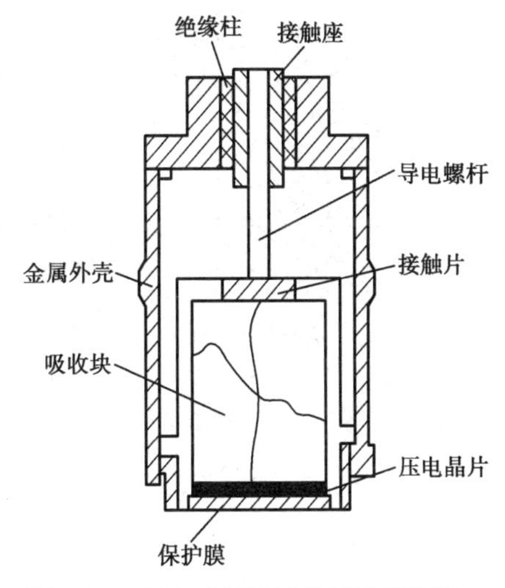

图 5-27 压电式超声波传感器的结构

3. 超声波探头结构类型

超声波探头按其结构不同，又分为直探头、斜探头、双探头、表面波探头、聚焦探

头、冲水探头、水浸探头、空气传导探头以及其他专用探头等多种类型。

1）单晶直探头

用于固体介质的单晶直探头（俗称直探头），如图 5-28（a）所示，压电晶片采用 PZT 压电陶瓷材料制作，外壳用金属制作，保护膜用于防止压电晶片磨损。保护膜可以用三氧化二铝（钢玉）、碳化硼等硬度很高的耐磨材料制作。阻尼吸收块用于吸收压电晶片背面的超声脉冲能量，防止杂乱反射波产生，提高分辨力。阻尼吸收块用钨粉、环氧树脂等浇注。

超声波的发射和接收虽然均是利用同一块晶片，但时间上有先后之分，所以单晶直探头是处于分时工作状态，必须用电子开关来切换这两种不同的状态。

2）双晶直探头

由两个单晶探头组合而成，装配在同一壳体内，如图 5-28（b）所示。其中一片晶片发射超声波，另一片晶片接收超声波。两晶片之间用一片吸声性能强、绝缘性能好的薄片加以隔离，使超声波的发射和接收互不干扰。略有倾斜的晶片下方还设置延迟块，它用有机玻璃或环氧树脂制作，能使超声波延迟一段时间后才入射到试件中，可减小试件接近表面处的盲区，提高分辨能力。双晶探头的结构虽然复杂些，但检测精度比单晶直探头高，且超声波信号的反射和接收的控制电路较单晶直探头简单。

3）斜探头

压电晶片粘贴在与底面成一定角度（如 30°、45°等）的有机玻璃斜楔块上，如图 5-28（c）所示，压电晶片的上方用吸声性强的阻尼吸收块覆盖。当斜楔块与不同材料的被测介质（试件）接触时，超声波产生一定角度的折射，倾斜入射到试件中去，折射角可通过计算求得，可产生多次反射，而传播到较远处去。

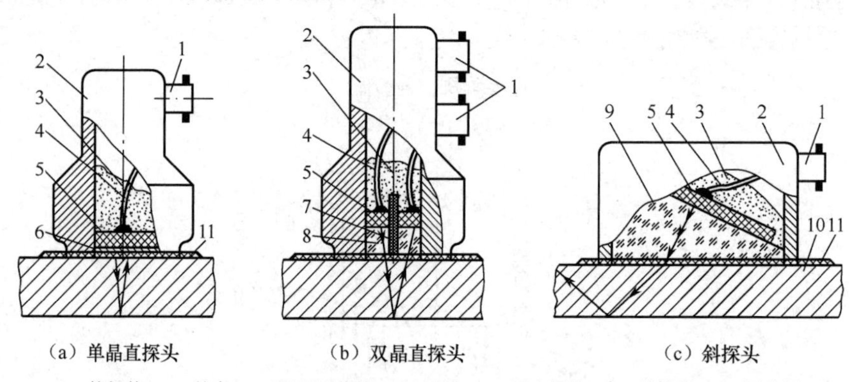

1—接插件；2—外壳；3—阻尼吸收块；4—引线；5—压电晶体；6—保护膜；7—隔离层

8—延迟块；9—有机玻璃斜楔块；10—试件；11—耦合剂

图 5-28　超声波探头的结构

5.2.4　超声波物位传感器

1．超声波物位传感器工作原理

超声波物位传感器是利用超声波在两种介质分界面上的反射特性而制成的。如果从发射超声脉冲开始，到接收换能器接收到反射波为止的这个时间间隔为已知，就可以求出分界面的位置，利用这种方法可以对物位进行测量。根据发射和接收换能器的功能，传感器又可分为单换能器和双换能器。单换能器的传感器发射和接收超声波均使用一个换能器，而双换能器的传感器发射和接收各由一个换能器担任。

超声波物位检测工作原理如图 5-29 所示。超声波发射和接收换能器可设置在水中，如图 5-29（a）所示，让超声波在液体中传播。由于超声波在液体中衰减比较小，所以即使发生的超声脉冲幅度较小也可以传播。超声波发射和接收换能器也可以安装在液面的上方，如图 5-29（b）所示，让超声波在空气中传播，这种方式便于安装和维修，但超声波在空气中的衰减比较厉害。

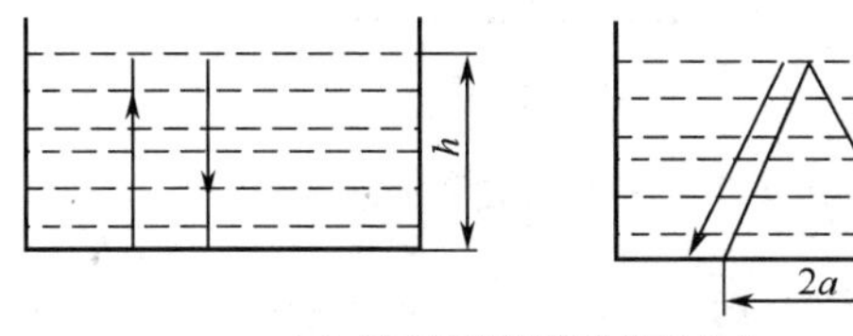

（a）超声波换能器设置在水中

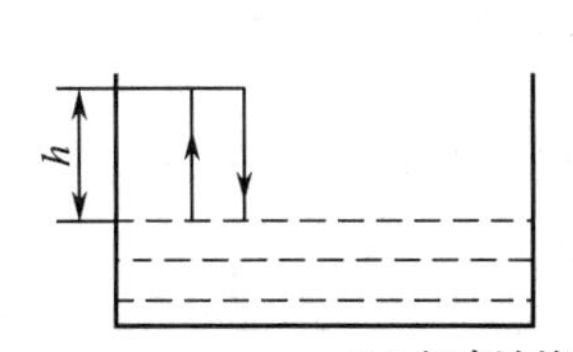

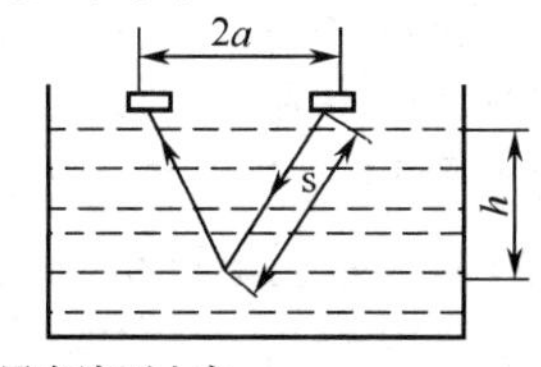

（b）超声波换能器设置在液面上方

图 5-29　超声波物位检测工作原理

对于单换能器来说，超声波从发射到液面，又从液面反射到换能器的时间为

$$t=\frac{2h}{v} \tag{5-30}$$

则

$$h=\frac{vt}{2} \tag{5-31}$$

式中　h ——换能器距液面的高度；

v ——超声波在介质中传播的速度。

对于双换能器来说，超声波从发射到被接收经过的路程为 2 s，而

$$s=\frac{vt}{2} \tag{5-32}$$

因此液位高度为

$$h=\sqrt{S^2-a^2} \tag{5-33}$$

式中　s ——超声波反射点到换能器的距离；

a ——两换能器间距的一半。

从以上公式中可以看出，只要测得超声波脉冲从发射到接收的间隔时间，便可以求得待测的物位。

2．超声波液位计

超声波液位计按传声介质不同，可分为气介式、液介式和固介式三种，如图 5-30

所示。

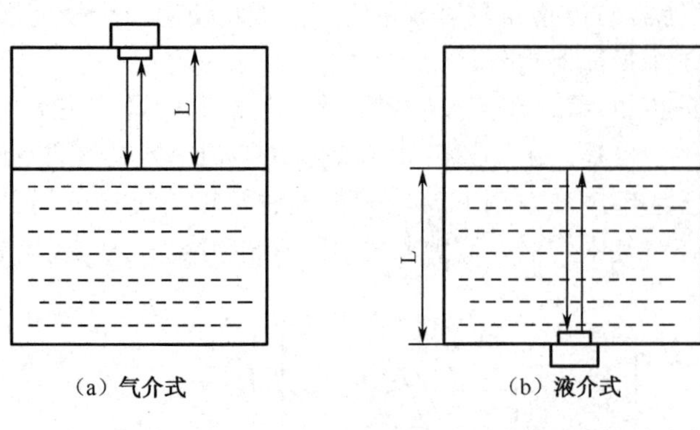

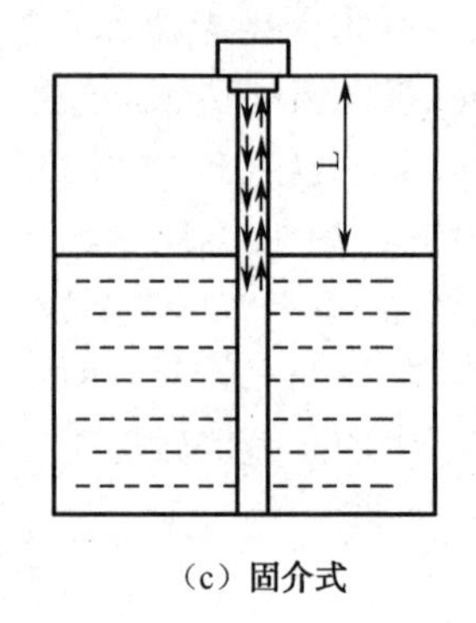

（a）气介式　（b）液介式　（c）固介式

图 5-30　单探头超声波液位计

超声波液位测量的优点：与介质不接触，无可动部件，电子元件只以声频振动，振幅小，仪器寿命长；超声波传播速度比较稳定，光线、介质黏度、湿度、介电常数、电导率、热导率等对检测几乎无影响，因此适用于有毒、腐蚀性或高黏度等特殊场合的液位测量；不仅可进行连续测量和定点测量，还能方便地提供遥测或遥控信号；能测量高速运动或有倾斜晃动的液体液位，如置于汽车、飞机、轮船中的液位。

超声波物位传感器具有精度高和使用寿命长的特点，但若液体中有气泡或液面发生波动，便会有较大的误差。在一般使用条件下，它的测量误差为±0.1%，检测物位的范围为 10^{-2}～10^{4} m。

任务实施

1．传感器选型

超声波传感器选型时要考虑被测物体的尺寸大小、外形及测量环境是否有振动、环境温度变化等因素，根据前面原理分析，结合本任务实际，选择气介式的单换能器超声波传感器，型号选用 CSB40T。传感器探头安装在液罐上方，如图 5-31（a）所示。

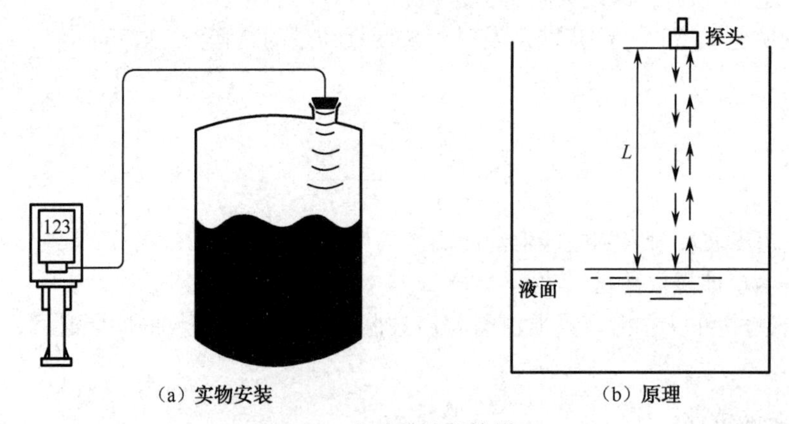

（a）实物安装　（b）原理

图 5-31　超声波液位检测

由图 5-31（b）看出，超声波传播距离为 L，波的传播速度为 v，传播时间为 Δt 则

$$L = \frac{1}{2} v \Delta t \tag{5-34}$$

L 是与液位有关的量，故测出 L 便可知液位，一般是用接收到的信号触发门电路，然后对振荡器的脉冲进行计数，从而实现 L 的测量。

2. 测量电路设计

1）超声波发送模块设计

超声波发送器包括超声波产生电路和超声波发射控制电路两个部分，超声波探头可采用软件发生法和硬件发生法产生超声波。前者利用软件产生 40 kHz 的超声波信号，通过输出引脚输入至驱动器，再驱动器驱动后推动探头产生超声波。这种方法的特点是充分利用软件，灵活性好，但要设计一个驱动电流在 100 mA 以上的驱动电路。第二种方法是利用超声波专用发生电路或通用发生电路产生超声波信号，并直接驱动换能器产生超声波。这种方法的优点是无须驱动电路，但缺乏灵活性。

本任务选用硬件发生法产生超声波，电路设计如图 5-32 所示。40 kHz 的超声波是利用 555 时基电路组成的振荡器，通过调整 20 kΩ电位器产生的。

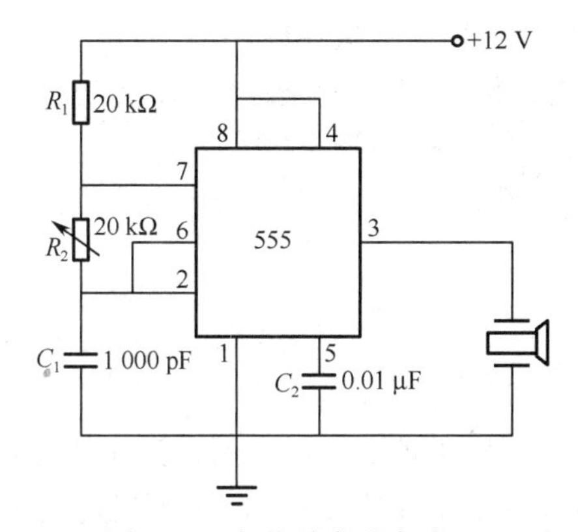

图 5-32　超声波发送电路

2）超声波接收模块设计

超声波接收器包括超声波接收探头、信号放大电路及波形变换电路三部分。超声波探头必须采用与发射探头对应的型号，这里采用 CSB40R 型号，关键是频率要一致，否则将因无法产生共振而影响接收效果，甚至无法接收。由于经探头变换后的正弦波电信号非常弱，因此必须经放大电路放大。

超声波在空气中传播时，其能量的衰减与距离成正比，即距离越近信号越强，距离越远信号越弱，通常在 1 mV～1 V。发送到液面及从液面反射回来的信号大小与液位有关，液面位置越高，信号越大；液面位置越低，信号越小。因此，在接收电路中要对接收信号进行放大。由于输入信号的范围较大，对放大电路的增益提出了两个要求：一是放大增益要大，以适应小信号时的需要；二是放大增益要能变化，以适应信号变化范围大的需要。超声波接收电路的设计如图 5-33 所示。

当没有发射超声波信号时，A、B、C 点的电位均为 0，D 的电位是 1。当接收到超声波信号时，经过 LM386 放大，通过电感电容滤波，使其只有 40 kHz 的信号通过，再经过

LM386 进行二次放大，当测量距离远时，二次放大的信号仍然太弱，所以还得进行三次放大；当测量距离近时，二次放大的信号就很强了，但由于第三级的输入电压不能太高，所以要用二极管 VD_1、VD_2 进行限幅。

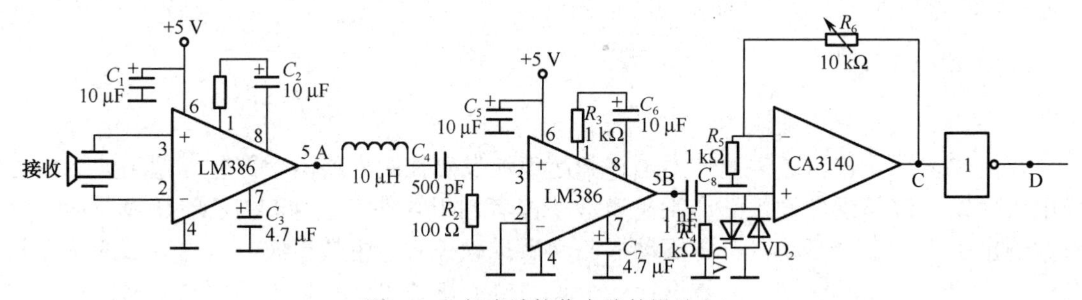

图 5-33　超声波接收电路的设计

3．模拟调试

（1）按照电路图 5-33 所示，将各元件焊接到实验板上，并检查正确性。

（2）模拟调试时选用带刻度玻璃瓶，以便于观察实际液位。用胶将超声波探头粘贴在玻璃瓶的正上方，使探头的指向与所测液位在同一直线上。

（3）接通电路电源，通过示波器测出 D 端输出信号的峰值时间差Δt，通过式（5-34）计算出液位高度。

（4）改变液位高度，测量多组数据，将测量值与实际值进行对比分析，分析偏差原因并进行总结，加以改进。

知识拓展

当超声发射器与接收器分别置于被测物两侧时，这种类型称为透射型。透射型可用于遥控器、防盗报警器、接近开关等。超声发射器与接收器置于同侧的属于反射型，反射型可用于接近开关、测距、测液位或物位、金属探伤以及测厚等。超声波传感器除用来测量物位外，还有以下方面的应用。

5.2.5　超声波其他参数测量

1．测厚

脉冲回波法测量试件厚度如图 5-34 所示。超声波探头与被测试件某一表面相接触，由主控制器产生一定频率的脉冲信号，送往发射电路，经电流放大后加在超声波探头左边的压电晶片上，从而激励超声波探头产生重复的超声波脉冲。脉冲波传到被测试件另一表面后反射回来，被超声波探头右边的压电晶片接收。若已知超声波在被测试件中的传播速度为 v，试件厚度为 d，脉冲波从发射到接收的时间间隔Δt 可以测量，则可求出被测试件厚度为

$$d=\frac{v\Delta t}{2} \tag{5-35}$$

用超声波传感器测量零件厚度，具有测量精度高、操作安全简单、易于读数、能实现

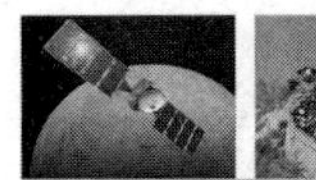

连续自动检测、测试仪器轻便等诸多优点。但是，对于声衰减很大的材料，以及表面凹凸不平或形状极不规则的零件，利用超声波实现厚度测量比较困难。

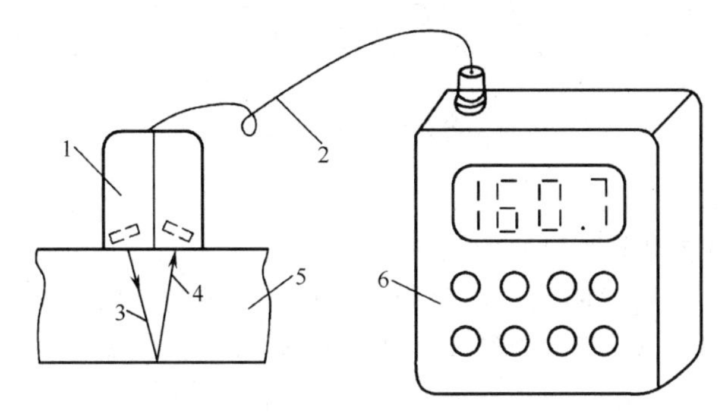

1—双晶直探头；2—引线电缆；3—入射波；4—反射波；5—试件；6—显示仪表

图5-34　脉冲回波法测量试件厚度

2．测流量

超声波流量传感器的测定原理是多样的，如传播速度变化法、波速移动法、贝济埃效应法、流动听声法等。目前应用较广的主要是超声波传输时间差法。

超声波在流体中传输时，在静止流体和流动流体中的传输速度是不同的，利用这一特点可以求出流体的速度，再根据管道流体的截面积，便可知道流体的流量。

在实际应用中，超声波传感器安装在管道的外部，从管道的外面透过管壁发射和接收超声波不会给管路内流动的流体带来影响，原理如图5-35所示。

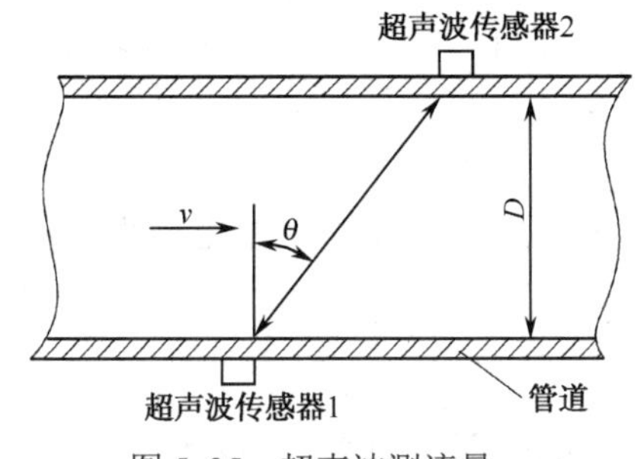

图5-35　超声波测流量

在管道两侧设置两个超声波传感器，它们可以发射超声波，又可以接收超声波，一个安装在上游，一个安装在下游，超声波传播方向与管径夹角为θ，管道内径为D。设流体静止时的超声波传输速度为c，流体流动速度为v，顺流方向的传输时间为t_1，逆流方向的传输时间为t_2。则

$$t_1 = \frac{D/\cos\theta}{c + v\sin\theta} \tag{5-36}$$

$$t_2 = \frac{D/\cos\theta}{c - v\sin\theta} \tag{5-37}$$

一般来说，流体的流速远小于超声波在流体中的传播速度，那么超声波传播时间差为

$$\Delta t = t_2 - t_1 = \frac{D/\cos\theta}{c + v\sin\theta} - \frac{D/\cos\theta}{c - v\sin\theta} = \frac{2Dv\tan\theta}{c - v^2\sin^2\theta} \tag{5-38}$$

由于 $c>>v$，从上式便可得到流体的流速，即

$$v=\frac{c^2}{2D}\Delta t\cot\theta \tag{5-39}$$

则体积流量为

$$qv\approx\frac{\pi}{4}D^2v=\frac{\pi}{8}Dc^2\Delta t\cot\theta \tag{5-40}$$

由式（5-40）可知，流速 v 与流量 qv 均与时间差Δt 成正比，而时间差可用标准时间脉冲计数器来实现，上述方法称为时间差法。

超声波流量传感器具有不阻碍流体流动的特点，可测的流体种类很多，不论是非导电的流体、高黏度的流体，还是浆状流体，只要能传输超声波的流体都可以进行测量。超声波流量计可用于管道、农业灌渠、河流等流速的测量。

3．无损探伤

人们在使用各种材料（尤其是金属材料）的长期实践中，观察到大量的断裂现象，它曾给人类带来许多灾难事故，涉及舰船、飞机、轴类、压力容器、宇航器、核设备等。对缺陷的检测手段有破坏性试验和无损探伤。由于无损探伤以不损坏被检验对象为前提，所以得到广泛应用。

无损探伤的方法有磁粉检测、电涡流、荧光染色渗透、放射线（X 光、中子）照相检测、超声波探伤等。其中，超声波探伤是目前应用十分广泛的无损探伤手段。它既可检测材料表面的缺陷，又可检测内部几米深的缺陷，这是 X 光探伤所达不到的深度。

超声波探伤是利用超声波入射被检工件内部，当声束遇有缺陷时会使产生的发射回波或穿透波衰减，从而判断被检工件内部缺陷是否存在、缺陷大小和位置。根据检测原理分为穿透法探伤和反射法探伤。穿透法探伤是根据超声波穿透工件后能量的变化情况来判断工件内部质量；反射法探伤是根据超声波在工件中反射情况的不同来探测工件内部是否有缺陷。这里主要介绍常用的反射法探伤，反射法根据超声波形的不同又可分为纵波探伤、横波探伤和表面波探伤。

1）纵波探伤

纵波探伤采用超声直探头，如图 5-36 所示。检测时，将探头放置在被测工件上，并在工件表面来回移动，探头会发射出超声波，并以垂直方向在工件内部传播。如果传播路径上没有缺陷，超声波到达底部便产生反射，荧光屏上便出现始波脉冲 T 和底部脉冲 B，如图 5-36（a）所示。如果工件有缺陷，一部分脉冲将会在缺陷处产生反射，另一部分继连续传播到达工件底部产生反射，因而在荧光屏上除始波脉冲 T 和底部脉冲 B 外，还出现缺陷脉冲 F，如图 5-36（b）所示。荧光屏上水平扫描线为时基线，事先调整其长度与工件的厚度成正比，根据缺陷脉冲在扫描基线上的位置便可确定缺陷在工件中的深度。

2）横波探伤

当遇到纵深方向的缺陷时，采用直探头就很难真实反映缺陷的形状大小。此时，应采用斜探头探测，如图 5-37 所示。控制倾斜角度使斜探头发出的超声波以横波方式在工件的上下表面逐次反射传播直至端面为止。横波探测一般作为粗检，为准确探测缺陷性质、取向等，应采用不同的探头反复探测，方可较准确地描绘出缺陷的形状和大小。

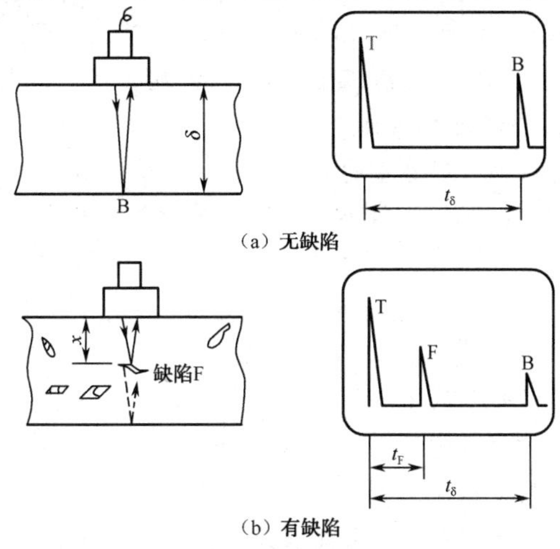

图 5-36　纵波探伤

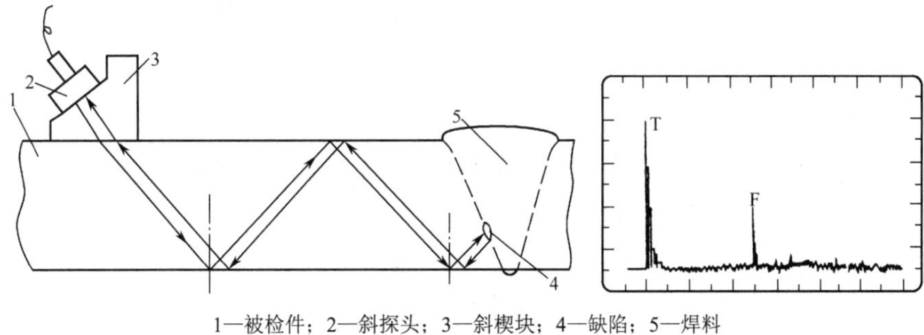

1—被检件；2—斜探头；3—斜楔块；4—缺陷；5—焊料

图 5-37　横波探伤

3）表面波探伤

表面波探伤如图 5-38 所示，由于表面波是沿着工件表面作椭圆轨迹传播，且不受表面形状曲线的影响。当试件表面有缺陷，表面波将沿表面反射回探头。因此在显示器上显示出缺陷信号。综合考虑 F 波的幅度及距离，就可以大致判断缺陷的大小。

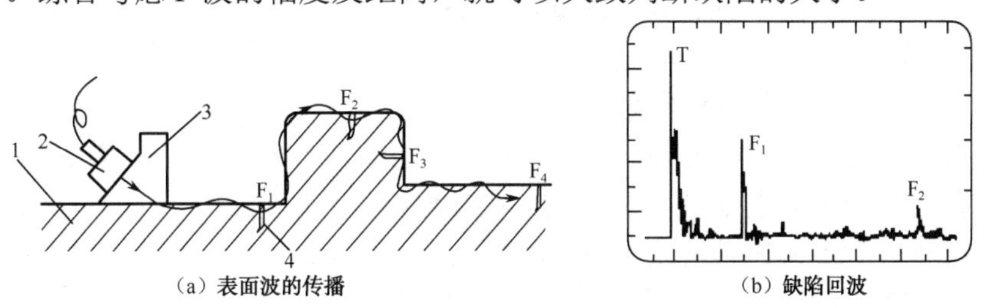

(a) 表面波的传播　　(b) 缺陷回波

1—被检件；2—表面波探头；3—斜楔块；4—缺陷

图 5-38　表面波探伤

项目小结

物位是指各种容器设备中液体介质液面的高度、两种不相溶液体介质的分界面的高度和固体粉末状物料的堆积高度等的总称。由于被测对象种类繁多，检测的条件和环境也有很大的差别，因而对物位进行测量的传感器形式有许多种。其中，按是否与被测介质接触又分为接触式物位传感器和非接触式物位传感器，本项目分别介绍了典型代表电容物位传感器和超声波物位传感器的工作原理及应用。

电容传感器是把被测量转换为电容量变化的一种传感器，分为变极距型、变面积型和变介质型三种。电容传感器的输出电容值非常小，所以要借助测量电路将其转换为相应的电压、电流或频率等信号。常用的测量电路有交流电桥、调频电路、运算放大器电路、脉冲宽度调制电路、双 T 电桥电路等。它不但广泛地用于精确测量位移、厚度、角度、振动等机械量，还可进行力、压力、差压、流量、成分、液位等参数的测量。

超声波传感器是利用不同介质的不同声学特性对超声波传播的影响来进行探查和测量的一门技术。超声波在液体、固体中衰减很小，穿透能力强，特别是对不透光的固体，超声波能穿透几十米的厚度。当超声波从一种介质入射到另一种介质时，由于在两种介质中的传播速度不同，在介质面上会产生反射、折射和波形转换等现象。超声波的这些特性使它在检测技术中获得了广泛的应用，如超声波无损探伤、厚度测量、流速测量、超声显微镜及超声成像等。

思考与练习 5

1．根据电容式传感器工作原理，可将其分为几种类型？每种类型各有什么特点？各适用于什么场合?

2．什么是物位？为什么要进行物位的测量？物位测量的特点是什么？

3．影响电容传感器精度的因素有哪些？如何消除电容传感器的边缘效应与寄生参量的影响?

4．试述电容传感器的特点，能够测量哪些物理参数？

5．电容传感器测量电路的作用是什么？

6．某电容传感器（平行极板电容器）的圆形极板半径 $r = 4$ mm，工作初始极板间距离 $\delta_0 = 0.3$ mm，介质为空气。问：

（1）如果极板间距离变化量 $\Delta\delta = \pm 1$ μm，电容的变化量 ΔC 是多少？

（2）如果测量电路的灵敏度 $k_1 = 100$ mV/pF，读数仪表的灵敏度 $k_2 = 5$ 格/mV 在 $\Delta\delta = \pm 1$ μm 时，读数仪表的变化量为多少？

7．正方形平板电容器，极板长度 a=4 cm，极板间距离Δ=0.2 mm。若用此变面积型传感器测量位移 x，试计算该传感器的灵敏度？已知极板间介质为空气，ε_0=8.85×10^{-12} F/m。

8．有一变极距型电容传感器，两极板的重合面积为 8 cm^2，两极板间的距离为 1 mm，已知空气的相对介电常数为 1.000 6，试计算该传感器的位移灵敏度？

9．超声波在介质中有哪些传播特性？

10．什么是超声波的干涉现象？

11．图 5-36（b）中，显示器的 x 轴为 10 μs/div(格)，现测得 B 波与 T 波的距离为 10 格，F 波与 T 波的距离为 3.5 格（已知，纵波在钢板中的声速 c=5.9×10^3 m/s)。求：

（1）t_δ及 t_F；

（2）钢板的厚度δ及缺陷与表面的距离 x。

项目6 温度检测

教学导航

知识目标	（1）了解温度测量的基本方法和温度传感器类型。 （2）掌握热电偶的工作原理、基本定律、使用方法和温度校正方法。 （3）熟悉热电偶测温电路及应用。 （4）了解金属热电阻的工作原理。 （5）掌握铜热电阻和铂热电阻的性能特点与应用。 （6）掌握热敏电阻传感器的类型、构成和应用。 （7）理解红外传感器的测温原理。
能力目标	（1）能够选用合适的温度传感器进行温度检测电路的设计与调试。 （2）掌握常用的温度补偿方法并能灵活运用。

项目背景

温度是一个和人们生活环境有着密切关系的物理量，它反映物体的冷热程度，是物体内部各分子无规则剧烈运动程度的标志。物体的许多物理现象和化学性质都与温度有关，温度直接和安全生产、产品质量、生产效率、节约能源等重大技术经济指标相联系，需要测量温度和控制温度的场合极其广泛，测量温度的传感器也越来越多。

温度传感器的分类方法很多，按照用途可分为基准温度计和工业温度计；按工作原理可分为膨胀式、电阻式、热电式、辐射式；按照测量方法可分为接触式和非接触式等。

常用的接触式测温传感器主要有热电偶、热电阻等，利用其产生的热电动势或电阻随温度变化的特性来测量物体的温度，一般还采用与开关组合的双金属片或磁电继电器开关进行控制。这类传感器的优点是结构简单、工作可靠、测量精度高、稳定性好、价格低；缺点是有较大的滞后现象（测温时由于要进行充分的热交换），不便用于运动物体的温度测量，被测对象的温度场易受传感器接触的影响，测温范围受感温元件材料性质的限制等。

非接触式测温的方法就是利用被测温度对象的热辐射能量随其温度的变化而变化的原理，通过测量一定距离之外的被测物体发出的热辐射强度来测量其温度。常见非接触式测温的温度传感器主要有光电高温传感器、红外辐射温度传感器等。这类传感器的优点是不存在测量滞后和温度范围的限制，可测高温、腐蚀、有毒、运动物体及固体、液体表面的温度，不干扰被测温度场；缺点是受被测温度对象热辐射率的影响，测量精度低，测量距离和中间介质对测量结果有影响等。非接触式传感器广泛应用于非接触温度传感器、辐射温度计、报警装置、自动门、气体分析仪、分光光度仪等。

任务 6.1　冶金加热炉温度检测

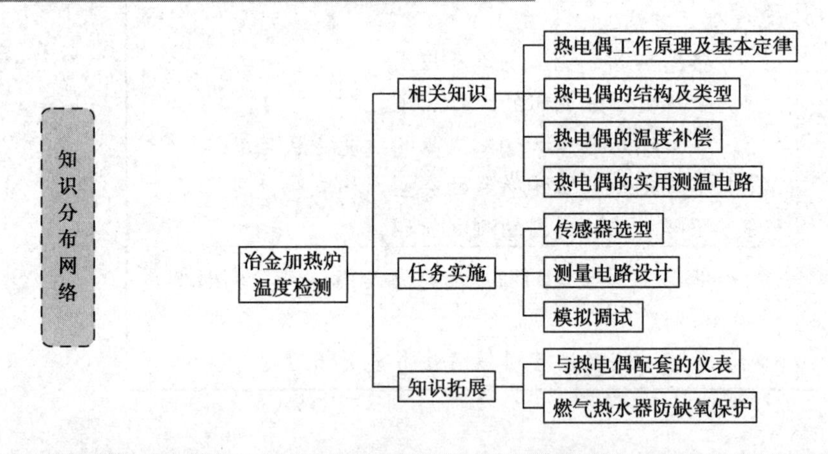

任务描述

在冶金、化工、建材等行业中，有大量的工业加热炉，特别是在轧钢工业领域中加热炉是主要的工艺设备，其作用是把钢坯加热后送往轧机进行轧制，被加热坯料不断从炉尾送入炉内，在机械传动装置的带动下不断前进，边前进边加热，经过预热段、加热段和均热段，当达到所要求的温度范围后，且坯料内外温度均匀，即可出钢进行轧制。加热炉的温度控制过程一般分为预热、加热和均热三个阶段。炉内加热过程的温度场特性主要由加热钢种和产品用途来决定。一般情况下，钢坯入炉时，坯料的温度为室温或 700℃左右；出炉时，温度在 1 120～1 250℃。由于工艺对温度的要求各有不同，所以要对温度进行精确测量。根据冶金加热炉的温度测量范围，可选择热电偶来检测温度。本任务利用热电偶传感器完成冶金加热炉测温电路的设计和制作，并实现温度的补偿与控制。

相关知识

热电偶是工业上最常用的一种测温元件，是一种能将温度转换为电动势的装置。在接触式测温仪表中，具有信号易于传输和变换、测温范围宽、测温上限高等优点。在机械工业的多数情况下，这种温度传感器主要用于 500～1 500℃范围内的温度测量。

6.1.1 热电偶的工作原理

1. 热电效应

热电偶的工作原理是基于物体的热电效应。将两种不同材料导体（或半导体）A 与 B 的两端分别串接成一个闭合回路，如图 6-1 所示，如果两结合点的温度不同($T\neq T_0$)，则在两者间将产生电动势，而在回路中就会有一定大小的电流，这种现象称为热电效应或塞贝克效应。由两种不同材料的导体组成的回路称为热电偶，组成热电偶的导体称为热电极，热电偶所产生的电势称为热电势。热电偶的两个结点中，置于温度为 T 的被测对象中的结点称为测量端，又称为工作端或热端；置于温度为 T_0 的另一结点称为参考端，又称为自由端或冷端。

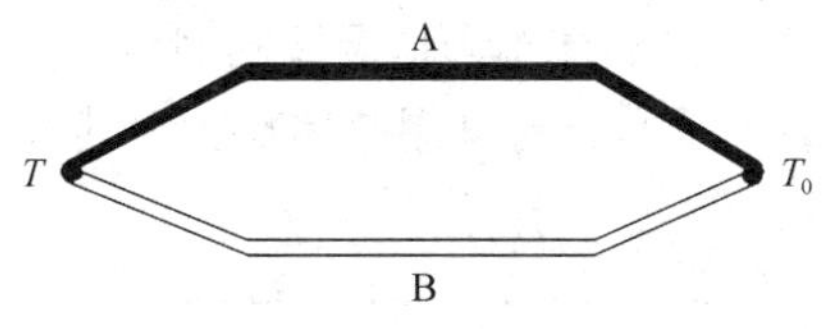

图 6-1 热电偶原理

理论分析表明：热电偶产生的热电动势是由两种导体的接触电动势和单一导体温差电动势两部分组成。

1）接触电动势

接触电动势是由于两种不同导体的自由电子密度不同，在接触处会发生自由电子的扩散形成的电动势。

由于不同的金属中自由电子密度是不同的，设金属 A、B 的自由电子密度分别为 n_A 和 n_B，且有 $n_A>n_B$，当 A、B 两种金属接触在一起时，在结点处就要发生电子扩散。在相同的时间内，从导体 A 扩散到导体 B 中的自由电子比从导体 B 扩散到导体 A 中的自由电子多，这时导体 A 因失去电子而带正电，导体 B 因得到自由电子而带负电，在接触面两侧的一定范围内形成一个电场，电场的方向由 A 指向 B，如图 6-2 所示。该电场将阻碍电子的进一步扩散，最后导体处于一种动态平衡状态。这种状态下，A 与 B 两种不同金属的结点处产生的电动势称为接触电势，其大小为

$$e_{AB}(T)=\frac{kT}{e}\ln\frac{n_A(T)}{n_B(T)} \tag{6-1}$$

式中　$e_{AB}(T)$——A、B 两种材料在温度为 T 时的接触电动势；

T——接触处的绝对温度，单位为 K；

k——玻尔兹曼常数，k=1.38×10^{-23} J/K；

e——电子电荷，e=1.6×10^{-19} C；

$n_A(T)$——材料 A 在温度为 T 时的自由电子密度；

$n_B(T)$——材料 B 在温度为 T 时的自由电子密度。

由式（6-1）可知，接触电动势的大小与温度高低及导体中的自由电子密度有关：温度越高，接触电动势越大；两种导体电子密度比值越大，接触电动势越大。

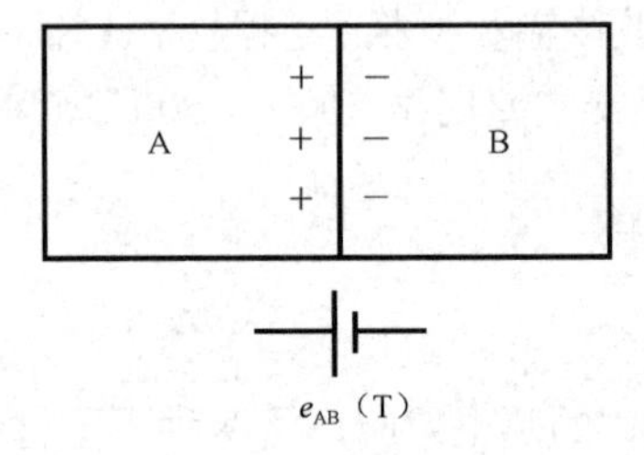

图 6-2　接触电动势

2）温差电动势

温差电动势是在同一导体中，由于温度不同而产生的一种电动势。

对于单一导体，如果两端温度分别为 T 和 T_0，且 $T>T_0$，则导体中的自由电子，在高温端具有较大的动能而向低温端扩散，导致导体的高温端因失去电子而带正电，低温端由于获得电子而带负电，从而形成了一个从高温端指向低温端的静电场，如图 6-3 所示。此时，在导体两端产生一个相应的电势差，称为单一导体温差电动势，其大小可由下式求得：

$$e_A(T,T_0)=\int_{T_0}^{T}\sigma_A \mathrm{d}T \tag{6-2}$$

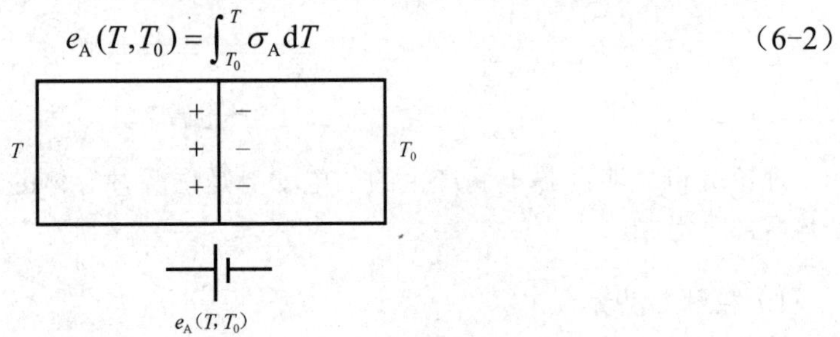

图 6-3　温差电动势

式中　$e_A(T,T_0)$——导体 A 两端温度为 T 和 T_0 时形成的温差电动势；

σ_A——导体 A 的汤姆逊系数，表示单一导体两端的温度差为 1℃时所产生的温差电动势，其值与材料性质及两端温度有关。

2．热电偶测温原理

金属导体 A、B 组成热电偶回路时，总的热电势包括两个结点分别在 T 和 T_0 的接触电动势 $e_{AB}(T)$及 $e_{AB}(T_0)$，以及导体 A 和导体 B 因其两端温差而产生的温差电动势 $e_A(T,T_0)$和 $e_B(T,T_0)$，如图 6-4 所示。取 $e_{AB}(T)$的方向为正方向，则总的热电势可表示为

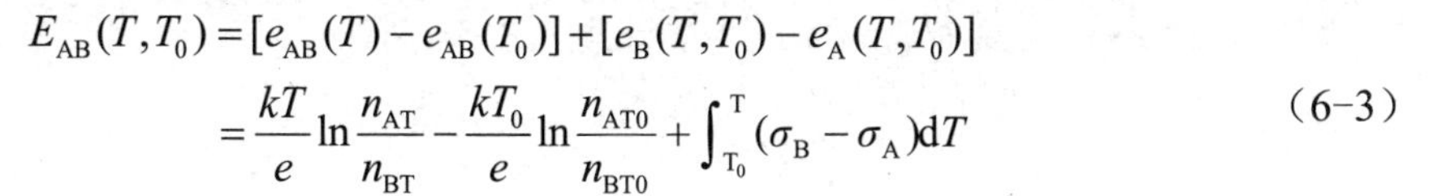

$$
\begin{aligned}
E_{AB}(T,T_0) &= [e_{AB}(T)-e_{AB}(T_0)]+[e_B(T,T_0)-e_A(T,T_0)] \\
&= \frac{kT}{e}\ln\frac{n_{AT}}{n_{BT}}-\frac{kT_0}{e}\ln\frac{n_{AT0}}{n_{BT0}}+\int_{T_0}^{T}(\sigma_B-\sigma_A)\mathrm{d}T
\end{aligned} \tag{6-3}
$$

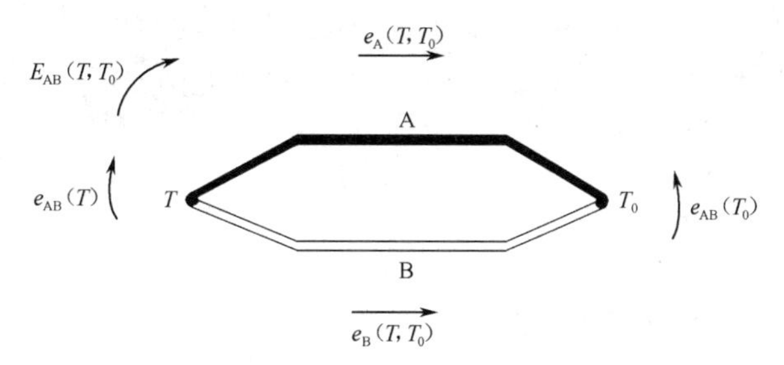

图 6-4　热电偶回路热电势

式中　n_{AT}、n_{AT0}——导体 A 在结点温度为 T 和 T_0 时的电子密度，单位为 C/m^2；

n_{BT}、n_{BT0}——导体 B 在结点温度为 T 和 T_0 时的电子密度，单位为 C/m^2；

σ_A、σ_B——导体 A 和导体 B 的汤姆逊系数，单位为 V。

由式（6-3）可以得出以下结论。

（1）如果热电偶两电极材料相同，即 $n_A=n_B$，$\sigma_A=\sigma_B$，则虽两端温度不同，即 $T\neq T_0$，但总输出电势仍为零，因此，必须由两种不同的材料才能构成热电偶。

（2）如果热电偶两结点温度相同，即 $T=T_0$，则回路中的总电势必然等于零。

（3）热电势的大小只与材料和结点温度有关，与热电偶的尺寸、形状及沿电极温度分布无关。

3．热电偶基本定律

1）中间导体定律

在热电偶回路中接入第三种材料的导体 C，如图 6-5 所示，若这第三种导体两端的温度相同，则热电偶回路总的热电动势不变。回路中总的热电势为

$$E_{ABC}(T,T_0)=e_{AB}(T)-e_{AB}(T_0)=E_{AB}(T,T_0) \tag{6-4}$$

根据这一定律，可以在热电偶的回路中引入各种仪表和连接导线等，只要保证两端温度相等，则对热电偶的测量精度无影响。

2）中间温度定律

在热电偶回路中，测量端温度为 T，自由端温度为 T_0 时，中间温度为 T_n，则 T、T_0 的热电势 $E_{AB}(T,T_0)$等于该热电偶在（T,T_n）与（T_n,T_0）时的热电势 $E_{AB}(T,T_n)$与 $E_{AB}(T_n,T_0)$之和，即中间温度定律。该定律可表示为

$$E_{AB}(T,T_0)=E_{AB}(T,T_n)+E_{AB}(T_n,T_0) \tag{6-5}$$

根据这一定律，只要给出自由端温度为 0℃时的热电势和温度关系，即可求出自由端为任意温度 T_0 时热电偶的热电动势，即

$$E_{AB}(T,T_0)=E_{AB}(T,0)+E_{AB}(0,T_0) \tag{6-6}$$

【实例 6-1】 用镍铬-镍硅热电偶测炉温时，其冷端温度为 30℃，在直流电位计上测得的热电势为 30.839 mV，求炉温。

解：查镍铬-镍硅热电偶分度表（附录表 A-2），得

$$E(30℃,0℃)=1.203\ \text{mV}$$

则

$$E_{AB}(T,0℃)=E(T,30℃)+E_{AB}(30℃,0℃)$$
$$=30.839+1.203=32.042(\text{mV})$$

再查分度表得

$$T=770℃$$

4. 标准电极定律

如图 6-5 所示，已知热电极 A、B 与参考电极 C 组成的热电偶在结点温度为（T,T_0）时的热电动势分别为 E_{AC}（T,T_0）、E_{BC}（T,T_0），则在相同温度下，由 A、B 两种热电极配对后的热电势 $E_{AB}(T,T_0)$，可按下面公式计算：

$$E_{AB}(T,T_0)=E_{AC}(T,T_0)-E_{BC}(T,T_0) \tag{6-7}$$

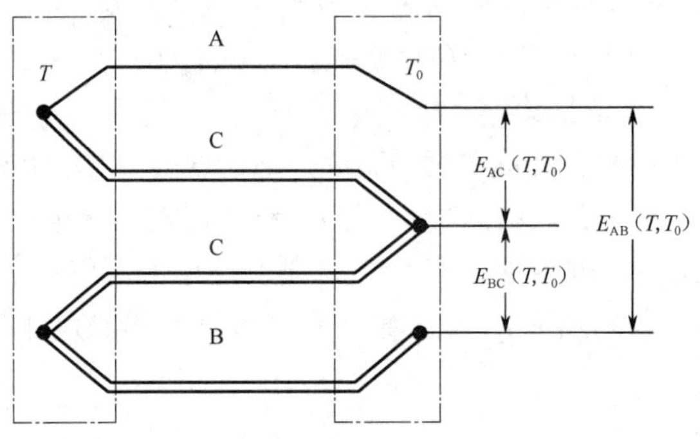

图 6-5　标准电极电路

标准电极定律方便了热电偶电极的选配工作，只要获知有关热电极与参考电极配对的热电势，那么任何两种热电极配对时的电动势均可利用该定律计算，而不用逐个进行测定。

【实例 6-2】 已知铂铑$_{30}$-铂热电偶的 $E(1\ 084.5℃,0℃)=13.937$ mV，铂铑$_6$-铂热电偶的 $E(1\ 084.5℃,0℃)= 8.354$ mV，求铂铑$_{30}$-铂铑$_6$热电偶在同样温度条件下的热电动势。

解：设 A 为铂铑 30 电极，B 为铂铑 6 电极，C 为纯铂电极，则

$$E_{AB}(1\ 084.5℃,0℃)= E_{AC}(1\ 084.5℃,0℃)-E_{BC}(1\ 084.5℃,0℃)= 5.583\ \text{mV}$$

6.1.2　热电偶的结构及类型

1. 热电偶的结构

热电偶通常由热电极、绝缘子、保护套管、接线盒四部分组成，并与显示仪表、记录仪表或计算机等配套使用，如图 6-6 所示。

1）热电极

热电偶常以热电极材料种类来命名，其直径大小由材料的价格、机械强度、电导率以及热电偶的用途和测量范围等决定。贵金属热电偶的热电极多采用直径为 0.35～0.65 mm 的细导线，普通金属的热电极的直径一般是 0.5～3.2 mm。热电偶的长度由使用条件、安装条件，特别是由工作端在被测介质中的插入深度来决定，通常为 350～2 000 mm，最长的可达 3 500 mm。

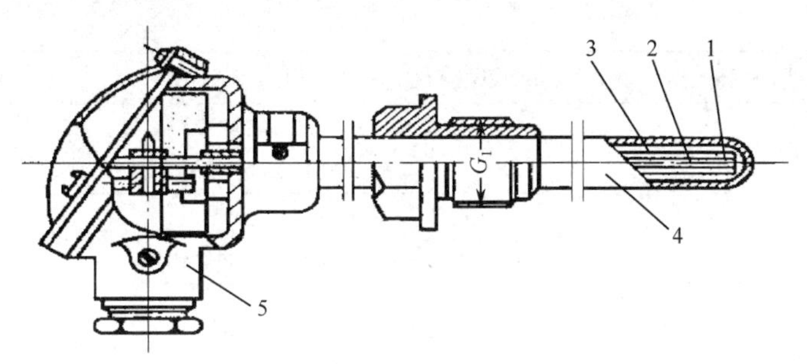

1—测量端 2—热电极 3—绝缘套管 4—保护管 5—接线盒

图 6-6 热电偶结构

2）绝缘子

绝缘子又叫绝缘套管，是用来防止两根热电极短路的。绝缘材料主要根据测温范围及绝缘性能要求来选择。通常用陶瓷、石英等绝缘材料做绝缘套管。绝缘子一般做成圆形或椭圆形，中间有孔，孔的大小由热电极的直径决定，长度为 20 mm。使用时可根据热电极的长度，将多个绝缘子串起来使用。

3）保护套管

保护套管的作用是使热电极与被测介质隔离，使其免受化学侵蚀或机械损伤，热电极套上绝缘管后再装入套管内。常用的材料有金属和非金属两大类，选用时应根据热电偶的类型、测温范围和使用条件等因素决定。

4）接线盒

接线盒固定在热电偶保护套管上面，供热电偶与补偿导线连接用。接线盒的材料一般用铝合金制成，分普通式和密封式两类。为防止灰尘、水分及有害气体等进入保护管内，出线孔和接线盒都装有密封垫片和垫圈，并标明热电极的正、负极性。

2. 热电偶的类型

根据热电偶的材料和结构形式等，热电偶可分为多种类型。

1）按热电偶的材料划分

根据热电势形成理论可知，任何不同材料的导体均可构成热电偶，但为了准确可靠地测量温度，热电偶的材料选择有严格的要求，工程上实用的热电偶应该具有线性度好、稳定性好、互换性强、响应快及便于加工等特点。实际上，并非所有材料都能满足上述要求，故国际电工委员会（IEC）推荐了 8 种标准热电偶，即 T 型、E 型、J 型、K 型、N 型、B 型、R 型和 S 型。所谓标准热电偶是指国家标准规定了其热电势与温度关系和允许误差，并有统一的标准分度表，各自的特性如表 6-1 所示。

表 6-1 标准热电偶的特性

名 称	分 度 号	适 用 范 围	测温范围/℃	热电动势/mV	优 点
铜-铜镍	T	低温	-200～350	-5.603（-200℃） +17.816（350℃）	最适用于测量-200～100℃，适应弱氧化性环境

续表

名　称	分 度 号	适 用 范 围	测温范围/℃	热电动势/mV	优　点
镍铬-铜镍	E	中温	-200～800	-8.82（-200℃） +61.02（800℃）	热电动势大
铁-铜镍	J		-200～750	-7.89（200℃） +42.28（750℃）	热电动势大，适应还原性环境
镍铬-镍硅	K	高温	-200～1 200	-5.981（-200℃）	线性度好，工业用最多，适应氧化性环境
铂铑$_{30}$-铂铑$_{6}$	B	超高温	500～1 700	+1.241（500℃） +12.426（1 700℃）	可用到高温，适应氧化性、还原性环境
铂铑$_{13}$-铂	R		0～1 600	0（0℃） +18.842（1 600℃）	
铂铑$_{10}$-铂	S		0～1 600	0（0℃） +16.771（1 600℃）	

目前，工业上常用的有四种标准化热电偶，即铂铑$_{30}$-铂铑$_{6}$、铂铑$_{10}$-铂、镍铬-镍硅和镍铬-铜镍（我国通常称为镍铬-康铜）热电偶。非标准热电偶是指特殊用途试生产的热电偶，包括铂铑系、铱铑系及钨铼系热电偶等。

（1）铂铑$_{30}$-铂铑$_{6}$热电偶。型号为 WRR，分度号为 B，正极是铂铑合金（70%铂和30%铑冶炼而成）；负极是铂铑合金（94%铂和 6%铑冶炼而成），测温范围是 0～1 700℃。其主要特点是：测温上限高、精度高、性能稳定，易在氧化和中性介质中使用，但价格贵、热电动势小、灵敏度低。在冶金瓜、钢水测量等高温领域中广泛应用。

（2）铂铑$_{10}$-铂热电偶。型号为 WRP，分度号是 S，正极是铂铑合金丝（90%铂和 10%铑冶炼而成）；负极是纯铂丝，测温范围是 0～1 600℃。其主要特点是：使用温度范围广、性能稳定、精度高、复现性好，但热电动势较低、，高温下铑易升华、污染铂极、价格贵。不能用于金属蒸气和还原性气体中，一般用于精密温度测量或作为基准热电偶。

（3）镍铬-镍硅热电偶。型号为 WRN，分度号是 K，正极是镍铬合金；负极是镍硅合金，测温范围是-200～1 200℃。其主要特点是：热电势大、线性好、价格低，但材料较脆，焊接性能及抗辐射性能差。虽然测量精度偏低，但完全能够满足工业测量需要，是工业生产中最常用的一种热电偶。

（4）镍铬-康铜热电偶。型号为 WRK，分度号是 E，正极是镍铬合金；负极是考铜（铜、镍合金冶炼而成），测温范围是-200～800℃。其主要特点是：热电势大、线性好、价廉、测温范围小，但不能用于高温，长期使用高温上限为 600℃，短期使用高温上限为 800℃；另外，康铜易受氧化而变质，使用时应加保护套管，且适宜在氧化性或惰性气体中工作。

以上几种标准热电偶的温度与热电动势特性曲线如图 6-7 所示。从图 6-7 中可以看出，在 0℃时，它们的热电动势均为零，虽然曲线描述方式在客观上容易看出不少特点，但是靠曲线查看数据还很不精确，为了正确地掌握数值，附录 A 列出了针对各种热电偶的热电动势与温度的对照表，称为分度表。

（5）钨铼热电偶。它是应用最广的非标准热电偶，正极是钨铼合金（95%钨和 5%铼冶炼而成）；负极是钨铼合金（80%钨和 20%铼冶炼而成）。它是目前测温范围最高的一种热电

偶，测量温度上限达 2 800℃，短期可达 3 000℃。其主要特点是：测温上限高，线性度高，但高温抗氧能力差。可使用在真空惰性气体介质或氢气介质中。

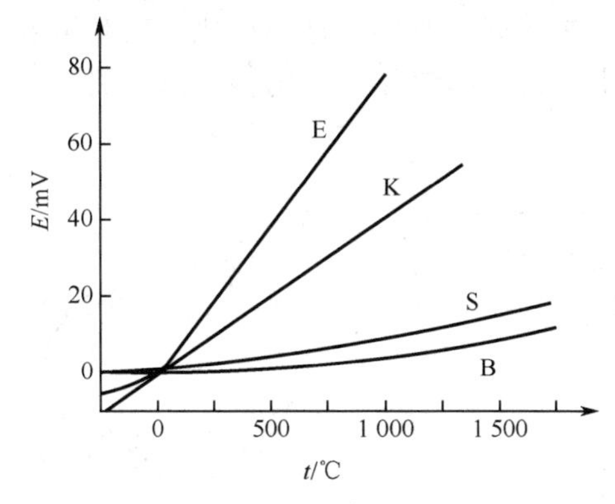

图 6-7 常用标准热电偶的温度与热电动势特性曲线

2）按热电偶的结构形式划分

热电偶的结构形式很多，按热电偶的结构形式划分有普通热电偶、铠装热电偶、表面热电偶、薄膜热电偶和浸入式热电偶。

（1）普通型热电偶。该类型的热电偶如图 6-8 所示，主要用于测量气体、蒸气和液体等介质的温度，根据测量范围和环境气氛不同，可选择合适的热电偶和保护管。安装可用螺纹或法兰方式连接。根据使用状态可适当选用密封式普通型或高压固定螺纹型。

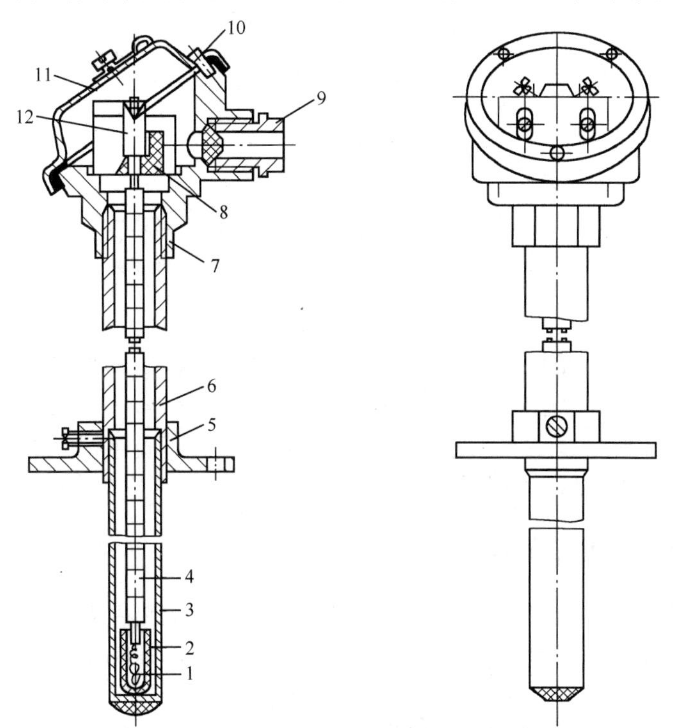

1—热电偶自由端 2—绝缘套 3—下保护套管 4—绝缘珠管 5—固定法兰 6—上保护套管
7—接线盒底座 8—接线绝缘座 9—引出线套管 10—固定螺钉 11—接线盒外罩 12—接线柱

图 6-8 普通型热电偶

（2）铠装热电偶。它是将热电极、绝缘材料和金属保护套管组合在一起，经拉伸加工而成的坚实组合体，如图 6-9 所示。它可以做得很细、很长，而且可以弯曲，它的内芯有单芯和双芯两种结构。铠装热电偶主要优点是小型化、对被测温度反应快、机械性能好、结实牢靠、耐震动和耐冲击。很细的整体组合结构可以弯成各种形状，适用于位置狭小的测温场合。

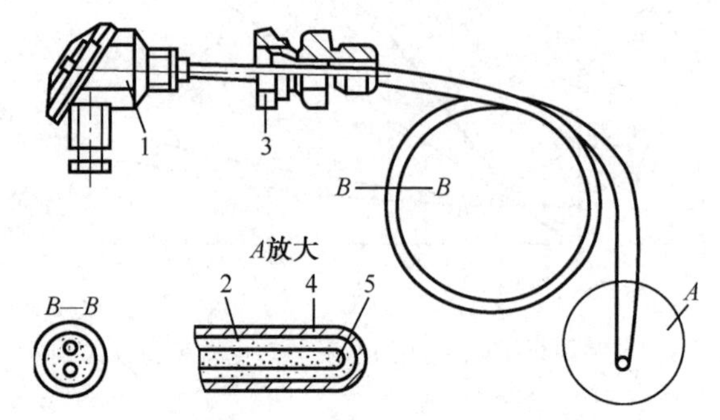

1—引出线　2—金属套管　3—固定法兰　4—绝缘材料　5—热电极

图 6-9　铠装型热电偶

（3）薄膜热电偶。它是采用真空蒸镀（或真空溅射）、化学涂层等工艺，将热电极材料沉积在绝缘基板上而制成，如图 6-10 所示。其结构有片状、针状和把热电极材料直接蒸镀在被测表面上三种。因热惯性小、反应快，可用于测量微小面积上的瞬变温度。

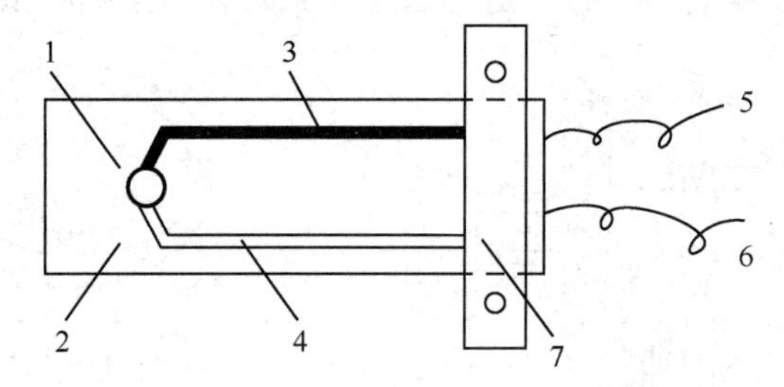

1—测量接点　2—衬底　3—Fe 膜　4—Ni 膜　5—Fe 丝　6—Ni 丝　7—接头夹

图 6-10　铁-镍薄膜热电偶

（4）表面热电偶。它是用来测量各种状态的固体表面温度，如测量轧辊、金属块、炉壁、橡胶筒和涡轮叶片等表面温度。

（5）浸入式热电偶。它主要用来测量液态金属温度，可直接插入液态金属中，常用于钢水、铁水、铜水、铝水和熔融合金温度的测量。

6.1.3　热电偶的温度补偿

从热电效应的原理可知，热电偶产生的热电动势与两端温度有关。只有使冷端的温度恒定，热电动势才是热端温度的单值函数。由于热电偶分度表和根据分度表刻画的测量显示仪表都是以冷端温度为 0℃时制作的，因此在使用时要正确反映热端温度，最好设法使冷端温度恒为 0℃。但在实际应用中，热电偶的冷端通常靠近被测对象，且受到周围环境温度的影响，其温度不是恒定不变的。为此，必须采取一些相应的措施进行补偿或修正，以消除冷端温度变化和不为 0℃时所产生的影响，常用的方法有以下几种。

1. 补偿导线法

补偿导线的作用是将热电偶的冷端延长到温度相对稳定的地方。工业应用时，一般都把冷端延长到中控室温度相对稳定的地方。由于热电偶一般都是较贵重的金属，为了节省材料，常采用与相应热电偶的热电特性相近的材料制成补偿导线，连接热电偶，将信号送到控制室。所谓补偿导线，实际上是一对材料化学成分不同的导线，在 0～1 500℃温度范围内与配接的热电偶有一致的热电特性，价格相对便宜。由此可知，我们不能用一般的铜导线传送热电偶信号，同时不同分度号的热电偶所采用的补偿导线也不同。常用热电偶的补偿导线的型号、线芯材质和绝缘层着色如表 6-2 所示。根据中间温度定理，只要热电偶和补偿导线的两个结点温度一致，是不会影响热电势输出的。

表 6-2 常用补偿导线的型号、线芯材质和绝缘层着色

补偿导线的型号	配用热电偶	补偿导线的线芯材料		绝缘层着色	
		正极	负极		
SC 或 RC	铂铑 10（铂铑 13）-铂	SPC（铜）	SNC（铜镍）	红	绿
KC	镍铬-镍硅	KPC（铜）	KNC（铜镍）	红	蓝
KX	镍铬-镍硅	KPX（镍铬）	KNX（镍镍）	红	黑
EX	镍铬-铜镍	EPX（镍铬）	ENX（铜镍）	红	棕
NX	镍铬-镍硅	NPX（铜镍）	NNX（镍硅）	红	灰
JX	铁-铜镍	JPX（铁）	JNX（铜镍）	红	紫
TX	铜-铜镍	TPX（铜）	TNX（铜镍）	红	白

2. 冷端恒温法

为了使热电偶冷端温度保持恒定（最好为 0℃），当然可以把热电偶做得很长，使冷端远离工作端，并连同测量仪表一起放置到恒温或温度波动比较小的地方，但这种方法要多耗费许多贵重的金属材料。因此，一般是用补偿导线将热电偶冷端延伸出来，这种导线在一定温度范围内（0～100℃）具有和所连接的热电偶相同的热电性能。延伸的冷端可采用以下方法保持温度恒定。

（1）0℃恒温法：在实验室及精度测量中，通常把参考端放入装满冰水混合物的容器中，以便参考温度保持在 0℃，这种方法又称为冰浴法。图 6-11 所示为补偿导线法和 0℃恒温法相结合的一个实例。

（2）电热恒温器法：将热电偶的冷端置于电热恒温器中，恒温器的温度略高于环境温度的上限。

（3）恒温槽法：将热电偶的冷端置于大油槽或空气不流动的大容器中，利用其热惯性，使冷端温度变化较为缓慢。

3. 电桥补偿法

电桥补偿法是利用不平衡电桥产生的不平衡电压，来自动补偿热电偶因冷端温度变化而引起的热电动势的变化值，如图 6-12 所示。

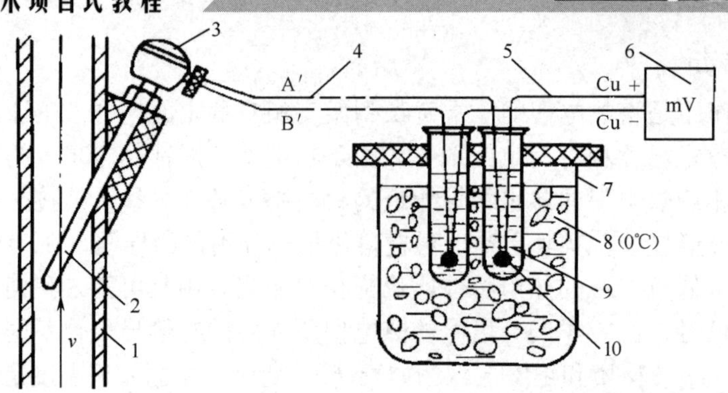

1—被测流体管道　2—热电偶（测温结点）　3—接线盒　4—补偿导线　5—铜导线

6—毫伏表　7—冰瓶　8—冰水混合物　9—试管　10—新冷端（基准结点）

图 6-11　冷端处理的延长导线和冰浴法

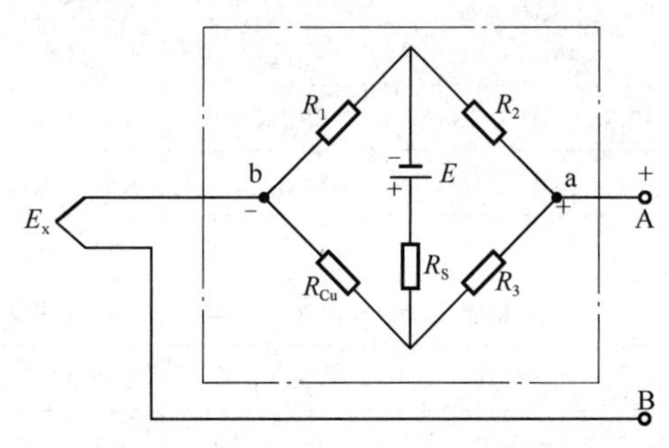

图 6-12　热电偶冷端电桥补偿法

不平衡电桥（即补偿电桥）的桥臂电阻是由电阻温度系数很小的锰铜丝绕制而成的电阻（R_1，R_2，R_3）、电阻温度系数较大的铜丝绕制成的电阻（R_{Cu}）、稳压电源组成。将带有铜热电阻的补偿电桥与被补偿的热电偶串联，R_{Cu} 与热电偶的冷端置于同一温度场。通常在20℃时，使电桥平衡，电桥输出 $U_{ab}=0$，电桥对仪表的读数无影响。当环境温度高于 20℃时，R_{Cu} 增加，平衡被破坏，产生一不平衡电压 U_{ab}，与热端电势相叠加，一起送入测量仪表。适当选择桥臂电阻和电流的数值，可使电桥产生的不平衡电压 U_{ab} 正好补偿由于冷端温度变化而引起的热电势变化值，仪表即可指示出正确的温度，由于电桥是在 20℃时平衡的，所以采用这种补偿电桥要把仪表的机械零件位调整到 20℃。

4．计算修正法

当热电偶的冷端温度 $t_0\neq0$℃时，由于热端与冷端的温差随冷端的变化而变化，所以测得的热电动势 $E_{AB}(t,t_0)$与冷端为 0℃时所测得的热电动势 $E_{AB}(t,0℃)$不等。若冷端温度高于0 ℃，则 $E_{AB}(t,t_0)< E_{AB}(t,0℃)$。根据热电偶的中间温度定律，可得热电动势的修正公式为

$$E_{AB}(t,0℃)=E_{AB}(t,t_0)+E_{AB}(t_0,0℃) \tag{6-8}$$

式中　$E_{AB}(t,t_0)$——毫伏表直接测出的热电动势，单位为 mV。

校正时，先测出冷端温度 t_0，然后在该热电偶分度表中查出 $E_{AB}(t_0,0℃)$，并把它加到所测得的 $E_{AB}(t,t_0)$上。根据式（6-8）求出 $E_{AB}(t,0℃)$，根据此值再在分度表中查出相应的温度值。

5. 软件修正法

在计算机监控系统中，有专门设计的热电偶信号采集卡，一般有 8 路或 16 路信号通道，并带有隔离、放大、滤波等处理电路。使用时，要求把热电偶通过补偿导线与采集卡上的输入端子连接起来，在每一块卡上的接线端子附近安装有热敏电阻，在采集卡驱动程序的支持下，计算机每次都采集各路热电势信号和热敏电阻信号，根据热敏电阻信号可得到 $E(t_0,0℃)$，再按照前面介绍的计算修正法自动计算出每一路的 $E(t,0℃)$值，就可以得到准确的 t 值了。这种方法是在热电偶信号采集卡硬件的支持下，依靠软件自动计算来完成热电偶冷端处理和补偿的功能。

6.1.4 热电偶的实用测温电路

1. 测量单点温度的基本电路

热电偶测量单点温度电路如图 6-13 所示，它是一支热电偶和一个检测仪表配用的基本连接线路。一支热电偶配一台显示仪表的基本测量线路包括热电偶、补偿导线、冷端补偿器、连接用铜线及动圈式显示仪表。显示仪表如果是电位差计，则不必考虑线路电阻对测温精度的影响，如果是动圈式显示仪表，就必须考虑测量线路电阻对测温精度的影响。

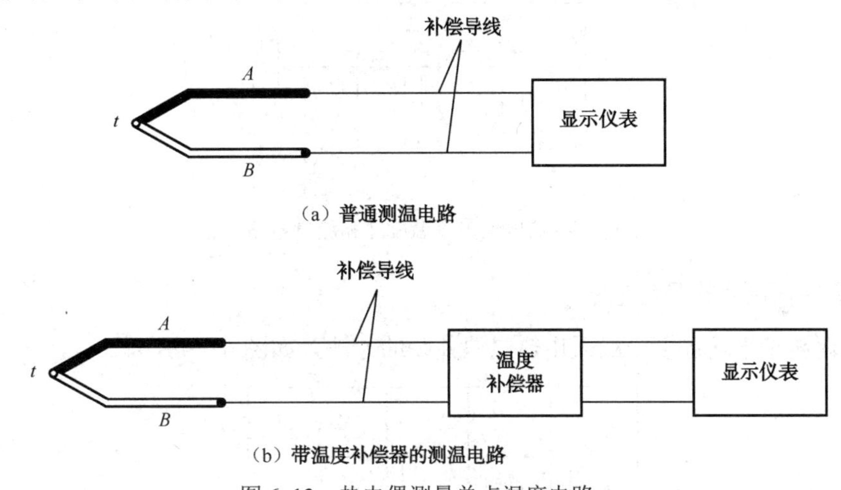

图 6-13 热电偶测量单点温度电路

2. 测量两点之间温度差的测温电路

实际工作中，常用的测量两点之间温度差的测温电路如图 6-14 所示，用两个相同型号的热电偶反向串接，配以相同的补偿导线，输入到仪表的热电动势为两个热电偶产生的热电动势相互抵消后的差值，即

$$E_{\mathrm{T}} = E_{\mathrm{AB}}(t_1,t_0) - E_{\mathrm{AB}}(t_2,t_0) = E_{\mathrm{AB}}(t_1,t_2) \tag{6-9}$$

3. 测量多点温度之和的测温电路

用热电偶测量多点温度之和的测温电路是采用 n 支相同型号的热电偶串联，如图 6-15 所示。若 n 支热电偶的热电势分别为 E_1，E_2，E_3，…，E_n，则输入到仪表两端的是热电势之和为

$$E_{串} = E_1 + E_2 + E_3 + \cdots E_n = nE \tag{6-10}$$

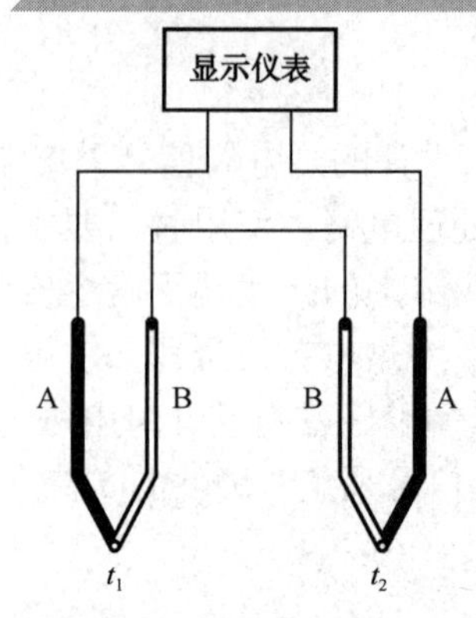

图 6-14　热电偶两点之间温度差的测量电路

式中　E——n 支热电偶的平均热电动势。

串联线路的总热电势为 E 的 n 倍，所对应的温度可由 $E_{串}$-t 关系求得，也可根据平均热电势 E 在相应的分度表上查对。串联电路的主要优点是热电动势大，精度比单支高；主要缺点是只要有一支热电偶断开，整个显示值显著偏低。

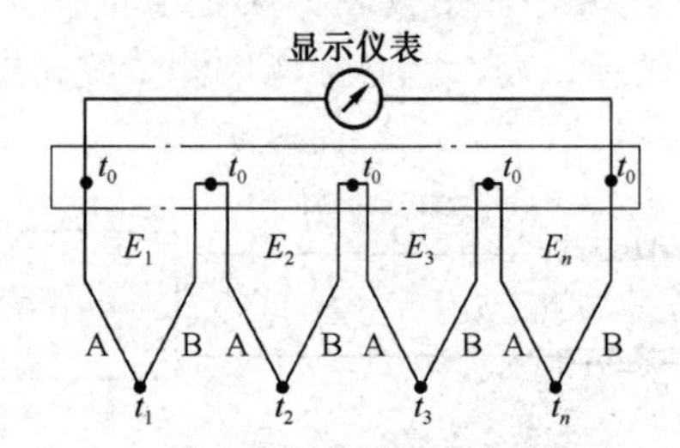

图 6-15　热电偶多点温度之和测量电路

4. 测量平均温度的测量电路

用热电偶测量平均温度一般采用热电偶并联的方法，如图 6-16 所示。

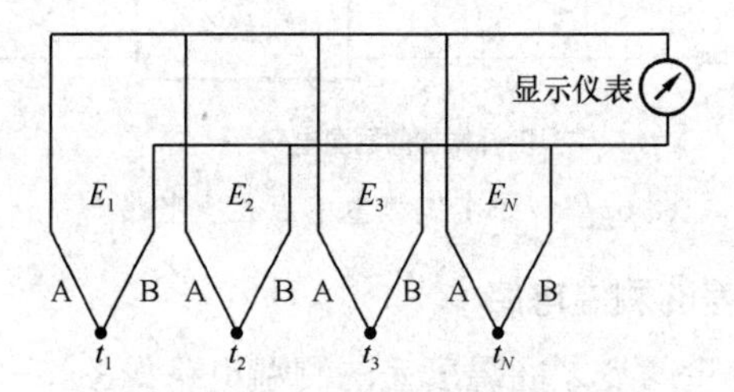

图 6-16　热电偶平均温度测量电路

将 n 支相同型号热电偶的正负极分别连在一起，若各热电偶的电阻值相等，则并联电路总热电势等于 n 支热电偶的平均值，即

$$E_{并}=(E_1+E_2+E_3+\cdots E_n)/n \tag{6-11}$$

5. 测量多点温度的测温电路

多个被测温度用多个热电偶分别测量，但多个热电偶共用一台显示仪表，它们是通过专用的切换开关来进行多点测量的，测温路线如图 6-17 所示。但各个热电偶的型号要相

同，测温范围不能超过显示仪表的量程。多点测温线路多用于自动巡回检测中，巡回检测点可多达几十个，以轮流或按要求显示各测点的被测数值。而显示仪表和补偿热电偶只用一个就够了，这样就可以大大节省显示仪表的补偿导线。

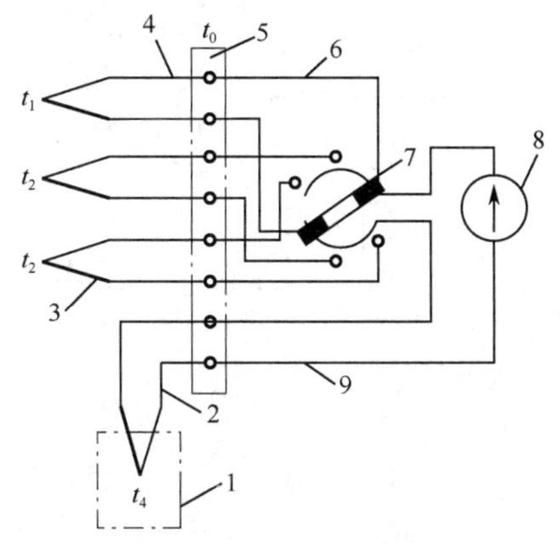

1—恒温箱　2—辅助热电偶　3—主热电偶　4—补偿导线

5—接线端子排　6、9—铜导线 7—切换开头　8—显示仪表

图 6-17　多点温度测量电路

任务实施

1．传感器选型

根据加热炉的测温范围和使用要求，结合热电偶的相关知识，选用镍铬-镍硅（K 型）热电偶作为测温传感器。热电偶安装在管道的中心线位置上，并使测量端面面向流体，使测量端充分与被测介质接触，提高测量的准确性。由于热电偶长期处于高温环境下易氧化变质而引起测量精度下降，为保证测量精度，热电偶在实际使用过程中，要定期进行校验。常用的校验方法是用标准热电偶与被校验热电偶在同一校验炉或恒温水槽中进行比对。

2．测量电路设计

热电偶炉温测量转换电路如图 6-18 所示，采用 LM35D 对热电偶的基准结点进行补偿温度。模拟调试时温度变化范围为 0～500℃，所以此电路作用是把温度变为相应的 0～5 V 电压。除放大电路以外，还有传感器断线检测电路与基准点补偿电路，而线性处理功能由计算机进行。热电偶的输出信号极小，温度每变化 1℃，传感器输出约 40 μV 电压变化量。因此，运算放大器要采用高灵敏度的运算放大器，这里采用的是 AD707J 运算放大器。

3．模拟调试

（1）按照电路图 6-18 所示，将各元件焊接到实验板上，并检查正确性。

（2）将仪器放大器输出端 U_0 与毫伏表连接，接入热电偶，接通电源。

（3）打开加热开关，将热电偶工作端插入电加热炉内。随着加热器温度上升，观察毫伏表的读数变化并记录。

（4）因为热电偶冷端温度不为 0℃，用温度计读出热电偶参考端所处的室温 T_1，对所测的热电势用公式 $E(T,T_0)=E(T,T_1)+E(T_1,0)$进行修正，并查阅热电偶分度表，求出加热端温度。

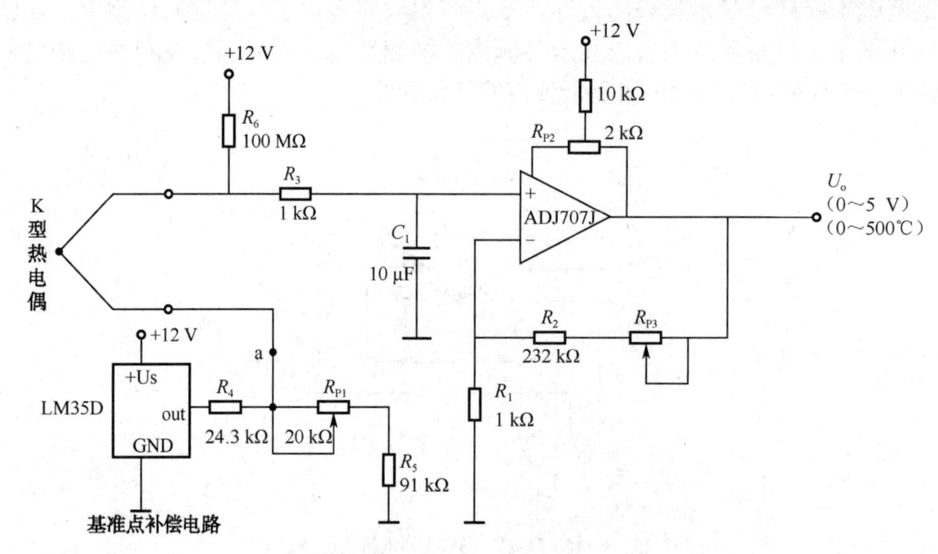

图 6-18　热电偶炉温测量转换电路

（5）继续加热，将温度逐步提高到 70℃、90℃、110℃、130℃和 150℃，重复上述步骤，观察热电偶的测温性能。

知识拓展

6.1.5　与热电偶配套的仪表

由于我国生产的热电偶均符合 ITS-90 国际温标所规定的标准，其一致性非常好，所以国家又规定了与每一种标准热电偶配套的仪表，它们的显示值为温度，且均已线性化。国家标准的动圈式显示仪表命名为 XC 系列。有指示型 XCZ 和指示调节型 XCT 等系列品种。根据配套的测温元件不同，其具体型号也会改变，如与 K 型热电偶配套的动圈仪表型号为 XCZ-101 或 XCT-101 等。

XC 系列动圈式仪表测量机构的核心机构是一个磁电式毫伏计，如图 6-19 所示。动圈式仪表与热电偶配套测温时，热电偶、连接导线（补偿导线）、调节电阻和显示仪表组成了一个闭合回路。

数字式仪表也有指示型 XMZ 和指示调节型 XMT 等系列品种。XM 系列数显仪表是近年发展起来的新一代工业自动化检测控制仪表，仪表采用先进的中、大规模集成电路，应用独特的非线性校正技术，设定形式有模拟旋钮设定和数字拨码开关设定。外形有与动圈仪表一致的 XMZ 系列、XMT 系列和按国际 DIN 标准设计的 XMZA 系列、XMTA 系列、XMTD 系列、XMTE 系列。与传统动圈仪表、电子调节器相比，数字式仪表具有显示精度高、控温性能好、抗震性强、可靠性高、读数清晰、无视差、可远距离观察、体积轻巧、安装方便等优点。在调节形式上有二位式、三位式、时间比例式等多种，并可根据用户需要增加超限报警输出功能，它是 XC 系列以及 TD 系列、TE 系列温控仪表的更新换代产品。

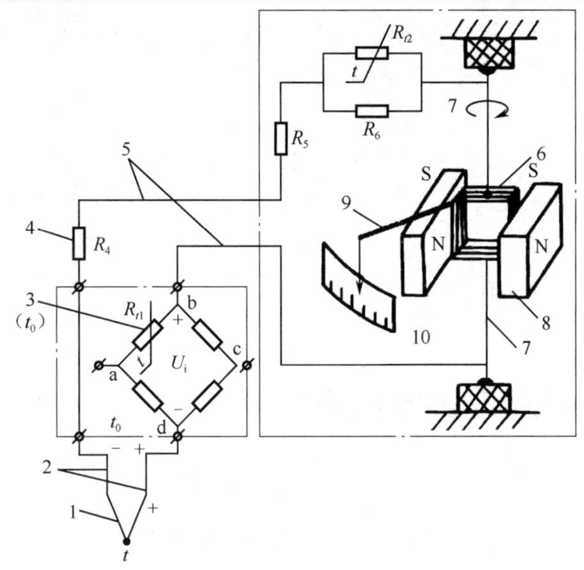

1—热电偶　2—补偿导线　3—冷端补偿器　4—外接调整电阻　5—铜导线

6—动圈　7—张丝　8—磁钢（极靴）　9—指针　10—刻度面板

图 6-19　XCZ-101 型动圈式温度指示仪原理

燃气热水器的使用安全性至关重要。在燃气热水器中，设置有防止熄火装置、防止缺氧不完全燃烧装置、防缺水空烧安全装置及过热安全装置等，涉及多种传感器。防缺氧不完全燃烧的安全装置中使用了热电偶，如图 6-20 所示。

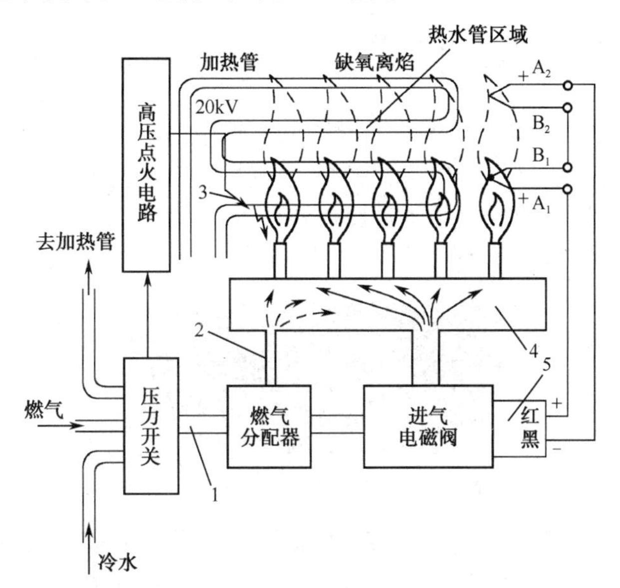

1—燃气进气管　2—引火管　3—高压放电针　4—主燃烧器　5—电磁阀线圈

A_1、B_1—热电偶 1　A_2、B_2—热电偶 2

图 6-20　热电偶在燃气热水器防缺氧保护原理

当使用者打开热水龙头时，自来水压力使燃气分配器中的引火管输气孔在较短的时间里与燃气管道接通，喷射出燃气。与此同时，高压点火电路发出 10～20 kV 的高电压，通

过放电针点燃主燃烧室火焰。热电偶 1 被烧红，产生正的热电动势，使电磁阀线圈（该电磁阀的电动力由极性电磁铁产生，对正向电压有很高的灵敏度）得电，燃气改由电磁阀进入主燃室。

当外界氧气不足时，主燃烧室不能充分燃烧，此时将产生大量有毒的一氧化碳，火焰变红且上升，在远离火孔的地方燃烧（称为离焰）。热电偶 1 的温度必然降低，热电动势减小，而热电偶 2 被拉长的火焰加热，产生的热电动势与热电偶 1 产生的热电动势反向串联，相互抵消，流过电磁阀线圈的电流小于额定电流，甚至产生反向电流，使电磁阀关闭，起到缺氧保护作用。

任务 6.2　汽车空调温度控制器设计

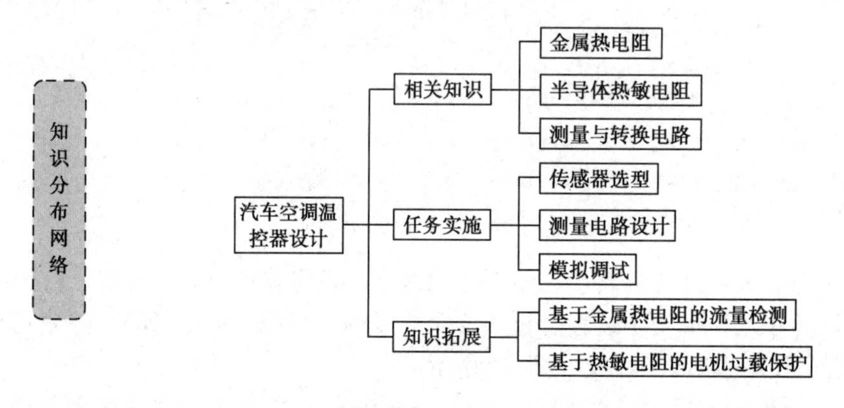

任务描述

空调是空气调节器的简称。汽车空调是空调领域中的一个分支，它是通过某种方式控制车内空气的温度、湿度、清洁度、风速，并使其以一定速度在车内流动和分配，为驾驶员及乘客提供舒适环境。汽车空调自动温度控制，俗称恒温空调系统（ATC），如图 6-21 所示。一旦设定目标温度，ATC 系统即自动控制与调整，使车内温度保持在设定值。

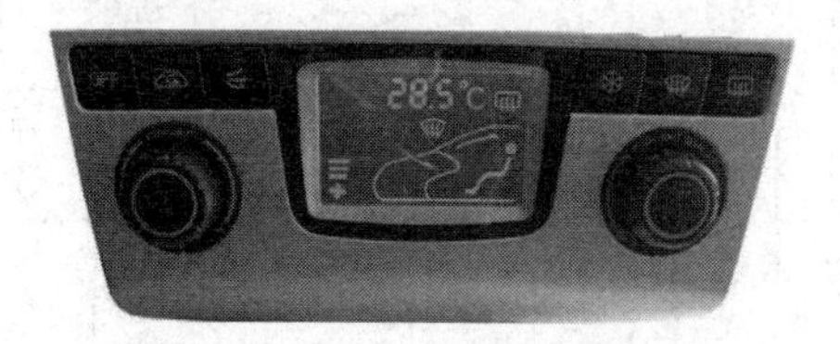

图 6-21　汽车空调控制器外形

全自动温度控制系统的组成包括温度传感器、控制系统 ECU、执行机构等。其中温度传感器有车外气体温度传感器、车内气体温度传感器、蒸发器温度传感器等，一般选用热敏电阻制造而成。

相关知识

热电偶温度计适用于测量 500℃以上的较高温度，对于在 500℃以下的中、低温度区域，使用热电偶测温有时就不太科学：一是，在中、低温度区域，热电偶输出的热电势很小，这样小的热电势对测量电路的抗干扰措施要求就高，否则难以测准；二是，在较低温度区域，因一般方法不易得到全补偿，因此冷端温度的变化和环境温度的变化所引起的相对误差就显得特别突出。所以在中、低温度区域，一般是使用另一种测温元件（热电阻）来进行温度测量。

热电阻是利用电阻与温度成一定函数关系的特性，当被测温度变化时，导体的电阻随温度变化而变化，通过测量电阻值的变化量来测得温度变化的情况。热电阻根据导体类型不同分为金属热电阻和半导体热电阻（热敏电阻）两种类型。

6.2.1 金属热电阻

金属材料的载流子为电子，当金属温度在一定范围内升高时，自由电子的动能增加，使得自由电子定向运动的阻力增加，金属的导电能力降低，即电阻增加。因此，通过测量电阻值变化的大小而得出温度变化的大小。从物理学可知，在一定的温度范围内电阻与温度的关系为

$$R_t = R_0 + \Delta R_t \tag{6-12}$$

对于线性较好的铜电阻或一定温度范围内的铂电阻可表示为

$$R_t = R_0(1+\alpha t) \tag{6-13}$$

式中 R_t——温度为 t℃时的电阻值；

R_0——温度为 0℃时的电阻值；

α——为电阻温度系数。

对于绝大多数金属导体，α 并不是一个常数，而是温度的函数。但在一定的温度范围内，α 可近似地看为一个常数，不同的金属导体，α 保持常数所对应的温度范围不同。选为感温元件的材料应满足：材料的电阻温度系数 α 要大，α 越大热电阻的灵敏度越高；测温范围内，材料的物理化学性质稳定；具有比较大的电阻率，以便减小热电阻的体积，减小热惯性；特性复现性好，容易复制等要求。比较适合以上要求的材料有铂、铜、铁和镍。

1. 铂热电阻（WZP）

铂电阻是制造热电阻的最好材料，它性能稳定、重复性好、测量精度高，其电阻值与温度的关系近似线性，主要用于高精度温度测量和标准电阻温度计。铂电阻的缺点是电阻温度系数小，价格较高，其测温范围为-200～850℃。

铂电阻一般由直径 0.02～0.07 nm 铂丝绕在云母等绝缘骨架上，装入保护套管，铂丝的引线采用银线，引线用双孔瓷绝缘套管绝缘，如图 6-22 所示。

在-200～0℃范围内，电阻与温度的关系为

$$R_t = R_0[1 + At + Bt^2 + C(t-100℃)t^3] \tag{6-14}$$

在 0～850℃范围内，电阻与温度的关系为

$$R_t = R_0(1 + At + Bt^2) \tag{6-15}$$

式中 R_t——温度为 t℃时铂热电阻的电阻值，单位为Ω；

R_0——温度为 0℃时铂热电阻的电阻值，单位为Ω；

A——温度系数，数值为 A=3.908 02×10^{-3} 1/℃；

B——温度系数，数值为 $B = -5.802 \times 10^{-7}\ 1/℃^2$；

C——温度系数，数值为 $C = -4.273\ 50 \times 10^{-12}\ 1/℃^4$。

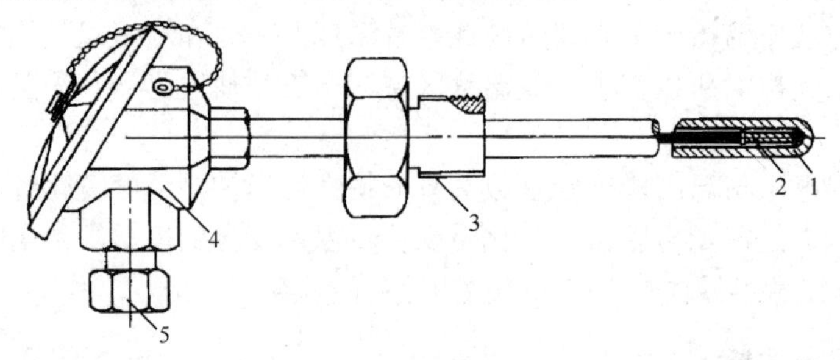

1—保护套管 2—感温元件 3—紧固螺栓 4—接线盒 5—引出线密封管

图 6-22 热电阻外形

铂电阻的纯度通常以 $W_{100}=R_{100}/R_0$ 来表示，其中 R_{100} 和 R_0 分别为铂电阻在 100℃和 0℃时的电阻值。国际电工委员会标准规定 $W_{100}=1.385\ 0$，R_0 值分为 10 Ω和 100 Ω两种，其中 100 Ω为优选值。

目前，我国常用的铂电阻有两种：一种是 $R_0=10\ \Omega$，对应的型号为 Pt_{10}；另一种是 $R_0=100\ \Omega$，对应的型号为 Pt_{100}。

2. 铜热电阻（WZC）

铜电阻也是工业上普遍使用的热电阻。铜容易加工提取，其电阻温度系数很大，而且电阻与温度之间成线性，价格便宜，在−50～150℃内具有很好的稳定性。所以，在一些测量准确度要求不很高，且温度较低场合会较多使用铜电阻温度计。

铜丝的电阻值与温度的关系为

$$R_t = R_0(1+\alpha t) \tag{6-16}$$

式中 α——铜热电阻的电阻温度系数，$\alpha=(4.25\sim4.28)\times10^{-3}\ 1/℃$。

目前，工业上使用的标准化铜热电阻有两种：一种是 $R_0=50\ \Omega$，对应的分度号为 Cu_{50}；另一种是 $R_0=100\ \Omega$，对应的分度号为 Cu_{100}。铂、铜电阻分度表见附录 B。

近年来，在低温和超低温测量方面，开始采用一些较为新颖的热电阻，如铑铁电阻、铟铁电阻、锰电阻和碳电阻等，具有较高的灵敏度和稳定性，重复性较好。

6.2.2 半导体热敏电阻

半导体中参加导电的是载流子，由于半导体中载流子的数目远比金属中的自由电子数目少得多，所以它的电阻率较大。随温度的升高，半导体中更多的价电子受热激发跃迁到较高能级而产生新的电子—空穴对，因而参加导电的载流子数目增加，半导体的电阻率降低（电导率增加）。因为载流子数目随温度上升按指数规律增加，所以半导体的电阻率随温度上升按指数规律下降。热敏电阻正是利用半导体这种载流子数随温度变化而变化的特性制成的一种温度敏感元件。

热敏电阻按照温度系数可分为负温度系数热敏电阻（NTC）、正温度系数热敏电阻（PTC）和临界温度热敏电阻（CTR）三类。它们随温度的变化关系曲线（即半导体热敏电阻特性）如图 6-23 所示。

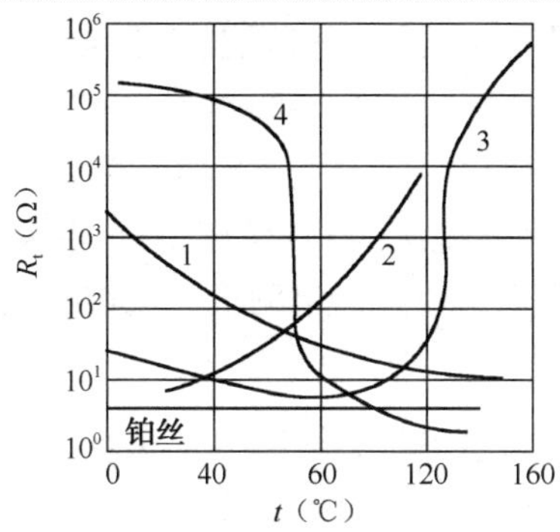

1—负指数型 NTC　2—线性型 PTC　3—突变型 PTC　4—突变型 NTC

图 6-23　半导体热敏电阻特性

1. NTC 热敏电阻

负温度系数热敏电阻器又称 NTC 热敏电阻器，其电阻值随温度升高而下降，以锰、钴、镍和铜等金属氧化物为主要材料，采用陶瓷工艺制造而成。这些金属氧化物材料都具有半导体性质，因为在导电方式上完全类似锗、硅等半导体材料。温度低时，这些氧化物材料的载流子（电子和空穴）数目少，所以其电阻值较高；随着温度的升高，载流子数目增加，所以电阻值降低。NTC 热敏电阻器在室温下其电阻值变化范围在 10^2～10^6Ω，温度系数为-2%～-6.5%。NTC 热敏电阻器的种类很多且形状各异，常见的约有管状、圆片形等，如图 6-24 所示。

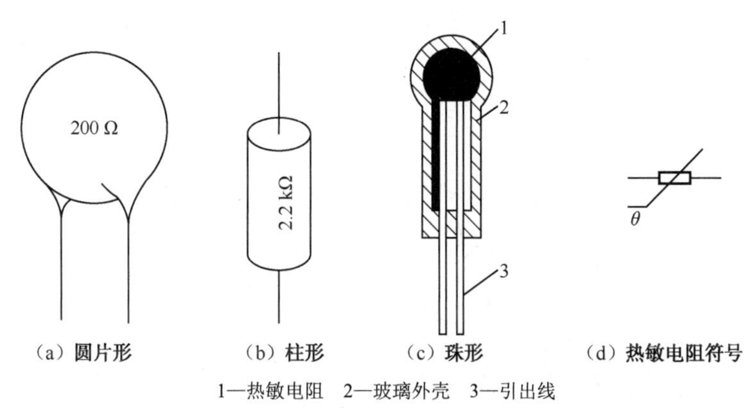

（a）圆片形　（b）柱形　（c）珠形　（d）热敏电阻符号

1—热敏电阻　2—玻璃外壳　3—引出线

图 6-24　热敏电阻的结构外形与符号

NTC 热敏电阻的测量范围一般为-10～300℃，也可用于-200～10℃，甚至可以在300～1 200℃环境中进行温度测量。热敏电阻器温度计的精度可以达到 0.1℃，感温时间可以在 10 s 以内。广泛应用于需要定点测温的温度自动控制电路中，如冰箱、空调、温室等温控系统。

2. PTC 热敏电阻

正温度系数热敏电阻器又称为 PTC 热敏电阻，该电阻器温度升高时电阻值也随之增大，PTC 热敏材料是以 $BaTiO_3$（或 $SrTiO_3$，或 $PbTiO_3$）为主要成分的烧结体，其中掺入微量的 Nb、Ta、Bi、Sb、Y、La 等的氧化物进行原子价控制而使之半导化，同时还添加

增大其正电阻温度系数的 Mn、Fe、Cu、Cr 的氧化物和起其他作用的添加物，采用一般陶瓷工艺成形、高温烧结而使钛酸钡等及其固溶体半导化，从而得到正特性的热敏电阻材料。

PTC 热敏电阻在工业上可用做温度的测量与控制，也大量用于民用设备，如用于电冰箱压缩机启动电路、彩色显像管消磁电路、电动机过流过热保护电路等。

3. CTR 热敏电阻

临界温度热敏电阻 CTR 具有负电阻突变特性，在某一温度下，电阻值随温度的增加急剧减小，具有很大的负温度系数。构成材料是钒、钡、锶、磷等元素的氧化物混合烧结体，是半玻璃状的半导体，CTR 也称为玻璃态热敏电阻，骤变温度随添加的锗、钨、钼等的氧化物的量而变。CTR 热敏电阻一般作为温度开关。

6.2.3 测量与转换电路

热电阻传感器的测量转换电路常用电桥电路，由于工业用热电阻安装在生产现场，离控制室较远，因此热电阻的引线对测量结果有较大影响。为了减少或消除引线电阻的影响，标准热电阻在使用时经常采用三线制和四线制的连接方式。同时，为了减少环境电、磁场的干扰，最好采用屏蔽线，并将屏蔽线的金属网状屏蔽层接大地。

1. 三线制

在电阻体的一端连接两根引线，另一端连接第三根引线，此种引线方式称为三线制。当热电阻和桥配合使用时，这种引线方式可以较好地消除引线电阻的影响，提高测量精度，所以工业热电阻多采用这种方法，如图 6-25 所示。

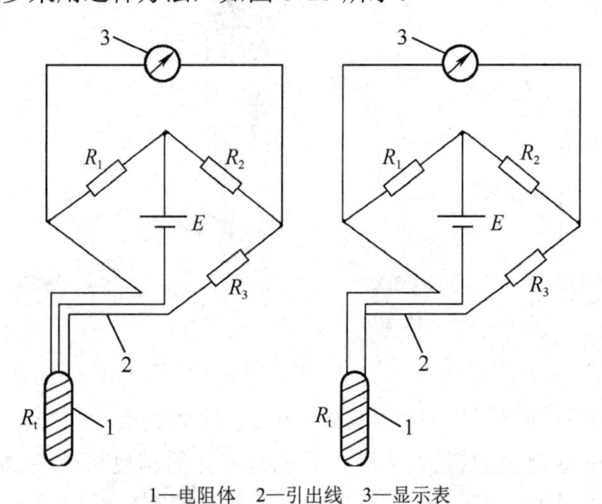

1—电阻体　2—引出线　3—显示表

图 6-25　热电阻传感器的三线制测量电路

2. 四线制

在电阻体的两端各连接两根引线称为四线制，这种引线方式不仅消除连接电阻的影响，而且可以消除测量电路中寄生电动势引起的误差。这种引线方式主要用于高精度温度测量，如图 6-26 所示。

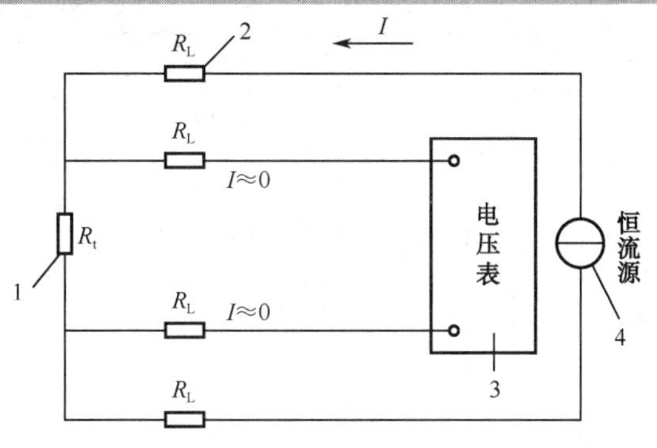

1—电阻体　2—标准电阻　3—显示仪表　4—恒流源

图6-26　热电阻传感器的四线制测量电路

任务实施

1. 传感器选型

由于热敏电阻传感器的种类和型号较多，因此，应根据电路的具体要求来选择适合的热敏电阻传感器。温度检测常用 NTC 热敏电阻器，主要有 MF53 系列和 MF57 系列，每个系列又有多种型号（同一类型、不同型号的 NTC 热敏电阻器，标准阻值也不相同）可供选择。在选择温度控制的 NTC 热敏电阻器时，应注意该热敏电阻器的温度控制范围是否符合具体的应用电路要求。根据汽车空调的温度检测要求，选择 MF53 系列 NTC 热敏电阻传感器。

2. 测量电路设计

目前，大多数汽车空调都有恒温开关，通过控制压缩机电磁离合器断开和接通来控制蒸发器表面温度。温控器通过感测蒸发器的表面温度，将温度变化信号转换成电路的通断信号，以实现压缩机的循环通断控制。

一种汽车空调温度控制电路如图 6-27 所示，电路中 R_1、R_2、R_3、R_t 和温度设定电位器 R_P 构成温度检测电桥。当该车温度高于 R_P 设定的温度时，R_t 阻值较小，A 点电位低于 B 点电位，A_2 输出高电平到 A_1 的同相输入端，致使 A_1 的反相输入端电位低于同相输入端电位，输出高电平，晶体管 VT 饱和导通，继电器 KA 吸合，动合触点 KA1 闭合，汽车离合器上电工作，带动压缩机运转制冷。随着被控温度逐渐降低，R_t 阻值增大，A 电位逐渐升高，当被控温度达到或低于 R_P 设定温度时，A 点电位高于 B 点电位，A_2 输出低电平，A_1 也输出低电平，VT 截止，继电器 KA_1 断开，离合器失电，压缩机停止工作。循环以上过程，可确保汽车车内温度控制在由 R_P 设定的温度附近。

3. 模拟调试

（1）按照电路图 6-27 所示，将各元件焊接到实验板上，并检查正确性（考虑到是实验室模拟测试，可将离合器换成发光二极管，便于观察输出状态）。

（2）在室温环境下，调节温度设定电位器 R_P，使发光二极管由发光状态调节到熄灭状态。

（3）用电吹风对热敏电阻进行加热，发光二极管发光；当热敏电阻慢慢冷却后，发光二极管熄灭，调试完毕，说明电路正确。

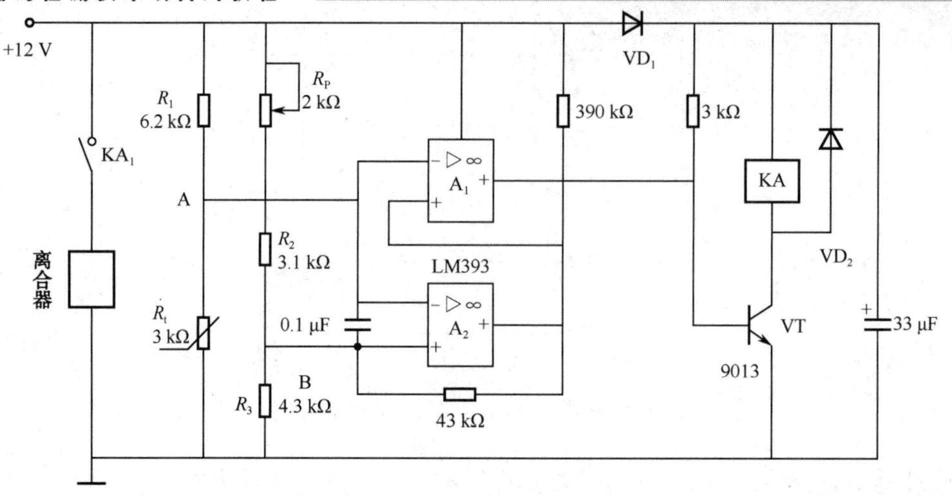

图 6-27　一种汽车空调温度控制电路

知识拓展

6.2.4　基于金属热电阻的流量检测

金属热电阻传感器进行温度测量的主要特点是精度高，适用于测低温（测高温时常用热电偶传感器），便于远距离、多点、集中测量和自动控制。利用热电阻上的热量消耗和介质流速的关系可以测量流量、流速、风速等。利用铂热电阻测量气体流量（即热电阻流量计原理）如图 6-28 所示。

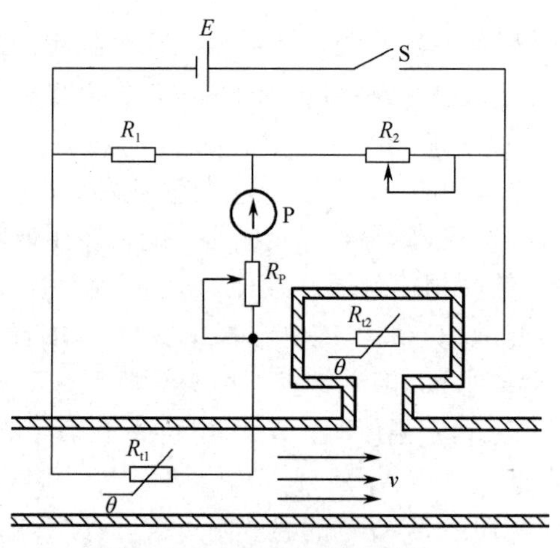

图 6-28　热电阻流量计原理

图 6-28 中，热电阻探头 R_{t1} 放置在气体流路中央位置，它所耗散的热量与被测介质的平均流速成正比；另一热电阻 R_{t2} 放置在温度与被测介质相同、但不受介质流速影响的连通室中，它们分别接在电桥的两个相邻桥臂上。测量电路在流体静止时处于平衡状态，桥路输出为零。当气体流动时，介质会将热量带走，从而使 R_{t1} 和 R_{t2} 的散热情况不一样，致使 R_{t1} 的阻值发生相应的变化，使电桥失去平衡，产生一个与流量变化相对应的不平衡信号，

并由检流计 P 显示出来，检流计的刻度值可以做成气体流量大小数值。

6.2.5　基于热敏电阻的电机过载保护

如图 6-29 所示，R_{t1}、R_{t2}、R_{t3} 是特性相同的 PRC6 型热敏电阻，放在电动机绕组中，用万能胶固定。阻值 20℃时为 10 kΩ，100℃时为 1 kΩ，110℃时为 0.6 kΩ。

正常运行时，三极管 BG 截止、KA 不动作。当电动机过载、断相或一相接地时，电动机温度急剧升高，使 R_t 阻值急剧减小，到一定值时，VT 导通，KA 得电吸合，从而实现保护作用。根据电动机各种绝缘等级的允许温升来调节偏流电阻 R_2 值，从而确定 KA 的动作点，其效果好于熔丝及双金属片热继电器。

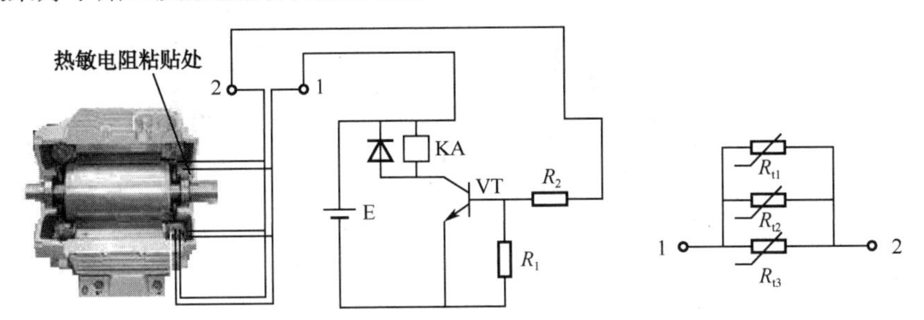

（a）连接示意图　　（b）电机定子上热敏电阻的连接方式

图 6-29　基于热敏电阻电机过载保护电路

任务 6.3　红外体温计设计

知识分布网络

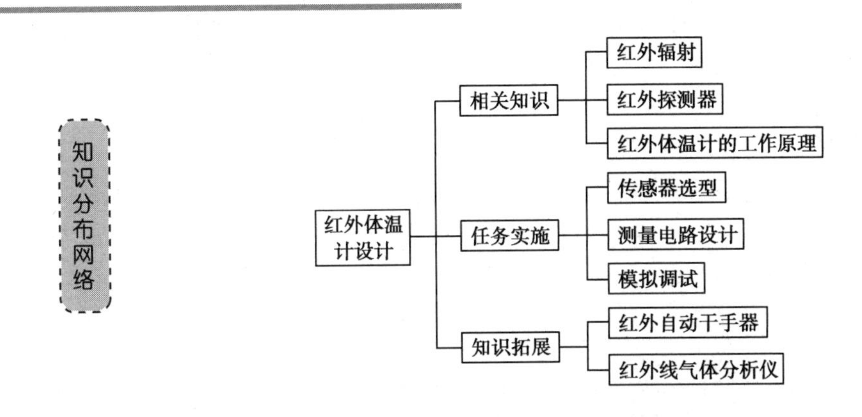

任务描述

体温生理参数是人体最重要、最基本的生命指标，对危重病人进行生命指标参数的监测是医务工作者及时了解病情状况的重要手段之一，对于日常护理和病情检测都是非常重要的。现有体温计大概分为三种类型：一种是常见的玻璃水银体温计；一种是电子体温计；另一种是红外体温计，如图 6-30 所示。

红外体温计是通过红外传感器将收集到的被测人员的红外线转换成电信号，电信号被放大后再经 A/D 转换器转换为数字信号，并将数字信号送入单片机，单片机将接收到的信

号送显示电路显示。红外传感器只是吸收人体辐射的红外线而不向人体发射任何射线，采用的是被动式且非接触式的测量方式，因此红外体温计不会对人体产生辐射伤害。比起前两种测温方法，红外体温计有着响应速度快、使用安全及使用寿命长等优点。近 20 年来，红外体温计在技术上得到迅速发展，性能不断完善，功能不断增强，品种不断增多，适用范围也不断扩大。

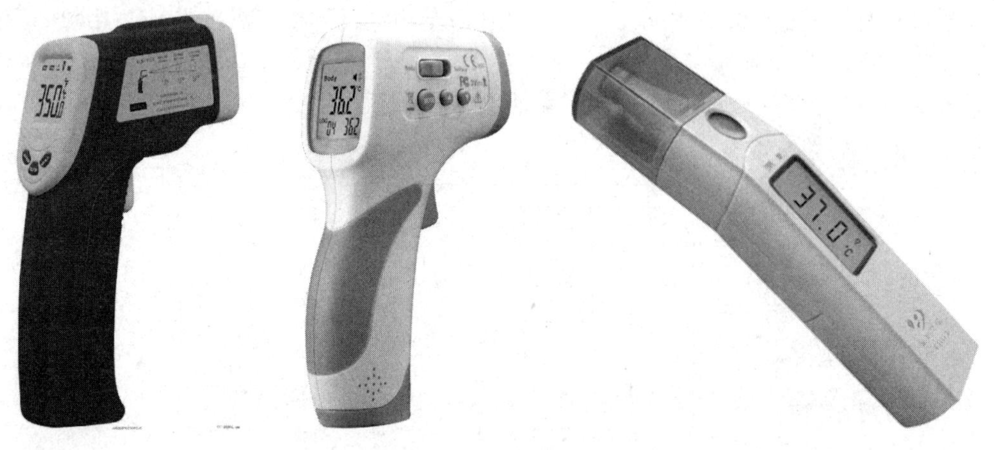

图 6-30　红外体温计

相关知识

凡是存在于自然界的物体，如人体、火焰、冰块等都会放射出红外线，只是它们放射出红外线的波长不同而已。红外技术是最近几十年发展起来的一门新兴技术，它已在科技、国防和工农业生产等领域获得了广泛的应用。

6.3.1　红外辐射

红外辐射俗称红外线，它是一种不可见光，由于是位于可见光中红色光以外的光线，故称为红外线。它的波长范围大致在 0.76～1 000 μm，红外线在电磁波谱中的位置如图 6-31 所示。工程上又把红外线所占据的波段分为四部分，即近红外、中红外、远红外和极远红外。

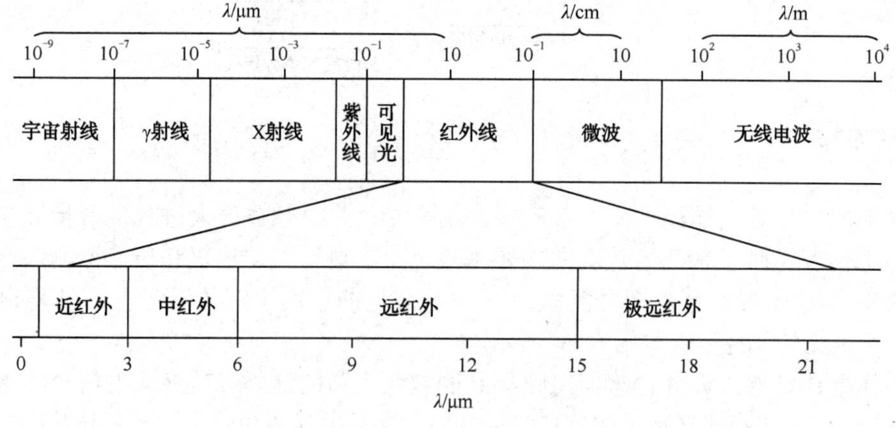

图 6-31　电磁波谱图

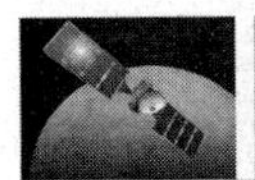

红外辐射的物理本质是热辐射。一个炽热物体向外辐射的能量大部分是通过红外线辐射出来的。物体的温度越高，辐射出来的红外线越多，辐射的能量就越强。而且红外线被物体吸收时，可以显著地转变为热能。

红外辐射和所有电磁波一样，是以波的形式在空间直线传播的。它在大气中传播时，大气层对不同波长的红外线存在不同的吸收带，红外线气体分析器就是利用该特性工作的，空气中对称的双原子气体，如 N_2、O_2、H_2 等不吸收红外线。而红外线在通过大气层时，有三个波段的透过率高，它们是 2～2.6 μm、1.3～5 μm 和 8～14 μm 波段，统称它们为大气窗口。这三个波段对红外探测技术特别重要，因为红外探测器一般都工作在这三个波段（大气窗口）之内。

6.3.2 红外探测器

红外传感器一般由光学系统、探测器、信号调理电路及显示系统等组成，红外探测器是红外传感器的核心。红外探测器种类很多，常见的有两大类：热探测器和光子探测器。

1．热探测器

热探测器是利用红外辐射的热效应，探测器的敏感元件吸收辐射能后引起温度升高，进而使有关物理参数发生相应变化，通过测量物理参数的变化，便可确定探测器所吸收的红外辐射。与光子探测器相比，热探测器的探测率比光子探测器的峰值探测率低，响应时间长。热探测器主要优点是响应波段宽，响应范围可扩展到整个红外区域，可以在室温下工作，使用方便，应用仍相当广泛。

热探测器主要类型有热释电型、热敏电阻型、热电偶型和气体型探测器。而热释电探测器在热探测器中探测率最高，频率响应最宽，所以这种探测器倍受重视，发展很快，在这里将做主要介绍。

1）热释电红外探测器工作原理

热释电红外探测器由具有极化现象的热晶体或被称为铁电体的材料制成。铁电体的极化强度（单位面积上的电荷）与温度有关。当红外辐射照射到已经极化的铁电体薄片表面上时，引起薄片温度升高，使其极化强度降低，表面电荷减少，这相当于释放一部分电荷，所以称为热释电传感器。如果将负载电阻与铁电体薄片相连，则负载电阻上便产生一个电信号。输出信号的强弱取决于薄片温度变化的快慢，从而反映出入射的红外辐射的强弱，热释电红外传感器的电压响应率正比于入射光辐射率变化的速率。

2）热释电红外探测器的结构

热释电红外探测器的结构如图 6-32 所示。敏感元件通常采用热晶体（或被称为铁电体），其上、下表面做成电极，表面上加一层黑色氧化膜，用于提高转换效率。由于它的输出阻抗极高，而且输出信号极其微弱，故在其内部装有场效应管（FET）及基极厚膜电阻 R，如图 6-33 所示，以进行信号放大及阻抗变换。

热释电红外探测器按其内部安装敏感元件数量的多少可分为单元件、双元件、四元件及特殊形式等几种。最常见的是双元件型，所谓双元件是指在一个传感器中有两个反相串联的敏感元件，具有以下优点：

（1）当入射能量顺序地射到两个元件上时，其输出要比单元件高一倍。

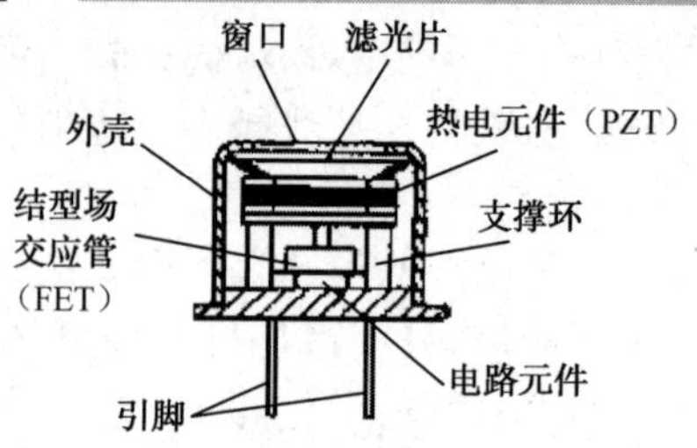

图 6-32　热释电红外探测器的结构

（2）由于两个敏感元件逆向串联使用，对于同时输入的能量会相互抵消，由此可防止太阳的红外线引起的误动作。

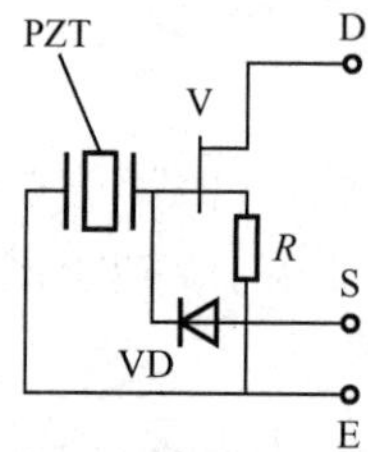

图 6-33　热释电红外探测器的内部电路

（3）常用的热晶体元件具有压电效应，故双元件结构能消除因震动而引起的检测误差。

（4）可以防止因环境温度变化而引起的检测误差。

由于人体放射的远红外线能量十分微弱，直接由热释电红外传感器接收的灵敏度很低，控制距离一般只有 1～2 m，远远不能满足要求，必须配以良好的光学透镜才能实现较高的接收灵敏度。通常多配用菲涅尔透镜，用其将微弱的红外线能量进行"聚焦"，可以将传感器的探测距离提高到 10 m 以上。

2. 光子探测器

光子探测器利用入射红外辐射的光子流与探测器材料中电子的相互作用来改变电子的能量状态，引起各种电学现象，这种现象称光子效应。通过测量材料电子性质的变化，可以知道红外辐射的强弱。利用光子效应制成的红外探测器，统称光子探测器。光子探测器有内光电和外光电探测器两种，后者又分为光电导、光生伏特和光磁电探测器三种。光子探测器的主要特点是灵敏度高、响应速度快，具有较高的响应频率，但探测波段较窄，一般要在低温下工作。

6.3.3　红外体温计的工作原理

红外体温计的测温原理是基于黑体辐射定律。在任何温度下都能全部吸收投射到其表面的任何波长的辐射能量的物体称为黑体。黑体的单色辐射出射度是描述在某一波长辐射源单位面积上发出的辐射通量。

黑体是一种理想化的辐射体，它吸收所有波长的辐射能量，没有能量的反射和透过，其表面的发射率为 1。应该指出，自然界中并不存在真正的黑体，但是为了弄清和获得红外辐射分布规律，在理论研究中必须选择合适的模型，这就是普朗克提出的体腔辐射的量子化振子模型，从而导出了普朗克黑体辐射定律，即以波长表示的黑体光谱辐射度，这是一

切红外辐射理论的出发点，故称黑体辐射定律。

物体发射率对辐射测温的影响：自然界中存在的实际物体，几乎都不是黑体。所有实际物体的辐射量除依赖于辐射波长及物体的温度之外，还与构成物体的材料种类、制备方法、热过程以及表面状态和环境条件等因素有关。因此，为使黑体辐射定律适用于所有实际物体，必须引入一个与材料性质及表面状态有关的比例系数，即发射率。该系数表示实际物体的热辐射与黑体辐射的接近程度，其值在 0～1 之间。根据辐射定律，只要知道了材料的发射率，就知道了任何物体的红外辐射特性。影响发射率的主要因素有：材料种类、表面粗糙度、理化结构和材料厚度等。

当用红外辐射测温仪测量目标的温度时，首先要测量出目标在其波段范围内的红外辐射量，然后由测温仪计算出被测目标的温度，其公式可表达为

$$E = \delta\varepsilon(T^4 - T_0^4) \tag{6-17}$$

式中 E——辐射出射度，单位为 W/m^3；

δ——斯蒂芬-波尔兹曼常数 5.67×10^{-8}，单位为 W/（m^2 · K^4）；

ε——物体的辐射率；

T——物体的温度，单位为 K；

T_0——物体周围的环境温度，单位为 K。

人体的温度为 36～37℃，所放射的红外线波长为 10 μm（远红外线区），通过对人体自身辐射红外能量的测量，便能准确地测定人体表面温度。由于该波长范围内的光线不被空气所吸收，因而可利用人体辐射的红外能量精确地测量人体表面温度。红外温度测量技术的最大优点是测试速度快，1s 以内可测试完毕。由于它只接收人体对外发射的红外辐射，没有任何其他物理和化学因素作用于人体，所以对人体无任何伤害。

任务实施

红外测温仪是根据物体的红外辐射特性，依靠其内部光学系统将物体的红外辐射能量汇聚到探测器（传感器），并转换成电信号，再通过放大电路、补偿电路及线性处理后，在显示终端显示被测物体的温度。系统由光学系统、光电探测器、信号放大器及信号处理、显示输出等部分组成，如图 6-34 所示，其核心是红外探测器，将入射辐射能转换成可测量的电信号。

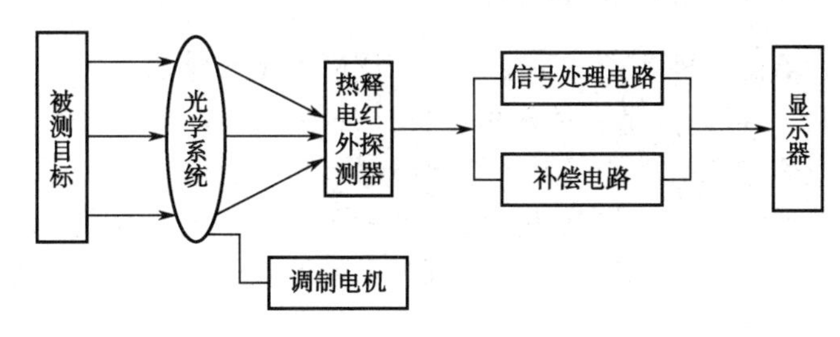

图 6-34 红外体温计系统结构框图

1. 传感器选型

红外传感器是红外体温计的关键部件，选用的是 RE200B 双元热释电传感器，该传感器

采用双灵敏元互补方法有效的抑制温度的起伏、振动温度变化产生的干扰，提高了传感器的工作稳定性，并且它的各项指数都比较好。适用于对人体温度和一些生产线上温度不是很高的场所使用。

2．测量电路设计

本单元电路主要由热释电红外传感器和信号放大器等组成，电路如图 6-35 所示。D、S、E 端分别对应了热释电探测器的 D、S、G，其中 D 为场效应管漏极接+12V 的电源，S 为经过热释电探测器转换后的电信号输出，E 为场效应管的负极接地。由 S 端输入的信号经过 A_1 放大电路，A_2 滤波电路，A_3 积分电路，通过输出端口 IN+输入给后续的积分显示电路。

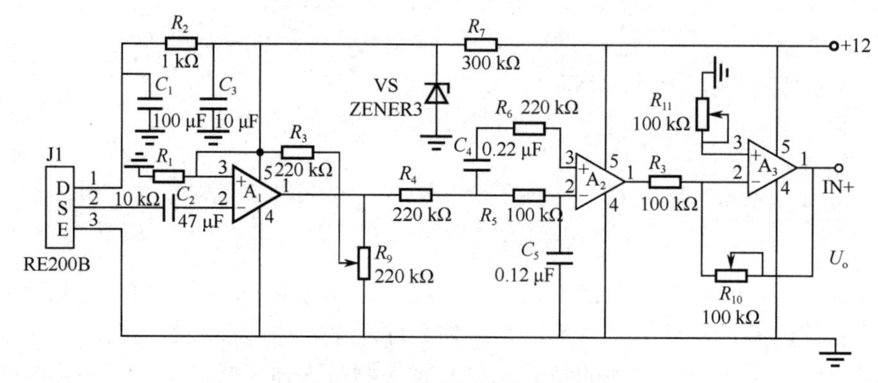

图 6-35　温度测量电路

3．模拟调试

（1）按照电路图 6-35 所示，将各元件焊接到实验板上，并检查正确性。

（2）将不同温度的物体放置到红外传感器 RE200B 的前方，测量输出端的电压 U_o 变化，是否与温度变化一致，若一致，说明电路正确（由于红外体温计的电路还包括积分显示和电源等电路，这里只对本测量电路进行调试）。

知识拓展

6.3.4　红外自动干手器工作原理

红外线自动干手器是一种高档卫生洁具，广泛应用于宾馆酒店、机场车站、体育场馆等公共场所的洗手间。其工作原理是采用一种红外线控制的电子开关，当有人手伸过来时，红外线开关将电热吹风机自动打开，人离开时又自动将吹风机关闭。手到工作，手离休息，亲切方便，更显示出人性化关怀。红外智能开关的触发不需要人发出任何声音，因为其不同于声控开关，不需要声音和开关控制，从而避免了声控噪声的侵扰，同时避免了人走容易忘关电源的弊端。

干手器大部分是利用红外线的发射和接收制成的，里面有红外线发射管，当手伸到下面时，会反射部分红外线到接收装置，使电路工作。红外线干手器工作原理框图和电路原理分别如图 6-36、图 6-37 所示。

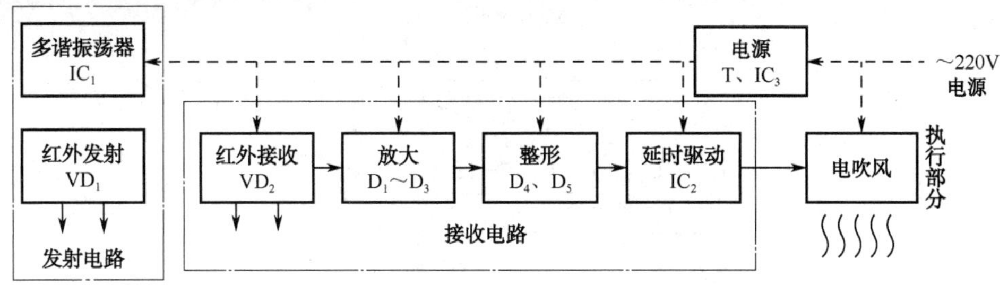

图 6-36 红外干手器原理框图

（1）振荡电路。发射器主要采用 IC_1（NE555 定时器），用来产生 40 kHz 的振荡信号载波。

（2）红外检测电路。采用脉冲式主动红外线检测电路，由红外发射二极管 VD_1 和红外接收二极管 VD_2 等组成。常用的红外发光二极管（如 SE303 白色与 PH303），其外形和发光二极管 LED 相似，发出红外光（近红外线约 0.93 μm）。管压降约 1.4 V，工作电流一般小于 20 mA。为了适应不同的工作电压，回路中常串有限流电阻。发射红外线去控制相应的受控装置时，其控制的距离与发射功率成正比。

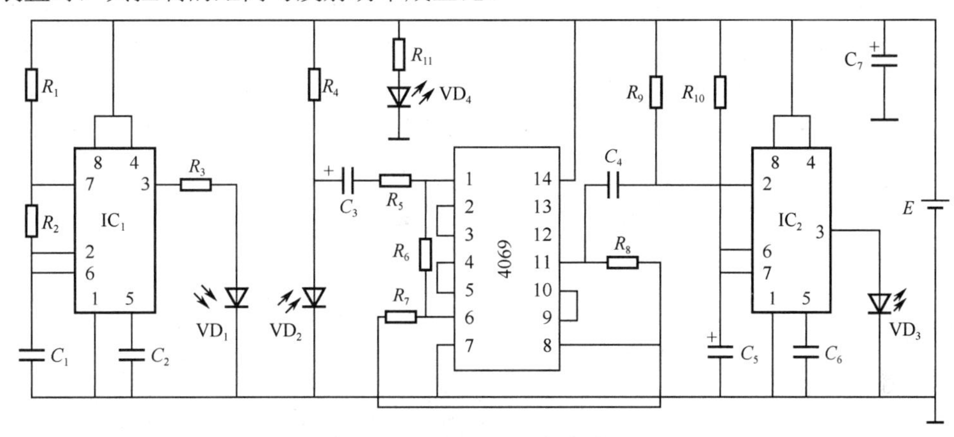

图 6-37 红外干手器电路原理

（3）反相器构成的施密特触发器。为保证单稳态触发器可靠触发，必须对电压放大器输出的信号进行整形。

（4）微分电路。C_4 和 R_9 组成微分电路，其作用是将整形电路输出的方波信号微分为触发脉冲去触发单稳态触发器。

（5）555 单稳态触发器。延时驱动电路采用 555 时基电路构成的单稳态触发器。

6.3.5 红外线气体分析仪工作原理

红外线气体分析仪是根据气体对红外线具有选择性吸收的特性来对气体成分进行分析的，结构原理图如图 6-38 所示。

光源由镍铬丝通电加热发出 3～10 μm 的红外线，切光片将连续的红外线调制成脉冲状的红外线，以便于红外线检测器信号的检测。测量气室中通入被分析气体，参比气室中封入不吸收红外线的气体（如 N_2 等）。红外检测器是薄膜电容型，它有两个吸收气室，充以被测气体，当它吸收了红外辐射能量后，气体温度升高，导致室内压力增大。

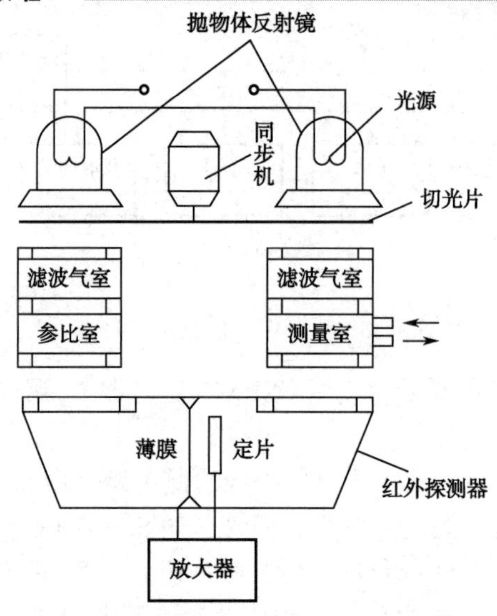

图 6-38　红外线气体分析仪结构原理

测量时（如分析 CO 气体的含量），两束红外线经反射、切光后射入测量气室和参比气室，由于测量气室中含有一定量的 CO 气体，该气体对 4.65 μm 的红外线有较强的吸收能力，而参比气室中气体不吸收红外线，这样射入红外探测器的两个吸收气室的红外线光造成能量差异，使两吸收室压力不同，测量边的压力减小，于是薄膜偏向定片方向，改变了薄膜电容两电极间的距离，也就改变了电容 C。如被测气体的浓度越大，两束光强的差值也越大，则电容的变化量也愈大，因此电容变化量反映了被分析气体中所含特定气体的浓度。

项目小结

温度是反映物体冷热程度的物理量，是物体内部各分子无规则剧烈运动程度的标志。温度测量方法按照感温元件是否与被测温对象接触，分为接触式和非接触式两种。本项目通过三个工作任务的驱动，重点介绍了接触式测量方法中的热电偶、热电阻和非接触式测量方法中的红外测温等三种温度传感器的工作原理及其应用。

热电偶的测温范围广，其温度范围可达 500～1 500℃。热电偶回路产生的热电动势包括接触电动势和温差电动势，并以接触电动势为主。热电偶结构简单，可制成多种形式，如普通热电偶、铠装热电偶、表面热电偶、薄膜热电偶和浸入式热电偶等。为使热电偶热电动势与被测温度成单值函数关系，一般采用补偿导线、冷端恒温、电桥补偿、计算修正和软件修正等方法进行冷温度补偿。

热电阻式传感器常用于对温度和与温度有关的参量进行检测的传感器，广泛用于测量中、低温度，它是利用导体或半导体的电阻随温度变化而变化的性质工作的。热电阻式传感器分为金属热电阻传感器和半导体热电阻传感器两类，前者称为热电阻，后者称为热敏电阻。热敏电阻是半导体测温元件，按温度系数可分为负温度系数热敏电阻（NTC）和正温度系数热敏电阻（PTC）两大类，广泛应用于温度测量、电路的温度补偿以及温度控制等。

红外传感器一般由光学系统、探测器、信号调理电路及显示系统等组成，其中，红外探测器是红外传感器的核心。红外探测器种类很多，常见的有两大类：热探测器和光子探测器。

思考与练习6

1．什么是热电阻效应？金属热电阻效应的特点和形成的原因。

2．Pt100和Cu50分别代表什么传感器？分析热电阻传感器测量电桥中的三线、四线连接法的主要原理和区别？

3．热电阻传感器有哪几种类型？分别应用在什么场合？

4．什么是热电势、接触电势和温差电势？

5．说明热电偶测温的原理及热电偶的基本定律。

6．热电偶测温为什么要进行参考端温度补偿？有哪几种参考端温度补偿方法?

7．试比较热电阻与热敏电阻的异同。

8．如图6-39所示是用的是热电偶哪一种冷端补偿法？分析其工作原理。

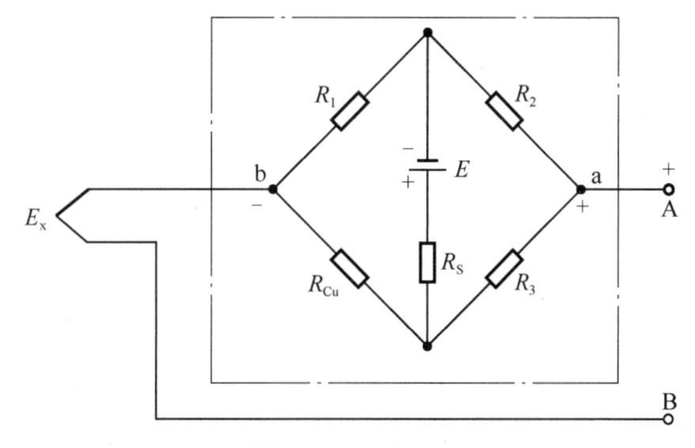

图6-39　题8

9．已知铜热电阻 Cu_{100} 的纯度 $W(100)=1.42$，当用此热电阻测量50℃温度时，其电阻值为多少？若测温时的电阻值为92 Ω，则被测温度是多少？

10．已知在其特定条件下材料A与铂配对的热电势 $E_{A-Pt}(T，T_0)=13.967\ mV$，材料B与铂配对的热电势 $E_{B-Pt}(T，T_0)=8.345\ mV$，试求出此条件下材料A与材料B配对后的热电势。

11．用镍铬-镍硅（K）热电偶测温度，已知冷端温度为40℃，用高精度毫伏表测得这时的热电动势为29.188 mV，求被测点温度。

12．什么是热释电效应？热释电型传感器与哪些因素有关？

13．什么是红外辐射？什么是红外传感器？

14．简述红外测温的特点。

项目 7 环境量检测

教学导航

知识目标	（1）了解气敏传感器、湿敏传感器和光电传感器的分类。 （2）理解气敏传感器、湿敏传感器和光电传感器的基本原理。 （3）熟悉气敏传感器、湿敏传感器和光电传感器的用途。 （4）能够进行传感器应用原理的分析。
能力目标	（1）能够根据环境量检测要求选择合适的传感器进行测量电路设计。 （2）能制作气体、湿度、光照度等物理量的检测报警电路并调试。

项目背景

在快节奏生活的今天，环境污染越来越严重，环境问题已成为人们关注的焦点。环境量主要包括气体浓度、湿度、光照度等物理量。

在日常生活和生产活动中，经常接触到的各种各样的气体直接关系到人们的生命和财产安全，对有害气体或可燃性气体进行有效的检测和控制尤其重要。例如，化工生产中气体成分的检测与控制，煤矿瓦斯浓度的检测与报警，环境污染情况的监测，煤气泄漏、火灾报警、燃烧情况的检测与控制等。

在冬天，我国北方采用火炉或暖气取暖，室内空气被加热会导致室内相对湿度降低。在这种环境中居住，人易患呼吸道疾病和出现口干、唇裂、流鼻血等现象。相对湿度过低，还会导致木材水分散失，引起家具或木质地板变形、开裂和损坏；钢琴、提琴等对湿度要求高的乐器不能正常使用；文物、档案和图书脆化、变形。相对湿度过高，又易使室内家具、衣物、地毯等织物生霉，铁器生锈，电子器件短路，地毯、壁纸发生静电现象，对人体有刺激，甚至诱发火灾。由此可见，湿度检测越来越重要。

光能是最近几年发展起来的一种新型的能源，伴随着社会的发展，太阳能源也逐渐成熟，我们现在用的太阳能热水器、光电池等都用到了光电式传感器。此外，光照射在物体上会产生一系列的物理或化学效应。例如，植物的光合作用，取暖时的光热效应，化学反应中的催化作用，光电器件的光电效应等。光照度检测也具有非常实用的价值。

任务 7.1 有毒气体浓度检测

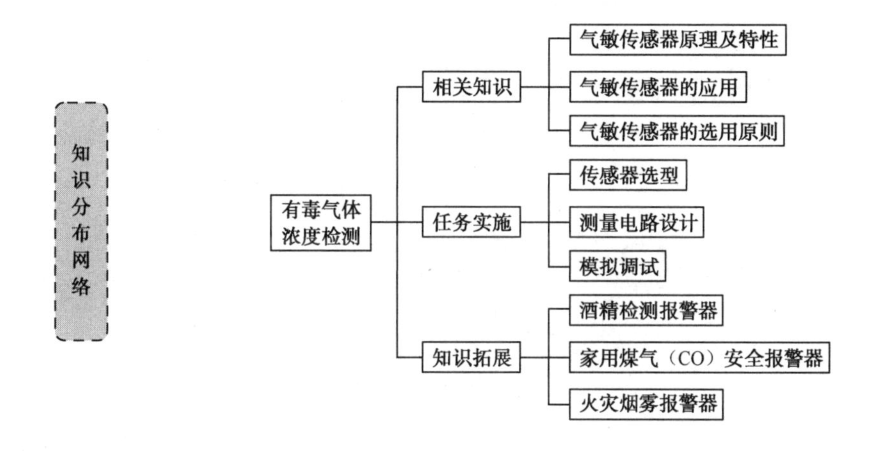

任务描述

近年来，由于城市下水道淤泥积淀，造成下水道堵塞，进而在暴雨等恶劣天气下，城市路面大面积积水，严重影响了人们的出行。目前，污泥清除大部分由人工清除。但是井下或管道的环境恶劣，垃圾沉淀并发生化学反应，产生大量的有毒气体，很多没有采取防护措施的工人下井后就发生中毒事故，有时还会造成人员伤亡。

本任务要求设计有毒气体检测装置，用于检测管道或井窖的气体情况，当遇到有毒或者可燃气体时，就会发出声光报警，这时工人就可以采取相应的防护措施，以保障自身的安全。

相关知识

气体检测所用到的传感器实际上是指能对气体进行定性或定量检测的气敏传感器。因为气敏材料与气体接触后会发生相互的化学或物理作用，导致某些特性参数的改变，包括质量、电参数、光学参数等。气敏传感器就是利用这些材料作为敏感元件，把被测气体种类、浓度、成分等信息的变化转换成电信号，经测量转换电路处理后进行检测、监控和报警。常见气敏传感器的实物外形如图 7-1 所示。

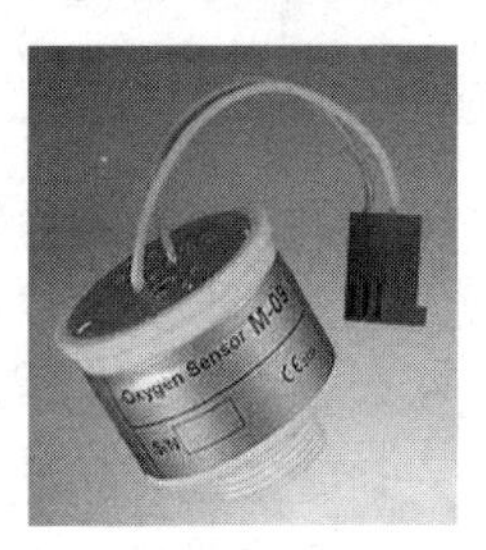

图 7-1　常见气敏传感器实物外形

根据传感器的气敏材料、气敏材料与气体相互作用的机理和效应不同，可将气敏传感器主要分为半导体式、接触燃烧式、电化学式、热导率变化式、红外吸收式等类型。主要类型及其特性如表 7-1 所示。

表 7-1　气敏传感器的主要类型及其特性

类　型	原　理	检测对象	特　点
半导体方式	若气体接触到加热的金属氧化物（SnO_2、FeO_3、ZnO_2 等），气敏元件的电阻值就会增大或减小	还原性气体、城市排放的气体、丙烷气等	灵敏度高，构造与电路简单，使用方便，费用低，把气体浓度转换为电量输出，稳定性好，寿命长
接触燃烧式	可燃性气体接触到氧气就会燃烧，使得作为气敏元件的铂丝温度升高，电阻值相应增大	燃烧气体	输出的电量与浓度成比例，结构简单，但寿命较短，灵敏度较低
电化学式	化学溶剂与气体的反应产生的电流、颜色、电导率的增加等	CO、H_2、CH_4、SO_2 等	气体选择性好，但不能重复使用
热导率变化式	根据热传导率差而放热的发热元件温度的降低进行检测	与空气热传导率不同的气体、H_2	结构简单，但灵敏度低，选择性差
红外吸收式	通过红外线照射气体分子谐振而吸收或散射量来测量	CO、CO_2、NO_X 等	能定性测量，但装置大，价格较贵

由于半导体气敏传感器具有灵敏度高、响应快、使用方便、稳定性好、寿命长等优点，应用极其广泛。下面主要介绍半导体气敏传感器。

7.1.1　半导体气敏传感器

半导体气敏传感器是利用半导体材料与气体相接触时，导致半导体电阻和功能函数发生变化的效应来检测气体成分或浓度的传感器。按照半导体变化的物理性质，可分为电阻式和非电阻式两种。

1．电阻式半导体气敏传感器

电阻式半导体气敏传感器是利用气敏半导体材料吸收了可燃性气体的烟雾，如氢气、一氧化碳、烷、醚以及天然气、沼气等时，会发生还原反应，放出热量，使元件温度相应增高，电阻发生变化。利用半导体材料的这种性质，将气体的成分和浓度转换成电信号，进行检测和报警。

气敏元件的材料多采用氧化锡和氧化锌等较难还原的氧化物。一般在气敏元件材料内也会掺入少量的铂等贵重金属作为催化剂，以便提高检测的选择性。常用的气敏元件有三种结构类型：烧结型、薄膜型和厚膜型。

1）烧结型

烧结型气敏元件的制作是将敏感材料（SnO_2、InO 等）及掺杂剂（Pt、Pb）按照一定的配比用水或黏合剂调和，经研磨后再均匀混合，再用传统制陶的方法进行烧结。这种元件一般分为内热式和旁热式两种结构，如图 7-2 所示，多用于检测还原性气体，可燃性气体和液化蒸气。

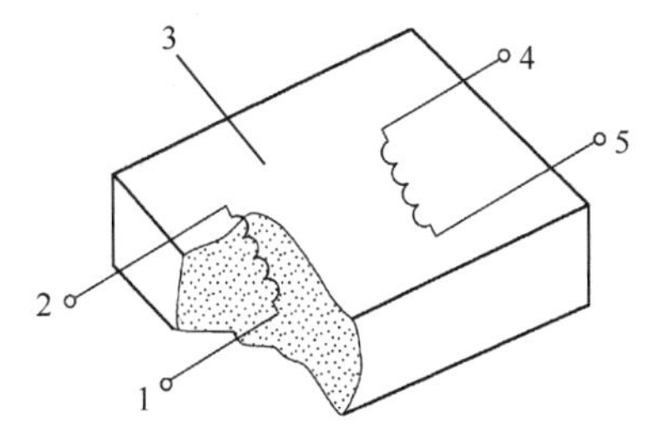

（a）内热式气敏元件结构

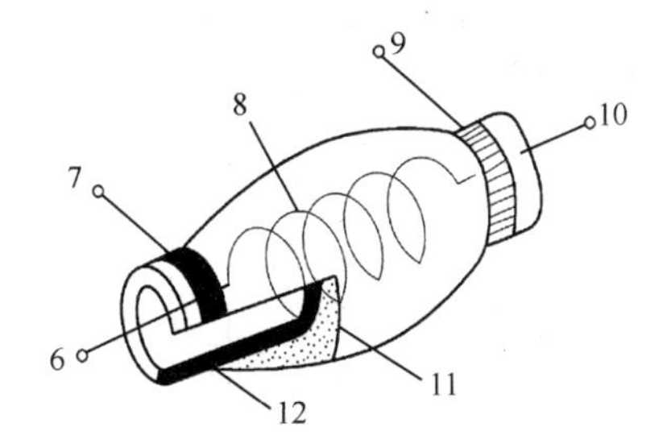

（b）旁热式气敏元件结构

1,2,4,5,6,7,9,10—电极　3,11—烧结体　8—加热丝　12—陶瓷绝缘管

图 7-2　烧结型气敏元件的结构

内热式器件管芯体积较小，加热丝直接埋在金属氧化物半导体材料内，兼做一个测量电极，其结构如图 7-2（a）所示。该类器件的优点是：制作工艺简单、成本低、功耗小，可在高回路电压下使用，可制成价格低廉的可燃气体泄露报警器。国内的 QN 型、MQ 型以及日本 TGS#109 型气敏元件均是此结构。其缺点是：容量小，易受环境气流的影响，测量电路和加热电路之间无电气隔离，相互影响，加热丝在加热和不加热状态下会产生胀缩，容易造成材料的接触不良。

旁热式气敏器件的管芯是在陶瓷管内放置高阻加热丝，在瓷管外涂梳状金电极，再在金电极外涂气敏半导体材料，其结构如图 7-2（b）所示。这种结构形式克服了内热式气敏器件的缺点，其测量电极与加热丝分开，加热丝与气敏元件不发生接触，避免电路之间的相互影响，元件的热容量大，降低了环境气体对元件的影响，同时保持了材料结构的稳定性。

2）薄膜型

薄膜型气敏器件是在绝缘衬底（如石英晶片）上蒸发或溅射上一块氧化物半导体薄膜

（厚度一般为数微米）制成，其结构如图 7-3 所示。

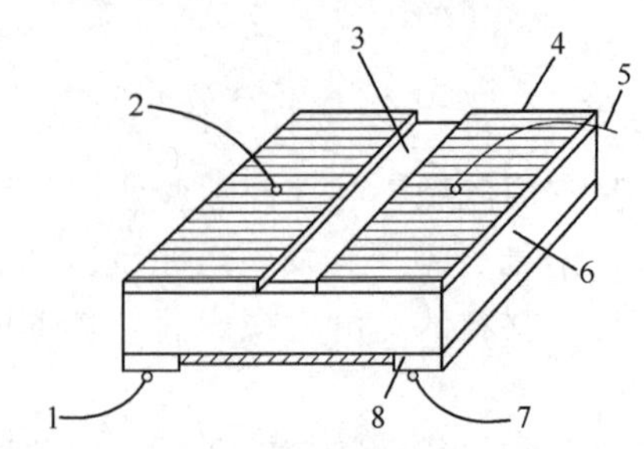

1,2,5,7—引线　3—半导体　4—电极　6—绝缘基片　8—加热器

图 7-3　薄膜型元件的结构

这种结构的气敏器件具有机械强度较高、产量高、成本低等优点，但缺点是器件的性能与工艺条件和薄膜的物理化学状态有关，故各元件间一致性较差。

3）厚膜型

此类型气敏传感器一般是半导体氧化物粉末、添加剂、黏合剂和载体混合配成浆料，再用丝网印刷的方法将浆料印在基片上，形成厚度为数微米到数十微米的厚膜，如图 7-4 所示。用厚膜工艺制作的器件，其灵敏度与烧结型器件相当，机械强度较高，器件的一致性较好，适宜批量生产，是一种很有前途的器件。

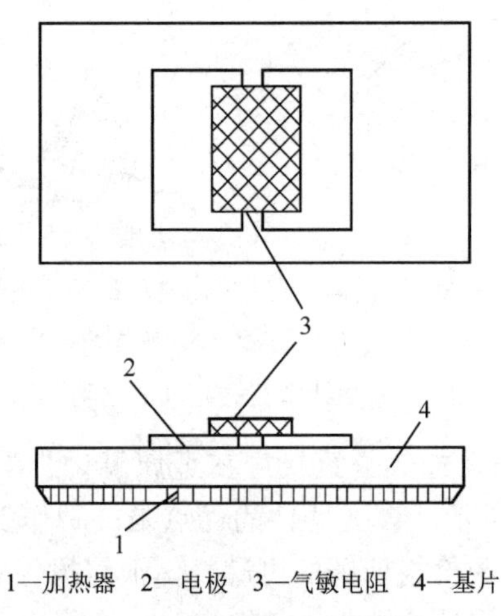

1—加热器　2—电极　3—气敏电阻　4—基片

图 7-4　厚膜型元件的结构

上述三种形式的气敏器件都附有加热器，目的是为了烧去附在元件表面上的油污和尘埃，以加速气体的吸附，从而提高气敏元件的灵敏度和响应速度。元件工作时，一般要加热到 200～400℃，具体要视被测气体而定。

2. 非电阻式半导体气敏传感器

非电阻式半导体气敏传感器也是利用 MOS 二极管的电容—电压特性的变化以及 MOS 场效应管的阈值电压变化等特性而制成的气体传感器。由于这类传感器的制造工艺成熟，便于器件集成化，因而其性能稳定，价格便宜。利用特定材料还可以使传感器对某些气体特别敏感。

7.1.2 气敏传感器的主要特性参数

1. 灵敏度

灵敏度（S）是气敏元件的一个重要参数，标志着气敏元件对气体的敏感程度，决定了测量精度。用其阻值变化量ΔR 与气体浓度变化量ΔP 之比来表示，即 $S=\Delta R/\Delta P$；灵敏度的另一种表示方法是气敏元件在空气中的阻值 R_0 与在被测气体中的阻值 R 之比，用 K 表示，即 $K=R_0/R$。

2. 响应时间

从气敏元件与被测气体接触，到气敏元件的阻值达到新的恒定值所需要的时间称为响应时间。它表示气敏元件对被测气体浓度的反应速度。

3. 选择性

在多种气体共存的条件下，气敏元件区分气体种类的能力称为选择性。对某种气体的选择性好，就表示气敏元件对它有较高的灵敏度。选择性是气敏元件的重要参数，也是目前较难解决的问题之一。

4. 稳定性

当气体浓度不变时，若其他条件发生变化，在规定的时间内气敏元件输出特性维持不变的能力，称为稳定性。稳定性表示气敏元件对于气体浓度以外的各种因素的抵抗能力。

5. 温度特性

气敏元件灵敏度随温度变化的特性称为温度特性。温度有元件自身温度与环境温度之分，这两种温度对灵敏度都有影响。元件自身温度对灵敏度的影响相当大，解决这个问题的措施之一就是采用温度补偿方法。

6. 湿度特性

气敏元件的灵敏度随环境湿度变化的特性称为湿度特性。湿度特性是影响检测精度的另一个因素，解决这个问题的措施之一就是采用湿度补偿方法。

7. 电源电压特性

气敏元件的灵敏度随电源电压变化的特性称为电源电压特性，为改善这种特性，要采用恒压源。

7.1.3 气敏传感器的应用

按照用途，利用半导体气敏传感器可以制成如下仪器。

1. 检漏仪（或称为探测器）

检漏仪是利用气敏传感器的气敏特性，将其作为气-电转换元件，再配以相应的电路、指示仪表或声光显示部分而组成的气体探测仪器。此类仪器一般均要求有高灵敏度。

2. 报警器

报警器是对泄露的气体达到限定值时能自动进行报警的仪器。

3. 自动控制仪器

自动控制仪器是利用气敏传感器的气敏特性来实现电气设备自动控制的仪器，如换气扇自动换气控制等。

4. 测试仪器

测试仪器是利用气敏传感器对不同气体具有不同的浓度特性（即元件电阻—气体浓度关系）来测量、确定气体种类和浓度的。此种仪器对气敏传感器的性能有较高的要求，且测试部分要有高精度测量电路。

7.1.4 气敏传感器的选用原则

气敏传感器种类较多，使用范围较广，其性能差异大，在工程应用中，应根据具体的使用场合、要求进行合理选择。

1. 使用场合

气体检测主要分为工业和民用两种情况，不管是哪一种场合，气体检测的主要目的是为了实现安全生产，保护生命和财产的安全。就其应用目的而言，主要有三个方面：测毒、测爆和其他检测。测毒主要是检测有毒气体的浓度不能超标，以免工作人员中毒；测爆则是检测可燃气体的含量，超标则报警，避免发生爆炸事故；其他检测主要是为了避免间接伤害，如检测司机酒后驾车的酒精浓度检测。

因每一种气敏传感器对不同的气体敏感程度不同，只能对某些气体实现更好地检测，在实际应用中，根据检测的气体不同选择合适的传感器。

2. 使用寿命

不同气敏传感器因其制造工艺不同，其寿命不尽相同，针对不同的使用场合和检测对象，应选择相对应的传感器。如一些安装不太方便的场所，应选择使用寿命比较长的传感器，例如，光离子传感器的寿命为 4 年左右，电化学特定气体传感器的寿命为 1～2 年，氧气传感器的寿命为 1 年左右。

3. 灵敏度与价格

灵敏度反映了传感器对被测对象的敏感程度，一般来说，灵敏度高的气敏传感器其价格也贵，在具体使用中要均衡考虑。在价格适中的情况下，尽可能地选用灵敏度高的气敏传感器。

任务实施

1. 传感器选型

根据任务要求，主要是有毒气体检测，按照表 7-1 的传感器检测对象和分类说明，确定采用低功耗、高灵敏的 QM-N10 型气敏检测管，它和电位器 R_P 组成气敏检测电路，气敏检测信号从 R_P 的中心端旋臂取出。这类传感器具有灵敏度高、构造与电路简单、使用方便、费用低、直接将气体浓度转换为电量输出、稳定性好、寿命长等优点。

2. 测量电路设计

气敏传感器可用于检测环境中某种特定气体（特别是可燃气体）的成分、浓度等。如图 7-5 所示，是一种管道有毒气体监测报警电路，R_P 为用于设置有毒气体浓度报警阈值电位。QM-N10 是半导体气敏电阻传感器，它是 N 型半导体元件，其内部有一个加热丝和一对探测电极。当空气中不含有毒气体或毒气浓度很低时，A、B 两点间电阻值很大，流过 R_P 的电流很小，B 点的电位为低电平。达林顿管 U850 不导通；若含有毒气体或毒气浓度达到一定值时，A、B 两点间电阻值迅速下降，R_P 上流过的电流突然增加很多，B 点电位升高，向电容 C_2 充电，直到使 U850 导通，驱动集成芯片 KD9561 发声报警。当有毒气体浓度下降到使 A、B 两点间恢复到高电阻时，B 点电位降低，U850 截止，报警消除。

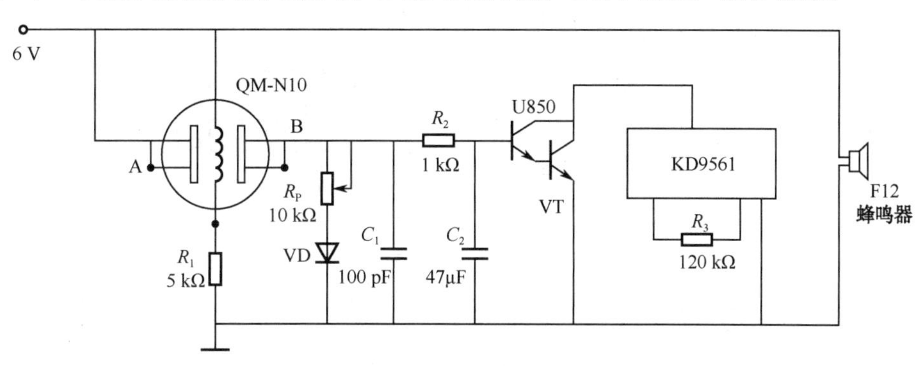

图 7-5　管道有毒气体监测报警电路

3. 模拟调试

（1）按照电路图 7-5 所示，将各元件焊接到实验板上，并检查正确性。

（2）有毒气体检测阈值设定：滑动 R_P 电阻，对检测气体实现标定，并按照要求实现阈值的确定。

（3）用预先准备好的一氧化碳（天然气），置入 QM-N10 附近。实验调试时，一般采用在 QM-N10 上套一个密闭容器，利用针筒向密闭容器中注入一氧化碳（天然气），并检测蜂鸣器是否报警。

（4）负载电阻可根据需要适当改动，不影响元件灵敏度。

知识拓展

7.1.5　酒精检测报警器工作原理

酒后驾驶非常危险，酒精测试仪作为检测工具得到交管部门的广泛使用。由于 SnO_2 气敏元件不仅对酒精敏感，而且对汽油、香烟也敏感，经常造成检测驾驶员是否饮酒的报警器发生误动作而不能普遍推广使用。必须选用只对酒精敏感的 QM-NJ9 型酒精传感器，要求当检测器接触到酒精气味后立即发出连续不断的“酒后别开车”的响亮语音报警，并切断车辆的点火电路，强制车辆熄火。该报警器既可以安装在各种机动车上用来限制驾驶员酒后驾车，又可以安装成便携式，供交通人员在现场使用，检测驾驶员是否酒后驾驶，具有很高的实用性。

酒精检测报警控制器电路如图 7-6 所示，它由气敏检测电路、控制开关 IC_2、语音报警电路 IC_3、放大器 IC_4 等组成。当酒精气敏元件检测到酒精气味时，QM-NJ9 的 A、B 之间的内阻减小，使电位器 R_P 输出电压升高，其电压值随检测到的酒精浓度增大而提高。当该电压达到 1.6 V 时，IC_2（TWH8778）控制开关导通，语音报警器 IC_3（TW801）发出报警语音信号，经 IC_4（LM386）放大器放大后发出报警声。放大器同时驱动发光二极管闪光报警。与此同时，继电器 K 因得电工作，其常闭触点 J_1 断开，切断汽车点火回路，强制发动机熄火，使车辆无法启动，达到控制司机酒后开车的目的。

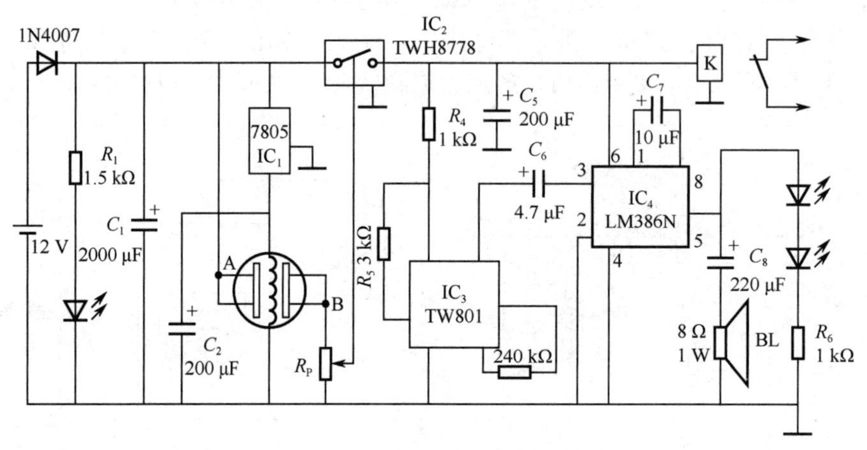

图 7-6　酒精检测报警控制器电路

7.1.6　家用煤气（CO）安全报警器工作原理

家用煤气（CO）安全报警电路如图 7-7 所示。它由两部分构成，一部分是煤气报警电路，在浓度达到危险界限前产生报警；另一部分是开放式负离子发生器，其作用是自动产生空气负离子，使煤气中的主要有害成分一氧化碳与空气负离子中的臭氧（O_3）反应，生成对人体无害的二氧化碳。

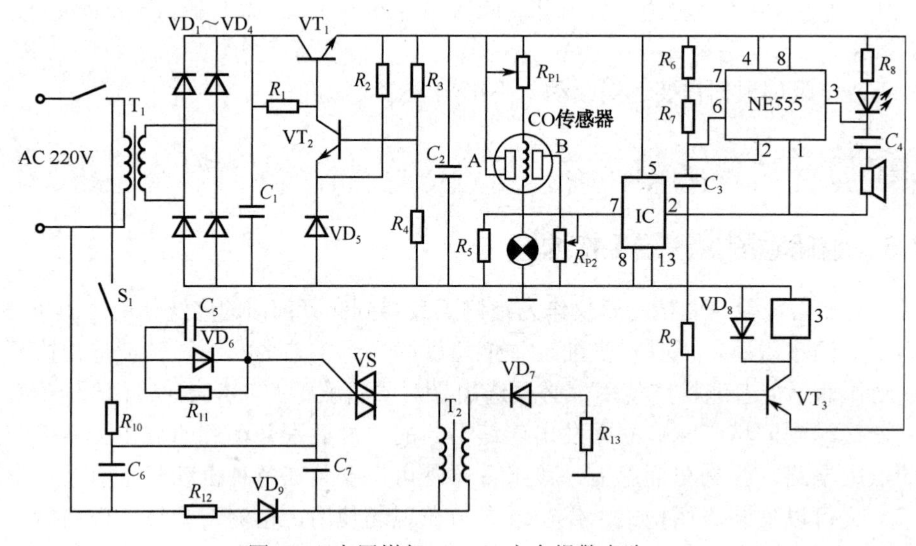

图 7-7　家用煤气（CO）安全报警电路

煤气报警电路包括电源电路、气敏检测电路、电子开关电路和声光报警电路。开放式负离子发生器电路由 R_{10}～R_{13}、C_5～C_7、VD_5～VD_7、VS 及 T_2 组成。减少 R_{12} 的电阻值可使负离子浓度增加。

7.1.7　火灾烟雾报警器工作原理

火灾烟雾报警器电路如图 7-8 所示，其中 109 号为烧结型 SnO_2 气敏元件，它对烟雾也很敏感，因此用它制成的火灾烟雾报警器可用于在火灾酿成之前进行报警。电路有双重报警装置，当烟雾或可燃性气体达到预定报警浓度时，气敏器件的电阻减小到使 VD_3 触发导通，蜂鸣器鸣响报警。另外，在火灾发生初期，因环境温度异常升高，将使热传感器动作，使蜂鸣器鸣响报警。

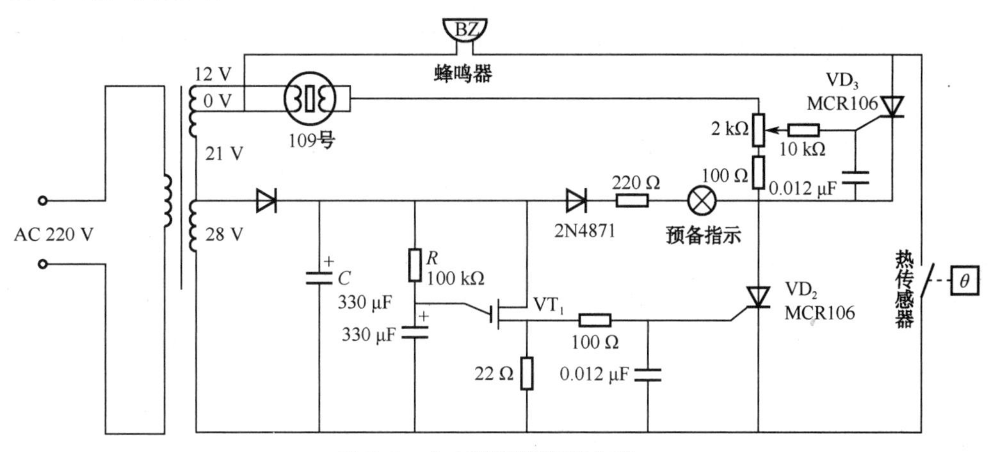

图 7-8　火灾烟雾报警器电路

任务 7.2　蔬菜大棚湿度检测

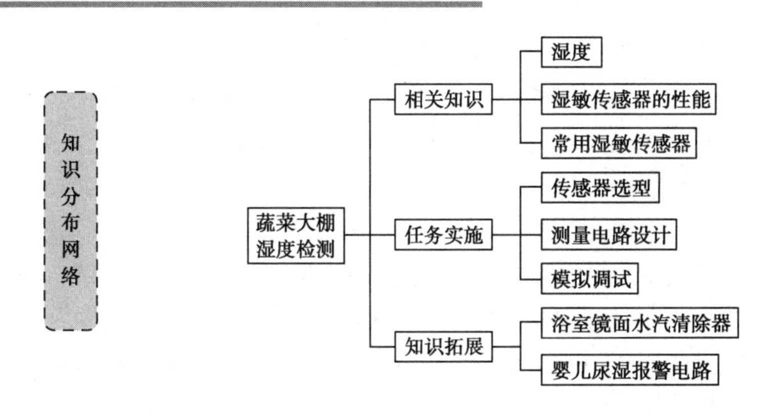

任务描述

湿度的检测与控制在工业、农业、气象、医疗以及日常生活中的地位越来越重要。例如，许多储物仓库在湿度超过某一程度时，物品易发生变质或霉变现象。在农业生产中的温室育苗、食用菌培养、水果保鲜等都需要对湿度进行检测和控制。

现代化农业生产中，温室大棚作为一种反季节种植和提高产量的重要手段，越来越受到人们的关注。其中，湿度作为大棚环境量中的主要参数之一，对它的检测及控制显得尤为重要。蔬菜大棚湿度控制的好坏，关系到植物的生长，并对培育新的育苗起着关键作用。本任务主要研究将蔬菜大棚湿度控制在 70%RH 左右，要求当湿度低于 70%RH，喷灌装置工作；湿度达到或超过 70%RH，喷灌装置停止工作。

相关知识

7.2.1 湿度

1. 湿度的表示方法

湿度是指大气中的水蒸气含量，通常用绝对湿度、相对湿度、露点等表示。

1）绝对湿度

绝对湿度是指单位体积气体中所含水蒸气的含量，单位为 kg/m^3，其表达式为

$$H_a = \frac{m_V}{V} \tag{7-1}$$

式中 H_a——绝对湿度；

m_V——待测气体中水蒸气的质量；

V——待测气体的总体积。

2）相对湿度

相对湿度为待测气体中水气分压（P_V）与相同温度下水的饱和水气压（P_W）的百分比，即

$$H_r = \left(\frac{P_V}{P_W}\right)_T \times 100\%RH \tag{7-2}$$

这是一个无量纲的值，通常用“%RH”表示相对湿度。当温度和压力变化时，因饱和水蒸气变化，所以，即使气体中水蒸气气压相同，其相对湿度也会发生变化。绝对湿度给出空气内水分的具体含量，而相对湿度则指出了大气的潮湿程度，日常生活中所说的空气湿度，实际上就是指相对湿度。

3）露点

在一定大气压下，将含水蒸气的空气冷却，当降到某温度值时，空气中的水蒸气达到饱和状态，开始从气态变成液态而凝结成露珠，这种现象称为结露，此时的温度称为露点或露点温度。如果这一特定温度低于 0℃，水蒸气将凝结成霜，此时称其为霜点。通常对两者不予区分，统称为露点，其单位为℃。

2. 湿度的测量方法

通常将空气或其他气体中的水分含量称为湿度，将固体物质中的水分含量称为含水量。湿度的检测方法主要有绝对测湿法、相对测湿法和毛发湿度计法等。固体中的含水量可用下列方法检测。

1）称重法

将被测物质烘干前后的重量 G_H 和 G_D 测出，含水量 W 为

$$W = \frac{G_H - G_D}{G_H} \times 100\% \tag{7-3}$$

这种方法很简单，但烘干需要时间，检测的实时性差，而且有些产品不能采用烘干法。

2）电导法

固体物质吸收水分后电阻变小，用测定电阻率或电导率的方法便可判断其含水量。例如，用专门的电极安装在生产线上，可以在生产过程中得到含水量数据。但要注意，被测物质的表面水分与内部含水量不一致，电极应设计成测量纵深部位电阻的形式。

3）电容法

水的介电常数远大于一般干燥固体物质，因此用电容法测含水量相当灵敏，造纸厂的纸张含水量便可用电容法测量。由于电容法是由极板间的电力线贯穿被测介质的，所以表面水分引起的误差较小。至于电容值的测定，可用交流电桥、谐振电路及伏安法等。

4）红外吸收法

水分对波长为 1.94 μm 的红外射线吸收较强，并且可用几乎不被水分吸收的 1.81 μm 波长作为参照。由上述两种波长的滤光片对红外光进行轮流切换，根据被测物体对两种波长的能量吸收的比值，便可判断含水量。

检测元件可用硫化铅光敏电阻，但应使光敏电阻处在 10～15℃的某一温度下，为此要用半导体制冷器维持恒温。这种方法也常用于造纸工业的连续生产线。

5）微波吸收法

水分对波长在 1.36 cm 附近的微波有显著吸收现象，而植物纤维对此波段的吸收要比水小几十倍，利用这一原理可制成测木材、烟草、粮食、纸张等物质中含水量的仪表。微波法要注意被测物料的密度和温度对检测的影响，这种方法的设备稍微复杂一些。

7.2.2　湿敏传感器的性能

1. 湿敏传感器的主要参数

1）感湿特性

感湿特性是指湿敏传感器的输出量（或称感湿特征量）与被测环境湿度间的关系。常用感湿特征量和相对湿度的关系曲线来表示，如图 7-9 所示。

2）测湿量程

测湿量程是指湿敏传感器能以规定的精度测量的最大范围。由于各种湿敏传感器所采用的功能材料以及传感器工作所依据的物理效应和化学反应各不相同，故往往只能在一定的湿度范围内才有可供实用的感湿特性和所要求的测量精度。

3）灵敏度

由于大多数湿敏传感器的感湿特性曲线是非线性的，在不同的湿度范围内具有不同的

斜率。我们常用感湿特性曲线的斜率来定义灵敏度，也即灵敏度是输出量增量与输入量增量之比，它反映被测湿度发生单位值变化时所引起的感湿特征量的变化程度。

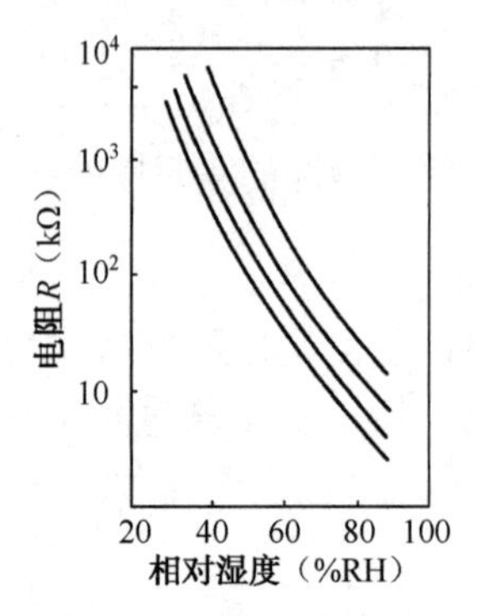

图 7-9　感湿特性曲线

目前，表示灵敏度的普遍方法是：以不同环境湿度下感湿特征量之比来表示湿敏元件的灵敏度。如果感湿特征量为电阻，以 R1%、R20%、R40%、R60%、R80%、R100%分别表示相对湿度为 1%、20%、40%、60%、80%、100%时湿敏元件的电阻值，湿敏元件的灵敏度一般规定为相对湿度为 1%时电阻值与以上各相对湿度时的电阻值之比，即 R1%/R1%、R1%/R20%、R1%/R40%、R1%/R60%、R1%/R80%、R1%/R100%。

4）湿滞特性

湿度传感器在吸湿过程和脱湿过程中吸湿与脱湿曲线不重合，而是一个环形回线，这一特殊性就是湿滞特性，如图 7-10 所示。

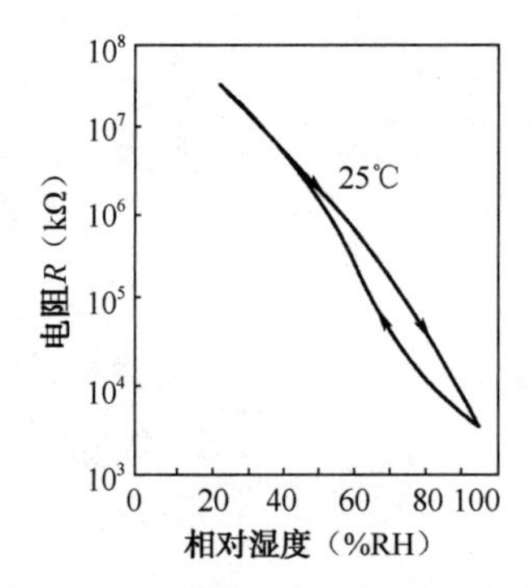

图 7-10　湿敏传感器的湿滞特性

5）响应时间

当环境湿度改变时，湿敏传感器完成吸湿（或脱湿）及动态平衡（感湿特征量达到稳定值）过程所需要的时间，称为响应时间。一般以起始湿度和终止湿度这一变化区间的 90%RH 的相对湿度变化所需时间来计算。典型的 $K_2O\text{-}FeO_3$ 湿敏元件的响应特性曲线如图 7-11 所示。

6）感湿温度系数

当环境湿度恒定时，温度每变化 1℃时所引起的湿度传感器感湿特征量的变化量，称为感湿温度系数。

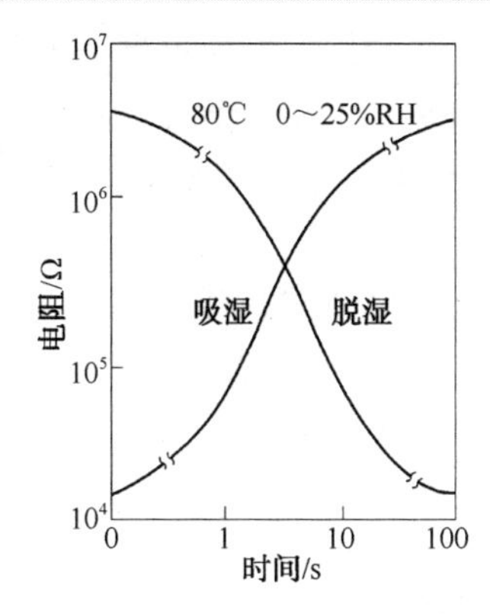

图 7-11　K_2O-FeO_3 湿敏元件的响应特性曲线

7）电压特性

由于直流电压会造成水分子的电解，会导致电导率随时间下降，测试电压应采用交流电压。湿敏传感器的电压特性是指感湿特征量与外加交流电压的关系。当所加交流电压较大时，会产生较大热量，进而对湿敏传感器的特性产生较大影响。

2．湿敏传感器的技术要求

为保证测量精度，湿敏传感器要具备以下技术要求。

（1）使用寿命长，长期工作的稳定性好。

（2）测量温、湿使用范围宽，湿度和温度系数小。

（3）灵敏度高，感湿特性线性度好。

（4）湿滞回差小。

（5）响应速度快，时间短。

（6）一致性和互换性好，制造工艺简单，易于批量生产，转换电路简单，成本低廉。

（7）能在恶劣环境（如腐蚀、低温、高温等）下工作。

7.2.3　常用的湿敏传感器

1．氯化锂湿敏电阻

湿敏电阻是在基片上覆盖一层用感湿材料制成的膜，当空气中的水蒸气吸附在感湿膜上时，元件的电阻率和电阻值都发生变化，利用这一特性即可测量湿度。氯化锂湿敏元件的结构如图 7-12 所示，由引线、基片、感湿层与金属电极组成。

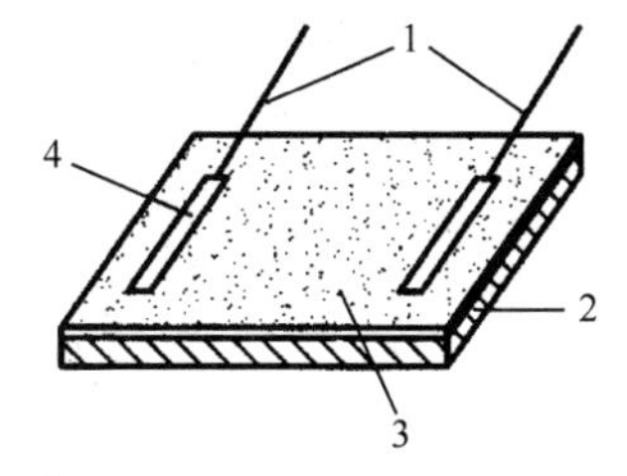

1—引线　2—基片　3—感湿层　4—金属电极

图 7-12　氯化锂湿敏元件的结构

氯化锂湿敏电阻是利用物质吸收水分子而使电导率发生变化，从而检测湿度。在氯化锂（LiCl）溶液中，Li 和 Cl 以正负离子的形式存在，锂离子（Li^+）对水分子的吸收力强，离子水合成度高，溶液中的离子导电能力与溶液浓度成正比，溶液浓度增加，电导率上升。当溶液置于一定温湿场中时，若环境 RH 上升，溶液吸收水分子使浓度下降，电阻率ρ上升，反之 RH 下降，电阻率ρ下降。通过测量溶液电阻值 R 实现对湿度的测量。氯化锂电阻湿度传感器分梳状和柱状两种形式，如图 7-13 所示。

氯化锂湿敏电阻的优点是滞后小，不受测试环境的影响，检测精度可达±5%，但其耐热性差，不能用于露点以下测量，器件性能的重复性不理想，使用寿命短。它适合空调系统使用。

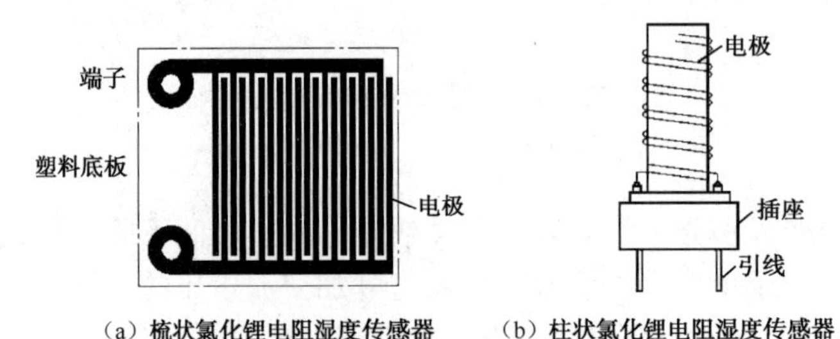

（a）梳状氯化锂电阻湿度传感器　（b）柱状氯化锂电阻湿度传感器

图 7-13　氯化锂电阻湿度传感器

2. 半导体陶瓷湿敏电阻

半导体陶瓷湿敏电阻通常用两种以上的金属氧化物半导体在高温 1 300℃下烧结成多孔陶瓷。一般分为两种：一种材料的电阻率随湿度增加而下降，称为负特性半导体陶瓷湿敏电阻（如 $MgCr_2O_4$-TiO_2）；另一种材料（如 Fe_3O_4）的电阻率随着湿度的增加而增大，称为正特性半导体陶瓷湿敏电阻。下面介绍其典型品种。

1）$MgCr_2O_4$-TiO_2 湿敏元件

在诸多的金属氧化物陶瓷材料中，由铬酸镁—二氧化钛固溶体组成的多孔性半导体陶瓷是性能较好的湿敏材料，是负特性半导体陶瓷。它的表面电阻率能在很宽的范围内随着湿度的变化而变化，而且能在高温条件下进行反复的热清洗，性能仍保持不变，其结构如图 7-14 所示。

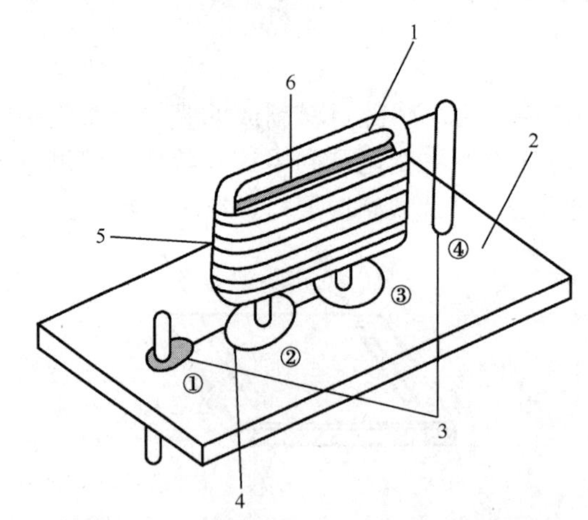

1—感湿陶瓷　2—陶瓷基片　3—镀镁丝引线　4—短路环　5—加热清洗线圈　6—金属电极

图 7-14　$MgCr_2O_4$-TiO_2 湿敏元件的结构

多孔陶瓷湿敏传感器的结构，气孔大部分为粒间气孔，气孔直径随 TiO_2 添加量的增加而增大，平均气孔直径在 100～300 nm 内。粒间气孔与颗粒大小无关，可看作相当于一种开口毛细管，容易吸附水分。

陶瓷湿敏传感器具有较好的热稳定性，较强的抗沾污能力，能在恶劣、易污染的环境中测得准确的湿度数据等优点。另外测湿范围宽，基本上可以实现全湿范围内的湿度测量，且工作温度高，常温湿敏传感器的工作温度在 150℃以下，而高温湿敏传感器的工作温度可达 800℃。同时还具有响应时间短、精度高、工艺简单、成本低等优点。所以陶瓷湿敏传感器在实际运用中占有很重要的位置。

2）ZnO-Cr_2O_3 湿敏元件

ZnO-Cr_2O_3 湿敏元件的结构是将多孔材料的电极烧结在多孔陶瓷圆片的两表面上，并焊上铂引线，然后将敏感元件装入有网眼过滤的方形塑料盒中用树脂固定，其结构如图 7-15 所示。

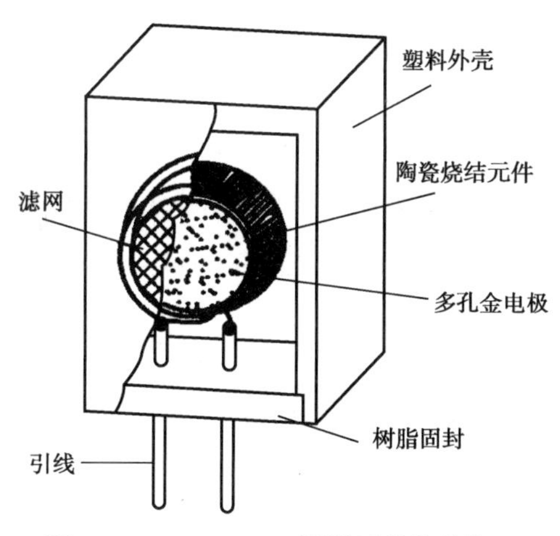

图 7-15　ZnO-Cr_2O_3 湿敏元件的结构

ZnO-Cr_2O_3 传感器能连续稳定地测量湿度，而无须加热除污装置，因此功耗低于 0.5 W，体积小，成本低，是一种常用的测试传感器。

3）Fe_3O_4 湿敏器件

Fe_3O_4 湿敏器件由基片、电极和感湿膜组成，其结构如图 7-16 所示。基片材料选用滑石瓷，表面粗糙度为 10～11，该材料的吸水率低、机械强度高、化学性能稳定。基片上制作一对梭状金电极，最后将预先配制好的 Fe_3O_4 胶体液涂覆在梭状金电极的表面，进行热处理和老化。

Fe_3O_4 胶体之间的接触呈凹状，粒子间的空隙使薄膜具有多孔性。当空气相对湿度增大时，Fe_3O_4 胶膜吸湿，由于水分子的附着，强化颗粒之间的接触，降低粒间的电阻和增加更多的导流通路，所以元件阻值减小。当处于干燥环境中，胶膜脱湿，粒间接触面减小，元件阻值增大。当环境温度不同时，涂覆膜上所吸附的水分也随之变化，使梭状金电极之间的电阻产生变化。

Fe_3O_4 湿敏器件在常温、常湿下性能比较稳定，有较强的抗结露能力，测湿范围广，有较为一致的湿敏特性和较好的温度-湿度特性，但器件有较明显的湿滞现象，响应时间长。

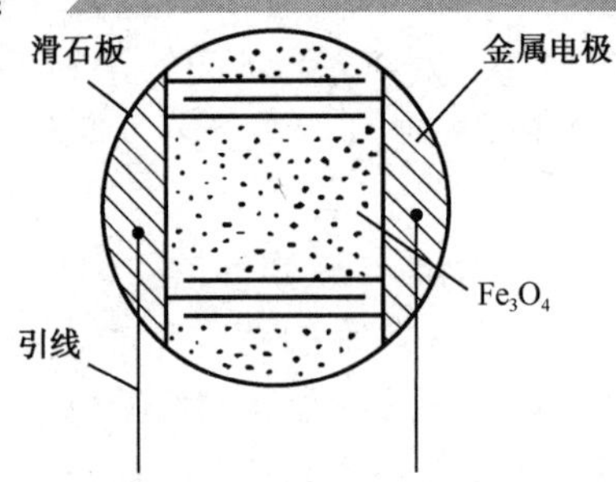

图 7-16　Fe_3O_4 湿敏元件的结构

3．高分子湿敏传感器

用有机高分子材料制作的湿度传感器，主要是利用其吸湿性与胀缩性。某些高分子电介质吸湿后，介电常数明显改变，制成了电容式湿度传感器；某些高分子电介质吸湿后，电阻明显改变，制成了电阻式湿度传感器；利用胀缩性高分子（如树脂）材料和导电粒子，在吸湿后的开关特性，制成了结露传感器。

任务实施

本任务主要是对大棚湿度的检测与控制。考虑到成本和广大种植户技术水平的实际，力求成本最低、使用维护方便。本方案通过简单的检测控制电路，实现湿度的检测与浇水的自动控制。系统电路由电源电路、湿度检测电路、浇水控制电路等组成，如图 7-17 所示。

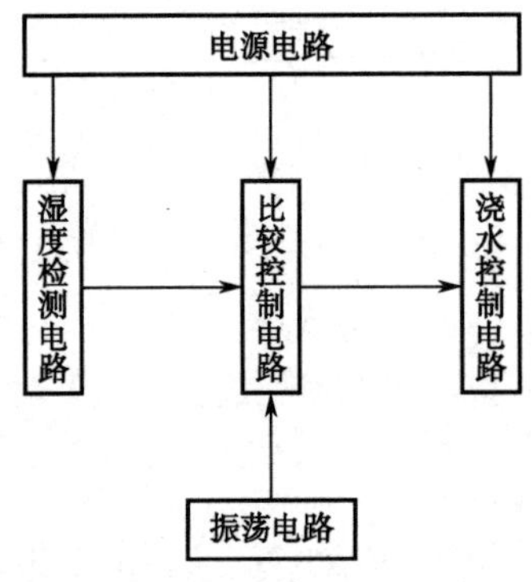

图 7-17　系统电路设计框图

1．传感器选型

对于不同环境的湿度测量应选用不同的湿度传感器。例如，当环境温度在-40～70℃时，可采用高分子湿度传感器和陶瓷湿度传感器；在 70～100℃范围和超过 100℃时使用陶瓷湿度传感器。在干净的环境通常使用高分子湿度传感器；在污染严重的环境则使用陶瓷湿度传感器。为了使传感器准确稳定地工作，还要附加自动加热清洗装置。根据使用环境和控制要求，选用 MS01 型硅湿敏电阻传感器进行环境湿度的检测。

硅湿敏电阻器是在主体材料硅粉中掺入五氧化二矾、氧化钠等金属氧化物混料研磨后，涂覆在制备有金电极的电阻瓷体上，高温烧结而成。它具有体积小，寿命长，抗水性好，阻值变化范围大，响应时间短，抗污染能力强等优点，适用于农田小气候和蔬菜大棚内湿度测量，以及仓储粮食水分的遥测，还适合在加湿器或一般湿度检测与控制电路中作为抗恶劣环境的感湿探头。

2．测量电路设计

根据控制要求分析，所设计的湿度自动检测与控制参考电路如图 7-18 所示。

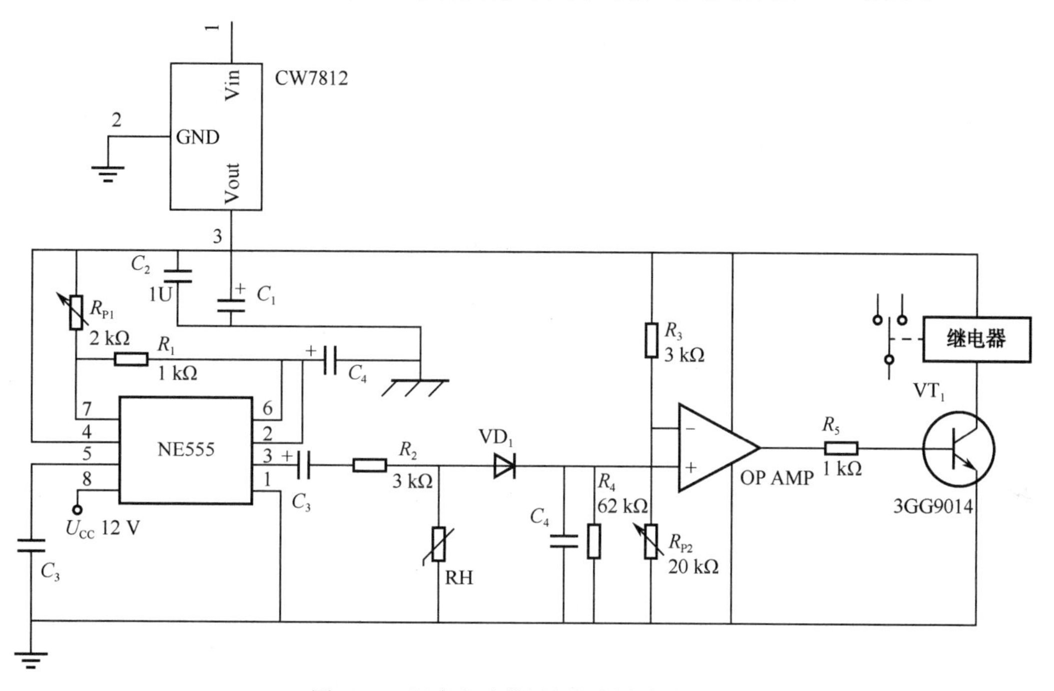

图 7-18　湿度自动检测与控制参考电路

集成稳压器 CW7812 的 3 脚输出 12V 的直流电压，该电压加入 NE555 振荡器，产生约 200 Hz 的振荡波，由 NE555 的 3 脚输出，输出的振荡波加在湿度传感器 RH 上。由于 RH 的电阻值是随环境的湿度变化而起伏变化，即 RH 上分得的电压也随之发生变化。此电压经 VD_1、C_4、R_4 检波网络接入比较器的正相输入端，与基准电压进行比较。基准电压值可通过调节 R_{P2} 进行设定，当基准电压值 U_-=4.5 V，即设定控制的相对湿度为 70%RH。当相对湿度在 70%RH 以下时，正相输入端的信号高于比较电路的反相输入端的基准电压值，比较器输出转成高电平，使 VT 饱和导通，继电器 K 通电吸合，电磁阀自动打开，浇水开始。当相对湿度达到 70%RH 以上时，正相输入端的信号低于比较电路的基准电压值，即高于设定的相对湿度时，比较器输出转成低电平，使 VT 截止，继电器 K 断电，电磁阀自动关阀，浇水停止。

3．模拟调试

（1）按照电路图 7-18 所示，将各元件焊接到实验板上，并检查正确性。

（2）在室温环境下，调节电位器 R_{P2} 设定基准电压值 U_-=4.5 V，即设定控制的相对湿度为 70%RH。

（3）用酒精棉球靠近湿敏电阻，观察继电器是否吸合；过一会，当酒精挥发后，观察继电器是否断开，以此来定性分析电路的正确性。

（4）用加湿器对环境进行加湿，用标准湿度检测仪检测环境湿度，观察控制电路能否在规定的相对湿度进行动作，以检查其控制的精度。

知识拓展

7.2.4 浴室镜面水汽清除器工作原理

浴室中的水蒸气很大，会使其中的镜子功能丧失。当浴室的湿度达到一定程度时，镜面会结露，表面一层雾气，这就要安装镜面水汽清除器，主要由电热丝、结露控制器、控制电路等组成，如图 7-19 所示。

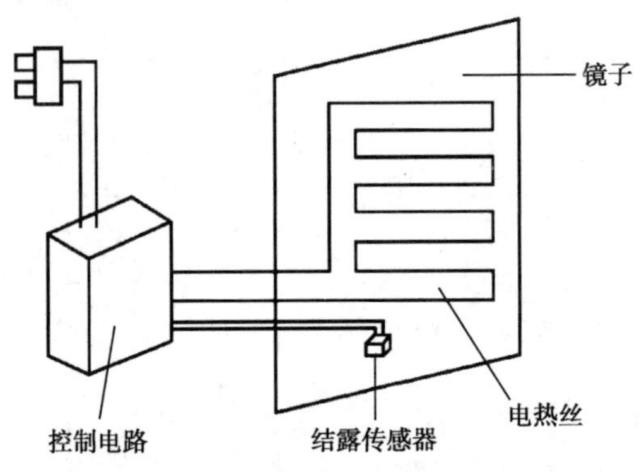

图 7-19 浴室镜面水汽清除器的组成

浴室镜面水汽清除器电路如图 7-20 所示，图中 B 为结露控制器 HDP-07 型结露传感器，用来检测浴室内空气的水汽。VT_1 和 VT_2 组成施密特电路，它根据结露传感器感知水汽后的阻值变化，实现两种稳定的状态。当玻璃镜面周围空气湿度变低时，结露传感器阻值变小，约为 2 kΩ，此时 VT_1 的基级电位约为 0.5 V，VT_2 的集电极为低电位，VT_3、VT_4 截止，双向晶闸管不导通。如果湿度增加，使结露传感器的阻值增大到 50 kΩ时，VT_1 导通，VT_2 截止，其集电极电位为高电平，VT_3、VT_4 均导通，触发晶闸管 VS 导通，加热丝 R_L 通电，使玻璃镜面加热。随着镜面温度逐步升高，镜面水汽被蒸发，从而使镜面恢复清晰。加热丝在加热的同时，指示灯 VD_2 点亮。调节 R_1 的阻值可以使加热丝在确定的某一相对湿度条件下开始加热。

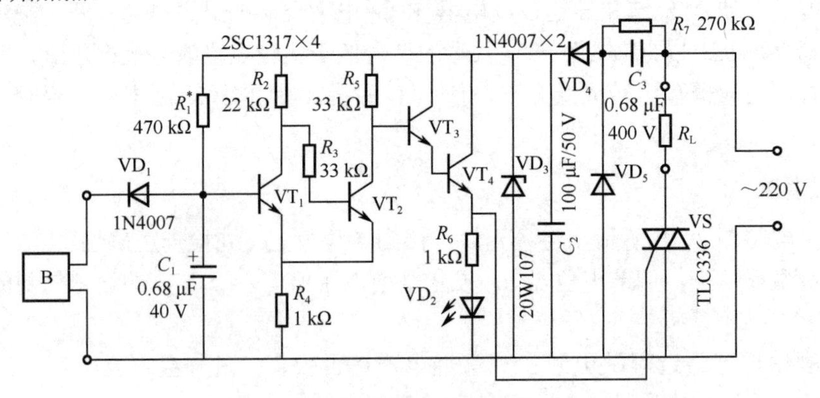

图 7-20 浴室镜面水汽清除器电路

7.2.5 婴儿尿湿报警电路工作原理

利用湿度传感器制作婴儿尿湿报警器，要求能在婴幼儿尿床几分钟内发出报警声，提醒妈妈换尿布，有利于婴幼儿健康。同时可以作为老人尿床和 5 岁以下幼儿生理性遗尿的一种生物反馈疗法。

婴儿尿湿报警电路由湿度传感器 SM 与 VT_1 组成电子开关电路、555 时基集成电路和阻容元件组成延时电路、软封装集成电路 IC_2 组成，如图 7-21 所示。

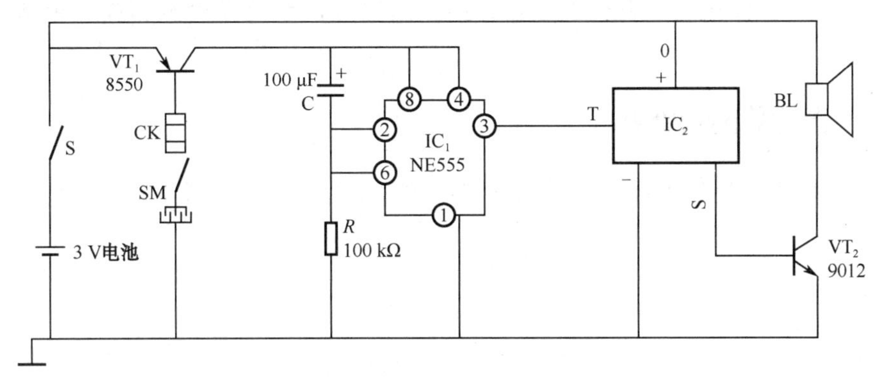

图 7-21 婴儿尿湿报警电路

平时湿敏传感器处于开路状态，VT_1（PNP 型晶体管）集电极无电压输出，这里 VT_1 相当于一个受湿度控制的电子开关。当婴儿尿布尿湿后，湿敏传感器 SM 被尿液短路，VT_1 导通，VT_1 的集电极电位升高，延时电路便开始工作计时，约 10 s 后，IC_1（555）的 3 脚输出高电平，触发 IC_2 发出音乐声音，提示监护人及时给婴儿换尿布。电路中设计了一个延时接通功能，当婴儿撒尿时，大约 10 s 后才开始报警，避免惊吓婴儿。

任务 7.3 公路夜间电子路标

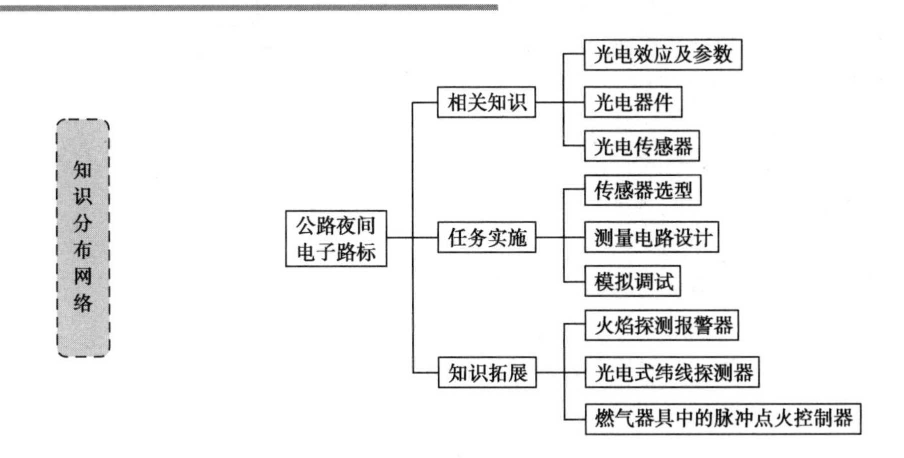

任务描述

公路上的危险地段通常都安置有标志，但这种标志在夜间往往并不醒目。在夜间当汽

车驾驶靠近时，公路夜间电子路标能够发出红绿二色闪光，且点亮交通标志灯箱，提醒司机谨慎驾驶。

相关知识

光电传感器是将被测量的变化转换成光信号的变化，然后通过光电元器件转换成电信号，光电传感器属于非接触测量，具有结构简单、高可靠性、高精度、反应快和使用方便等特点，加之新光源、新光电元器件的不断出现，因而在检测和控制领域中获得广泛应用。

7.3.1　光电效应及参数

光电传感器的工作原理是基于光电效应，光电效应又分为外光电效应、内光电效应两大类。

1．外光电效应

一束光是由一束以光速运动的粒子流组成的，这些粒子称为光子。光子具有能量，每个光子具有的能量由下式确定：

$$E = hv = c/\lambda \tag{7-4}$$

式中　h——普朗克常数，h=6.626×10^{-34} J · s；

υ——光的频率，单位为 s^{-1}。

所以，光的波长越短（即频率越高），其光子的能量也越大；反之，光的波长越长，其光子的能量就越小。

在光线作用下，物体内的电子逸出物体表面向外发射的现象称为外光电效应。向外发射的电子叫光电子。基于外光电效应的光电器件有光电管、光电倍增管、光电摄像管等。

光照射物体，可以看成一连串具有一定能量的光子轰击物体，物体中电子吸收的入射光子能量超过逸出功 A_0 时，电子就会逸出物体表面，产生光电子发射，超过部分的能量表现为逸出电子的动能。根据能量守恒定理得

$$hv = \frac{1}{2}mv_0^2 + A_0 \tag{7-5}$$

式中　m——电子质量；

v_0——电子逸出速度。

式（7-5）为爱因斯坦光电效应方程式，光子能量必须超过逸出功 A_0，才能产生光电子；入射光的频谱成分不变，产生的光电子与光强成正比；光电子逸出物体表面时，具有的初始动能为 $1/2\,mv_0^2$，因此对于外光电效应器件，即使不加初始阳极电压，也会有光电流产生，为使光电流为零，必须加负的截止电压。

2．内光电效应

在光线作用下，物体的导电性能发生变化或产生光生电动势的效应称为内光电效应。内光电效应又可分为以下两类。

1）光电导效应

在光线作用下，对于半导体材料吸收了入射光子能量，若光子能量大于或等于半导体材料的禁带宽度，就激发出电子-空穴对，使载流子浓度增加，半导体的导电性增加，阻值减低，这种现象称为光电导效应。光敏电阻就是基于这种效应的光电器件。

2）光生伏特效应

在光线的作用下能够使物体产生一定方向的电动势的现象称为光生伏特效应。基于该效应的光电器件有光电池。

3．特性和参数

1）光电特性

光电特性是指当阳极电压一定时，光电流 I_Φ与光电阴极接收到的光通量Φ之间的关系。如图 7-22 所示，是一种光电倍增管的光电特性曲线。从特性曲线可以看出，当光通量超过 10^{-2}lm 后，特性曲线产生非线性，灵敏度下降。

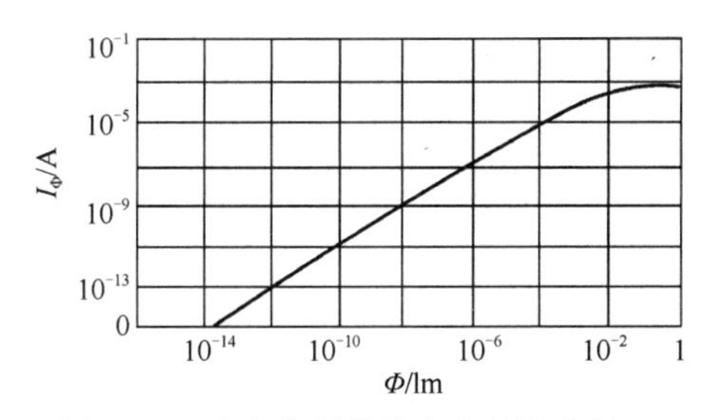

图 7-22　光电倍增管的光电特性曲线

2）光谱特性

由于不同材料的光电阴极对不同波长的入射光有不同的灵敏度，因此光电管对光谱也有选择性，如图 7-23 所示，曲线Ⅰ、Ⅱ为铯氧银和锑化铯对应不同波长光线的灵敏度，Ⅲ为人的视觉光谱特性。

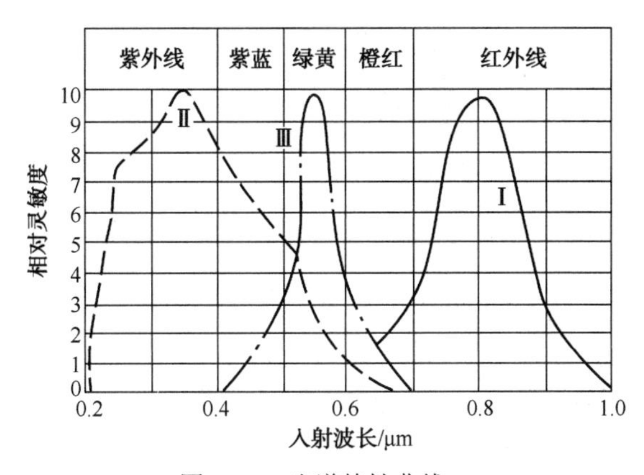

图 7-23　光谱特性曲线

3）伏安特性

当入射光的频谱及光通量一定时，光电流与阳极电压之间的关系称为伏安特性。如图 7-24 所示，是某种紫外线光电管在不同光通量时的伏安特性曲线，从图中可以看出，当阳极电压 U_A 小于 U_{min} 时，光电流 I_ϕ 随 U_A 的增高而增大；当 U_A 大于 U_Z 时，I_ϕ 将急剧增加。只有当 U_A 在中间范围时，光电流 I_ϕ 才比较稳定。因此，光电管的阳极电压应选择在 U_Q 附近。

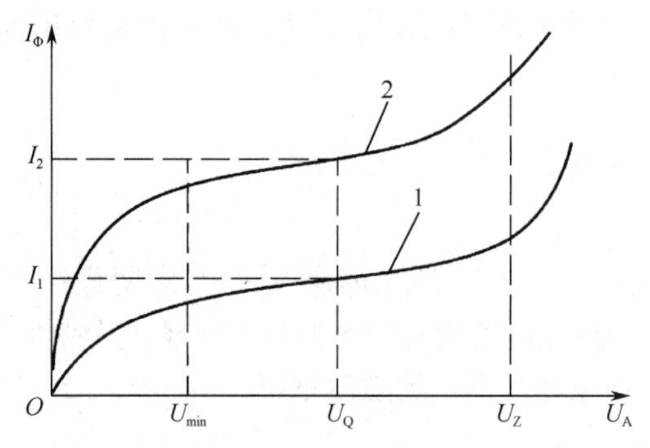

1—低照度时的曲线　2—紫外线增强时的曲线

图 7-24　紫外线光电管在不同光通量时的伏安特性曲线

7.3.2　光电器件

1. 光电管

光电管基于外光电效应，光电管由真空玻璃管、光电阴极 K 和光电阳极 A 组成。当一定频率的光照射到光电阴极上时，光电阴极吸收了光子的能量便有电子逸出而形成光电子。这些光电子被具有正电位的阳极所吸引，因而在光电管内便形成定向空间电子流，外电路就有了电流。如果在外电路中串入一个适当阻值的电阻，则电路中的电流便转换为电阻上的电压。这种电流或电压的变化与光成一定函数关系，从而实现了光电转换。光电管如图 7-25 所示。

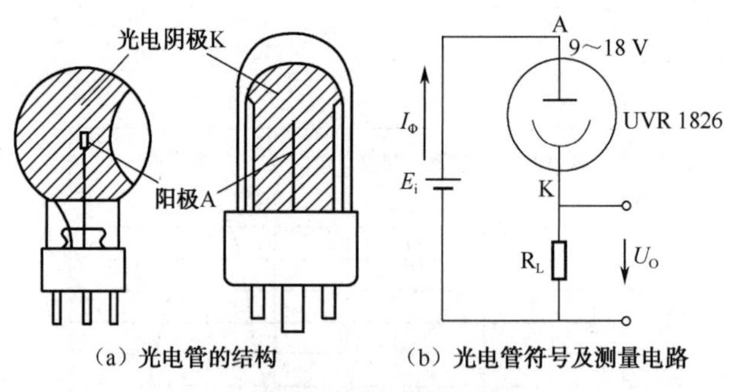

（a）光电管的结构　　（b）光电管符号及测量电路

图 7-25　光电管

光电管的灵敏度较低，在微光测量中通常采用光电倍增管。光电倍增管的结构特点是在光电阴极和阳极之间增加了若干个光电倍增极 D，如图 7-26 所示，且外加电位逐级升高，因而逐级产生二次电子发射而获得倍增光电子，使得最终到达阳极的光电子数目猛增。通常光电倍增管的灵敏度比光电管要高出几万倍，在微光下就能产生很大的电流。

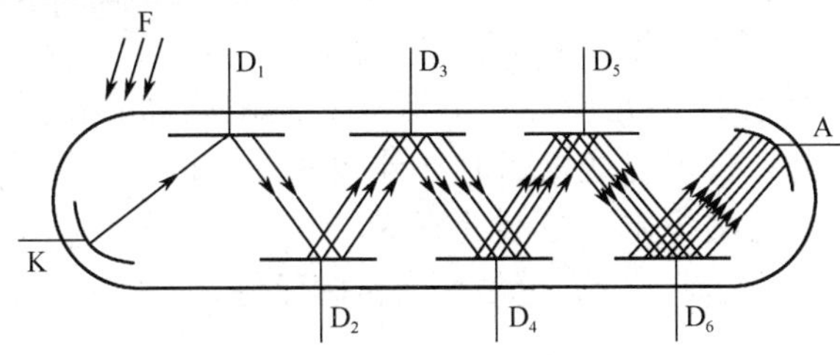

图 7-26　光电倍增管原理

2. 光敏电阻

1）光敏电阻的结构

光敏电阻又称为光导管，它几乎都是用半导体材料制成的光电器件。光敏电阻的结构很简单，金属封装的硫化镉光敏电阻如图 7-27 所示。在玻璃底板上均匀地涂上一层薄薄的半导体物质，称为光导层。半导体的两端装有金属电极，金属电极与引出线端相连接，光敏电阻就通过引出线端接入电路。为了防止周围介质的污染，在半导体光敏层上覆盖了一层漆膜，漆膜的成分应使它在光敏层最敏感的波长范围内透射率最大。为了提高灵敏度，光敏电阻的电极一般采用梳状图案，如图 7-27（b）所示。

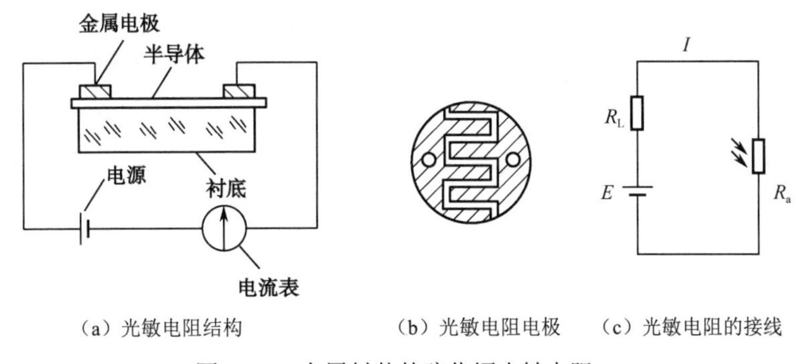

（a）光敏电阻结构　（b）光敏电阻电极　（c）光敏电阻的接线

图 7-27　金属封装的硫化镉光敏电阻

2）光敏电阻的工作原理

光敏电阻是一种对光敏感的元件，它的电阻值随着外界光照强弱（明暗）的变化而变化。光敏电阻没有极性，纯粹是一个电阻器件，使用时既可加直流电压，也可以加交流电压。无光照时，光敏电阻值（暗电阻）很大，电路中电流（暗电流）很小。当光敏电阻受到一定波长范围的光照时，它的阻值（亮电阻）急剧减小，电路中电流（亮电流）迅速增大。一般希望暗电阻越大越好，亮电阻越小越好，此时光敏电阻的灵敏度高。实际光敏电阻的暗电阻值一般在兆欧量级，亮电阻值在几千欧以下。

3）光敏电阻的主要参数

光敏电阻的主要参数有暗电流、亮电流、光电流等。

（1）暗电阻和暗电流。光敏电阻在不受光照射时的阻值称为暗电阻，此时流过的电流称为暗电流。

（2）亮电阻和亮电流。光敏电阻在受光照射时的电阻称为亮电阻，此时流过的电流称为亮电流。

（3）光电流。亮电流与暗电流之差称为光电流。

光敏电阻具有光谱特性好、允许的光电流大、灵敏度高、使用寿命长、体积小等优点，所以应用广泛。此外，许多光敏电阻对红外线敏感，适宜在红外线光谱区工作。光敏电阻的缺点是型号相同的光敏电阻参数参差不齐，并且由于光照特性的非线性，不适宜于测量要求线性的场合，常作为开关式光电信号的传感元件。

3. 光敏管

光敏管是基于内光电效应原理工作的，按照结构不同分为光敏二极管、光敏晶体管等类型。

1）光敏二极管

光敏二极管的结构与一般二极管相似，它装在透明玻璃外壳中，其 PN 结装在管的顶部，可以直接接受光照，如图 7-28 所示。光敏二极管在电路中一般处于反向工作状态，如图 7-29 所示，没有光照射时，反向电阻很大，反向电流很小，这种反向电流称为暗电流。当光照射在 PN 结上时，光子打在 PN 结附近，在 PN 结附近产生光生电子和光生空穴对，它们在 PN 结内电场的作用下做定向运动，形成光电流。光的照度越大，光电流越大。因此，光敏二极管在不受光照射时处于截止状态，受光照射时处于导通状态。

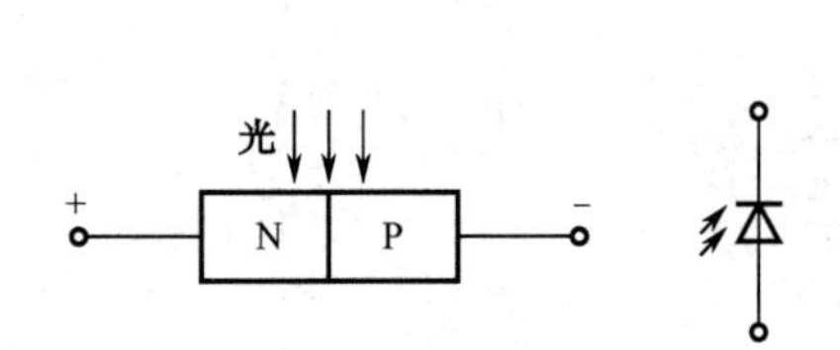

图 7-28　光敏二极管结构简图和图形符号

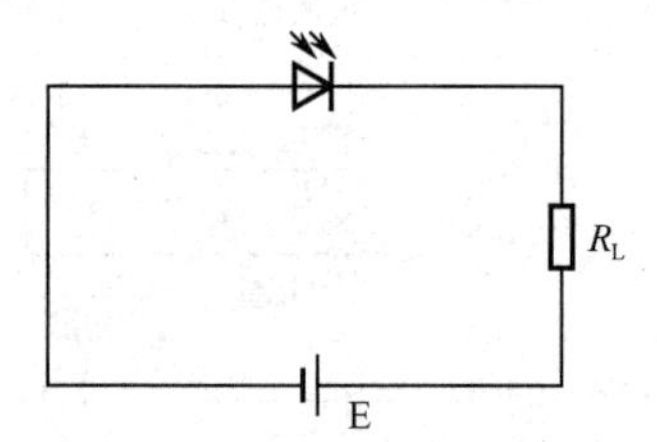

图 7-29　光敏二极管的接线

2）光敏晶体管

光敏晶体管与一般晶体管很相似，具有两个 PN 结，结构如图 7-30（a）所示，只是它的发射极做得很大，以扩大光的照射面积。光敏晶体管的接线如图 7-30（b）所示，大多数光敏晶体管的基极无引出线，当集电极加上相对于发射极为正的电压而不接基极时，集电结相当于反向偏压，当光照射在集电结时，就会在结附近产生电子—空穴对，光生电子被拉到集电极，基区留下空穴，使基极与发射极间的电压升高，这样便会有大量的电子流向集电极，形成输出电流，且集电极电流为光电流的β倍，所以光敏晶体管有放大作用。

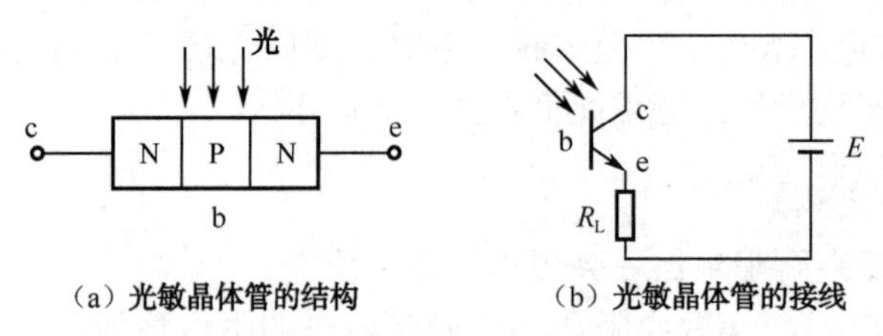

（a）光敏晶体管的结构　　（b）光敏晶体管的接线

图 7-30　NPN 型光敏晶体管

光敏晶体管的光电灵敏度虽然比光敏二极管高得多，但在需要高增益或大电流输出的场合，常采用达林顿光敏晶体管，如图 7-31 所示。达林顿光敏晶体管是一个光敏晶体管和

一个普通晶体管以共集电极连接方式构成的集成器件。由于增加了一级电流放大，所以输出电流能力大大加强，甚至可以不必经过进一步放大，便可直接驱动继电器。但由于无光照时的暗电流也增大，因此适合于开关状态或位式信号的光电变换。

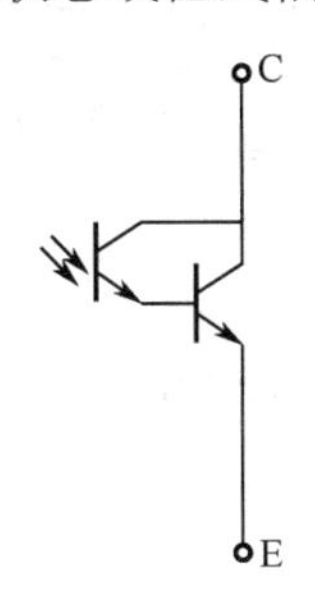

图 7-31 达林顿光敏晶体管

3）光敏晶闸管

光敏晶闸管结构同普通晶闸管一样，有三个引出电极：阳极 A、阴极 K 和门极 G，有三个 PN 结，即 J_1、J_2、J_3，如图 7-32 所示。

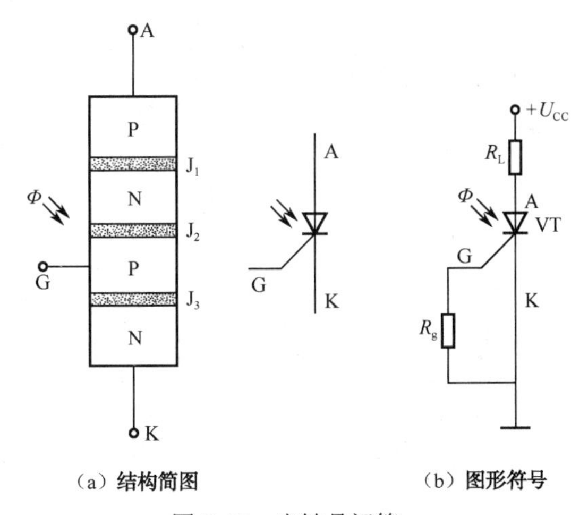

图 7-32 光敏晶闸管

在电路中，J_1、J_3 正偏，J_2 反偏，反偏的 PN 结在透明管壳的顶部，相当于受光照控制的光敏二极管。当光照射在 J_2 产生的光电流相当于普通的晶闸管的门极电流，当光电流大于某一阈值时，光敏晶闸管触发导通。

4. 光电池

光电池的工作原理基于光生伏特效应，其中应用最广泛的是硅光电池，硅光电池性能稳定、光谱范围宽、频率特性好、传（转换）递效率高且价格便宜。

硅光电池是在 N 型硅片上渗入 P 型层而形成了一个大面积的 PN 结，P 型层做得很薄，使光线能穿透到 PN 结上，如图 7-33 所示。

当光照射在 PN 结上，只要光子有足够的能量，就在 PN 结附近激发产生电子—空穴对（光生载流子），它们在结电场的作用下，电子被推向 N 区，而空穴被拉向 P 区。这种推拉作用的结果，使得 N 区积累了多余电子而形成光电池的负极，而 P 区因积累了空穴而形成

光电池的正极，因而两电极之间便有了电位差，这就是光生伏特效应。

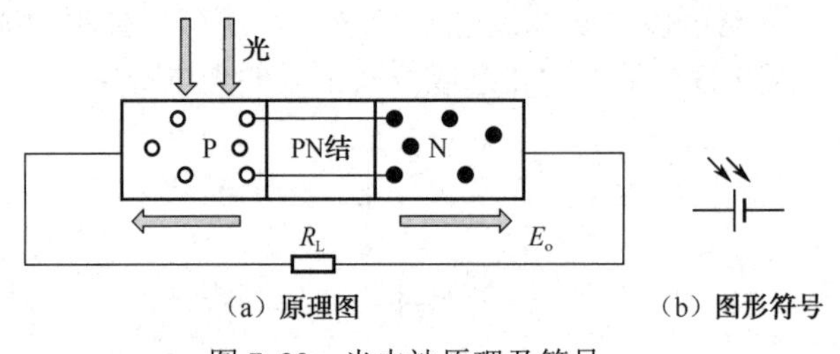

（a）原理图　　（b）图形符号

图 7-33　光电池原理及符号

7.3.3　光电传感器

光电传感器由光源、光学器件和光电元件组成光路系统，结合相应的测量转换电路而构成。常见的光电传感器有图 7-34 所示的四种形式。

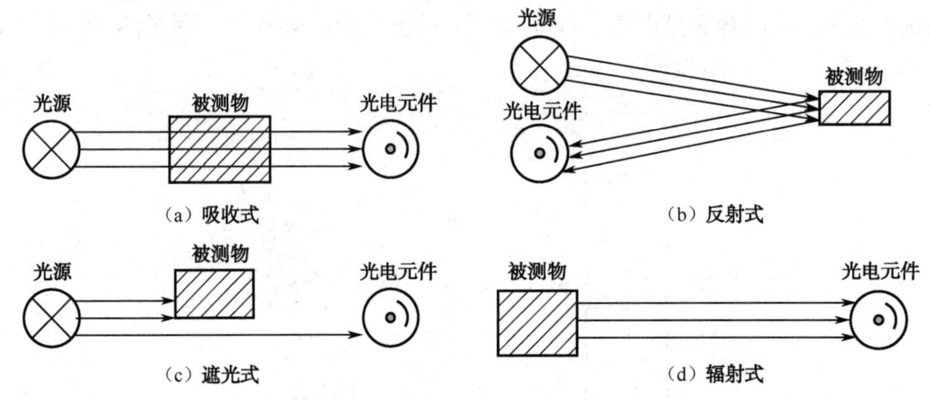

图 7-34　光电传感器的四种形式

（1）吸收式：光源发射的光量穿过被测物，一部分光量由被测物吸收，剩余的光量照射到光电器件上，被吸收的光量与被测物透明度有关，如图 7-34（a）所示，其典型应用如透明度计、浊度计等。

（2）反射式：光源发射的光量照射到被测物上，被测物将部分光反射到光电器件上，反射的光通量与反射表面的性质、状态和光源间的距离有关，如图 7-34（b）所示，其典型应用如位移、振动测试、工件表面的粗糙度等。

（3）遮光式：光源发射的光量由被测物遮去一部分，使作用在光敏器件上的光减弱，减弱程度与被测物在光学通路中的位置有关，如图 7-34（c）所示，其典型应用如非接触式测位置、工件尺寸测量等。

（4）辐射式：光源本身是被测物，被测物发出的光量投射到光电器件上，光电器件的输出反映了光源的某些参数，如图 7-34（d）所示，其典型应用如非接触式高温测量、光照度计等。

任务实施

根据任务要求，选择光电传感器进行日光照度的检测，以控制电子路标显示电路的通断。

1. 传感器选型

选用光敏晶体管传感器 3DU5 来检测日光照度，新制光敏电阻在未经老化处理前，性能可能不稳定，要经过老化处理（人为地加温、光照和通电）或使用一段后，光电性能逐渐稳定。在使用时，光敏电阻可以加直流电压，也可以加交流电压。

2. 测量电路设计

公路夜间电子路标电路如图 7-35 所示，它主要由声控电路、振荡电路及驱动显示电路等构成。

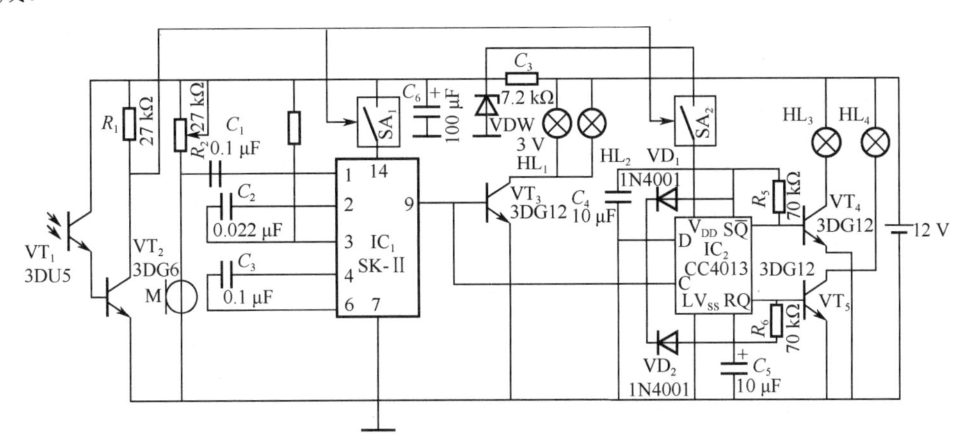

图 7-35 公路夜间电子路标电路

IC_1 为声控专用集成电路，平时输出端的 9 脚为低电平。SA_1、SA_2 为 CC4066 型模拟电子开关，当控制端为高电平时，开关接通；当控制端为低电平时，开关关断。IC_2 是由 D 触发器 CC4013 构成的具有启动控制功能的自激多谐振荡器。当 D 触发器 CL 为低电平时，由于二极管 VD_1 与 VD_2 的钳位作用，将触发器的复位端 R 与置位端 S 的电位钳制在 0.6 V 左右；此值小于门限电平，D 触发器维持原状，即振荡器停止振荡。

白天有光照时，光敏传感器 VT_1 导通，VT_2 饱和导通，其集电极为低电平，开关 SA_1、SA_2 均断开，IC_1、IC_2 的工作电源断开，所以在白天该路标不起作用。

夜间无光照时，VT_1 截止，VT_2 截止，VT_2 的集电极为高电平，使开关 SA_1、SA_2 闭合，接通 IC_1、IC_2 的工作电源。IC_1 的 9 脚仍为低电平，IC_2 振荡器虽然停振，但由于其数据端 D 接地，输出端 Q 为低电平，$\overline{Q}$ 为高电平，经晶体管 VT_4 放大，驱动灯 HL_3 发出红光，此时 HL_3 作为该地段有危险的灯光指示。当有汽车驶向靠近时，其发动机发出的声音被话筒 M 接收后，经 IC_1 集成块内部电路整形、选频和放大后，由 9 脚输出高电平。这个高电平分两路：一路经晶体管 VT_3 放大后，驱动安装在具有某种交通标志图案的灯箱中的灯 HL_1、HL_2 发光；另一路输入到 IC_2 的触发器 CL，使 IC_2 振荡器起振，Q 和 $\overline{Q}$ 交替输出高电平，经 VT_4、VT_5 放大，驱动灯 HL_3、HL_4 发出红、绿闪光。当汽车离去后，IC_1 的 9 脚又恢复到低电平，HL_1、HL_2、HL_4 均熄灭，只有 HL_3 仍发红光。

3. 模拟调试

（1）按照电路图 7-35 所示，将各元件焊接到实验板上，并检查正确性。

（2）接通电源，利用不透光的黑布将 VT_1 罩住，利用万用表测量各个晶体管的集电极电压，并判断 IC_1、IC_2 是否工作；

（3）利用手掌拍打声音，检测声控电路是否正常工作，并检验 HL_1、HL_2 是否发光，HL_3 和 HL_4 是否交替闪烁。

注意事项：使用中不要超过最大光电流和最高功率，必要时要控制入射光的辐射量以限制光电流，尤其在高温下使用时，更要注意限制光电流的大小，防止烧坏器件。高温环境下应尽量选择玻璃和金属封装的光敏电阻。

知识拓展

7.3.4 火焰探测报警器工作原理

如图 7-36 所示，是采用以硫化铅光敏电阻为探测元件的火焰探测器电路。硫化铅光敏电阻的暗电阻为 1 MΩ，亮电阻为 0.2 MΩ（在光强度 0.01 W/m^2 下测试），峰值响应波长为 2.2 μm，硫化铅光敏电阻处于 VT_1 管组成的恒压偏置电路，其偏置电压约为 6 V，电流约为 6 μA。VT_1 管集电极电阻两端并联 68 μF 的电容，可以抑制 100 Hz 以上的高频，使其成为只有几十赫兹的窄带放大器。VT_2、VT_3 构成二级负反馈互补放大器，火焰的闪动信号经二级放大后送给中心控制站进行报警处理。采用恒压偏置电路是为了在更换光敏电阻或长时间使用后，器件阻值的变化不至于影响输出信号的幅度，保证火焰报警器能长期稳定的工作。

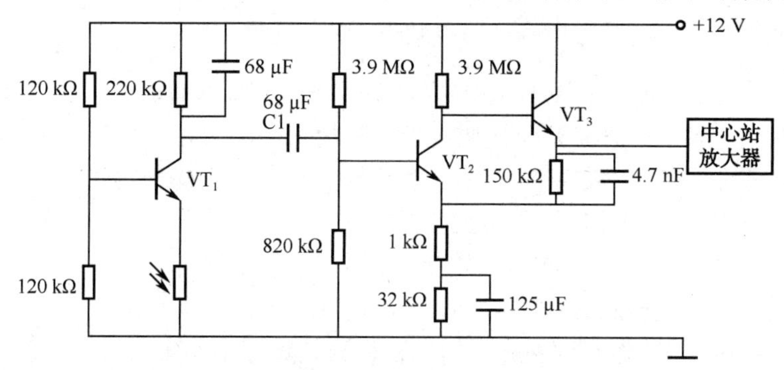

图 7-36　火焰探测报警器电路

7.3.5 光电式纬线探测器工作原理

光电式纬线探测器是应用于喷气织机上，判断纬线是否断线的一种探测器。光电式纬线探测器原理电路如图 7-37 所示。

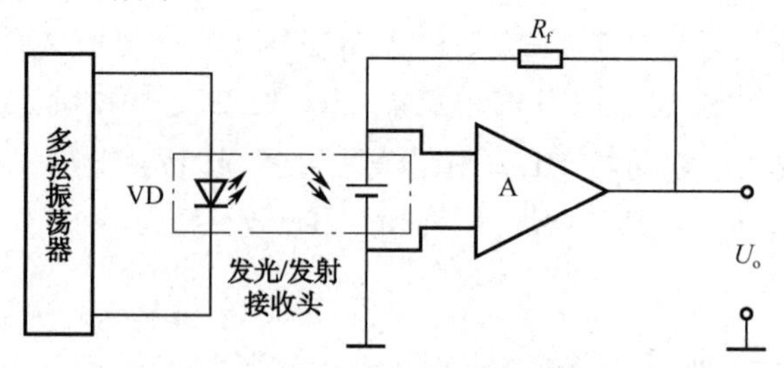

图 7-37　光电式纬线探测器原理电路

当纬线在喷气作用下前进时，红外发光管 VD 发出的红外光，经纬线反射，由光电池接收，如光电池接收不到反射信号时，说明纬线已断。因此利用光电池的输出信号，通过后续电路放大、脉冲整形等，控制机器正常运转还是关机报警。

由于纬线线径很细，又是摆动着前进，形成光的漫反射，削弱了反射光的强度，而且还伴有背景杂散光，因此要求探纬器具有高的灵敏度和分辨率。为此，红外发光管 VD 采用占空比很小的强电流脉冲供电，这样既能保证发光管使用寿命，又能在瞬间有强光射出，以提高检测灵敏度。一般来说，光电池输出信号比较小，须经电路放大、脉冲整形，以提高分辨率。

7.3.6 燃气器具的点火控制

由于燃气是易燃、易爆气体，所以对燃气器具中的点火控制器的要求是安全、稳定、可靠。为此电路中有这样一个功能，即打火确认针产生火花才可以打开燃气阀门；否则，燃气阀门关闭，这样就保证使用燃气器具的安全性。

燃气热水器的高压打火确认电路如图 7-38 所示。在高压打火时，火花电压可达 1 万多伏，这个脉冲高电压对电路工作影响极大，为了使电路正常工作，采用光耦合器 V_B 进行电平隔离，大大增加了电路抗干扰能力。当高压打火针对打火确认针放电时，光耦合器中的发光二极管发光，光耦合器中的光敏晶体管导通，经 VT_1、VT_2、VT_3 放大，驱动强吸电磁阀，将气路打开，燃气碰到火花即燃烧。若高压打火针与打火确认针之间不放电，则光耦合器不工作，VT_1 等不导通，燃气阀门关闭。

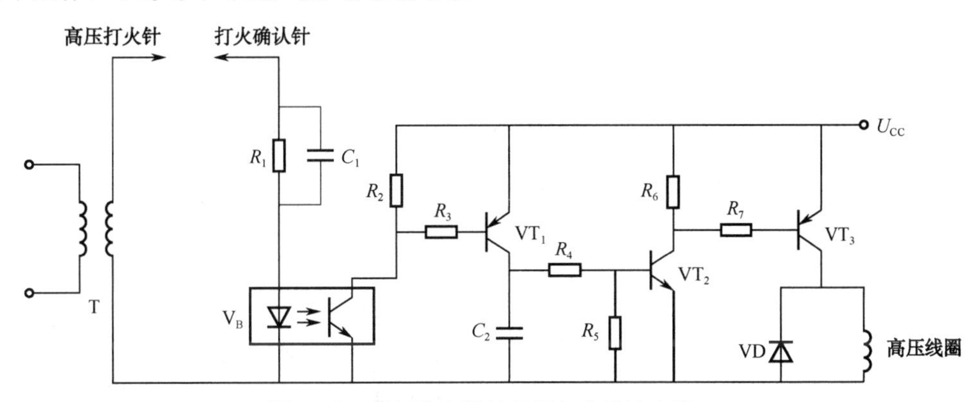

图 7-38 燃气热水器的高压打火确认电路

项目小结

环境量中包括气体浓度、湿度、光照度等物理量，本项目通过三个工作任务的驱动，主要介绍了气敏传感器、湿敏传感器和光电传感器的工作原理及其应用。

气敏传感器是能感知环境中某种气体及其浓度的一种器件，它将气体种类及其与浓度有关的信息转换成电信号。根据气敏元件的不同又分为电阻型半导体气敏传感器和非电阻型气敏传感器。电阻型半导体气敏传感器是利用气体在金属氧化物半导体表面的氧化和还原反应，导致敏感元件阻值变化的原理来工作的。非电阻型气敏传感器主要包括利用 MOS

二极管的电容-电压特性变化的 MOS 二极管型气敏传感器和利用 MOS 场效应管的阈值电压变化的 MOS 场效应管型气敏传感器。气敏传感器主要用于各类易燃、易爆、有毒、有害气体的检测，在工厂、矿山、家庭、娱乐等场所有着广泛的应用。

湿度是表示空气中水蒸气含量的物理量，常用绝对湿度、相对湿度、露点等表示。常用的湿敏传感器又分湿敏电阻和湿敏电容两大类。湿敏电阻是在基片上覆盖一层用感湿材料制成的膜，当空气中的水蒸气吸附在感湿膜上时，元件的电阻率和电阻值都发生变化，利用这一特性即可测量湿度。湿敏电阻的种类很多，如金属氧化物湿敏电阻、硅湿敏电阻、碳湿敏电阻、氯化锂湿敏电阻、陶瓷湿敏电阻、高分子湿敏电阻等。湿敏电阻的优点是灵敏度高，主要缺点是线性度和产品的互换性差。湿敏电容是基于当环境湿度发生改变时，湿敏电容极间介质的介电常数发生变化，使其电容量也发生变化的原理而工作的。按照极间介质的不同，湿敏电容分为有机高分子和陶瓷材料两大类。

光电传感器是将光信号转换成电信号的敏感器件，可用于检测直接引起光强变化的非电量，如光强、辐射测温、气体成分分析等。根据产生电效应的不同物理现象，光电效应分为外光电效应和内光电效应。常见的光电元件有：光电管、光敏电阻、光敏管和光电池等。

思考与练习 7

1．气敏传感器可以分为哪几种类型？半导体气敏元件是如何分类的？

2．简述 N 型半导体气敏元件的原理。

3．什么是绝对湿度和相对湿度？

4．氯化锂和陶瓷湿敏电阻各有何特点？

5．简述高分子电阻式湿度传感器的工作原理。

6．什么是内光电效应？什么是外光电效应？说明其工作原理并指出相应的典型光电器件。

7．提高光电倍增管放大倍数的正确方法是什么？为什么不用增加倍增级数的方法来提高光电倍增管的放大倍数？

8．光电倍增管产生暗电流的原因是什么？如何减小或消除暗电流？

9．某光电传感器控制电路如图 7-39 所示，试分析电路工作原理。

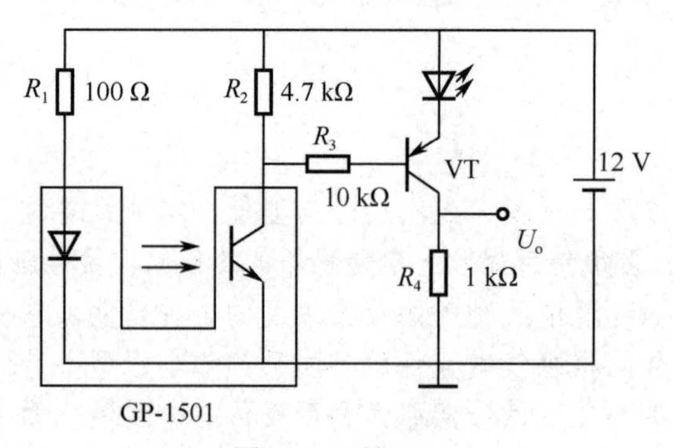

图 7-39　题 9

（1）GP-IS01是什么器件，内部由哪两种器件组成？

（2）当用物体遮挡光路时，发光二极管LED有什么变化？

（3）R_1是什么电阻，在电路中起到什么作用？如果VD二极管的最大额定电流为60 mA，R_1应该如何选择？

（4）如果GP-IS01中的VD二极管反向连接，电路状态如何？晶体管VT、LED如何变化？

10．某酒精测试仪电路如图7-40所示，LM3914是LED显示驱动器，LM3914内部有10个比较器，当输入电压增加时，发光二极管LED可以由VD_1～VD_{10}被逐个点亮。

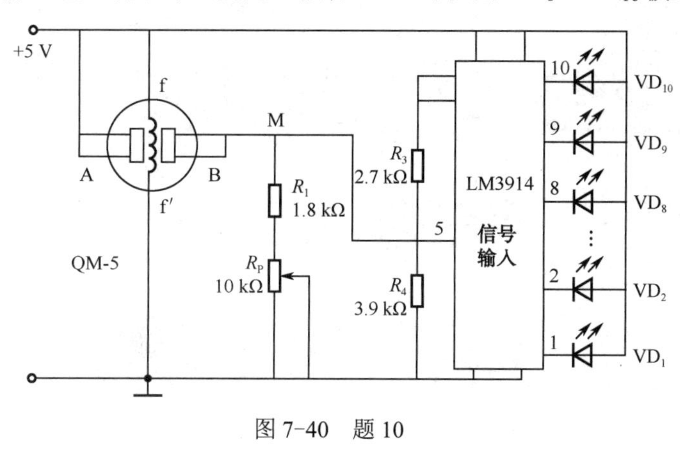

图7-40　题10

请问：

（1）QM-5是什么传感器？并说明该器件的导电机理。

（2）QM-5的f、f′引脚是传感器的哪个部分，有什么作用？A、B两端可等效为哪一种电参量？

（3）分析电路工作原理，当酒精浓度增加时M点电位如何变化？LM3914输出端驱动的LED发光二极管如何变化？

（4）调节电路中电位器有什么作用？

项目8 检测技术综合应用

教学导航

知识目标	（1）了解现代检测系统及其基本结构体系。 （2）了解物联网的基本知识。 （3）了解 ZigBee 无线组网技术。 （4）理解传感器在物联网技术中的作用和地位。 （5）掌握现代检测系统设计的基本方法。
能力目标	（1）能够进行简单检测系统的安装与调试。 （2）体验物联网中的检测技术。

项目背景

随着科学技术的飞速发展，无论是工业生产领域，还是日常生活领域的自动化程度都越来越高，而达到自动化的首要条件是要有精密、灵敏的信号采集能力，因此传感器得到广泛的应用。在前面项目中，介绍了许多常用的传感器，然而在实际应用中，并不是由一种传感器组成一个简单仪表来进行测量，而是综合应用多种传感器来组成现场检测仪表，这就是现代检测系统的主要特点。现代检测系统和传统检测系统间并无明确的界限，通常将具有自动化、智能化、可编程化等功能的检测系统称为现代检测试。

无线传感网是由大量传感器节点通过无线通信方式形成的一个多跳自组织网络系统，能够实现数据的采集、量化、处理、融合和传输。无线传感器技术的发展对近年来新兴的物联网技术提供了有力保障，从应用层面理解，所谓物联网是指物物相连的网。

本项目主要介绍现代检测系统的基本知识和设计方法、无线传感器及物联网有关技术，以培养传感器的综合运用能力，了解传感器发展及应用新领域。

任务 8.1　简易智能电动小车

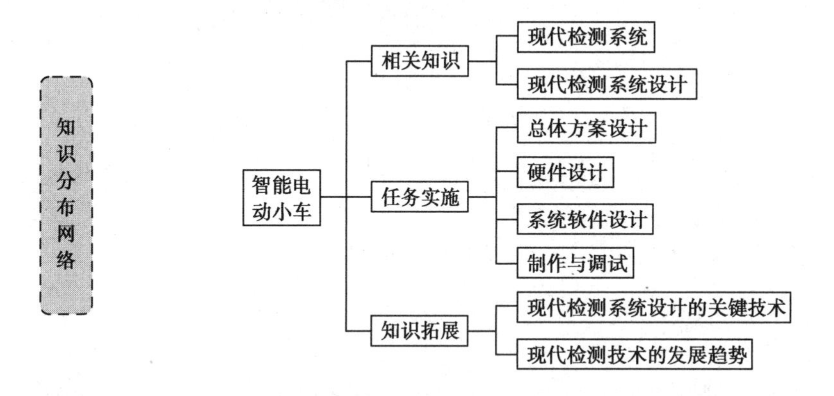

任务描述

本任务为第六届全国大学生电子设计竞赛 E 题，要求设计并制作一个简易智能电动车，其行驶路线如图 8-1 所示。

1．设计要求

1）基本要求

（1）电动车从起跑线出发（车体不得超过起跑线），沿引导线到达 B 点。在“直道区”铺设的白纸下沿引导线埋有 1～3 块宽度为 15 cm、长度不等的薄铁片。电动车检测到薄铁片时要立即发出声光指示信息，并实时存储、显示在“直道区”检测到的薄铁片数目。

（2）电动车到达 B 点以后进入“弯道区”，沿圆弧引导线到达 C 点（也可脱离圆弧引导线到达 C 点）。C 点下埋有边长为 15 cm 的正方形薄铁片，要求电动车到达 C 点检测到薄铁片后在 C 点处停车 5 s，停车期间发出断续的声光信息。

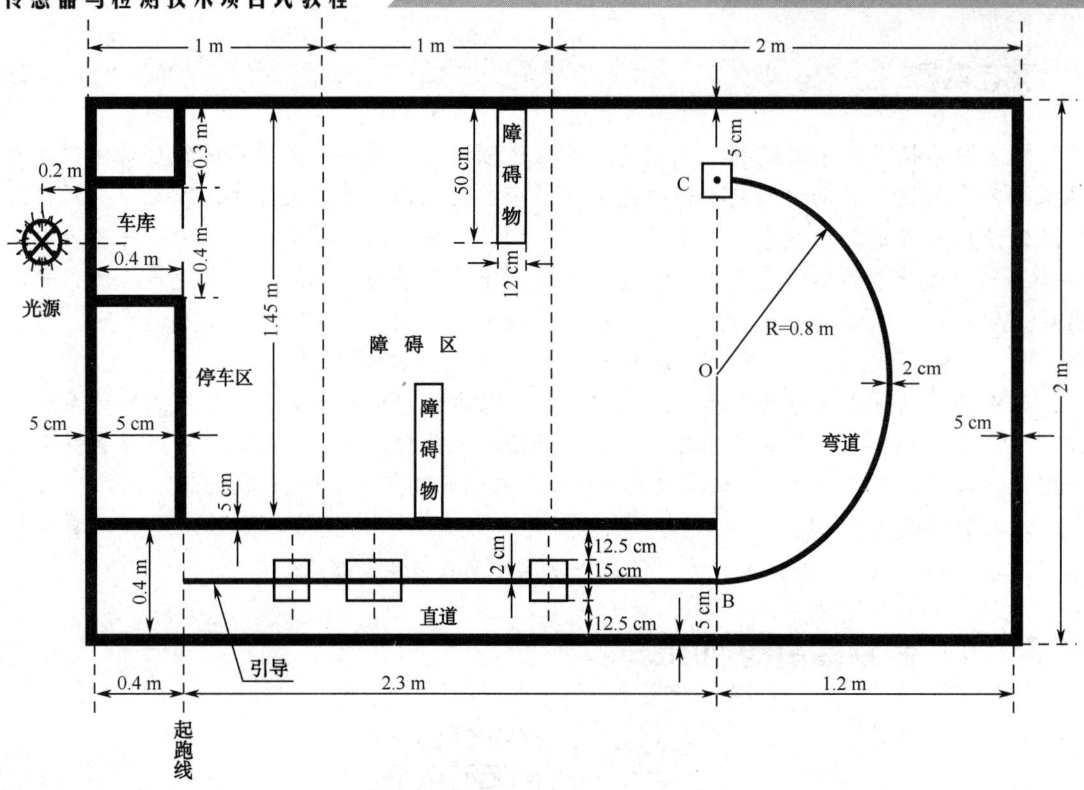

图 8-1　行驶路线

（3）电动车在光源的引导下，通过障碍区进入停车区并到达车库。电动车必须在两个障碍物之间通过且不得与其接触。

（4）电动车完成上述任务后应立即停车，但全程行驶时间不能大于 90 s，行驶时间达到 90 s 时必须立即自动停车。

2）发挥部分

（1）电动车在“直道区”行驶过程中，存储并显示每个薄铁片（中心线）至起跑线间的距离。

（2）电动车进入停车区域后，能进一步准确驶入车库中，要求电动车的车身完全进入车库。

（3）停车后，能准确显示电动车全程行驶时间。

（4）其他。

2．说明

（1）跑道上面铺设白纸，薄铁片置于纸下，铁片厚度 0.5～1.0 mm。

（2）跑道边线宽度 5 cm，引导线宽度 2 cm，可以涂墨或粘黑色胶带，图 8-1 中的虚线和尺寸标注线不要绘制在白纸上。

（3）障碍物 1、2 可由包有白纸的砖组成，其长、宽、高约为 50 cm、12 cm、6 cm，两个障碍物分别放置在障碍区两侧的任意位置。

（4）电动车允许用玩具车改装，但不能由人工遥控，其外围尺寸（含车体上附加装

置）的限制为：长度≤35 cm，宽度≤15 cm。

（5）光源采用200 W白炽灯，白炽灯泡底部距地面20 cm，其位置如图8-1所示。

（6）要求在电动车顶部明显标出电动车的中心点位置，即横向与纵向两条中心线的交点。

相关知识

8.1.1　现代检测系统

在微计算机技术快速发展的影响下，单纯依靠硬件设备完成检测的传统检测技术呈现出了新的活力并取得了迅速的进步，从而形成了具有大规模集成电路技术、软件及网络技术等强有力的技术手段的现代检测系统。

1．现代检测系统的基本结构体系

现代检测系统可分为三种基本结构体系，即智能仪器、个人仪器与自动测试系统。

1）智能仪器

智能仪器是指一种带有微处理器，并具有信息检测、信息处理、信息记忆、逻辑判断和自动操作的传感器，其硬件结构如图8-2所示。

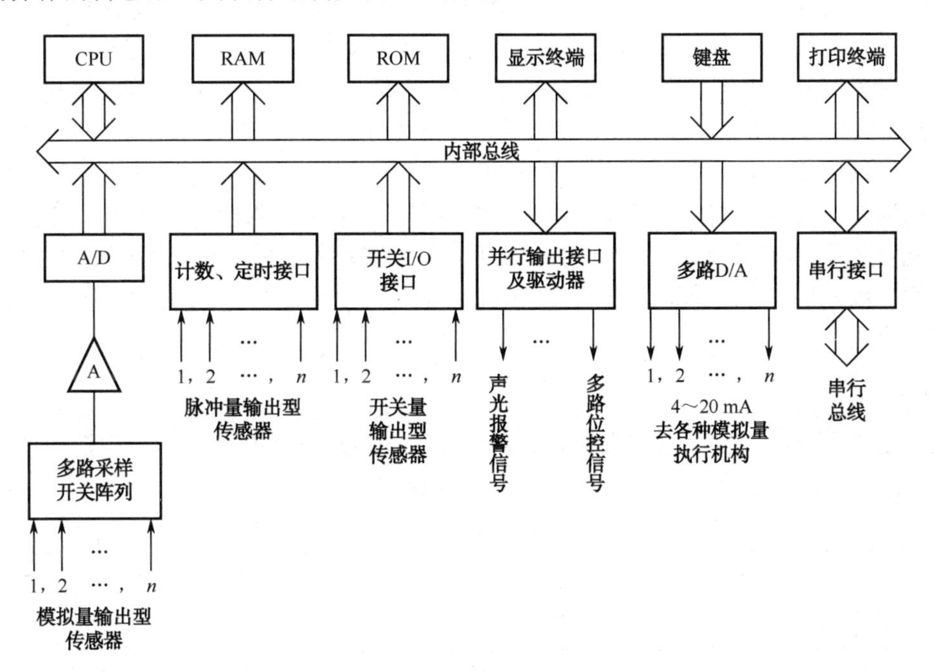

图8-2　智能仪器硬件结构

智能仪器实际上是使微机进入仪器内部，将计算机技术移植、渗透到仪器仪表技术中，这样可使智能仪器具有自诊断、自校准、检测准确度高、灵敏度高、可靠性好以及自动化程度高等优点，并具有数据通信接口，能与计算机直接联机，相互交换信息。

2）个人仪器

个人仪器又称个人计算机仪器系统，是以市售的个人计算机（要符合工控要求的）配以适当硬件电路和传感器组成的检测系统，其硬件结构如图 8-3 所示。

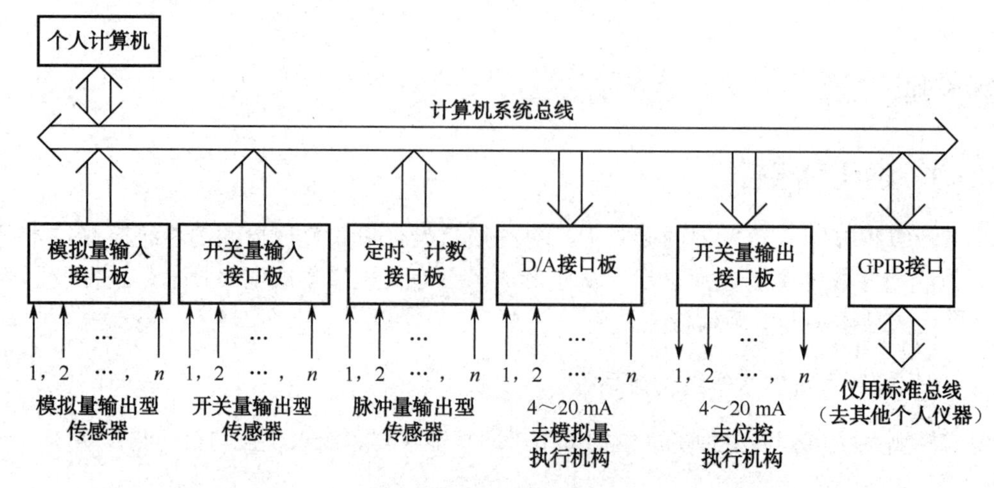

图 8-3　个人仪器硬件结构

个人仪器与智能仪器的不同之处是：它是利用个人计算机本身所具有的完整配置来取代智能仪器中的微处理器、开关、按键、数码显示管、串行口、并行口等，相对于智能仪器，更加充分利用了个人计算机的软硬件资源，并保留了个人计算机原有的许多功能。同时，个人仪器的研制也不必像研制智能仪器那样要研制其专门的微机电路，而是利用成熟的个人计算机技术，将更多的精力放在硬件接口模块与软件程序的开发上。

个人仪器组装时，将传感器信号送到相应的接口板上，再将接口板插到工控机总线扩展槽中或专用的接口箱中，配以相应的软件就可以完成自动检测的功能。硬件方面，目前市场已有与各种传感器配套的接口板出售；而软件方面，也有相应的工控软件出售，在程序编写时，工程师可直接调用相关功能模块，以加快个人仪器的研制过程，缩短其开发周期。

3）自动测试系统

自动测试系统是一种以工控机为核心，以标准接口总线为基础，以可程控的多台智能仪器为下位机组合而成的一种现代检测系统，其原理如图 8-4 所示。

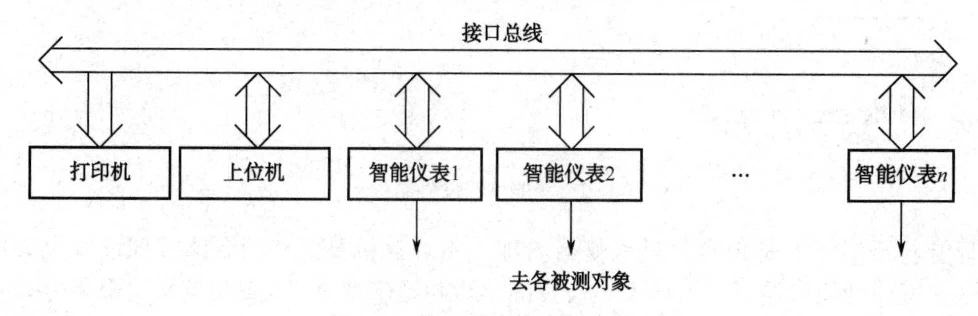

图 8-4　自动测试系统的原理

现代化车间中，一条流水线上往往安装了几十甚至上百个传感器，不可能也没必要为每一个传感器配备一台计算机，它们都通过各自的通用接口总线与上位机连接，上位机则利用预先编好的测试软件对每一台智能仪器进行参数设置和数据读写。同时，上位机还利用其计算、判断能力控制整个系统的运行。

许多自动测试系统还可以作为服务器工作站加入到互联网络中，成为网络化测试子系统，实现远程监测、远程控制、远程实时调试。

2．现代检测系统的特点及功能

（1）设计灵活性高。只要更改少数硬件接口，通过修改软件就可以显著改变功能，从而使产品按需要发展成不同的系列，降低研制费用，缩短研制周期。

（2）操作方便。使用人员可通过键盘来控制系统的运行。系统通常还配有 CRT 屏幕显示，因此可以进行人机对话，在屏幕上用图表、曲线的形式显示系统的重要参数、报警信号，有时还可用彩色图形来模拟系统的运行状况。

（3）具有记忆功能。在断电时，能长时间保存断电前的重要参数。

（4）有自校准功能。自校准包括自动零位校准和自动量程校准，能提高测量准确度。

（5）具有自动故障诊断功能。所谓自动故障诊断就是当系统出现故障无法正常工作时，只要计算机本身能继续运行，它就转而执行故障诊断程序，按预定的顺序搜索故障部位，并在屏幕上显示出来，从而大大缩短了检修周期。

3．现代检测技术的发展趋势

随着大规模集成电路、微型计算机、机电一体化、微机械和新材料等技术的发展，现代检测技术正向着高精度、高可靠性、集成化和数字化、智能化及非接触式检测等方面发展。

1）不断拓展测量范围，努力提高检测精度和可靠性

随着科学技术的发展，对检测仪器和检测系统的性能要求，尤其是精度、测量范围、可靠性指标的要求越来越高。

2）传感器逐渐向集成化、组合式、数字化方向发展

首先，随着大规模集成电路技术的发展，已有不少传感器实现了敏感元件与信号调理电路的集成和一体化，这对检测仪器整机研发与系统集成提供了极大的方便。其次，一些厂商把两种或两种以上的敏感元件集成于一体，成为可实现多种功能的新型组合式传感器。此外，还有厂商把敏感元件与信号调理电路、信号处理电路统一设计并集成化，成为能直接输出数字信号的新型传感器。

3）重视非接触式检测技术研究

在检测过程中，把传感器置于被测对象上，可灵敏地感知被测参量的变化，这种接触式检测方法通常比较直接、可靠，测量精度较高。但在某些情况下，根本不允许或不可能安装传感器，因此，各种可行的非接触式检测技术的研究越来越受到重视。

4）检测系统智能化

近十年来，由于包括微处理器、单片机在内的大规模集成电路的成本和价格不断降

低，使许多以单片机、微处理器或微型计算机为核心的现代检测仪器（系统）实现了智能化。与传统检测系统相比，智能化的现代检测系统具有更高的精度和性价比。

8.1.2 现代检测系统设计

现代检测系统在设计时，首先要考虑信号特征、传感器的选择、信号的调理以及测量系统的性能指标要求；其次要考虑研制周期、经费预算、安装条件及应用环境等；最后根据被测量确定硬件结构、采样速度、分辨率等。另外，在设计时必须将软硬件结合起来考虑。如果研制时间短，应尽量选用现成的标准或专用接口数据采集系统，增减某些模板等，然后再根据硬件环境配置适当的软件。

1．确定信号的特征

在设计系统之前，对于位移、速度、振动、压力及温度等机械参量的信号特征应有一个基本的估计，作为设计的基础。机械参数的类型及其时域、频域特性，直接关系到传感器选型、变换电路设计、测量精度、数据存储、处理和后续显示（记录）设备的选择等。

2．选择传感器

在检测系统中，传感器作为一次元件，其精度的高低、性能的好坏直接影响整个检测系统的品质和运行状态。选择传感器时应从以下几方面考虑。

（1）与测量条件有关的因素：输入信号的幅值、频带宽度、精度要求、实时性要求等。

（2）与传感器有关的技术指标有：精度、稳定度、响应特性、模拟量与数字量、输出幅值、对被测物体产生的负载效应、校正周期、过大的输入信号保护等。

（3）与使用环境条件有关的因素有：安装现场条件及情况、环境条件（湿度、温度、振动等）、信号传输距离、所需现场提供的功率容量等。

（4）与购买和维修有关的因素有：价格、零配件的储备、服务与维修制度、保修时间、交货日期等。

3．主计算机选型

微型计算机是计算机检测系统的核心，对系统的功能、性能价格以及研发周期等起着至关重要的作用。对“微机内置式”系统，就要选择微处理器、外围芯片等嵌入在系统之中的微型计算机；而对“微机扩展式”系统，则要选择适用的微型计算机系统作为开发和应用平台，搭建“微机扩展式”检测系统、虚拟仪器系统等。

4．输入、输出通道设计

输入通道数应根据检测参数的数目来确定。输入通道的结构可综合考虑采样频率要求及电路成本，按前述的几种基本结构来选择。输出通道的结构主要决定于对检测数据输出形式的要求，如是否需要打印、显示，是否有其他控制、报警功能要求等。

5．软件设计

计算机检测系统的软件应具有两项基本功能：一是，对输入、输出通道的控制管理功能；二是，对数据的分析、处理功能。对高级系统而言，还应具有对系统进行自检和故障自诊断的功能及软件开发、调试功能等。

任务实施

1．总体方案设计

根据题目要求，系统可以划分为信号检测和控制两大部分。其中信号检测部分包括金属探测模块、障碍物探测模块、路程测量模块、路面检测模块和光源探测模块；控制部分包括电动机驱动模块、显示模块、计时模块和状态标志模块。因需要控制的模块较多，可选用 Atmel 公司的 AT89C51 和 AT89C2051 作为系统控制器的双单片机方案，这样减轻了单个单片机的负担，提高了系统的工作效率。同时，通过单片机之间分阶段的互相控制，减少外围设备。系统总体结构如图 8-5 所示。

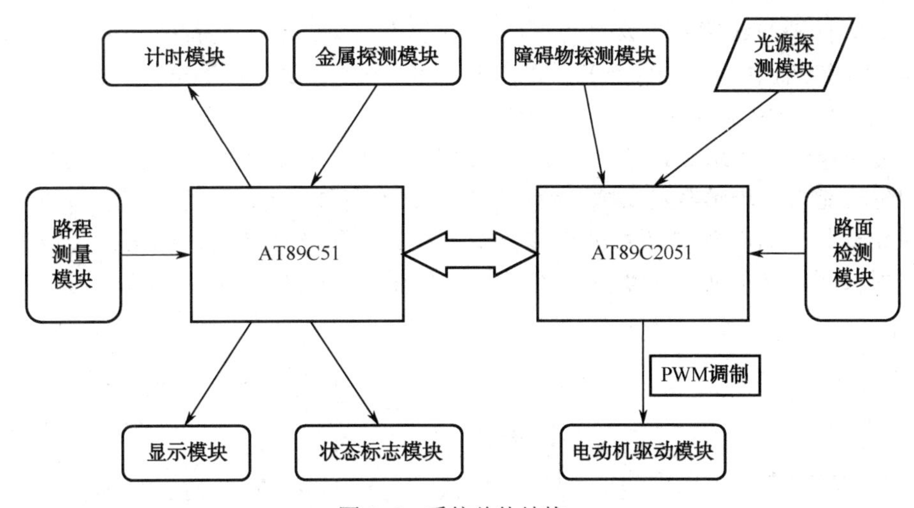

图 8-5　系统总体结构

2．硬件设计

1）主要检测电路设计

（1）光电检测电路。

因为要对小车行驶经过的固定地点进行判断，并做出相应的动作，必须将小车经过固定地点时的标记转换成电信号。考虑到小车是在白色路轨上行驶，固定地点有黑色标记，我们可以采用光电检测对管来检测是否到达黑色标志处。同时，还必须检测跑道两侧，适当的调整前轮，以防撞墙。

光电检测电路如图 8-6 所示，一体化红外发射接收 IRT 中的发射二极管导通，发出红外光线，经反射物体反射到接收管上，使接收管的集电极与发射极间电阻变小，输入端电位变低，输出端为高电平，晶体管导通，C 极为低电平，再经施密特反相器后变为高电平输入到 89C51 单片机的 INT0 口。当红外光线照射到黑色条纹时，反射到 IRT 中的接收管上的光量减少，接收管的集电极与发射极间电阻变大，晶体管截止，故晶体管的 C 极为高电平，再经反相器后输入到单片机的信号为低电平。

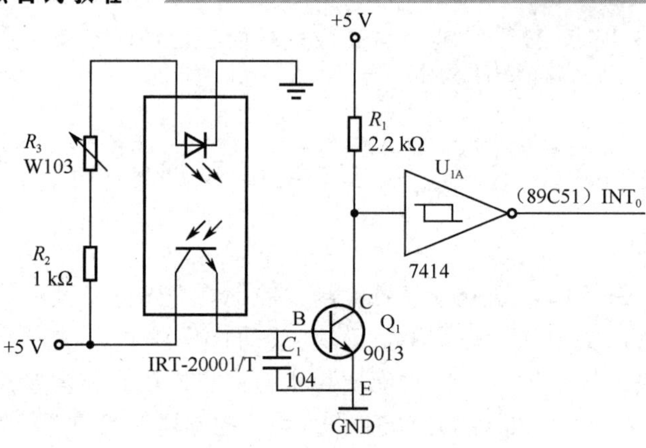

图 8-6　光电检测电路

（2）障碍物探测电路。

在电动车行驶的线路中有两个障碍物，电动车要避开障碍物行驶，避免与障碍物相撞。当与障碍物的距离小于 20 cm 时后退，大于 20 cm 时前进。在小车的前部安置了两个超声波传感器，一个用于发射，一个用于接收，如图 8-7 所示。该传感器的振荡频率为 38 kHz 的超声波信号（38 kHz 信号由单片机输出给晶体管的输入端），晶体管是用于放大信号以增加驱动能力，传感器发出脉冲超声波信号，并以 365 m/s 的速度在空气中传播，同时检测系统开始计时。如果超声波在传播途中碰到障碍物就会反射回来，超声波接收器接到的反射波经晶体管放大后经过一个选频电路输出，连接到单片机口，通知单片机停止计时。

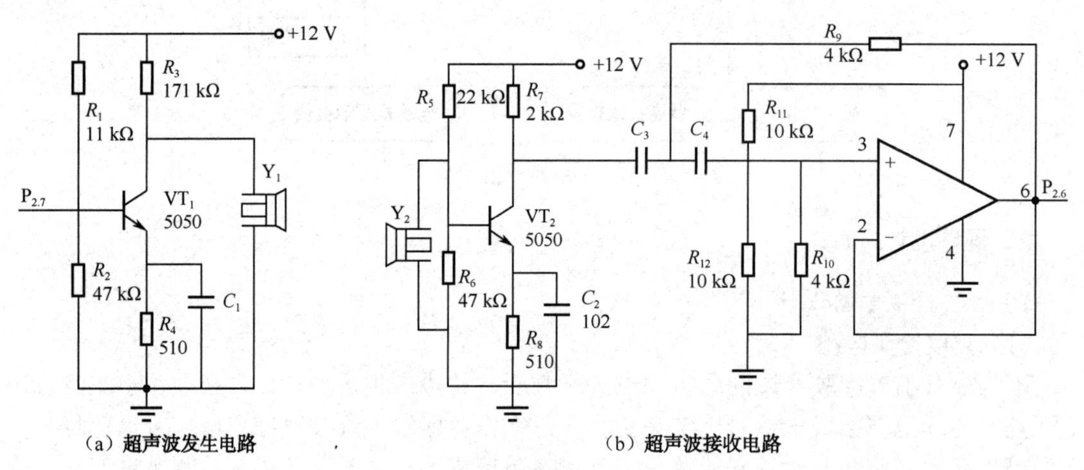

图 8-7　障碍物探测电路

（3）光源探测电路。

电动车在光源的引导下，通过障碍区进入停车区并到达车库。由于光源会发出光线，考虑到光敏电阻能感测到光的明暗变化，因此在设计中采用光敏电阻传感器。光源探测电路如图 8-8 所示，由于采用的是白炽灯，光线是散射的，为了便于电动车能在偏离光源一定角度的情况下仍能检测到光线，使用了 3 个互成角度的传感器组，这样增加了电动车的检测范围。

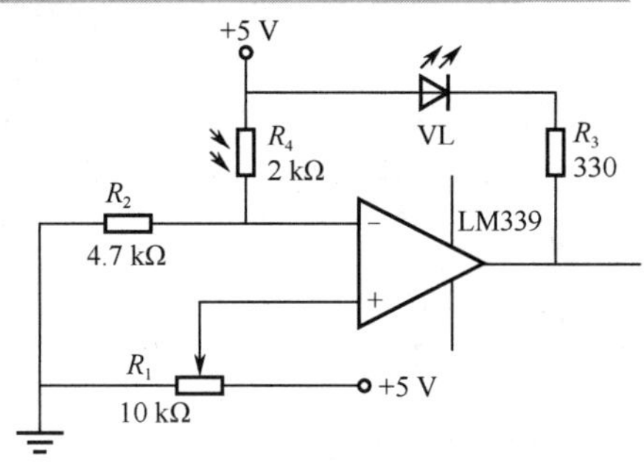

图 8-8　光源探测电路

（4）金属探测电路。

在电动车行驶的轨道上放置了金属片，在弯道区也有一块金属片，要求电动车在行驶过程中对轨道上的金属片进行探测，并且检测到 C 点上的金属片后停车。选用电感谐振测量法，金属探测电路如图 8-9 所示，电容 C_1、C_2、C_3 和电感构成 LC 振荡回路，经晶体管放大后输出信号，经过整流滤波电路输出给单片机口。

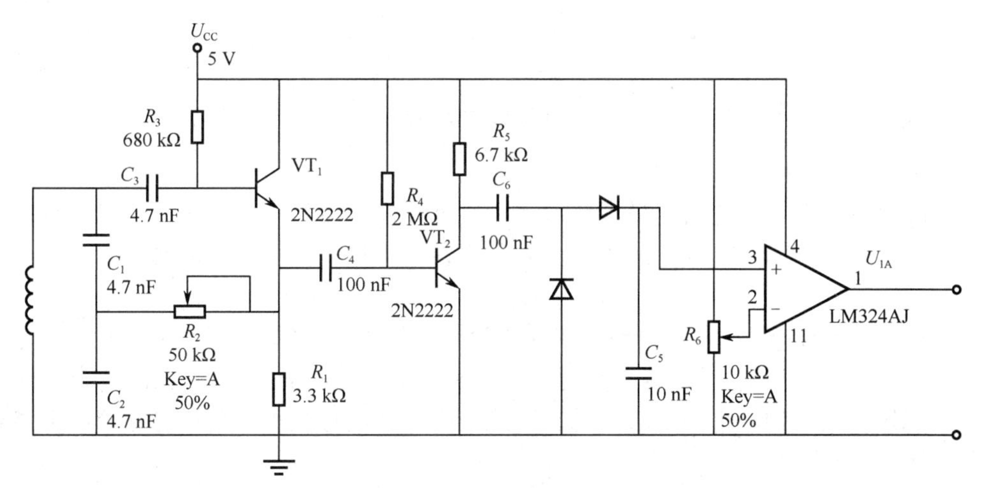

图 8-9　金属探测电路

（5）路面检测电路。

探测路面黑线的基本原理：当光线照射到路面并反射，由于黑线和白纸对光的反射系数不同，所以可根据接收到的反射光强弱来判断黑线。

为了检测路面黑线，在车底的前部安装了三组反射式红外传感器。其中，左右两旁各有一组传感器，由三个传感器组成“品”字形排列，中轴线上为一个传感器。因为若采用中部的一组传感器的接法，有可能出现当驶出拐角时将无法探测到转弯方向。若有两旁的传感器，则可以提前探测到哪一边有轨迹，方便程序的判断。采用传感器组的目的是防止地面上个别点引起的误差。组内的传感器采用并联形式连接，等效为一个传感器输出，取组内电压输出高的值为输出值。这样可以防止黑色轨迹线上出现的浅色点而产生的错误判断，但无法避免白色地面上的深色点造成的误判。因此在软件控制中进行计数，只有连续检测到若干次信号后才认为是遇见了黑线。同时，采用探测器组的形式，可以在其中一个传感器失灵的情况下继续工作。中间的一个传感器在寻光源阶段开启，用于检测最后的黑

线标志。

每个寻迹传感器由三个 ST178 反射式红外光电传感器组成，其内部由高发射功率红外光电二极管和高灵敏度光电晶体管组成，具体电路如图 8-10 所示。

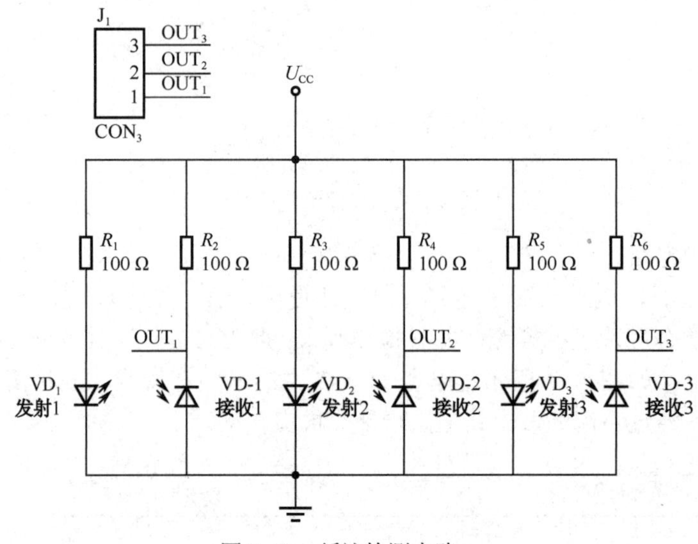

图 8-10　循迹检测电路

（6）路程测量电路。

路程的检测可先对车轮转速进行测量，再通过计算测出路程。考虑小车车轮较小，若用霍尔传感器进行测速，磁片安装十分困难且容易产生相互干扰，所以选用光电码盘进行检测。

在车轴上固定有一个沟槽状的断式红外开关，共有 18 个沟槽，用尺测得小车后轮周长为 16.5 cm，在单片机控制时，每检测到一个脉冲，认为小车前进了 0.9 cm。实际测量时，由光电装置检测得到的波形不是很理想，因此，先对其进行放大，并通过施密特电路整形后送入单片机计数。

设 N 为光电码盘计数值，则行程 S 为

$$S = 0.9N \tag{8-1}$$

放大整形电路如图 8-11（a）所示；未经过整形的波形如图 8-11（b）所示；为不规则的模拟信号；经过整形后的波形如图 8-11（c）所示，为理想方波。

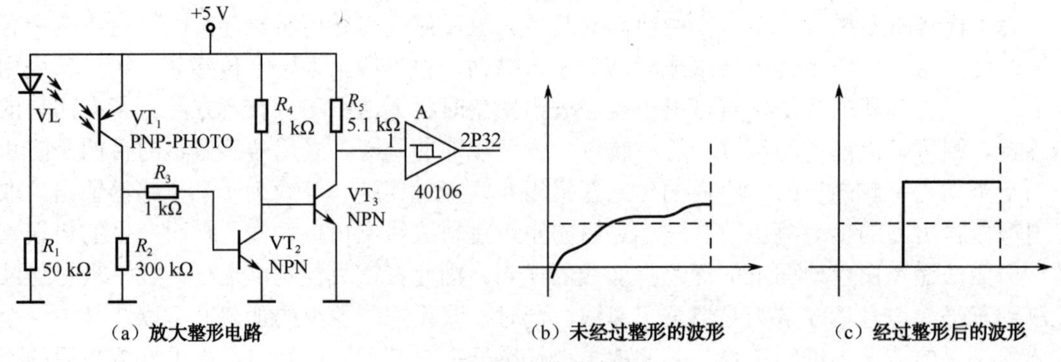

图 8-11　车速检测电路

2）主要控制电路设计

（1）稳压电源（+5 V）。

由于本任务中用来驱动小车的电源为 9 V，而单片机工作电源为 5 V，所以要选用 7805 稳压器把 9 V 直流电源稳定在 5 V，如图 8-12 所示。输入端接电容 C_1，可滤除纹波，输出端接电容 C_2，可以减轻负载的瞬态影响，使电路更稳定工作。

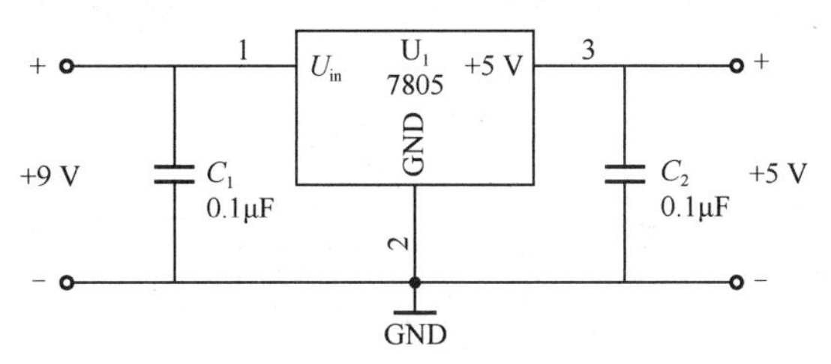

图 8-12　固定式三端稳压器

（2）电动机驱动电路。

因为要求小车前进、后退、加速、减速，并且由单片机控制，所以要求设计的驱动电路可控制电动机的正反转，设计的电路如图 8-13 所示，图中的 6 个晶体管是这个电路的关键，这 6 个晶体管的导通与否关系到电动机的停止和正反转。由于这个电路是由单片机控制，所以与单片机的接口相接时，必须用光耦合器隔开。另外，考虑到单片机的输入输出口驱动能力很差，所以在光耦合器之前，加两个施密特反向器，来增加其驱动灵敏度。若 P1.0 输出高电平，接到的是电路左边的输入；P1.1 输出高电平，接到的是电路右边的输入。这时，左边光耦合器导通，右边光耦合器不通，U_1、U_4、U_5 导通，另外几个截止，电动机正转，前进。反过来的话，P1.0 为低电平，P1.1 为高电平，电动机反转，后退。

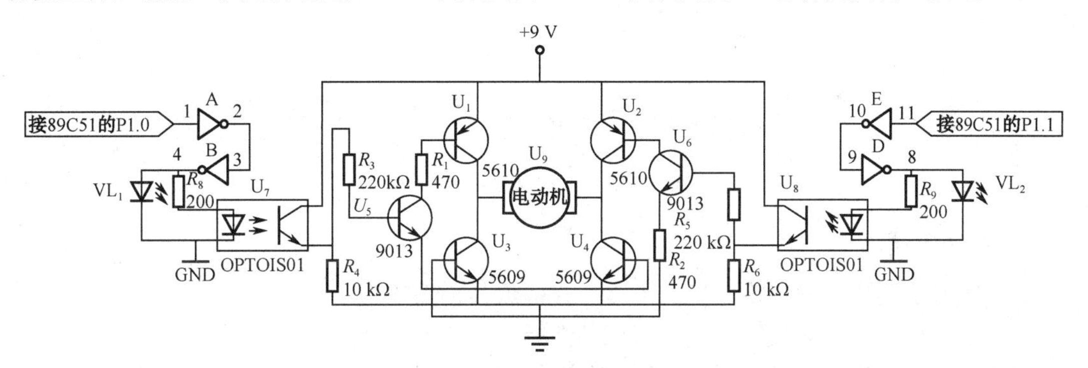

图 8-13　电动机驱动电路

（3）显示模块实现。

显示模块由单片机控制，它显示了金属薄片的数目、小车已经走过的距离、各铁片距离起点的距离、走完全程所需的时间，共八位，选用的是 FYD12864 型显示器。FYD12864-0402B 是一种具有 4 位/8 位并行、2 线或 3 线串行多种接口方式，内部含有国标一级、二级简体中文字库的点阵图形液晶显示模块；其显示分辨率为 128×64，内置 8192 个 16×16 点汉字，128 个 16×8 点 ASCII 字符集。该显示器具有大屏幕显示、显示清晰、视觉范围广、价格低等优点，低电压低功耗是其又一显著特点。与同类型的图形点阵液晶显示模块相比，不论其硬件电路结构或显示程序都要简洁得多，且该模块的价格也略低于相同点阵的图形

液晶模块。

3．系统软件设计

因为在程序中不用涉及精确实时操作，所以使用 C 语言进行软件编写，这样可以大大提高程序编写时的效率。软件设计采用了原子模块循环法，主程序流程图如图 8-14 所示。其中，程序体主要有采集模块、处理模块、判断模块、存储模块、输出模块等，限于篇幅，这里不详细介绍。

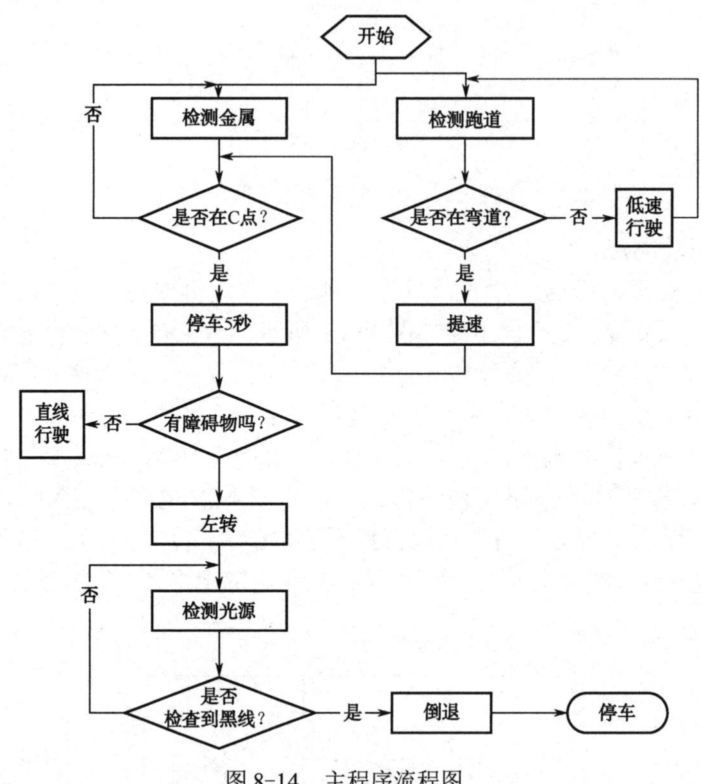

图 8-14　主程序流程图

4．制作与调试

（1）按要求制作控制电路、检测电路，并检查其正确性。

（2）进行电动小车的装配，检查其运动性能。

（3）在规定的场地上进行调试运行，并做好记录，填入表 8-1 中。

表 8-1　测试数据表

测试次数	总时间/s	第一块铁块距离/m	第二块铁块距离/m	第三块铁块距离/m	是否停留 B 点	是否停留 C 点	C 点停留时间/s	是否入库	总路程/m
1									
2									
3									
4									

（4）分析测试数据，检验系统是否达到要求，如未达到，分析原因，进行改进。

知识拓展

8.1.3　现代检测系统设计的关键技术

由于现代微电子技术和计算机技术的飞速发展，检测技术与计算机深层次的结合引起了检测仪器领域的革命，全新的仪器结构概念和检测设备组建方式不断更新。现代检测系统设计的关键技术主要集中在以下几点。

1．程控接口技术

如何实现检测系统与被测设备间的自动连接，是实现检测过程自动化的关键。用计算机程序控制的接口单元（PIU）是解决这一问题的重要手段，这种程控接口（PIU）包括一组通用的连接点，并配有所需的缓冲器和多路分配器。程控接口在程序控制下，能够把任何检测系统功能引导到任何被测设备，并能完成检测。程控接口具有以下三个方面的功能。

（1）产生调理（如衰减、缓冲、变换等）模拟和数字激励信号，并将激励信号引导到相应的被测装置。

（2）把从相应的被测装置引线来的测量数据进行调理并引导到自动检测系统。

（3）将程控负载加到相应的被测装置引线上。

2．虚拟仪器技术

80 年代末期，美国 NI（National Instrument）公司提出了虚拟仪器的概念：在一定的硬件平台下，利用软件在屏幕上生成虚拟面板，在仿真环境下进行信号采集、运算、分析和处理，实现传统仪器的各种功能。

虚拟仪器是计算机技术同仪器技术深层次结合产生的全新概念的仪器，是对传统仪器概念的重大突破。传统仪器的主要功能模块都是以硬件（或固化的软件）的形式存在的，而虚拟仪器是具有仪器功能的软硬件组合体。虚拟仪器系统的功能可根据软件模块的功能及其不同组合而灵活配置，因而得以实现并扩充传统仪器的功能。

3．专家系统

自动检测技术与专家系统的结合也是自动检测领域的一个重要发展趋势。专家系统作为人工智能的重要组成部分，于 20 世纪 50 年代产生，到 80 年代形成人工智能这一完整的学科体系。美国在 80 年代中期就率先将专家系统引入航空机载设备的检测，效果良好。专家系统与典型自动检测设备的结合，将大大提高故障分析判断能力，提高设备维修保障效率。

4．现场故障检测技术

现代机载设备的发展趋势是微处理器和大规模集成电路的应用日益普遍，现场故障检测也就越加显得重要。为了便于现场维修，正在开发、研究如特征分析、逻辑分析、电路模拟、内在诊断等现场故障检测技术。例如，采用“特征分析技术”，在电路图的有关节点标明“特征”，由设备本身产生激励，用一种简单的、无源的检测仪器——特征分析仪，就能迅速地在现场找出故障，定位到元器件，从而大大地简化了维修现场的故障诊断，有效地提高了设备的战备率。

5. 开放、可互操作的ATS实现技术

所谓 ATS（自动测试系统）的可互操作性是指两个以上的系统或部件可以直接、有效地共用数据和信息。就一般的 ATS 结构来说，其互操作性主要体现在可以共用 TPS（测试程序集）和 ATE（自动测试设备）的资源，可以共用一个底层的诊断子系统，可以支持多种运行环境和语言。所谓系统的开放性是指其功能部件采用广泛使用的标准或协议，从而可在不同的系统中使用，可以与其他系统中的部件互操作，软件可以方便的移植；其接口也符合广泛使用的标准、规范或协议，或具有完全明确的定义，从而通过插入新的功能部件，即可增加、扩展和提高系统的性能。

任务 8.2 智能家居系统

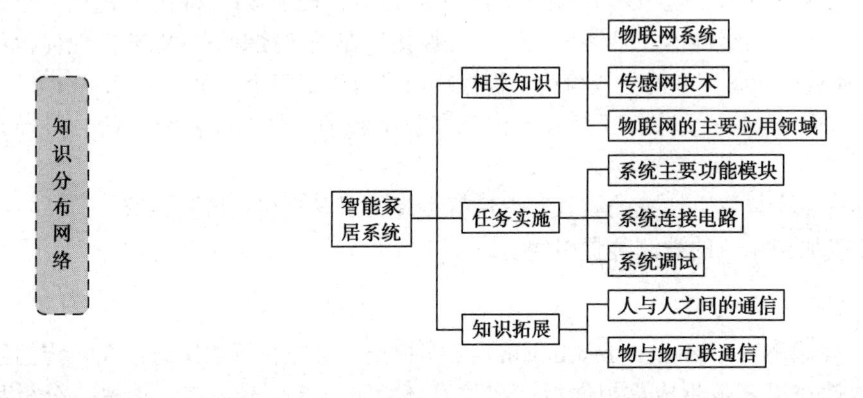

任务描述

随着传感技术的发展，可将感应器嵌入和装备到电网、铁路、桥梁、隧道、公路、建筑、供水系统、大坝、油气管道等各种物体中，为物联网技术的发展提供了有力支撑。物联网已成为当前最热门的话题之一，被认为是继计算机、互联网之后的第三次信息时代大革命。物联网的发展正是将生活中的物品与互联网相连接，让我们的生活更智能化。本任务通过智能家居系统介绍和实际体验，加深物联网中的检测技术认识。

智能家居系统是利用先进的网络通信技术、自动检测技术、计算机技术、无线电技术，将与居家生活有关的各种设备有机地结合在一起，通过网络化的综合管理，让居家生活更轻松。本任务所设计的智能家庭控制系统主要包括家庭多媒体信息系统和家庭控制系统两部分，具体功能要求如下。

（1）家电控制。家电控制主要包含空调、家庭影院等支持红外遥控的家电智能控制。

（2）安全控制。安全控制是家庭智能化控制系统最基本的组成部分，由各类安防探测器、报警通信网络等组成。一般为家庭提供防入侵、防燃气泄漏、防火灾报警和紧急求助等安全管理功能。

（3）灯光控制。按照预先设定的时间程序，分别对各个房间照明设备的开、关进行控制，并可自动调节各个房间的照度。

（4）窗帘控制。按照光敏传感器接收的光通量或者预先设定的时间程序对窗帘的开启/

关闭进行控制。

相关知识

随着信息技术和网络技术的高速发展及人们居住理念的变化与提升，人们越来越追求生活细节的简单化和智能化，希望在日常家居生活中都能置入智能化程序，享受"一键OK"式的简单生活操作，即智能家居系统，它也是物联网技术的主要应用领域之一。

8.2.1　物联网系统

1．物联网系统概念

物联网系统的出现被称为第三次信息革命。该系统通过射频自动识别（RFID）、红外感应器、全球定位系统（GPS）、激光扫描器、环境传感器、图像感知器等信息设备，按约定的协议，把任何物品与互联网连接起来，进行信息交换和通信，以实现智能化识别、定位、跟踪、监控和管理。实际上它也是一种微型计算机控制系统，只不过更加庞大而已。

物联网把新一代 IT 技术充分运用于各行各业中，然后将物联网与现有的互联网联通起来，实现人类社会与物理系统的整合，在这个整合的网络中，存在能力超强的中心计算机群，能够对整合网络内的人员、机器、设备和基础设施实施管理和控制，在此基础上，人类可以更加精细和动态的方式管理生产和生活，达到"智慧"状态，提高资源利用率和生产水平，改善人与自然间的关系。

物联网概念的问世，打破了之前的传统思维。传统的思路一直将物理基础设施和 IT 基础设施分开：一方面是机场、公路、建筑物；而另一方面是数据中心、个人计算机、宽带等。物联网把钢筋混凝土、电缆与芯片、宽带整合为统一的基础设施，在此意义上，基础设施更像一块新的地球工地，世界的运转就在它的上面运行，其中包括经济管理、生产运行、社会管理乃至个人生活。如图 8-15 所示为一个智能物流调度系统结构示意图。

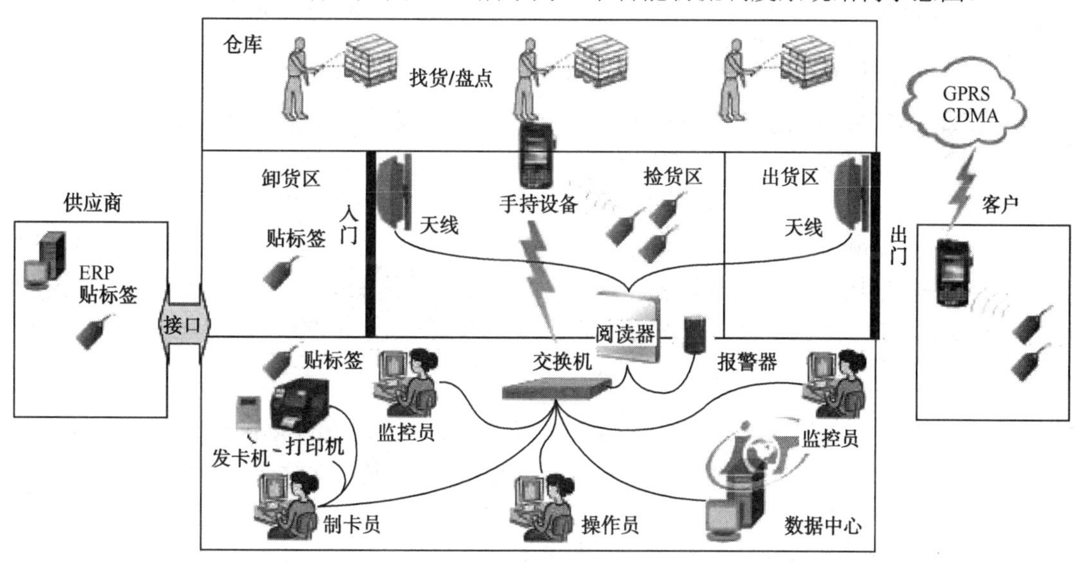

图 8-15　智能物流

2. 物联网技术

1）物联网的基本架构

物联网是“物物相连的互联网”，通过射频识别、传感器、全球定位系统等信息传感设备，按约定的协议，把物品和网络连接起来，进行信息交换和通信，以实现智能化识别、定位、监控和管理。

物联网网络架构由感知层、网络层和应用层组成，如图 8-16 所示。

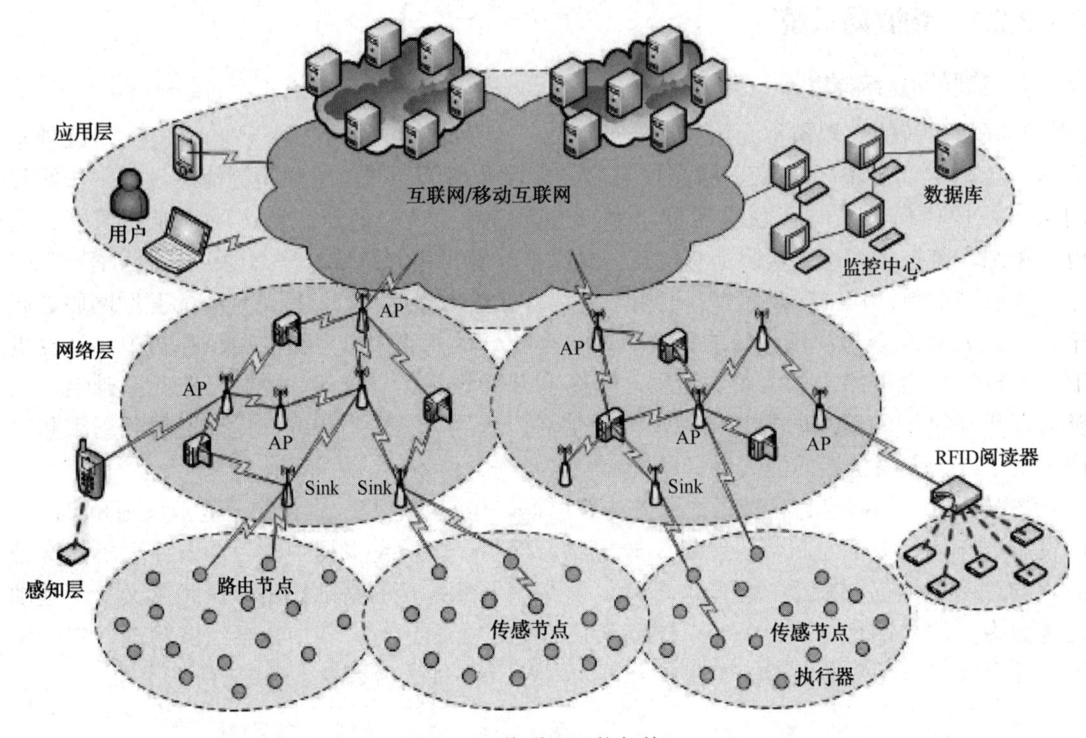

图 8-16　物联网网络架构

感知层包括感知控制子层和通信延伸子层，感知控制子层实现对物理世界的智能感知识别、信息采集处理和自动控制；通信延伸子层通过通信终端模块将物理实体连接到网络层和应用层。网络层主要实现信息的传递、路由和控制，包括接入网和核心网。网络层既可依托公众电信网和互联网，也可依托行业专用通信网络。应用层包括应用基础设施/中间件和各种物联网应用。应用基础设施/中间件为物联网应用提供信息处理、计算等通用基础服务设施、能力及资源调用接口，以此为基础实现物联网在众多领域的各种应用。

2）物联网技术架构

按照物联网三维概念模型，物联网由信息物品、自主网络和智能应用三部分构成。这三部分有其各自的技术架构，它们一起构成了物联网技术架构，如图 8-17 所示。

（1）信息物品技术。

信息物品技术主要指物品的标识、感知和控制技术，也就是指现有的数字化技术。信息网络技术属于物理世界与网络世界融合的接口技术。目前，国际上研究的网络化物理系

统就是属于信息物品技术。如果把人也看作是一个物品，则信息物品技术也包括了佩带式计算装置技术。欧洲物联网研究者一般把射频标识（RFID）技术、近距离通信（NFC）、无线传感器和执行器网络（WSAN）作为构成连接现实世界与数字世界的基本技术，北美研究网络化物理系统的研究者通常把嵌入式系统作为现实世界与网络系统关联的基本技术。一般地认为 RFID 技术属于物品标识技术，NFC 属于物品感知类技术，WSAN 属于物品感知和控制类技术。如果需要实现物品感知和控制，都需要运用嵌入式系统技术。

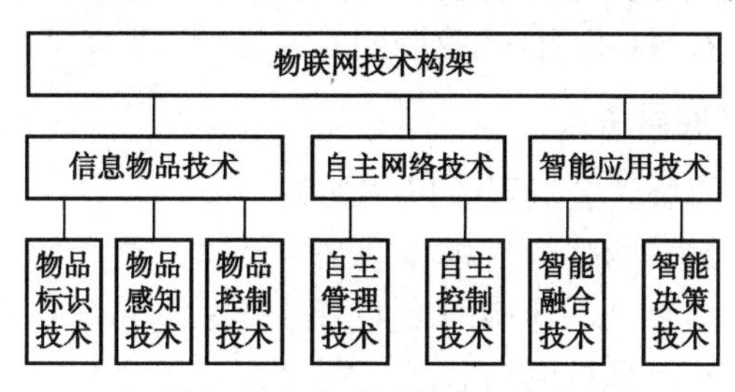

图 8-17　物联网技术架构

（2）自主网络技术。

自主网络就是具备自管理能力的网络系统，自管理能力具体表现为自配置、自愈合、自优化、自保护能力。从物联网未来应用需求看，需要扩展现有自主网络的定义，使得自主网络具备自控制能力。物联网中的自主网络技术包括自主管理技术和自主控制技术。自主网络管理类技术包括：网络自配置技术、网络自愈合技术、网络自优化技术、网络自保护技术。自主网络控制类技术包括：基于空间语义的控制技术、基于时间语义的控制技术。支撑物联网的自主网络应该是具有自主网络能力的因特网。这样，自主网络技术应该是具有自主网络能力的因特网技术。

（3）智能应用技术。

物联网把现代社会的人和物都包罗在系统中，所以，物联网的应用涉及社会的各行各业。物联网应用中特有的技术是智能应用技术，其中包括智能数据融合和智能决策控制技术。智能数据融合技术包括基于策略的数据融合、基于位置的数据融合、基于时间的数据融合、基于语义的数据融合；智能决策控制技术包括基于智能算法的决策、基于策略的决策、基于知识的决策，这些决策技术需要数据挖掘技术、知识生成、知识更新、知识检索等技术的支撑。智能应用技术涉及传统的人工智能方面的理论和算法，并且融入了现代网络环境下的智能控制理论和方法，这类技术的研究和开发，有可能突破桎梏人工智能发展的理论障碍，使得人类进入智能化时代。

8.2.2　传感网技术

根据对物联网所赋予的含义，其工作范围可以分成两大块：一块是体积小、能量低、存储容量小、运算能力弱的智能小物体的互联，即传感网；另一块是没有约束机制的智能终端互联，如智能家电、视频监控等。目前，对于智能小物体网络层的通信技术有两项：一是基于 ZigBee 联盟开发的 ZigBee 协议，实现传感器节点或者其他智能物体的互联；另一项技术是 IPSO 联盟倡导的通过 IP 实现传感网节点或者其他智能物体的互联。在物联网的机器到机器、人到机器和机器到人的数据传输中，有多种组网及其通信网络技术可供选

择，目前主要有有线（如 DSL、PON 等）、无线（包括 CDMA）、通用分组无线业务（GPRS）、IEEE 802.11a/b/g WLAN 等通信技术，这些技术均已相对成熟。在物联网的实现中，比较重要的是传感网技术。

传感网（WSN）是集分布式数据采集、传输和处理技术于一体的网络系统，以其低成本、微型化、低功耗和灵活的组网方式、铺设方式以及适合移动目标等特点受到广泛重视。物联网正是通过遍布在各个角落和物体上的形形色色的传感器节点以及由它们组成的传感网，来感知整个物质世界的。目前，面向物联网的传感网，主要涉及以下几项关键技术。

1. 传感网体系结构及底层协议

网络体系结构是网络的协议分层以及网络协议的集合，是对网络及其部件所应完成功能的定义和描述。因此，物联网架构何种体系结构及协议栈，如何利用自治组网技术，采用何种传播信道模型、通信协议、异构网络如何融合等是其核心技术。对传感网而言，其网络体系结构不同于传统的计算机网络和通信网络。对于物联网的体系结构，已经提出了多种参考模型。就传感网体系结构而言，也可以由分层的网络通信协议、传感网管理以及应用支撑技术三个部分组成。其中，分层的网络通信协议结构类似于 TCP/IP 协议体系结构；传感网管理技术主要是对传感器节点自身的管理以及用户对传感网的管理；在分层协议和网络管理技术的基础上，支持传感网的应用支撑技术。

2. 协同感知技术

协同感知技术包括分布式协同组织结构、协同资源管理、任务分配、信息传递等关键技术，以及面向任务的动态信息协同融合、多模态协同感知模型、跨层协同感知、协同感知物联网基础体系与平台等。只有依靠先进的分布式测试技术与测量算法，才能满足日益提高的测试、测量需求。这显然需要综合运用传感器技术、嵌入式计算机技术、分布式数据处理技术等，协作地实时监测、感知和采集各种环境或监测对象的信息，并对其进行处理、传输。

3. 自检与自组织技术

由于传感网是整个物联网的底层及数据来源，网络自身的完整性、完好性和效率等性能至关重要。因此，需要对传感网的运行状态及信号传输通畅性进行良好监测，才能实现对网络的有效控制。在实际应用当中，传感网中存在大量传感器节点，密度较高，当某一传感网节点发生故障时，网络拓扑结构有可能会发生变化。因此，设计传感网时应考虑自身的自组织能力、自动配置能力及可扩展能力。

4. 安全保护技术

传感网除了具有一般无线网络所面临的信息泄漏、数据篡改、重放攻击、拒绝服务等多种威胁之外，还面临传感网节点容易被攻击者物理操纵，获取存储在传感网节点中的信息，从而控制部分网络的安全威胁。这显然需要建立起物联网网络安全模型来提高传感网的安全性能。例如，在通信前进行节点与节点的身份认证；设计新的密钥协商算法，使得即使有一小部分节点被恶意控制，攻击者也不能或很难从获取的节点信息推导出其他节点的密钥；对传输数据加密，解决窃听问题；保证网络中传输的数据只有可信实体才可以访

问；采用一些跳频和扩频技术减轻网络堵塞等问题。

5. ZigBee 技术

ZigBee 技术是基于底层 IEEE 802.15.4 标准，用于短距离范围、低数据传输速率的各种电子设备之间的无线通信技术。ZigBee 技术经过多年的发展，其技术体系已相对成熟，并已形成了一定的产业规模。在标准方面，已发布 ZigBee 技术的第 3 个版本 V1.2；在芯片技术方面，已能够规模生产基于 IEEE 802.15.4 的网络射频芯片和新一代的 ZigBee 射频芯片（将单片机和射频芯片整合在一起）；在应用方面，ZigBee 技术已广泛应用于工业、精确农业、家庭和楼宇自动化、医学、消费和家居自动化、道路指示/安全行路等众多领域。

ZigBee 技术的主要有以下优点。

（1）省电。由于工作周期很短、收发信息功耗较低，并且采用了休眠模式。

（2）可靠。采用了碰撞避免机制，同时为需要固定带宽的通信业务预留了专用时隙，避免了发送数据时的竞争和冲突。

（3）成本低。模块的初始成本估计在 6 美元左右，很快就能降到 1.5～5 美元之间，且 ZigBee 协议是免专利费的。

（4）时延短。针对时延敏感的应用做了优化，通信时延和从休眠状态激活的时延都非常短。设备搜索时延典型值为 30 ms，休眠激活时延典型值是 15 ms，活动设备信道接入时延为 15 ms。

（5）网络容量大。一个 ZigBee 网络可以容纳最多 254 个从设备和一个主设备，一个区域内可以同时存在最多 100 个 ZigBee 网络；

（6）安全。ZigBee 提供了数据完整性检查和鉴权功能，加密算法采用 AES.128，同时各个应用可以灵活确定其安全属性。因此，它完全满足家庭传感器组网的要求。

8.2.3　物联网的主要应用领域

物联网的应用领域非常广阔，从日常的家庭个人应用，到工业自动化应用，以至军事反恐、城建交通。当物联网与互联网、移动通信网相连时，可随时随地全方位“感知”对方，人们的生活方式将从“感觉”跨入“感知”，从“感知”到“控制”。目前，物联网已经在智能交通、智能安防、智能物流、公共安全等领域初步得到实际应用。比较典型的应用包括水电行业无线远程自动抄表系统、数字城市系统、智能交通系统、危险源和家居监控系统、产品质量监管系统等，如表 8-2 所示。

表 8-2　物联网主要应用类型

应用分类	用户/行业	典型应用
数据采集	公共事业基础设施 机械制造 零售连锁行业 质量监管行业 石油化工 气象预测 智能农业	自动水表、电表抄读 智能停车场 环境监控、治理 电梯监控 物品信息跟踪 自动售货机 产品质量监管等

续表

应用分类	用户/行业	典型应用
自动控制	医疗 机械制造 智能建筑 公共事业基础设施 工业监控	远程医疗及监控 危险源集中监控 路灯监控 智能交通（包括导航定位） 智能电网等
日常生活便利性应用	数字家庭 个人保健 金融 公共安全监控	交通卡 新型电子支付 智能家居 工业和楼宇自动化等
定位类应用	交通运输 物流管理及控制	警务人员定位监控 物流、车辆定位监控等

表 8-2 中所列应用是一些实际应用或潜在应用，其中某些应用案例已取得了较好的示范效果。

（1）在环境监控和精细农业方面，物联网系统应用最为广泛。2002 年，Intel 公司率先在俄勒冈建立了世界上第一个无线葡萄园，这是一个典型的精准农业、智能耕种的实例。杭州齐格科技有限公司与浙江农科院合作研发了远程农作管理决策服务平台，该平台利用了无线传感器技术实现对农田温室大棚温度、湿度、露点、光照等环境信息的监测。

（2）在民用安全监控方面，英国的一家博物馆利用传感网设计了一个报警系统，他们将节点放在珍贵文物或艺术品的底部或背面，通过侦测灯光的亮度改变和震动情况，来判断展览品的安全状态。中科院计算所在故宫博物院实施的文物安全监控系统也是 WSN 技术在民用安防领域中的典型应用。

（3）在医疗监控方面，Intel 公司目前正在研制家庭护理的传感网系统，作为美国“应对老龄化社会技术项目”的一项重要内容。另外，在对特殊医院（精神类或残障类）中病人的位置监控方面，WSN 也有巨大应用潜力。

（4）在工业监控方面，Intel 公司为俄勒冈的一家芯片制造厂安装了 200 台无线传感器，用来监控部分工厂设备的振动情况，并在测量结果超出规定时提供监测报告。通过对危险区域/危险源（如矿井、核电厂）进行安全监控，能有效地遏制和减少恶性事件的发生。

（5）在智能交通方面，美国交通部提出了“国家智能交通系统项目规划”，预计到 2025 年全面投入使用。该系统综合运用大量传感器网络，配合 GPS 系统、区域网络系统等资源，实现对交通车辆的优化调度，并为个体交通推荐实时的、最佳的行车路线服务。目前在美国宾夕法尼亚州的匹兹堡市已经建有这样的智能交通信息系统。中科院软件所在地下停车场基于 WSN 网络技术实现了细粒度的智能车位管理系统，使得停车信息能够迅速通过发布系统发送给附近的车辆，及时、准确地提供车位使用情况及停车收费等。

（6）物流管理及控制是物联网技术最成熟的应用领域。尽管在仓储物流领域，RFID 技术还没有被普遍采纳，但基于 RFID 的传感器节点在大粒度商品物流管理中已经得到了广泛的应用。例如，宁波中科万通公司与宁波港合作，实现了基于 RFID 网络的集装箱和集卡车的智能化管理。另外，还使用 WSN 技术实现了封闭仓库中托盘粒度的货物定位。

（7）智能家居领域是物联网技术能够大力应用发展的地方。通过感应设备和图像系统相结合，可实现智能小区家居安全的远程监控；通过远程电子抄表系统，可减小水表、电表的抄表时间间隔，能够及时掌握用电、用水情况。基于 WSN 网络的智能楼宇系统，能够将信息发布在互联网上，通过互联网终端可以对家庭状况实施监测。

物联网应用前景非常广阔，应用领域将遍及工业、农业、环境、医疗、交通、社会各个方面。信息网络和移动信息化将开辟人与人、人与机、机与机、物与物、人与物互联的可能性，使人们的工作生活时时联通、事事链接，从智能城市到智能社会、智慧地球。

任务实施

本任务采用 THPJK-1 型智能家居实训系统进行系统构建和调试。该系统采用实际施工现场的模块化部件，直观、全面地展示了智能家居中的住宅布线、撤防报警系统、联动控制、场景控制、无线遥控、菜单控制等功能，系统结构如图 8-18 所示，由家庭控制总线（ApBus）、家庭智能控制主机、家庭控制总线专用网络电源、多功能射频/红外遥控器、各种功能模块，以及家庭多媒体接入中心等产品和系统组成。

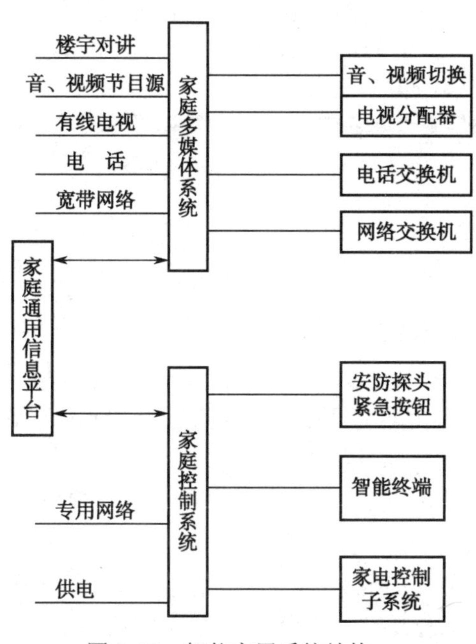

图 8-18　智能家居系统结构

1. 系统主要功能模块

1）灯光控制模块（DM203）

DM203 是与 ApBus 总线兼容使用的五键调光模块，可以接两组灯具，一组可以调光，另外一组为不可调光，用户可给每组灯赋予一个恰当的名称。其上面有 5 个可编程的轻触式按钮，即指用户可定义每一个按钮的操作功能。它能与 ApBus 兼容产品构成双联、三联等多联控制功能。DM203 出厂预设定的灯光控制按钮功能如图 8-19 所示。

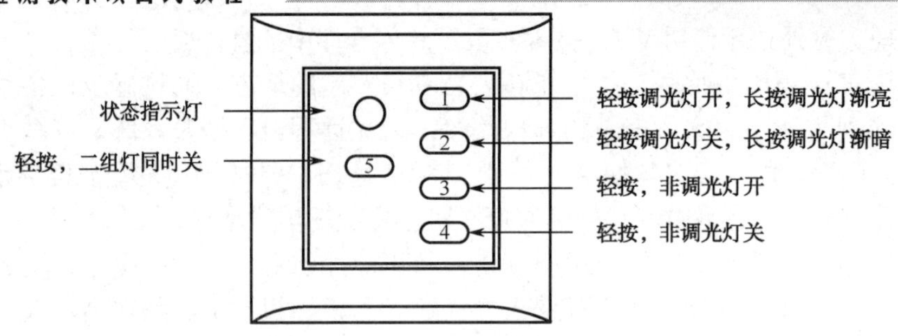

图 8-19　灯光控制按钮功能

灯光控制模块接线分为负载接线和 ApBus 总线接线两部分，按图 8-20 所示进行连线。

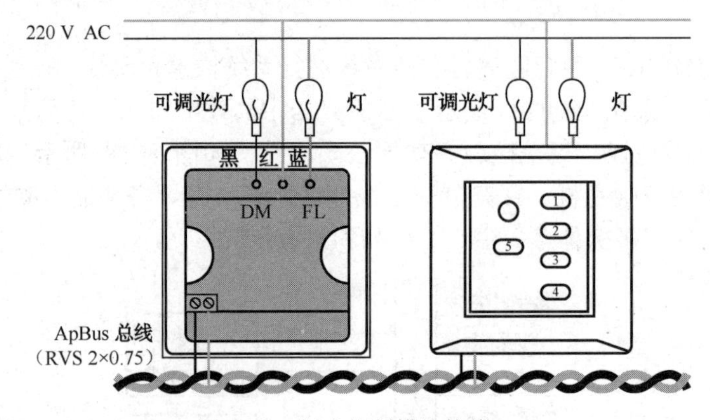

图 8-20　灯光控制模块接线

通过对灯光控制模块 DM203 进行设定，可完成被控灯的开启/关闭、调亮/调暗、定时开/定时关、渐亮/渐暗、定时渐亮/定时渐暗、本地控制、无线遥控器控制、多联控制。

2）总线红外遥控模块（IR102）

ApBus 总线红外遥控模块 IR102，可以通过红外学习器，接受大部分空调、影音设备红外控制指令，它有别于一般遥控器的地方，它可以配合 ApBus 智能家居控制系统，实现对红外遥控家用电器的远程控制，而且易于安装。

IR102 模块背面有 ApBus 输入接口、空调状态输入接口（两个两位接线端子）和一个空调状态输入选择接口的两位单排插座。其中，空调状态输入接口接空调状态反馈信号（无极性开关信号）。空调状态输入选择接口（无极性开关信号）是空调状态反馈信号的控制开关，空调状态输入选择接口短路时，空调状态反馈信号对本机有效；空调状态输入选择接口断路时，空调状态反馈信号对本机无效。总线红外遥控模块外形如图 8-21 所示。

3）窗帘控制模块（CT101）

窗帘控制模块 CT101 是与 ApBus 总线相兼容，具有控制电动窗帘的打开与闭合的功能。可以通过手动按键可随意调节窗帘的闭合尺度；通过系统编程后，还可通过与 ApBus 兼容的遥控器来发送指令对窗帘进行无线遥控。窗帘控制模块接线如图 8-22 所示。

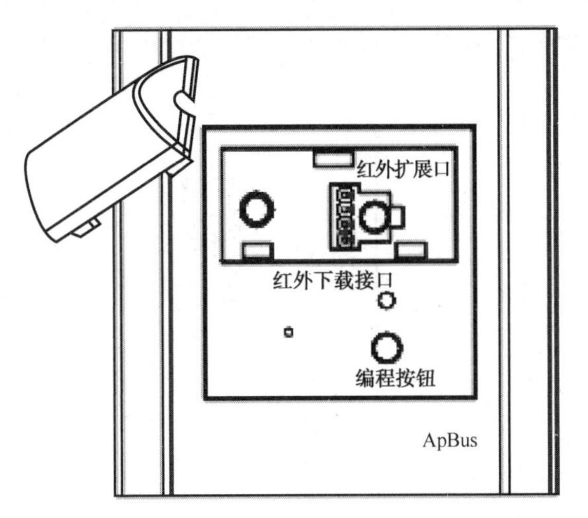

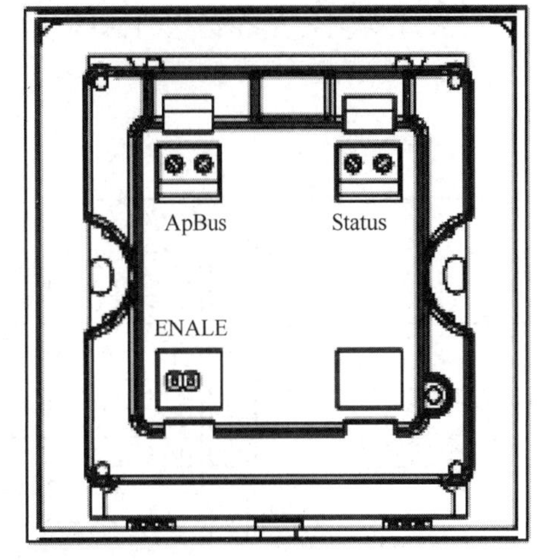

图 8-21　总线红外遥控模块外形

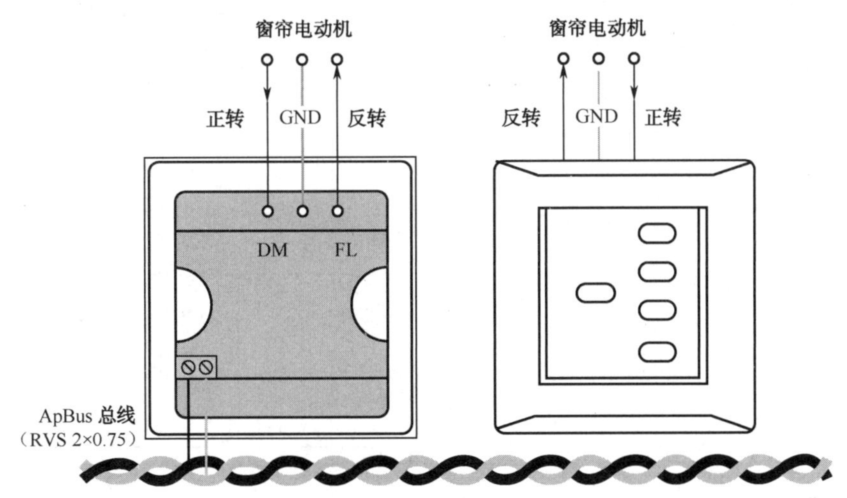

图 8-22　窗帘控制模块接线

4）彩色门口机（AP800）

彩色门口机 AP800 不属于 ApBus 总线上的设备，它直接和系统显示设备控制键盘 CP301 相连，双向语音通道，CCD 摄像头具有夜晚红外补偿功能，工作电源为 DC12V。彩色门口机的连接如图 8-23 所示。

2．系统连接电路

系统接线分为强电接线、ApBus 总线连接和信号线连接。

1）强电连接

强电连接如图 8-24 所示。

2）ApBus 总线连接

ApBus 总线连接如图 8-25 所示。

3）信号线连接

信号线连接主要是指彩色门口机 AP800 和系统显示设备控制键盘 CP301 信号线的连接，如图 8-23 所示。

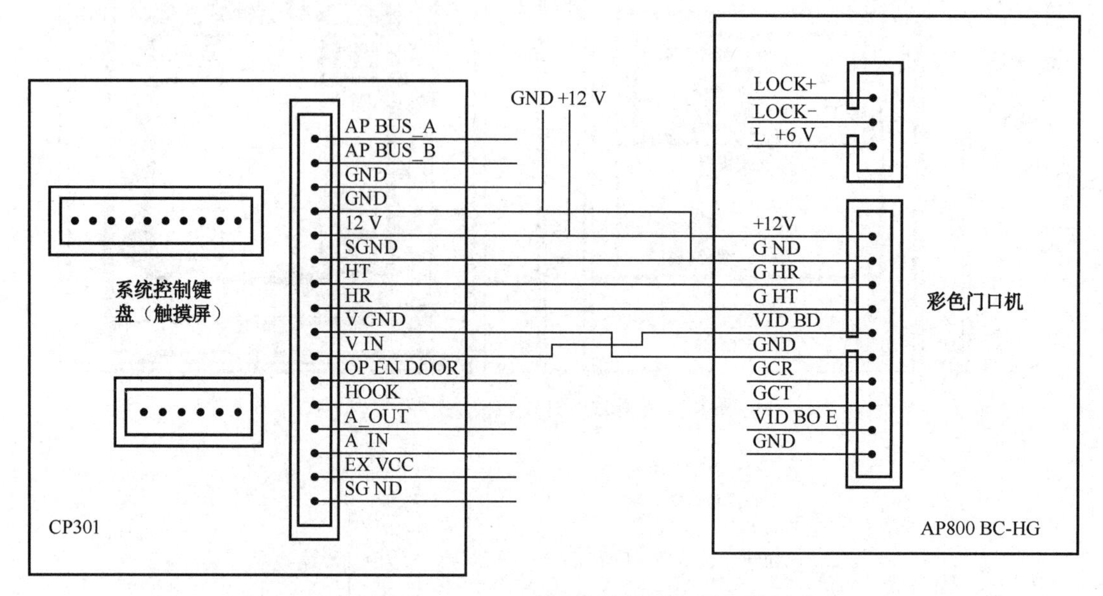

图 8-23　彩色门口机的连接

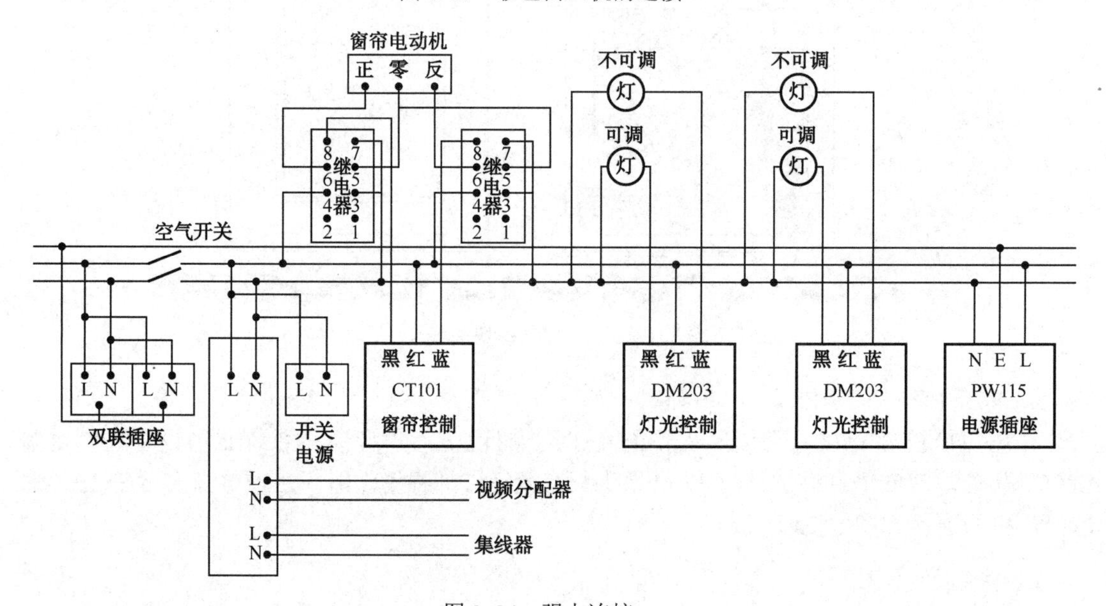

图 8-24　强电连接

3．系统调试

（1）按照上述连接电路将各模块连接，并检查正确性。

（2）系统应用软件安装，ApBus 系统在安装完成后，需要通过 ApBus 系统软件进行编辑来设定各种模块的功能和场景。

（3）对照说明书，对相应模块进行参数和软件配置，调试系统是否完成相应功能。

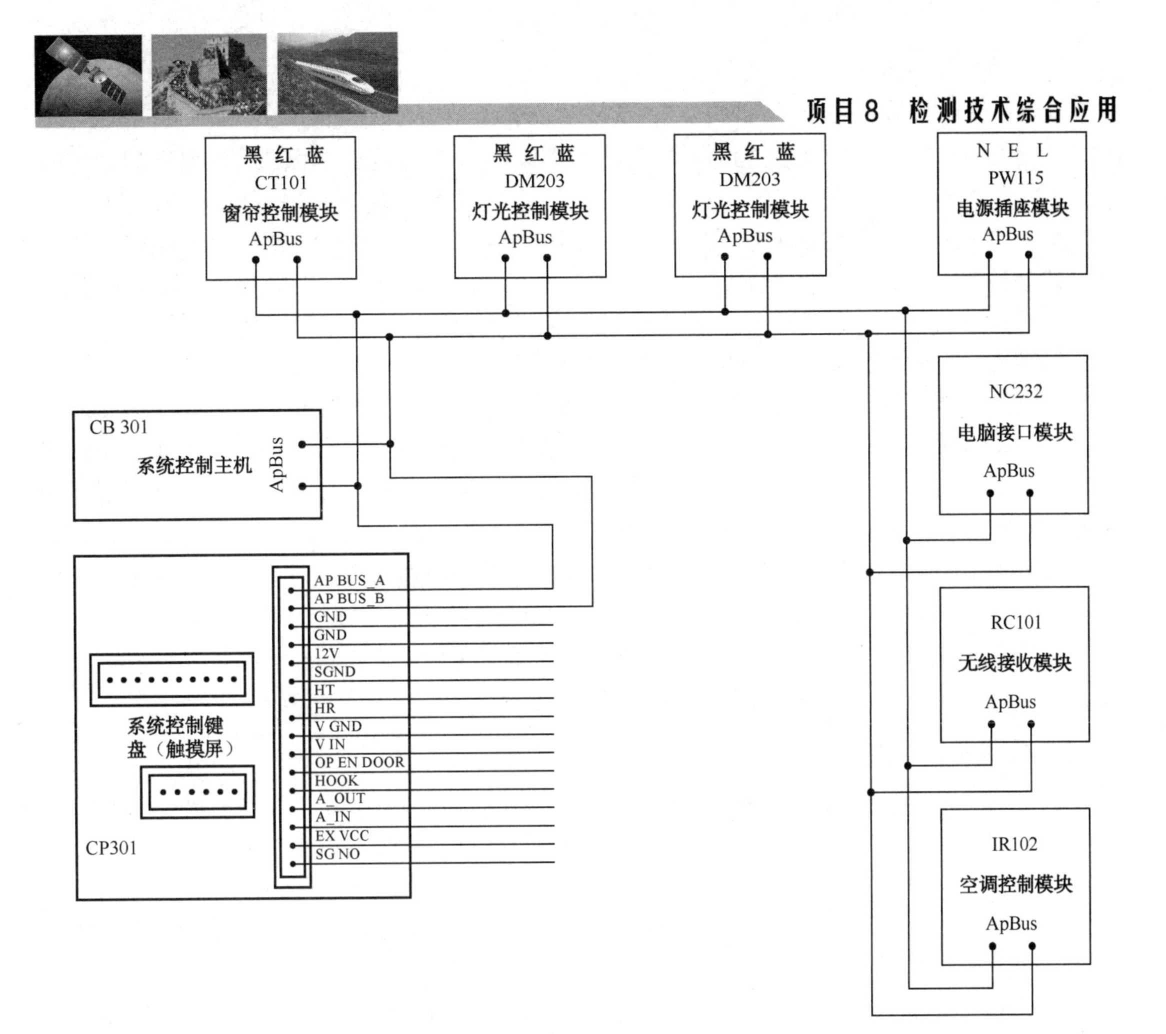

图 8-25　ApBus 总线连接

知识拓展

8.2.4　物联网的形成与发展

物联网是新一代信息技术的高度集成和综合运用，具有渗透性强、带动作用大、综合效益好的特点。物联网所蕴含的市场和创新空间是巨大的，对环境的深刻感知、信息量的急剧增长、通信系统的融合、工业流程的高度自动化、行业应用的整合、更加贴近生活的大众服务等都使得物联网具有广阔的前途。

1．物联网的形成

1999 年，在美国召开的移动计算和网络国际会议上，由 MIT Auto-ID 中心的 Ashton 教授首先提出物联网（Internet of Things）概念，并提出了结合物品编码、RFID 和互联网技术的解决方案。当时在计算机互联网的基础上，利用射频识别技术、无线数据通信技术等，基于互联网、RFID 技术、EPC 标准等，构造了一个实现全球物品信息实时共享的实物互联网络。

2005 年 11 月 17 日，在突尼斯举行的信息社会世界峰会（WSIS）上，国际电信联盟

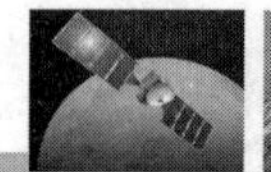

（ITU）发布《ITU 互联网报告 2005：物联网》，引用了“物联网”的概念。物联网的定义和范围已经发生了变化，覆盖范围有了较大的拓展，不再只是指基于 RFID 技术的物联网。

2008 年 11 月，在北京大学举行的第二届中国移动政务研讨会“知识社会与创新 2.0”提出移动技术、物联网技术的发展代表着新一代信息技术的形成，并带动了经济社会形态、创新形态的变革，推动了面向知识社会的以用户体验为核心的下一代创新（创新 2.0）形态的形成，创新与发展更加关注用户，注重“以人为本”。

2009 年 2 月 24 日，IBM 公司在“2009 IBM”论坛上提出“智慧地球”构想。IBM 认为，IT 产业下一阶段的任务是把新一代 IT 技术充分运用在各行各业之中，具体地说，就是把感应器嵌入和装备到电网、铁路、桥梁、隧道、公路、建筑、供水系统、大坝、油气管道等各种物体中，并且被普遍连接，形成物联网。

2009 年 8 月，温家宝总理在视察中科院无锡物联网产业研究所时，提出“感知中国”概念。此后，物联网被正式列为国家五大新兴战略性产业之一，受到了全社会极大的关注。物联网的覆盖范围与时俱进，它的概念已经超越了 1999 年 Ashton 教授和 2005 年 ITU 报告所指的范围，物联网已被贴上“中国式”标签。

2．物联网的发展

当前，世界各国都投入巨资深入研究探索物联网，美、日、韩、欧盟分别启动了以物联网为基础的“智慧地球”，“U-Japan”，“U-Korea”，“物联网行动计划”等国家性区域战略规划。2013 年 9 月，由国家发展改革委、工业和信息化部、科技部等部门联合印发的 10 个物联网发展专项行动计划，表明在当前中国经济转型的关键历史阶段，国家已经赋予物联网拉动经济增长的重要历史使命。

欧洲智能系统集成技术平台组织（EPoSS）在《Internet of Things in 2020》中预测，物联网的发展将经历四个阶段：2010 年之前以 RFID 为代表的物联网技术广泛应用于物流、零售和制药等领域；2010～2015 年实现物与物之间的互联；2015～2020 年进入半智能化；2020 年之后实现全智能化。

随着物联网关键技术的不断发展和产业链的不断成熟，物联网的应用将呈现多样化、智能化的趋势。物联网时代的通信主体由人扩展到物，物联网终端是用于表征真实世界物体、实现物体智能化的设备。随着物理世界中的物体逐步成为通信对象，必将产生大量的、各式各样的物联网终端，使得物体具有通信能力，实现人与物、物与物之间的通信。物联网将会使我们的生活变进入智能化时代，是对人类生产力又一次重大的解放。

项目小结

本项目主要介绍检测技术综合应用的实例，通过两个综合任务分别介绍了现代检测系统及其设计的基本知识、物联网基本知识及检测技术在物联网中的应用。

在微计算机技术快速发展的影响下，形成了具有大规模集成电路技术、软件及网络技术等强有力的技术手段的现代检测系统。现代检测系统可分为三种基本结构体系：智能仪器、个人仪器与自动测试系统。现代检测系统在设计时，要考虑信号特征、传感器的选择、信号的调理以及测量系统的性能指标等要求，以及研制周期、经费预算、安装条件及应用环境等。另外，在设计时还必须将软硬件结合起来考虑。

物联网成为全球研究的热点，国内外都把它的发展提到了国家级的战略高度。所谓物联网是“物物相连的互联网”，通过射频识别、传感器、全球定位系统等信息传感设备，按约定的协议，把物品和网络连接起来，进行信息交换和通信，以实现智能化识别、定位、监控和管理。项目中主要介绍了物联网的概念、物联网的体系结构和关键技术，以及物联网的主要应用领域与发展。

思考与练习8

1．何谓现代检测系统？现代检测系统有哪些基本结构？
2．现代检测系统的特点及功能？
3．现代检测系统设计的主要内容包括哪些？
4．现代检测系统设计有哪些关键技术？
5．现代检测技术的发展趋势？
6．讨论物联网的定义，你认为应如何理解物联网的内涵？
7．分析已有的物联网体系结构，如何架构物联网体系？
8．何谓传感网？传感网的关键技术？
9．列举物联网的主要应用领域，并描述物联网的应用前景。

附录A　热电偶分度表

表A-1　铂铑$_{10}$-铂热电偶（S型）分度表（参考端温度0℃）

温度/℃	0	10	20	30	40	50	60	70	80	90
	热电动势/mV									
0	0.000	0.055	0.113	0.173	0.235	0.299	0.365	0.432	0.502	0.573
100	0.645	0.719	0.795	0.872	0.950	1.029	1.109	1.190	1.273	1.356
200	1.440	1.525	1.611	1.698	1.785	1.873	1.962	2.051	2.141	2.232
300	2.323	2.414	2.506	2.599	2.692	2.786	2.880	2.974	3.069	3.164
400	3.260	3.356	3.452	3.549	3.645	3.743	3.840	3.938	4.036	4.135
500	4.234	4.333	4.432	4.532	4.632	4.732	4.832	4.933	5.034	5.136
600	5.237	5.339	5.442	5.544	5.648	5.751	5.855	5.960	6.065	6.169
700	6.274	6.380	6.486	6.592	6.699	6.805	6.913	7.020	7.128	7.236
800	7.345	7.454	7.563	7.672	7.782	7.892	8.003	8.114	8.255	8.336
900	8.448	8.560	8.673	8.786	8.899	9.012	9.126	9.240	9.355	9.470
1000	9.585	9.700	9.816	9.932	10.048	10.165	10.282	10.400	10.517	10.635
1100	10.754	10.872	10.991	11.110	11.229	11.348	11.467	11.587	11.707	11.827
1200	11.947	12.067	12.188	12.308	12.429	12.550	12.671	12.792	12.912	13.034
1300	13.155	13.397	13.397	13.519	13.640	13.761	13.883	14.004	14.125	14.247
1400	14.368	14.610	14.610	14.731	14.852	14.973	15.094	15.215	15.336	15.456
1500	15.576	15.697	15.817	15.937	16.057	16.176	16.296	16.415	16.534	16.653
1600	16.771	16.890	17.008	17.125	17.243	17.360	17.477	17.594	17.711	17.826
1700	17.942	18.056	18.170	18.282	18.394	18.504	18.612	—	—	—

表A-2　镍铬-镍硅热电偶（K型）分度表（参考端温度0℃）

温度/℃	0	10	20	30	40	50	60	70	80	90
	热电动势/mV									
0	0.000	0.397	0.798	1.203	1.611	2.022	2.436	2.850	3.266	3.681
100	4.095	4.508	4.919	5.327	5.733	6.137	6.539	6.939	7.338	7.737
200	8.137	8.537	8.938	9.341	9.745	10.151	10.560	10.969	11.381	11.793
300	12.207	12.623	13.039	13.456	13.874	14.292	14.712	15.132	15.552	15.974
400	16.395	16.818	17.241	17.664	18.088	18.513	18.938	19.363	19.788	20.214
500	20.640	21.066	21.493	21.919	22.346	22.772	23.198	23.624	24.050	24.476
600	24.902	25.327	25.751	26.176	26.599	27.022	27.445	27.867	28.288	28.709
700	29.128	29.547	29.965	30.383	30.799	31.214	31.214	32.042	32.455	32.866
800	33.277	33.686	34.095	34.502	34.909	35.314	35.718	36.121	36.524	36.925

续表

温度/℃	0	10	20	30	40	50	60	70	80	90
	热电动势/mV									
900	37.325	37.724	38.122	38.915	38.915	39.310	39.703	40.096	40.488	40.879
1000	41.269	41.657	42.045	42.432	42.817	43.202	43.585	43.968	44.349	44.729
1100	45.108	45.486	45.863	46.238	46.612	46.985	47.356	47.726	48.095	48.462
1200	48.828	49.192	49.555	49.916	50.276	50.633	50.990	51.344	51.697	52.049
1300	52.398	52.747	53.093	53.439	53.782	54.125	54.466	54.807	—	—

表A-3　铂铑$_{30}$-铂铑$_{6}$热电偶（B型）分度表（参考端温度0℃）

温度/℃	0	10	20	30	40	50	60	70	80	90
	热电动势/mV									
0	-0.000	-0.002	-0.003	0.002	0.000	0.002	0.006	0.11	0.017	0.025
100	0.033	0.043	0.053	0.065	0.078	0.092	0.107	0.123	0.140	0.159
200	0.178	0.199	0.220	0.243	0.266	0.291	0.317	0.344	0.372	0.401
300	0.431	0.462	0.494	0.527	0.516	0.596	0.632	0.669	0.707	0.746
400	0.786	0.827	0.870	0.913	0.957	1.002	1.048	1.095	1.143	1.192
500	1.241	1.292	1.344	1.397	1.450	1.505	1.560	1.617	1.674	1.732
600	1.791	1.851	1.912	1.974	2.036	2.100	2.164	2.230	2.296	2.363
700	2.430	2.499	2.569	2.639	2.710	2.782	2.855	2.928	3.003	3.078
800	3.154	3.231	3.308	3.387	3.466	3.546	2.626	3.708	3.790	3.873
900	3.957	4.041	4.126	4.212	4.298	4.386	4.474	4.562	4.652	4.742
1000	4.833	4.924	5.016	5.109	5.202	5.2997	5.391	5.487	5.583	5.680
1100	5.777	5.875	5.973	6.073	6.172	6.273	6.374	6.475	6.577	6.680
1200	6.783	6.887	6.991	7.096	7.202	7.038	7.414	7.521	7.628	7.736
1300	7.845	7.953	8.063	8.172	8.283	8.393	8.504	8.616	8.727	8.839
1400	8.952	9.065	9.178	9.291	9.405	9.519	9.634	9.748	9.863	9.979
1500	10.094	10.210	10.325	10.441	10.588	10.674	10.790	10.907	11.024	11.141
1600	11.257	11.374	11.491	11.608	11.725	11.842	11.959	12.076	12.193	12.310
1700	12.426	12.543	12.659	12.776	12.892	13.008	13.124	13.239	13.354	13.470
1800	13.585	13.699	13.814	—	—	—	—	—	—	—

表A-4　镍铬-铜镍（康铜）热电偶（E型）分度表（参考端温度0℃）

温度/℃	0	10	20	30	40	50	60	70	80	90
	热电动势/mV									
0	0.000	0.591	1.192	1.801	2.419	3.047	3.683	4.329	4.983	5.646
100	6.317	6.996	7.683	8.377	9.078	9.787	10.501	11.222	11.949	12.681
200	13.419	14.161	14.909	15.661	16.417	17.178	17.942	18.710	19.481	20.256

续表

温度/℃	0	10	20	30	40	50	60	70	80	90
	热电动势/mV									
300	21.033	21.814	22.597	23.383	24.171	24.961	25.754	26.549	27.345	28.143
400	28.943	29.744	30.546	31.350	32.155	32.960	33.767	34.574	35.382	36.190
500	36.999	37.808	38.617	39.426	40.236	41.045	41.853	42.662	43.470	44.278
600	45.085	45.891	46.697	47.502	48.306	49.109	49.911	50.713	51.513	52.312
700	53.110	53.907	54.703	55.498	56.291	57.083	57.873	58.663	59.451	60.237
800	61.022	61.806	62.588	63.368	64.147	64.924	65.700	66.473	67.245	68.015
900	68.783	69.549	70.313	71.075	71.835	72.593	73.350	74.104	74.857	75.608
1000	76.358	—	—	—	—	—	—	—	—	—

表 A-5　铁-铜镍（康铜）热电偶（J 型）分度表（参考端温度 0℃）

温度/℃	0	10	20	30	40	50	60	70	80	90
	热电动势/mV									
0	0.000	0.507	1.019	1.536	2.058	2.585	3.115	3.649	4.186	4.725
100	5.268	5.812	6.359	6.907	7.457	8.008	8.560	9.113	9667	10.222
200	10.777	11.332	11.887	12.442	12.998	13.553	14.108	14.663	15.217	15.771
300	16.325	16.879	17.432	17.984	18.537	19.089	19.640	20.192	20.743	21.295
400	21.846	22.397	22.949	23.501	24.054	24.607	25.161	25.716	26.272	26.829
500	27.388	27.949	28.511	29.075	29.642	30.210	30.782	31.356	31.933	32.513
600	33.096	33.683	34.273	34.867	35.464	36.066	36.671	37.280	37.893	38.510
700	39.130	39.754	40.382	41.013	41.647	42.288	42.922	43.563	44.207	44.852
800	45.498	46.144	46.790	47.434	48.076	48.716	49.354	49.989	50.621	51.249
900	51.875	52.496	53.115	53.729	54.341	54.948	55.553	56.155	56.753	57.349
1000	57.942	58.533	59.121	59.708	60.293	60.876	61.459	62.039	62.619	63.199
1100	63.777	64.355	64.933	65.510	66.087	66.664	67.240	67.815	68.390	68.964
1200	69.536	—	—	—	—	—	—	—	—	—

表 A-6　铜-铜镍（康铜）热电偶（T 型）分度表（参考端温度 0℃）

温度/℃	0	10	20	30	40	50	60	70	80	90
	热电动势/mV									
-200	-5.603	—	—	—	—	—	—	—	—	—
-100	-3.378	-3.378	-3.923	-4.177	-4.419	-4.648	-4.865	-5.069	-5.261	-5.439
0	0.000	0.383	-0.757	-1.121	-1.475	-1.819	-2.152	-2.475	-2.788	-3.089
0	0.000	0.391	0.789	1.196	1.611	2.035	2.467	2.980	3.357	3.813
100	4.277	4.749	5.227	5.712	6.204	6.702	7.207	7.718	8.235	8.757
200	9.268	9.820	10.360	10.905	11.456	12.011	12.572	13.137	13.707	14.281
300	14.860	15.443	16.030	16.621	17.217	17.816	18.420	19.027	19.638	20.252
400	20.869	—	—	—	—	—	—	—	—	—

附录 B　热电阻分度表

表 B-1　工业热电阻分度表

工作端温度/℃	电阻值/Ω		工作端温度/℃	电阻值/Ω	
	Cu50	Pt100		Cu50	Pt100
-200	—	18.49	160	—	161.05
-190	—	22.80	170	—	164.77
-180	—	27.08	180	—	168.48
-170	—	31.32	190	—	172.17
-160	—	35.53	200	—	175.86
-150	—	39.71	210	—	179.53
-140	—	43.87	220	—	183.19
-130	—	48.00	230	—	186.84
-120	—	52.11	240	—	190.47
-110	—	56.19	250	—	194.10
-100	—	60.25	260	—	197.71
-90	—	64.30	270	—	201.31
-80	—	68.33	280	—	204.90
-70	—	72.33	290	—	208.48
-60	—	76.33	300	—	212.05
-50	39.24	80.31	310	—	215.61
-40	41.40	84.27	320	—	219.15
-30	43.55	88.22	330	—	222.68
-20	45.70	92.16	340	—	226.21
-10	47.85	96.06	350	—	229.72
0	50.00	100.00	360	—	233.21
10	52.14	103.90	370	—	236.70
20	54.28	107.79	380	—	240.18
30	56.42	111.67	390	—	243.64
40	58.56	115.54	400	—	247.09
50	60.70	119.40	410	—	250.53
60	62.84	123.24	420	—	253.96
70	64.98	127.08	430	—	257.38
80	67.12	130.89	440	—	260.78
90	69.26	134.71	450	—	264.18
100	71.40	138.51	460	—	267.56
110	73.54	142.29	470	—	270.93
120	75.68	146.07	480	—	274.29
130	77.83	149.83	490	—	277.64
140	79.98	153.58	500	—	280.98
150	82.13	157.33			

注：本书为节省篇幅，将温度间隔扩大到 10℃，若读者欲获知每 1℃的对应阻值或毫伏数，请查阅有关 ITS-1990 国际温标的手册。

参 考 文 献

[1] 柳桂国．传感器与自动检测技术[M]．北京：电子工业出版社，2013．
[2] 刘丽华．自动检测技术及应用[M]．北京：清华大学出版社，2010．
[3] 武昌俊．自动检测技术及应用[M]．北京：机械工业出版社，2005．
[4] 王煜东．传感器应用电路 400 例[M]．北京：中国电力出版社，2008．
[5] 王振成．自动检测与转换技术[M]．北京：清华大学出版社，2013．
[6] 孙余凯，吴鸣山．传感器应用电路 300 例[M]．北京：电子工业出版社，2008．
[7] 付少波，付兰芳．传感器及其应用电路[M]．北京：化学工业出版社，2011．
[8] 耿瑞辰，郝敏钗．传感器与检测技术[M]．北京：北京理工大学出版社，2012．
[9] 朱志伟，刘红兵．传感器原理与检测技术[M]．南京：南京大学出版社，2012．
[10] 贾海瀛．传感器技术与应用[M]．北京：清华大学出版社，2011．
[11] 俞志根，等．传感器与检测技术[M]．2 版．北京：科学出版社，2010．
[12] 胡孟谦，张晓娜．传感器与检测技术项目化教程[M]．青岛：中国海洋大学出版社，2011．
[13] 周小益．检测技术及应用[M]．哈尔滨：哈尔滨工业大学出版社，2012．
[14] 蔡丽．传感器与检测技术应用[M]．北京：冶金工业出版社，2013．
[15] 王前．自动检测技术[M]．北京：北京航空航天大学出版社，2013．
[16] 刘化君．物联网技术[M]．北京：电子工业出版社，2010．

反侵权盗版声明